1 MONTH OF
FREE
READING

at

www.ForgottenBooks.com

By purchasing this book you are eligible for one month membership to ForgottenBooks.com, giving you unlimited access to our entire collection of over 700,000 titles via our web site and mobile apps.

To claim your free month visit:
www.forgottenbooks.com/free714296

ISBN 978-0-484-61929-5
PIBN 10714296

SOCIÉTÉ ROYALE BELGE DE GÉOGRAPHIE

BULLETIN

DE LA

Société Royale Belge de Géographie

FONDÉE A BRUXELLES LE 27 AOUT 1876

Publié par les soins de M. E. CAMMAERTS

RÉDACTEUR EN CHEF

TRENTIÈME ANNÉE. — 1906. — N° 1.

JANVIER-FÉVRIER

BRUXELLES

SECRÉTARIAT DE LA SOCIÉTÉ ROYALE BELGE DE GÉOGRAPHIE

116, RUE DE LA LIMITE, 116.

—

1906

LA COUVADE

Cette coutume étrange, bien qu'on en retrouve des traces
plus ou moins nettes dans beaucoup de pays et même en
France, s'est manifestée surtout d'une manière caractéristique
chez certaines peuplades du N.E. de l'Amérique méridionale
et, d'une manière moins notable cependant, chez quelques
peuplades de la Malaisie. Elle consiste, essentiellement, en ce
fait que, lors de la naissance d'un enfant, c'est l'époux, et non
la femme, qui s'alite, simule les douleurs de l'accouchement
et reçoit certaines attentions qui sembleraient devoir revenir
plus logiquement à l'accouchée.

Sous cette forme très complète, nous rencontrons la
couvade chez les Arowakes, les Macusis, les Mundrucus, les
Caraïbes et leurs descendants les Bakaïris, les Abipones de
l'Amérique du Sud, chez les Miaos de la Chine, chez les
Nicobariens, chez les Aïnos du Japon, enfin chez les Alfourous (Malais) de Boeroe et chez les Mélanésiens de San
Cristoval. Dans la plupart des cas, l'homme prend entièrement
le rôle de la femme et ce pendant un temps assez long. C'est
ainsi que, chez les Miaos, de même que chez les Caraïbes,
l'alitement dure quarante jours, afin que l'homme (comme le
disent les Miaos) souffre les mêmes douleurs que sa femme(1).

(1) COLQUHOUN, *Across Chryse*, p. 335. — DU TERTRE, *Histoire générale des Antilles*,
t. II, pp. 371 et 373. — ROCHEFORT, *Histoire morale des Antilles*, p. 550 et suivantes.

Celle-ci s'alite quelquefois; d'autres fois, elle continue ses travaux coutumiers.

Ailleurs, la coutume est moins frappante. Chez certains des peuples cités plus haut, outre l'alitement, l'homme est soumis à certaines abstinences. Chez plusieurs tribus, cette dernière prescription existe isolément, notamment chez les Puris, les Coropos, les Marauhas, les Passés, les Culinos, les Haraicus, les Guaranis, les Piojés de l'Amérique du Sud, chez les Nias, les Dyaks (Malaisie), les Orang-Benua (Malacca) et les Mélanésiens des îles Banks et de l'île Saa. Cette abstention ou ce jeûne est imposé parfois simultanément à l'homme et à la femme, et parfois à l'homme seul.

Dans d'autres groupes ethniques, les prescriptions, qui ont cependant encore quelques rapports avec la coutume de la couvade, sont très simplifiées. C'est ainsi que, chez les Larkas du Bengale, l'homme et la femme sont déclarés impurs pendant huit jours, durant lesquels l'homme fait la cuisine. Ailleurs, le mari doit s'abstenir de certains travaux qui lui incombent, tels que la menuiserie chez les Uliases d'Amboine, prescription que l'on retrouve également chez certaines peuplades qui pratiquent la couvade proprement dite, notamment chez les Nicobariens. Mais on a cité comme apparentés à la couvade un trop grand nombre de faits qui, si la relation existe, sont par trop divergents pour qu'ils puissent servir à en justifier l'existence.

Ces coutumes, évidemment bizarres à nos yeux, ont été l'objet d'un grand nombre de tentatives d'explications, dont nous rappellerons quelques-unes. Le jésuite Dobrizhofer, auquel l'ethnographie est pourtant redevable d'une étude précieuse, l'appelle une pure folie. Lafiteau, également missionnaire, y voit un souvenir du péché originel (1). Max Muller a cru que le mari simulait la maladie ou même qu'il

(1) *Mœurs des sauvages américains*, t. I, p. 259.

devenait réellement malade par la terreur que lui inspiraient
les récriminations des femmes (1). MM. Lippert et Hellwald
considèrent la couvade, dans certains cas, comme une sorte
de rachat du sacrifice du premier-né, imposé fréquemment
sous le régime du matriarcat (2), oubliant ce fait que,
la couvade se pratique pour tous les enfants et non exclusivement
pour le premier-né.

Tylor (3), dont la théorie est admise par Starcke (4), voit
dans la couvade l'expression du rapport intime et mystérieux
qui unit le père à son enfant, tel que des sauvages pouvaient
se l'imaginer. Le mari, par ses privations et ses jeunes,
montre l'énergie et la force d'âme qu'il est censé transmettre
à son enfant.

Divers auteurs, dont Bachofen, Lubbock, Giraud-Teulon,
Zmigrodzki et Letourneau (5), partant de l'hypothèse de
l'existence d'un régime matriarcal primitif, ont soutenu l'idée
que la couvade manifestait l'intention du mari d'affirmer ses
droits paternels et de substituer la filiation masculine à l'ancienne
filiation utérine ; Letourneau remarque expressément
que cette coutume a dû naître aux époques de transition.

M. Ling Roth, tout en approuvant la thèse précédente,
considère la pratique de la couvade comme une forme de la
magie, reposant sur une croyance en une connexion physique
entre le père et l'enfant (6). M. Crawley y voit un moyen de

---

(1) *Chips from a german Workshop*, t. II, p. 281.

(2) HELLWALD, *Die menschliche Familie*, p. 36. — LIPPERT, *Kulturgeschichte*, t. II, p. 312.

(3) *Origines de la civilisation*, pp. 16 et suivantes.

(4) *La famille primitive*, p. 50.

(5) BACHOFEN, *Mutterrecht*, p. 255 et suiv. — GIRAUD-TEULON, *Origines du mariage*, p. 188 et suiv. — ZMIGRODSKI, *Die Mutter bei den Volkern des arischen Stammes*, p. 270. — PLOSS, *Das Kind, etc*, t. I, p. 35. — LUBBOCK, *Origin of civilisation*, p. 14. — LETOURNEAU, *L'évolution du mariage et de la famille*, p. 394.

(6) *On the significance of Couvade*. (*Journal of Anthropological Institute*, t. XXII, pp. 204-244.)

protection contre les influences néfastes et magiques (1).

L'explication rigoureuse de ce phénomène nécessiterait certainement une série de documents d'ethnographie très précis et recueillis par des hommes au courant des problèmes que la sociologie nous pose, mais, malheureusement, l'Amérique du Sud où, comme nous l'avons dit, l'on a constaté les faits de couvade les plus caractéristiques, n'a pas fait l'objet — à beaucoup près — d'études qui puissent entrer en parallèle avec les magnifiques travaux de la *Smithsonian Institution*, et, la Malaisie et la Mélanésie, beaucoup mieux étudiées, ne présentent que des cas trop peu nombreux et trop peu caractéristiques pour que l'on puisse y trouver une base réellement solide pour édifier une interprétation. Toute solution à cette question ne peut encore, selon nous, être formulée que d'une manière hypothétique.

Nous croyons que l'explication, la plus plausible, est celle qu'a donnée M. Letourneau. Selon lui, la couvade est la forme primitive de nos actes de naissances (2) et, en effet, elle n'existe que là où il y a une raison importante pour que le père fasse une déclaration publique de paternité. Certes, la couvade, dans sa forme essentielle, consistant en l'imitation des actes de la mère après son accouchement, était le symbole le plus direct et le plus expressif que l'on puisse concevoir. De même que la maladie de la mère était le témoignage vivant que l'enfant qui venait de naître avait été procréé par elle, de même le simulacre de cet état devait servir au père pour exprimer la même idée. Les Larkas du Bengale, qui ont conservé la tradition de la couvade, semblent bien l'entendre ainsi, puisque, lorsque l'homme a terminé sa période d'expiation, pendant laquelle il remplit certaines fonctions de la femme, on proclame la filiation masculine de l'enfant en lui donnant solennellement le nom de son grand-

(1) *Mystic rose*, pp. 416-428. — (2) *Op. cit.*, p. 397.

part [...]. [...] également l'explication que [...] à [...] certaines tribus de l'Amérique du Sud où [...] père se met dans le lit de l'accouchée pour reconnaître l'enfant [...].

[...] les [...] de peuples chez lesquels l'usage existe en donnent les explications diverses, tout que [...] mythologiques, comme nous le verrons.

Il convient de noter, en outre, avec M. W [...], qu'une coutume similaire se retrouve dans les formes [...] du Tableau 3.

Nous trouvons la couvade chez quelques peuples très primitifs comme les Aïnos et les Nicobariens. Chez ces derniers, la raison de la coutume est très obscure; tout au plus pourrait-on mettre le fait en relation avec l'habitude qu'ils ont de se prêter réciproquement leurs femmes et la grande fréquence des adoptions, ce qui rend utile la reconnaissance de l'enfant par le père (4. Chez les Aïnos, il existe une autre raison plus explicite; les époux vivent généralement chez les parents de l'homme jusqu'à la naissance du premier enfant, ce n'est qu'après qu'ils font ménage à part (5); la même coutume existe chez les Miaos avec cette seule différence que la jeune fille reste, jusqu'à ce moment, dans la maison de son père (6). Le nouveau groupe familial n'étant constitué qu'alors, il est très compréhensible que le père fasse un acte par lequel il adopte l'enfant, d'autant plus que les biens du père reviennent à ses descendants directs.

La même explication est valable en ce qui concerne les

(1) DALTON, *Ethnology of Bengal*, p. 190.
(2) *Otto mesi nel gran Ciaco*, pp. 94-95.
(3) *Vorgeschichte des Rechts*, t. II, p. 22.
(4) MAN, *The Nicobar islanders*. (*Journ. of Anthrop. Institute*, t. XVIII, p. 128.) SWOBODA, *Bewohner der Nicobar-Archipels*. (*Intern. Archiv für Ethnogr.*, t. V, p. 188.) — FEATHERMAN, *Social history of the races of Mankind*, p. 240.
(5) SIEBOLD, *Ethnologische Studien über die Aino*, p. 31.
(6) *Mission Lyonnaise en Chine*, 1898, p. 251.

Abipones, chez lesquels l'époux demeurait quelque temps dans la cabane de la belle-mère jusqu'à la naissance d'un fils, après quoi seulement les époux habitaient une case séparée(1). La même observation s'impose encore davantage pour les Bororos, chez lesquels la jeune femme reste avec ses enfants dans la maison de ses parents, alors que le jeune homme n'y passe que la nuit, restant le jour dans la maison des hommes ou allant à la chasse (2).

Chez les Caraïbes, la raison d'être de la couvade est plus claire : ces indigènes ne paraissent considérer, comme parenté réelle, que la parenté par les femmes (3). Il était donc nécessaire, pour que les enfants héritent exclusivement des biens et de l'autorité du père, que la couvade établisse une parenté en dehors des liens habituellement reconnus.

La même raison se marque, avec plus d'intensité encore, lorsqu'existe le régime de clan à descendance maternelle, alors que les biens ou l'autorité du père se transmettent aux enfants de celui-ci. Le cas le plus remarquable, sous ce rapport, est celui des Arowaks (4); chez les Macusis également, bien qu'ils aient le clan matriarcal, l'autorité du père sur le fils est absolue et l'enfant, lorsqu'il est devenu grand, n'est plus guère, en fait, qu'un étranger pour sa mère (5).

Chez les Bakaïri, les enfants appartiennent à la tribu de la mère. toutefois, c'est le fils qui hérite de l'autorité du père. La reconnaissance de l'enfant a une importance d'autant plus grande que, s'il n'y a pas de fils, l'autorité se transmet en ligne féminine, c'est-à-dire que c'est le neveu par la sœur qui en hérite (6).

(1) DOBRIZHOFER, *Op. cit.*, t. II, p. 208.

(2) VON DER STEINEN, *Unter den Naturvölkern Zentral-Brasiliens*, p. 388.

(3) WAITZ-GERLAND (d'après Herrera), t. III, p. 383. — DU TERTRE, *Op. cit.*, t. II p. 400.

(4) SCHOMBURGK, *Voyages*, t. I, p. 172.

(5) SCHOMBURGK, *Voyages*, t. II, p. 314.

(6) VON DER STEINEN, *Op. cit.*, pp. 285 et 286.

Les Mundrucus, chez lesquels nous trouvons la coutume de la couvade d'une manière très nette, puisque le mari se couche pendant plusieurs semaines après la naissance d'un enfant, qu'on le soigne et que les voisins le complimentent comme une véritable accouchée, suivent cependant la descendance en ligne paternelle, puisque l'enfant n'est pas, paraît il, apparenté à la mère (1); les armes et les outils, lorsqu'ils ne sont pas enterrés, reviennent aux fils (2). La raison d'être de la couvade ne peut être expliquée ici, croyons-nous, que comme une survivance d'une ancienne organisation du clan à descendance féminine; malheureusement, les documents manquent pour l'établir et la chose est d'autant plus regrettable que, dans l'idée des Mundrucus, la couvade a bien la signification que nous lui attribuons, c'est-à-dire d'être la forme légale par laquelle le père reconnaît son enfant (3).

Nous sommes moins bien renseignés encore au sujet de l'ethnographie des autres peuplades de l'Amérique du Sud, qui pratiquent la couvade, ou qui ont des coutumes qui s'y rattachent. Les biens se transmettent chez elles de père en fils, mais nous ignorons si elles ont l'organisation du clan et si celui-ci est à descendance maternelle (celle-ci a été constatée pourtant chez les Guaraunos ou Warraus).

En Malaisie, nous ne rencontrons qu'un exemple typique de couvade chez les Alfourous de Boeroe, où, après l'accouchement de la femme, l'homme se prétend malade. Chez eux, la plupart des biens passent au fils, et l'on y rencontre le régime du clan à descendance masculine; toutefois, Wilken croit qu'anciennement elle était féminine. Quoiqu'il en soit, ce dernier mode de descendance est encore en usage pour ceux

(1) Hartt, *Archivos del museo nacional de Rio de Janeiro*, Vol. VI.
(2) von Martius, *Zür Ethnographie Brasiliens*, p. 99.
(3) Ling Roth, *Op. cit.*, p. 226.

qui ne savent pas payer le prix d'achat, et le mari porte alors
le nom de la tribu de sa femme, dans laquelle il rentre (1).

A Timorlaut, où le père prend soin de l'enfant, pendant
ses premiers jours, alors que la mère continue à travailler,
coutume qui rappelle fortement la couvade proprement dite,
la femme, après son mariage, continue à appartenir à sa
négarie, et la descendance ne s'établit, suivant la ligne paternelle, que lorsque le père a payé le prix d'achat(2). Dans ces
deux derniers cas, la coutume s'explique aisément par ce fait
que l'enfant appartient en principe à la mère, et qu'un témoignage public d'adoption sert à reconnaître les droits des
enfants sur les biens et l'autorité du père.

Wilken croit que les habitants de Nias suivaient anciennement la descendance en ligne maternelle, alors qu'actuellement les biens de la mère retournent à sa famille et que les
enfants héritent des propriétés et de l'autorité du père (3).
A l'île d'Amboine (Uliases), où le père observe le jeûne à la
naissance d'un enfant, le régime est le même qu'à Timorlaut,
en ce sens que le père ne peut acquérir réellement l'enfant
que lorsqu'il a payé le prix d'achat (4).

Enfin, chez les Motas, où Codrington retrouve pour le
père et pour la mère la prohibition de manger de certains
mets qui pourraient nuire à l'enfant, la descendance du clan
est féminine, la terre doit, en principe, passer au fils de
la sœur, bien qu'en réalité, on transmette plutôt la propriété
— surtout les acquêts — aux enfants (5). A San Cristoval,

(1) WILKEN, *Over het verwantschap en het huwelijks- en erfrecht bij de volken van het
maleische ras*, pp. 571, 574 et 705 — BASTIAN, *Indonesien*, p. 136. — RIEDEL, *De
Sluik- en Kroesharige rassen*, pp. 16 et 22.

(2) RIEDEL, *De Sluik- en Kroesharige rassen*, pp. 101 et suivantes.

(3) SCHREIBER, *Petermann's Mitteilungen*, t. XXIV, p. 50. — MADIGLIANI, *Un viaggio à
Nias*, p. 479. — WILKEN, *Op. cit.*, p. 700.

(4) RIEDEL, *Op. cit.*, p. 18.

(5) CODRINGTON, *The Melanesians*, pp. 63, 64 et 228.

où le même auteur a constaté un cas réel de couvade, la propriété personnelle passe aux fils, alors que la propriété familiale reste aux membres du clan (1).

Dans la majorité des cas, la couvade existe donc, dans les moments de transition entre le régime de transmission des biens en ligne féminine et la succession directe des enfants. Chez les Dyaks eux-mêmes, nous rencontrons la loi d'hérédité mal établie, puisque, suivant les cas, le mari va habiter dans la famille de sa femme ou vice-versa (2).

Mais nous aurions tort, semble-t-il, de ne voir dans cet acte d'adoption que l'établissement d'une relation purement juridique. Pour le primitif, le symbole a une toute autre importance. C'est un lien plus profond qui s'établit entre le père et l'enfant; celui-ci acquiert—en ce moment—en quelque sorte la nature paternelle; comme Tylor l'a dit, c'est un rapport intime et mystérieux qui se forme, rapport auquel les conceptions magiques ne sont pas complètement étrangères. C'est pourquoi cette adoption s'accompagne le plus souvent de certains rites qui, notons-le, ne sont pas exclusifs à l'homme; la femme, elle aussi, et plus fréquemment encore que l'homme, a à les observer; tel est notamment le cas pour les jeûnes et les abstinences, dont nous avons relaté l'existence chez mainte tribu.

Nous ne nous arrêterons pas longtemps à rechercher la signification des divers symboles de reconnaissance de la paternité; toutefois, en ce qui concerne la prohibition de certains mets, on peut noter, avec John Lubbock, que le moment de la reconnaissance par le père, puisque c'est l'instant où l'enfant reçoit en quelque sorte la vie paternelle, devait être considéré comme l'instant de transmission des facultés ou des défauts du père et où ceux-ci devaient sur-

---

(1) CODRINGTON, *The Melanesians*, pp. 62 et 228.
(2) SPENCER SAINT-JOHN, *Life in Forests Far-East*, t. I, p. 172.

tout décider de la vie actuelle et surtout ultérieure de l'enfant.

Dobrizhofer rapporte en ces termes la raison que donnent les Abipones de la nécessité de la couvade : « ils s'imaginent que le repos et l'abstinence du père importent beaucoup au bien-être de l'enfant et lui sont même absolument nécessaires..., ils sont convaincus qu'à cause de la sympathie étroite qui rattache l'enfant à son père, toute indisposition de ce dernier ne peut être que nuisible à sa progéniture ; si l'enfant meurt, les femmes attribuent toute la responsabilité à l'intempérance du père et l'accablent de toute sorte d'aigres reproches (1). » Partout, c'est l'enfant qui est censé souffrir des transgressions à la coutume : les Arowakes croient que, si le père ne se mettait pas au hamac, l'enfant mourrait (2), les Bororos disent que, si le père rompait le jeûne, l'enfant deviendrait malade (3) ; des explications semblables sont données par les Guaranis (4), les Bakaïris (5) et les Aïnos (6).

Chez un grand nombre de peuplades, l'homme qui veut contracter une union doit faire preuve d'énergie avant de pouvoir se marier. Il semble qu'une conception de ce genre ne soit pas étrangère aux jeûnes et parfois aux tortures qui accompagnent la couvade ; c'est une obligation, pour le père, de faire preuve d'énergie et de résistance, qualités dont son enfant doit pouvoir hériter directement. Schomburgk donne cette interprétation des coutumes douloureuses (7) qui, selon la remarque de du Tertre, à propos des Caraïbes, sont parfois

---

(1) *Op. cit.*, t. II, pp. 273 et suivantes.

(2) Van Coll, *Gegevens over land en volk van Suriname.* (*Bijdragen tot taal, land-en volkerkunde*, 1903, p. 506.)

(3) von der Steinen, *Op. cit.*, p. 390.

(4) Charlevoix, *Histoire du Paraguay*, t. I, p. 295.

(5) von der Steinen, *Op. cit.*, p. 290.

(6) Batchelor, *Ainu of Japan*, p. 44.

(7) *Op. cit.*, t. II, p. 431.

très loin de n'être qu'une simple comédie (1). Starcke remarque très exactement que ces épreuves ne sont pas exclusives au père (2), et le nombre de tribus, où la mère a à subir des épreuves très pénibles, est extrêmement grand ; même parmi celles qui pratiquent la couvade, la mère, comme le père, est soumise aux jeûnes et aux abstinences.

En résumé donc, la couvade semble bien être un acte de reconnaissance publique de la paternité, et cette manifestation, qui est un symbole à la fois d'ordre juridique et religieux, a été en usage surtout chez les peuplades dont le genre de vie familiale ne constituait pas un témoignage certain de la paternité et chez lesquelles ce témoignage avait une importance considérable pour la transmission soit des biens, soit de l'autorité.

PAUL HERMANT.

(1) DU TERTRE, *Op cit.*, t. II, p. 373.
(2) *Op. cit*, p. 51.

ETHNOGRAPHIE CONGOLAISE

LES UPOTOS[1]

Les Upotos habitent les rives du fleuve entre 20 et 22° de longitude. La limite du territoire qu'ils occupent est, en aval, Ikonmango, en amont, N'dobbo.

D'après les dires des indigènes et les souvenirs que leur ont laissé leurs ancêtres, les Upotos semblent être établis depuis très longtemps dans la région qu'ils occupent actuellement ; ils n'ont, d'ailleurs, aucune tendance à émigrer, et tiennent beaucoup à leurs villages.

AGRICULTURE. — Ils ne sont agriculteurs que pour leurs propres besoins, et, même sous ce rapport, l'agriculture n'est que d'importance secondaire, parce que les gens de la rive achètent en grande partie aux Ngombés (gens de l'intérieur), ce dont ils ont besoin. Les plantes cultivées sont le maïs, les bananes et le tabac.

Ils ne connaissent ni cultures alternantes, ni irrigation ; toutefois, ils connaissent les fumures, mais ne les pratiquent guère que pour le tabac.

Ce sont les hommes qui coupent les arbres, mais les femmes travaillent la terre et s'occupent des plantations.

(1) Ce travail, qui date de 1899, nous a été communiqué obligeamment par l'État Indépendant du Congo.

En fait d'animaux domestiques, les Upotos n'ont que des chiens et des chats.

CHASSE. — La chasse presque exclusive, est la chasse aux singes; elle se pratique au filet et quelquefois à la flèche. On se sert aussi des chiens. Les Ngombés seuls chassent en troupe.

PÊCHE. — L'industrie essentielle est la pêche; elle se pratique, soit au moyen de barrages, soit à l'hameçon, au filet, au dard ou à la lance. Ils connaissent l'empoisonnement des eaux; celui-ci se pratique, soit au moyen du fruit d'une espèce de palmier npandé, soit encore d'un fruit nommé « botoko ». On n'empoisonne naturellement pas le grand fleuve, mais seulement les petites criques. La pêche est pratiquée par les hommes et par les femmes; la collaboration des femmes se limite à deux ou trois espèces de poissons.

NOURRITURE. — Le fond de leur nourriture consiste principalement en végétaux et en poissons; de temps en temps, on mange les chiens, ce qui constitue pour eux une nourriture de luxe. Ils ont, en outre, comme aliment, le manioc roui et préparé en chikwangue, la feuille de manioc pilée et préparée comme des épinards, les bananes, les fruits, les chèvres et les poules (mais rarement), la noix de palme, le chou palmiste et, pour préparer les mets, l'huile de palme.

On préfère les aliments cuits et la viande fraîche, ce qui n'empêche pas de la manger même lorsqu'elle est très avancée. On fume le poisson pour le conserver, ou bien on le mange cuit à l'étouffée, c'est ainsi que l'on prépare également la viande.

Certains genres de bananes, et quelquefois les noix de

palme, sont grillées dans la cendre; d'autres bananes sont étuvées ou bien mangées crues.

Ils n'ont pas d'heures régulières pour les repas; ils mangent quand ils ont faim.

Les repas se font en famille : hommes, femmes et enfants réunis; quelquefois, on permet à l'esclave de manger avec les hommes libres, lorsqu'il est estimé de ses maîtres.

Il y a des poissons qui sont exclusivement réservés aux

Fig. 1. — Case upoto.

chefs, d'autres aux femmes, d'autres encore que les chefs ne consentent pas à manger. Au surplus, les femmes ne mangent la chair ni des poules, ni des chèvres, ni des chiens, ni des crocodiles.

Ce sont les femmes qui sont chargées de la préparation des repas.

En général, les Upotos sont assez prévoyants: en cas de disette, ils ménagent leurs provisions, mais en temps d'abondance, ils mangent tout ce qu'ils peuvent. Les provisions ne consistent d'ordinaire qu'en poissons: la pêche ne se pratique d'ailleurs que durant quelques mois de l'année.

HABITATIONS (fig. 1). — Le squelette en est constitué au moyen de poteaux, les murs latéraux et le toit sont faits

de feuilles de palmier. Un dortoir forme à peu près le tiers de
la longueur totale de l'habitation. Les seuls meubles qu'elle
contienne sont une petite chaise et un lit fait de bambous.

TECHNOLOGIE. — Il y a toujours du feu dans les cases et,
si le feu s'éteint par malheur, on s'adresse aux voisins.

On connaît aussi la manière d'obtenir du feu en frottant
deux morceaux de bois l'un sur l'autre, mais on ne la met en
pratique que rarement, car elle nécessite un certain effort.

En fait de métaux, on ne connaît que le fer et le cuivre
importés d'Europe ou bien de Yambinga.

La poterie est une spécialité des gens de Iringui, mais les
vases ne sont pas très bien faits.

MOYENS DE TRANSPORT. — Les fardeaux sont portés par
les femmes, mais, quand la chose est possible, on a toujours
recours au transport par eau.

Il n'y a pas de routes tracées et les Upotos ne connaissent pas les ponts. S'ils ne peuvent passer une rivière en
pirogue, ils la traversent à gué, là où la chose est possible.

AUTORITÉ. — Il y a plusieurs chefs ; l'un d'eux exerce une
certaine prépondérance, mais son influence n'est pas très
grande, quoique son avis ait quelque influence.

La fonction est héréditaire non du père au fils, mais au
frère.

Il n'y a d'autre aristocratie que celle des hommes libres.
Les pères de famille aiment à se laisser nommer « Mukanzi »
(chef), mais cela n'a guère d'importance, et le titre se donne
à quiconque à quelques poils au menton.

La justice se rend dans les petites palabres où l'on
convoque les deux adversaires. Chacun d'eux expose sa
défense ; le conseil décide lequel des deux a raison. Celui qui

gagne l'affaire est frotté de couleur rouge, puis il parcourt le village en criant « Isolongo » (j'ai eu raison). C'est le gagnant du procès qui doit en payer les frais, mais cependant ceux-ci lui sont restitués par le perdant.

L'esclavage existe; la plupart des vieux esclaves sont des prisonniers de guerre. Actuellement, on ne fait plus de prisonniers.

Il y a diverses catégories d'esclaves, les esclaves de naissance, les esclaves pour dettes et les esclaves qui ont été vendus par un héritier qui a besoin d'argent ou bien qui veut acheter une femme et n'en a pas les moyens.

Le père et la mère ne vendent pas leurs enfants.

Les esclaves sont assez bien traités.

En face de Iringui, il y a une île où habitent tous les esclaves dont on n'a pas besoin, ces gens ont là un village tout à fait pour eux et, au point de vue indigène, y mènent une vie assez agréable.

J'ai vu souvent que le maître donnait un ordre, mais que l'esclave ne voulait pas l'exécuter.

Il y a peu d'esclaves par capture dans cette région; presque tous sont des esclaves de naissance, ou bien ce sont des gens vendus par leurs familles (la plupart du temps un oncle qui hait l'enfant de son frère).

FAMILLE. — Le mariage se conclut sans cérémonie; le futur paie le prix d'achat aux parents de la femme et l'union est conclue. Il n'y a guère plus de cérémonie que pour l'achat d'une pirogue ou d'une chèvre.

Il arrive quelquefois qu'un homme qui n'a pas les moyens de s'acheter une femme, se vend comme « lisokko », c'est-à-dire à peu près comme esclave, à un chef qui lui donne une femme. Les enfants nés d'un tel mariage restent la propriété du chef.

La polygamie existe, et un homme peut avoir autant de femmes qu'il veut ; ce sont les femmes qui font la richesse des hommes ; plus elles sont nombreuses, plus l'homme est riche.

La femme n'est pas consultée dans le vrai sens du mot, mais si elle refuse, le mariage n'a pas lieu. Les Upotos ne pratiquent pas de fiançailles, toutefois, si un homme veut prendre pour femme une fille qui n'a pas encore atteint la puberté, l'enfant reste dans le village de ses parents en attendant qu'elle ait l'âge de pouvoir se marier. La chasteté de la femme n'est ni exigée ni même estimée.

Il arrive qu'une femme aimant un homme se réfugie dans le village de son amant, qui, s'il l'aime également, l'achète à son propriétaire.

Si le mari ne veut plus de sa femme, il la revend purement et simplement. Si, par contre, c'est la femme qui désire quitter son mari, elle se rend soit chez son père, soit chez son amant, qui alors doivent la racheter au mari. En cas de divorce, les enfants restent la propriété du père.

Le mari a le droit de prêter sa femme à un ami, c'est-à-dire à quelqu'un avec qui il a conclu les liens de fraternité les plus étroits. Jamais il ne la loue, moyennant argent, sauf quelquefois au Blanc. Avant l'arrivée des Européens, l'adultère de la femme était puni de mutilation, ou bien d'une peine très douloureuse. L'amant doit donner un esclave au mari, ou bien, s'il est trop pauvre pour le faire, il est vendu lui-même comme esclave. L'adultère de l'homme n'est évidemment pas puni.

Il existe des femmes très libres de mœurs, ceci n'entraîne pas le mépris.

Lorsque le mari meurt, les veuves sont recueillies par son frère, c'est-à-dire que la coutume du lévirat existe. Lorsqu'il y a deux frères qui doivent hériter et qu'il n'y a qu'une femme, celle-ci va généralement chez le frère qu'elle préfère ;

mais, si l'autre frère exige sa part dans l'héritage, on vend la femme et on partage le produit de la vente.

Le baiser est connu. Le sentiment de l'amour existe, mais il est assez rare. La pudeur existe également, mais non dans notre sens. Le nom que l'on donne à ce sentiment est « motsonni ». Quand les femmes arrivent à un certain âge, elles se vêtissent de feuilles de palmier.

On retrouve, chez les Upotos, une coutume curieuse assez répandue : un homme ne peut jamais regarder sa belle-mère, et si, par hasard, il la rencontre, il doit détourner la tête ; la belle-mère non plus ne peut regarder son gendre (bokile). Si le gendre regarde sa belle-mère, il doit lui payer de 30 à 50 mitakkos.

Ci-après les principaux mots qui désignent les degrés de parenté :

Le père	Sango.	Le petit fils	} Momwâ.
La mère	Nyango.	La petite fille	
Le frère	Matambe.	La belle sœur	Mwolli.
La sœur	Matambe.	Le mari	Molommi.
Frère cadet	Motinne.	Le beau-frère	Molommi.
Frère aîné	Ntsommi.	La belle-mère	Bokilo.
L'oncle	Sango.	Le beau-père	Kofde.
La tante	Kofoe.	Le beau-frère	
Les cousins	} Matambe.	du mari	} Kofoe.
ou cousines		La belle-sœur	
Le grand-père	Otata.	de la marie	} Monjali.
La grand'mère	Otata.	Sœur de la	
L'épouse	Mwolli.	belle-mère	} Bokilo.

L'affection des parents pour les enfants est très grande ; l'enfant n'est jamais corrigé et la conséquence en est qu'il est très capricieux, entêté et opiniâtre ; il arrive même très fréquemment que l'enfant frappe la mère ; mais jamais la mère ne frappera l'enfant. Ils n'éduquent l'enfant sous aucun rapport. Les mères caressent et embrassent leurs enfants, les amusent par des jeux et les endorment par un chant.

L'infanticide n'existe pas, bien que quelquefois on accuse la mère d'avoir tué son enfant au moyen d'un fétiche. L'avortement cependant est en usage. A la mort de la mère, on tue quelquefois l'enfant.

Les parents jouissent toujours du respect de leurs enfants quel que soit l'âge de ceux-ci, et même les vieillards infirmes sont bien traités.

Généralement, les femmes sont bien traitées, mais cela dépend du caractère du mari ainsi que de leur propre caractère. Si le mari est un peu jaloux et si la femme est volage, l'époux exerce souvent son autorité d'une manière assez brutale.

Les occupations de la femme consistent à faire la cuisine et à recueillir le bois nécessaire au ménage, elle fait en outre, la poterie et les nattes et effectue les petites pêches. Elle a également pour fonction de raser son mari, de l'assister au bain, de tatouer, etc.

PROPRIÉTÉ. — La propriété est exclusivement individuelle.

C'est le fils qui hérite des propriétés immobilières et le frère du défunt qui hérite des biens mobiliers, mais, dans ce cas, les enfants sont à sa charge.

Chaque famille a sa partie de terre où elle fait ses plantations. Elle lui appartient en propre, à l'exclusion de toute autre famille, et la propriété des eaux elle-même se transmet en héritage aux fils.

GUERRE. — Les lances de jet sont en bois, les autres lances, couteaux et machettes sont en fer. Les boucliers qu'utilisent les Upotos sont faits en bambous tressés. Les lances de jet sont quelquefois empoisonnées. Dans l'intérieur, chez les Ngombés, les villages sont fortifiés, au moyen de palissades formées de grands et gros poteaux, et entourés d'un fossé ayant environ 3 mètres de largeur et autant de profondeur.

Il n'y a ni caste guerrière ni armée permanente. C'est le chef qui convoque les hommes à la guerre et d'habitude tout le monde répond à son appel. Celui qui a tué un homme acquiert le droit de se parer d'un anneau, soit en laiton, soit en peau de léopard, anneau qui se porte au bras droit un peu en-dessous du coude.

DANSES ET JEUX. — Les Upotos ont des danses pour diverses circonstances de la vie sociale : pour la guerre, la chasse (chez les Ngombés), pour les conjurations de maladies.

Ces danses sont assez indécentes et sont surtout pratiquées par les femmes. Celles-ci portent, à cette occasion, une ceinture de feuilles de bananiers; les hommes s'ornent la tête de plumes.

Liwanda. — Le jeu de *liwanda* peut se jouer entre gens du même village, mais il n'est vraiment intéressant que lorsqu'il est joué entre gens de villages différents.

Deux fois par an (le temps du grand reflux), les hommes les plus forts du village viennent dans un autre village pour lutter.

Avant de commencer, les gens qui sont venus pour lutter, supposons les gens de Ngonsi, parcourent le village (Iringui) en battant du tam-tam pour faire savoir aux habitants qu'ils veulent lutter avec eux.

Un grand espace est destiné à être le lieu du combat; les deux groupes d'adversaires sont assis par terre, les Ngnonzis en face des Iringuis et, tout autour, s'assemblent les gens qui viennent se réjouir du spectacle.

Au milieu de la cour se trouvent les arbitres qui doivent décider si les partis sont égaux et qui doivent tenir les spectateurs trop curieux, à une certaine distance.

On commence le jeu en chantant la chanson du *liwanda*.

Alors un homme *A* se lève et se dirige vers le groupe de ses adversaires pour inviter l'un d'entre eux à lutter avec lui. *B* se lève et va à la rencontre de *A*, les mains étendues.

Si *A* trouve que son adversaire est trop fort pour lui, il se retire, ou bien les arbitres le font partir en se mettant devant lui ; si *B* paraît plus faible, les arbitres de ce parti là se mettent devant *B*, et le font partir.

Inutile de dire qu'un certain temps s'écoule avant que les arbitres soient d'accord au sujet de l'équivalence des partis. C'est alors seulement que commence la lutte.

On se prend par les mains, et comme chacun tâche de prendre les mains de son adversaire, d'une manière qui lui donnera l'avantage sur lui, la lutte est encore retardée.

Enfin, quand un joueur s'est emparé des mains de son adversaire, il tâche d'atteindre sa jambe, en lui donnant un coup du pied, qui, généralement, est admirablement paré. Arrive-t il à donner le coup du pied, alors il doit profiter du moment, où l'homme ne tient pas ferme sur les pieds, pour tâcher de le renverser par la force des mains, mais cela doit se faire très rapidement, parce que les arbitres sont déjà là pour soutenir leur partenaire, et très souvent on fait partir l'homme, les partis n'étant pas égaux.

Si l'homme qui a proposé le *liwanda* est considéré comme trop fort, personne ne veut lutter avec lui et il doit se retirer pour céder sa place à un ami.

On voit que la partie peut durer longtemps.

Mais si, enfin, l'un des lutteurs arrive à jeter son adversaire par terre, tous les habitants du village courent comme des fous, en criant : Ia-ia-ia-ia-ia ho-ia-ho-ia-ho-ia-ho-ia, etc.

Même de vieilles femmes se joignent au cortège, qui parcourt tout le village

Les femmes se parent avec des feuilles de bananes

attachées en écharpe sur l'épaule gauche, et tiennent, dans la main droite, un rameau de palmier ; elles marquent le rythme de la chanson, en agitant le rameau de haut en bas et en s'inclinant en cadence. Les hommes, au lieu de rameaux, tiennent en main leur plus beau couteau. Ils se livrent aux mêmes mouvements.

La mère du vainqueur figure dans le cortège ; elle s'est parée du bonnet de son fils et elle porte au côté le couteau de son fils dans sa gaîne ; elle tient en main un autre couteau. Tout ceci est bizarre ; j'ai vu assez souvent des *liwandas*, mais jamais ce n'étaient les autres villages qui gagnaient ; je me demande si l'étiquette ne veut pas que ceux qui viennent proposer le *liwanda*, perdent ?

Le vainqueur est peint tout en rouge, et même les cheveux sont poudrés ! La femme du vainqueur le pare de son collier de perle, en lui plaçant le couteau comme un sceptre dans la main ; il marche au milieu de la foule qui crie et se presse autour de lui.

A mon sens, ce jour-là doit être le plus beau jour dans la vie d'un nègre, et, en effet, je crois que tous ces cris d'une foule folle et enivrée valent bien les applaudissements que, en Europe, le public daigne parfois nous accorder.

N'pouia. — Le *N'pouia* peut se jouer avec toutes les personnes sans restriction (voir ci-contre l'explication).

Pour jouer *n'pouia*, il faut faire plusieurs petites cavités dans la terre, de manière à former un rond. Dans chaque trou, on met trois noix de palme et alors commence le jeu.

Pour faciliter la description, mettons qu'il n'y ait que sept trous et qu'on joue la partie à deux, *A* et *B*.

A commence le jeu ; il prend les noix qui se trouvent dans le trou n° 1 et met, dans chaque trou suivant, une noix ; il y aura donc maintenant quatre noix dans les trous 2, 3 et 4, tandis que le n° 1 reste vide. *B* commence où *A* s'est arrêté, donc au n° 5, et fait la même chose que *A* ; il y aura donc quatre noix dans les n°ˢ 6 et 7 et une noix dans le n° 1.

Comme il n'y avait rien dans le n° 1 et que *B* est parvenu à y mettre une noix, il peut recommencer. Il prend donc les

EXPLICATION DU « N'POUIA »

```
                              N°
                              5

                              B 0
            B 4  N°           A 1       N°   A 4
            B 0   6           B 2        4   A 0
            A 1               B 0            B 1
            B 2               A 1            A 2
            B 3                              A 3
            B 0                              A 4
            A 1

      B 4  N°                                    N°   A 4
      B 5   7                                     3   B 5
      A 6                                              B 6
      B 7                                              A 7
      B 8                                              A 8
      B 9              N°           N°                 A 0
      A 10              1            2                 A 1

                     A 0          A 4
                     B 1          B 5
                     B 2          B 0
                     A 3          A 1
                     A 0          A 0
                     B 1          B 1
                     A 2          A 2
```

noix qui se trouvent dans le n° 6 et, par la même opération, prend possession des deux trous n°ˢ 2 et 3 qui appartenaient à *A* (en augmentant d'une unité le nombre des noix).

A doit donc commencer par le n° 4, où se trouvent quatre noix ; en les mettant dans des n°ˢ 5, 6, 7 et 1, il fait perdre à *B* deux trous (7 et 1), où *B* avait respectivement cinq et deux noix.

B commence par le n° 2, et fait perdre à *A* les trous 5 et 6, où il avait une noix, et le n° 7 où *A* avait six noix.

A commence donc par le n° 1, où se trouvent trois noix, et fait perdre à *B* les n°ˢ 3 et 4 avec six et avec une noix.

B commence par le n° 5 avec deux noix. *A* commence par le n°2 avec une noix. *B* commence par le n°6 avec trois noix.

A commence par le n° 3, avec huit noix, et fait perdre la partie à *B*, parce qu'il prend possession de tous les trous de *B*.

Ingwobeli. — L'*Ingwobeli* peut se jouer entre un nombre illimité de personnes, toujours entre hommes.

Chaque joueur est muni d'un lacet dans lequel on doit attraper un morceau de bois léger que lance l'un des joueurs. Chacun doit jeter le lacet à son tour. Si l'on attrape le morceau de bois, celui qui l'a jeté (n° 1), vient joindre celui qui a réussi à l'attraper (n° 2). Si 3 réussit aussi, 1 va dans le camp de 3, et si 3 jette et que 4 ne réussit pas, 4 n'a qu'à jeter le bois en l'air pour que 5 ou 1 et 2 (s'il n'y a que cinq joueurs) l'attrapent, 5 doit alors aller se joindre à 1 et 2, et tous les trois jouent contre 4 et 5. Le jeu continue ainsi jusqu'à ce que tous les joueurs aient passé dans l'un ou l'autre groupe.

Ndango. — Le *Ndango* peut se jouer avec autant de personnes qu'on veut, et sans considération de sexe; il se joue avec les pieds.

Si l'un des joueurs lève le pied droit, l'autre doit lever le pied gauche pour faire un point; s'il lève le pied droit, c'est l'adversaire qui gagne un point. Si l'un des deux lève le pied gauche, l'autre doit lever le pied droit et ainsi de suite. On joue la partie en 25 points. Naturellement, les deux joueurs doivent lever le pied en même temps.

On joue parfois la partie à plusieurs; le nombre de joueurs doit être toujours pair; on se divise alors en deux camps. Chaque homme ou femme (fille ou garçon) joue alors à son tour, mais on ne peut compter de points que si tout le camp opposé a perdu la partie.

Il existe une autre forme du *Ndango,* qui ne se joue qu'entre hommes. L'un des joueurs frappe deux ou trois fois dans ses mains, puis il étend le bras. S'il étend le bras droit, l'adversaire, pour gagner, doit parer du bras gauche et vice-versa. Le jeu se joue entre autant de joueurs que l'on veut.

Jeux de hasard. — On joue avec des cauris. Si tous les

Fig. 2. — Visage de femme.

cauris se tournent du même côté, le joueur a gagné ; si les cauris tombent pair, c'est-à-dire deux sur le dos et deux sur l'autre côté, il a encore gagné ; tandis que s'ils tombent impair, il a perdu. On joue généralement pour *un mitakko* ou bien deux, mais j'ai déjà vu des gens qui jouaient pour *50 mitakkos* le coup.

Jeux d'enfants. — Les enfants s'amusent à fabriquer de petits bateaux à l'aide de tiges de bananiers. Ils se taillent des fusils dans les tiges des feuilles de bananes. On pratique plusieurs incisions dans cette tige, et, lorsqu'on ferme les clapets ainsi ouverts, on produit un bruit qui ressemble au chargement d'un fusil Albini. Jouer soldat, jouer dans l'eau, c'est-à-dire surnager sur un bananier, se faire flotter sur une pirogue renversée, tels sont les jeux favoris des enfants.

ORNEMENTS, PARURES. — Comme fard, les Upotos utilisent le « Ngola », une couleur rouge qui est préparée avec le bois tinctorial.

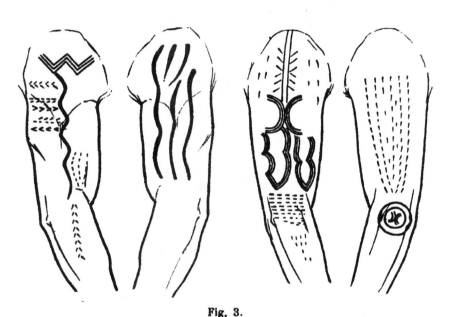

Fig. 3.

1. Bras d'homme.   2. Bras de femme.

On se sert aussi d'une couleur noire, « Mboh », qui est obtenue à l'aide d'un fruit qui a la forme d'une grenade, mais est vert au lieu d'être rouge.

Les femmes se servent de cette « Mboh » pour se faire des dessins sur les fesses et sur le bas-ventre, sur le visage et les autres parties du corps.

L'homme ne se noircit que les sourcils et se fait tracer quelques lignes noires sur le visage.

Le tatouage par incision est usité, sur le visage surtout, sur le ventre, sur les bras et sur le cou.

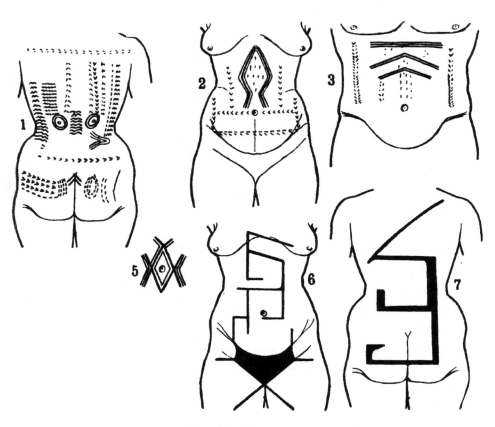

Fig. 4.

1. Dos de femme.   2. Ventre de femme.   3. Ventre d'homme.

5. Nombril.   7. Dos de femme.

Jambe droite d'une femme.   6. Poitrine et bas-ventre de femme.

Les femmes se tatouent plus que les hommes, parce qu'elles se tatouent encore sur le bas-ventre et sur les reins.

Dans l'intérieur, j'ai vu des femmes qui se tatouaient même les organes génitaux.

Voici d'ailleurs quelques dessins de tatouages (voir fig. 2, 3 et 4).

C'est une coutume générale de se limer les dents, les hommes ne se liment que les dents de la mâchoire supérieure, en laissant les canines intactes ; quelquefois, ils liment celles-ci aussi et ne laissent que les molaires intactes.

Les femmes se liment toutes les dents.

Je me suis informé de la raison de ces multilations, mais je n'ai jamais reçu une réponse satisfaisante.

Pour moi, la raison en est simplement la mode !

On se moque des hommes qui n'ont pas les dents limées.

On se perfore les oreilles et la cloison sous-nasale, et quelquefois les hommes y attachent des cauris et les femmes des perles.

Dans la cloison sous-nasale, les gamins mettent un petit morceau de bambou, mais dès qu'on est devenu « homme », on n'y met plus rien.

La circoncision est pratiquée. Ni la castration ni l'infibulation des organes génitaux ne sont pratiquées.

Les femmes portent des colliers de perles blanches, qui pèsent parfois jusque 10 kilogrammes et qui sont formés de plusieurs centaines de rangées de perles. Elles ont en outre des colliers autour des reins.

Elles portent également de gros anneaux de cuivre autour des chevilles et des anneaux de laiton autour des jambes, jusqu'à la hauteur du mollet, et également autour des bras.

(D'après les notes de M. Lindeman).

(A suivre.)

(*Annexe.*)

VOCABULAIRE DE LA LANGUE MAMOY

PARLÉE A IRINGUI, N'PA, LIÉ ET N'PAZZA.

Les parties du corps.

La tête	moritou.	Les cheveux gris	ngwé.
L'oreille	matooi.	Les doigts	nsalla.
Le nez	lidsjole.	Le pouce	monsalla na molommi.
Les yeux	bamisou.	Tous les autres	monsalla na mwolli.
La bouche	monokke.	doigts	
La langue	lolimmi.	La poitrine	n'tolo.
Les dents	baminou.	L'épaule	litoko-toko.
Les grosses dents	likekko.	Le cou	nkingo.
Les cils	nkongé.	La nuque	likotti.
Les sourcils	linkiki.	Le menton	libanga.
La pupille	iendika.	Les lèvres	étakka na monokke.
Les cheveux	nolswéh.	L'estomac	motimme.
La paupière	litakka.	Le ventre	n'tsoffe.
Le bras	lebokke.	Les jambes	ékollo.
La main	likansa.	Le fémur	éferro.
Les ongles	bijalla.	Le pied	litamba.
Les genoux	libongo.	La cheville	likafoou.
Le mollet	mofinde.	Le côté	mofanzou.
L'orteil	nsalla.	Les côtes	npanzou.
Le dos	bokotte.	Colonne vertébrale	mokalakala.
Sous le bras	lisnusadu.	L'incision de la cloi-	montoubé.
Les fesses	linganda.	son sous-nasale	
Le pouls	likaffou.	La perforation de	atoubéla mattooi.
Les veines	nsiessa.	l'oreille	
Les mamelons	mabelle.	Si on n'a pas per-	éboubou *ou*
Le nombril	lingondou.	foré l'oreille	pokke-pokke.
La barbe	lolé.	Le front	mombo.
La moustache	lolé.	L'omoplate	élefesse.
Le coude	molokko.	Le corps	loffo.

La maison. — N'dakko.

Le toit	likolo n'dekko.	Une chaise longue	ngende.
Les poteaux	mekonzi.	La table	mesoe (*introduit*).
La porte	motattako.	Le lit	n'dello.
Les fenêtres	monokke ba ndekko.	Couvertures	Bolangiti.
La vérandah	monginda.	Petite natte	litoli.
Une chaise	ikolongo.	Les nattes	lidahekka.

Le manger. — Lotomma.

Une assiette	liballa.'	Une tasse	ébongo.
La fourchette	ekwansa.	Un verre	énoko.
Une cuillère	n'gebbê.	Sel indigène	mokwâh.
Une petite cuillère	n'gebbê nkekke.	Le sel	monanne.
Le poivre	ésassou.	L'eau	malimbà.
Le pot	étinni.	Écaille d'huîtres	
Le pot	etekki.	dont on se sert comme cuillère	likwinga.

La guerre. — Etoumba.

La lance.	likongo.	La ceinture autour des reins	ndingo.
Le couteau	ébonni.		
La gaîne	libobbo.	Pavillon	n'delle.
Le bouclier	ngouba.	Fusil	n'bau.
Les cartouches	lisatsi	Le revolver	kwesse-kwesse.
Le martini	ekoddo.	La chaîne	makossi.
Le winchester	etiende.	Les cordes dont	
Palissade	nbwango.	on se sert comme	
Palissade	kengiri.	d'une chaîne chez	n'kesse.
(Mais Kengiri veut dire plutôt sentinelle.)		les indigènes	

Le Village. — M'bokku.

Le chef	n'koumou.	Boîte indigène	ngonkou.
Le chemin	limbali.	Banc de sable	lidséro.
Forgeron	litouli.	Une pirogue	watto.
La pluie	nboule.	Pagaie	n'kaay.
Une tornade	bokouli.	Le vent	éwé.
Baleinière	ébé.	Les vagues	n'poumba.
Un vapeur	massour.	Le sifflet	mugga.
Les noirs	baindou.	Les blancs	mindelle.
Travailleurs	bassali.	Un albinos	nbounzou.
Vieillard	mobaugjé	Une île	lisanga.
Quelqu'un sans famille	bontongo.	Orphelin	litienda.
		Esclave	mabouri.
La terre	mobondo.	Termitière	mokolli.
L'argile	iôh.	L'argent	prata (*introduit*).
Une femme non mariée	élelle.	Une veuve	mondingjé.
		Les criques	motimme.
La rivière	mbanzé.	Arachides	nsoko.
Une caisse	sandoukou.		

LES PROGRAMMES DE GÉOGRAPHIE

DANS LES

Lycées et les Collèges français et les Conférences du Musée pédagogique.

La question de l'enseignement secondaire est posée dans la plupart des pays d'Europe. En Allemagne, en Angleterre, en Italie, en France, on a organisé de vastes enquêtes dans le but d'examiner l'état de cet enseignement et de rechercher les moyens les plus propres de le mettre en rapport plus intime avec les exigences de la vie moderne. En Belgique, un arrêté royal, daté de Villefranche-sur-mer, le 19 février 1906, institue une commission pour l'étude et l'examen des améliorations qu'il convient d'introduire dans l'organisation de l'enseignement moyen du degré supérieur (1).

Des travaux de la commission française de l'Enseigne-

(1) Dans le rapport au Roi, qui accompagne le projet d'arrêté, nous lisons, entre autres :

« Récemment encore, le Congrès international d'expansion économique mondiale, placé sous le Haut Patronage de Votre Majesté, a émis une série de vœux, dont l'importance a frappé les esprits

» Non seulement, la section de l'enseignement du Congrès de Mons a préconisé une large extension de la culture physique, de l'enseignement des langues vivantes et de plusieurs branches spéciales, telles que l'histoire et *surtout la géographie*, mais elle a suggéré un essai de réforme des humanités traditionnelles elles-mêmes. »

ment (1), sont sortis les plans d'études et les programmes
actuellement en vigueur.

« Dans un pays comme la France, où la population professionnelle et active (industriels, négociants, agriculteurs)
représente 48 p. c. de la population totale, 18 millions d'individus sur 38 millions d'habitants, où le capital industriel
s'élève à 96 milliards 700 millions de francs, où les exportations se sont chiffrées, en 1900, à plus de 4 milliards de
francs, l'Université ne peut se contenter de préparer les jeunes
gens qui lui sont confiés aux carrières libérales, aux grandes
écoles et au professorat ; elle doit les préparer aussi à la vie
économique, à l'action (2). »

Pour répondre à ces multiples besoins, on a prévu, dans
chaque cycle, des groupements divers de matières, des
sectionnements, des options.

L'enseignement secondaire est constitué par un cours
d'études d'une durée de sept ans et fait suite à un cours
d'études primaires d'une durée normale de quatre années.
L'enseignement secondaire comprend deux cycles : l'un d'une
durée de quatre ans, l'autre d'une durée de trois ans
(annexe 1).

Ces études mènent à un baccalauréat unique, conférant
les mêmes droits. Ce seul diplôme porte, à titre de renseignement, des mentions différentes suivant l'option du candidat
entre les différentes matières offertes à son choix.

Pour les élèves qui ne se destinent pas au baccalauréat,
il sera institué, dans un certain nombre d'établissements
publics, à l'issue du premier cycle, un cours d'études, de
deux ans, dont l'objet principal sera l'étude des langues
vivantes et l'étude des sciences, spécialement en vue des

(1) *Enquête sur l'Enseignement secondaire*, Paris, 1899, 5 volumes in-4°.
(2) Lettre du ministre de l'Instruction publique au président de la Commission
de l'Enseignement de la Chambre des députés. Janvier 1902.

applications. Il sera approprié aux besoins des diverses régions (annexe I).

* * *

Les programmes de certaines matières ont été sensiblement modifiés; tel est le cas notamment pour les programmes de géographie.

D'après les programmes précédents, l'enseignement géographique était partagé en trois cercles et parcouru trois fois en entier, dans les classes préparatoires et élémentaires, dans les classes de grammaire, dans les classes supérieures.

La matière était distribuée comme suit dans les différentes classes :

A. *Division élémentaire*. — Classe préparatoire, huitième, septième : notions élémentaires de géographie.

B. *Division de grammaire*. — Sixième : géographie générale du monde ;

Cinquième : France ;

Quatrième : géographie générale et géographie de l'Amérique.

Division supérieure.— Troisième : Afrique, Asie, Océanie ;

Seconde : Europe ;

Rhétorique : France ;

Philosophie (pas de cours spécial de géographie).

Le nouveau programme de géographie (annexe 2) attache une grande importance à la géographie générale; le cours finit par un exposé de l'état économique actuel des principales puissances du globe; tout le programme s'inspire davantage de la conception actuelle de la science géographique. La brièveté des programmes permet au professeur de donner un enseignement aussi personnel qu'il le désire. « Raison de plus pour qu'il y ait mûrement réfléchi, dit M. Gallois; d'autant qu'il ne se trouve pas ici en présence de traditions établies. C'est à propos de la géographie surtout qu'il est vrai de dire que les programmes ne sont que des cadres, et que l'essentiel est de savoir ce qu'on veut y mettre. »

Le programme de géographie, dans les cours élémentaires, comprend les notions élémentaires de géographie générale, la description élémentaire des cinq parties du monde, de la France et de ses colonies. Le même ordre est suivi dans les quatre années du premier cycle. Le programme prescrit que les notions de géographie physique des divers continents et des pays de l'Europe doivent être présentées dans l'ordre adopté pour l'exposé des notions de géographie générale, enseignées en sixième. Le programme du second cycle comprend la géographie générale, l'étude complète de la France et des principales puissances du monde.

La concentricité cesse donc avec le premier cycle.

L'enseignement géographique au lycée trouve une base sérieuse dans l'enseignement de la géologie donné par le professeur de sciences naturelles. Les leçons de choses de la deuxième année préparatoire et de la classe de septième comprennent déjà des notions très élémentaires de géologie. En cinquième *B* et quatrième *A*, on fait pendant une heure par semaine, durant toute l'année, une étude sommaire des roches (1) et des phénomènes naturels.

---

(1) « L'étude des roches, » dit M. Péchoutre, dans sa conférence sur l'enseignement des sciences naturelles dans le premier cycle », doit être évidemment fondée sur les caractères extérieurs, les propriétés sensibles, le mode de formation et ne jamais faire appel aux notions de chimie ou de cristallographie, que l'enfant ne possède pas. Mais une étude purement descriptive des roches et de leurs propriétés serait fastidieuse et sans grande valeur éducative, si cette description n'était accompagnée de considérations pratiques, qui sont la consé-

Dans toutes les classes de seconde, on consacre douze conférences d'une heure à la géologie ; de plus, le programme des classes de philosophie et de mathématiques comprend cinq leçons d'une heure sur les notions de paléontologie (annexes 3 et 4).

Quant à l'étude de la géologie en seconde, le programme proscrit rigoureusement l'énumération des diverses couches : étages, sous-étages, listes de fossiles. Le professeur doit se borner à faire connaître les traits principaux de chacun des âges de la terre et à décrire les formes vivantes les plus importantes. Le cours doit être complété par quelques excursions.

Les notions de cosmographie sont enseignées par le professeur de mathématiques dans les classes de philosophie et de mathématiques (annexes).

* * *

Le programme d'une branche d'enseignement n'est le plus souvent que la façade d'un bâtiment qui ne nous renseigne que très imparfaitement sur la distribution intérieure.

« En soi, dit M. Liard, vice-recteur de l'Académie de Paris, les programmes, même les meilleurs, sont à peu près indifférents. Ce qui vaut, c'est le maître ; et, dans le maître, c'est la méthode. »

M. le directeur du Musée pédagogique de Paris l'a compris en prenant l'initiative de convoquer les professeurs et les étudiants de Paris à des conférences sur des questions

---

quence de ces propriétés. Il ne suffit pas d'apprendre à l'enfant en quoi consiste le granit, le trachyte, le calcaire ou l'argile ; il faut lui faire connaître, en même temps, les contrées granitiques, trachytiques, calcaires et argileuses de la France et lui montrer l'influence du sous-sol sur le modelé du terrain, sur le régime des eaux, sur l'habitation et sur l'agriculture. »

de méthode et d'intérêt professionnel (1). Il a fait appel à des hommes éminents ou particulièrement qualifiés, qui communiquent à ce public spécial leurs vues et leurs réflexions sur le nouveau programme de l'enseignement secondaire. Les discussions qui suivent les conférences permettent à toutes les opinions éclairées de se produire.

Sur la proposition de M. Liard, on a débuté par les sciences. Ce sujet était, d'après lui, le plus urgent parce que, dit-il, « les nouveaux plans d'études ont investi définitivement les sciences de leur véritable fonction dans l'enseignement secondaire. »

La première série de conférences, données en 1904, a été consacrée aux sciences mathématiques et physiques.

En 1905, on a traité de l'enseignement des sciences naturelles et de la géographie. Les *Annales de Géographie* (2) ont publié le texte intégral des conférences données par MM. P. Vidal de la Blache, L. Gallois et Paul Dupuy.

Nous nous permettons de résumer à grands traits les vues originales développées par chacun de ces maîtres de l'enseignement.

* * *

La Conception actuelle de l'Enseignement de la Géographie, par M. Vidal de la Blache, professeur à l'Université de Paris.

On n'est pas d'accord sur la place qui convient à la géographie dans l'enseignement des lycées, collèges ou établissements primaires supérieurs. Des hommes autorisés, en différents pays, se préoccupent de la place insignifiante accordée à la géographie dans notre enseignement; ils ne

(1) De nombreux instituteurs des écoles primaires de Paris assistent à ces conférences.

(2) *Annales de Géographie*, 15 mai 1905.

des pays secs réduisent leur feuillage, le suppriment parfois ;
ou bien comme les cactées, le protègent par le tissu coriace
ou l'enduit vernissé de l'épiderme ; ou bien encore, ils
accumulent dans des organes de réserve l'humidité nécessaire à leur existence. »

Les services météorologiques, qui fonctionnent dans les
différents pays, nous font connaître les variations journalières dans les pressions atmosphériques, le régime des vents
et des courants.

C'est sur ce fond plus riche que peut se développer aisément la conception rittérienne des rapports entre la nature
et l'histoire.

La géographie considère les sociétés humaines par rapport à la Terre. Nos connaissances en ethnographie ont
décuplé ; d'une part, on comprend de plus en plus l'action
du monde animal et végétal sur le mode de vivre de l'homme ;
d'autre part, on comprend mieux la puissance de l'action
humaine dans les domaines biologiques. L'idée d'enchaînement domine toute la géographie moderne. De nos jours,
le maître a à sa disposition, non seulement une source
inépuisable de matériaux et de documents, mais aussi un
principe de méthode, dont il a à s'inspirer dans son enseignement. Il doit voir « dans la géographie le moyen d'éveiller
chez les enfants l'esprit d'observation sur un ordre de faits
très propre à l'entretenir et à l'exciter. Ces faits les enve-
loppent, ils se lient à leurs actes et à leurs habitudes ; mais,
faute d'avertissement, ils étaient passés inaperçus. Peu à peu
ce monde extérieur se révèle plein d'enseignements. Ce qui
paraissait fortuit, isolé, se manifeste comme lié à d'autres
phénomènes : on voit des rapports entre les pluies et les
formes du relief, entre les couches du terrain et les sources,
entre celles-ci et les cultures, l'habitat, la position des
villages. On s'aperçoit aussi que des choses, qu'on croyait

figées, immuables, ont changé sans cesse et qu'elles changent encore; et que cette évolution se produit d'après certaines lois, vers certaines fins. »

L'enseignement rationnel de la géographie se recommande à nos yeux comme un bienfait pour la formation de l'esprit. Car les objets, sur lesquels il appelle l'attention de l'enfant, sont une réalité toujours présente; et l'enchaînement, dont il offre le spectacle à des esprits plus mûrs, a une portée philosophique fondée sur des expériences sensibles.

Les Programmes de l'Enseignement géographique dans les Lycées et les Collèges et leur Application, par M. L. Gallois, professeur adjoint de l'Université de Paris.

1. A les considérer dans leur ensemble, les nouveaux programmes de géographie marquent un réel progrès sur les programmes antérieurs. Signalons toutefois le fait étrange que la géographie complète de l'Amérique est enseignée pour la dernière fois en sixième, à des enfants de onze ans, celle de l'Asie et de l'Afrique, à des enfants de douze ans, et celle de l'Europe, à des enfants de treize ans, tandis que la France occupe le programme deux fois en trois ans, en troisième et en première.

Les principes qui doivent nous guider dans l'interprétation des programmes peuvent se résumer comme suit :

« Ne jamais séparer la description de la recherche des causes, encadrer la géographie physique dans les sciences naturelles, s'élever de la géographie physique à la géographie économique, à la géographie politique ou humaine, montrer la répercussion des phénomènes les uns sur les autres, refaire cette synthèse qu'ont défaite les sciences spéciales pour étudier isolément les faits qui les intéressent, habituer les esprits à observer et à réfléchir. »

2. Que l'on ne craigne pas de faire appel aux résultats

incontestables que la géologie nous offre et qui éclairent merveilleusement l'histoire physique du globe. « Lorsqu'une fois on s'est rendu compte de l'aide puissante qu'apportent ces considérations à l'intelligence du relief terrestre, il n'est plus possible de refuser son adhésion et de ne pas être converti aux nouvelles doctrines. »

3. Les programmes des classes élémentaires me paraissent excellents. Dès le début, ils permettent de s'adresser à l'intelligence de l'enfant.

Le programme du premier cycle débute par des notions de géographie générale. Ces premiers principes doivent être présentés aussi simplement que possible et illustrés d'exemples bien choisis. Dans les classes suivantes du premier cycle, il faut rappeler à toute occasion les principes de la géographie générale.

Dans l'étude de la France, en troisième et en première, on ne peut attacher une importance capitale aux divisions et subdivisions administratives du pays. L'étude par régions naturelles est à conseiller. En seconde, le professeur peut — d'une manière insuffisante, il est vrai, — faire une revision des pays autres que la France, en étudiant les questions d'ensemble : questions de géographie physique, questions de géographie économique, questions de géographie humaine.

La partie la plus délicate à traiter du programme est la géographie humaine, parce que l'influence de la nature sur l'homme peut s'exercer de bien des manières. On doit tâcher de la saisir dans des faits indiscutables, accessibles à l'observation directe. Si, par exemple, nous étudions les groupements humains en France, — abstraction faite des grandes agglomérations urbaines, — certaines feuilles de notre carte d'état-major peuvent nous être d'une réelle valeur. On peut dire que « le meilleur commentaire d'une carte de la population est la carte des niveaux aquifères, ou, ce qui revient au même, la carte géologique. »

« L'avenir réserve à la géographie, dans notre système d'éducation, un rôle plus important que celui qui lui a été attribué jusqu'à présent. Et, c'est pourquoi, il faudrait songer à lui faire un peu plus de place dans nos programmes. »

Les Procédés et le Matériel de l'Enseignement géographique dans les Lycées et les Collèges, par M. P. Dupuy, secrétaire de l'école normale supérieure.

La méthode qui doit guider le professeur de géographie est avant tout la méthode inductive.

« La géographie locale, toutes les fois que les conditions où l'on se trouve permettent d'en faire un exercice d'observation directe, doit être l'âme de la géographie. » Elle peut se prolonger a travers presque tout le cours des études, en s'adaptant aux progrès des connaissances comme à celui des facultés intellectuelles. La géographie locale apparaît comme une préface et un accompagnement nécessaire de tout enseignement de géographie générale ayant un caractère réellement éducatif.

Là où le travail d'observation en plein air fait défaut, des photographies bien choisies peuvent suppléer en partie à la vue directe des faits, et le professeur chargé de l'enseignement de la géographie générale, en sixième, doit en faire largement usage. Ces observations, étant individuelles, peuvent être avantageusement complétées par les projections murales.

La carte a été pendant longtemps le seul objet intuitif employé dans nos classes ; « la description des lignes de la carte est devenue l'objet essentiel des études : de là, l'importance prédominante encore de l'hydrographie dans la géographie scolaire. »

Les cartes scolaires actuelles s'appliquent, il est vrai, non plus à déformer, mais à représenter la réalité. Apprenons à nos enfants à lire les cartes et à leur faire comprendre tout ce qu'elles peuvent exprimer.

Le jeune âge n'a pas le sens des proportions géographiques, l'usage du globe terrestre s'impose donc dans toutes les classes.

Ce matériel didactique suffit-il à créer chez les enfants une image très nette des régions étudiées ?

Il manque un intermédiaire, celui qui peut nous être fourni par les vues cavalières ; « il faudrait simplement pouvoir placer à côté des cartes ordinaires quelques-unes de ces représentations à vol d'oiseau, si parlantes et si suggestives, que le commandant Barré a multipliées dans son livre sur l'*Architecture du sol de la France*, et où se marquent si nettement la structure, les lignes caractéristiques et les formes dominantes des paysages géographiques. »

Le professeur, disposant du matériel didactique complet, peut tirer de la méthode heuristique tout ce qu'elle contient. Ces exercices d'heuristique relégueraient à l'arrière-plan les cartes faites par les élèves ; le vrai devoir de géographie peut et doit être un devoir de réflexion et d'expression.

L'emploi de la méthode heuristique exige beaucoup de temps. Au point de vue pédagogique, il y a bien peu à attendre de l'enseignement de la géographie, « tant qu'il restera emprisonné dans l'unique classe de cinquante minutes par semaine, heureux encore s'il ne produit pas, par suite de l'extrême rapidité avec laquelle les faits et les idées doivent être traités, de véritables déformations intellectuelles. A quoi bon parler, dans de pareilles conditions, et de géographie locale et d'excursions géographiques ? »

Les idées nouvelles, dont l'enseignement de la géographie tend à s'inspirer, disposent en Angleterre et en Amérique de revues spéciales. Signalons, en Angleterre, le *Geographical Teacher*, sous la direction de M. Herbertson et en Amérique, le *Journal of Geography,* où se fait sentir l'influence de M. W. Morris Davis (1).

Il est à espérer qu'on verra naître, aussi en France, un organe spécial où, à côté des renseignements nouveaux indispensables, se trouverait le compte-rendu des tentatives pédagogiques intéressantes, qu'elles soient françaises ou qu'elles soient étrangères, où l'esprit nouveau qui anime maintenant tant de professeurs de géographie prendrait corps et se personnifierait devant l'opinion et devant l'administration.

De l'étude de ces programmes et des considérations de méthode développées dans les conférences découlent pour nous des enseignements que nous examinerons dans un prochain article.   L. Z.

---

(1) Ajoutons-y la *Zeitschrift für Schul-Geographical,* de Rusch et Becher (Vienne).

Plan d'Études de l'Enseignement secondaire.

ANNEXE 1.

Cours d'études primaires.

Division préparatoire.
- Première année préparatoire.
- Deuxième année préparatoire.

Division élémentaire.
- Classe de Huitième.
- Classe de Septième.

Premier cycle.

- Classe de Sixième.
- Classe de Cinquième.
- Classe de Quatrième.
- Classe de Troisième.

Second cycle.

- Classe de Seconde.
- Classe de première (3).
- Classe de Philosophie et de Mathématiques.

(1) Division A. — Latin.

(1) Division — Latin.

Section A. Latin-Grec. — Section B. Section C. Latin. — Section

(2) Section A. Grec-Latin — Section B. Latin-Lang. vivant. — Section A. Latin-Sciences — Section B. Latin-Lang. vivant.

Philosophie. — Mathématiques.

(1) Les dénominations de *classique* et de *moderne* ont été écartées, parce qu'elles ne pe que perpétuer une rivalité funeste et que tout enseignement digne de ce nom doi à la fois classique et moderne.

(2) Cours spéciaux de deux ans, appropriés aux besoins des diverses régions.

(3) A l'issue de la Classe de Première, les élèves peuvent se présenter à la Pre Partie du Baccalauréat.

ANNEXE 2.   **Programmes de Géographie**

COURS D'ÉTUDES PRIMAIRES

Suite et développement des exercices commencés dans la classe enfantine.

Les points cardinaux. non appris par cœur, mais trouvés sur le terrain, dans la cour, dans les promenades, d'après la position du soleil.

Exercices d'observation : Les saisons, l'horizon, les accidents du sol, etc. Emprunter les exemples au pays habité par l'enfant.

Préparation à la connaissance d'une carte géographique. Plan de la classe, du lycée, de la maison, de la rue.

Préparation à l'étude de la géogra[...] par la méthode descriptive.

Explication des termes géograp[...] (montagnes, fleuves, mers, [...] isthmes. détroits. etc) en parla[...] jours d'objets vus par l'élève et e[...] cédant par analogie.

La géographie générale (la Ter[...] forme, ses grandes divisions, leur[...] divisions).

Indiquer sur le globe et sur l[...] murale la position des océans[...] continents, spécialement de l'Eur[...] de la France.

Petits récits de voyages. Faire c[...] tre quelques grands voyageurs : [...] familiers faits par le maitre et r[...] de vive voix par l'élève.

CLASSE DE HUITIÈME

Notions élémentaires de géographie générale.

La mer. Les marées et les courants. Le fond des mers et la vie sous-marine. Les continents, grandes chaines de montagnes, grands cours d'eau. Pays chauds et pays froids. Pays arrosés et pays secs. Les régions polaires. Les déserts. Animaux et plantes remarquables des grandes régions terrestres.

Description élémentaire des cinq parties du monde : Europe, Asie, Afrique, Amérique, Océanie. Donner, sous forme de lectures ou d'entretiens familiers, une idée de la vie sauvage et de la vie civilisé. Formé et limites des continents : mers, golfes, détroits, caps, iles.

Principaux États avec leurs capitales; leurs ressources agricoles ou industrielles les plus importantes. Grands ports de commerce et grandes villes. Exercices élémentaires de cartographie au tableau noir et sur cahier.

Géographie élémentaire de la Fra[...] et de ses colonies.

Frontières maritimes et terre[...] Configuration. Situation.

Les montagnes : Massif centr[...] Cévennes, Pyrénées, Alpes. Jura, Vo[...] principaux sommets. Grandes plai[...] grandes vallées.

Les grands fleuves : Seine, Garonne, Rhône, Meuse. Les fl[...] côtiers.

Les côtes : mers, golfes, dét[...] caps, iles.

Anciennes provinces et départem[...] chefs-lieux.

Description des principales régio[...] la France et de leurs populations (m[...] locales, costumes). Grandes villes.

Etude plus approfondie de la vill[...] département, de la région habité[...] l'élève.

Les principaux canaux de navig[...] intérieure et les grandes lignes de[...] mins de fer.

Algérie et Tunisie. Indo-Cbine[...] çaise. Madagascar. Le Soudan et le[...] Notions rapides sur les autres col[...]

Exercices de cartographie au ta[...] noir et sur cahier, sans calque.

ycées et les Collèges de Garçons.

PREMIER CYCLE

CLASSES DE SIXIÈME	CLASSES DE CINQUIÈME
I. *Géographie générale* — *Le globe*. Simples notions sur les pôles, l'équateur, les zones terrestres. Répartition des terres et des mers. *Le relief*. La montagne, le plateau, la plaine. Volcans. *La mer*. Les mouvements de la mer, influence des courants, la vie dans les mers. *L'atmosphère*. Les mouvements de l'atmosphère; action des vents. *La pluie*. La circulation des eaux, le fleuve *Le climat*. Climat maritime et climat continental. *La côte*. Principales formes du rivage. *La végétation et la vie animale*. Types principaux. — Le désert. *L'homme*. Notions élémentaires sur la répartition de la population, des langues et des religions. Principales races. La vie civilisée et la vie sauvage. II *Les Terres polaires*. — Notions élémentaires. *Amérique*. Notions de géographie physique. Notions de géographie politique et économique. (N'insister que sur le Canada, les Etats-Unis, le Mexique, le Brésil, le Chili, la République Argentine. Relations avec l'Asie, l'Océanie et l'Europe. Immigration *Australasie*. Australie, Nouvelle Zélande. Principaux archipels de l'océan Pacifique. (L'étude de l'Insulinde sera rattachée à l'étude de l'Asie.	**Asie et Insulinde, Afrique.** Notions de géographie physique. Notions de géographie politique et économique. Relations avec l'Europe et l'Amérique.

CLASSES DE QUATRIÈME	CLASSES DE TROISIÈME
L'Europe. Géographie physique : étude d'ensemble. Géographie politique et traits caractéristiques de la géographie économique pour chacun des principaux Etats. Superficie et population comparées des grands Etats, leur situation economique et leurs forces militaires. Grandes voies de communication internationales.	**La France et ses colonies.** Géographie physique. Notions élémentaires de geologie. Relief. Climats. Cours d'eau. Côtes Ressources naturelles. Géographie politique. Organisation militaire Organisation administrative. La frontière. Géographie économique : traits caractéristiques. Les colonies. L'Algérie, le protectorat de Tunisie, l'Afrique française, Madagascar, l'Indo-Chine, les colonies du Pacifique, les colonies d'Amérique.

Géographie générale.

I. *La découverte de la Terre.* — Le monde connu des anciens. Les routes de commerc et les grands voyageurs du moyen âge. La découverte de l'Amérique et de la rout maritime de l'Inde. L'exploration des mers australes. L'exploration de l'Afriqu L'exploration des régions polaires.

La science géographique. — Ses transformations et ses progrès. La représentation la Terre : projections, cartes, globes.

II. *La Terre dans l'Univers.* — Le système solaire. La Terre dans le système solaire. Mouvements de la Terre. Hypothèse de Laplace. Coup d'œil sur les époques géolo giques.

Le globe terrestre dans son état actuel. — Ses dimensions. Sa structure. Répartitio des terres et des mers.

L'élément solide. — L'écorce terrestre : sa composition; terrains éruptifs et sédi mentaires ; terrains anciens et récents; propriétés des divers terrains. Le relief formation; importance.

L'élément liquide. — Les océans. L'eau de mer. Les mouvements des mers, vagues marées, courants. Le fond des mers; la vie dans les mers

L'élément gazeux. — L'atmosphère La température : influences qui la déterminent Les mouvements de l'atmosphère : vents réguliers, périodiques; action des vents Les pluies : formation; répartition. Classification des climats.

Les eaux courantes. — Neiges et glaciers Les eaux d'infiltration et les sources. Le eaux de ruissellement et les fleuves. Caractères principaux et utilité des cours d'eau

Les côtes — Côtes rocheuses, côtes sablonneuses, côtes alluviales.

Les minéraux. — Ressources minérales des divers terrains.

Les flores et les faunes. — Répartition des plantes et des animaux. Principales zone de végétation. Grandes régions zoologiques.

Les modifications actuelles de la Terre. — Les actions internes : dislocations du sol tremblements de terre ; volcans.

Les actions externes: actions de l'atmosphère ; des eaux courantes et souterraines de la mer. Les variations du climat et de la végétation.

III. *L'homme.* — Place de l'homme dans l'histoire de la Terre.

La population actuelle du globe — Nombre des hommes; natalité et mortalité répartition; principaux centres de peuplement; points de groupements des popula tions. Les races, langues et religions; leur distribution; pays civilisés et pays encor sauvages.

L'homme et la nature. — Influence de la nature sur l'homme. Action de l'homm sur la nature. Déplacement des centres de peuplement et d'activité.

IV. *Grands traits de la géographie économique du globe.*

Les produits alimentaires. — Le froment; le riz ; la pomme de terre ; la vigne ; betterave et la canne ; le café, le thé : conditions de la culture ; principaux pays pr ducteurs et consommateurs.

Les textiles — Le lin et le chanvre; le coton ; la laine ; la soie : pays producteu et pays manufacturiers.

Les combustibles — La houille ; le pétrole.

Les minéraux précieux et les minéraux utiles. — L'or et l'argent. Le fer, le cuivre, plomb, l'étain, le nickel, le mercure.

Le monde économique actuel. — Moyens et instruments de transport. Les grand voies ferrées transcontinentales ; les grandes lignes de navigation. Les principa ports et les principaux pays industriels et commerçants.

et les Collèges de Garçons.

La France.

I. *Constitution géologique*. Le relief. Les climats. Le régime des eaux. Les côtes.

Formation de la nation française. Répartition de la population. Langues et religions.

II. *Etude de la France par grandes régions naturelles*. Traits caractéristiques du relief, du climat, du régime des eaux, de la géographie économique. Population et villes.

III. *Régime administratif étudié particulièrement dans le département et dans la commune*. Organisation militaire ; traits essentiels dans la défense des frontières.

Géographie économique. Grands centres de production. Les moyens de communication.

IV. *Les colonies*. L'Algérie ; le protectorat de la Tunisie ; l'Afrique française ; Madagascar ; l'Indi-Chine ; les colonies du Pacifique ; les colonies d'Amérique.

La France dans le monde ; rapports avec les grands pays du globe.

Les principales Puissances du Monde.

Iles Britanniques. — Géographie physique et économique. L'Empire britannique. (Pour l'Angleterre comme pour les autres puissances. on n'insistera que sur les grandes colonies). L'Angleterre en Afrique. L'Inde anglaise L'Australie et la Nouvelle-Zélande. Le Canada.

Belgique et Pays-Bas — Géographie physique et économique. Le Congo belge. Les Indes néerlandaises.

Allemagne. — Géographie physique et économique. L'émigration. La colonisation. Le commerce allemand dans le monde.

Suisse.— Géographie physique et économique. Les percées alpines.

Autriche-Hongrie. — Géographie physique et économique. Les nationalités.

Italie. — Géographie physique et économique. L'émigration italienne.

Empire russe. — Géographie physique et économique. Les dépendances de la Russie en Asie.

Chine et Japon. — Géographie physique et économique. L'émigration chinoise et japonaise

Etats-Unis. — Géographie physique et économique. Accroissement de la population. Expansion des États-Unis.

République Argentine et Brésil. — Géographie physique et économique. Développement de la colonisation.

Les grandes voies de communication. — Routes maritimes et terrestres. Chemins de fer. Grandes lignes de navigation. Télégraphes.

CLASSE DE SEPTIÈME	CL. DE CINQUIÈME *B* ET DE QUAT. A	CLASSES DE SECONDE
Leçons de choses. 1º MATÉRIAUX EMPLOYÉS DANS LA CONSTRUCTION, LEUR PROVENANCE, LEURS USAGES. Pierre de taille, meulière, sable, mortier, plâtre; marbre, briques, poteries, ardoise, grès, granit. 2º L'AIR. Les vents. 3º L'EAU. Les trois états de l'eau. *Idée générale de la circulation de l'eau :* Évaporation, nuages, pluie, neige, glaciers, cours d'eau, lacs. *Les sources :* Infiltration, sources, puits, eaux potables, cavernes, sources minérales. *Les fleuves :* Terrains perméables et imperméables, leur influence sur le régime des cours d'eau : effets du déboisement des cours des montagnes ; torrents (l'Ubaye, par exemple); comparer le Rhône et la Seine. Alluvions, barres, estuaires, deltas. *La mer :* Terrains détruits ou formés par le mer; falaises, galets et dunes. 4º LES TERRAINS *Volcans :* Éruptions, tremblements de terre; volcans éteints de l'Auvergne. *Terrains sédimentaires :* Fossiles. (L'enseignement sera complété par des excursions que dirigera le professeur lui-même.)	**Étude des modifications du sol au moyen d'exemples choisis autant que possible dans la région.** Les pluies. Dégradations produites par l'eau en mouvement. Dénudation des montagnes. Rôle protecteur des végétaux. Importance du reboisement. Creusement des vallées. Transport de matériaux par les eaux. Alluvionnements, deltas. Sédiments, leurs caractères. Cailloux, sables, vases argileuses ou calcaires Transformation des sédiments en terrains stratifiés. Débris d'êtres vivants inclus dans ces terrains. Couches perméables et imperméables; nappes d'eau souterraines, puits, puits artésiens, sources Les neiges persistantes Formation et mouvement des glaciers : moraines, blocs erratiques, sources glaciaires. Les vents. Transport des poussières et des sables. Dunes Roches souterraines en fusion Leur épanchement au travers des terrains sédimentaires. Roches éruptives anciennes et récentes. Volcans, laves. Sources thermales. Eaux minérales, émanations gazeuses. Tremblements de terre. Exhaussement et affaissement du sol. Déplacement des lignes de rivage Les êtres vivants. Tourbes Récifs et îles madréporiques.	**Révision sommaire des phénomènes actuels :** Comparaison avec les phénomènes anciens. Roches éruptives, roches sédimentaires, stratifications, fossiles. *Les temps primaires.* — Principales formes animales : brachiopodes, articulés, premiers vertébrés. Alluvions végétales ; origine et importance de la houille. Répartition des mers et des continents. Principales roches. *Les temps secondaires.* — Ammonites, bélemnites Extension des reptiles, premiers oiseaux et mammifères. Apparition des plantes à fleurs. Répartition des terres et des mers. Extension des récifs de coraux. Principales roches. *Les temps tertiaires* — Extension des mammifères. Les découvertes de Cuvier dans le gypse. Les mers et les continents. Climats Formation des grandes chaînes de montagnes. Principales roches. *Les temps quaternaires.* — Phénomènes glaciaires, leur grande extension Creusement des vallées. Apparition de l'homme ; cavernes, cités lacustres Faune : mammouth, rhinocéros, renne. Phénomènes volcaniques des périodes tertiaire et quaternaire.

ANNEXE 4.
Programme de Paléontologie.

ANNEXE 5.
Programmes de Cosmographie.

CL. DE PHIL. A ET B ET DE MATH. A ET B	CLASSES DE PHILOSOPHIE	CLASSES DE MATHÉMATIQUES
Notions sommaires de Paléontologie. Idée générale de la configuration des continents et des mers durant les périodes primaires, secondaires et tertiaires Changements des climats. Les animaux des temps primaires. Développement des Invertébrés : trilobites, insectes de la houille. Premiers poissons, premiers batraciens. Les animaux des temps secondaires : ammonites et bélemnites. Evolution des reptiles. Premiers oiseaux. Les animaux des temps tertiaires et quaternaires. Evolution des Mammifères; origine des types actuels. Histoire du cheval. L'homme.	**Système de Copernic.** *Le Soleil.* — Ses dimensions, sa distance à la Terre Constitution physique, rotation, taches. Notions sommaires sur les planètes. *La Terre.* — Forme et dimensions. Rotation, pôles, équateur, méridiens, parallèles. Longitude. Latitude. *La Lune.* — Mouvement. Constitution physique. Comètes Etoiles filantes. Bolides. Etoiles, Nébuleuses. Voie lactée.	*Sphère céleste.* — Distance angulaire Hauteur et distance zénithale. Théodolite Lois du mouvement diurne Méridien. Pôle Jour sidéral. Ascension droite et déclinaison. Lunette méridienne. *Terre.* — Coordonnées géographiques. Dimensions et relief de la Terre. Mappemonde. Cartes. *Soleil.* — Mouvement propre apparent sur la sphère céleste Ecliptique. Inégalité des jours et des nuits aux diverses latitudes. Saisons. Année tropique et année sidérale. Heure sidérale; heure moyenne; heure légale. Calendriers julien et grégorien. *Lune.* — Mouvement propre apparent sur la sphère céleste. Phases. Rotation. Variation du diamètre apparent. Eclipses de Lune et de soleil. *Planètes* — Système de Copernic. Lois de Képler. Lois de Newton et ses conséquences. Notions sommaires sur les distances, les dimensions, la constitution physique du soleil, des planètes et de leurs satellites. Comètes ; étoiles filantes ; bolides. Etoiles; constellations. Nébuleuses. Voie lactée.

REVUES ET LIVRES

PAUL PELSENEER. — *L'origine des animaux d'eau douce.* (*Bulletin de l'Académie royale de Belgique, classe des Sciences*, décembre 1905.)

A la séance publique de la Classe des sciences de l'Académie royale de Belgique, le 16 décembre 1905, M. Pelseneer a fait une lecture sur *l'origine des animaux d'eau douce.*

On sait que nos animaux fluviatiles sont des descendants d'ancêtres marins. De tout temps, la mer a cédé des immigrants à l'eau douce.

M. Pelseneer a cherché une réponse aux deux questions :

1° Comment se fait, principalement, la colonisation des fleuves par les habitants de la mer ?

2° Y a-t-il encore, dans la nature actuelle, certaines parties de la terre où s'est effectuée plus que partout ailleurs une pénétration récente de formes marines ? Et, parmi les conditions d'existence particulières à ces régions, quel est le facteur qui est la cause essentielle de cette immigration plus facile et plus abondante ?

Quant à leur origine, Schmarda distingue, parmi les faunes d'eau douce :

1° Les faunes de survivance ou résiduelles ;

2° Les faunes de pénétration ou immigrantes.

Les exemples de faunes de survivance sont relativement rares et généralement même très discutés (lacs Baïkal et Tanganyika (1).

Ce sont les faunes immigrantes qui forment la partie essentielle de la population animale des eaux fluvio-lacustres.

(1) Voir, *le Problème du Tanganyika. (Bulletin de la Société royale belge de géographie*, 1905.)

Les différents groupes zoologiques n'ont pas également immigré dans les fleuves.

Ils sont inégalement affectés par les modifications de salinité des eaux, ce qui a permis de les classer en animaux *sténohalins* et *euryhalins,* les premiers ne résistant guère à une minime variation du degré de salinité, les seconds ayant une force de résistance plus grande.

On peut difficilement admettre que ce soient les formes adultes qui, d'une façon progressive et soudaine, se soient adaptées dans les eaux fluviatiles. C'est l'état larvaire, cette forme plus ou moins errante, qui, grâce à sa double supériorité du nombre et de la mobilité, se trouve être l'un des plus importants moyens d'entrée de la vie marine dans les cours d'eau.

De là, tout l'intérêt qui s'attache aux expériences faites par M. Pelseneer à la station zoologique de Wimereux (Pas-de-Calais).

L'auteur a étudié, depuis plusieurs années, le degré de résistance à la diminution de salure du milieu liquide d'embryons et de larves d'animaux marins assez variés.

Il arrive aux conclusions suivantes :

En général, les formes larvaires tolérant le mieux la diminution de salure sont :

a) Celles des organismes vivant entre les limites du balancement des marées ;

b) Parmi elles, celles dont les membranes respiratoires sont le moins perméables ;

c) Parmi ces dernières, celles à respiration peu active.

Parmi les régions les plus riches en formes à aspect marin, l'auteur signale le pourtour de la mer Noire et la partie S.E. de l'Asie.

Le facteur prédominant, favorisant la pénétration des formes marines dans les eaux douces, n'est pas le facteur température, mais le facteur salinité.

« On peut prévoir que l'acclimatation fluviale des êtres océaniques sera facilitée dans les régions où la différence de salure est moindre qu'ailleurs, *si peu que ce soit,* entre la mer et les cours d'eau qui y débouchent, et où, en même temps, la population animale marine est riche en nombreux éléments constituants (1). Ce serait ainsi surtout hors des océans et des mers les moins salées que la migration peut se produire. »

L'observation des faits est d'accord avec ces déductions théoriques.

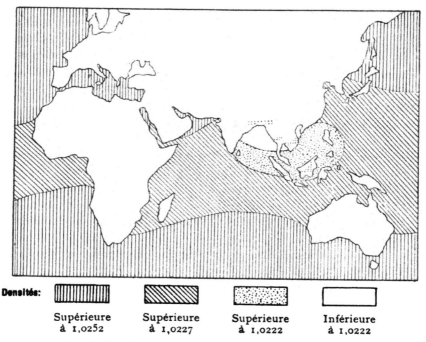

Densités:

Supérieure
à 1,0252

Supérieure
à 1,0227

Supérieure
à 1,0222

Inférieure
à 1,0222

Partie du Planisphère représentant en partie la densité
de la surface des mers.

(Les points marqués sur les régions continentales indiquent les formes génériques de type marin vivant dans l'eau douce (mer Noire et region Indo-chinoise).

Le degré de salure de la mer Noire est très faible ; de même, de toutes les régions tropicales, la péninsule indo-chinoise est entourée par les eaux les moins salées et les moins denses, elles présentent un grand cinquième d'eau douce de plus que les océans les plus salés. L'origine de cette faible salure se trouve dans le régime des pluies des pays dont il s'agit.

(1) C'est-à-dire une mer qui soit assez étendue pour qu'un afflux d'eau douce n'y appauvrisse pas la faune marine (comme dans la Baltique).

La conclusion de M. Pelseneer mérite de trouver place dans le Bulletin, parce qu'elle fait ressortir le caractère synthétique de la science de la Terre et qu'elle montre combien la connaissance des diverses branches de la géographie est nécessaire à ceux qui cherchent à résoudre un des multiples problèmes posés par la nature.

« En résumé, dit-il, dans le phénomène naturel de la constitution des faunes fluviales, ce n'est pas le facteur température élevée (propre à toute la zone tropicale), mais le facteur faible salure et faible densité, aujourd'hui spécial notamment à la province indochinoise (1), qui est l'agent prédominant, permettant l'adaptation d'espèces océaniques dans les eaux douces.

» Une fois de plus, il est donc prouvé que les particularités de la distribution des êtres vivants dans l'espace sont toujours explicables par l'examen de leurs conditions physiques d'existence. »

« Il fut un temps, qui n'est pas encore bien loin, où la géographie des organismes consistait en de simples relevés statistiques, en de sèches listes d'animaux et de plantes. Mais de cette biogéographie, les exigences actuelles de la biologie réclament davantage ; car un catalogue faunique ou floral n'est pas suffisant pour constituer l'histoire naturelle d'un pays Pour que les études biogéographiques soient fructueuses, pour que leurs résultats puissent être comparables et susceptibles de généralisation et d'explication, il faut qu'elles soient guidés par la détermination des circonstances physiques générales : topographiques, hypsométriques, géologiques, climatologiques, etc., et, pour ce qui concerne les êtres aquatiques, par celle de la profondeur, de la composition, de la densité et du mouvement des eaux, de la distribution de la température et de la lumière, en un mot, par la géographie physique, et, pour les organismes de la mer, par l'océanographie.

» Car tout ce qui vit sur la Terre dépend des particularités géophysiques du milieu. Tous les phénomènes naturels ont une sorte d'enchaînement : chacun d'eux est la conséquence d'un autre et devient à son tour la cause d'un troisième. Et la fonction de la science est de rechercher les liens qui les unissent, c'est-à-dire de reconnaître leur déterminisme. Ainsi seulement, on peut arriver

---

1) Et dans la région tempérée, au pourtour de la mer Noire.

à embrasser, dans toute sa splendeur, une vision à la fois simple et admirable de l'unité de la nature, suivant une marche, dont la fatalité même fait la grandeur.

» Voilà pourquoi aussi l'étude des êtres vivants est toujours inséparable de celle de la géographie physique des régions qu'ils habitent, et pourquoi bien des progrès, dans ce dernier domaine, sont dus à des biologistes.

» La preuve s'en trouve dans la part prépondérante prise par les naturalistes à l'édification de cette science toute moderne de l'océanographie, vaste ensemble de connaissances, qui forme une branche si importante de la géographie physique.

» Et sans vouloir, en aucune façon, diminuer le mérite des hydrographes proprement dits, il est permis de constater qu'ils ont essentiellement traité l'océanographie comme une « science appliquée » aux besoins pratiques de la navigation. Tandis que, par l'influence des naturalistes, et par leur intervention ininter-rompue, l'océanographie a été promue à la dignité de science pure. Et c'est seulement depuis les grandes explorations scientifiques maritimes (qui étaient principalement biologiques et à plusieurs desquelles un de nos membres les plus connus, feu le professeur A. Renard, fut si étroitement mêlé), c'est depuis une trentaine d'années, en effet, que cette science s'est constituée indépendam-ment et qu'elle a réalisé ses plus grands progrès.

» J'ajouterai, — et c'est par là que je termine, — que s'il est un pays où l'étude de l'océanographie devrait être particulièrement en honneur, c'est celui d'Ortelius, de Mercator, de Simon Stevin et de Quetelet; d'Ortelius, qui publia, en 1574, le premier atlas géographique; de Mercator, qui inventa le système de projection universellement employé pour les cartes marines; de l'illustre brugeois Simon Stévin, qui conçut le premier la théorie des marées et écrivit l'un des premiers traités didactiques de navigation; d'Adolphe Quetelet, une des gloires de cette Académie, sous la direction duquel s'est réunie, à Bruxelles (en 1853), la première conférence maritime internationale, qui introduisit une méthode uniforme dans les observations hydrographiques et météoro-logiques faites à la mer et rendit ainsi possibles les premiers progrès de la science océanographique. »

L. Z.

Amiral Colby : *Le canal de Panama* (1). — L'intérêt suscité par la grandiose entreprise des États-Unis, dans l'isthme de Panama, augmente au fur et à mesure qu'elle entre dans la voie de la réalisation ; c'est ce que marque bien le grand nombre d'articles, relatifs à ce sujet, parus récemment dans diverses revues géographiques. Signalons, parmi ceux-ci, *The Panama Canal* dans *The National Geographic Magazine* (octobre 1905, vol XVI, n° 10, pp. 445-465), par l'amiral Colby M. Chester, un des hommes qui connait le mieux cette question si complexe.

Ce mémoire est surtout un panégyrique, mais un panégyrique à froid, du génie américain (des États-Unis), et de la part si grande prise par l'Amérique (lisez toujours États-Unis) dans le creusement du canal de Panama. Avouons, d'ailleurs, que cette revendication est parfaitement justifiée; si le yankee a eu l'audace de tenter l'œuvre formidable dans laquelle avait échoué M. de Lesseps, c'est qu'il a parfaitement calculé toutes les données du problème, c'est qu'il connaît la moindre des difficultés de l'entreprise et qu'il a su, sur le papier du moins, vaincre chacune d'elles. C'est ce qui ressort surtout de l'intéressant mémoire de l'amiral Colby. Il met ce fait en lumière; les seuls plans sérieux dressés, avant 1880, furent l'œuvre d'officiers de la marine américaine; en outre, pendant que de Lesseps tentait vainement de percer l'isthme, des officiers des États-Unis surveillaient constamment ses efforts; cette surveillance leur permit de connaître à fond toutes les difficultés auxquelles se heurta l'entreprise française, tous les vices qui signalèrent son organisation. L'amiral Colby fut de ceux qui assistèrent à l'échec de de Lesseps; il acquit là la conviction de la praticabilité du projet, et de la supériorité de son emplacement sur tout autre. Un jour même qu'on sollicitait son appui et ses conseils pour la réalisation du projet du Nicaragua, il répondit par un refus, proclamant son enthousiasme pour le projet de Panama Il était convaincu que la Compagnie française ne manquerait pas de faire faillite et qu'elle vendrait alors ses droits pour une bagatelle; une autre compagnie, instruite par les déboires de la précédente, rachèterait ces droits, construirait alors, à Panama, un canal bien supérieur au misérable canal du Nicaragua, et cela, pour un prix

(1) Voir, dans notre *Bulletin* (1905, nos 3 et 4), *Le Canal de Panama*, par F. Krantzel.

inférieur à celui-ci, y compris même le prix de rachat. Il ajoute, avec son humour bien américain : « Telle était si bien ma conviction que, deux ans avant que la Commission isthmique fît son rapport en faveur du rachat des droits de la nouvelle Compagnie de Panama, j'offris de parier que cette solution serait le résultat des délibérations de la Commission. »

L'expérience tentée par de Lesseps fut pour beaucoup dans l'instruction des Américains, disions-nous plus haut. Il en est notamment ainsi en ce qui concerne la question sanitaire; d'ailleurs, l'organisation du service sanitaire fut faite par l'ancienne Société de Panama d'une façon déplorable et Colby le lui reproche vivement : « Il y avait, dit-il, une ample provision de médicaments, de grands et coûteux hôpitaux, mais peu d'attention fut accordée à des mesures préventives d'hygiène. »

L'amiral Colby espère beaucoup dans les mesures prises ou à prendre par les officiers du corps sanitaire choisis dans le service de santé de la marine; le nom de son chef, le docteur W. Gorgas, celui-là même, dont la lutte contre la malaria à Cuba fut couronnée d'un si beau succès, est une sérieuse garantie de bonne organisation. Déjà, lisons-nous dans quelques notes qui suivent l'article de l'amiral Colby, pp. 467-475, sous la signature de Gilbert H. Grosvenor (G.-H.-G.), les précautions prises à Panama et à Colon, consistant dans l'assèchement et la pétrolification des marais, dans les fumigations fréquentes des maisons, dans des travaux de voirie, de distribution d'eau, font ressentir leur bienfaisante influence. Disons toutefois que ceci paraît quelque peu en contradiction avec des notes pessimistes publiées récemment par nos journaux quotidiens, en ce qui concerne les 10 000 à 12 000 ouvriers déjà occupés dans l'isthme.

Une autre difficulté réside dans le recrutement du personnel ouvrier; on compte, en effet, qu'il ne faudra pas moins de 30 000 ouvriers. Les travailleurs employés par la première compagnie furent d'abord recrutés à la Jamaïque; mais leur mortalité énorme, l'état misérable dans lequel ils rentraient dans la colonie anglaise furent cause que le gouverneur de l'île dut prendre des mesures contre cette émigration des nègres. Ceux-ci furent alors recrutés sur les côtes d'Afrique; le prix de leur passage revenait à environ 5 000 francs par tête, et la moitié d'entre eux devaient être hospitalisés dès leur débarquement! Il semble, à lire la note de

M. G.-H.-G., que ce problème du recrutement du personnal se posera tout aussi redoutable, si pas plus, que le problème technique lui-même; la Jamaïque, malgré quelques difficultés administratives, sera la principale contrée de recrutement; le prix de passage est minime et les salaires payés sont doubles de ceux que les nègres touchent chez eux; déjà, dit M. Grosvenor, 500 à 1 000 hommes débarquent chaque mois venant demander du travail. On espère aussi en recruter à Porto-Rico.

Au moment où se publiait l'article de l'amiral Colby, le Comité technique étudiait avec une haute compétence, les divers plans proposés. Son attention s'est surtout concentrée sur les plans de la Commission, ceux de Bunau-Varilla et de W.-L. Bates.

Des sondages effectués à Bohio ont montré que la digue projetée en cette localité par les premiers plans de la Commission devrait avoir une profondeur de 170 pieds, sous le niveau de la mer, au lieu des 128 précédemment prévus, ce qui serait par trop difficile.

De nouveaux plans proposent la construction d'une autre digue, à Gamboa, destinée à contenir les eaux du Rio-Chagres supérieur à un niveau d'environ 200 pieds; ces eaux alimenteraient le canal dans le cas où celui-ci serait à écluses; une partie des eaux, voyons-nous dans les notes de M. G.-H.-G., serait destinée à fournir la force électrique nécessaire pour la construction du canal et pour son entretien; le trop plein serait évacué par un tunnel vers une autre vallée.

Des travaux récents effectués dans le massif de la Culebra ont encore montré un autre fait d'une énorme importance; c'est que ce massif pourra être percé, grâce à des procédés perfectionnés, avec les deux tiers des dépenses d'abord prévues et en moitié moins de temps. La Commission présentait trois plans; l'un porte le bief supérieur à 60 pieds, sa réalisation coûterait 178 013 406 dollars; un autre le porte à 30 pieds pour 16 millions de dollars en plus; le troisième est un projet de canal à niveau, d'une profondeur minimum de 35 pieds (1), d'une largeur au plafond minimum de 150 pieds; il coûterait 230 500 000 dollars.

Le Comité technique s'est spécialement occupé de ce dernier projet, la construction de la digue de Gamboa et les facilités relatives du creusement de la Culebra le rendant très praticable; il posséderait d'ailleurs des avantages multiples : facilité du trafic,

(1) Ce qui nous semble insuffisant.

agrandissement toujours possible et aisé; le Comité fait remarquer, en outre, que la transformation du canal à bief supérieur, à 60 pieds au-dessus du niveau de l'eau, en canal à niveau coûterait 80 millions de dollars.

L'attention du Comité a été aussi attirée par le projet Bunau-Varilla, autour duquel il a été mené grand bruit. L'ingénieur prévoit, lisons-nous dans les notes signées G.-H.-G., un canal à niveau, véritable détroit de 45 pieds de profondeur minimum; on construirait, d'abord, un canal fermé, à ses deux extrémités, par deux immenses digues de terre, munies d'écluses et qui porteraient le niveau à environ 25 mètres, il serait approfondi par d'immenses dragues mues électriquement et dont le prix de fonctionnement, d'après l'auteur, est très minime. Il a été dit quelques mots dans l'article : « Le canal de Panama (1) », du projet de W. Bates.

Les dépêches récentes nous ont appris que le choix du Comité technique s'était arrêté sur le projet du canal à niveau. Mais le Président Roosevelt, d'accord avec la majorité de la Commission et la minorité du Comité technique, vient de proposer au Congrès, l'adoption du projet de la minorité du Comité technique, c'est-à-dire le projet Bunau-Varilla; M. Roosevelt lui voit comme avantage de ne pas comporter des ouvrages d'art, ce qui le met à l'abri des coups de main et le rend plus résistant aux tremblements de terre possibles.

L'amiral Colby et aussi M. Grosvenor attirent l'attention sur la nécessité de la construction d'un port à Colon. Il règne, en effet, dans ce port de terribles bourrasques, les « Northers »; elles sont rares, n'arrivent qu'une ou deux fois par an; si le canal était purement commercial, le projet, d'après M. Grosvenor, ne s'imposerait pas, les navires pouvant les éviter en s'éloignant de la côte, ce qui n'aurait d'autre inconvénient qu'un retard; mais tel n'est pas le cas, et, dès lors, l'aménagement du port s'impose; on construira deux immenses brise-lames qui renfermeront un abri sûr.

Signalons encore une carte magnifique de la région que traversera le canal, c'est la carte même dressée pour la Commission du canal isthmique; à ce titre, elle constitue un document fondamental de premier ordre.

F. K.

(1) Voir cette revue, 1905, nᵒˢ 3 et 4

P. CLERGET : *Le canal de Panama. (Extrait du Bulletin des Anciens Élèves de l'École supérieure de Commerce de Lyon.)*

Notre collaborateur, M. Paul Clerget, nous communique également un travail très intéressant et très consciencieux sur le *canal de Panama*. Cette étude répond, dans ses grands traits, à l'article publié récemment ici-même par M. Kraentzel ; nous croyons donc inutile d'en donner un compte rendu détaillé.

M. Clerget, après avoir fait l'historique de la question et fixé la situation actuelle de la République de Panama, examine le rôle économique du canal, au triple point de vue de ses rapports avec les voies maritimes, de son influence sur le commerce mondial et du tonnage et du trafic que l'on peut escompter. Il termine son étude par un aperçu sur les *voies concurrentes*, que nous croyons utile de reproduire ici :

« Le canal interocéanique aura des concurrents, mais il est certain aussi qu'il aura sur la plupart d'entre eux des avantages tels qu'il doit remporter la victoire s'il est bien administré. Nous avons déjà étudié les voies maritimes existantes, il nous reste à parler des voies ferrées qui traversent l'Amérique d'est en ouest, et de quelques voies fluviales comme l'Amazone. Dès maintenant, nous devons poser comme principe l'énorme supériorité, au point de vue du coût, de la voie maritime et de la voie d'eau, en général, sur la voie ferrée, et conclure que cette dernière n'enlèvera au canal qu'une partie du trafic des voyageurs, ainsi qu'une fraction des marchandises légères et de valeur suffisante pour supporter facilement, en raison de l'accroissement de vitesse, l'excédent des frais de transport. Il faut noter aussi le grave inconvénient du double transbordement nécessaire pour le trafic qui empruntera les chemins de fer du continent. Nous étudierons ces voies concurrentes du nord au sud.

» I. *Le réseau ferré de New-York à San-Francisco* comprend sept lignes différentes, dont les trois plus importantes sont le Northern Pacific, le Central Pacific et le Southern Pacific. Ces lignes ont d'abord été utilisées presque exclusivement par le commerce de transit ; à l'heure actuelle, le commerce intérieur les alimente pour une part de plus en plus importante. Il est certain qu'elles perdront une partie du transit qu'elles transportaient, mais, M. E. Johnson estime que par une réduction de leurs tarifs, elles pourront néanmoins en conserver une fraction, dépendante elle-même de la grandeur de cette réduction, et que, d'autre part, elles regagneront ce qu'elles auront perdu par le fait que l'ouverture du canal accroîtra, dans une large mesure, le développement du commerce intérieur.

» La même influence s'exercera sur les *chemins de fer transcanadiens*.

» 2. Une ligne, commencée en 1882 et depuis longtemps achevée, relie *Coatzacoalcos*, sur le golfe du Mexique, à *Salina-Cruz*, sur le Pacifique. Mais, malgré les dépenses considérables, et par le fait que la voie était mal construite et que les deux ports situés à ses extrémités étaient inutilisables, l'exploitation ne donnait que de mauvais résultats. Aussi, le gouvernement mexicain vient-il de la transformer complètement. La ligne est capable de suffire désormais aux besoins d'un transit actif et rapide, les ponts en bois ont été reconstruits en pierre et en acier, les courbes ont été corrigées, les terrassements refaits, le matériel et les rails renouvelés. Deux ports modernes ont été créés. Coatzacoalcos a été débarrassé de sa barre fluviale et approfondi à 10m50; à Salina-Cruz, on a construit un brise-lames en eaux profondes, qui délimite une rade et un port de trois hectares et demi, un dock fermé et 1 200 mètres de quais. Cette voie, ainsi outillée, jouera un rôle important dans les relations entre les ports du golfe du Mexique, Galveston et la Nouvelle-Orléans avec San-Francisco et les autres ports de la côte ouest de l'Union (1). On pourra franchir en sept heures les 310 kilomètres que mesure la largeur de l'isthme, et l'on compte seulement vingt-quatre heures pour assurer, tout compris, le transit des marchandises. Cette voie sera également reliée vers le sud aux chemins de fer de la riche région nord-ouest du Guatemala On s'intéresse beaucoup à cette ligne en Angleterre où des arrangements seraient déjà pris pour en faire une grande artère commerciale entre l'Europe et l'Extrême-Orient. Des services de vapeur vont s'établir entre Liverpool et Coatzacoalcos, qui est déja relié télégraphiquement à la Vera-Cruz, à Tampico, et aussi à Galveston et aux autres centres commerciaux des États-Unis (2).

» Le *Tour du Monde* du 3 décembre 1904, reproduisait dernièrement

(1) De Plymouth à San-Francisco, il y a 7 767 milles par Téhuantépec et 9 103 par Panama; de New-York à San-Francisco 5 000 et 6 270; de la Nouvelle-Orléans à San-Francisco 3 586 et 5 596 milles.

(2) D. BELLET, *Revue de Géographie*, novembre 1903

de solides arguments en faveur de cette voie de transit. L'isthme de Téhuantépec, lit-on, présente de grands avantages sur celui de Panama, par la simple raison qu'il se trouve plus rapproché que celui-ci de l'axe commercial du monde : Hong-Kong, Yokohama, San-Francisco, New-York et Liverpool. On s'en rend parfaitement compte en examinant une mappemonde. Et l'on peut dire que pour tout voyage d'Europe ou de la côte nord-américaine de l'Atlantique à un point quelconque de l'Orient ou à San-Francisco, la route de Téhuantépec présente une économie de 1 250 milles sur celle de Panama. Or, si l'on admet que les vapeurs de charge ordinaire parcourent environ 250 milles en vingt-quatre heures, c'est une économie de cinq jours. Pour passer le canal de Panama, il faudra un jour, et pour le transbordement de navire à navire et le transport par le chemin de fer de Téhuanpétec, deux jours seront nécessaires. Il restera donc une différence de quatre jours à l'avantage de cette dernière voie... Il n'est pas exagéré de dire que les voiliers ne se serviront jamais du canal de Panama, ne pouvant ni arriver jusqu'à lui ni s'en éloigner. Ces sortes d'embarcation évitent toujours, en effet, les calmes qui règnent de chaque côté de l'isthme de Panama. Or, c'est une erreur de croire que les voiliers sont appelés à disparaître ; bien que leur nombre ait diminué, ils constituent encore un important facteur dans le commerce universel. L'économie de temps de quatre jours, résultant de l'emploi de la voie de Téhuantépec, par préférence à celle de Panama, représentera pour 5 000 tonnes une économie d'argent de 10 000 livres sterling, moins, bien entendu, les frais de chargement et de déchargement et ceux de transport de Coatzocoalcos à Salina-Cruz (1).

» 3. Le gouvernement du Guatemala, d'un autre côté, a accordé la concession d'un chemin de fer reliant *Puerto-Barrios,* sur l'Atlantique, *à l'intérieur,* région centrale et méridionale. Or, le Guatemala expédie actuellement toute sa récolte de café (480 000 quintaux en 1901) par la voie Colon, les nouvelles voies de débouché vers Coatzacoalcos, d'un côté, et Puerto-Barrios, de l'autre, réduiront évidemment le trafic par la voie Panama-Colon.

(1) Rappelons, à titre historique, que le capitaine Eads, des Etats-Unis, avait établi, en 1887, un projet consistant à faire passer des navires, d'un océan à l'autre, au moyen d'un chemin de fer à travers l'isthme de Téhuantépec. Ce projet ne fut jamais pris en considération.

» 4. Au Nicaragua, le port de *Bluefields*, sur l'Atlantique, vient d'être muni d'un bon outillage et relié *à l'intérieur* par voie navigable exploitée par un trust américain. Depuis 1901, une ligne postale subventionnée met en communication Bluefields avec la Nouvelle-Orléans; cette voie a pour objet principal, actuellement, l'exportation des bananes, mais il est fort probable que les autres produits, café, cacao, caoutchouc et bientôt le sucre, obtenus dans cette région à des prix de revient très bas, et aussi les bois précieux, de construction et de teinture, seront expédiés également par cette voie navigable, qui est de beaucoup plus avantageuse que celle du sud par Panama et Colon

» 5. Au Costa-Rica, la ligne transversale reliant *Port-Limon* sur l'Atlantique à *Tivives* sur le Pacifique est terminée jusqu'à Rio-Grande; soit sur les quatre cinquièmes du projet; déja actuellement, presque toute la production du Costa-Rica, surtout en café, bananes, s'expédie directement par Port-Limon sur l'Atlantique(1).

» 6. On peut considérer que le *Panama Railroad,* étudié plus haut en détail, perdra à peu près complètement son transit et ne conservera que le trafic local.

» 7. *L'Amazone* emportera probablement vers l'est les matières premières que fournit le versant oriental de la Cordillère; à mesure que la navigation s'améliorera sur les affluents de ce fleuve, qui semblent disposés en éventail tout exprès pour recueillir et pour amener à l'Atlantique les richesses naturelles de son vaste bassin, le cercle d'attraction du canal se trouvera limité de ce côté. Cependant, par compensation, les chemins de fer, qui, de la côte du Pacifique, s'élèveront sur les plateaux du Pérou et de la Bolivie ou qui franchiront la chaîne côtière de la Colombie, lui amèneront du fret (2).

» 8. Le trajet Buenos-Ayres-Valparaiso s'effectue, actuellement, partie en chemin de fer sur réseau argentin, partie en diligence ou à mulet, partie en chemin de fer sur réseau chilien. Mais cette solution de continuité sera bientôt supprimée : l'acte de concession du tronçon ferré intermédiaire, à travers la Cordillère des Andes, vient d'être définitivement signé par le Chili. Cette section partira de Los Andes, terminus actuel de la voie ferrée chilienne, pour aboutir au sommet de la Cordillère, au point frontière où

(1) G. Bonhenry. Rapport cité.
(2) Emile Levasseur. Rapport cité.

elle se soudera au réseau argentin déjà presque achevé. La dépense est évaluée à 37 millions de francs, et le contrat prévoit que la ligne sera terminée en 1907.

Le trajet, d'une longueur totale de 1 430 kilomètres, s'effectuera en soixante-cinq heures. Par le fait d'une moindre distance à parcourir, il est possible que cette voie ferrée conserve une part plus forte du trafic transandin que celle dont jouiront les chemins de fer de l'Amérique du Nord, à condition, toutefois, que les tarifs ne soient pas trop élevés, comme on peut le redouter, par suite de la difficulté de construction du tronçon qui traverse la Cordillère. »

P. CLERGET.

BULLETIN DES EXPLORATIONS

Projets d'explorations polaires. — (D'après : *On the next great artic discovery* par Sir Clements Markham). Grâce aux découvertes de Nansen, on peut actuellement établir certaines conjectures au sujet de la nature probable des régions inexplorées de l'Arctide. La présence, dans le voisinage du pôle, d'un océan de plus de 3 000 mètres de profondeur, rend très improbable la présence d'une terre à cette latitude. Il est vraisemblable que les terres inconnues surgissent, comme les terres connues, des faibles profondeurs, c'est-à-dire des socles continentaux. Ils est probable qu'un haut-fond s'étend des îles Parry à l'archipel des îles de la Nouvelle-Sibérie ; il est presque entièrement recouvert par la mer de Beaufort, encore inexplorée.

L'existence éventuelle de terres intermédiaires entre les côtes américaine et sibérienne peut être mise en relation avec la découverte faite par l'auteur, il y a cinquante ans, de très anciens vestiges abandonnés, sur la côte du détroit de Barrow, par des populations se déplaçant vers l'est et avec la tradition, conservée en Sibérie, de l'émigration des tribus nombreuses des Onkillon et des Omoki. Le caractère ancien des glaces, au large de la côte ouest de l'île Banks, confirmerait également cette hypothèse, les îles septentrionales leur fermant toute issue vers le nord.

Tout en combattant les conclusions émises par le Dr Harris et que nous avons déjà résumées (1), l'auteur suppose qu'il doit exister certaines îles au nord du courant de la *Jeannette* et que c'est par suite de leur présence que le courant dévie vers l'ouest au lieu de se diriger vers le nord.

D'autre part, on peut admettre également que les tribus d'Esqui-

(1) Voir notre *Bulletin,* 1904, p. 397.

maux ont suivi la côte et traversé le détroit de Behring; et que l'ancienne glace tient à la banquise polaire. Les arguments tirés de l'orientation du courant de la *Jeannette* et de la présence de bois flottés et fossiles sur les côtes des îles Parry ne sont pas plus décisifs.

Il serait donc des plus importants de résoudre cette question de la mer de Beaufort et de savoir enfin si la série des îles qui surgissent des haut-fonds au large des côtes d'Eurasie et du N.W. de l'Amérique — archipel de la Nouvelle Sibérie, Terre de François-Joseph, Spitzberg, Groenland, îles Parry, — s'interrompt au N.W. du continent américain.

L'auteur préconise, pour conclure, l'équipement d'une expédition, à bord de la *Discovery*, choisissant, comme centre d'opération, les bouches du Mackenzie ou l'île Melville et explorant la mer de Beaufort par des courses de traîneaux.

Plusieurs explorateurs se proposent, d'ailleurs, d'entreprendre cette entreprise sans aucun aide officiel.

M. Harrison compte partir de l'île du Prince Patrick, tandis que M. Einar Mikkelsen projette de descendre le Mackenzie et de gagner l'île Banks, à bord d'un baleinier; le cap Prince Alfred serait son centre d'opération.

S'il est encore de grandes étendues continentales à découvrir dans l'Arctide, c'est certainement dans cette direction. (*Geogr. Journ.*, n° 1, 1905.)

M. Mikkelsen a quitté l'Angleterre en janvier pour se rendre aux États-Unis, où il compte achever d'organiser son expédition. Tandis que ses collaborateurs descendront le Mackenzie, M. Mikkelsen se rendra par mer à l'embouchure de ce fleuve par le détroit de Behring. (*Geogr. Journ*, février 1905.)

Expédition Amundsen au pôle magnétique (1). — Des nouvelles détaillées de cette expédition nous sont enfin parvenues. Une première lettre, datée du 24 novembre 1904, rend compte du travail accompli en 1903 et 1904. Le but de l'expédition était, comme on le sait, la côte ouest de la Terre de Boothia Félix. Le voyage se poursuivit par les détroits de Lancaster et de Peel jusqu'à la Terre du Roi Guillaume, où l'expédition s'établit à Port Gjöa. Les observations commencèrent le 2 novembre, et les premières courses de traîneaux dirigées vers le pôle magnétique furent entreprises en avril et mai

(1) Voir le *Bulletin*, 1905, p. 136.

(1904). L'été suivant, le lieutenant Hansen explora la côte du détroit de Simpson et établit des dépôts en vue d'une expédition projetée pour 1905 vers la Terre Victoria.

Une deuxième lettre, datée du 22 mai 1905, rend compte de cette exploration.

Enfin, un dernier rapport expose les travaux accomplis jusqu'au mois d'octobre dernier. Au cours de l'été, le *Gjöa* a virtuellement franchi, une fois de plus, le passage du N.W. Le capitaine Amundsen avait atteint l'embouchure du Mackenzie lorsque le mauvais temps l'obligea d'y établir son port d'hivernage ; mais il parvint à gagner, en traîneau, Eagle (Nord-Alaska), d'où il télégraphia au Dr Nansen des nouvelles de ses travaux. Le voyage de la Terre du Roi Guillaume à l'île Herchel s'effectua par les détroits de Simpson, de Victoria, de Dolphin et d'Union, suivant l'itinéraire de Collinson (1852-1853). Après avoir doublé le cap Bathurst, le *Gjöa* fut forcé par les glaces de longer la côte jusqu'aux bouches du Mackenzie.

Le capitaine Amundsen a réussi, avec les faibles ressources dont il disposait, où beaucoup d'expéditions, mieux équipées avaient échoué, au cours du siècle dernier. Son voyage confirme les vues de Mac Clintock et de Parry au sujet de l'itinéraire le plus accessible.

En dehors des travaux entrepris à la station même du pôle magnétique, l'expédition comporte les levers exécutés par le lieutenant Hansen sur la côte est de la Terre Victoria (jusqu'à 72° 10' N.). (*Geogr. Journ.*, n° 12, 1904, et n° 1, 1905.)   E. C.

LE PEUPLEMENT DE LA SUISSE

ÉTUDE DE GÉOGRAPHIE HUMAINE

Géographiquement, la Suisse est caractérisée par ses montagnes. Son altitude moyenne en fait le pays le plus élevé de l'Europe et lui communique quelques-uns de ses traits originaux. C'est à l'influence d'un relief très accentué que l'on doit des phénomènes aussi intéressants que le maintien de la langue romanche, — véritable oasis linguistique, — l'étonnante survie des vieux usages, le particularisme cantonal, l'ancienneté des formes démocratiques (1). Et c'est aussi à un autre fait géographique, sa position centrale, que la Suisse est redevable d'avoir été peuplée dès les temps préhistoriques. Toutes les époques qui s'étendent entre l'âge de la pierre et l'âge du fer ont été relevées, et non seulement dans les palafittes des lacs de Genève, de Neuchâtel, de Bienne, de Zürich, de Constance, mais encore dans la région des sources de l'Aar, de la Kander, de la Lutschine, de la Sarine et de la Simme (2). C'est ainsi qu'en

---

(1) Cf. notre *Contribution à la psychologie politique du peuple suisse.* (*Revue de synthèse historique,* octobre 1903.)

(2) *Dictionnaire géographique de la Suisse,* publié sous la direction de CHARLES KNAPP. — Neuchâtel. En cours de publication. Article *Oberland.*

amont de Thoune s'échelonnent deux séries de stations préhistoriques appartenant à l'âge du bronze : l'une suit la rive
droite du lac de Thoune et se dirige vers le Grimsel par le
Haut Hasli, l'autre remonte du côté de la Gemmi en suivant
le cours de la Kander. Sans aucun doute, ces deux passages
étaient déjà fréquentés à cette époque, de même que le
Brünig, le Rawil et le Sanetsch. Le peuplement se continue
dès lors, plus ou moins éclairé par l'histoire ; d'intéressants
vestiges témoignent de l'importance que prit la colonisation
romaine. La principale des voies de cette époque est celle
qui, par Avenches, reliait les deux grandes portes de
Genève et de Constance. Le Plateau devait devenir naturellement le grand chemin des migrations, mais les trouées du
Jura et les cols alpestres n'en furent pas moins utilisés à
toutes les époques. De récentes recherches historiques l'ont,
en particulier, abondamment prouvé (1).

***

La superficie totale de la Suisse est de 41 324 kilomètres
carrés, la zone productrice n'en comprend que les trois quarts,
et, du fait de l'altitude, la zone habitée est encore plus
restreinte, les alpages montent toujours plus haut que les
derniers chalets (2). On distingue trois grandes régions
naturelles qui sont, du sud au nord : les Alpes, le Plateau
et le Jura.

(1) Cf. CHARLES RABOT, *Les hauts passages des Alpes avant le XVIIᵉ siècle. (La
Géographie.* avril 1905), et l'analyse de ce travail parue dans le *Bulletin* nᵒ 6,
de 1905.

(2) Le quart improductif est très inégalement réparti ; ces différences apparaissent dans les trois cantons suivants, représentatifs de chacune des grandes
régions naturelles :

	Sol productif.	Sol improductif.
Grisons (Alpes)	40.6 °/₀	59.4 °/₀
Zürich (Plateau).	93.9 —	6.1 —
Neuchâtel Jura`.	85.7 —	14.3 —

Les Alpes occupent près des trois cinquièmes du territoire (59.1 %), elles forment une chaîne imposante dont la structure compliquée résulterait de la superposition d'une série de plis (nappes de charriage), couchés vers le nord et plus ou moins aplatis et laminés. Les grandes vallées longitudinales du Rhône et du Rhin, de la Reuss et du Tessin, de l'Aar et de la Toce, découpent en éventail, autour du Gothard, six grands massifs, bordés au nord par la région des Préalpes, et profondément entaillés à leur tour par les affluents et sous-affluents des rivières principales.

Le Plateau recouvre un peu moins du tiers de la superficie totale (29.5 %). C'est une grande cuvette qui s'étend entre le Jura et les Alpes et qui est remplie de dépôts d'âge miocène (mollasse), recouverts en grande partie de débris glaciaires Aujourd'hui, le Plateau ne mérite plus guère son nom, les rivières du bassin du Rhin l'ont sillonné d'un grand nombre de vallées secondaires, de telle sorte qu'il n'est plus guère qu'une succession de collines. Les lacs occupent environ un douzième du territoire.

L'arc du Jura se compose de longues chaînes de montagnes calcaires, que les rivières traversent souvent en cluses.

De hautes vallées fermées se trouvent parfois resserrées entre les chaînons parallèles. Le Jura s'étend sur un peu plus du dizième de la superficie (11.4 %).

* *
*

L'altitude élevée des Alpes suisses — qui atteint son maxima au Finsteraarhorn (4 275 mètres), d'une part, et au mont Rose (4 638 mètres), d'autre part, — produit un climat très rude dans les hauteurs, mais qui va en s'adoucissant dans les vallées où l'on peut même constater des phénomènes exceptionnels, comme la culture de la vigne, en Valais. « Partez de Sion, écrivait Albert de Haller, et rendez-vous au Sanetsch, qui en est à sept lieues. Sur les rochers de Sion, où le thermomètre monte jusqu'à 48 degrés, vous laissez le raisin, la figue d'Inde et le grenadier. Plus haut sont les châtaigniers, les noyers, sur lesquels chante la cigale, et des vignobles d'excellent vin, plus des champs du plus beau froment. Progressivement, les hêtres, les chênes, les sapins vous quittent; bientôt vous n'apercevez plus l'arole, et, en continuant à gravir la montagne, vous vous trouvez au milieu des saxifrages à feuilles de bruyère et d'autres plantes de la Laponie et du Spitzberg; ainsi, dans l'espace d'un demi-jour, vous cueillez successivement des plantes qui croissent à 30 ou 40 degrés de latitude. »

Les précipitations sont aussi fonction de l'altitude : c'est vers 2 000 mètres que l'on constate le maxima, tandis que le fond de certaines vallées bien abritées renferme les régions les plus sèches et en même temps les plus chaudes (1). C'est précisément pour lutter contre cette sécheresse que les montagnards valaisans ont installé leurs *bisses*, ce mode si curieux d'irrigation qui témoigne à la fois d'une intelligence admirable de l'utilisation du sol et d'une adaptation très souple à toutes les variétés de la nature alpestre. Ces bisses sont d'origine très ancienne, probablement romaine; les chartes en font mention dès le XIVᵉ siècle, et celui de Sion remonte même au XIIIᵉ siècle. Leur longueur atteint jusqu'à 20 et 30 kilomètres, le bisse de Sion

_____

(1) Le maximum absolu semble avoir été constaté au Bernardin avec 2ᵐ24, à 2 070 mètres, au Säntis avec 2ᵐ04, à 2 500 mètres. D'ailleurs, à ces altitudes, la plus grande partie de l'eau tombe sous forme de neige, qu'il est difficile de récolter exactement à cause du vent qui la fait tourbillonner continuellement. Le minimum absolu a été relevé à Sierre, 0ᵐ36, à 540 mètres. Un deuxième minimum existe dans la Basse-Engadine, où, à 1 200 mètres environ, il tombe à Schuls 0ᵐ06 et à Remüs 0ᵐ62.

compte même 48 kilomètres ; les prises d'eau se font de 1 500 à 2 000 mètres d'altitude, ce qui ménage aux canaux, même les plus longs, une pente continue. Sur les flancs de la vallée, on devine l'existence du bisse au contraste qui s'établit entre les prairies vertes, situées au-dessous, et les pentes le plus souvent dénudées qui sont au-dessus. Il existe ainsi cent dix-sept canaux d'irrigation, entre Brigue et Martigny, d'une longueur totale de 1 500 kilomètres, ayant coûté en frais d'établissement plus de 6 millions. Souvent plusieurs bisses cheminent côte à côte. Celui de Clavoz a jusqu'à sept ponts en maçonnerie ; mais, le plus souvent, le canal, large de 50 à 60 centimètres, se compose de trois planches, tantôt posées en terre et à l'air libre, tantôt accrochées au flanc de la montagne et supportées par des barres de fer. Les bisses sont mis en service dès la fonte des neiges, d'avril à juin, et la distribution de l'eau se fait jusqu'en septembre. Chaque propriétaire paie une contribution, proportionnelle à l'étendue des terres, et destinée à subvenir aux frais d'entretien et d'inspection. « Là, comme partout, écrivent MM. Jean Brunhes et ˙Paul Girardin, l'irrigation a suscité l'esprit d'association et a fait naître une organisation capable de tenir en respect les intérêts particuliers. Chaque bisse a son chef, élu par tous les participants à l'eau, son conseil, ses règlements écrits, relatifs à la répartition de l'eau, au toisement qui fixe les heures, les jours de chacun (1). » Les bisses servent surtout à l'arrosage des prairies, et de préférence de celles situées au midi, mais c'est encore aux vignobles qu'ils rendent les plus grands services. Sans eux, ni la culture de la vigne, ni

---

(1) *Les groupes d'habitation du Val d'Anniviers comme types d'établissements humains.* (*Annales de géographie*, 15 juillet 1906.)—Sur l'influence sociologique de l'irrigation. Cf. l'ouvrage classique de JEAN BRUNHES. *L'irrigation dans la Péninsule ibérique et dans l'Afrique du Nord*, 1 vol. in-4°, Paris. Naud, 1902.

l'élevage n'auraient pris leur développement actuel (1). Si
l'on trouve encore, dans les vallées alpestres, la culture des
arbres fruitiers, des légumes (2), des céréales, du maïs
même, l'élevage n'en reste pas moins et de beaucoup l'occupation principale des habitants. Quelques exploitations de
marbre, de granit et d'ardoise, les salines de Bex, le travail
du bois sous différentes formes, représentent à peu près
complètement l'état actuel de l'industrie (3), mais étant
données les réserves de houille blanche que les Alpes ren-
ferment, on peut prévoir, dès aujourd'hui, les transformations futures qui pourront s'opérer dans ce domaine. Les
premiers essais tentés sont encourageants, mais c'est la
main-d'œuvre qui fait le plus défaut (4).

La prédominance de l'élevage laisse supposer une large
dispersion de la population, et c'est bien là, en effet, le
fait essentiel. Les grandes vallées longitudinales, généralement assez larges, sont plus habitées que les vallées latérales, plus étroites et à pentes plus raides ; le peuplement
est tellement fonction de l'étroitesse de la vallée que l'Enga-
dine, tout entière, avec ses vingt-deux communes, atteint à
peine la population de Coire (12 209 habitants); la zone
habitable ne s'étend que sur une mince bande et les maisons
vont s'égrenant en chapelet le long de la route.

(1) Les bisses se retrouvent encore dans la vallée du Rhin antérieur, et, en
particulier, dans les environs de Flims.

(2) L'établissement d'une grande fabrique de conserves, à Saxon, dans la
vallée du Rhône, a beaucoup contribué à l'extension des cultures maraîchères
dans les environs.

(3) Nous omettons à dessein, en particulier, la pénétration des industries du
Plateau dans quelques vallées préalpestres.

(4) La carte des usines électriques, dressée par le Dr Wyssling, montre, en
effet, la grande prédominance de ces stations sur le Plateau, c'est-à-dire là où
la population est la plus concentrée. Cependant, nous voyons augmenter rapidement dans les Alpes le nombre des concessions hydrauliques. C'est ainsi que le
canton du Valais en a accordé une trentaine en 1905, contre quatre en 1904 et
trois en 1903.

L'influence de l'altitude est considérable. C'est dans les Grisons que les centres habités s'élèvent le plus haut : plus de la moitié de la population du canton habite au-dessus de 1 000 mètres, et deux cinquièmes au-dessus de 1 200 mètres (1). Ce fait est unique en Suisse et en Europe. Le Valais, par exemple, a 66 % de sa population au-dessous de 1 000 mètres, et 4 % seulement au-dessus de 1 500 mètres. En 1888, 5 % seulement des habitants de la Suisse demeuraient au-dessus de 1 000 mètres.

Les villages alpestres les plus élevés sont :

	Altitude.	Habitants.
Cresta (Grisons). . . . à	1 949 mètres	33
Juf, écart de Cresta . . .	2 133 —	24
Findelen (Valais), village d'été	2 075 —	
Chandolin	1 936 —	123
Lü (Münsterthal) (Grisons) .	1 918 —	59
Arosa (2) id. .	1 892 —	1 071
Saint-Moritz id. .	1 856 —	
Pontresina (3) id. .	1 803 —	488

(1) La répartition complète (1900) de la population du canton est la suivante :

Pour cent de la population totale			jusqu'à 300 metres	1.6
—	—	—	300- 600 —	20 7
—	—	—	600- 900 —	19.8
			900-1.200 —	18.4
			1,200-1.500 —	21.6
—	—		1,500-1,800 —	14 0
—	—	au-dessus de 1.800 —		3 9

(*Dictionnaire géographique de la Suisse*, Art. Grisons)

(2) Arosa ne doit son chiffre de population qu'au fait que ce village est devenu une importante station climatique. En 1888, Arosa n'avait que 88 habitants.

(3) Tous ces villages, à l'exception de Findelen, sont des *Kirschdörfer* ou *Winterdörfer*, par opposition aux *écarts*, simple groupement d'habitations permanentes. D'après M. Schröter, les chalets les plus élevés, habités seulement en été par des bergers, sont ceux de l'alpe de Lona (2 663 mètres), dans l'Eringerthal (Val d'Anniviers).

L'importance de ces chiffres est rendue plus significative par le fait que, dans les Carpathes de Valachie, la limite moyenne des habitations permanentes isolées se tient seulement entre 1 000 et 2 000 mètres. (E. DE MARTONNE, *La Valachie*, in-8, Paris, 1902.)

A l'inverse et pendant longtemps, la plaine alluviale du Rhône, entre Brigue et Saint-Maurice, est restée inhabitée à cause des inondations du fleuve; ce n'est qu'aujourd'hui que l'on y revient, grâce à l'attraction de la voie ferrée et à la sécurité des digues. D'ailleurs, c'est une règle générale que, dans la plupart des vallées alpines, les villages s'établissent toujours plus haut que la rivière, soit que celle-ci coule dans une gorge profonde, soit que l'on craigne les irrégularités de son débit.

Presque toutes les grandes vallées portent, sur leurs versants, des terrasses dues aux actions glaciaires : les villages se sont installés sur ces replats qui limitent parfois l'altitude supérieure des centres permanents. Si ces paliers n'existent pas, comme c'est ordinairement le cas dans les vallées latérales, les habitations s'élèvent proportionnellement à la rapidité de la pente et se rapprochent davantage des pâturages. M. le professeur Lugeon fait cette intéressante remarque que là où les terrasses sont bien marquées, il y a de grandes communes administratives, bien que formées de différents centres; le fait physique semble créer la solidarité. Au contraire, où la terrasse n'existe plus, de tout petits groupements constituent des organes indépendants, l'altitude, la pente, séparent les intérêts. Souvent aussi, les vallées latérales, au point où elles débouchent dans la vallée principale, se terminent par une gorge étroite, surmontée de chaque côté par une terrasse qui porte, en général, un village (1). Les exemples de ce genre sont nombreux en Valais.

Partout également, le côté du soleil est beaucoup plus peuplé que le côté de l'ombre (2), et M. Lugeon note encore

---

(1) MAURICE LUGEON, *Le peuplement de la vallée du Rhône en Valais.* (*Etrennes helvétiques,* Lausanne, 1902.)

(2) Cette influence de l'insolation est universellement reconnue, elle se traduit dans la Suisse allemande par le *sonnenseite* et le *schattenseite,* dans le Jura par *l'endroit* et *l'envers,* en Provence par *l'adreit* (*ad directum*) et *l'ubac* (*ad opachin*), dans les Pyrénées par le *soulane* et *l'umbra,* etc.

ici que les gens du soleil sont plus aisés, mieux éduqués et dédaignent même ceux de l'ombre. Cette influence de l'exposition est particulièrement frappante au hameau d'été de Findelen, près Zermatt. Tandis que les habitations, entourées de quelques champs de seigle (1), s'étagent à 2 100 m., sur la pente exposée au midi, de l'autre côté de la vallée, le versant tourné vers le nord, est couvert d'une noire forêt d'aroles, aux clairières tapissées de plantes arctico-alpines. Ces deux versants, séparés par quelques centaines de mètres, portent des végétations qui, en latitude, sont éloignées d'au moins 25 degrés.

D'autres facteurs généraux exercent aussi leur influence sur le peuplement des Alpes ; la nature de la roche en place, l'épaisseur de la terre végétale, l'abondance de l'eau et les facilités de l'irrigation ; plusieurs de ces conditions se trouvent réunies dans l'utilisation des cônes de déjection que les torrents forment à leur sortie des vallées latérales. Plus ces torrents sont écartés les uns des autres, plus ils sont puissants, plus leur pente est douce, et plus leur cône est faiblement incliné et stable. Dans ce dernier cas, les villages s'y installent, l'homme y trouve de l'eau, un terrain particulièrement fertile ; de là, il domine la plaine d'alluvions, et la vallée où coule le torrent est le chemin naturel de la montagne (2).

(1) Cette culture mérite d'être soulignée par son altitude, qui est la limite maxima pour l'Europe. Les champs sont ensemencés dans la seconde quinzaine d'août. Le grain germe et la plantule se développe suffisamment avant l'arrivée de la première neige persistante. Vers fin mars, le cultivateur saupoudre de terre ses champs pour hâter la fonte de la neige, laquelle disparaît dans le courant d'avril. Dans la seconde quinzaine de juillet, le seigle fleurit et peut être récolté vers la fin du mois d'août. L'année suivante, le champ est laissé en jachère. (*Dictionnaire géographique de la Suisse*, ART. FINDELEN.)

(2) Dans les Karpates, et, en particulier, dans la vallée du Buzeu, M. E. de Martonne signale le fait, que c'est presque toujours sur des cônes de déjection que se sont établis les villages. *Op. cit.*

*\
* *

Étant données les conditions géographiques que nous venons d'exposer, comment le montagnard résout-il le problème de l'existence dans les hautes altitudes? L'occupation naturelle est l'élevage, et principalement celui du gros bétail (1). Le mouton, qui préfère les régions steppiques et exige de longs parcours, ne convenait pas à ces vallées étroitement resserrées ; moins répandu que la chèvre et d'un rendement inférieur, il représente de plus en plus un élevage d'appoint.

L'éducation pastorale entraîne le nomadisme, qui va en se resserrant à mesure que la population augmente, mais il ne saurait disparaître complètement dans les Alpes, où l'influence de l'altitude lui réservera toujours la zone supérieure aux habitations permanentes. Dans la plupart des vallées, le nomadisme est à deux ou trois étapes. Lorsque les conditions climatiques sont favorables, les troupeaux quittent l'étable dès le printemps et montent au *mayen* ou *voralp* (*vorsass*, dans l'Oberland bernois), qui est le pâturage de mai, et c'est seulement en juin qu'ils monteront à l'alpe, lorsque celle-ci sera libre de neige. A l'automne, le bétail descendra faire une nouvelle station au mayen, puis rentrera à l'étable pour y passer l'hiver. Lorsque le climat est plus rigoureux, et que les deux saisons principales se rejoi-

(1) C'est dans le val d'Hérens que l'on trouve dans toute sa pureté la race-type de la haute vallée. Bien conformée et vive, quoique petite, la tête courte avec un large front, le poitrail très développé, les épaules musculeuses, les jambes fines, aux muscles d'acier, le bétail d'Hérens est constitué en vue de son mode d'existence, pour brouter sur des pentes raides et supporter les intempéries d'un climat âpre et capricieux C'est cette race dont les individus, avant de monter à l'alpe, luttent front contre front, et c'est la « reine » victorieuse qui prend la tête du troupeau, jouit des meilleurs pâturages, tandis que son propriétaire en retire même une certaine influence politique.

gnent, presque sans transition, l'alpage seul subsiste. Dans ces deux cas, la majorité de la population ne quitte pas le village permanent, où la retiennent des occupations de fenaison et de culture; seuls, quelques pâtres montent aux chalets (1).

A côté de ce régime normal, le Val d'Anniviers présente quelques faits exceptionnels, d'un grand intérêt, que M. Schröter (2) a synthétisés dans le tableau suivant (p. 84).

Les Anniviards possèdent ainsi quatre stations, dont trois sont permanentes : un établissement dans la vallée du Rhône vient s'ajouter au village principal, au mayen et à l'alpe. Comme l'ont si bien montré MM. Jean Brunhes et Paul Girardin, les migrations englobent tous les habitants, et elles sont caractérisées par l'abandon successif et complet de chaque étape. Si le tableau de M. Schröter présente un inconvénient, c'est celui de faire croire à une trop grande régularité dans la vie des habitants, alors que c'est toute l'année durant, à chaque saison, à chaque mois, *en hiver aussi bien qu'en été*, que l'Anniviard monte et descend sa longue route.

Un autre fait des plus curieux, c'est que, d'une façon

(1) Tandis que dans le Haut-Valais, le soin et l'exploitation des troupeaux incombent aux femmes, on ne voit sur les alpages du Bas-Valais que des hommes et de jeunes garçons. Sur toute alpe un peu étendue, il y a huit hommes. Le plus âgé ou le plus capable a le commandement. On l'appelle « Maître », il fait le fromage, qu'il surveille ainsi que le beurre. Après lui, vient le « Patro » qui fait le beurre et avec le petit-lait le « sérac » ou « zieger ». Un troisième, l'« Amiciy » est chargé de nettoyer les vases, de porter le bois, etc. Vient ensuite, par rang d'importance, la seconde personnalité du chalet : le berger, « Vigly », secondé par un jeune garçon, le « Pittovigly ». Les trois suivants sont : le bouvier « Mosonnie », le berger des moutons « Bercier », et enfin le petit « Major » ou gardeur de porcs. Tous ont à rendre compte de leur administration au « Procureur de la Montagne » et sont, comme lui, élus pour une année par la commune. F.-G. WOLF, *Les vallées de Tourtemagne et d'Anniviers*, 1 br. de la collection de *L'Europe illustrée*. Zürich.

(2) *Das Pflanzenleben der Alpen*. Zürich, 1904, p. 18. Traduction du prince Roland Bonaparte, dans *La Nature*, 19 novembre 1904.

Les migrations saisonnières des habitants de Chandolin (d'après M. SCHRÖTER).

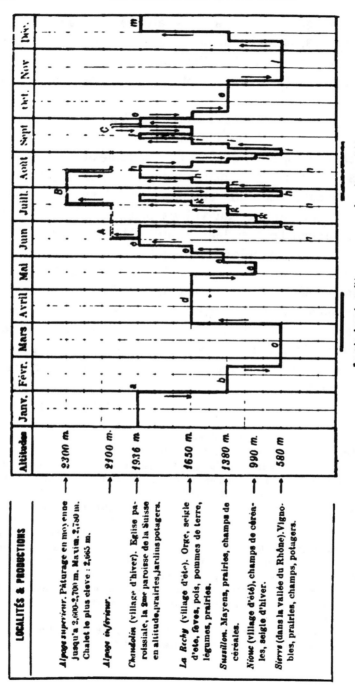

La vie dans la vallée.   La vie sur l'Alpe.

a) A la fin de janvier, le chemin est ouvert jusqu'à Susillon par le chasse-neige. — b) Consommation du foin. — c) Consommation du foin, travaux du printemps dans les vignes, les champs, les potagers. — d) On sème l'orge, le seigle d'été, les fèves, les pois. — e) Pâturages. — g) Récoltes. - h) Foins. — i) Regain. — j) On sème le seigle d'hiver. — f) Vendages à Sierre, pâturage d'automne. - m) Consommation du foin. — n) Récolte des céréales, du foin et du regain à Sierre et dans les stations intermédiaires (dates précises difficile à fixer. A) Montée (commencement de la vie sur l'Alpe, le 14 juin). — B) Séjour du bétail sur l'Alpe. — C) Descente.

générale, les diverses stations paraissen est déspécialiser,
en ce sens que, dans ces cas extrêmes, toute parcelle doit
recevoir l'utilisation qui lui convient le mieux, mais cette
diversité représente davantage une spécialisation poussée à
l'excès, et jusque dans le détail, qu'une véritable déspéciali-
sation.

Grâce à leurs « colonies » en miniature, grâce, en particulier, aux terres de la vallée qui leur fournissent, avec le
surplus de foin nécessaire, le vin et les céréales, ces populations produisent tout ce dont elles ont besoin et parviennent
ainsi à se suffire ; bien mieux, cette merveilleuse adaptation
au milieu leur permet de s'accroître numériquement, tout
en échappant à la nécessité de l'émigration qui sévit à peu
près partout ailleurs.

Un autre aspect de la vie dans les hautes régions alpestres
nous est fourni par les montagnards de Cresta-Avers,
communauté pastorale, entièrement sédentaire, la plus
élevée de la Suisse (altitude 1 949 mètres) et tellement isolée
que jusqu'à la construction récente d'une route carrossable
de Cresta à Andeer, les « Avner » ne possédaient ni cheval,
ni mulet et vendaient leur bétail en Italie. L'agriculture y est
nulle, la pomme de terre n'y vient pas, mais tout l'été on
fauche, et ce sont des journaliers italiens qui effectuent cette
besogne, alors que l'air du temps se charge d'une grande
partie du reste. Ce nouveau genre d'adaptation est des plus
curieux. C'est ainsi qu'à l'automne, la viande est débitée en
quartiers, frottée de sel, fumée pendant quelques jours
seulement, puis suspendue au « sommier » du toit ; au
printemps, elle est bonne à servir, littéralement cuite à l'air
pur. Pour l'hivernage des porcs, les « Avner » fauchent
certaines herbes sauvages, rhubarbe, oseille, ortie, qui sont
bouillies, pressées et séchées, puis coupées en tranches au
fur et à mesure des besoins du bétail. L'air du temps, enfin,

« déodorise » les matériaux de chauffage : excréments de
moutons et de chèvres qui, après avoir été piétinés par les
animaux, sont coupés en tranches et desséchés à leur tour(1).
De telles conditions d'existence ne permettent pas l'accroissement de la population, et si la commune ne compte pourtant
pas d'assistés, les « Avner », à l'inverse des Anniviards,
ne se font pas faute d'émigrer : par un contraste des plus
saisissants, on les retrouve même groupés au Nouveau-
Mexique, sous un ciel quasi tropical.

* *
*

La propriété alpestre, par sa nature même, est restée
longtemps et totalement propriété collective. Bien que des
études précises et récentes fassent défaut sur ce fait intéressant, il semble qu'elle soit en train de se particulariser.
Mais l'évolution est lente. Les cantons qui ont le mieux
gardé les anciennes traditions sont aussi ceux qui sont restés
le plus attachés à la propriété collective. « La puissance du
commun, écrit M. Briot, est la moins fructueuse de toutes,
chacun sait cela. Appliquée aux pâturages, sans contrôle ni
règlementation quelconque, elle engendre fatalement leur
ruine. Chacun craint de ne pas profiter du communal autant
que son voisin. De là naît l'abus. Mais nos montagnards se

(1) F.-F. Roget, *La vallée d'Avers*. (*L'Echo des Alpes*, juin 1905, pp. 193-214.)
Certains règlements communaux anciens — annulés aujourd'hui par la législation
cantonale. — montrent dans leur saveur archaïque comment l'existence difficile
de ces petites communautés isolées les obligeait à restreindre les droits individuels. Le crédit était supprimé, afin d'éviter l'assistance des débiteurs malheu-
reux. « Quiconque achète au-dela de ses moyens de s'acquitter, ni son honneur,
ni son serment ne vaudront plus. Quiconque trafiquera beaucoup, sans que
ses biens soient apparents, en fournira la justification au tribunal qui évaluera sa
maison et sa fortune » Et encore : « Quiconque aura acheté du foin en automne
et l'aura engrangé et en aura de reste à vendre au printemps, ne demandera rien
en sus du prix qu'il en a donné et sera tenu de le vendre à ce prix. »

montrent foncièrement attachés aux communaux; pour eux, le communal maintient entre tous des liens égalitaires et fraternels; il rend l'extrême misère impossible en dispensant de travailler pour autrui; il procure une précieuse indépendance (1). »

Cette puissance de la tradition communautaire se retrouve en particulier chez le Valaisan, qui partage jusqu'aux immeubles et aux droits d'alpage en autant de lots qu'il y a d'héritiers dans la succession. Un paysan possédera, par exemple, des droits de vache dans plusieurs pâturages, des fractions de mazots, allant du vingtième au quarantième. Dans certaines vallées, plusieurs ménages jouissent d'un mulet par indivis. 70 % des alpages du canton de Glaris sont encore en possession des communes ou des corporations (2). La bourgeoisie de la ville de Glaris, qui a conservé de vastes forêts, alpages et prés de montagne, est encore propriétaire de riches prairies (*Heimatgüter*) et de champs (*Saatengüter*) mis à la disposition des bourgeois pour la culture des pommes de terre et des légumes. La valeur représente un million de francs. Ailleurs, les communes louent leurs estivages à des particuliers et en consacrent le revenu à des entreprises d'utilité publique. Une autre forme très répandue et qui paraît réunir les avantages de la propriété privée et de la propriété commune, ce sont les associations de propriétaires, appelées « consortages », en Valais, et dont nous avons déjà signalé l'existence en même

---

(1) *Les Alpes françaises* Cité par L. Courthion, *Le Peuple du Valais*, in-8°, Genève 1903.

(2) Avec Uri, Unterwald et Appenzell, Glaris est un des cantons qui ont conservé la souveraineté directe du peuple, au moyen de la *Landsgemeinde* annuelle, qu'un écrivain appelait récemment « ce joyau vénérable de la liberté suisse, cette incarnation la plus belle et la plus vivante de la démocratie ». Dr H. Ryffel, *Die Schweizerischen Landsgemeinden*, in-8°. Zürich 1904.

temps que la nécessité à propos des travaux d'irrigation (1). Cette importance de la forme mixte, que l'on pourrait appeler la *propriété associée*, apparaît également nécessaire pour l'entretien rationnel du pâturage de montagne qui doit être mené de front avec le reboisement. Car, si la propriété communale ne renferme pas en elle un stimulant assez fort, ne pousse pas suffisamment à l'initiative féconde, la propriété individuelle n'offre pas de ressources suffisantes pour des entreprises de ce genre.

***

Les Alpes ne comptent qu'une seule ville d'un peu plus de 10 000 habitants, c'est Coire, située au coude du Rhin, au point où la vallée s'élargit suffisamment pour permettre les cultures. Il est permis de croire qu'il en sera ainsi jusqu'à ce que la houille blanche, plus complètement utilisée, ait exercé son attraction de force industrielle. Ce jour n'est peut-être pas très éloigné. En attendant, la grandiose beauté des sites alpestres s'unit aux propriétés curatives de l'air pour créer un afflux de touristes et de malades, venus des deux mondes. Au retour de la belle saison, des villages de quelques centaines d'habitants se grossissent de milliers d'excursionnistes qui se succèdent sans interruption. A ce moment-là, les Alpes ont un peuplement des plus curieux et des plus bigarrés : Grindelwald, Interlaken, Zermatt, et tant d'autres bourgades deviennent, grâce à leurs grands caravansérails modernes, de véritables cosmopolis. Pendant quelques mois, la population alpestre permanente ne peut suffire au développement que prend « l'industrie des étrangers », les habitants inoccupés du Plateau et du Jura vien-

(1) Dans le Val d'Anniviers, sur vingt et un alpages, deux appartiennent à des particuliers, un à la commune de Saint-Luc et dix-huit à des consortages.

nent en recueillir leur part, tout en cherchant de plus en plus à la retenir sur leur propre sol. Certaines régions du Plateau, le bord des lacs notamment, reçoivent d'ailleurs des visiteurs toute l'année; les rives du Léman s'improvisent en une manière de Riviera, tandis que le développement des sports d'hiver tend à créer des migrations ininterrompues, toute l'année durant, jusque dans les centres alpestres (1). Ce nomadisme des touristes, qui se fait de plus en plus intense et dont le cercle d'attraction ne cesse de s'élargir, est autrement productif que celui des troupeaux, il n'est pas étonnant qu'il se traduise par des transformations beaucoup plus profondes que celles de l'industrie pastorale. L'établissement des bisses n'est rien à côté de la construction de ces chemins de fer de montagne qui s'attaquent aujourd'hui aux plus hautes cimes et modifient si brutalement l'aspect des sites les plus pittoresques. A côté des vieux mazots de bois, que le soleil a noirci, s'élèvent les grands hôtels modern-style et les bazars de « souvenirs ». Au contact de l'étranger, les vieux usages se perdent, les traditions s'oublient, le goût des nouveautés, longtemps tenu en suspicion, s'introduit et se répand !

Le Jura est loin d'avoir l'altitude des Alpes, son plus haut sommet, le Mont-Tendre, n'atteint que 1 683 mètres. Et cependant, dans les hautes vallées surtout, le climat est très rude, plus rude que dans les Alpes à altitude égale. Au

---

(1) L'industrie des étrangers tend naturellement à accroître la population permanente des villages qui s'y livrent. Elle travaille donc en sens inverse des autres branches industrielles qui poussent à l'exode rural. L'importante station climatique de Davos qui comptait, en 1900, 8 330 habitants, n'en possédait que 1 680 en 1850. Cf. plus haut le cas d'Arosa.

Locle (altitude 930 mètres), la température moyenne de
l'année èst de 6 degrés, et la température maxima de l'hiver
descend parfois au-dessous de 30 degrés. Dans les vallées
basses, la moyenne de la température monte jusqu'à
9 degrés, le climat restant à peu près le même, avec moins
de soleil et plus de brouillard. Les précipitations dépassent
généralement 1 mètre, tout en étant moins abondantes sur
le versant suisse que sur le versant français, tourné vers
l'ouest. Les lacs du pied du Jura, qui jouent le rôle d'accu-
mulateurs du calorique et de réflecteurs de la lumière solaire,
influent beaucoup sur le climat, qu'ils rendent brumeux en
automne et en hiver.

Les hautes vallées restèrent longtemps boisées et ne
furent colonisées qu'à partir des XIII° et XIV° siècles, alors
que la plupart des vallées basses, ainsi que le pied du Jura
suisse, étaient déjà peuplés à l'époque romaine.

L'élevage est aussi prédominant, car la rigueur du climat
rend les cultures encore plus rares que dans les Alpes, les
hautes vallées les ignorent complètement et leur densité de
population serait beaucoup plus faible sans l'introduction,
au commencement du XVIII° siècle, d'une industrie merveilleusement adaptée au milieu, l'horlogerie (1). Les grandes
fabriques sont de date récente et le travail à domicile existe
encore; pendant longtemps, la fabrication des montres ne
représenta qu'un complément d'occupation et de revenu pour
le montagnard jurassien, confiné à la maison pendant les
longs mois d'hiver. Encore aujourd'hui, les fermes qui n'ont
pas un « établi » sont rares. Quelques branches industrielles
se sont bien introduites récemment, mais l'horlogerie n'en
restera pas moins, longtemps encore, la grande richesse
du pays.

(1) Tandis que dans les Alpes, la densité n'est que de 27 habitants par kilomètre carré, elle monte à 121 dans le Jura et se rapproche de celle du Plateau
qui est de 146.

Le sol du Jura, surtout dans les étages calcaires du jurassique supérieur, est excessivement crevassé et parcouru en tous sens par des galeries d'érosion, des cavernes, des fondrières, des entonnoirs (*emposieux*) qui livrent passage aux eaux superficielles et les conduisent dans les bassins hydrologiques d'altitude inférieure, où sourdent les grandes sources dites vauclusiennes (*résurgences*). Et cependant, malgré la rareté des sources, les exigences de l'élevage nécessitaient la dispersion de la population, c'est pourquoi dans les pâturages à demi-boisés, si caractéristiques du Haut-Jura, les citernes sont utilisées partout. Là encore, l'exposition joue un grand rôle. Partout aussi, on distingue le versant au soleil du versant à l'ombre, la « côte de l'endroit » de la « côte de l'envers ». Il n'est pas jusqu'aux rues qui ne portent parfois ces noms.

Le fait exceptionnel des hautes vallées, où seul le pâturage est possible, c'est la présence de deux villes de 13 000 et de 36 000 habitants, le Locle et la Chaux-de-Fonds, à des altitudes de 950 et de 1 000 mètres. Gros villages au commencement du XIXe siècle (1), ces centres ont grandi avec le développement de l'horlogerie, sans perdre complètement leur aspect rural, en gardant leurs mœurs simples et leur renom d'hospitalité. Un écrivain de vieille souche neuchâteloise, romancière de talent, a merveilleusement dépeint ce coin de pays : « Hautes vallées jurassiennes, petite patrie bien nettement sertie et délimitée dans la grande, comme un rude joyau au bord d'un bouclier ; terre

(1) Population de la Chaux-de-Fonds en 1750   2,363 habitants.
—   —   —   — . . . 1800   4,927   —
—   —   —   — . . . 1850   12,638   —
—   —   —   — . . . 1900   35,971   —
—   du Locle en 1818   4,500   —
—   —   —   1850   7,883   —
—   —   —   1900   12,559   —

âpre, où les contrastes se juxtaposent ; où l'eau sourit, claire près des sombres rochers ; où l'industrie est riche autant que le sol est pauvre ; où l'hiver dure six mois, saison de frimas ensoleillés ; coteaux dont les vergers ne produisent que des « pives » et dont les habitants mangent néanmoins plus de pommes que tout le reste du pays ; localités fidèles aux souvenirs historiques, mais stériles en monuments, avares de statues ; plateaux élevés, combes et crêts houleux comme des vagues et dont la verte écume est une frange de sapins ; terre inconnue même pour les voisins les plus proches : tu aimes ta solitude, montagne discrète et fière. bien qu'on s'accorde à trouver hospitaliers tes enfants.

« Et si, de loin, ta grande ligne ; à peine ondulée, semble monotone, quelle variété de sites elle révèle derrière ce rempart sans expression, pareil à la muraille aveugle d'une ville forte ! Depuis le majestueux Creux-du-Van et les gorges de l'Areuse jusqu'aux sombres bassins du Doubs et aux pentes riantes orientées vers la France, que d'aspects divers, que de surprises ! Le Val-de-Ruz rustique et verdoyant ; le Val-de-Travers aux villages fleuris ; les bizarres vallées tour- beuses de la Sagne, des Ponts, de la Brévine, les joux aux sapins gigantesques, les fermes cossues et les pittoresques fromageries ; et ces populations originales, que la vie mi-horlogère, mi-paysanne marque d'un cachet bien parti- culier ; ouvriers instruits, grands liseurs, botanistes, amants de la nature (1). »

*
* *

Le pied de Jura, qui forme la partie la plus basse du Plateau, a une altitude comprise entre 350 et 450 mètres,

---

(1) T. COMBE, *Neuchâtel pittoresque*. T. II, *Les Montagnes*, in-4°, Neuchâtel 1904.

mais, du côté des Alpes, cette région s'élève jusqu'à près de 2 000 mètres, dans sa partie orientale. Au point de vue climatique, le Plateau est la plus favorisée des trois grandes régions naturelles de la Suisse, parce qu'il est la moins élevée. La moyenne annuelle réelle oscille entre 7 et 10 degrés et les précipitations donnent également lieu à d'assez grandes différences. La zone bordière du Jura, abritée des vents d'ouest, est la plus sèche, et la quantité de pluie va en augmentant dans la direction des Alpes.

Le Plateau est, à la fois, une région de cultures et d'élevage; la vigne et les céréales y occupent la place la plus importante, sans que cependant ces plantes trouvent des conditions naturellement favorables. Aussi, constate-t-on dans la plupart des districts que l'élevage gagne sur la culture : le lait devient un produit de plus en plus recherché, il entre pour une grande part dans l'alimentation des villes, où il se vend un prix des plus rémunérateurs, et il forme la matière première d'industries des plus florissantes, telles que la fabrication du fromage, du lait condensé, de la farine lactée, du chocolat au lait. Ce développement de l'élevage n'est pas sans pousser à l'exode rural, puisqu'il nécessite moins de bras; il agit ainsi dans le même sens que l'attraction exercée par les cités industrielles, « villes tentaculaires », comme les a si bien nommées le poète Verhaeren. Il faudrait encore ajouter la décadence des petites industries rurales, et la conservation de certaines coutumes légales, telles que cette forme si curieuse du *minorat,* établi dans le canton de Berne, par ordonnance de 1639, et conservé plus strictement dans le district d'Emmenthal. Le fils cadet a le droit, après la mort du père, de retenir pour lui la ferme paternelle, en payant à ses frères et sœurs une indemnité équitable fixée juridiquement. C'est ainsi qu'une ferme est restée souvent pendant des siècles dans la même famille, et

que s'est formée cette noblesse paysanne si magistralement
décrite par Jérémias Gotthelf (1). Le Plateau est enfin le
siège des principales industries, l'horlogerie excepté; il réunit
donc toutes les conditions pour être la plus peuplée des trois
grandes régions naturelles.

Si de nombreuses agglomérations jalonnent l'ancienne
voie romaine de Genève à Arbon, c'est encore l'eau qui a
exercé sur les centres habités la plus puissante attraction.
Au nord et au sud, où cet élément est plus rare, les villages
sont compacts ; dans les vallées du centre, au contraire, où
l'eau est surabondante, les fermes se disséminent, le paysan
s'isole au milieu de ses terres.

Cette influence de l'eau n'est nulle part plus visible qu'autour des lacs. Le fait de la découverte sur leurs bords de
vestiges humains appartenant à tous les âges de la pré-
histoire, depuis l'époque néolithique jusqu'à celles du bronze
et du fer, montre assez qu'il en a toujours été ainsi. Le lac
de Neuchâtel est de tous les lacs de la Suisse celui qui a
fourni le plus d'objets préhistoriques. On y compte environ
septante stations lacustres, dont quarante-cinq de l'âge de la
pierre et vingt-cinq de l'âge du bronze (2). Le Léman possédait
quarante-sept palafittes. Les lacs de Bienne, de Zürich, de
Constance étaient pareillement habités. Aujourd'hui encore,
la densité relative de la population montre l'attraction du
voisinage des lacs sur les habitants du pays. « Sur les rives,
suisse et savoyarde du Léman, écrit M. F.-A. Forel, nous
avons tracé, d'après le recensement de 1900, deux bandes
parallèles de 2.5 kilomètres de largeur, de 250 kilomètres
carrés de superficie totale, la première riveraine, la seconde,
entièrement dans l'intérieur des terres. La population totale
de la zone riveraine était de 246 296 habitants, soit

---

(1) *Dictionnaire géographique de la Suisse*, art. Emmenthal.
(2) *Dictionnaire géographique de la Suisse*, art. Neuchâtel (lac de).

570 par kilomètre carré; celle de la zone continentale de 43 938 habitants, soit 93 par kilomètre carré. La zone lacustre était six fois plus peuplée que la zone campagnarde. Même en soustrayant de la première zone les deux grandes cités de Genève et de Lausanne, il resterait 251 habitants par kilomètre carré; en enlevant en plus les villes de Thonon, Vevey, Montreux, Nyon et Morges, il resterait encore 155 habitants (1). » Les causes de ce phénomène sont l'agrément du séjour qui résulte d'un adoucissement de la température et la beauté du paysage, deux raisons d'attraction pour les étrangers, auxquelles viennent s'ajouter les facilités offertes aux cultures arborescentes et à la vigne, en particulier, les avantages de la pêche et de la navigation, cette dernière n'étant justement possible en Suisse que sur les lacs.

Sur les dix-huit villes suisses de plus de 10 000 habitants, quinze se trouvent sur le Plateau, réparties principalement soit au pied du Jura, soit au pied des Alpes, vérifiant le principe que la population se porte toujours de préférence à la limite de deux régions naturelles (2).

Plusieurs villes, comme Berne et Fribourg, ont dû leur existence, en partie, aux facilités de la défense; d'autres sont nées de la nécessité d'opérer sur leur emplacement un changement dans le mode de transport des marchandises, par exemple, au commencement ou à la fin du transport par

---

(1) *Dictionnaire géographique de la Suisse*, art. Léman.

. (2) *a)* Accroissemeut de la population urbaine :

Recensements —	Nombre de villes de plus de 10,000 habitants.	Population de ces villes.	Rapport à la population totale.
1850	8	176,120	7.33 °/o
1860	10	246,000	9.80 —
1870	12	313,950	11.70 —
1880	15	421,320	14.84 —
1888	15	480,380	16.38 —
1900	18	735,820	22.20 —

eau, c'est le cas de Genève, Thoune, Lucerne, Zürich, Schaffhouse. Soleure doit son origine à un passage de rivière, Brugg, à un pont. Le croisement de plusieurs routes a contribué à accroître des agglomérations déjà existantes, mais parmi les causes principales d'extension de tous ces centres, if faut signaler au premier rang la création des chemins de fer et le développement industriel.

Bâle occupe une situation à part, sa position est, avant tout, la conséquence du coude du Rhin, et sa faible altitude (265 mètres) la place même en dehors du Plateau. Il n'y a guère que la Chaux-de-Fonds qui soit une ville régulière et toute moderne, les autres grands centres ont conservé leur air d'autrefois, « le sens et presque le culte des souvenirs historiques y est resté très vivace », et lorsqu'il s'agit, en vue d'un agrandissement, de démolir un de ces vestiges du passé, c'est dans tout le pays une levée de boucliers pour en prendre la défense. Tours branlantes,

b) Villes de plus de 10,000 habitants (31 décembre 1905) :

Zürich	180,843 habitants.		Winterthur	25,704 habitants.
Bâle	127,987	—	Neuchâtel	22,693 —
Genève et faubourgs	114,547	—	Fribourg	17,295
Berne	71,748	—	Schaffhouse	16,435 —
Lausanne	53,209	—	Hérisau	14,274 —
Saint-Gall avec Tablatt	51,766	—	Le Locle	13,243 —
La Chaux-de-Fonds	40,450	—	Vevey	13,176 —
Lucerne	33,630	—	Coire	12,455 —
Bienne	26,198	—	Soleure	10,857 —

c) Variations des éléments urbains pour la ville de Lausanne :

Années.	Total.	Bourgeois.	Vaudois.	Confédérés.	Étrangers.
1804	10,816	—	—	—	—
1850	17,392	—	—	—	—
1860	20,742	2,595	12,141	4,040	1,966
1870	26,520	2,590	13,969	5,818	4,143
1880	28,754	2,561	15,012	7,231	3,950
1890	32,919	2,541	16,616	9,094	5,198
1900	45,486	2,748	21,092	12,579	9,067

arcades et fontaines, vieux ponts de bois contrastent étrangement avec les exigences de la modernité et donnent à ces villes un charme particulier. L'extension du périmètre urbain s'est modelée sur la topographie : si l'on constate à Berne et à Fribourg, par exemple, une forte prédominance vers l'ouest, c'est que dans cette direction s'ouvre le méandre de l'Aar ou de la Sarine, point de départ du peuplement des deux villes. Partout ailleurs, l'élargissement s'est fait à peu près également en tous sens, à moins que les rives d'un lac ou un autre obstacle physique lui aient marqué des limites infranchissables (1). Terminons enfin, en signalant l'influence des pays voisins qui s'est fait sentir surtout à la périphérie : si Genève est française d'allures, Bâle et Schaffhouse ont bien le cachet allemand, et l'air italien des petites villes tessinoises n'est pas pour surprendre. La Suisse se trouve, en effet, au carrefour de trois civilisations, qui se reflètent et s'estompent dans le peuplement de ses frontières.

PIERRE CLERGET.

---

(1) L'étude du développement des villes suisses est facilitée par les plans colorés — suivant chaque époque, — que l'on trouve dans le *Dictionnaire géographique de la Suisse*, op. cit.

PROJET

D'EXPÉDITION OCÉANOGRAPHIQUE DOUBLE

A TRAVERS LE BASSIN POLAIRE ARCTIQUE

DIVISION DU MÉMOIRE :

A. **Préliminaires.**

B. **Choix de l'itinéraire.**

C. **Programme d'une expédition double.**

D. **Construction et armement des navires.**

A. — PRÉLIMINAIRES.

RELATIONS DE CIRCULATION DES EAUX DU BASSIN ARCTIQUE ET DE L'ATLANTIQUE NORD. — La calotte polaire arctique est occupée par un bassin maritime encore assez inconnu dans lequel les glaces s'agitent au gré des vents et des courants.

Les eaux extrêmement abondantes déversées par les grands fleuves et les chutes de neige sur les banquises constituent un poids supplémentaire appréciable, et suffiraient pour provoquer un mouvement de décharge par les issues naturelles : surtout par la grande porte comprise entre le Groenland et la Norvège. Mais, il est un autre élément dont l'importance est considérable, et dont l'influence vraiment merveilleuse produit dans le bassin arctique une circulation générale dans l'ensemble des eaux et des glaces, c'est l'arrivée des eaux chaudes équatoriales accumulées par les vents alizés dans le golfe du Mexique, apportées par le *Gulf Stream* jusque sur les côtes européennes et poussées jusqu'aux mers arctiques par les vents dominants du S.O. de l'Atlantique nord.

Ces eaux chaudes passent entre l'Islande et la Norvège, qu'elles dégagent complètement de glaces durant tous les étés, puis elles pénètrent dans la mer de Barentz, dont elles désagrègent la banquise, permettant ainsi aux bateaux de naviguer assez facilement le long de la côte occidentale de la Nouvelle-Zemble et d'atteindre la partie méridionale de l'archipel de François-Joseph. Elles dégagent aussi l'île des Ours et les côtes du Spitzberg, accessibles chaque année de bonne heure aux baleiniers, aux explorateurs et aux chasseurs. Un tel afflux d'eau salée, qui se mélange et s'ajoute à l'afflux des eaux fluviales, donne lieu à un vaste courant froid de dégagement qui prend naissance dans le nord et dans l'est de l'archipel de la Nouvelle Sibérie et emporte tous les débris de la banquise centrale dans une vaste dérive vers la côte orientale du Groenland. Ce courant froid entraîne avec lui les floes, les icefields, les hummocks, les toross, les icebergs et forme tout le long de la dite côte une barrière presque infranchissable.

Arrivé au cap Farewell, ce courant se divise, et tandis qu'une partie descend directement vers l'île de Terre-Neuve, l'autre remonte la côte occidentale groenlandaise et vient grossir le courant de la mer de Baffin, composé des dérives glaciaires des détroits de Smith, de Jones, de Lancastre et d'Hudson; c'est ce dernier courant qui charrie des icebergs jusqu'à la latitude de Naples et dont l'intensité joue un rôle si important et si capricieux sur la météorologie de l'Europe.

Vraisemblablement au nord du Groenland et de l'archipel de Parry, un mouvement tourbillonnaire lent doit protéger de grandes étendues glaciaires contre les mouvements d'évacuation.

Des phénomènes analogues et bien moins définis, d'ailleurs plus insaisissables, doivent se produire dans l'atmosphère et se combiner avec les grandes ondulations de baisses barométriques; on en retrouve la preuve dans quelques courants normaux, dans certaines dépressions constantes et peut-être dans les aurores boréales.

Quelles sont les lois qui régissent ces grands fleuves marins et aériens?

Quelles sont leurs zones exactes d'influences, chaque année, chaque mois?

Tels sont les paramètres les plus utiles et les plus importants à connaître de la question polaire.

Que des explorations scientifiques rationnelles parcourent la calotte polaire, et les limites et les formes du bassin pourront être déterminées; les données statiques du problème hydro-météorologique arctique seront posées. En somme, la cuvette, dans laquelle viennent se fondre, comme dans un modérateur, les excès de température des eaux équatoriales et tropicales, et les accumulations du froid des banquises, sera connue; il ne restera plus qu'à préciser les données dynamiques variables, c'est-à-dire l'importance annuelle de la glaciation, la position respective des masses glaciaires de divers ordres, le débit des fleuves sibériens et américains et surtout la valeur en cube approximatif, en vitesse et en température de l'apport des eaux tièdes de l'Atlantique nord.

De tous ces éléments dépend l'appréciation de l'importance de la descente glaciaire le long des côtes du Groenland et du Labrador; de cette descente dépendent l'étendue, l'intensité et la durée de fonte des icefields et des icebergs qui, chaque année, viennent se cantonner sur les côtes et sur le grand banc de Terre-Neuve. De la durée de stagnation de ces éléments glaciaires, de la température des eaux qui retournent dans la bassin polaire dépend, dans une large mesure, la météorologie de l'Europe.

UTILITÉ DES MISSIONS ARCTIQUES SCIENTIFIQUES. — Si l'on songe aux influences des variations saisonnières en anémométrie, en température et en humidité sur les dangers de la navigation, sur la pêche maritime, sur les rendements de l'agriculture, sur le développement des épidémies et des épizooties, sur le régime des rivières et des fleuves, on conçoit qu'il y a urgence à tout entreprendre pour les connaître, à tout rechercher pour en déterminer les causes et pour en déduire les prévisions nécessaires à l'amélioration de l'économie générale.

En effet, si l'on examine avec soin, sur la carte de l'Atlantique nord, les trajets des tempêtes les plus fréquentes qui le traversent, les zones de vents réguliers et les régimes météorologiques des différentes régions, on voit que l'Océan Atlantique se divise météorologiquement en trois bassins éoliens bien différents : le premier, le bassin A, limité par les Antilles, la côte des États-Unis, les Açores et la côte nord-occidentale africaine ; le second, le bassin B, compris entre les Açores, Terre-Neuve, le Groenland méridional, l'Islande, les îles Britanniques, le golfe de Gascogne ; et le troisième, le bassin C, borné par les îles Britanniques, le Groenland oriental, le Spitzberg, la Norvège et l'Islande, qui est comme l'antichambre du grand bassin polaire arctique.

Chacun de ces bassins a un régime spécial, et les grandes phases météorologiques dues directement aux phénomènes physiques ou astronomiques y produisent des effets très différents.

Dans le bassin A, les vents alizés, qui soufflent constamment au nord de l'équateur, entraînent avec eux un courant de

surface qui s'oriente de plus en plus vers l'ouest du monde
au fur et à mesure qu'il approche de la côte N.E. de
l'Amérique du Sud. Ce courant ouest intertropical pénètre
dans le golfe du Mexique, où il surélève le niveau des eaux
au point d'annihiler le phénomène des marées. Ces eaux
chaudes se déchargent d'abord par un courant de fond
suivant exactement en sens inverse le courant des alizés,
et ensuite par la seule issue restée libre entre la Floride et
les Antilles. C'est cette dernière décharge qui jette vers le
N.O. de l'Atlantique, le fameux courant chaud appelé
Gulf Stream, dont on a singulièrement exagéré la puissance,
car sa vitesse ne tarde pas a diminuer considérablement ; il
se divise et s'étale, ainsi que l'ont démontré les expériences
du prince de Monaco ; une partie reprend le chemin de
l'est, s'infléchit au sud des Açores, où elle rejoint les eaux
les plus froides descendues le long des côtes portugaises et
africaines ; ces eaux mélangées se dirigent, ensuite, vers le
sud et viennent compléter les vides constamment créés par
la persistance des alizés. En somme, le bassin A est animé
d'un grand mouvement tourbillonnaire autour d'un centre
où l'agitation est faible et où sont mécaniquement agglomérées les plantes marines arrachées sur les côtes du golfe
mexicain et les algues libres qui composent la mer des
Sargasses ; le bassin A peut être appelé le bassin moteur de
l'Atlantique nord.

La section septentrionale du *Gulf Stream* pénètre seule
dans le bassin B, que l'on pourrait appeler le bassin distributeur. Les eaux chaudes s'y transportent vers le grand
banc de Terre-Neuve, où elles rencontrent les icebergs, la
drift-ice, et les courants froids descendus de la mer de Baffin
et le long de la côte orientale du Groenland ; là se pratiquent
des échanges de températures, de salinités et de densités, et
du résultat de ces échanges dépend l'état général thermique

et densimétrique des eaux de l'Atlantique occidental. Or,
d'après les observations les plus récentes, la zone centrale
du bassin distributeur *B* est parcourue du S.W. vers le N.E.
par de grandes ondulations de basses pressions qui sont, en
général, séparées par 300 à 400 milles et dont la vitesse de
translation est variable, puisque ces sortes de creux de vagues
atmosphériques qui passent au même méridien dans un mois
sont de 8 à 10 en hiver et de 4 à 5 en été. Sous la poussée
des vents qui accompagnent ces dépressions, les eaux mélangées du grand banc de Terre-Neuve traversent le bassin *B*
dans toute sa largeur et viennent frapper les côtes de
l'Europe, en y constituant, suivant leur volume et leur
vitesse, des courants secondaires et des tourbillons qui rendent extrêmement variables les régimes des vents et des
courants du golfe de Gascogne, de la Manche et des îles
Britanniques. Suivant la position des montagnes de haute
pression cantonnées, en général, autour des Açores et appelées anticyclones, le chemin des tempêtes parties des Antilles
et du golfe du Mexique a une direction plus ou moins anor-
die; les vents dominants entraînent dès lors des eaux plus
ou moins septentrionales et les poussent plus ou moins au
nord ; ces eaux frappent l'Europe plus ou moins haut ; le
golfe de Gascogne, la Manche sont plus ou moins intéressés,
et il pénètre entre l'Islande et l'Angleterre dans le bassin *C*
une quantité plus ou moins considérable d'eaux réchauffantes.
Le bassin *C*, qui reçoit des eaux par le S.E. et qui déverse
les glaces du bassin polaire par le S.W., devient alors le
régulateur; en effet, si les eaux chaudes qui y pénètrent sont
très abondantes, parce que les poussées du moteur et du
distributeur sont intenses, son niveau tend à se surélever, et,
comme il ne peut se décharger dans le bassin polaire dont
le niveau tend déjà à monter sous l'accumulation des neiges
de la banquise et de l'afflux des grands fleuves, il se décharge

dans le chenal compris entre le Groenland et l'Islande; ce courant de décharge entraîne avec lui des champs de glace, ramasse au passage les icebergs issus des glaciers de l'inlandsis groenlandais et vient rafraîchir la température anormale du bassin *B;* l'équilibre s'établit et il pénètre alors moins d'eaux chaudes dans le bassin régulateur *C* qui déverse à son tour moins d'eaux froides et moins de glaces. Toute tentative d'excès de chaud ou de froid dans le bassin distributeur *B* provenant des irrégularités du bassin moteur *A* est bientôt contrariée, tempérée, régularisée par les interventions du bassin arctique régulateur *C.*

Et voilà comment les expéditions arctiques et océanographiques qui apparaissent encore à beaucoup de gens comme des œuvres de science théorique, de sport héroïque et de courage inutile, sont, au contraire, au plus haut degré, des missions destinées à fournir au monde savant des données sur la théorie générale météorologique et hydrologique, et ces découvertes sont indispensables, par voie de répercussion, à la connaissance du grand problème général de la transformation permanente et rationnelle de la vie terrestre, dont l'humanité, de plus en plus nombreuse et exigeante, doit apprendre dans son intérêt direct matériel à connaître les évolutions.

Il suffit d'ailleurs de parcourir l'histoire des missions arctiques pour se convaincre que, dans tous les siècles, elles ont eu des résultats pratiques immédiats.

A l'heure actuelle, les touristes et les chasseurs qui ont une auberge au Spitzberg en voudront d'autres au Groenland, à François-Joseph, aux îles de la Nouvelle-Sibérie, à la terre de Grinnell, dans l'archipel de Parry. Les médecins rechercheront les grands froids, capables de traiter, suivant l'expression de Pictet, les sangs corrompus et les nerfs exaspérés.

Dans ces postes nouveaux créés par les besoins de la vie et de l'agitation humaine, se fonderont les monastères scientifiques si désirés par le savant géographe F. Schrader, ou les postes d'études momentanés créés, à l'instar de celui organisé à la baie Red, par S. A. S. le prince Albert de Monaco ; la télégraphie et la téléphonie sans fils, qui défient les manifestations glaciaires, permettront à tous ces observatoires de fournir chaque jour une carte de l'état du bassin arctique et de ses mouvements. Grâce à cette carte et à celle de la météorologie générale maritime, il sera possible de suivre les grandes ondulations atmosphériques, de prédire le temps, d'annoncer les périodes d'humidité ou de sécheresse, et d'avertir les agriculteurs, les marins et les pêcheurs de ce qu'ils auront à faire pour protéger contre la nature elle-même les produits de leur travail devenu scientifique.

L'humanité a terminé aujourd'hui la migration persistante qui, depuis les lointaines profondeurs des périodes préhistoriques, l'entraînait vers des climats plus chauds, car la science et la civilisation doivent pouvoir permettre, en quelque sorte, d'uniformiser les climats.

Les régions polaires doivent être exploitées rationnellement par l'homme et à son profit comme l'ont été d'abord les régions tempérées, puis les régions tropicales, puis les fleuves, les mers et l'atmosphère elle-même.

B. — CHOIX DE L'ITINÉRAIRE.

INUTILITÉ DES RAIDS EN TRAÎNEAUX. — Je rejette comme absolument inutiles toutes les missions ayant pour but unique le record du pôle et cherchant à l'atteindre sportivement avec des traîneaux et des moyens restreints d'investigation dont la science ne peut retirer aucun bénéfice, car je me demande, en somme, si les efforts faits et les risques courus sont en rapport avec les résultats. On n'y peut faire des observations météorologiques complètes ; on ne peut y pratiquer ni grands sondages, ni dragages, ni prises d'échantillons d'eau ou de plankton, ni pêche ; on ne peut rapporter la moindre donnée océanographique sur la mer au-dessus de laquelle on fait la grande course blanche.

Le ballon dirigeable et le sous-marin ne sont pas encore entrés dans le domaine des choses pratiques et la mer de glace ne peut et ne doit être leur champ d'expérience.

Quant au navire brise-glace, il le faudrait trop considérable et par suite beaucoup trop cher pour lui permettre de faire dans l'océan arctique central ce que l'amiral Makkaroff n'a pu lui faire faire sans avaries graves dans le nord du Spitzberg ou dans la mer de Kara.

Étant donné l'état d'avancement des découvertes autour du bassin maritime polaire, il ne reste aujourd'hui que deux sortes d'explorations rationnelles à entreprendre.

EXPLORATIONS LOCALES AUTOUR DU BASSIN POLAIRE. — 1° Des explorations annuelles localisées sur le périmètre du bassin arctique, aussi nombreuses que possible, analogues à celle du prince Albert de Monaco dans la baie Red, à celle de Greely dans la baie du Fort-Conger ou à celle de Sverdrup dans l'archipel de Parry. Chacune d'elles pourrait étudier un recoin des rivages arctiques et compléter la connaissance de tous les éléments hydrographiques, géographiques, géologiques, météorologiques, océanographiques, glaciaires, biologiques, magnétiques, etc.

GRANDES EXPLORATIONS DE PÉNÉTRATION DANS LE BASSIN POLAIRE. — 2° De grandes missions de pénétration dans le bassin maritime polaire, entreprises avec des bateaux spéciaux, transformés en observatoires et laboratoires, ayant la solidité suffisante pour résister aux assauts du pack et emportant le matériel et les vivres nécessaires pour le nombre d'années correspondant à l'itinéraire choisi.

C'est à ces dernières missions que je m'arrêterai exclusivement dans ce mémoire, et j'essaierai de résoudre logiquement la question suivante :

Quelle est la route rationnelle à suivre pour rapporter la moisson la plus ample d'observations météorologiques, glaciaires, océanographiques et scientifiques de tous ordres?

En principe, puisqu'il s'agit de navire, pour se placer dans les circonstances les plus favorables, il faut prendre une route dans laquelle ces navires n'auront pas à refouler des courants généraux contre lesquels il n'y a pas à lutter à cause des glaces qu'ils entraînent.

On est amené ainsi tout naturellement à éliminer les routes du détroit de Smith et de la côte orientale groenlandaise qui sont, en somme, les grands lits de la descente glaciaire. D'ailleurs, l'expérience confirme cette appréciation ; aucune mission n'a jamais pu remonter le courant glacé le long du Groenland : la *Germania* et la *Lilloise* y ont péri corps et biens ; quelques navires comme l'*Albert* et le *Polaris* ont pu franchir le canal Robeson et parvenir à l'entrée de la mer de Lincoln ; les Danois et le Duc d'Orléans ne sont guère allés plus loin que Hudson, mais aucun n'a pu songer un instant à s'engager dans cette mer dont les courants compriment constamment les glaces contre les côtes.

Le Spitberzg ne peut pas non plus servir de point de départ; le navire qui tenterait de gagner l'océan Polaire depuis cette terre aurait à lutter, sous un angle de 45 degrés, contre la dérive des banquises, il serait entraîné par elles sur la côte orientale du Groenland. Les mêmes inconvénients se retrouveraient, sous un angle de 90 degrés, en partant de la terre de François-Joseph.

Le seul moyen de traverser la grande cuvette polaire consiste à refaire le voyage du *Fram*, un peu plus au nord et à prendre de nouveau, comme l'a dit l'admirable Nansen, un billet de glaçon dans le grand convoi des glaces.

Il convient de rappeler, en effet, que l'idée première de la traversée du bassin polaire dans le sens du grand courant arctique est née à la suite de la découverte des bois flottés et des boues de Sibérie sur les côtes orientales et méridionales du Groenland, et aussi à la découverte, au cap Farewell, des épaves de la *Jeannette*, abandonnée par son équipage au nord de l'île Bennet.

Il faut donc partir d'un port norvégien, traverser la partie méridionale de la mer de Barentz, remonter entre la banquise et la terre la presqu'île de Yalmal, se ravitailler, longer en fin d'été la presqu'île Taimyr, gagner à l'automne les îles de la Nouvelle-Sibérie, et, au lieu de faire route droit au nord, comme le *Fram*, gagner, coûte que coûte, fût-ce au prix d'un hivernage dans une des îles Liakoff ou à l'île Bennet, un point situé sur le 150° degré de longitude est. Rendus à ce point, *le* ou *les* navires de l'expédition n'ont plus qu'à se laisser entraîner par la banquise.

S'ils suivent une route sensiblement parallèle à celle du *Fram*, ils traverseront le bassin maritime arctique sur d'autres lignes que celle du *Fram* et passeront incontestablement dans le voisinage du pôle Nord. Ils suivraient, en somme, la route qu'ont dû parcourir les épaves de la *Jeannette*.

EXPÉDITION COMPOSÉE DE DEUX NAVIRES. — Je suis partisan de *deux navires* et non *d'un seul*, parce que, arrivés au bord de la banquise qui devra les claver, ils pourront se séparer de 50, 60 ou 80 milles, et tracer ainsi sur le bassin deux lignes de sondages et deux lignes de dragages de sous-sol marin ; ils constitueront deux observatoires météorologiques et magnétiques glaciaires flottants.

On possèdera, à chaque instant, la direction de la dérive, la vitesse de la dérive et le changement d'azimuth de chaque navire ; en même temps, on pourra suivre la variation de distance de ces deux navires ainsi que la variation d'azimuth et la vitesse angulaire de variation d'azimuth de la ligne qui rejoindrait les deux navires : éléments d'une importance capitale pour la détermination définitive des grands mouvements généraux de la banquise arctique.

Les deux navires seraient naturellement pourvus de la télégraphie sans fil et pourraient ainsi communiquer constamment entre eux ; étant donnée la faible distance qui les séparerait, la communication matérielle des équipages pourrait s'établir, ce qui est fort utile, et, en cas de naufrage d'un des deux navires, l'autre pourrait recueillir à son bord l'équipage, qui n'aurait que quelques dizaines de milles à faire pour gagner cet asile.

En admettant que les deux navires partent d'un point voisin de celui rationnellement choisi, et en supposant qu'ils suivent une route parallèle à celle du *Fram,* ils seront dans le centre du grand courant polaire et dériveront probablement à une vitesse un peu plus élevée, surtout dans la dernière partie du voyage. Mais leurs deux dérives les amèneront très près de la pointe nord du Groenland, atteinte par Peary, et il pourrait se faire, si le Groenland se termine exactement à l'île Melville, que l'un des navires soit entraîné vers le canal de Robeson, comme le sont certains mélèzes de la Kolyma ; si cette heureuse circonstance se produisait, la mission rapporterait la solution complète du rôle de l'éperon groenlandais dans la division du courant de descente polaire.

L'itinéraire choisi, passant au nord de l'archipel de François-Joseph et du Spitzberg, il serait loisible, chaque été, d'installer au nord de ces terres un poste de télégraphie sans fil permettant de donner à l'expédition des nouvelles de l'Europe et d'en recevoir de tous les membres de la mission.

On pourrait être tenté, pour traverser le bassin polaire, de passer dans le détroit de Behring, comme l'avait projeté le capitaine Lambert et tenté le lieutenant de vaisseau de Long avec l'insuffisante et malheureuse *Jeannette*. Incontestablement, avec deux navires solides, le projet est réalisable, mais il fait faire inutilement dans la banquise le trajet qui sépare le nord de l'île Wrangel du nord de l'archipel des îles de la Nouvelle-Sibérie et pourrait ainsi donner lieu à un voyage de six ans, ce qui est trop long pour une expédition polaire.

Inutile de songer à partir des côtes arctiques américaines à peu près inaccessibles à la navigation libre, même en automne.

C. — PROGRAMME DE L'EXPÉDITION DOUBLE.

Route des deux navires. — Les deux navires, ayant complété leur armement, comme il sera indiqué plus loin, devraient appareiller de Tromsö au milieu de juillet, précédés du vapeur portant le charbon, et gagner Kabarova ou Port Dickson pour y prendre les chiens, les traîneaux et divers objets samoyèdes fort utiles sur la neige et sur la glace.

C'est pendant cette traversée que pourraient être essayés, et mis au point, tous les instruments océanographiques. C'est également à Kabarova ou à Port Dickson que devrait être embarqué le charbon de remplacement.

L'expédition devrait ensuite naviguer constamment entre terre et banquise pour doubler le cap Tcheliouskin et gagner le nord des îles de la Nouvelle-Sibérie; les observations et les travaux de recherche les plus nombreux devraient être faits, mais sans jamais causer le moindre retard dans la route, pour permettre aux navires de choisir leur point de clavage dans la banquise, en septembre, c'est-à-dire à l'époque où celle-ci est le plus désagrégée et le plus maniable.

OBSERVATIONS SCIENTIFIQUES. — Une fois les deux bateaux clavés, toutes les dispositions devraient être prises pour l'organisation, sur la glace, des chenils et du poste météorologique ainsi que du poste comportant au travers de la glace elle-même, à l'abri de l'air extérieur, sous une cabane ou sous une voûte de neige pour lutter contre la congélation de l'eau de mer, un trou bien entretenu pour le passage des nasses, des dragues, des sondes, des bouteilles, des filets à plankton et autres instruments océanographiques.

Les observations journalières régulières seraient les suivantes : point astronomique, calcul de l'heure ; relevé des instruments météorologiques ; étude de la tranche d'eau de mer ; sondages avec prises d'échantillon du fond ; descente ou remontée d'un gros instrument océanographique ; relevé des variations de l'aiguille aimantée ; relevé des azimuths des navires ; étude de la glace et de la neige dans leur transformations et mouvements ; chasse et pêche de divers ordres, si possible ; communication télégraphique sans fil entre les deux navires. Les phénomènes astronomiques spéciaux, les aurores boréales, les manifestations biologiques de l'été devraient être l'objet d'observations particulières.

Les deux navires devraient garnir toute la banquise autour d'eux de flotteurs métalliques numérotés destinés plus tard à indiquer nettement la route suivie par les glaces qui les emporteraient, puis par eux, dans tout l'Atlantique nord.

Au point de vue de l'hygiène et de la propreté, de l'entretien du navire et de la machine, un règlement calqué sur ceux de Nansen et de Parry, déterminerait, pour chaque jour de la semaine, le rôle de chacun. Les distractions les plus variées seraient favorisées pour les heures de repos : musique, comédies, lectures, exercices physiques, jeux divers, etc. La propreté corporelle devrait être particulièrement soignée et chaque homme devrait se baigner au moins une fois par semaine

VIVRES. — Le médecin serait plus spécialement chargé du service des pesées et de la distribution des vivres. Ces vivres comprendraient du biscuit, du pain spécial, des conserves de bœuf, des tablettes de bouillon, du pemmican, du lard, du jambon, du lait conservé, des fromages, du poisson conservé dans l'huile, du chocolat, du thé, du café, des boissons antiscorbutiques, et le plus possible de légumes secs ou conservés et de fruits en boîtes hermétiques; les conserves salées sont à éviter; l'alcool doit être proscrit en principe.

En règle générale, il faut aux missions polaires une nourriture à base de conserves excellentes, variée par la viande d'ours, du gibier aquatique et du poisson frais ; mais il faut aussi obtenir ce que possédaient Nansen et Nordenskjöld, des bateaux bien aérés, tenus toujours propres, exempts d'humidité et de moisissure ; il faut exiger aussi de l'équipage des exercices en plein air, quelque froid qu'il fasse.

HABILLEMENT. — L'habillement des hommes doit comprendre : de bons vêtements de dessous en laine, des blouses de toile à voile bien cousues et munies de nombreuses poches, constituant le meilleur pardessus contre la neige, des bottes en toile à voile avec des semelles de cuir, des bas de laine et des bas de feutre, des bonnets ou des calottes en feutre, des gants moufles, en peau de phoque ou de chamois, bordés de fourrures au poignet, des lunettes fermées pour mettre les yeux à l'abri de la réverbération des neiges.

Il conviendra aussi que la mission double emporte les kayaks et les traîneaux nécessaires pour assurer avec les chiens la retraite en cas de sinistre ; cette retraite devra d'ailleurs être constamment préparée ; le traîneau de Nansen vaut mieux, sur la banquise, que celui de Peary qui est surtout fait pour l'inlandsis ; de même, le fourneau de Nansen est celui qui doit être adopté pour les excursions ; il est facilement démontable, utilise le mieux la chaleur pour produire l'eau potable avec de la neige pendant la cuisson des aliments.

D. — CONSTRUCTION ET ARMEMENT DES DEUX NAVIRES.

Choix du type de navire. — Si l'on examine avec quels outils de navigation tous les explorateurs polaires ont entrepris leurs expéditions jusqu'à nos jours, on constate que presque toujours, ils ont pris un baleinier ayant fait déjà plusieurs campagnes dans les glaces ; quelquefois le navire a été renforcé par un bordé et par quelques baux supplémentaires et garni d'un taille-mer en fer ; presque jamais il n'a été construit de bateau spécial, étudié, calculé, aménagé uniquement en vue du service à remplir. De là de si nombreux désastres.

L'honneur de la construction du premier navire spécial polaire revient à Nansen et à Colin Archer, qui ont produit le *Fram*, dont la solidité, les conditions d'hygiène et les dispositions générales représentaient un progrès considérable du navire arctique ; depuis, le *Fram* a été transformé lui-même et d'autres navires, comme le *Gauss* et le *Discovery*, qui sont partis pour le pôle Sud, ont reçu de nouveaux perfectionnements adaptés à leur propre usage.

CONSTRUCTION DE DEUX « FRAM » MODIFIÉS ET PERFEC-
TIONNÉS. — Dans le cas de l'envoi simultané de deux
navires, le type du *Fram* devrai être repris, en conservant
intégralement ses lignes d'eaux qui ont fait leurs preuves,
mais en modifiant l'aménagement intérieur et la superstruc-
ture. Comme pour le *Fram*, la membrure serait composée de
couples en vieux bois de chêne de 40 centimètres d'épaisseur,
formés de deux parties parallèles chevillées entre elles ; les
couples seraient séparés les uns des autres par des intervalles
de 2 centimètres remplis de carbonate de chaux et de cellulose ; le bordé serait composé de deux couches de chêne de
10 centimètres, clouées et calfatées, et de deux couches de
greenhart, l'une de 10 centimètres, l'autre de 15 centimètres,
chevillées et calfatées, recouvertes à un mètre au-dessus de la
flottaison d'une plaque de tôle en fer doux de 3 centimètres
d'épaisseur, encastrée dans le bordé ; le vaigrage intérieur,
en sapin du nord de 20 centimètres, serait également calfaté ;
deux rangées de baux, très rapprochés seraient consolidées
par des courbes en bois ; ces courbes seraient renforcées par
d'autres courbes et des T en fer ; les baux reposeraient
dans la cale et dans l'entrepont sur des rangées d'épontilles
reliées par des tirants et des semelles de pont aux courbes
et à la muraille ; les baux seraient reliés entre eux par des
croix de Saint-André horizontales calées avec des courbes
en fer ; cinq cloisons étanches, allant d'un bout à l'autre
jusqu'au pont supérieur, seraient formées de deux plaques en
fer suédois séparées par de la cellulose et consolidées par
des fers en équerre rayonnant depuis la carlingue ; la quille
serait noyée dans le bordé ; le gréement serait celui d'une
goélette avec mât militaire creux qui contiendrait un escalier
permettant de monter, à l'abri du froid, dans un poste de
veille élevé et fermé, remplaçant avantageusement le nid de
corbeau et contenant un appareil de commandement à la

machine, des porte-voix, une barre pour le gouvernail, un compas et divers appareils.

L'antenne de la télégraphie sans fil pourrait être installée sur le mât de l'arrière en bois.

Les logements, le laboratoire, le carré et la cuisine seraient établis au centre et au-dessus du pont avec muraille et plafond creux remplis de matières isolantes ; les planchers et les murailles seraient recouverts de plusieurs couches de linoleum, de feutre de liège et de planches de sapin destinées à enlever l'humidité et à supprimer les moisissures. L'éclairage électrique fonctionnerait soit avec la vapeur, un moteur à pétrole ou le moulin à vent ; la machine à vapeur serait à triple expansion ; il y aurait en outre du canot à vapeur et de la chaloupe, deux baleinières et des bertons.

Une chambre sur la passerelle contiendrait les instruments astronomiques, magnétiques et géodésiques, les chronomètres et les appareils de télégraphie sans fil, les appareils de pêche, les nasses, les dragues, les filets, les sondes, etc. Les armes, les traîneaux, les vivres, le vestiaire, les produits chimiques, la verrerie, les munitions, les explosifs puissants seraient judicieusement répartis dans les compartiments inférieurs.

COMPOSITION DE L'ÉQUIPAGE DES DEUX NAVIRES. — L'équipage serait composé pour les deux navires ainsi qu'il suit :

1° Un officier de marine, chef de mission océanographe, commandant l'un des navires et chef de l'expédition ;

2° Un officier de marine, second de mission océanographe, commandant l'autre navire et second de l'expédition ;

3° Deux capitaines baleiniers, seconds des navires ;
4° Deux officiers uniquement chargés des calculs, des
   montres, de l'astronomie et du magnétisme ;
5° Deux professeurs de faculté, biologistes ;
6° Deux médecins bactériologistes ;
7° Deux harponneurs norvégiens ;
8° Deux préparateurs naturalistes ;
9° Deux cuisiniers ;
10° Deux chefs mécaniciens ;
11° Quatre mécaniciens-chauffeurs-électriciens ;
12° Six matelots norvégiens ayant appartenu autant que
   possible aux missions antérieures.

En tout vingt-huit personnes ; quatorze par navire. Il
a paru inutile d'amener plus de savants pour des études
immédiates, la mission devant surtout rapporter des matériaux en Europe, où les professeurs compétents les étudieront
avec tout le temps et tous les instruments nécessaires, dans
leurs laboratoires respectifs.

Je reste convaincu que deux navires ainsi construits,
ainsi armés, iraient au centre du bassin polaire très
aisément, et, avec de la patience et de la persévérance, en
rapporteraient une moisson scientifique considérable et peut-
être insoupçonnée.

CHARLES BÉNARD,

Officier de marine,
Président de la Société française d'Océanographie,
Directeur-Adjoint
de la Ligue maritime française.

ETHNOGRAPHIE CONGOLAISE

LES UPOTOS

(Suite et fin.)

RITES FUNÉRAIRES. — Les morts sont inhumés ; exception-nellement on utilise des cercueils, mais d'habitude on enve-loppe les morts de nattes. Avant qu'on les enterre, on peint tous les corps en rouge, tant pour les esclaves que pour les hommes libres. Quant aux femmes, les nattes, dont on les enveloppe, sont saupoudrées de couleur rouge.

Dans le temps, à la mort d'un chef, on sacrifiait une femme et un esclave, auxquels, avant leur mort, on cassait les os des bras, des mains et des jambes. Actuellement, ces faits ne se passent plus à la rive.

On ne dépose des objets que sur les tombes des grands chefs : des lances, des mitakkos, des perles, des bouteilles ; pour les petits chefs et les hommes libres, on enterre avec eux une partie de la succession, ainsi que les dons des parents et amis.

Les hommes libres, aussi bien que les femmes, sont enterrés dans la maison, mais les esclaves sont enterrés dans la forêt et, très souvent, si le maître ne les aime pas, ils sont jetés à l'eau.

Les esclaves ne sont jamais enterrés dans un cercueil.

Les hommes et les femmes libres portent des perles dans les cheveux et autour du cou, des bracelets aux chevilles et aux poignets et du laiton autour des bras et des jambes, mais les esclaves n'en portent jamais. Un homme doit être très attaché à son esclave pour lui mettre un petit collier de perles au cou.

On croit aux ombres des morts et on les craint.

Ils ont foi en une vie éternelle, et ils y admettent tout le monde, les esclaves aussi bien que les chefs.

La mort n'est jamais regardée comme un phénomène naturel, elle est toujours le fait de *Ndokki*, ce qu'on pourrait traduire par « mauvais œil ».

CROYANCES RELIGIEUSES. — Parmi les esprits à l'existence desquels ils croient, je citerai *Mondiri*, l'esprit qui est dans l'eau, et les *Inkittas*, esprits qui vivent sur terre et qui ont quelque similitude avec les anges; ils sont invisibles pour nous, mais ils nous voient.

Les *Mondiris* et les *Inkittas* peuvent être bons ou mauvais; s'ils aiment les gens, ils les protègent, mais s'ils ne les aiment pas, ils leur jouent de mauvais tours.

Il y a un Dieu : Libanza, qui habite l'est, sa sœur Ntsongo habite l'ouest.

Il y a encore Tserengé, fils de Libanza ; Bolongo, fils du frère aîné (décédé) de Libanza ; Nkobba, frère aîné de Libanza; Bongita, mari de Ntsongo (sœur de Libanza); Bongengje, conseiller ou plutôt *Nganga* (féticheur) de Libanza.

Dieu (Libanza) a eu un commencement, mais il ne mourra jamais; il en est de même pour les autres êtres divins, parce que, quand ils vont mourir, Libanza les fait renaître.

MYTHOLOGIE. — Dans le temps, tous les hommes, qui étaient au monde, étaient noirs. Alors, un jour, Libanza envoya son fils Tserengé sur la terre pour voir si les gens étaient bons ; il devait récompenser largement ceux qui le recevraient bien et punir ceux qui le recevraient mal.

Quand Tserengé vint vers l'est (chez nous, Européens, parce qu'on veut dire plutôt l'aval du fleuve), il y fut bien reçu et y laissa toutes les bonnes choses, comme les fusils, les steamers, etc. ; il nous rendit très malins et nous donna une peau blanche ; mais quand Tserengé vint chez les nègres, ceux-ci lui furent hostiles et voulurent lui faire la guerre ; ce qui fait que quand Tserengé fut revenu chez son père Libanza et qu'il lui eut raconté ce qui s'était passé, Libanza fut très fâché et punit les nègres en leur laissant leur peau noire et en les rendant stupides, etc.

Un jour, Libanza appela chez lui les gens de la lune et les gens de la terre.

Les gens de la lune s'empressèrent d'aller chez lui et en furent récompensés par Libanza, qui leur dit : « Parce que tu es venu tout de suite quand je t'ai appelé, tu ne mourras jamais, tu ne seras mort que durant deux jours par mois, ce sera pour te reposer, et tu reviendras avec une plus grande splendeur. »

Quand les gens de la terre arrivèrent enfin chez Libanza, celui-ci se fâcha et leur dit : « Parce que tu n'es pas venu tout de suite, quand je t'ai appelé, tu mourras un jour et tu ne revivras plus que pour venir chez moi. »

Histoire de Libanza (Dieu) (1). — Il y a très longtemps, alors que Libanza n'était pas encore né, il y avait deux femmes, deux sœurs, qui habitaient sur un grand arbre. Ces sœurs avaient une voix magnifique et c'était un plaisir que de les entendre chanter.

(1) *La Belgique coloniale* a publié en 1899 et 1900 cette histoire de Libanza sous une forme très peu différente de celle-ci.

De l'arbre pendait une longue corde, qui descendait jusqu'à terre, et quand on voulait obliger les sœurs à chanter, on n'avait qu'à tirer à la corde.

Un beau jour, une bête nommée Libengé tira à la corde et aussitôt les sœurs se mirent à chanter. Libengé trouva les chansons si jolies, qu'il demanda aux deux sœurs de devenir ses femmes, mais elles refusèrent. Une autre bête, Mondanga, vint aussi, entendit chanter les femmes, devint amoureux d'elles, leur demanda de devenir ses épouses, mais on le refusa aussi. Survint une troisième bête, Ndoumba, puis un Nkoï (léopard), auxquels la même chose arriva.

Enfin, survint un Coco (coq), avec des plumes magnifiques ; il se mit à chanter « kubelekuku » et tira à la corde. Aussitôt les femmes se mirent à chanter et cette fois-ci plus agréablement encore que les autres fois.

Le coq, qui n'avait jamais entendu cela, devint tout à coup amoureux des femmes et leur demanda de descendre. Les femmes, trouvant le coq un mari à leur goût, descendirent tout de suite avec leurs servantes et elles suivirent le coq.

Tout cela allait fort bien, l'ensemble formait un bon ménage, car les femmes aimaient bien leur mari, lorsqu'un beau jour il commença à pleuvoir.

Comme cela arrive souvent, quand la pluie eut cessé, des milliers et des milliers de fourmis sortirent de terre et le coq se mit bravement à les manger. Une servante qui vit cela ne put pas concevoir que le mari de ses maîtresses mangeât des choses semblables et elle alla le raconter à l'une des femmes.

Celle-ci, ne pouvant croire non plus que le coq pût manger des fourmis, crut que la servante était jalouse de son beau mari et elle adressa des reproches à sa servante. Celle-ci, mécontente de recevoir des reproches immérités, guetta le

coq et vit bientôt qu'il mangeait encore des fourmis. Elle
appela alors sa maîtresse en lui disant qu'elle désirait luï
montrer quelque chose. Quand la femme eut vu ce qui se
passait, elle prit la fuite avec ses femmes et s'en revint sur
son arbre où elle resta bien longtemps, très triste, sans plus
chanter.

Un jour, bien longtemps après, Lotengé, le père de
Libanza, passa près de cet arbre et entendit chanter les
femmes. Celles-ci lui plurent ; lui-même plut aux femmes et
il les emmena avec lui dans son village.

Ils vivaient très heureux et le moment approchait où
Ntsombobellé (la femme) devait s'accoucher. Un jour, que
Ntsombobellé travaillait dans les champs, elle trouva deux
fruits, des saphos, qu'un oiseau avait laissé tomber. Après
avoir préparé les fruits, ils lui plurent tant, qu'elle ne voulut
plus manger que des saphos. Malheureusement, il y avait
fort peu de saphos dans les environs, et comme Ntsombobellé
ne mangeait que cela, le moment arriva où il n'y en eut plus.
Alors, un beau jour, Lotengé dit à sa femme : « Attends,
je connais un très grand arbre, qui se trouve près du village
de Molimba et j'irai te chercher des saphos. »

Il partit et arriva à l'arbre, où se trouvait une sentinelle
appelée Fotté-Fotté. Lotengé demanda la permission de
prendre les fruits, et Fotté-Fotté ne la lui refusa pas.
Lotengé monta à l'arbre, qui avait quelques kilomètres de
diamètre, et prit les fruits ; alors Fotté-Fotté demanda qu'il
lui jette un sapho, mais comme le fruit était énorme, il
blessa, en tombant, la sentinelle.

Celle-ci appela Molimba, qui arriva avec ses gens pour
capturer Lotengé ; mais, heureusement pour lui, celui-ci
put se sauver, bien qu'étant blessé. Lotengé apporta alors
les fruits à sa femme Ntsombobellé ; elle lui en fut très
reconnaissante et le remercia beaucoup.

Cependant, comme Ntsombobellé ne mangeait toujours que ces fruits-là, il n'y en eut bientôt plus et elle demanda à Lotengé d'aller en chercher encore.

Lotengé, qui adorait sa femme, s'en alla vers l'arbre où, de nouveau, il rencontra Fotté-Fotté, qui lui donna encore la permission de prendre des fruits, mais qui appela aussitôt Molimba pour surprendre Lotengé.

Molimba eut cette fois plus de succès et Lotengé fut tué.

Quand la triste nouvelle fut connue dans le village de Lotengé, personne ne voulut plus prendre de nourriture, et tout le village prit le deuil.

Après un certain temps, cependant, toutes les femmes de Lotengé retournèrent dans leurs villages, excepté Ntsombobellé, qui était enceinte du fait de Lotengé.

Le jour de l'accouchement n'était plus éloigné et, peu de temps après la mort de Lotengé, Ntsombobellé accoucha de Kobba. Kobba ne naquit comme les autres êtres, mais il vint au monde en costume de guerrier, avec sa lance, son couteau et son bouclier.

Après lui avoir donné naissance, Ntsombobellé donna la vie à des milliers et des milliers de serpents, à des moustiques et à d'autres bêtes (nommés molinne), tous en costume de guerriers et armés de lances et de boucliers; c'était l'armée de Kobba.

Après lui, devait venir au monde Libanza, mais celui-ci dit à son frère Ngommingoy : « Non, je veux que tu sois le plus vieux de nous deux, tu viendras avant moi. »

Ngommingoy est venu au monde, assis sur un grand char et porté par plusieurs esclaves. Il était brillant et tous ceux qui l'ont connu ont dit qu'il était l'homme le plus beau qui ait jamais existé. Une de ses originalités était de ne jamais toucher la terre, mais de se faire toujours porter par ses esclaves.

Libanza naquit ensuite. Sa mère lui demandait de venir au monde, mais il ne voulait pas : « C'était trop honteux. » Alors sa mère lui proposa de venir au monde par les oreilles ; mais il ne voulut pas non plus, parce qu'il y avait le cérumen ; par le nez ? « Non, parce qu'il y a la morve » ; par les yeux ? « Non, il y a les larmes » ; par les mains ? « Non, parce que les mains sont noires » ; par le dos ? « Non, parce que, si tu dors en étant couchée sur le dos, tu me tueras. » « Mais par où veux-tu venir au monde ? » lui demanda alors sa mère ; il répondit : « Par les ongles. » Il dit à sa mère de prendre une corde et de la rouler autour de son ongle ; ce qu'elle fit, et Libanza vint au monde par l'ongle du petit doigt, et il vint brillant comme doit l'être un Être supérieur ; mais, avant lui, son trône vint au monde.

Quand Libanza naquit, il ne parlait pas, et sa mère, anxieuse, courut chez un *nganga* (féticheur). Le *nganga* mit le feu à la robe de fibre que la mère avait mise, et quand Libanza vit cela, il s'écria : « *mamma vela lin, genge alola mossa* » (mère, prends garde, ta robe prend feu) ; il étendit la main, et l'eau éteignit le feu.

Un jour, les enfants demandèrent à Ntsombobellé où était leur père et, bien qu'elle se fût efforcée d'abord de les satisfaire en disant que leur père était mort en coupant du bois, bientôt elle dut leur dire ce qui s'était passé chez Molimba.

Tous les frères décidèrent que l'arbre, qui était la cause de la mort de leur père, ne pouvait subsister et ils se mirent d'accord pour l'abattre. Likenza, le forgeron, alla donc forger des haches et bientôt tout fut prêt pour le départ.

Molimba fut assez vite averti des intentions de Libanza et de ses frères ; mais, croyant qu'ils n'étaient pas assez forts, il dit à ses gens de ne pas s'en inquiéter.

Libanza et ses hommes purent donc prendre à leur aise

tous les arrangements nécessaires, et ils convinrent que
Kobba, puisqu'il était l'aîné, abattrait l'arbre. Mais, quelle
surprise ! Kobba travaillait, travaillait de toutes ses forces,
mais ne pouvait pas arriver à couper de l'arbre même le
plus petit morceau de bois. Les spectateurs en rirent, et
Kobba, furieux, rentra dans sa maison et fit tomber une
pluie qui dura trois jours ; alors, sa mère vint lui demander
de faire cesser la pluie, ce qu'il fit. Libanza avait eu, pendant ce temps, un fils nommé Tserengé, et Ngommingoy
avait eu aussi un fils, nommé Bolingo. Tserengé se mit donc
à couper l'arbre et le travail avançait un peu, quand Libanza
se dit que ce n'était pas là un travail pour un gamin.
Libanza mit donc la main sur l'entaille et l'arbre fut de
nouveau intact.

Bolingo, qui avait vu que Tserengé avançait si bien, se
dit : « Ce que Tserengé peut faire, je le puis aussi, » et, à
son tour, il avait coupé déjà de grands morceaux, quand
Libanza arriva et répara l'arbre à nouveau.

Alors Ngommingoy, qui avait fait faire une très grande
hache, se mit à couper l'arbre, et l'arbre était sur le point
de tomber, quand Libanza vint encore, et défit tout le
travail, en posant sa main sur l'arbre.

Les gens de Ngommingoy alors se mirent tellement en
colère qu'ils tombèrent sur les gens de Libanza ; naturellement, ceux-ci répondirent à l'attaque, de sorte que bientôt
les deux partis eurent beaucoup de morts.

Libanza appela alors Ngommingoy et lui dit : « Frère,
pourquoi ne pourrions-nous pas être amis », mais Ngommingoy lui montra les cadavres de ses gens, et lui dit,
qu'à cause de cela une amitié entre eux était devenue impossible. « Tu as raison, dit Libanza, mais si ce n'est que cela,
voilà », et il appela les morts par leur nom, et ils se
levèrent au son de sa voix.

Ntsongo alors vint chez Libanza et lui dit : « Frère, si tu veux couper cet arbre, il faut que tu mettes une peau de léopard autour de tes reins, et alors l'arbre tombera tout de suite. » Le léopard, qui avait entendu cette conversation, dit alors : « Comment croyez-vous pouvoir me tuer ainsi? » et il vint dans la nuit et vola un des chiens de Libanza.

Libanza allait envoyer ses gens pour attraper le léopard dans ses filets, quand Ntsongo vint et lui dit : « Frère, tu es un homme, le léopard est un homme, battez-vous à vous deux. »

Libanza mit alors de côté ses lances et ses couteaux et attendit le léopard sans armes.

Quand le léopard sauta sur Libanza, celui-ci le prit par la gorge et le mit dans son pagne. Alors Libanza tua le léopard, se para de sa peau et l'arbre tomba sous quelques coups de hache.

Molimba qui, d'abord, n'avait pas voulu croire que Libanza avait pu couper l'arbre, finit par s'en apercevoir et il appela tous ses gens pour faire la guerre à Libanza.

Libanza, qui avait peu de guerriers, siffla alors dans ses mains et aussitôt, de tous côtés, naquirent de la terre des hommes aussi nombreux que les feuilles des arbres.

Tserengé, fils de Libanza, alla à la rencontre de Molimba et on se battit longtemps.

Tserengé fut grièvement blessé à la nuque, mais il suffit que Libanza mette la main sur la plaie pour que Tserengé guérît. Alors Ngommingoy, qui ne marchait jamais, fit venir sa chaise et partit en guerre; il se battit avec bravoure et chacune de ses lances tuait dix hommes. C'est alors que Molimba envoya le plus fort de ses hommes, nommé Ndomdomoli, qui, avec chaque lance, abattait cinq hommes. Il tua tous les porteurs de Ngommingoy, qui tomba par terre. Ndomdomoli lui jeta alors une lance et Ngommingoy s'en alla mourir sur son arbre où il s'était envolé.

Ndomdomoli, cependant, n'eut pas de plus grands succès, parce qu'à son tour il fut tué d'un coup de lance.

Quand la mort de Ngommingoy fut connue de ses gens, ceux-ci pleurèrent tant que leurs larmes formèrent des ruisseaux et ensuite des fleuves.

Ce sont ces larmes qui ont fait naître le Congo.

La guerre avait été si terrible, qu'il ne restait du côté de Molimba que lui et sa femme, et, du côté de Libanza, Ntsongo, Tserengé, Bolongo, Kobba et Ntsombobellé.

Libanza somma Molimba de se rendre, mais celui-ci refusa et voulut se battre. Il jeta une lance à Libanza, mais celui-ci prit la lance et la jeta par terre, une deuxième lance et un couteau suivirent le même chemin. Alors Libanza demanda, une fois encore, si Molimba voulait se rendre et être le mari de sa sœur Ntsongo, mais Molimba refusa.

Alors Libanza lui jeta une lance, qui revint vers lui avec le bonnet de Molimba, puis avec sa ceinture, puis avec son collier, puis avec ses vêtements et bientôt Molimba resta tout nu. Libanza lui demanda encore une fois, s'il voulait se rendre, mais Molimba refusa toujours et ce n'est qu'alors que Libanza lui envoya une lance dans le cœur.

Kobba, qui voulait couper la tête de Molimba, ne réussit pas, et, pour se venger, fit tomber une pluie effrayante.

Libanza coupa alors d'un seul coup la tête de Molimba et fit renaître tous les morts, excepté Molimba qui était un trop grand ennemi et son frère Ngommingoy, qui était plus beau que lui et dont il était jaloux.

Les gens se partagèrent ensuite tous les fruits qui se trouvaient sur l'arbre, et on dit, qu'il y en eut assez pour que tous pussent en manger pendant plusieurs jours.

Peu de temps après la mort de Molimba, Libanza ressentit le besoin de voyager et de voir les autres villages ;

il se mit donc en route avec ses gens, et accompagné de sa mère, de sa sœur et de Bongengjé, son conseiller.

Lorsque Libanza et ses gens furent arrivés dans le village de Toumboukou-Toumboukou-lokolle-mokke (Toumboukou-Toumboukou-avec-une-jambe), celui-ci refusa de les laisser passer.

Libanza s'était dit que, quoiqu'il arrivât, il vaincrait toutes les difficultés à lui seul et qu'il ne voulait plus avoir recours à ses hommes. Libanza alla donc lutter avec Toumboukou-Toumboukou-lokolle-mokke, mais ce dernier, quoique n'ayant qu'une jambe, était d'une force extraordinaire et Libanza ne put le jeter à terre.

Libanza, un peu honteux, se rendit alors chez Bongengjé et lui demanda ce qu'il avait à faire.

Bongengjé, qui n'était pas fort, mais qui était très malin, dit à Libanza d'aller acheter quelques régimes des bananes et de les laisser bien mûrir. « Quand les bananes seront mures, ajouta-t-il, tu prendras les pelures et tu les mettras par terre à la place même où tu veux te battre. »

Libanza fit donc comme Bongengjé lui avait dit et fit dire à Toumboukou-Toumboukou qu'il voulait se battre encore avec lui ; Toumboukou-Toumboukou vint à lui et, après une courte lutte, fut jeté par terre.

Libanza demanda alors à Ntsongo si elle voulait Toumboukou comme mari, mais elle refusa avec dédain.

Libanza poursuivit son chemin et arriva dans le village d'une femme nommée Tokolo, et ici se passa la même histoire que chez Toumboukou-Toumboukou ; Tokolo refusa de laisser passer Libanza. « Comment, se dit Libanza, moi qui ai tué Molimba, moi qui ai jeté Toumboukou à terre, je me laisserais arrêter par une femme? cela jamais! » et Libanza se battit avec Tokolo.

Mais Tokolo était une femme forte, et Libanza ne parvint

pas à la jeter à terre ; donc, une fois encore, il eut besoin du conseil de son nganga Bongengjé. Celui-ci, après l'avoir écouté, lui dit : « Parmi tes soldats il y en a un qui est gendre de Tokolo, prends cet homme chez toi, et, quand tu te battras avec Tokolo, prends l'homme par la jambe, de sorte que le regard de la femme tombe sur lui (1). » Et le lendemain, quand Libanza se battit avec Tokolo, il fit comme Bongengjé lui avait dit. Le regard de Tokolo tomba sur son gendre, et elle fut tellement honteuse et confuse que Libanza n'eut aucune difficulté à la jeter à terre.

Libanza prit possession du village, y laissa, comme chez Toumboukou, une partie de son armée, et continua son chemin.

Libanza arriva ensuite dans le village de Ilongo Nkolo, sœur de sa mère, où il fut bien reçu. Un jour, il vit Ilongo Nkolo avec trois pots d'huile de palme qu'il lui demanda, Ilongo Nkolo les lui refusa, et Libanza trouva tellement malhonnête que la sœur de sa mère pût lui refuser une telle chose, qu'il attaqua sa tante ; mais Ilongo Nkolo, elle aussi, était une femme d'une très grande force, elle prit Libanza par le cou et le dos et elle le jeta quelques mètres plus loin.

Libanza, honteux et en même temps furieux, courut encore chez Bongengjé et lui demanda conseil.

Bongengjé lui dit que le mieux qu'il pouvait faire était de ne pas se battre, parce que Ilongo Nkolo possédait beaucoup de fétiches, mais Libanza ne voulut pas entendre de cette oreille là.

« Si tu veux te battre, malgré tout, lui dit alors Bongengjé, sache que Ilongo-Nkolo, aussi longtemps qu'elle aura ses pots d'huile sur sa poitrine, sera invulnérable, mais, écoute, je te donnerai un bon conseil : Quand tu lutteras avec ta tante

---

(1) Rappelons à ce propos que le gendre ne peut jamais regarder sa belle-mère, ni la belle-mère son gendre.

tu dois t'efforcer de lui faire toucher trois fois cet arbre qui se trouve là, et, si tu frappe alors les pots qui se trouvent sur son sein, une goutte d'huile tombera sur sa poitrine et, pendant que la goutte tombera, tu pourras la jeter à terre. »

Libanza suivit le conseil que Bongengjé lui avait donné, et il jeta à terre Ilongo-Nkolo, qui dut alors lui céder les trois pots d'huile.

Comme le jour du départ de Libanza approchait, sa mère, Ntsombobelle, l'appela, et lui dit : « Fils, je t'ai accompagné jusqu'ici, mais tu es trop méchant, partout tu te bats, même avec ta tante, je ne t'accompagne plus et je reste chez ma sœur. »

Libanza partit donc sans sa mère.

Arrivé près d'un village des Ngombés (gens de l'intérieur), Libanza dit à ses gens de ne pas le suivre. Il se changea en un jeune homme, très laid, ayant des plaies sur tout le corps. Assis sur un arbre, il attendit, et bientôt il y eut des gens qui passèrent et qui le virent. Ils lui demandèrent qui il était et d'où il venait, et il répondit qu'il était esclave et qu'il s'était sauvé de chez ses maîtres.

Les Ngombés, le croyant, l'amenèrent dans leur village, lui firent effectuer tout le travail, et ne lui donnèrent presque rien à manger. Après trois jours, Libanza en eut assez et tua tous les gens du village ; il appela ensuite ses gens et leur montra les cadavres.

Il fit renaître tous les Ngombés et les donna comme esclaves à sa sœur Ntsongo.

Petit à petit, le nom de Libanza se répandit partout ; il inspirait de grandes terreurs ; ce fut ainsi qu'un jour, il rencontra dans la forêt des gens qui faisaient le massongo ; les gens prirent la fuite en s'écriant : « Libanza, c'est Libanza ! » « Non, leur dit Libanza, je suis un esclave et

je me suis sauvé de chez mes maîtres, » et il demanda du feu.
Les gens qui le crurent alors, vinrent tous en pirogue ; mais,
quand ils furent arrivés près de lui, il appela ses gens et ils
s'emparèrent des pirogues.

Un autre jour, Libanza fit disparaître tous ses soldats en
les mettant dans son pagne (l'étoffe qui est retroussée entre les
jambes), et encore une fois, il prit la mine d'un esclave
couvert de plaies et d'aspect très repoussant.

Il se rendit dans un village, où il dit être un esclave qui
s'était sauvé et on l'installa dans une cabane. Voilà que pendant la nuit, les fourmis rouges arrivèrent dans la maison et
tout le monde se sauva, excepté Libanza.

« Comment ? lui dit-on, comment ? tu ne vois pas les fourmis rouges ? tu ne les sens pas, toi ? » « Non, répond-il tranquillement, je ne sens rien, » et en effet, il paraît qu'il ne
sentait rien, puisqu'il resta là aussi longtemps que les fourmis elles-mêmes.

Le lendemain, Libanza accompagna les gens du village
qui allaient faire le massongo (vin de palme). Il leur dit :
« Comment, c'est ainsi que vous faites du massongo ?
Attendez, je vais vous montrer comment il faut faire du vin
de palme. » D'abord, ils se moquèrent de lui : « Comment,
dirent-ils, toi, un petit homme comme toi, saurait faire du
meilleur massongo que nous ? » Mais quand ils eurent vu
comment il travaillait, tous furent étonnés, car, à lui seul, il
avait fait plus de massongo qu'eux tous ensemble.

Alors l'un d'eux s'écria : « Ce n'est pas un homme ! ce
n'est pas un esclave ! c'est Libanza lui-même ! » et il se sauva.

Pendant la nuit, Libanza jeta son déguisement et il rede-
vint l'homme qu'il était, beau et brillant.

Quand les femmes qui étaient avec lui dans la cabane,
l'eurent vu, elles furent très étonnées et lui demandèrent d'où

il venait. Il raconta une histoire assez vraisemblable, et bientôt les femmes l'aimèrent.

Le lendemain, les gens du village lui donnèrent une maison où il s'installa avec ses deux femmes et il y vécut.

Un jour, que tout le monde était parti, et qu'il ne restait dans le village que Libanza et les deux femmes, il leur dit d'aller chercher de l'eau ; quand elles furent dans la pirogue, au milieu de l'eau, il se frotta le nez et, tout à coup, il fut avec elles dans la pirogue.

Quand les femmes eurent vu ou compris que c'était Libanza, elles se mirent à crier et bientôt les gens du village vinrent avec des lances et des boucliers. On lui jeta des lances, mais il les prit et les mit dans la pirogue.

Quand il vit les pères de ses femmes, les nommés Iman et Imalamoutou, il leur dit de le laisser s'en aller tranquillement, mais ils ne voulurent pas. Il aimait les femmes et voulait les conduire dans son village, mais on lui répondit à coup de lances. Libanza alors, pour la dernière fois, avertit Iman et Imalamoutou de ne pas continuer, mais ils ne désiraient que sa mort.

Libanza alors se fâcha, il prit une des lances qu'on lui avait jetées et tua Iman, il prit une seconde lance et tua Imalamoutou, et, à la place où sont tombés ces deux hommes, apparut une grande cataracte, qui existe encore, et qu'on appelle la cataracte de Iman et Imalamoutou.

Libanza pousuivait son chemin tranquillement, lorsqu'un jour un géant se dressa tout à coup devant lui et lui cria : « Ici, on ne passe pas. » C'était un certain Jau-Jau ; il était affreux et avait une barbe si longue qu'elle touchait terre.

Libanza, qui n'avait jamais vu un homme aussi laid, courut chez Bongengjé pour lui demander conseil. « C'est très facile, répondit Bongengjé, il suffit que tu mettes le feu à sa barbe pour qu'il soit vaincu. »

Libanza, suivant ce conseil, mit le feu à la barbe du géant
et s'empara facilement de lui. Une fois de plus, Libanza était
victorieux.

Un jour, Ntsongo appela son frère et lui dit : « J'ai vu un
beau couteau dans les mains d'un gamin et tu serais bien
gentil si tu voulais m'en faire cadeau. »

Libanza, pour faire plaisir à sa sœur, se mit à la recherche
du gamin et s'efforça de lui prendre son couteau, mais ce
garçon, nommé Irenge-rengaikai, refusa de le lui céder.
Libanza, furieux, demanda conseil à son féticheur qui lui
dit de tuer un mouton et d'inviter tout le monde au repas. Il
pensait que le gamin viendrait aussi et que, grâce à sa
gloutonnerie, on pourrait s'emparer du couteau.

Mais, cette fois, Bongengjé s'était trompé : Irenge-rengaikai ne se laissa pas prendre et Libanza eut beau tuer
ses moutons, il resta à distance, regardant les autres manger
et se moquant de Libanza qui avait fait tous ces frais en pure
perte. Celui-ci, fureux, lui jeta des pierres, mais le gamin
s'enfuit.

Libanza regretta beaucoup de n'avoir pu donner ce couteau
à sa sœur. Aussi lorsque, quelques temps après, elle lui
demanda un bel oiseau, nommé Ntoto, s'empressa-t-il de lui
être agréable. Mais l'oiseau ne se laissa pas capturer et
Libanza eut de nouveau recours à son féticheur qui, se
souvenant de son dernier échec, se décida à s'occuper personnellement de cette affaire. Il dit à l'oiseau de se poser sur
un arbre, mais, quand il voulut s'approcher, l'arbre prévint
l'oiseau qui chanta pour se moquer de lui. Il lui commanda
de se poser sur une pierre, de boire, mais, chaque fois, la
pierre et l'eau l'avertirent à temps. Bongengjé, en désespoir
de cause, lui ordonna d'aller auprès de sa femelle et, cette
fois, l'oiseau n'étant pas averti, fut capturé. Libanza, tout

heureux, courut chez sa sœur pour lui apporter l'oiseau, mais quelle ne fut pas sa surprise d'apprendre qu'après toutes les peines qu'on s'était données pour le lui procurer, elle n'en voulait plus.

Un autre jour, Ntsongo demanda à Libanza un autre oiseau, nommé Itsotsi. Ne pouvant s'en emparer, Libanza prit ses trois jeunes et les apporta à sa sœur. Mais l'oiseau, qui était de grande taille, résolut de se venger et, un beau jour, s'empara des trois enfants de Ntsongo.

Un autre oiseau, Ivotosigunda, avait, paraît-il, des ongles très longs et très beaux ; Ntsongo demanda à son frère de lui procurer ces ongles.

Le bon Libanza, en voulant capturer l'oiseau, fut blessé. Il parvint pourtant, un jour, à s'en emparer, mais, lorsqu'il voulut lui couper les ongles, l'oiseau lui demanda de les lui laisser et lui promit qu'en échange il le servirait comme esclave. Libanza y consentit et l'oiseau resta avec lui.

La saison des pluies étant venue, toute la forêt fut inondée et Libanza ordonna à ses hommes de planter des bâtons à la rive, les uns contre les autres, en ne ménageant entr'eux qu'un étroit passage.

Quand les eaux commencèrent à baisser, il fit fermer ce passage et bientôt la forêt fut remplie de poissons. Libanza voulut les donner à sa sœur, mais celle-ci refusa : « Donnez-les à nos hommes, dit-elle, et rejetez le reste à l'eau. » Libanza suivit ce conseil ; s'il ne l'avait pas fait nous n'aurions jamais eu de poissons.

Ntsongo ayant vu une jolie femme, dit à Libanza : « Prends cette jolie femme, elle sera ma servante ou bien ta femme, si tu veux. » Mais, lorsque la femme vit Libanza s'approcher, elle s'enfuit chez son père qui lui demanda le sujet de sa crainte. Elle lui dit qu'elle avait vu Libanza, mais il ne voulut pas la croire et lui ordonna de retourner dans la brousse récolter de l'huile de palme : « C'est à la mort que tu m'envoies, dit-elle. Eh bien, puisque tu le veux, j'irai, » et elle partit. Dès que Libanza la vit, il s'approcha d'elle et lui dit : « N'ayez pas peur ; je vous aime et vous serez ma femme ; » puis il la prit avec lui et recommanda à ses sentinelles de la bien surveiller.

Comme les Blancs se servent de leurs bateaux pour aller en voyage, Libanza avait à sa disposition un petit oiseau, nommé Sensery, qui le transportait où il voulait.

Un jour, Libanza, pour ne pas fatiguer ses gens, les mit tous dans une petite feuille qu'il s'introduisit dans le nez et s'en alla avec sa sœur.

Ntsongo, voyant des noix de palme, demanda à son frère d'aller lui en chercher. Malgré son bon cœur et l'affection qu'il portait à sa sœur, Libanza se demandait parfois pourquoi elle avait constamment quelque chose à lui demander. Il lui dit : « Sœur, tu ne m'aimes pas, et je suis sûr que tu voudrais bien me voir mort. »

— « Oui, répondit Tsongo, oui ! je veux ta mort. Tu as tué ton frère parce que tu étais jaloux de lui. Tu crois que je t'aime ? Non, non, non. Tu as tué ton frère aîné, presque ton père, et tu crois que je me gênerai pour te dire que je te hais ? Non. Je te hais et je serais heureuse de te voir mourir. »

— « Tu as tort de vouloir ma mort, dit Libanza, parce que personne ne pourrait te protéger comme moi. Mais tu veux ma mort, eh bien ! j'irai. »

Et il se mit à grimper sur le palmier pour cueillir les noix que sa sœur lui avait demandées. Avant de monter, Libanza s'était enroulé un gros serpent autour du cou et s'était muni, en outre, de quelques sonnettes qui se faisaient entendre à chacun de ces mouvements. Libanza montait toujours, mais, à mesure qu'il montait, l'arbre devenait plus grand ; il s'éleva si haut que bientôt ses branches disparurent dans les nuages et que les hommes qui étaient restés au pied du palmier ne virent plus les noix. Alors, tout à coup, le palmier devint si petit que Ntsongo put facilement cueillir les noix qu'elle avait désirées.

Libanza avait disparu, ne voulant plus vivre avec sa sœur qui souhaitait sa mort. Ntsongo et ses gens l'attendirent en vain et, voyant qu'il ne revenait pas, fondèrent en cet endroit un village qui existe encore actuellement.

Libanza, resté dans les airs, ne fut pas peu étonné de retrouver là sa tante, la sœur de Ntsongo et son frère. Sa tante, encore plus surprise, l'interrogea pour savoir ce qui l'amenait. Libanza raconta ce qui s'était passé et dit que Ntsongo voulait sa mort. Sa sœur le mit alors au courant de ce qui se passe là-haut et lui dit de se méfier du puissant chef Lombo, le roi des airs.

La nuit tombée, Lombo, avant de se coucher, imposait silence à tout le monde, sous peine de mort. Libanza enfreignit cet ordre et parla à haute voix. Lombo, furieux, envoya deux esclaves pour le tuer, mais Libanza ayant fait un mouvement, le premier tomba raide mort, tandis que l'autre, pris de peur, se sauva pour aller raconter à son maître ce qu'il avait vu.

Lombo, incrédule, envoya deux femmes pour s'emparer de Libanza; celui-ci les garda et en fit ses esclaves. Voyant que les femmes ne revenaient pas, Lombo envoya deux *bikils* (vierges); celles-ci ayant été gardées également par Libanza, Lombo voulut envoyer vers lui deux jeunes gens, mais le peuple alors murmura et dit : « Tu veux donc nous faire tous massacrer? Tu ne vois donc pas que c'est Libanza qui est là? »

Alors Lombo fit battre le tam-tam et rassembla tous ses hommes. Libanza, de son côté, fit sortir ses guerriers de la petite feuille qu'il s'était introduite dans le nez, et les belligérants se battirent jusqu'à l'extermination complète de tous les hommes.

Libanza, voulant à tout prix vaincre Lombo, demanda à Bongengjé comment il devait s'y prendre. « Prends ce morceau de fer, répondit-il, fais le rougir au feu, et quand Lombo se présentera, enfonce le lui dans la gorge. »

Libanza se mit à l'œuvre, mais Lombo, ayant peur du feu, disparut sous terre. Alors Libanza et Bongengjé prirent la forme d'esprits invisibles et, Lombo étant revenu, Libanza parvint à lui introduire le fer rouge dans la gorge. On entendit un bruit de tonnerre dans le corps de Lombo et il tomba à la renverse. Libanza se jeta sur lui pour lui couper la gorge, mais le roi des airs demanda grâce et devint l'esclave de son vainqueur. Libanza ressuscita tout le monde et fit des hommes de Lombo ses esclaves.

Lombo possédait un léopard (nkoi) très fidèle, qui, désespéré de voir son maître réduit à l'esclavage, résolut de perdre Libanza. Il lui proposa d'aller cueillir avec lui des noix de palme. Mais Libanza, ayant deviné ses mauvais desseins fit semblant d'accepter et resta chez lui. Ayant frappé la terre de son bâton, toute la maison se remplit incontinent de noix, et lorsque le léopard revint, il fut bien étonné de voir Libanza de retour avec une si abondante cueillette. Le lendemain, le léopard proposa à Libanza d'aller couper du bois. Ayant de nouveau fait semblant d'accepter, Libanza ne se dérangea pas et, frappant dans ses mains, il se procura immédiatement une grande provision de bois. Le léopard ne put en croire ses yeux et chercha un autre moyen de tuer Libanza. « Frère, lui dit-il, allons cuire nos noix de palme. » Libanza, ayant deviné que le léopard voulait le tuer alors qu'il aurait le dos tourné, mit un collier de sonnettes autour de ses reins et chanta en travaillant. Le léopard, ne résistant pas à la fatigue, s'endormit d'un profond sommeil. Libanza aurait pu facilement le tuer, mais il préféra préparer ses noix de palme. Lorsque tout fut fini, le léopard se réveilla et chercha un autre moyen de perdre Libanza. Il lui proposa de faire du sel. Libanza, résolut d'en finir avec lui, il accepta encore et, lorsque le léopard fut parti, il ferma la maison, ne laissant qu'une ouverture dans le toit. A son retour, le léopard demanda d'entrer. « Si tu veux entrer, répondit Libanza, entre par le toit. » Lorsque le léopard passa la tête par l'ouverture du toit, Libanza lui jeta dans les yeux du sel chaud qu'il venait de préparer, et le léopard, hurlant de douleur, rendit bientôt le dernier soupir. Libanza, doutant de la mort de son ennemi, lui dit : « Si tu es vraiment mort, que tes dents tombent, » et les dents tombèrent; « si tu es vraiment mort, que tes ongles tombent, » et les ongles tombèrent. Convaincu que le léopard était bien mort, Libanza sortit.

Il rencontra un grand aigle (makongofa). Prenant les petites feuilles qui étaient dans son nez et ajoutant son esprit à ceux des gens qui s'y trouvaient, il lui dit : « Portez cela à ma sœur. » L'aigle s'envola, mais, croyant qu'il portait de la viande, il s'arrêta en route et voulut manger le contenu des feuilles. Libanza, caché à l'intérieur, effraya l'aigle qui voulut laisser tomber les feuilles, mais elles restèrent attachées à ses pattes comme si elles y étaient collées. Alors Libanza ordonna à l'aigle de remettre les feuilles à un vautour. Celui-ci, ayant également voulu manger leur contenu, reçut l'ordre de les remettre à un gombe (espèce de faucon), qui dut lui-même, pour la même raison, les céder à un perroquet. Celui-ci les emporta, mais, ayant aperçu de belles noix de palme, il les laissa tomber à terre.

Aussitôt Libanza sortit de sa cachette, rendit la vie à ses hommes et leur ordonna de construire un village en cet endroit. Sans le savoir, Libanza avait érigé son village dans le voisinage de celui de sa mère. Un jour, se promenant dans la forêt, il fut reconnu par un esclave qui s'empressa d'aller dire à sa mère qu'il avait vu son fils. Celle-ci, croyant que l'esclave mentait, le fit mettre à mort.

Quelque temps après, la mère de Libanza regretta son action et dit que cet esclave avait peut-être dit la vérité. Voulant en avoir le cœur net, elle envoya un autre homme dans la forêt. Celui-ci ayant vu Libanza s'en revint vers sa mère avec la promesse que son fils viendrait lui rendre visite. Aussitôt elle fit placer des nattes partout, même sur le chemin par où devait passer son fils, et fit préparer un grand festin en son honneur.

Pendant son séjour chez sa mère, Libanza remarqua qu'on devait, pour avoir du feu, s'adresser à Mokwikwe, le seul homme qui en possédât. Il résolut de s'en emparer.

Il fit tomber la pluie pendant plusieurs jours, et, prenant la forme d'un petit garçon tout transi, demanda à Mokwikwe de se réchauffer à son foyer, ce qui lui fut accordé. Resté seul, il prit un grand morceau de feu, le mit dans sa bouche, fit cesser la pluie, et le porta au village de sa mère.

Mokwikwe ayant appris ce que Libanza avait fait, rassembla ses hommes pour le punir, mais il fut vaincu.

Libanza resta encore quelque temps chez sa mère, puis retourna chez lui. Afin de vivre tranquille, il soumit tous les villages voisins. Depuis lors, craint de tout le monde, Libanza régna en paix pour le bonheur de son peuple.

Voici quelques notes complémentaires sur la mythologie et le folklore des Upotos :

L'âme des morts va chez Dieu, mais la lumière des yeux ne peut pas dépasser les palissades qui se trouvent sur la route. Cette lumière doit donc revenir et va séjourner dans

l'eau, où elle devient crocodile, serpent, poisson ou
« Mondiri », c'est-à-dire un homme ayant les cheveux et les
ongles longs. Le Mondiri a dans l'eau tout ce qui lui est
nécessaire : sa lance, son couteau, de quoi se procurer du
feu, etc.

Le Mondiri, s'il aime les gens, les aide; il vient alors,
pendant la nuit, mettre du poisson dans les filets ou rendre
d'autres services. Mais s'il ne les aime pas, il leur joue de
mauvais tours, les tire par les jambes, les attire dans l'eau
et même les brûle quelquefois.

Le soleil fait du vin de palme pour Libanza et le lui
apporte tous les soirs.

La lune est un immense bateau, qui, par le monde entier,
va prendre les âmes des morts pour les amener à Libanza.

Les étoiles sont les feux qu'allument les âmes des morts;
celles-ci dorment durant le jour.

Le jour où Libanza ira voir sa sœur Ntsongo (c'est-à-dire
ira de l'est à l'ouest) tout le monde deviendra malade et
beaucoup de gens mourront.

Un jour le ciel tombera et nous tuera tous, blancs et noirs.
La chose serait probablement déjà arrivée si les âmes
(Molimons) ne priaient Libanza de ne pas le faire.

Lorsque Libanza fait la guerre, il produit l'orage;
lorsqu'il fume sa pipe et souffle la fumée, c'est le brouillard;
lorsqu'il éternue, c'est le vent.

La barbe de Libanza est semblable à un escalier. Les

gens de Libanza s'en servent pour arriver à lui et pour s'en retourner.

Libanza, aussi bien que sa sœur, son fils et son cousin, ont une figure humaine, mais ils sont *blancs*.

(D'après les notes de M. LINDEMAN).

(*Annexe.*)

VOCABULAIRE DE LA LANGUE MAMOY

PARLÉE A IRINGUI, N'PA, LIÉ ET N'PEZZA

Les animaux. — Niamme.

La poule	Nkokko.	Le singe	Ekimme.
Le coq	Nkokko Molommi.	La tortue	Okouba.
La chèvre	N'tabbe.	L'antilope	Molobbo.
Le bouc	N'tabbe Molommi.	Le lézard	Oseringa.
Le canard	Mabekkére.	Le crapaud	Linoukou.
L'oiseau	M'pourou.	La grenouille	Mombimba.
Le serpent	Nioka.	L'éléphant	Ndamba.
Le bœuf	N'zali.	Le cochon sauvage	Ngonia.
L'hippopotame	Ngoubou.	Le crocodile	Nkoddi.
Le léopard	Nkoy.	La pintade	Libongo.
Le chien	Ngangingnia.	Le chat	Nkondokko.
Le perroquet	Nkosso.	La souris	Npòh.
Les moustiques	Nkoungou.		

La forêt. — Mokonda.

Les arbres	Neitte.	Les bananes	Makkonde.
Les feuilles	Nkassa.	Le palmier	N'bila.
Les fruits	Nbouma.	Les feuilles	Mamango.
Les fleurs	Mombja.	de palmier	
Les platanes	Bolongo.	Le caoutchouc	Ndimbo.
Le copal	Npakka.	Le fruit du caoutchouc	Matofi.

Le marché. — Libongo.

Les marchandises	Nkoto.	L'huile faite avec	Mossiôh.
Les perles	Bayakka	les noix de palme	
Les petites perles	Nbongi.	L'étoffe indigène	Mokabba.
Le couteau	N'bembi.	Les caouries	Monkatta.
Le fer	Nkotti.	Le mitakko	Ewokko.
Les anneaux en	Nkesse.	La chikwangu	Midsone.
métal blanc		Les œufs	Nkiou.
Les anneaux en	Mongombo.	Le poisson	N'dsou.
cuivre		Les feuilles de	Makkoumba.
La canne à sucre	Ngakko.	manioc	
Le maïs	Masangou.	Le vin de palme	Bamanna.
Les étoffes	Bisinze.	L'huile de palme	Mamonta.

REVUES ET LIVRES

Major C.-H.-D. RYDER. — *De Gyangtsé à Simla viâ Gartok.* (*Geographical Journal,* vol. XXVI, pp. 378-395) (1).

Lorsque, après la signature du traité de Lhasa le 7 septembre 1904, le colonel Younghusband rentra aux Indes, une expédition, sous les ordres du capitaine Rawling, fut chargée d'explorer la région comprise entre Gyangtsé et Gartok, un des marchés que le gouvernement de Lhasa avait décidé d'ouvrir au Tibet.

L'expédition quitta Gyangtsé le 10 octobre et parvint après une journée de marche à Dongtsé, où elle reçut, comme partout ailleurs, un accueil cordial. On avait pris la précaution de se faire accompagner jusqu'à Gartok d'un fonctionnaire de Lhasa et de se faire délivrer un permis revêtu des sceaux du gouvernement tibétain et des trois grands monastères. Après trois étapes, en suivant la vallée du Nyang Chu, une des plus riches et des plus prospères du Tibet, on arriva à Shigatsé. Pendant leur séjour dans cette localité, les membres de l'expédition firent une visite fort intéressante au grand monastère de Tashi-Lhunpo où les moines, fort aimables, leur firent tout voir et leur offrirent en guise de rafraîchissement du thé, des gâteaux et des fruits. Quatre mille moines habitent ce monastère, plus riche que les grands monastères de Lhasa. Les résidences des moines, hautes batisses malpropres, alignées le long de rues pavées étroites, n'offrent rien de particulier. Mais le monastère renferme les tombeaux des cinq derniers lamas Tashi. Chacun d'eux forme un bâtiment séparé avec une toiture dorée. L'intérieur est richement orné de turquoises, de coupes en or et de jade. Mais l'ensemble est un peu défiguré par des vases contenant des chandelles faites avec du beurre qui répand une odeur désagréable.

(1) Voir notre *Bulletin,* 1905, p. 401

L'expédition fut reçue par le Tashi lama, âgé de vingt-trois ans seulement et néanmoins fort respecté par les Tibétains. Depuis la déposition du Dalai lama, il est devenu l'ecclésiastique le plus important du Tibet. Au moment de prendre congé du Tashi lama, les visiteurs reçurent en cadeau des écharpes de soie.

Le 17 octobre, on quitta Shigatsé (3 896 mètres). Malgré le mauvais temps qui obligea les explorateurs à s'arrêter un jour à Kang-jen Gompa, un endroit très agréable situé au milieu d'un bois, ils n'interrompirent pas leurs travaux de triangulation commencés à Dongtsé. Ils visitèrent les montagnes environnantes, dont l'une a 5 735 mètres de hauteur. Sur deux d'entre elles, on a une vue magnifique sur le mont Everest.

Jusqu'à l'arrivée à Pindzoling, le 22 octobre, le Tsangpo se trouvait à quelques kilomètres au nord de la route. Mais, à partir de ce point, on le suivit de plus près. Après deux étapes, on arriva à Lhatse-Dzong, un dzong ou fort sur une petite éminence rocheuse, fort semblable à ceux de Shigatsé et Gyangtsé, entouré d'un côté par le fleuve et des autres côtés par un grand monastère et une petite ville. La vallée qui s'élargit en cet endroit, est en partie cultivée, en partie stérile. A Lhatse-Dzong, on s'arrêta un jour. Les capitaines Wood et Ryder firent, à quelques kilomètres à l'est de la ville, l'ascension d'une montagne dominant une vallée large et inculte, menant au célèbre monastère de Sakya que les circonstances ne permirent pas de visiter.

Les Tibétains continuaient à se montrer bien disposés à l'égard des Anglais. Aussi, à Lhatse, l'expédition se divisa en deux groupes. Le capitaine Wood et le lieutenant Bailey suivirent la route principale qui franchit le fleuve et s'en éloigne ensuite. Les capitaines Rawling et Ryder longèrent la rive sud du Tsangpo afin de l'explorer entièrement. Le 26 octobre, les deux groupes se mirent en route, chacun de leur côté. Le 28, Rawling et Ryder furent obligés de s'écarter du Tsangpo, et, pendant deux étapes, ils remontèrent le Chi-Chu qui coule parallèlement au fleuve dans lequel il se jette, et dont il n'est distant que de 2 à 3 milles. Le 30 octobre, ils rejoignirent le Tsangpo. Le 1er novembre, ils durent encore faire un grand détour vers le sud, car le Tsangpo coulait maintenant entre des collines rocheuses bordées de chaque côté de cîmes couronnées de neige. Ils suivirent le bord d'un ravin, campèrent par un froid rigoureux à environ 4 900 mètres d'altitude, et franchirent le lendemain la passe de Kura-la (5 549 m.), un lieu de désolation. Après avoir traversé une plaine où se trouvent les sources du Chi-Chu, ils traversèrent une ligne de faîte, à peine perceptible, et, descendant une vallée pierreuse, ils arrivèrent au village de Kaju. Au sommet d'une montagne, à quelques centaines de pieds au-dessus de la passe de Kura-la, ils eurent une vue admirable de la chaîne principale de l'Himalaya. Le pic du mont Everest dominait tous les pics voisins, dont le séparait, tant à l'est qu'à l'ouest, une pente ininterrompue de 2 480 mètres environ.

Le village de Kaju (4 588 mètres) est situé au bord de la plaine de Sutso-Tang, qui tire son nom d'un vieux fort en ruines, construit sur une petite éminence au milieu de la plaine, large ici de 5 milles. Elle s'étend vers le sud et rejoint le Dingri-Maidan, situé au nord du mont Everest. On s'arrêta un jour pour traverser cette plaine. Des montagnes qui la bordent à l'ouest, on aperçoit clairement le mont Everest. Le capitaine Ryder put ainsi 'prouver avec certitude qu'il n'existe nulle part dans le voisinage de l'Everest aucun sommet dont la hauteur égale la sienne. Il est absolument séparé du massif, dont le pic XX (Gauri-sankar) est le mieux connu à l'ouest. Au S.-E. de l'Everest, mais séparé de lui par une dépression peu profonde, se dresse le pic XIII (Makalu). Les explorateurs se trouvaient dans la vallée du bras occidental de l'Arun ou Kosi. Ils traversèrent de nouveau la ligne de faîte par la passe de Sheru-La (5 456 mètres) et atteignirent de nouveau les rives du Tsangpo le 5 novembre. Maintenant le paysage avait changé d'aspect. Les arbres et les cultures avaient disparu. Les montagnes devenaient plus espacées et les plaines étaient parsemées de dunes de sable. En fait de gibier, on n'aperçut que des lièvres en nombre considérable, quelques gazelles dans la plaine de Sutso-Tang, des perdrix tibétaines, des coqs de bruyère, etc.

Le 6 novembre, on traversa le fleuve au prix de grandes diffi cultés, et le 9, on arriva à Saka-Dzong, petit village où le capitaine Wood se trouvait depuis deux jours.

Lorsque le capitaine Wood quitta Lhatse, le 26 octobre, il fran chit le Tsangpo à un kilomètre environ en aval de la ville. Après avoir suivi la rive nord sur un parcours de 16 kilomètres, il s'en éloigna pour pénétrer, par une passe d'un accès facile, dans une région dont les eaux alimentent une série de petits lacs peuplés d'oies et de canards. Le 28 octobre, il était à Ralung, le dernier endroit où l'on puisse voir des cultures. Il suivait maintenant la ligne de faîte entre le Tsangpo et son affluent, le Raga-Tsangpo, et chaque jour il se trouvait à une plus grande altitude. La vallée du Raga-Tsangpo est étroite, orientée presque en ligne droite de l'est à l'ouest, parallèle au fleuve et à 48 kilomètres au nord. Dans l'intervalle compris entre les deux fleuves se trouve un massif de sommets enchevêtrés, dont les cîmes, couvertes de neiges éternelles, se dressent à 5 700 mètres en moyenne. Plusieurs vont même jusqu'à 6 800 mètres. Les vents soufflaient en ouragan et, dans les campements à près de 5 000 mètres d'altitude, la différence de la température avec celle de la vallée du Tsangpo, relativement élevée, était très sensible. Ces montagnes, couvertes d'une herbe dure sur les pentes inférieures, mais entièrement dénudées au-dessus de 5 300 mètres environ, étaient, en général, d'une ascension facile. De leur sommet on avait de belles vues de l'Himalaya. Le Makalu et l'Everest, qui apparaissaient comme de grands pics isolés, étaient particulièrement imposants. Le 5 novembre, le capitaine Wood franchit la passe de Ku-La (5 170 mètres), située aux sources du Raga-Tsangpo et, après une descente sur une pente raide, il déboucha dans la vallée d'un cours d'eau peu considérable qui finit dans le Tsangpo. Longeant ensuite la chaîne neigeuse du Chour-Dzong, dont les sommets atteignent jusqu'à 6 500 mètres, il arriva le 7 novembre, à Saka-Dzong.

Pendant son séjour à Saka-Dzong (4 696 mètres), le capitaine Wood fit l'ascension d'un pic de 5 980 mètres d'altitude, d'où il put voir, vers le nord, la vallée supérieure du Chata-Tsangpo, un affluent du Tsangpo.

Le 11 novembre, l'expédition, partagée de nouveau en deux groupes, quitta Saka-Dzong. Le lieutenant Bailey et le capitaine Ryder revinrent sur leurs pas jusqu'au fleuve, et les capitaines Rawling et Wood suivirent la route principale Bailey et Ryder traversèrent à gué le Charta Tsangpo, un affluent important du Tsangpo et, après avoir franchi quelques hauteurs peu importantes, ils atteignirent, le 12 novembre, le fleuve qu'ils passèrent également-ment. Pendant plusieurs jours, ils remontèrent le fleuve dans une large vallée couverte de dunes de sable et de pierres, et où poussait une herbe maigre, dont néanmoins des kyang et des gazelles paraissaient se nourrir. Le 16 novembre, Bailey et Ryder repassè-

rent le fleuve sur la glace et arrivèrent à Tradom où l'autre détachement, sous les ordres de Wood et de Rawling, se trouvait depuis
deux jours. Le temps était devenu mauvais et le froid était vif.

En quittant Saka-Dzong, le groupe Wood-Rawling se dirigea
vers le Charta-Tsangpo, qu'il traversa sans peine à un endroit où la
rivière avait 30 mètres de large, 2 pieds de profondeur et un
seul chenal. La vallée, très profonde et étroite, émerge dans une
plaine large de 5 kilomètres environ.

On campa au pied de la passe de Lalung-Là, où on vit pour la
première fois des traces d'*Ovis Ammon*. D'après des renseignements
recueillis dans le pays, ce serait la limite orientale de leur habitat,
le long de la route parcourue.

Après trois journées de marche fort pénibles, on arriva à Tradom,
un endroit désolé où se trouve un couvent peu important habité
par trois ou quatre moines. Des hauteurs situées au nord, on aperçoit une chaîne neigeuse de 7 200 mètres d'altitude.

Après avoir quitté Tradom, les deux détachements réunis mar-
chèrent toute une journée dans une plaine parsemée de petits
étangs au milieu de dunes de sable. Pendant près d'une semaine,
on suivit la vallée du fleuve, parcourant toujours les mêmes grandes
plaines, jusqu'à ce qu'on aperçut la chaîne de séparation
des eaux, dont les vallées donnent naissance à d'innombrables
rivières qui forment le Tsangpo. La plus importante vient d'une
chaîne neigeuse du S.-W. Le 26 novembre, on franchit la passe de
Mayum-La (5 239 mètres). Le Tsangpo était maintenant exploré
depuis Shigatsé jusqu'à sa source. Il restait maintenant à explorer
la région des lacs située à l'ouest.

Après avoir franchi la passe de Mayum-La, on campa sur la rive
septentrionale du lac Gunchu Tso, long de 11 milles, large de
2 à 3 milles et couvrant une superficie de 22 milles carrés.
Ses eaux n'ont aucune issue. Le pays était peuplé de grands troupeaux d'antilopes tibétaines fort familières

Après avoir franchi plusieurs passes, peu élevées, et traversé une
contrée au terrain généralement ondulé, l'expédition arriva en vue
du lac Mansarowar (Tso-Mobang des Tibétains, 4 619 mètres), le
30 novembre. Le lac, dont les eaux sont douces, n'est ni beau, ni
impressionnant comme le Yamdrok-Tso, sur la route de Lhasa.

On reconnut l'existence d'un chenal, long de 3 milles environ,
réunissant les lacs Mansarowar et Rakas-Tal (Lagang-Tso des

Tibetains). Les eaux du lac Mansarowar ne s'écoulent par ce chenal que pendant la saison des pluies et lors de la fonte des neiges, soit de juin à septembre. En dehors de cette époque, le chenal est à sec Le Mansarowar a 12 milles de long du nord au sud, et autant de l'est à l'ouest. Sa superficie est de 110 milles carrés. Le Rakas-Tal a 16 milles de long, du nord au sud, et 3 à 4 milles de large. Sa superficie est d'environ 55 milles carrés. On découvrit le lit d'une ancienne rivière issue du Rakas-Tal, on la suivit sur un parcours de 6 milles, jusqu'au pied de collines peu élevées. Les deux lacs sont maintenant séparés en tout temps du Sudlej, dont les sources doivent se trouver au milieu des hauteurs de l'autre côté de la vallée et à l'ouest de la région des lacs.

Le pic de Kailas, situé au nord des lacs, a 6 758 mètres d'altitude. Son sommet était absolument inaccessible du côté visible. Plusieurs monastères sont bâtis sur la route que suivent les pèlerins pour contourner la montagne. Au sud du Mansarowar se dresse le Memo ou Gurla-Mandhata, haut de 7 750 mètres. Une ligne de faîte, peu élevée au S.-W. du lac, conduit à Purang ou Takla-Kot

L'expédition se dirigea au nord de la grande vallée, où coule le Sudlej, et se scinda de nouveau à Missar. Un détachement, sous les ordres de Ram Singh, descendit la vallée du fleuve qu'on se proposait d'explorer, tandis que le gros de l'expédition se dirigeait sur Gartok. On franchit facilement la passe de Jerko-La (4 922 m.), dans la chaîne de séparation des eaux du Sudlej et de l'Indus, et le 9 décembre on était à Gartok (4 700 mètres), le centre commercial du Tibet occidental pendant l'été. Pendant l'hiver, les deux Garpons ou gouverneurs du Tibet occidental habitent Gargunsa, à 30 milles de Gartok, en aval de la vallée ; ils ne résident à Gartok que pendant la bonne saison. Gartok est une des plus tristes localités de ces régions. Aussi, dès que le capitaine Rawling eut terminé avec les autorités les négociations relatives au commerce, l'expédition prit la route des Indes.

Il fallut encore traverser plusieurs passes, dont la première était celle de Ayi-La (5 800 mètres). Le passage fut difficile et pénible. Pour la première fois, depuis le départ de Gyangtsé, on vit un troupeau de yaks sauvages. A Dunkar (4 370 mètres), on trouva les premières cultures et on éprouva alors la sensation agréable de quitter les hautes altitudes. De Dunkar on se rendit à Tibu, où les deux groupes se rejoignìrent. L'expédition se trouvait maintenant dans un pays excessivement déchiqueté. Le fond des nombreux ravins, aux bords découpés en formes fantastiques, était à plusieurs centaines de pieds en-dessous du niveau de la vallée du Sudlej. D'innombrables cavernes servaient de demeures aux habitants. Le 21 décembre, on traversa, avec beaucoup de difficultés, la passe de Shiring-La (5 080 mètres). Le lendemain, on campait à Tyak, sur le Sudlej qui coulait dans une gorge profonde, à gauche de la route, à quelques kilomètres seulement. Le 23 décembre, on arrivait à Shipki, où on franchit la rivière sur la glace à 2 880 mètres d'altitude. Le jour de Noël, le dernier obstacle, la passe de Shipki, fut franchi, et l'expédition campa à Khab sur le territoire anglais. Au bout de dix-huit étapes, on arriva à Simla, le 11 janvier. Les résultats de cette expédition sont des plus importants.

On leva 40 000 milles carrés de territoire, on explora le Tsangpo depuis Shigatsé jusqu'à sa source, la région du lac Mansarowar, la vallée du Sudlej depuis sa source jusqu'au point où il pénètre dans le territoire anglais et la branche de Gartok de l'Indus. Les froids furent parfois très rigoureux. Les minima enregistrés étaient. de — 31°11 C.

F. Pasteyns.

Rectifications à l'article « Les Programmes de Géographie dans les Lycées et les Collèges français ». (Voir notre dernier numéro).

Le lecteur est prié : 1° *de lire en petits caractères* le 1er paragraphe des programmes de la première année préparatoire, de la seconde année préparatoire (p. 50), des classes de cinquième *B* et de quatrième *A*, des classes de seconde (p. 54), de la classe de philosophie (p. 55);

2° De lire à la page 48 : *Zeitschrift für Schul-Geographie;*

3° De remplacer à la page 49, second cycle, section *D*, le terme : Latin-Langues vivantes, par le terme : *Sciences-Langues vivantes.*

LES COUTUMES FAMILIALES DES PEUPLADES

HABITANT L'ÉTAT INDÉPENDANT DU CONGO [1]

LES PYGMÉES. — Nous trouvons, au Congo, surtout dans les grandes forêts, des traces éparses d'une ancienne race qui semble avoir été la population autochtone de l'Afrique équatoriale. Ces peuplades qui se trouvent encore au stade de développement le moins évolué que l'ethnographie nous ait présenté, diffèrent très sensiblement, tant par l'aspect physique que par la technique et les coutumes, des autres tribus qui les englobent.

Ces indigènes, connus sous le nom de Pygmées, ont reçu des dénominations très diverses, variant d'après les auteurs et suivant les endroits où ils ont constaté leur existence : Akkas, Waleses, Watwas, Batuas, Ewes, Apés, Bobassis, Baiswas, Wambuttis, Tiques-Tiques ou Bakkes-Bakkes; mais, malgré le grand nombre de travaux qui leur ont été consacrés, les renseignements sont encore, en somme, superficiels et très incomplets.

TECHNIQUE. — Ce qui est certain, c'est que les nombreux

---

(1) Nous avons cru utile de réunir dans cette étude, dans la mesure du possible, ce que les voyageurs ont noté sur les conditions familiales des peuplades du Congo. Nous avons consulté un bon nombre de documents inédits, et sous ce rapport surtout le travail pourra ne pas être inutile; mais ce que nous désirons particulièrement, c'est attirer l'attention sur les lacunes nombreuses et essentielles qui existent dans les données actuelles, afin d'engager ceux qui sont à même de le faire à les compléter ou à les rectifier.

fragments épars de cette race sont restés essentiellement
au stade de la cueillette, de la chasse et de la pêche. Les
Pygmées sont d'excellents chasseurs, bien que leur gibier
habituel ne consiste qu'en petits animaux : rats, chauve-
souris (1), termites (2), criquets, serpents et gazelles (3) ; ils
tuent, quelquefois, le sanglier, le buffle ou même l'hippopotame et l'éléphant (4), mais ces derniers faits sont plutôt
exceptionnels. Lorsque le cas se présente, ces animaux
de forte taille sont capturés dans de grandes fosses ; le petit
gibier est chassé soit par le chasseur isolé, soit dans des
battues et à l'aide de grands filets qui ont jusque 200 mètres
de longueur (5). Les Pygmées mangent la chair du singe et
celle de presque tous les animaux qu'ils peuvent capturer,
mais ne sont pas anthropophages (6).

La pêche est pratiquée soit en barrant avec de la boue,
les petits cours d'eau, soit au moyen de filets et de harpons ;
Guy Borrows rapporte d'ailleurs qu'ils ne manquent pas
d'adresse à la pêche.

La cueillette, comme chez toutes les races qui se trouvent
à ce niveau de civilisation, constitue une ressource importante ; elle leur donne des fruits, des noix, des herbes et
des racines sauvages ; l'usage du champignon n'est pas
inconnu aux Pygmées, et le miel est très recherché par eux.

L'agriculture, par contre, est totalement inconnue ; sous le
rapport de la nourriture végétale, ils vivent surtout en parasites aux dépens de tribus voisines. L'élevage n'a aucune
importance ; Sweinfurth dit qu'ils n'ont que des volailles (7) ;

(1) von Wissmann, *Meine zweite Durchquerung aequatorial Afrika's*, p. 132.

(2) Emin pacha, *Reise briefen*, p. 2.

(3) Casati, *Dix ans en Equatoria*, p. 115.

(4) Sweinfurth, *Au cœur de l'Afrique*, p. 114. — von Wissmann, *Op. cit.*, p. 132.

(5) Dineur, *Belgique coloniale*, 1897, p. 594. — Alb. C. Lloyd, *In dwarf Land and Cannibal Country*, p. 315.

(6) H. Johnston, *Annual report, Smithsonian Institution*, 1903, p. 488.

(7) *Au cœur de l'Afrique*, p. 124.

toutefois, la plupart des auteurs affirment qu'ils possèdent des chiens, qui leur rendent des services appréciables à la chasse, et Stanley parle même de chèvres. Leur mode de conquérir la nourriture oblige fatalement les Pygmées à une vie nomade; dès que les ressources alimentaires d'une contrée diminuent, ils l'abandonnent. Mais chaque groupe reste néanmoins sur un territoire déterminé (1) et, plus encore, s'attache à une certaine famille d'agriculteurs de race monfou, mabode, maïgo ou autre.

Les armes sont essentiellement l'arc et la flèche, ainsi que le bouclier. Ils ont parfois des lances et des couteaux obtenus par échange avec les tribus voisines (2). Les flèches qu'ils fabriquent eux-mêmes ne sont pas garnies de fer, mais, par contre, toutes les tribus de Pygmées connaissent le moyen d'y appliquer un poison extrêmement redoutable. Ratzel conclut à bon escient, semble-t-il, que l'empoisonnement de la flèche est d'un usage plus fréquent chez eux que chez les autres nègres (3).

Johnston (4) et Stuhlman (5) rapportent que ces peuplades ignorent l'art de faire du feu, et Guy Borrows dit qu'ils gardent toujours du feu allumé (6). Ils ignorent l'art de faire bouillir l'eau et les aliments (7).

On peut affirmer que leur industrie est presque nulle, ils ignorent la poterie, le travail du fer, le tissage et le tressage. M. Debreucq dit qu'en fait d'industrie ils ne pratiquent que la confection de leurs vêtements, des plus simples d'ailleurs. Néanmoins, ils sont en relations courantes d'échange avec

(1) R. P. Van Acker, *Missien der Witte Paters*, 1904, p. 56.
(2) von Wissmann, *Im Innern Afrika's*, p. 259.
(3) *Völkerkunde*, p. 719.
(4) Harry Johnston, *The Uganda Protectorate*, p. 540.
(5) *Mit Emin pacha im Herz Afrika*, p. 542.
(6) *The Sand of the Pygmies*, p. 199.
(7) David, *Notizen über die Pygmäen der Ituriwälder*. (*Globus*, 1904, t. II, p. 194).

les tribus agricoles, auxquelles ils vendent une partie de leur chasse en échange de bananes, de manioc ou d'autres produits agricoles ou manufacturés.

Ils n'ont pas de pirogues; leur vie essentiellement errante en rendrait d'ailleurs le transport très encombrant.

Ils construisent, pour y dormir, de petites huttes circulaires de 1^m40 à 2^m20 de diamètre et de 1 à 1^m30 de hauteur, faites de branches d'arbres et de cactus (1) ou de feuilles de palmier. Lorsqu'ils sont en voyage ou en lutte avec quelque tribu voisine, ils se contentent de passer la nuit dans les creux des roches ou sur les arbres (2); d'après Emin pacha, ce dernier abri est même celui qu'adoptent habituellement les célibataires, les huttes n'étant construites que pour les familles (3).

En général, les groupements sont assez peu nombreux, Curt von François parle de groupements de huit à dix familles dans la région du Tschuapa (4); Dineur, dans le travail que nous avons rappelé et qui se rapporte aux Pygmées du Haut-Ituri, donne une moyenne de quinze à vingt familles; Guy Borrows cite comme maximum des groupes de trente habitations (5); Junker indique une moyenne d'environ trente huttes pour les colonies des Akkas (6); Verner a observé un village comprenant quatre-vingts huttes et trois cents habitants (7); Stanley a vu un village de nonante-deux cases (8); Dubreucq a vu un groupement de Tikkes-Tikkes de cinquante à soixante petites huttes tronconiques (9); enfin, Stuhlman, bien qu'ayant

---

(1) Breschin. *La forét tropicale en Afrique.* (*La Géographie,* juin 1902.)

(2) Curt von François. *Die Erforschung des Tschuapa und Lolongo,* p. 159.

(3) *Op cit.,* p. 315.

(4) *Op. cit.,* p. 158

(5) *On the natives of Upper Welle district.* (*Journal of Antrop. Institute,* 1898, p. 38.)

(6) Junker, *Reisen in Afrika,* t. III, p. 85.

(7) *Pioneering in Central Africa.* pp. 260 et 261.

(8) Stanley, *Dans les ténèbres de l'Afrique,* t. I, p. 257.

(9) *Op. cit.,* p. 443. — *Bulletin de la Société de géographie d'Anvers,* 1898, p. 278.

rencontré des agglomérations de cent à deux cents huttes, cite aussi des groupements de deux à quatre abris. M. A. C. Lloyd parle des chefs des Pygmées auxquels obéissent cinquante sujets; d'autres en ont deux cents (1).

AUTORITÉ. — Ces bandes familiales ont à leur tête un chef ou du moins un homme qui a une influence supérieure aux autres; mais, selon Harry Johnston, la fonction de ce chef n'est pas définie, c'est simplement le guerrier le plus habile ou le chasseur le plus adroit (2), il vit sur un pied de patriarcale égalité avec ses sujets (3). Il est probable que le régime de l'hérédité n'existe en aucune manière. L'influence du chef semble être de pure persuasion, c'est-à-dire que l'idée de hiérarchie est absolument absente; le chef ne semble pas remplir une fonction juridique spéciale, les actes hostiles étant vengés, à ce qu'il paraît, par ceux qui ont été offensés. MM. Guy Borrows et Fisher insistent sur le caractère vindicatif des Pygmées (4) que Stuhlmann avait déjà signalé et qui est dû certainement au besoin de défense contre des voisins plus forts et mieux organisés. Les Pygmées ne reconnaissant aucunement la suprématie des chefs des peuplades voisines, n'ont évidemment pas recours à eux. Pourtant, le village batua que M. Verner a étudié reconnaissait la suzeraineté de Ndombé (5). C'est le seul cas qui nous soit rapporté.

COUTUMES FAMILIALES. — Les coutumes familiales des Pygmées ont été peu étudiées. Selon le Dr David, ils pratiqueraient la monogamie(6). M. Johnston rapporte qu'aucune

---

(1) ALB C. LLOYD, *Op. cit.*, p. 313. — (2) *Op. cit.*, p. 443.
(3) *L'État du Congo à l'exposition Bruxelles-Tervueren*, p. 126.
(4) *The land of the Pygmies*, p. 178. — FISHER, *Western Uganda*. (*Geographical Journal*, 1904, p. 262.)
(5) *Op. cit.*, p. 260. — (6) *Op. cit.*, pp. 196 et 197.

règle n'interdit la polygamie, mais que celle-ci est peu pratiquée (1). D'après les renseignements qu'une femme mombouttou donna à M. Parke, les Wambuttis n'auraient chacun qu'une femme. Il s'agit, bien entendu, des sujets ordinaires, les chefs en ayant parfois trois ou quatre (2). M. Dineur écrit que la polygamie est en vigueur, mais qu'elle n'existe que dans les limites restreintes ; beaucoup d'hommes n'ont qu'une femme, d'autres deux, mais fort peu dépassent ce nombre (3).

M. Verner attribue aux Pygmées des tendances polygames qui, en fait, sont limitées par la pauvreté, qui a pour effet de répartir également les femmes entre tous les mâles (4).

La femme s'obtient par des cadeaux au père, consistant le plus souvent en armes, en objets acquis par échange ou en gibier (5). Elle jouit chez les Pygmées d'une situation relevée si on la compare à celle qu'elle occupe chez les nègres agriculteurs (6).

C'est à peu près tout ce que nous connaissons actuellement des coutumes familiales de ces peuplades. Stuhlmann, ainsi que Casati, Lenz et David affirment que les liens conjugaux semblent très lâches (7) ; Verner dit, par contre, que le relâchement en ces matières est blâmé. Ce dernier auteur dit que l'amour des parents pour les enfants est remarquable (8), alors que Guy Borrows écrit qu'il semble ne pas exister entr'eux d'affection de famille, telles que celle de la mère envers la fille ou du frère envers la sœur (9), et que

---

(1) *Op cit.*, p. 443.
(2) PARKE, *Experiences in Equatorial Africa*, p. 323.
(3) *Op cit.*, p. 593.
(4) *Op cit*, p. 269.
(5) CURT VON FRANÇOIS, *Op. cit.*, p. 159. — STUHLMANN, *Op. cit.*, p. 462. — JOHNSTON, *Op. cit.*, p. 133. — CASATI, *Op. cit.*, p. 112.
(6) DAVID, *Op. cit*, p. 196.
(7) *Op. cit.*, p. 462. — (8) *Op cit*, p. 278. — (9) *On the natives, etc.*, p. 37.

d'ailleurs ils manquent de toutes les qualités sociales (1).

La femme est chargée de la cueillette des fruits sauvages, de rassembler le bois pour l'entretien du feu, du transport du peu de bagages que possède la famille, ainsi que de la construction des huttes. L'homme chasse et combat (2).

Nous avons des détails plus précis sur une peuplade de négrilles, les Watwas, habitant la frontière de l'Afrique allemande et de l'État indépendant, qui ont suivi une évolution économique assez curieuse. Selon Baumann, ils vivaient originairement de leur chasse; l'augmentation de population qui survint ne les porta pas vers le régime agricole mais en fit des industriels (3). Ils sont surtout devenus potiers et forgerons et échangent leurs marchandises avec les produits de l'agriculture que pratiquent leurs voisins, les Urundis. Ils ont conservé leur ancien mode de vie, c'est-à-dire qu'ils sont restés chasseurs et nomades, craintifs et irascibles (4). Ils vivent en groupes familiaux, dont le père de famille est le maître absolu; celui qui veut se soustraire à cette autorité va simplement former un nouveau village. Certains choisissent un chef warundi, mais ce n'est que dans les cas exceptionnels que les Watwas lui soumettent leurs différends. La femme est considérée presque comme une esclave, le mari n'accomplit que des travaux peu importants en dehors de ses occupations habituelles : la chasse et la forge. Les fiancées ne s'achètent et ne se vendent pas; les filles se marient avec l'homme de leur tribu qui leur plaît; la jeune fille est conduite à la maison de son mari et l'union ne comporte pas d'autre cérémonie. Ils ne contractent pas de mariage entre proches parents. Etant peu nombreux, ils y sont un peu

---

(1) *The Land. etc.*, p 182.
(2) STANLEY, *Darkest Afrika*, p. 96. — DAVID, *Op. cit.*, p. 194.
(3) *Durch Masaï-Land*, p. 215.
(4) VAN DER BURGHT, *Un grand peuple de l'Afrique équatoriale*, p. 2.

forcés, mais restent toujours dans les degrés de parenté
éloignée. A la mort du mari, la femme watwa retourne dans
sa famille. Les membres de la famille se partagent les effets
du défunt selon les degrés de parenté (1).

NILOTES. — Le N.-E. de l'État du Congo a été envahi
par des tribus de race croisée, mais chez lesquelles cependant le type nègre est prédominant. Nous pouvons les
diviser en deux groupes principaux. Le premier, les Nilotes
proprement dits, de la famille des Chillouks, comprend les
Baris, les Lendus et les Aluris ; le second groupe comprend
les Niams-Niams ou Asandés, les Mongbouttous, les Monvous
et les Abarambos.

TECHNIQUE. — Non seulement les Nilotes proprement
dits se distinguent anthropologiquement des autres races
qui habitent le territoire de l'État indépendant, mais
une différence fondamentale se marque chez eux au
point de vue économique, puisqu'ils sont essentiellement
pasteurs. Il y a peu de temps encore, les Lendus et les Baris
du Nil supérieur possédaient de grands troupeaux (2) de
bœufs, de chèvres et de moutons, bien que récemment les
bêtes à cornes aient été décimées par la peste bovine.
Stuhlmann rapporte des Aluris qu'ils sont très riches en
bétail (moins pourtant que les Baris); cette industrie leur
est d'ailleurs commune avec leurs congénères septentrionaux,
les Dinkas, qui sont des pasteurs passionnés. Chez les Baris
et chez les Aluris, le bétail est enfermé la nuit dans de
grands parcs. L'existence des beaux pâturages le long du
Nil ou près du lac Albert permet l'entretien des troupeaux.
D'ailleurs, il est à noter que la vache ne sert de nourriture

(1) VAN DER BURGHT, *Op. cit.*, pp. 50, 51, 64, 85, 87, 105 et 129.
(2) BAKER, *Ismaïlia*, p. 240. — FALKIN and WILSON, *Uganda and Sudan*, p. 96.

qu'a titre exceptionnel ou lorsqu'elle meurt de maladie ou par accident; on la garde surtout pour les laitages. On mange plus habituellement les chèvres et les moutons.

La présence du lac ou du fleuve, tous deux très poissonneux, a permis aux riverains de trouver un supplément de nourriture animale très appréciable, dans la pêche; ils se servent, à cet effet, de paniers, de harpons et de filets ou de nasses.

La chasse est également pratiquée sans être une industrie essentielle, bien qu'elle soit quelquefois exercée en groupe; le gibier est l'éléphant, l'hippopotame, les fauves, l'antilope, le crocodile, etc.

L'agriculture, ainsi que l'a dit récemment M. Flamme, était d'importance secondaire, le nègre, avant l'arrivée du blanc, se contentant de se procurer par la culture de quoi subvenir à ses besoins jusqu'à la récolte suivante (1); ceci concorde avec ce que M. Milz avait dit des Baris (2), habitant le plateau de Kallika : l'agriculture chez eux le cède en importance à l'élevage. La culture du manioc, lorsqu'elle existe, n'a pas la même importance que chez les nègres du Congo; le sorgho, l'éleusine ou le maïs prennent la première place; ils cultivent aussi l'arachide, le dourrah rouge, quelques patates douces, du tabac, des citrouilles, des courges et des concombres. L'engrais est inconnu. Les Baris comme les Dinkas utilisent une bêche cordiforme de fer; les Aluris emploient la houe.

L'agriculture est pratiquée à la fois par l'homme, par la femme et par les esclaves. L'homme fait tous les gros ouvrages; la femme bine, sème, enlève les mauvaises herbes et moissonne. Par contre, l'élevage est une industrie exclusi-

(1) *Bulletin de la Société royale belge de géographie*, 1904, p. 466.
(2) *Conférence au Cercle africain de Bruxelles*, p. 92.

vement masculine, la femme n'ayant pas le droit de s'occuper des troupeaux.

Les habitations en forme de dôme ou de cône sont construites en branchages entrelacés et sont recouvertes d'herbes ou de chaume. Les agglomérations sont peu importantes. Stuhlmann dit que les agglomérations des Lendus comprennent de huit à dix huttes, M. Flamme parle de groupements de dix à quinze huttes: les villages sont habituellement bâtis sur les collines à proximité des ruisseaux.

Le travail du fer est très avancé, partout on rencontre d'adroits forgerons; par contre, la poterie est fort grossière et le tissage est totalement inconnu.

Les moyens de communication par eau sont très défectueux; il n'existe que des bacs mal construits et sans stabilité.

L'usage de la flèche empoisonnée est assez général; outre l'arc, les Nilotes ont comme armes la lance, la sagaie et la massue; ça et là, on rencontre naturellement quelques armes à feu. Les Baris n'utilisent pas de boucliers, dont le maniement est d'ailleurs assez difficile simultanément avec l'arc; les Aluris, par contre, emploient un bouclier assez semblable à celui des Zoulous, en même temps que la sagaie, et se revêtent même de cuirasses en peau de buffle.

AUTORITÉ. — En ce qui concerne le régime politique, nous pouvons dire que l'autorité — en principe tout au moins — s'exerce d'une manière despotique. Jephson dit des Baris qu'ils se divisent en petites fractions, dont les cabocères, quoique sans importance, jouissent d'un pouvoir presque despotique (1). Stuhlmann donne un renseignement presque identique pour les Aluris et les Lendus : « ils se subdivisent, dit-il, en un tas de circonscriptions de différentes grandeurs; les chefs ont le droit de vie et de mort, mais doivent se con-

(1) JEPHSON, *Emin pacha et la Rébellion de l'Equateur*, p. 100.

former aux coutumes établies (1). » M. Flamme nous a donné récemment une indication, pour les peulades du N-W. du lac Albert, qui confirme pleinement les renseignements précédents, selon lui : « l'ascendant des chefs sur les hommes est très grand (2). » Feathermann a d'ailleurs résumé sous une forme identique les renseignements anciens qu'il a recueillis (3). Les indications données par Marno ne concordent cependant pas sur ce point ; d'après lui, le chef serait celui qui possède le plus de vaches et son pouvoir ne serait qu'illusoire et éphémère (4).

L'autorité est héréditaire en ligne masculine, le fils hérite de l'autorité du père ou, à défaut de fils, le frère du défunt. Les groupes politiques sont formés de groupes familiaux très étendus au point de pouvoir être considérés comme de véritables tribus (5).

COUTUMES FAMILIALES. — La polygamie est générale et n'est limitée que par les moyens d'acquisition ; plus un homme a de femmes. plus il est considéré. Le prix de la femme se paie chez tous les Nilotes en bétail ; Buchta, Brun-Rollet et Marno l'estimaient à une valeur variant de dix à cinquante bœufs, suivant la beauté et le rang de la femme (6) ; M. Flamme dit que ce prix varie entre trente et quarante chèvres ou moutons, les cadeaux non compris (7). Mais ceci ne représente pas encore, croyons-nous, un simple achat ; il s'y rattache une idée juridique plus vaste. Feathermann

---

(1) *Mit Emin pacha ins Herz Afrikas*, p 523 et 540.
(2) *Op. cit*, p 469.
(3) *Social history of the races of Mankind*, p. 66.
(4) MARNO, *Reise in der Egypt. Equat Provinz*, p. 109.
(5) HARNIER, *Petermann's Mittheilüngen, Erganz.*, t. II, p. 133.
(6) BUCHTA, *Meine Reise nach der Nil Quell.* (*Petermann's Mittheilüngen*, 1878, p. 86.)
— BRUN ROLLET, *Op. cit.*, p. 242.
(7) *Op. cit.*, p. 470.

conclut, en effet, que chez les Chillouks la moitié du prix d'achat appartient à la femme comme douaire. Jephson dit que, quand la femme est devenue mère, son père lui attribue plusieurs des bœufs que le mari avait livrés pour l'avoir, bœufs qui lui appartiendront exclusivement (1). M. Flamme fait mention d'une restitution de moindre importance, mais de même ordre, et devant servir à un festin, dont le père fait les frais (2) ; chez les Baris, si la femme est stérile, le mari a le droit de la renvoyer et de demander la restitution de quelques têtes de bétail (3).

Les liens conjugaux sont assez lâches, l'adultère est fréquent et la punition que la l'on inflige à la femme infidèle n'est pas grave(4) ; le rachat du délit s'obtient moyennant un cadeau, et en somme le meurtre pour venger l'adultère est très rare.

La chasteté de la jeune fille a de l'importance en ce sens tout au moins que la coutume ne tolère pas que le séducteur ne prenne pas la responsabilité de sa paternité ; chez les Aluris, de même que chez les Baris, la jeune fille enceinte est obligée de désigner son séducteur qui est contraint de l'épouser et de payer aux parents une partie du prix d'achat(5). En général, chez eux, les jeunes filles se conduisent bien, car, dit Jephson, une conduite trop légère diminuerait leur valeur commerciale (6). C'est également ce que Stuhlmann nous rapporte des Aluris : chez ceux-ci, les jeunes filles jouissent d'une certaine liberté, mais s'il y a des suites, la coutume veut que le jeune homme paie le prix d'achat et épouse la femme ; ceci ne constitue pas une tache pour la

(1) Op. cit., p. 109. — (2) Op. cit., p. 470. — (3) Jephson, Op. cit., p. 109.

(4) Hellwald, Naturgeschichte, t. II, p. 218. — Stuhlmann, Op. cit., p. 505. — Flamme, Op. cit., p. 472.

(5) Hellwald, Op. cit., t. II, p. 218. — Brun Rollet, Le Nil blanc et le Soudan. pp. 243 et 244. — Frobinus, Die Heiden Neger der Aegyptischen Sudan, p. 333.

(6) Op. cit., p. 108.

jeune fille, quoique le prix d'achat soit moindre ; si le séducteur refuse d'épouser la jeune fille, il s'expose à la vengeance du père et des parents mâles de celle-ci (1). M. Flamme relate le fait que lorsque la jeune fille n'est plus vierge, son père n'offre pas le festin habituel (2).

Nous avons fort peu de renseignements en ce qui concerne la prohibition de l'inceste. Hellwald, d'après une indication des *Petermann's Mittheilungen*, admet que les Baris n'épousent ni leurs filles, ni leurs sœurs ; Buchta dit qu'ils n'accordent pas leurs filles à des membres d'une autre tribu que la leur (3).

D'après Stuhlmann, chez les Aluris, la répudiation de la femme est un fait assez rare (4) ; M. Flamme a observé qu'au N-W. du lac Albert, la stabilité de l'union conjugale varie d'après les tribus ; certains nègres conservent la même femme pendant toute leur vie, tandis que d'autres font fréquemment des échanges ; ce dernier cas arrive souvent à cause du manque d'entente ou même simplement, parce que l'homme a le désir de changer (5).

LES A-ZANDÉS. — Dans le N.-E. de l'Etat indépendant existe une race très importante d'origine soudanaise et qui, bien qu'ayant des caractères ethniques très différents de ceux des bantous qui occupent la plus grande partie du Congo, s'est mêlée à eux peu à peu, au point que la ligne de démarcation est extrêmement difficile à tracer.

Cette race soudanaise a été appelée Niam-Niam, Zandé ou A-Zandé et paraît être parente à la fois des Chillouks, que nous avons étudiés, et des Foulbes, qui occupent la zone comprise entre le lac Tchad et la côte sénégalaise.

(1) STUHLMANN, *Op. cit.*, pp. 501, 505 et 525.
(2) *Op. cit.*, p. 470.
(3) BUCHTA, *Meine Reise nach der Nil Quelle*. (*Petersmann's Mittheilüngen*, 1878, p. 87.)
(4) *Op. cit.*, p. 505.
(5) *Op. cit.*, p. 471.

Outre les tribus des Niam-Niam proprement dites, nous pouvons considérer comme leur étant apparentés les Bandjas, les Mobengués, les Monbouttous ou Mangbettus, les Abarambos, les Mabodes, les Mapumes, les Monvous, les Makeres, les Makarakas, les Mogarus, les A-Babuas et les Sakaras; plusieurs de ces groupes sont plus ou moins métissés avec la race bantoue.

TECHNIQUE. — Au point de vue économique, cette famille est caractérisée par l'importance que la chasse a conservée chez ces indigènes ; ils font de grandes expéditions et de véritables battues pour la conquête du gibier, et surtout pour la chasse à l'éléphant. Pour le petit gibier les A-Zandés se servent du chien.

Par contre, l'agriculture a une importance beaucoup moindre que dans la race bantoue ; elle semble toutefois avoir fait quelques progrès parmi les tribus qui habitent le domaine de l'État indépendant. Schweinfurth, parlant des Niams-Niams, dit que l'agriculture est très peu importante bien que la contrée qu'ils habitent soit très fertile. Emin pacha, dans une de ses lettres, donne un renseignement identique à propos des Monbouttous, et Schweinfurth dit qu'on ne peut les qualifier d'agriculteurs ; la seule céréale est le maïs, mais il ne se trouve que dans les jardins et ne sert que comme légume. Dupont (1) cite, en outre, comme plantes cultivées, la banane, le manioc, les patates douces, les ignames, la colocase et les arachides. Le Dr Védy nous a dit que les produits cultivés par les A-Babuas sont peu nombreux. La banane est l'élément essentiel, le maïs est assez répandu, et le manioc ainsi que les autres légumes n'ont qu'une importance minime (2). Des renseignements concor-

(1) *Lettres sur le Congo*, p. 644.
(2) *Les A-Babuas*, p. 11. (*Bulletin de la Société royale belge de Géographie*, 1904, p. 3 et 4.)

dants avec ces derniers nous ont été fournis en ce qui concerne les Bandjas, les Mogorus, les Abarambos, les Sakaras, les Morissis-Barissis et les Mapumes. La seule exception semble être celle des Mabodes qui forment un peuple d'agriculteurs. Ici, comme ailleurs en Afrique, les défrichements seuls sont faits par les hommes, les autres travaux agricoles incombent aux femmes et aux esclaves. L'usage des engrais est inconnu.

L'élevage est moins important encore que l'agriculture, le gros bétail est totalement inconnu ; la chèvre est même rare chez les Niams-Niams, et certains voyageurs, notamment M. Milz, ont même dit qu'ils n'en possèdent pas. En somme, les seuls animaux domestiques qui aient quelque importance sont la poule et le chien, ce dernier servant quelquefois de nourriture.

La pêche, soit au harpon soit à la nasse, procure des ressources très notables ; une de ces tribus, celle des Bakangos, qui habite la rive gauche de l'Uellé et les rives du Bomokandi, y trouvait même, il y a quelque temps, son seul moyen d'existence. Le poisson, pris au moyen de barrages, était échangé avec les populations de l'intérieur et procurait ainsi les autres aliments nécessaires (1). La pêche est également d'une importance capitale pour les Morissis-Barissis. Les Mapumes, par contre, pêchent peu et obtiennent le poisson par échange ; il en est de même à peu près des Bandjas, parmi lesquels les femmes seules pêchent quelquefois au moyen d'un petit filet.

Les Niams-Niams proprements dits utilisent comme arme principale la lance et le couteau de jet ou trombache ; l'arc et la flèche sont d'un usage restreint. Il semble en être de même chez les Abarambos, les Bandjas, les Mobonghis, les Mogarus et les Monbouttous ; les A-Babuas et les Mabodes,

(1) DE BAUW, *Belgique coloniale*, 1901, p. 75.

plus métissés, accordent également plus d'importance à la flèche ; ils ont en outre des sortes de sabres et de couteaux.

Un fait remarquable au point de vue de l'outillage, c'est l'emploi de la bêche par les Niams-Niams et les Monbouttous. L'outil agricole des Bantous est la houe que nous rencontrons également même chez les Monbouttous, les Bandjas. les Morissis-Barissis, mais surtout chez les Abarambos et les A-Babuas.

Les habitations sont construites avec beaucoup de soins et sont de forme ronde (chez les Niams-Niams, les Bandjas, les Morissis-Barissis, les Mogarus et les Abarambos) ou carrée (chez les Monbouttous, les A-Babuas et les Mapumes); les murs sont généralement en pisé et les toits sont recouverts de feuilles ou de paille. Chez les Monbouttous, les cases comprennent deux chambres : l'une pour l'habitation et l'autre pour les provisions.

En ce qui concerne l'industrie de ces peuplades, nous devons citer, en première ligne, la métallurgie. Les Niams-Niams travaillent le fer avec habileté, dit Schweinfurth. M. Christiaens écrit que l'industrie qui, chez les Monbouttous comme chez toutes les peuplades de l'Uellé, occupe la première place, est l'industrie du fer; ils l'extraient du minerai et obtiennent un métal assez pur qu'ils forgent avec un outillage très restreint. Ils travaillent également le cuivre (1). L'industrie du fer est très prospère chez les Bandjas (2); les Abarambos, les Sakaras, les Bakeres et les A-Babuas possèdent de bons forgerons. Les Mapumes et les Bankangos seuls font exception ; chez les premiers, le fer est très rare et n'est pas travaillé ; ils achètent leurs armes aux Monbouttous (3). Les Bakangos en achètent aux A-Babuas.

(1) *Le pays des Mangbettus*, p 48. — V. Lévy, *Une population congolaise, les Mangbettus*. (*Bulletin Societatea geogr. Romania*, 1899, p 68.)

(2) DE LA KÉTHULLE, *Deux années de résidence chez le sultan Rafaï*. (*Bulletin de la Société royale belge de Géographie*, 1893, p. 22.)

(3) VINCART, *Op. cit.*, p. 530.

Le travail du bois est très soigné partout.

Le tissage, par contre, est inconnu ou très peu développé, comme chez la plupart des peuples essentiellement chasseurs.

Les femmes s'occupent des champs, elles labourent, sèment et entretiennent les plantations; les esclaves y travaillent également; les hommes défrichent. Outre leurs travaux agricoles, les femmes se livrent à l'industrie de la poterie (qui atteint un haut degré de perfection) et de la vannerie; elles s'occupent aussi des soins du ménage. Chez les Monvous, par contre, l'homme seul s'occupe de l'agriculture (I), mais il s'agit ici d'une fraction d'un peuple démembré.

La chasse entraîne un certain état de vie nomade, au moins durant les grandes expéditions; pendant ce temps, ils occupent des campements provisoires. Schweinfurth dit que les Niams-Niams n'ont point de villes ni de villages et habitent en petits hameaux dispersés; ce fait a été confirmé par divers résidents belges, notamment par MM. Milz, Meeus et de la Kéthulle; ce dernier précise même la nature de ces groupements : « ce ne sont pas des villages proprement dits, mais plutôt des fermes habitées par des familles (2). »

L'organisation ne semble guère différer chez les Bandjas, chez les Monbouttous (3) et chez les Abarambos; chez ces derniers, le fils qui se marie fait ménage à part et va se construire un village à quelque distance de celui de son père (4). Les Sakaras sont éparpillés par groupe de sept à huit huttes; la résidence du chef est seule un centre plus important (5). Par contre, les A-Babuas et les Bandjas, races

---

(1) ADAM, *Belgique coloniale*, 1891, p 22.

(2) SCHWEINFURTH, *Au cœur de l'Afrique*, p. 17. — MILZ, *Conférence au Cercle africain de Bruxelles*. — MEEUS, *Belgique coloniale*, 1896, p. 64. — DE LA KÉTHULLE, *Bulletin de la Société de Géographie d'Anvers*, 1896, p. 150.

(3) M. LÉVY, *Op. cit.*, p. 68, emploie la même expression que M. de la Kéthulle.

(4) NYS, *Chez les Abarambos*, p. 113.

(5) LE MARINEL, *La région du Haut-Oubanghi*. (*Bulletin de la Société royale belge de Géographie*, t. XVII, p. 31.)

qui ont été très fréquemment assaillies par leurs voisins, sont toujours associés par groupes de trois ou quatre hommes au moins, et d'ordinaire les villages sont composés d'une ving- taine de familles (1) (ou de deux à trois cents habitants chez les Bandjas); les Mapumes qui se trouvent dans des condi- tions similaires, habitent, comme les A-Babuas, des villages fortifiés (2).

AUTORITÉ. — L'autorité des chefs chez les Niams-Niams est très grande; ils jouissent d'un prestige énorme et sont considérés comme des demi-dieux; ils ont le droit de vie et de mort sur leurs sujets, tant en temps de paix qu'en temps de guerre, et tous les biens sont censés leur appartenir. L'hérédité est nettement fixée, puisque le fils aîné succède au père (3). Nous nous trouvons ici en présence d'un véritable régime féodal.

L'organisation des Monbouttous se rapprochait ancienne- ment d'un empire absolu, les chefs de tribu et les chefs de village étaient les parents ou alliés du chef principal, celui-ci prélevait un impôt régulier sur tous les produits du sol et gardait pour lui le monopole de l'ivoire. Parmi les Mon- bouttous, la fonction de chef n'est pas nécessairement héré- ditaire; c'est, à la vérité, le plus souvent le fils aîné qui succède au père, mais il doit être accepté par la tribu (4). Chaque village des Mogorus a son chef, qui a le droit de vie et de mort et dont le pouvoir est héréditaire. Chez les Sakaras, le sultan a une autorité absolue, il rend la justice

---

(1) VEDY, *Op. cit.*, p. 14.

(2) VINCART, *Belgique coloniale*, p. 522.

(3) SCHWEINFURTH, *Op. cit.*, p. 21. — HELLWALD, t. II, p. 228. — DE LA KÉTHULLE, *Op. cit.*, p. 153. — GUY BORROWS, *Journ. of anthrop. Instit.*, 1898, p. 40. — *Congo belge*, 1901, p. 116.

(4) SCHWEINFURTH, *Op. cit.*, p. 85. — GUY BORROWS, *The Land of the Pygmies*, p. 80. — EMIN, *Società d'esplorazione commerciale in Africa*, 1887.

pour les affaires graves, ses grands chefs s'occupant des autres (1). M. le lieutenant Hecq signale aussi le despotisme que le sultan Bangasso exerçait sur ses sujets Lukuras (2). Chez eux, le pouvoir se transmet également au fils aîné. Le grand chef des Mapumes a également une autorité suprême et absolue ; il prélève un tribut sur ses sujets, déclare la guerre et conclut les alliances. L'autorité est héréditaire de père en fils (3). L'autorité du chef Bandja est presque absolue, dit M. Roget, il dirige les débats et juge les questions qui lui sont soumises ; il décide à lui seul de la guerre et la dirige (4), et il prélève un impôt sur ses sujets, consistant en une partie des récoltes, et ses fonctions sont transmises au fils aîné, à moins que celui-ci ne soit pas à la hauteur du rôle qu'il doit remplir ; l'autorité du chef est quelquefois limitée par un conseil d'anciens. Chez les Nobengués, il y a un chef par village et il est omnipotent. Chez les Morissis-Barissis, les chefs ont tous les pouvoirs et leurs fonctions sont héréditaires. Chez les Abarambos, par contre, l'autorité du chef est peu sérieuse (5). Le Dʳ Védy décrit ainsi le rôle du chef chez les A-Babuas : c'est plutôt une sorte d'arbitre dont l'autorité est reconnue en tant que juge ; on s'en rapporte à lui dans les relations de tribu à tribu ; il commande à la guerre, mais son autorité n'est pas absolue. A la mort d'un chef, le pouvoir passe aux mains de son fils aîné ou de son frère, s'il n'a pas de fils (6).

COUTUMES FAMILIALES. — Examinons maintenant les coutumes familiales du groupe Azandé. La polygamie est poussée à l'extrême dans toutes les tribus. Schweinfurth dit

(1) BALAT, *Le Congo illustré*, 1893, p. 154.
(2) *Les sultans du nord du Congo*, p. 145.
(3) VINCART, *Op. cit.*, p. 532.
(4) ROGET, *Le district de l'Aruwini*, p. 29.
(5) NYS, *Op. cit.*, p. 187
(6) *Op. cit.*, p. 17.

que la polygamie sans bornes règne dans le pays des Niams-Niams (1). Le chef a un grand harem comprenant jusque six cents femmes (2) ; les hommes de classe moyenne possèdent trois ou quatre femmes, et le nombre de femmes est l'indice de la richesse ; les pauvres n'ont d'habitude pas de femme (3). Les chefs des Monbouttous ont tant de femmes qu'il n'en reste pas pour les jeunes gens à marier ; certains en ont jusque cinq cents (4). Le sultan des Snkaras a des centaines de femmes ; M. Le Marinel dit sept à huit cents ; M. Balat dit, quinze cents femmes ; certains des chefs Abarambos ont des centaines de femmes (5) ; chez les Bakeres, Baleles et Balesias, un chef ordinaire a une dizaine de femmes ; les plus riches, une vingtaine ; l'homme libre en a toujours deux, l'esclave une seule (6). Certains A-Babuas ont un grand nombre de femmes (7).

En ce qui concerne le mode d'acquisition de la femme chez les Niams-Niams, la question est impossible à élucider. Selon Schweinfurth, le futur ne paie aucune dot, aucune rançon au père ; Guy Borrows confirme cette indication (8), mais le lieutenant Milz rapporte que les femmes légitimes s'achètent moyennant un prix assez élevé qui peut aller jusque cinq cents lances pour une fille de chef (9). M. de la Kéthulle dit également que pour les Niams-Niams et les Bandjas, l'achat de la femme moyennant fusils, fers de lances, houes, haches, etc., est la coutume en vigueur. Emin-bey écrit

---

(1) *Op. cit.*, p. 27. — GUY BORROWS, *Journ. of anthr. Instit.*, p. 41.

(2) ANTINORI et PIOGGIA. (*Bollettino della soc. de geogr.*, 1868.) — MILZ, *Op. cit.*, p. 85.

(3) MILZ, *Op. cit.*, p. 85. — MEEUS, *Op. cit.*, p 68. — *Congo belge*, 1901, p. 82.

(4) GUY BORROWS, *Op. cit.*, p. 46.

(5) BALAT, *Op. cit.*, p. 155. — LE MARINEL, *Op. cit.*, p. 38.

(6) DE BAUW, *Op. cit.*, p. 74.

(7) TILKENS, *Belgique coloniale*, 1900, p. 72

(8) *Op. cit.*, p. 27. (*Journal of Anthrop. Instit.*, p. 41.)

(9) *Op. cit.*, p. 85.

dans ses lettres que, chez les Monbouttous, la femme s'acquiert par achat au moyen d'esclaves, de bétail et surtout de fer, le tout ne formant qu'un prix peu élevé en somme. Nous relevons les mêmes renseignements pour les Sakaras, les Abarambos, les A-Babuas, la Bakeres et les Mapumes.

Quant à la signification de cette coutume, nous trouvons des indices à noter. Chez les A-Babuas, ce prix d'achat est remboursé intégralement ou partiellement lorsque la femme quitte son mari (1); chez les Mapumes, si la femme meurt, son maître va en réclamer une autre à celui qui l'a vendue (2). Nous reviendrons ultérieurement sur ces faits quand nous en aurons réuni un nombre suffisant pour pouvoir déterminer la signification de la coutume.

Nous avons peu de renseignements quant à la stabilité des unions. Schweinfurth dit que, pour les Niams-Niams, les liens du mariage sont sacrés (3). Par contre, le mari monbouttou prend une autre femme quand il est fatigué de la première (4). Chez les Mobengués, la répudiation est assez fréquente; la femme retourne chez ses parents qui restituent le prix d'achat; en ce cas les enfants en bas-âge suivent la mère.

Les droits du mari sont strictement observés. Les maris chez les Niams-Niams sont d'une jalousie extrême. Le séducteur de l'épouse est souvent puni de mort par le mari (5), parfois on lui coupe un certain nombre de doigts, les mains et les oreilles (6), parfois encore, lorsque le mari est plus conciliant, il se contente de dommages-intérêts (7);

---

(1) Védy, *Op. cit.*, p. 34.
(2) Vincart, *Op. cit.*, p. 545.
(3) *Op. cit.*, p. 27.
(4) Guy Borrows, *The land of the Pygmies*, p. 86.
(5) Junker, *Between the Nile and the Congo*. (*Proceed. Royal Geogr. Society*, 1887.)
(6) Meeus, *Op. cit.*, p. 66. — Frobenius, *Die Heidenneger der Aegyptischen Sudan*, p. 407.
(7) Milz, *Op. cit.*, p. 83.

en principe, la punition de la femme est la mort, parfois une terrible correction que le mari lui inflige (1). Chez les Monbouttous, le séducteur doit une indemnité à l'époux; toutefois, si la femme appartient à la maison royale, les deux coupables sont mis à mort. Parfois la femme coupable et son père sont arrêtés; si celui-ci peut substituer à celle-là une seconde fille, tous deux ont la vie sauve, sinon ils sont mis à mort (2). Les coutumes des Sakaras ne diffèrent pas considérablement, sous ce rapport, de celles des Monbouttous; si la femme d'un chef est convaincu d'adultère, la femme et son complice sont punis de mort; s'il ne s'agit pas de l'épouse d'un chef, le coupable doit se racheter au mari; s'il ne le peut, ou si le mari refuse, la peine est également la mort; malgré cette sévérité, l'adultère est fréquent parait-il (3). Chez les A-Babuas et les Bandjas, l'adultère peut être de même puni de mort pour les deux coupables, mais le mari pardonne souvent à sa femme et se contente d'une amende payée par le rival (4).

La femme n'est pas comme on se l'est parfois imaginé un simple objet, dont le mari peut disposer absolument à son gré. Certains tempéraments sont apportés à l'exercice de son pouvoir. La femme ne perd pas tous liens avec sa famille propre et il arrive que celle-ci, la jugeant mal traitée, la reprenne moyennant le remboursement du prix d'achat. C'est ce que le Dr Védy nous rapporte des A-Babuas. M. Vincart donne à propos des Mapumes une indication du même ordre; dans cette tribu, si le mari tue sa femme pour cause de sorcellerie, une indemnité est réclamée à l'assassin par le frère ou le parent qui a accordé la femme en mariage (5).

(1) MILZ, *Op. cit.*, p. 88. — *Congo belge*, 1901, p. 82.
(2) CASATI, *Dix ans en Equatoria*, pp. 118 et 119.
(3) CASTELLANI, *Les femmes au Congo*, p. 213. — LE MARINEL, *Op. cit.*, p. 39.
(4) VÉDY, *Op. cit.*, p. 34. — DE LA KÉTHULLE, *Op. cit.*, p. 23.
(5) VINCART, *Op. cit.*, p. 343.

Aussi la femme jouit-elle d'égards et de certains droits.
L'Azandé et le Bandja tiennent énormément à leurs femmes,
disent MM. Milz et de la Kéthulle, ils les traitent avec assez
de considération et prennent volontiers leur avis dans les
circonstances graves (1). Chez les Manbouttous surtout, la
femme exerce une grande influence dans le ménage (2) et
même au dehors ; M. Christiaens dit qu'elles assistent à la
palabre, reçoivent des présents et en font en leur nom personnel et, parfois, prennent une part active à la discussion (3).
M. Nys écrit que les Abarambos sont très bons pour leurs
femmes (4).

Nous avons très peu de renseignements quant aux coutumes qui prohitent l'inceste. La seule indication précise
concerne la tribu très métissée des A-Babuas, où les hommes
ne prennent pas femme dans leur village natal, mais à ce propos
il faut noter que des liens de famille unissent la plupart des
habitants d'un même village(5), ce qui ramène la prohibition à
une interdiction de l'union dans le groupe familial masculin
très étendu. Partout, en effet, la femme qui se marie abandonne son village pour aller vivre dans le village de son
mari. Junker rapporte un fait d'une autre nature qui mérite
d'être signalé, celui de princes qui ont pris comme épouses
leurs propres filles, avec le consentement de celles-ci (6).

La chasteté de la femme non mariée n'a guère de prix.
Chez les Niams-Niams, il est dit que la plus grande familiarité
et privauté existe entre les jeunes gens (7). Chez les Monbouttous surtout, cette licence est poussée à l'extrême ; c'est

---

(1) *Op. cit.*, p. 86.
(2) Guy Borrows, *Op. cit.*, p. 58. — Schweinfurth, *Op. cit.*, p. 82.
(3) Christiaens, *Op. cit*, p. 34.
(4) *Op. cit.*, p. 108.
(5) Vedy, *Op. cit.*, pp. 4 et 33.
(6) Frobenius, *Op. cit.*, p. 412.
(7) Antinori & Pioggia, *Op. cit.*

ce qui porte Schweinfurth à taxer leurs mœurs d'obscénité
bestiale(1)et Guy Borrows à affirmer que la moralité est pratiquement absente(2), bien que la prostitution publique n'existe
guère chez eux. Chez les Sakaras, la femme mariée jouit d'une
liberté absolue (3); pour les A-Babuas, la chasteté n'est une
condition exigée que lorsque la femme est très jeune, sinon
elle ne l'est pas (4).

Le lévirat existe, en ce sens que l'héritier des biens de
l'époux hérite aussi de ses femmes ou du moins peut en
disposer; c'est ainsi que chez les Monbouttous le roi est
héritier des épouses de son prédécesseur ou de son père, et
acquiert même ses belles sœurs (5). Chez les Abarambos et
chez les Sakaras, à la mort du père, ce sont les fils qui
vendent leurs sœurs et quelque-fois aussi leurs mères (6).
Le Dʳ Védy signale une coutume identique chez les A-Babuas;
toutefois, chez ceux-ci, le lévirat proprement dit est également
en usage au moins, comme le dit M. Tilkens, quand les
veuves sont jolies; elles prennent alors le frère du mari
comme second époux (7). Chez les Mebangués, c'est le frère
qui reprend les femmes du défunt.

Dans le groupe Azandé, le droit purement familial a rétro-
gradé devant l'autorité très grande des chefs de la tribu, au
moins pour ce qui ne concerne que les relations purement
familiales. Le meurtre n'est plus guère puni par les parents
de la victime, mais la répression appartient aux chefs. Chez
les Azandés, le chef a le droit de haute et de basse justice,

---

(1) *Das Volk der Mombuttu.* (*Zeitschrift für Ethnologie,* 1873, p. 8). — *Op. cit.,* p. 91.

(2) GUY BORROWS, *Journal of Anthrop. Institute,* p. 46. — *The Land of the
Pygmies,* p. 86.

(3) CASTELLANI, *Op. cit.,* p. 204. — LE MARINEL, *Op. cit.,* p. 39.

(4) TILKENS, *Op. cit.,* p. 233.

(5) SCHWEINFURTH, *Op. cit.,* p. 86.

(6) NVS, *Op. cit.,* p. 113.

(7) *Op. cit.,* p. 233.

il juge les meurtres et les autres infractions (1). Nous avons
précédemment signalé que le même droit était exercé par les
chefs des Bandjas et des Sakaras. Il en est de même chez
les Monbouttous, l'assassin est puni par le roi et la vengeance
n'est pas admise (2). Pourtant, les A-Babuas marquent bien
la période de transition; le pouvoir des chefs étant plutôt
nominal qu'effectif, bien qu'ils rendent la justice, le meurtre
reste impuni si personne ne réclame le châtiment du coupable;
aussi la vengeance réapparaît-elle chez eux (3).

L'hérédité des biens comme celle de l'autorité se transmet
exclusivement en ligne masculine, avec un certain avantage
en faveur du fils aîné. Les épouses et les sœurs n'héritent
point.

L'esclavage existe parmi toutes les tribus qui appartiennent à la famille Azandé ; les esclaves constituent une sorte
de plèbe dépendant d'un maître, jouissant d'une liberté relative, mais astreinte aux travaux les plus lourds.

(*A suivre.*)

---

(1) MILZ, *Op. cit.*, p. 88. — GUY BORROWS, *Op. cit.*, p. 40.
(2) CASATI, *Dix ans en Equatoria*, p. 118.
(3) VÉDY, *Op. cit.*, p. 42.

LE KALAHARI

AU POINT DE VUE DE LA GÉOGRAPHIE HUMAINE.

En un travail substantiel (1), le Dr Siegfried Passarge nous a fait connaître la géographie physique du Kalahari, il en a été donné une analyse claire et succincte dans notre bulletin (2).

L'auteur néglige tout ce qui concerne la géographie humaine, parce qu'il se propose d'en faire l'objet d'un travail spécial.

Dans une conférence faite à la Société de géographie de Berlin et publiée par la *Zeitschrift der Gesellschaft für Erdkunde*, le Dr Passarge a exposé en ses grandes lignes l'ethnographie du Kalahari. Nous essaierons de résumer cette intéressante étude. Elle nous fait entrevoir suivant quel plan l'auteur compte traiter la question du Kalahari, au point de vue de la géographie humaine. Cette étude est attendue avec impatience par tous ceux qui s'intéressent à l'ethnographie de l'Afrique. Nul doute que cette monographie complète du Kalahari ne constitue,

---

(1) *Die Kalahari. Versuch einer physisch-geographischen Darstellung der Sandfelder des Südafrikanischen Beckens.* Herausgegeben mit Unterstützung der Königl. preuss. Akademie der Wissenschaften von Dr Siegfried Passarge. Berlin, Dietrich Reimer (Ernst Vohsen). 1904. In-8, XVI + 823 p., 6 index, 40 fig. et 3 pl. ph. — Atlas en portefeuille (21 pl.). — Ensemble 80 M.

(2) Dr A. Schoep, *Le Kalahari*, mars-avril, 1903, p. 93.

comme le dit M. Demangeon, « un monument géographique
de première valeur ».

*
*   *

La géographie nous fait connaître l'Afrique australe
comme formée par un haut-plateau, à partie centrale
déprimée et à bordures extérieures fortement inclinées. La
courbe hypsométrique et la courbe bathymétrique de
1 000 mètres ne s'écartent guère du rivage.

Le bassin central présente, dans sa partie S.-E., notamment au nord de la Colonie du Cap, au Griqualand et au
Betchouanaland, à l'Orange et au Transvaal, une région
dont les dépôts superficiels sont formés par les produits
d'altération des roches sous-jacentes. La richesse en eau de
ce sol argilo-sableux est relativement grande.

La partie N.-W. du bassin, plus étendue, est occupée
par une région où les dépôts sableux et calcareux prédo
minent. Ces dépôts, compris entre la ligne de partage du
Congo et du Zambèze et le fleuve Orange, donnent à tout
le pays un caractère d'unité incontestable. Aussi, Passarge
n'hésite-t-il pas à appliquer le nom de Kalahari — terme
par lequel on désignait la partie méridionale du bassin
intérieur — à toute la région où se présentent les dépôts
sableux. Il trouve un autre argument dans la curieuse
évolution du Kalahari dont il nous fait connaître les phases
successives dans son travail de géographie physique
« Die Kalahari ».

La côte occidentale de l'Afrique australe est refroidie par
le courant de Benguela, tandis que la côte orientale est
réchauffée par le courant de Mozambique. La côte est
reçoit annuellement une masse d'eau de 750 à 2 000 milli-

mètres ; sur la côte ouest, ainsi que sur une région très
étendue du bassin central, les précipitations annuelles restent
en dessous de 250 millimètres.

Cette inégale répartition influe d'une façon marquée sur

RÉPARTITION DES PLUIES.
(D'après PASSARGE.)

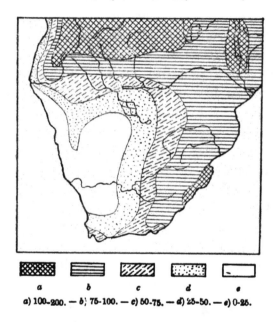

a   *b*   *c*   *d*   *e*

a) 100-200. — *b*) 75-100. — *c*) 50-75. — *d*) 25-50. — *e*) 0-25.

le régime hydrographique, la végétation et la culture de
l'Afrique australe.

Il y existe des fleuves à débit permanent, des fleuves à
débit périodique et des fleuves taris.

Au point de vue de la végétation, on y distingue des
régions à caractères tout aussi nettement tranchés. La côte
est, grâce aux précipitations atmosphériques et au courant
chaud de Mozambique, est couverte par la forêt tropicale
et, au delà du Natal, par la forêt subtropicale ; sur les

hauts-plateaux, qui séparent les bassins du Congo et du Zambèze, dominent les savanes et les forêts buissonnières ; à la côte ouest s'étendent les steppes du désert de Namib dont la végétation présente des caractères archaïques. Les

ZONES DE CULTURE.

(D'après PASSARGE.)

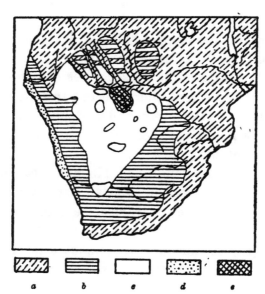

a) Agriculture et élevage. — *b*) Steppes habitées durant toute l'année. Élevage. — *c*) Steppes périodiquement habitables. Chasse et élevage. — *d*) Désert. — *e*) Marécages. Pêche et chasse.

steppes du bassin central se groupent en deux régions : la région du Karrou, au sud, et la région du Kalahari, au nord.

Passarge distingue cinq régions de culture d'importance très inégale.

La région d'agriculture et d'élevage comprend le nord et l'est, ainsi que la côte sud. Sur le haut-plateau, à 18 degrés de latitude sud et à 1 000 mètres d'altitude, il n'est pas

rare de constater en juin et en juillet une température de
— 7 degrés pendant la nuit, ce qui exclut une végétation
tropicale.

Du haut-plateau de l'Angola et du Zambèze il pénètre
des zones de culture et d'élevage à travers le Kalahari
septentrional et le Kalahari central. Celles-ci suivent le
cours des fleuves et s'étendent jusqu'aux marais de
l'Okavango.

Dans la région des steppes habitées, les plantes herbeuses
ne manquent pas; l'élevage y prédomine.

Dès que le sol dénote la présence des épaisses couches de
sable, la contrée devient plus déserte par suite de l'absence
d'eau. On entre dans la région des steppes, habitables par
intermittences régulières. La chasse est la principale occupation des habitants.

Les eaux de l'Okavango, du Kouando et du Zambèze
inondent périodiquement ou constamment certaines parties
du nord du Kalahari et y transforment le pays en marécages : tel le bassin de l'Okavango. Autour de ces marécages
vivent des peuples nomades s'adonnant à la chasse et à la
pêche.

*
* *

Les peuples bantous qui se sont répandus sur l'Afrique
australe ont suivi deux directions principales, repoussant
les Bochimans et les Hottentots vers les régions inhospita-
lières du Kalahari.

Les Bochimans cherchèrent un asile dans les champs de
sable, tandis que les Hottentots se retirèrent vers le S.-W.

Certaines tribus bantoues, trop faibles pour résister à
d'autres tribus bantoues, se réfugièrent dans ces mêmes
régions et y vivent de la vie des Bochimans : tel est le cas
des Balalas et des Bakalaharis du Kalahari méridional, des

Madenessas du Kalahari moyen et des Mukassekeres du Kalahari septentrional. On pourrait les grouper sous le nom de Bantous-Prolétaires.

Deux faits dominent l'ethnographie de l'Afrique australe au xixᵉ siècle : l'organisation politique des Zoulous et la

PEUPLES DE L'AFRIQUE AUSTRALE.

(D'après Passarge.)

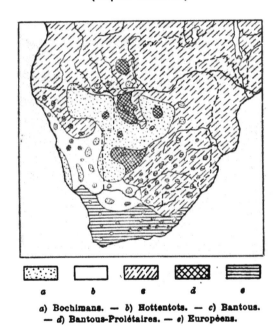

a) Bochimans. — b) Hottentots. — c) Bantous.
— d) Bantous-Prolétaires. — e) Européens.

poussée des Européens vers le nord. Ils ont donné lieu à des migrations ou à la disparition de tribus entières.

C'est au Cap, à l'Etat libre, au Transvaal et au Natal que la population blanche s'est surtout fixée. Dans les trois premiers pays, la proportion est de 1 : 4, tandis qu'au Natal elle n'est que de 1 : 11, ce qui montre que la population de couleur surpasse de beaucoup la population blanche.

Examinons de plus près le Kalahari et les tribus qui l'habitent.

Le Kalahari central s'étend sur toute la région comprise entre le Nossob-Molopo et la frontière des possessions allemandes et portugaises.

STRUCTURE DU KALAHARI.

Les champs de sable *(Sandfelder)* rouge ou gris *(Vleys)* sont couverts d'une végétation buissonnière, à l'exception de certaines places où le sous-sol calcareux est à peu de profondeur ; le sol s'y couvre d'herbes. Le sol calcareux présente parfois des dépressions de 1 à 2 mètres de profondeur et de quelques centaines de mètres de longueur. Ces *Brack-pfannen*, comme les appelle Passarge, sont des centres très recherchés par les animaux qui y trouvent de l'eau et du sel.

Les champs de pierre *(Gesteinsfelder)* se présentent comme des îlots dans ces immenses espaces couverts de sable. La végétation qui les couvre présente des analogies avec celle du Betchouanaland, où nous avons rencontré également un sol formé par les produits d'altération sur place. Ces affleurements sont d'une importance capitale pour l'homme et les animaux parce qu'ils retiennent l'eau. Le Kauka-, le Chansi-, le Mahura- et le Bakalahari-Feld en constituent les types principaux.

Le Kalahari méridional, moins bien connu, présente un caractère désertique beaucoup plus prononcé; dans le Kalahari septentrional, au contraire, les précipitations atmosphériques sont relativement intenses.

⁎
⁎

Au point de vue de la géographie humaine, on peut diviser le Kalahari en trois régions distinctes, présentant chacune les mêmes caractères dans l'ensemble :

1° Les steppes du Kalahari ;

2° Les marécages ;

3° La zone de transition.

Deux facteurs exercent une importance capitale sur la vie dans les steppes : 1° la division bien marquée entre la saison des pluies et la saison sèche, 2° la présence ou l'absence de réservoirs d'eau naturels. La vie nomade y est seul possible. Aux premières averses de novembre, la végétation reprend et se développe, la migration vers les steppes commence, les troupeaux de ruminants suivis des carnassiers y trouvent une nourriture abondante.

L'homme aussi reprend la direction des steppes qui lui offrent, à cette époque, outre les produits de la chasse aux grands animaux, des racines, des bulbes, des fruits, des champignons, des termites, des sauterelles, des tortues, des oiseaux, des œufs, etc. A la fin du mois d'avril, les pluies cessent et les *Vleys* se dessèchent. C'est l'époque à laquelle mûrissent des espèces de melons : *Citrullus naulinianus* et *C. caffer*, dont les fruits juteux serviront de nourriture à l'homme et aux animaux. Peu à peu le fruit se durcit, devient ligneux et, par suite, impropre à la consommation. La vie s'éteint dans les steppes et ne reprendra qu'à la prochaine saison des pluies.

Dans la région des marécages, la principale occupation de l'homme est la chasse aux hippopotames, aux rhinocéros, aux buffles, aux léopards, aux antilopes. Les hippopotames pullulent dans les fleuves et sont un réel danger pour les frêles embarcations des indigènes.

La zone de transition, comprise entre la région des steppes et les régions marécageuses, quoique d'une étendue restreinte, a pour l'homme une valeur bien plus grande que les deux régions précédentes. La population y mène une vie sédentaire et s'adonne aux travaux agricoles : elle cultive le maïs, l'orge, les fèves, le tabac.

La basse température, à certaines époques de l'année, exclut probablement la culture du riz, de l'yam, des bananes, de la canne à sucre. C'est dans cette zone qu'il faut chercher le centre de gravité politique du Kalahari ; la disposition des régions peuplées en bandes étroites le long des cours d'eau s'oppose cependant à la naissance d'un organisme politique puissant.

La région des steppes est habitée par les groupes ethniques suivants (croquis 3) :

Les *Bochimans*, au Kalahari septentrional, entre le

Cunene, le Cubango et le Kouando ; au Kalahari central, ils forment deux groupes parlant des langues différentes et comprenant chacun plusieurs tribus : les Kauka-Bochimans et les Ngami-Bochimans.

Les *Hottentots*, à l'ouest, entre le Veldschoendrager-Land, au sud, et Gobalis, au nord, avec les trois tribus : les Veldschoendrager, les Franzmanschen et les Kauas-Hottentots.

Les *Bantous*, à l'est, au nord et au N.W., comprenant les Herreros, les Betchouanas et un mélange de peuplades bantoues fixées au nord.

Les Betchouanas constituent le groupe ethnique le plus important des Bantous. Ils refoulèrent vers l'intérieur du désert les Bakalaharis, que Passarge considère, avec les Madenassas et les Mukassekeres du haut-Kouando et du haut-Zambèze comme des Bantous-Prolétaires.

Les Bochimans ne s'occupent que de chasse ; ils sont complètement sous la dépendance des Hottentots et des Herreros qui règnent sur eux en maîtres ; cette race est condamnée à disparaître.

Les Herreros et les Hottentots occupent dans les steppes les régions où l'on trouve l'eau. Ils se livrent à l'élevage et à la culture, notamment de la citrouille.

Les habitants des marécages de l'Okavango portent généralement le nom collectif de Makuba et appartiennent aux races bantoue et bochimane. Au Botletle et au bassin du Makarrikarri, habitent les Matetes et les Mahuras de la tribu des Ngami-Bochimans.

La zone de transition comprise entre les marécages et les steppes sableuses est habitée par des Bantous, des Betchouanas, des Matebeles, des Bochimans.

Tandis que les Bantous s'occupent spécialement d'agriculture, les Betchouanas s'adonnent volontiers à l'élevage.

Le commerce joue un rôle considérable dans la région. Les Européens y achetèrent de l'ivoire, des plumes d'autruche, des peaux et des cornes. Avant que la peste n'eût décimé les troupeaux, le commerce des bêtes à cornes vers les marchés du sud de l'Afrique avait une réelle importance. La « *Kunene Sambesi-Expedition des Kolonialwirtschaftlichen Komitees* » nous apprend qu'en ces dernières années le commerce du caoutchouc, provenant des racines de *Carpodinus chylorrhizza*, s'est beaucoup développé. Il est malheureusement à craindre que l'exploitation maladroite ne conduise à la destruction complète de cette plante caoutchoutifère.

Trois États d'importance relative sont parvenus à s'établir dans la zone de transition : les *Barotsés* au Zambèze, les *Bamangwatos* au bassin du Makarrikarri et au Madenassa-Feld et les *Batauanas* au Ngami.

Les Hottentots et les Bochimans sont condamnés à disparaître, il n'en est pas de même des peuplades Bantoues ; les colonies européennes : L'Angleterre, l'Allemagne et le Portugal qui se partagent l'Afrique australe auront à s'imposer maint sacrifice avant d'avoir établi leur domination sur les diverses peuplades qui l'habitent.

*　*　*

Voilà, dans leurs grandes lignes, les idées que le Dr Passarge développe dans son étude. Cela suffit, croyons-nous, pour faire saisir le puissant intérêt qui s'attache à l'étude de la géographie humaine de l'Afrique australe et du Kalahari, et pour nous faire comprendre le triste sort que le « struggle for life » réserve à certains peuples incultes et sans défense, tels que les Bochimans. L. ZELS.

LES RIVERAINS DE L'UÉLÉ

Dans toutes les contrées de la terre, nous voyons les habitants des rives fluviales, lacustres ou marines avoir des caractères spéciaux, des mœurs particulières et se différencier ainsi des habitants de l'hinterland.

L'Uélé prend surtout de l'importance, au point de vue politique, à partir de son confluent avec l'Obi ou Nzoro. Le pays situé au nord de cette énorme rivière est, à partir du milieu de l'espace compris entre ce confluent et celui de la Dungu, occupé entièrement par les A-Zandés jusque après la jonction de l'Uélé avec le Bomu (Haut Ubangi). Seuls, les Madis occupent une enclave située vers le coude d'Angba, sur la rive droite.

Dans les régions du sud de l'Uélé, existe un certain nombre de tribus bien distinctes, différant entre elles par les mœurs, le langage et des caractères ethniques bien nets.

En amont de Dungu, on rencontre, d'abord, les A-Zandés; de Dungu jusqu'à l'embouchure de la Lere, les Mangbettus occupent le pays; en aval de ce cours d'eau, ce sont les A-Barambos que l'on rencontre jusqu'aux chutes de Panga; puis, de là au confluent du Bomokandi, encore des A-Zandés. A partir de ce point jusqu'au rapide de Biè, le pays appar-

tient aux A-Babuas, sauf une enclave d'A-Zandés entre l'Uélé
et la Bima, en amont de l'embouchure de celle-ci. En aval de
Biè, des A-Zandés occupent une cinquantaine de kilomètres,
après lesquels on trouve le pays sous la domination des
Mo-Benghes.

La rivière Bomokandi traverse depuis Gumbali le pays
Mangbelle, puis sépare les Mangbettus, au nord, des A-Zandés, au sud. Ceux-ci occupent cette rive jusqu'à la Mokongo,
où commence le pays Babua. Au nord du Bomokandi, on
rencontre des A-Zandés jusqu'à la Klimo, puis des A-Barambos
jusqu'au Poko, et enfin des A-Zandés jusqu'à l'embouchure.

Jusqu'au moment où la domination européenne fut suffiss-
amment établie pour régler les différends entre peuplades,
toutes celles que nous venons de citer guerroyaient sans
trêve ni merci depuis les temps les plus reculés. Pourtant,
au milieu d'elles, entre elles, vivait un peuple de gens qui,
bien que prenant une part active à toutes les invasions, à
toutes les guerres et à toutes les rapines, parvint à se maintenir là où bon lui plaisait, pourvu que ce fût au bord de
l'eau, uniquement parce qu'on avait besoin de lui.

L'ingérence européenne dans la politique des indigènes
a déjà transformé considérablement les conditions de vie de
ces derniers. Les grandes invasions ont été arrêtées net ;
les empiètements des tribus puissantes sur les territoires de
leurs voisins, les razzias des Arabes du nord ou des
Matambatambas du sud ont cessé. La méfiance mutuelle des
peuplades diminue par conséquent, la sécurité augmente,
les habitants se cachent moins, s'arment moins qu'autrefois
et l'aspect général du pays se modifie rapidement par
l'installation de nouveaux villages, la disparition des retran-

chements et l'augmentation croissante des communications par terre.

A cela, les Bacangos, c'est le nom donné actuellement aux riverains de l'Uélé, ont plutôt perdu pour maintes raisons ; et il est déjà nécessaire de se reporter à une dizaine d'années en arrière pour se rendre compte exactement de ce que pouvait être le peuple de pêcheurs et de nautoniers dont nous nous occupons ici.

C'est donc l'Uélé de 1897 que nous allons décrire :

A cette époque, un voyageur descendant la rivière Bomokandi ne rencontrait âme qui vive, tant sur les eaux que sur les rives couvertes partout d'une forêt impénétrable. De loin en loin, quelques feuilles claires de bananiers indiquaient que des êtres humains étaient venus là ; mais y étaient-ils encore ?...

A l'embouchure du Bomokandi se rencontrait le poste de l'État du même nom. Après l'avoir dépassé, le désert recommençait, l'Uélé, cette fois, roulant ses eaux rapides à travers un archipel de petites îles. Puis, tout à coup, le pays se modifiait profondément ; de hautes herbes et la broussaille remplaçaient la forêt et, sur les rives, apparaissaient des villages nombreux ; nombre de pirogues sillonnaient les flots ; sur les roches émergées des familles indigènes étaient rassemblées, et ce spectacle animé se continuait jusque près de l'embouchure de l'Api. Là, la forêt reprenait ses droits. De nouveau, s'était la rivière sombre et déserte, coulant tantôt paisiblement entre deux hautes murailles arborescentes, tantôt se précipitant en torrent impétueux dans des cataractes sans fin et entre des îlots multiples, souvent submergés. Aucun indigène ne se montrait dans ce cadre sinistre et c'était avec soulagement que l'on sortait de cette solitude en arrivant aux postes de l'État.

En amont de l'embouchure du Bomokandi, l'Uélé coule

en pays découvert et de très nombreuses agglomérations
de Bacangos ont établi leurs villages le long de la rivière.
Sur la Bima, qui serpente en pleine forêt, aucun village
de Bacango n'est visible.

A première vue, on pourrait croire que le Bacango n'habite

CRIQUE DE L'OUÉLÉ EN AMONT DE SACOSSA.

que la plaine et qu'il s'écarte systématiquement de tout ce
qui est forêt.

Pourtant, en observant bien les eaux dans ces régions
sylvestres, on aperçoit parfois, le long du mur arborescent
qui limite partout la vue, une petite pirogue s'avançant,
silencieuse et lente, et qui disparaît bientôt dans le fouillis
de verdures. En cherchant là, on ne tarde pas à découvrir
l'embouchure d'une petite rivière ou une crique au fond de
laquelle prend naissance un étroit sentier. Et si l'on suit

ce sentier, après un parcours variant de 50 à 800 ou 1 000 mètres, on rencontre quelques huttes généralement occupées par un ou deux individus.

D'autres sentiers partent de là et ces sentiers mènent à des plantations, à d'autres villages, à des chantiers où sont creusées des pirogues, ou bien encore à des barrages établis en travers de petites rivières pour les besoins de la pêche. Et l'on s'aperçoit bientôt que là où l'on supposait un désert vit une population assez importante et active.

En d'autres lieux, principalement là où la rivière semble la plus inhospitalière, où elle forme des cataractes parmi les archipels d'îles et d'îlots boisés, si l'on s'écarte de la voie ordinairement suivie pour s'engager dans des canaux écartés et souvent d'un abord très dangereux, on ne tarde pas à trouver un passage barré de charpentes, servant de pont aux indigènes et d'attache à leurs navires et à leurs pirogues. Un mouvement intense existe dans ces pêcheries absolument invisibles pour le voyageur qui suit la route ordinaire.

En fouillant les criques et les affluents de l'Uélé, en parcourant les chenaux écartés, on découvre une population considérable dans ce pays qui semblait abandonné, et l'on acquiert la conviction que l'Uélé et ses grands affluents sont habités, dans presque toute leur étendue, par une peuplade importante par son nombre.

Nous verrons plus loin qu'elle l'est encore plus par son rôle politique et commercial.

*
* *

La race de ces riverains n'est pas unique et le nom de Bacango qu'on leur a donné est employé par extension, car sous cette appellation il ne faudrait comprendre, en réalité,

que les habitants des rives de l'Uélé, depuis Angba jusqu'au
rapide d'Ussu et du Bomokandi, depuis le Poko jusqu'à
l'embouchure. En amont d'Angba, jusqu'à l'embouchure de la
Gadda se rencontrent des Mangbelles appartenant, disent-ils,
à la même race que les Mangbelles de Gumbali, sur le haut
Bomokandi. Près de la Baraza, se trouve un seul village
dont la souche est Maïogo, et à Niangara même existe encore
une petite colonie d'indigènes nommés Adaïs, colonie qui,
paraît-il, fut jadis très puissante.

Les Bacangos, proprement dits, peuvent être divisés en
deux catégories très distinctes :

Les uns résident, à partir du mont Mandiando jusqu'au
sommet septentrional du coude énorme formé par l'Uélé,
entre la station d'Amadi et celle de Bambili (anciennement
Bomokandi). Ils sont d'une race se rapprochant des A-Barambos ou du moins très mélangée à cette peuplade.

Les autres Bacangos, installés depuis le rapide de Panga
jusqu'à celui d'Ussu, ont tous les caractères, les mœurs et le
langage des A-Babuas.

Un peu en amont d'Angu, sur la rive gauche, commence
le territoire des A-Basangos, qui sont de la race des Moben-
ghes, et occupent l'Uélé sur cette rive sur une longueur de
150 kilomètres environ.

Enfin, sur le Bomokandi, en amont du Poko et jusqu'à la
Teli, ce sont des A-Barambos qui occupent la rive nord, celle
du sud étant inoccupée.

Nous voyons donc la plupart des races de l'Uélé fournir
leur contingent à la population des riverains. Mais il est à
remarquer que, lorsqu'à la suite de guerres ou d'invasions,
une tribu abandonnait son territoire, l'élément pêcheur
demeurait souvent sur place, quitte à se séparer nettement
du reste de la tribu.

Cette séparation existait d'ailleurs déjà, sans doute d'une

manière latente, à cause de la différence de vie, d'allure et de fortune qui attache le Bacangos à l'eau, autant que le Mangbettu ou l'A-Bamboà sa terre, et nous avons vu la scission, entre Bacangos et A-Babuas, se produire nettement, bien que ces deux peuplades restassent voisines.

Un autre facteur favorisant ces scissions réside dans ce fait que l'envahisseur d'un territoire trouve, lui aussi, dans le Bacango un intermédiaire utile qu'il ménage.

Les Bacangos sont propriétaires de l'Uélé et de ses affluents, non par les droits qu'ils s'arrogent, mais surtout parce que nul autre qu'eux ne peut posséder utilement ce domaine et qu'il faut, dans l'intérêt de tous, qu'il soit occupé.

L'Uélé, depuis Vankerkhovenville jusque Niangara, soit sur une longueur de 250 kilomètres environ, présente une largeur de 100 à 150 mètres en moyenne. Son cours est interrompu par de très nombreux barrages rocheux et, par conséquent, par des rapides, des chutes et des cataractes qui rendent la rivière fort peu navigable même pour de petits pirogues. De Niangara jusque Mapussi, les barrages moins fréquents et de peu d'importance permettent de se servir de l'Uélé comme d'une voie commerciale sûre.

A partir de Mapussi, les rapides recommencent et leur série est ininterrompue jusqu'au confluent de l'Uélé avec le Bomu, c'est-à-dire jusqu'à l'Ubanghi.

En même temps que le courant de la rivière est plus tourmenté, celle-ci augmente d'importance et acquiert une largeur parfois énorme. C'est ainsi qu'au niveau des rapides de Ghiri, nous la voyons s'épancher sur une espace de 3 kilomètres environ.

Des îles de plus en plus nombreuses divisent le cours

d'eau en bras multiples, passes qu'il faut connaître, sous peine de s'exposer à un accident fatal, et il faut des gens très exercés et possédant surtout une connaissance approfondie des lieux pour pouvoir traverser des rapides, tels que ceux d'Angba, de Panga, de Sacossa, de Sassi, de Corombo, d'Angu, d'Ussu et de Mèmè pour ne citer que les plus dangereux.

Une telle rivière est une barrière infranchissable si l'on songe aux soins avec lesquels les indigènes cachent leurs embarcadères et, par conséquent, aux recherches qu'exige la découverte de ceux-ci. Sans un long travail préparatoire, peu compatible avec le caractère versatile du nègre, il serait impossible aux habitants d'un côté de l'Uélé de parvenir de l'autre bord pour attaquer un ennemi ou occuper le pays.

A un autre point de vue encore, le maintien des Bacangos sur l'Uélé ou sur ses grands affluents — qui, lorsqu'ils sont assez importants, comme le Bomokandi par exemple, ont beaucoup de points communs avec la grande rivière — est nécessité par ce fait que les peuples du nord et ceux du sud sont de mœurs et de langues différentes et que, même en dehors du cas de guerre ou d'invasion, simplement pour le commerce des produits du sud, les A-Zandés ont besoin d'un intermédiaire.

Le régime de l'Uélé et de ses affluents et les mœurs des indigènes qui en habitent le bassin sont donc une garantie d'existence pour les riverains.

Tous ces cours d'eaux sont pour ceux qui les occupent une source de richesse inépuisable : Le poisson pullule dans les eaux ; lors de la saison sèche, les lits d'algues salines sont accessibles à l'homme ; à la même saison, les petits cours d'eaux s'asséchant, ceux de quelque importance deviennent le rendez-vous obligé du gibier ; enfin, entre les chutes et les rapides existent des bassins profonds peuplés d'hippopotames.

Le Bacango est donc retenu là, tant par son intérêt propre que parce qu'on le ménage. Il est seul détenteur des grandes voies de communication, seul intermédiaire possible entre gens du nord et du sud, seul dispensateur des richesses de l'eau.

Il ne faut pas tant de raisons pour assurer l'existence d'un peuple, aussi voyions-nous jadis les Bacangos vivre dans une prospérité égale à celle des plus riches tribus, et actuellement encore, malgré l'ingérence européenne qui augmente les communications par terre et facilite les relations commerciales en supprimant les guerres intestines et en arrêtant les invasions, les riverains forment de vastes agglomérations dont les habitants jouissent de plus de richesses que les gens de l'intérieur du pays.

* *

Les Bacangos ne vivent que par la rivière, aussi est-ce vers elle que tendent toutes leurs préoccupations. Ce n'est ni dans leurs types d'habitations, ni dans la forme de leurs armes ou dans quelque partie originale de leur habillement qu'il faut chercher des caractères spéciaux.

A peine ceux qui se sont séparés depuis longtemps de leur tribu d'origine ont-ils conservé quelques vestiges de leur ancien langage. Tous ont adopté les habitations, les armes, la monnaie et les coutumes des indigènes qui les environnent.

C'est ainsi que les Mangbelles ont la hutte circulaire de pisé, couverte d'un toit de paille conique ; les Bacangos, proprement dits des environs du Bomokandi et de la Bima, ont souvent substitué, à ce toit d'herbes, le toit de feuilles usité chez les A-Babuas ; jadis, à Sassi, les chefs habitaient d'énormes ruches de paille, dont la forme était empruntée à certains A-Zandés du nord, leurs voisins.

Les couteaux et les lances sont également ceux des occupants actuels des territoires environnants. Il y a, à cela, une raison commerciale ; souvent ces armes tiennent lieu de monnaie, surtout quant il s'agit d'achat d'esclaves ou de femmes.

Pour ce qui concerne le vêtement, les riverains sont, en général, moins difficiles que leurs voisins. Ainsi, il est rare de voir les Mangbelles soucieux d'avoir un pagne bien rigide comme le veut le luxe mangbettu. Partout, les

VILLAGE BACANGO (AUX AMADIS).

bonnets de paille tressée sont moins soignés. Ceci nous amène à constater que nulle part une manifestation d'art ne se rencontre chez les Bacangos, si ce n'est toutefois dans leurs pirogues, dont la pointe est parfois grossièrement taillée suivant la forme d'une tête de crocodile, ou dont une bordure de quelques centimètres est ornée de dessins en forme de triangles ou de losanges.

Les tatouages, comme le reste, sont fort négligés chez les riverains ; très souvent leur corps en est indemne. Quant à la coiffure, elle est le plus souvent faite à la diable et rarement renouvelée.

Ce qui est art, luxe, meubles, en somme tout ce qui se

rapporte à la vie à terre, semble négligeable pour le Bacango. Il se contente pour tout cela de ce que lui fournit son voisin. Il n'est vraiment personnel que dans sa vie d'homme des eaux. Mais, à ce point de vue, il est remarquable.

* * *

Quand un clan de riverains s'installe, il doit se soumettre à deux nécessités : d'abord, se mettre à l'abri des pillards ou des peuplades ennemies de celles avec lesquelles il entretient les meilleures relations; ensuite, rechercher les endroits où l'exploitation de la rivière est la plus productive.

Nous avons vu comment il se cache en pays boisé où, entre la rivière et son village, il laisse toujours intacte une bande de forêt. Ses embarcadères sont dissimulés par les basses branches ou des buissons masquant les criques. Fort souvent, les pirogues sont mises à l'abri de la vue et, dans ce but, elles sont submergées ; ou bien, pour rendre leur enlèvement plus difficile, on les traîne à plusieurs mètres de l'eau, sur la berge.

Les villages, subdivisés en maints petits clans, sont presque impossible à surprendre ; des gens veillent d'ailleurs constamment sur l'eau ou sur terre, et sont prêts à donner l'alarme en cas de danger.

Dans les pays découverts, comme il est impossible de se cacher, les Bacangos renoncent à ces procédés. Là, chacun s'installe où bon lui semble, et nous trouvons tantôt des agglomérations compactes où vivent des centaines d'individus, tantôt une série de petits clans dispersés sur de très grandes étendues de terrain.

Pourtant, les pirogues, objets précieux entre tous, sont toujours plus ou moins dissimulées dans les hautes herbes ou traînés à terre.

Afin de vivre le plus paisiblement possible, une de leur meilleure mesure de prévoyance est de choisir, dans les deux populations qui occupent les pays voisins d'une rivière, celle qui, pour une raison quelconque, les favorisera le plus ou celle dont ils auront le moins à craindre.

Les Bacangos, appartenant tous à d'anciennes peuplades

BACANGOS INSULAIRES PRÈS DE SACOSSA.

de l'Uélé, se fient peu aux A-Zandés, envahisseurs et dont l'arrivée dans le pays est relativement récente. Aussi, voit-on peu de Bacangos sur la rive nord de l'Uélé. Presque tous préfèrent demeurer parmi les gens dont ils sont compatriotes, ou du moins avec lesquels ils ont eu leurs premières relations.

Nous voyons pourtant une exception à cela : les Bacangos du Bomokandi, en aval de la Mokongo, qui sont des A-Babuas, résident pour la plupart sur la rive faisant partie du territoire zandé. L'histoire des riverains de cette rivière nous expliquera, dans une certaine mesure, ce fait anormal.

Quelle que soit la population à laquelle le Bacango s'est allié, on ne lui voit pas enclore son village de palissades ou employer aucun moyen de fortification.

Chez les A-Babuas seulement, les riverains ont parfois adopté le mode de fortification des gens de l'intérieur, mais une très grande partie des villages restent encore ouverts et les palissades semblent plutôt faites par obéissance à la tradition que pour d'autres raisons. Ce n'est d'ailleurs que sur la Bima, en plein cœur du pays babua, que nous avons eu l'occasion de voir des villages fermés et fortifiés.

Dans certains cas particuliers, alors que leur intérêt ou leur sécurité leur commande de s'isoler tout à fait, les riverains abandonnent les bords de la rivière et s'installent exclusivement dans les îles.

Récoltant alors tout ce qui peut être pris dans leurs plantations, ils emmagasinent leurs vivres dans leurs nouveaux villages et, conservant soigneusement près d'eux toutes leurs embarcations, se trouvent à l'abri de toute attaque, l'eau étant, pour les gens de l'intérieur, un rempart que les plus résolus hésitent toujours à franchir.

La seconde préoccupation de l'homme des eaux, qui a autant d'importance que le souci de sa conservation, est de trouver un emplacement où l'exploitation de la rivière soit profitable.

Les grands bassins d'eau calme sont poissonneux, la rivière y offre une voie facile à suivre et peut acquérir une certaine importance commerciale. Des Européens choisiraient ces endroits. Les noirs leur préfèrent de beaucoup les chutes, les rapides, les eaux peu profondes, les archipels de petites îles fractionnant le courant en une multitude de petits

bras. C'est là que peut se déployer tout leur art de pêcheur
et de nautonier, c'est là que se trouve réalisée la condition
idéale : l'alliance de la sécurité et de la richesse.

Bien que des relations soient constamment entretenues
entre peuplades diverses, le commerce n'est pourtant pas
assez actif pour provoquer l'éclosion de centres riches et

RAPIDE DE BAMBILI.

importants ; d'un autre côté, dans les eaux profondes, il faut
pratiquer la pêche au filet qui est plus pénible et nécessite
un travail prolongé qui répugne au nègre, en général.

D'autre part, les eaux profondes ne permettent jamais la
récolte fructueuse des herbes salines ; les troupeaux d'hippopotames s'y déplacent constamment et ne permettent pas une
chasse facile.

Dans les chutes, les archipels et les rapides, au contraire,
s'il faut un travail préparatoire assez difficile pour l'établissement des pêcheries, celles-ci une fois formées, il ne reste

plus au Bacango qu'à relever ses nasses une fois par jour, travail assez dur, mais de très court durée.

Le peu de profondeur du cours d'eau dans ses multiples bras, la présence d'un fond rocheux très irrégulier permet l'installation facile de ces pêcheries. A la saison sèche, les roches émergent en grande partie, permettant la récolte d'herbes à sel, nouvelle source de profit.

Dans ces régions de rapides, les bassins profonds sont fort peu étendus et permettent une chasse relativement facile des hippopotames.

Enfin, les îlots isolés les uns des autres par des eaux impétueuses offrent un abri absolument sûr contre tout ennemi.

On comprend, dès lors, que de telles régions soient un lieu de rassemblement pour cette population amphibie. C'est pourquoi nous voyons à Angba, à Sacossa, à Sassi, vers l'embouchure de la Bima, pour citer les points principaux, des agglomérations de villages considérables.

Ces agglomérations sont divisées souvent en plusieurs clans commandés par des chefs distincts et qui se sont partagés les chutes et les roches en territoires assez bien délimités.

Nous ne pouvons mieux indiquer comment se répartit la population des riverains qu'en indiquant les divers aspects de la rivière en même temps que les villages qui en occupent les rives.

A deux lieues en amont du poste de Niangara, on rencontre une forte chute où est installé un important village de Mangbelles.

De Niangara à Suruanga, la rivière n'offre aucun accident dans son cours. Là, les indigènes riverains semblent s'être groupés surtout pour être en relation avec les Mangbettus ou les A-Barambos de l'intérieur ; aux environs de l'embouchure de la Gadda se rencontrent les villages nombreux des

chefs Mambidi, Addala, Abadi, Engadi, Abunda, au sud,
Missumupa et Manginda, au nord; c'est là aussi que se
trouve la dernière colonie Maïogo.

Les rives sont presque désertes, depuis la Wawa jusqu'aux
environs de l'Aka. Toutefois, des pêcheurs sont installés
le long de la Kiliwa, affluent du sud. En amont de l'Aka
se rencontrent les villages des chefs Napessu, Mongonghiga

PÊCHEURS ET RÉCOLTEURS D'HERBE SALINE A ANGBA.

et Dzoga, ce dernier sur l'Aka même, tous trois sur la
rive sud.

Aux environs du poste de Suruanga se rencontrent, dispersés le long des rives, les villages de Bakinda, Misa et
Zamanghi, tous trois en aval et sur la rive gauche. Seul,
Mololo est en amont, entre l'Aka et le poste, et très près
de celui-ci.

Dans la partie descendante du coude que forme l'Uélé en
aval du Suruanga, se rencontrent les villages du chef
Nsérémé, et la rivière reste déserte jusqu'au rapide de
Mapussi où se rencontrent les derniers Mangbelles, jadis
commandés par le chef Uruka et qui ont en partie émigré
récemment à quelques lieues en amont.

Jusque-là, depuis Niangara, les eaux sont calmes, courant
sur un fond de sable ; aussi, sauf aux environs des stations
de l'État ou des gîtes d'étape, ne rencontre-t-on que fort peu
d'habitants.

En aval de Mapussi, nous entrons dans la région occupée
par les Bacangos proprement dits.

Devant le mont Mandiando se trouve le rapide Kukuka,

RAPIDE D'ANGBA.

près duquel on rencontre les premières huttes des villages
du chef Gaga ; ces dernières occupent toute la rive gauche,
depuis le coude que fait l'Uélé en aval de ce point jusqu'au
delà de l'île Gogwa, et confinent aux territoires du chef Mongoza. Ce Mongoza est le maître du rapide d'Angba ; il réside
généralement dans l'île de ce nom, au milieu d'une expansion
énorme de la rivière qui triple à peu près sa largeur en cet
endroit. Presque tous les sujets de Mongoza sont établis sur
la rive gauche ou sud, bien qu'ici nous soyons au niveau de
l'enclave qu'occupent les A-Madis au nord de l'Uélé.

A partir de l'expansion d'Angba, l'Uélé reste fort large
(600 à 700 mètres environ en plusieurs endroits) et le fond
rocheux émerge en partie pendant plusieurs mois de l'année.
Aussi, voyons-nous les indigènes devenir plus nombreux et
les villages se succéder le long des rives qui sont toutes
deux occupées. Après les gens de Mongoza, l'on rencontre
ceux de Mandugba, près des roches Magboli, puis ceux de
Bittima au barrage Nzakabu, plus loin apparaît un archipel
de quatre ou cinq petites îles couvertes de palmiers et sur
les deux rives s'étalent les villages de Bauli. En aval, à
gauche, se dessine le bois de Djattara, près duquel sont les
huttes de Zakuda; l'Uélé tourne au nord, il conserve cette
direction, en droite ligne, pendant près de 60 kilomètres.

C'est au commencement de cette portion de son cours que
l'on voit successivement les rapides de Parazula et de Mambu
fréquentés par les indigènes de Dzenzi. A une lieue de là, sont
établis la mission de Postel-Saint-Herman et le poste des
Amadis; tout de suite après ce dernier, surgit un groupe
allongé d'îles, dont plusieurs sont assez vastes et devant
lesquelles, sur la rive gauche, sont installés les indigènes
du chef Zuné. L'extrémité de l'archipel est caractérisé par
l'existence d'un rapide assez violent, après lequel les eaux
reprennent leur tranquillité. Le fond est moins rocheux, la
rivière moins large et le pays moins peuplé. A 6 ou 7 kilomètres en aval de Zuné se rencontrent le petit village du
chef Sanguna, son vassal. Puis il faut parcourir 30 à 35 kilomètres avant d'arriver chez Bwendi, installé près du sommet
de la courbe du fleuve.

Un petit rapide et quelques îles, appelés Baoura, inter-
rompent la monotonie du cours d'eau. Quelques Bacangos
sont établis sur la rive gauche de la rivière en cet endroit
où ils trafiquent avec les A-Zandés du chef N'Gaïe établis
au nord.

L'Uélé s'épanche à partir de là dans un pays presque absolument plat et dépourvu d'arbres. Le fond est sablonneux ; de temps à autre se rencontrent de grandes îles, sablonneuses également, ne portant souvent que quelques rares palmiers, et nous arrivons ainsi à la chute de Panga, près de laquelle est installée, à gauche toujours, une petite colonie de pêcheurs.

A partir de Panga, les roches reprennent possession du

CHUTE DE PANGA.

lit de la rivière qui cependant reste à peu près déserte jusqu'à l'embouchure du Bomokandi. Seul un petit village, vers l'embouchure de la Zua, révèle la présence d'êtres humains dans cette région. Les eaux du Bomokandi augmentent d'un tiers environ le volume de l'Uélé. La largeur normale de ce dernier, après ce confluent, est de 800 mètres environ et atteint dans les plus grandes expansions 1 200, 1 500 et même 1 800 mètres. Le lit étant rocheux et très irrégulier, il se forme de très nombreux rapides. Les pierres émergent de toute part et, lors de la saison sèche, de véritables bancs sont laissés à sec. Aussi, rencontrons-nous ici une population riveraine très dense.

A peu près à un kilomètre en aval de l'embouchure du

Bomokandi, nous voyons le village de Wia; plus en aval, sur les rives et dans les îles formant la limite d'un bassin profond, peuplé d'hippopotames très nombreux, d'autres villages assez peu importants sont installés. En amont de la série des rapides de Sacossa, des pêcheurs nombreux sont constamment visibles ainsi que dans la chute elle-même.

En sortant des véritables chutes de Sacossa, nous arrivons dans d'autres rapides où se trouve la plus grande agglomération de Bacangos existante. C'est d'abord le chef Buruba, à peu près à Sacossa même, puis son suzerain Samanna, dont les huttes garnissent la rive gauche de l'Uélé sur un espace de plusieurs kilomètres, et, en aval, dans la grande île Bessan, un de ses vassaux nommé Enani.

Autour d'Enani, un archipel de grandes îles d'une surface de 2 à 250 hectares (Bessan est longue de 15 kilomètres à peu près) divise l'Uélé en trois ou quatre larges bras sillonnés constamment de pirogues. A 5 kilomètres en aval d'Enani, l'Uélé est divisé en deux bras principaux. Le bras septentrional est à peu près inexploré; le bras méridional est interrompu à mi-chemin par les îles et le rapide de Sagnan, puis, après un bassin calme de 6 000 mètres environ,, se trouve subdivisé par tout un archipel d'îles et d'îlots, derrière lesquels, sur la rive gauche, étaient jadis installés la plupart des gens du chef Baminoro. Une partie de ces indigènes se trouve actuellement le long de la rive droite. L'agglomération est très importante.

Au bout de l'île Bessan, l'Uélé se dirige droit vers le sud, sur un trajet de 20 kilomètres environ. Il est, jusqu'à mi-chemin, parsemé de grandes îles. Sur la rive gauche est établi le vaste village du chef Jambwa. Plus bas, les chefs Degu et Angbondo se font vis-à-vis vers l'embouchure de la Ngwale, où l'Uélé s'infléchit vers l'ouest et forme une vaste courbe qui vient aboutir à Sassi.

Dans cette courbe se rencontrent les sujets très nombreux des chefs Angbondo, Bittima (plus tard Angodia) et Bamussungu et, enfin, à Sassi, les gens du chef Renzi qui avaient, il y a quelques années, établi sur les hauteurs de la rive gauche un vaste et superbe village, au pied duquel mugissait une chute dangereuse.

A partir de Sassi, les eaux deviennent plus calmes et plus profondes. Les gens de Sassi occupent encore la rive gauche pendant 3 kilomètres environ, puis se rencontre le village de Mangama, dont les huttes sont surtout dressées sur les bords d'un petit affluent du sud.

A Kudi recommencent les rapides et les larges étendues hérissées de roches ; là, nous rencontrons le chef Basa ; près de lui, en aval, se trouve Kwamisa ; un peu plus bas encore, Boda (successeur d'Abaya), et, sur la rive droite, Pompeli. A quelques kilomètres de Pompeli est Dandia (successeur de Zengbi), puis Kasala, propriétaire d'un large rapide.

En face de l'embouchure de l'Uéré sont les gens de Gaza ; de nouveau, de grandes îles apparaissent, également peuplées. Nous voici au poste de Bima.

En partant de celui-ci, l'on pénètre dans une série de chutes redoutable, appelées communément rapide de Corombo, du nom d'un chef important qui réside dans les îles de ce rapide et qui a établi d'importantes pêcheries dans différents bras de l'Uélé.

L'embouchure de la Bima est dans les terres de Gwange ; plus en aval, se rencontrent les villages de Vurungwange, qui occupent l'extrémité supérieure du rapide de Nsiri.

Ce dernier, long d'environ 10 à 12 kilomètres, est peu occupé, et l'on ne retrouve guère d'indigènes qu'à sa partie inférieure, appelée Sambala et occupée par le chef Soro.

Bientôt les rives sont habitées par les gens de Kpwabo et ses vassaux, population encore assez peu connue qui semble

considérable, mais qui, dans le dédale des rapides de Ghiri
et Mengeta, où l'Uélé atteint une largeur de 3 000 mètres,
parviennent à se dissimuler d'autant plus facilement que tout
le pays est couvert d'une forêt épaisse.

En aval de Kpwapo, dans ces mêmes rapides de Ghiri,
sont les gens de Tangedi, fort nombreux aussi.

Après Ghiri, sur une trentaine de kilomètres, l'Uélé poursuit sa route, calme et profond, à travers la forêt, et paraît
désert ; c'est un peu en amont de l'endroit ou réapparaissent
les roches que l'on rencontre, sur la rive gauche, le village de
Boronghi, le premier village des Abasangos (Bacangos-
mobenghés). Sur la rive droite, se montrent ensuite les
Bacangos de Makwanaïba, Kukwé, etc., et, au milieu des
trois chutes, dont la première, Angu, et surtout la dernière,
Ussu, sont dangereuses, se trouve Kengo, le dernier village
des Bacangos.

Après Ussu, l'Uélé redevient calme et moins fréquenté. Un
seul rapide, appelé Mèmè, est occupé par Gurza, et l'on
parvient enfin à la vaste agglomération de Malimba, presque
entièrement comprise dans une seule grande île.

De nombreux villages Abasangos occupent la rive droite
de l'Uélé, aux environs du poste de Djabir ; le dernier
d'entr'eux, à trois lieues environ en aval, est Gallia. Là cesse
le territoire des Abasangos ; ils cèdent la place aux Mokassis
jusque près de la jonction du Bomu avec l'Uélé pour former
l'Ubanghi, chez les Yakomas.

Parmi les affluents de l'Uélé, le Bomokandi est le plus
important et le plus peuplé.

En amont de la Teli se sont de simples passeurs d'eau,
vivant plutôt comme des terriens, qui occupent la rivière.
Plus bas se rencontrent des rapides nombreux et les
Bacangos, qui sont ici A-Barambos de Zara, tirent leurs
principales ressources de l'eau.

Aux environs du Poko, d'assez importants villages sont également établis.

De là jusqu'à l'embouchure du Lepelé, où se trouve le rapide de Panga, la rivière est calme et déserte. A Panga résident seulement quelques pêcheurs. Pour rencontrer une population dense, il faut aller jusqu'à l'*île des Palmiers,*

L'ÎLE DES PALMIERS, DANS LE BOMOKANDI.

ainsi nommée à cause du grand nombre de ces arbres qui couvrent cette terre. Une forte population est massée tant sur l'île que sur la rive droite du Bomokandi. En aval de l'île des Palmiers, nous rencontrons le village de Basokati, plutôt barambo que bacango ; il est établi sur la rive droite comme tous les précédents, sauf ceux du Poko. C'est à partir de la Mokongo que nous allons rencontrer les principaux clans de vrais Bacangos.

En face de cette embouchure est installé le chef Kapu, dont les villages sont assez importants. A 7 kilomètres de là sont les gens d'Alia dont les villages, dissimulés dans la forêt, garnissent la rive droite sur une longue étendue. Aux gens d'Alia succèdent ceux d'Abubu et, à l'embouchure de la Likandi où les roches émergent de toutes parts dans une expansion de la rivière, se trouvent établis les sujets du chef Biliki.

Enfin, à 3 kilomètres de l'embouchure, nous rencontrons les villages de Nzangu.

Depuis la Mokongo jusqu'à l'Uélé, tous ces Bacangos de race babua sont établis sur la rive droite, tout comme ceux d'amont. Pourtant, cette rive n'est pas, comme pour ces derniers, occupée par les gens de leur race, car, à partir de la Poko, qui se jette dans le Bomokandi, bien en amont de la Mokongo, le pays de droite est occupé par les sujets A-Zandés de Kira-Vungu.

Sur la Bima, se présente un cas assez général sur les rivières d'importance secondaire et qui sont peu navigables. Il n'y a pas de riverains à proprement parler où, du moins, les occupants du bord de l'eau ne l'exploitent pas comme les Bacangos. Ces gens sont plus terriens qu'autre chose et ne s'attachent guère à leurs pêcheries. Dans la partie de la Bima qui, partant de Zobia, se dirige presque directement vers le N.W., d'assez nombreux villages babua et deux petites colonies d'A-Zandés sont établis. Plus en aval, la rive gauche était jadis occupée par les gens du chef babua Duma. Ces derniers ont abandonné la rivière et les A-Zandés de Zolani, fils et successeur de Iatwa, sont venus placer leurs villages très nombreux et d'une population très dense sur la droite du cours d'eau. Les seuls Bacangos, dignes de ce nom qui aient été rencontrés, sont les Mombandes de Mora ;

encore ceux-ci ont-ils leurs villages à 2 kilomètres de l'eau et ont-ils conservé absolument les mœurs des Ba-Ieus, dont ils sont voisins.

De là jusqu'à l'embouchure, où se trouve l'énorme agglomération de Corombo, on ne rencontre personne sur la Bima en dehors du poste de Libokwa.

Dans ce voyage le long de l'Uélé et de ses principaux affluents, nous avons donc pu constater que, pour que les riverains se distinguent nettement du reste de la population, il faut que la rivière qu'ils occupent soit très importante. L'importance des agglomérations est aussi en rapport avec la largeur de la rivière; elle est d'autant plus considérable que le cours de l'eau est plus irrégulier, plus coupé de barrages pierreux, plus divisé par les îles.

Il s'en suit que les Bacangos, distribués d'Angba jusque Ghiri, sont ceux qui ont les mœurs les plus caractéristiques. C'est d'eux surtout qu'il sera question dans ce qui va suivre.

(*A suivre.*)   Dr VÉDY.

REVUES ET LIVRES

De Bruyne. — *Notes sur la flore de nos dunes*. — La région de nos dunes offre au naturaliste et au géographe une série de problèmes des plus intéressants.

En une communication faite au huitième congrès flamand de sciences naturelles et de médecine, M. De Bruyne, professeur de biogéographie à l'Université de Gand, étudie la distribution d'*Ammophila arenaria* (ammophile des sables) et de *Salix repens* (saule rampant), deux plantes xérophyles fort communes du littoral.

L'auteur a été bien inspiré en se servant de nombreuses photographies qui mettent en relief les idées principales de cette étude. Ces photographies démonstratives sont de réels documents qui permettent au lecteur de mieux localiser les observations faites par M. De Bruyne.

Les observations de M. De Bruyne ont porté exclusivement sur les dunes intérieures. En examinant la végétation d'une dune conique, isolée au centre d'une « panne » et exposée de tous côtés au vent, on observe que *Salix repens* occupe presque toute la dune à l'*exception du versant est*, celui-ci étant généralement couvert par *Ammophila arenaria* (fig. 1).

L'examen d'une série de dunes dirigées N.S. et celui d'une série de dunes en forme d'S montre une distribution identique de *Salix* et d'*Ammophila*. Dans ce dernier cas, les deux groupes de plantes se suivent sans se mélanger.

Cette distribution singulière a sa raison d'être ; elle est une résultante des vents dominants de la région des dunes.

Les deux plantes sont adaptées à vivre dans un sol sableux, très perméable et ne retenant guère l'humidité. La structure des feuilles

Fig. 1. — Dune isolée, vue du N.-E.
Au nord, on observe des plantes de *Salix*

Fig. 2. — Système radiculaire de *Salix repens*.

empêche une transpiration abondante, le système radiculaire est très développé.

Ammophila arenaria résiste mieux à la sécheresse que *Salix repens*.

C'est ce qui explique sa présence sur le versant qui reçoit surtout les vents secs de l'est; *Salix repens,* au contraire, se retrouve sur-

Fig. 3. — Système radiculaire d'*Ammophila arenaria*.

Fig. 4. — Côté est d'un cirque dunal portant des plantes de *Salix*.

toutdu côté ouest où cette plante subit l'influence des vents humides de l'ouest.

Les exceptions ne sont qu'apparentes, elles s'expliquent par le déplacement des dunes.

Les figures 2 et 3 montrent l'influence dévastatrice du vent sur nos dunes. La végétation qui les couvre ne suffit pas à retenir le sable en place, l'action continue du vent finit par faire une brèche

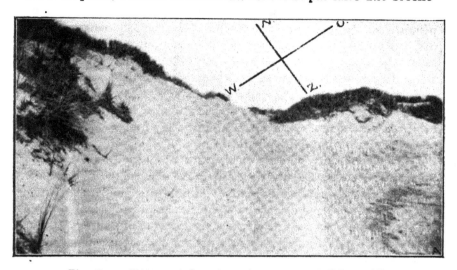

Fig. 5. — Côté ouest du même cirque couvert d'*Ammophila*.

dans la dune; peu à peu, les grains de sable sont enlevés pour reconstruire ailleurs une dune nouvelle.

Les racines de *Salix* qu'on retrouve en certaines places sont les derniers restes nous renseignant sur la lutte que la végétation a eu à soutenir contre les forces éoliennes. L. Z.

O.-P. Austin. — *Les grands canaux du mônde.* (*National Geographic Magazine,* octobre 1905) (1).

Le canal de Suez. — On croit généralement que le canal de Suez est le plus important des canaux. Cependant, le nombre des navires qui le traversent chaque année n'égale pas celui des bâtiments passant par les canaux reliant le lac Supérieur aux grands lacs du sud. Sa longueur (145 kilomètres, dont les deux tiers à travers des lacs peu profonds) excède celle de tous les autres canaux.

Les déblais se composaient généralement de sable. Parfois, cependant, on rencontra des couches de roches dures de 60 à

(1) Résumé d'une monographie très instructive publiée par le *Bureau of Statistics of the Department of Commerce and Labor.*

90 centimètres d'épaisseur. La profondeur primitive était de 7^{m}75. En 1895, la largeur du canal fut portée à 130 mètres, à la surface, et à 33 mètres et demi, au fond, et sa profondeur à 9^{m}60. Dans l'état actuel, le canal a coûté 100 000 000 de dollars. Le coût primitif fut de 95 000 000 de dollars. En 1870, 486 vaisseaux de 654 915 tonnes brut passèrent par le canal; en 1875, 1 494 vaisseaux de 2 940 708 tonnes brut; en 1880, 2 026 vaisseaux de 4 344 519 tonnes brut; en 1890, 3 389 vaisseaux de 9 749 129 tonnes brut; en 1895, 3 434 vaisseaux de 11 833 637 tonnes brut; en 1900, 3 441 vaisseaux de 13 699 237 tonnes brut. Les profits nets, réalisés en 1903, s'élevèrent à 65 579 347 francs et les actionnaires perçurent un dividende de 12 p. c.

Le canal est sans écluses, se trouvant au niveau de la mer sur tout son parcours. La traversée du canal exige environ dix-huit heures; elle est aussi facile pendant la nuit que pendant le jour, par suite de l'éclairage électrique établi sur le parcours tout entier.

Les droits perçus sont de 9 francs par tonne net registre « *Danube measurement* » et d'un peu plus de 2 dollars par tonne net « *United States measurement* ». Les bateaux à vapeur traversant le canal sont mus par leurs propres forces.

Le canal de Saint-Pétersbourg à Cronstadt. — Le canal qui unit Saint-Pétersbourg à la baie Cronstadt est d'une importance considérable sous le double rapport stratégique.et commercial Le canal et le chenal dans la baie ont environ 25 kilomètres et demi de long. Le canal proprement dit n'a que 7 kilomètres et demi. Il fut ouvert en 1890. Sa profondeur primitive de 2^{m}70 fut portée à 6^{m}35. Sa largeur varie de 68 à 108 mètres. Le coût total est estimé à environ 10 000 000 de dollars.

Le canal de Corinthe. — Le canal de Corinthe, long de 6 kilomètres et demi environ, relie le golfe de Corinthe au golfe d'Egine. Pour les ports de l'Adriatique, la distance est réduite de 281 kilomètres et pour ceux de la Méditerrannée de 161 kilomètres. Le canal fut creusé en partie dans des roches granitiques tendres, en partie dans de la terre. Comme pour les canaux de Suez et de Cronstadt, il n'y a pas d'écluses. La largeur du canal au fond est de 22 mètres, et sa profondeur de 8^{m}13. Les travaux, commencés en 1884 et terminés en 1893, coûtèrent environ 5 000 000 de dollars. Les droits perçus s'élèvent en moyenne à 90 centimes par tonne et à 1 franc par passager.

Le canal de Manchester. — Le canal de Manchester qui relie Manchester à la Mersey à Liverpool et à l'océan Atlantique, fut ouvert au trafic le 1er janvier 1894. La longueur de ce canal est d'un peu plus de 57 kilomètres, et la différence de niveau de 18 mètres, entre Manchester et la mer, est répartie entre quatre séries d'écluses.

La largeur minima au fond est de 37 mètres; au niveau de l'eau, elle est en moyenne de 54 mètres. Par endroits, la largeur atteint 71 mètres. La profondeur minima est de 8 mètres; la traversée du canal exige de cinq à huit heures. Les portes des écluses sont mues par la force hydraulique. Les chemins de fer et les ponts, qui traversent le canal, sont établis à 23^m25 au-dessus du niveau de l'eau. Les frais de construction se sont élevés à 75 millions de dollars. En 1901, les recettes, d'après le *Statesman's Yearbook,* s'élevèrent à 621 128 livres sterling et les frais d'exploitation à 483 267 livres sterling. Pour l'année finissant le 30 juin 1903, la part d'intervention du canal dans les 225 000 livres sterling d'intérêt payés par la ville de Manchester, s'élève à 55 105 livres sterling. Les recettes du canal augmentent d'année en année.

Le canal Kaiser Wilhelm. — Deux canaux unissent la mer Baltique à la mer du Nord. Le premier, connu sous le nom de canal Kaiser Wilhelm commencé en 1887 et terminé en 1895, est construit principalement dans un but militaire et naval. Son importance commerciale est néanmoins fort considérable. Sa longueur est de 98 kilomètres et il finit à la mer Baltique à Kiel. Sa profondeur est de 9^m14; sa largeur au fond, de 22 mètres; sa largeur maxima à la surface est de 59 mètres. Il emprunte la vallée de certaines rivières, et est creusé à travers des marais et des lacs peu profonds. Les frais de construction se sont élevés à 40 millions de dollars. En 1904, 32 038 vaisseaux jaugeant 4 990 287 tonnes ont traversé le canal, et les droits perçus furent de 580 000 dollars.

Les canaux reliant les grands lacs de l'Amérique du Nord. — Trois canaux unissent les lacs américains et le fleuve Saint-Laurent. Ce sont : le canal de Welland, construit en 1833 et élargi en 1871 et en 1900, le canal des chutes Sainte-Marie, à Sault-Sainte-Marie

(État de Michigan), ouvert au trafic en 1855 et élargi en 1881 et en 1896, et le canal canadien à la rivière Sainte-Marie, ouvert au trafic en 1895.

Sous le rapport de leur importance, les canaux de la rivière Sainte-Marie surpassent de beaucoup le canal de Welland : le nombre de navires qui y passent est huit fois plus considérable et leur tonnage trente fois plus grand. Le minerai de fer, un produit important de la région du lac Supérieur, est beaucoup demandé dans la région du lac Érié. De même, une grande quantité de blé, provenant des territoires voisins du lac Supérieur, va de Buffalo à la côte de l'Atlantique, en partie par le canal de Welland, unissant le lac Erié au lac Ontario, et en partie par les chemins de fer se concentrant à Buffalo. Le charbon, le produit le plus important transporté vers les régions de l'ouest par les canaux du Sault-Sainte-Marie, provient des territoires voisins du lac Erié. Ces conditions expliquent pourquoi le nombre des navires passant par les canaux Sainte-Marie surpasse le nombre des bâtiments qui empruntent le canal de Welland.

Le canal de Welland. — Le canal de Welland unit le lac Erié au lac Ontario sur le territoire canadien. Il comprend vingt-cinq écluses et sa longueur est de 43 kilomètres et demi. Les frais de construction se sont élevés à 25 millions de dollars. Les droits perçus sur les marchandises, les passagers et les navires s'élèvent en moyenne à 225 000 dollars. Le canal est ouvert en moyenne pendant deux cent quarante jours par an.

Les canaux du Sault-Sainte-Marie. — Les canaux du Sault-Sainte-Marie sont situés l'un dans l'État de Michigan (États-Unis), l'autre dans la province d'Ontario (Canada), le long de la rivière Sainte-Marie qui unit le lac Supérieur au lac Huron. La différence de niveau entre les extrémités des canaux est de 5^{m}30 à 6^{m}20. Le canal des États-Unis, long de 1 758 mètres, fut commencé en 1853 par l'État de Michigan, et ouvert en 1855. Il était muni alors de deux écluses tandem, longues chacune de 108 mètres et demi et larges de 21^{m}70, donnant passage aux navires de 3^{m}72 de tirant d'eau. Les frais de construction s'élevèrent à un millon de dollars. Le gouvernement des États-Unis élargit le canal en 1870 avec le consentement de l'État de Michigan, et en 1881 il porta sa longueur à 2 575 mètres, sa largeur moyenne à 50 mètres et sa profondeur à 5 mètres. Il fit construire une écluse unique longue de 159 mètres, large de 24m75 avec une profondeur de 5m27 aux seuils. Elle fut placée à 31 mètres au sud des deux écluses tandem. L'État de Michigan abandonna tout contrôle sur le canal en mars 1882. En 1887, les écluses placées par l'État de Michigan furent enlevées et remplacées par une nouvelle écluse longue de 248 mètres, large de 31 mètres, avec une profondeur de 6m80 aux seuils. Cette écluse fut mise en service en 1896.

Le canal canadien, long de 1 810 mètres, large de 46 mètres et demi, profond de 6m80, muni d'une écluse longue de 279 mètres, large de 18 mètres avec une profondeur de 6m80 aux seuils, fut construit sur la rive nord de la rivière de 1888 à 1895.

En 1902, 17 588 navires passèrent par le canal des États-Unis, et 4 204 par le canal canadien. En 1900, les chiffres étaient respectivement de 16 144 et 3 003. Les chiffres relatifs au tonnage sont les suivants. Pour le canal des États-Unis : 27 408 021 tonnes registres en 1902 ; 22 222 334 tonnes registres en 1901 ; 20 millions 136 782 tonnes registres en 1900. Pour le canal canadien : 4 millions 547 561 tonnes registres en 1902 ; 2 404 642 tonnes registres en 1901 ; 2 160 490 tonnes registres en 1900.

Les chiffres suivants montrent le contraste frappant entre le trafic du canal de Welland et celui des canaux du Sault-Sainte-Marie. En 1873, 6 425 navires passèrent par le canal de Welland, et en 1899, 2 202 seulement. En 1873, 2 517 navires franchirent le canal américain du Sault-Sainte-Marie, et en 1902, 22 659 navires franchirent les canaux américain et canadien.

Le canal sanitaire et de navigation de Chicago. — Le canal sanitaire et de navigation de Chicago relie le lac Michigan à Chicago avec l'Illinois à Lockport, distant de 55 kilomètres Ce canal fut creusé dans le but de donner à la ville de Chicago un bon système de drainage en renversant le mouvement des eaux qui, primitivement, s'écoulaient dans le lac Michigan par la rivière de Chicago, et en provoquant un courant du lac Michigan à travers la rivière de Chicago vers l'Illinois à Lockport, pour descendre ensuite l'Illinois vers le Mississippi. La profondeur minima du canal est de 6m80. Sa largeur au fond de 49m60 et sa largeur à la surface de 50m20 à 90 mètres, d'après la nature du terrain qu'il traverse. Les travaux

furent commencés en septembre 1892 et complètement terminés
en janvier 1900. Le débit du lac Michigan vers le golfe du
Mexique est maintenant de 360 000 pieds cubes à la seconde et
et le canal est en état de charrier un volume deux fois aussi considérable On a creusé ensuite un nouveau chenal pour la rivière Des-
plaines, afin de permettre au canal de suivre le lit de cette rivière.

Tous les ponts construits sur le canal sont mobiles Le coût total
de la construction, y compris la somme des intérêts, s'élève à
34 millions de dollars. La ville et les autorités de l'État par qui le
canal fut construit ont proposé au Congrès de transformer ce canal
en une grande voie commerciale en portant la profondeur de
l'Illinois et celle du Mississippi à 4^{m}3o et en établissant
des écluses pour allèges depuis Lockport, point terminus du
canal de drainage, jusqu'à Saint-Louis. L'adoption de ce projet
établirait une voie de communication directe entre le lac Michigan
et le golfe du Mexique et permettrait aux États-Unis de transporter
rapidement en cas d'hostilités des navires de guerre du golfe aux
lacs L'approfondissement de l'Illinois établirait aussi une communication directe entre Rock-Island sur le Mississippi supérieur et le
lac Michigan viâ l'Illinois et le canal du Mississippi, qui s'étend de
Rock-Island à Hennepin sur l'Illinois. Ces nouveaux travaux
entraîneraient une dépense de 25 millions de dollars, y compris la
construction de cinq écluses et digues.

F. PASTEYNS.

CHRONIQUE GÉOGRAPHIQUE

EUROPE.

La navigation du Haut-Rhin. — Comme on le sait, la grande voie commerciale du Rhin s'arrête actuellement à Mannheim et à Strasbourg En amont, la rapidité du courant et le manque de profondeur faisait considérer le fleuve comme impropre à la navigation.

A la suite de quelques expériences tentées depuis 1903, on s'est aperçu que les difficultés étaient moins grandes qu'on ne le pensait, tout au moins de Strasbourg à Bâle, et que cette section pourrait être rendue aisément accessible aux steamers. Une société s'est fondée à Bâle dans le but d'étudier les moyens de rendre le Rhin navigable jusque Bâle et même, au delà de Bâle, jusque Constance.

Les projets de l'ingénieur Gelpke, adoptés par cette société, prévoient l'amélioration du cours du fleuve par des dragages et des réductions artificielles de son profil jusque Bâle. En amont, une série d'écluses réduiraient la pente très accusée, notamment à Neuhausen (près Schaffhouse) où il faudrait établir un élévateur de 25 mètres. Les frais s'élèveraient à 30 millions à répartir entre les États intéressés. (*La Géographie,* novembre 1905.)　　　E. C.

ASIE.

Asie antérieure. — *Les passes du Taurus* (d'après *Exploration in Asiatic Turkey* 1896-1903, par Col. Massy). — Les seules routes franchissant le Taurus et la chaîne des monts Amanus vont de Karaman à Selefke, d'Eregli à Adana (portes de Cilicie), d'Alexandrette à Alep et de Sivas à Diarbékir. Sauf la première, ces routes sont en assez bon état On construit, en outre, deux nouvelles voies carrossables de Sis à Sivas (par Hajin) et de Malatia à Marach et Alep. Les chemins muletiers plus ou moins accessibles sont nombreux.

La dernière section du chemin de fer de Bagdad est ouverte au trafic jusqu'à Eregli. La voie ne se prolongera pas par les portes de Cilicie, mais, redescendant la vallée de la rivière Chakut, elle franchira le Taurus à Bozanti pour gagner Adana. Ce prolongement pourra s'effectuer bientôt, car le parcours ne présente aucune difficulté insurmontable et il est à souhaiter que les Anglais participent à la construction du chemin de fer de Bagdad, dont l'avenir commercial est considérable, surtout si l'on poursuit les projets de travaux d'irrigation qui ont été émis récemment au sujet de la Mésopotamie. (*Geographic. Journal*, 1905, n° 3.)   E. C.

Irrigation dans l'Inde. (D'après l'*Annual Report for Gov. Irrig. in India*, 1905.) — Le rapport du Comité d'irrigation pour 1903-1904 annonce le prochain achèvement du système auquel on travaille depuis soixante ans, mais surtout depuis les famines de 1876-1878.

Actuellement 10 millions d'hectares sont irrigués, soit un cinquième de la France. On aura prochainement réalisé tous les travaux profitables; la partie actuellement achevée est la plus favorable, les projets à l'étude ne devant ajouter que 3 millions d'hectares aux 10 millions actuellement desservis. L'ensemble du système aura coûté 1 milliard et demi.

Mais les puits, les sources et les dérivations, appartenant à des particuliers ou à des corporations indigènes, irriguent une surface supérieure à celle que. dessert le service gouvernemental. La superficie totale irriguée atteint celle du Royaume-Uni, soit un quinzième de la colonie. (*La Géographie*, décembre 1905.) E. C.

OCÉANIE.

ILES PHILIPPINES. — *Productions agricoles et minérales*. — La récolte du riz de 1904 est estimée à près du double de la moyenne des dix dernières années. Ce résultat est d'autant plus encourageant, qu'on doit toujours compter avec la pénurie de la main-d'œuvre et principalement des bêtes de somme. Si le prix de revient de cette denrée, indispensable aux indigènes, n'a pas diminué pendant le premier trimestre de l'année 1905, c'est à cause de la spéculation provoquée par l'augmentation de l'impôt sur le riz (augmentation de 50 %). La commission civile peut, d'après l'état des récoltes, modifier cette aggravation des droits, même différer sa mise en vigueur. Le résultat satisfaisant de la récolte du sucre doit être attribué, comme pour le riz, au temps exceptionnellement favorable. Cependant, la production ne répond pas complètement aux espérances. Dans le district de Negros, on estime la récolte à environ un million de piculs et dans celui de Luçon à 800 000 piculs. Autrefois, on récoltait souvent, surtout à Negros, le double et même davantage. Le résultat quantitatif est compensé par les hauts prix des marchés.

Pendant le premier trimestre de l'année 1905, le chanvre offert en vente sur les marchés fut de 182 977 balles à Manille et de 40 231 balles à Cebu; il avait été respectivement de 186 871 balles et de 25 094 balles pendant la période correspondante de 1904.

La récolte du copra fut mauvaise par suite des conditions climatériques défavorables. Les données sur la production font défaut, mais il est établi que pendant le premier trimestre de 1905, le copra ne fut que rarement offert sur les marchés et en petites quantités. Les statistiques douanières ne vont que jusqu'à fin juin 1904 et donnent, pour l'exportation de l'année se terminant au 30 juin 1904, les chiffres suivants (valeur en dollars or) : France, 1 903 297; Espagne, 282 388 ; Grande-Bretagne, 146 845; Allemagne, 63 610; Inde anglaise, 58 563; Portugal, 24 720; Autriche-Hongrie, 19 979; Italie, 12 522; États-Unis, 9 231 ; Belgique, 5 608; Japon, 256; soit un total de 2 527 019 dollars or, contre 4 473 029 dollars or du 1er juillet 1902 au 30 juin 1903. Les prix du marché à Manille dépendent naturellement de l'état des marchés des centres de consommation, et spécialement de Marseille. Les palmiers cocotiers croissent en nombre considérable dans tout l'archipel. La production du copra exigeant relativement peu de travail, elle est susceptible de développement.

La récolte du tabac, en 1904, ne répondit nullement à l'attente quant à la qualité. Le produit est très mêlé et contient une forte proportion de feuilles légères et mauvaises. Cela tient au peu de soins qu'on donne à cette culture. Les quantités disponibles à Manille proviennent presque totalement de la récolte de 1904. Il ne reste presque plus rien des récoltes antérieures.

Ceux qui s'occupent de production et d'exportation, s'efforcent d'obtenir une nouvelle réduction des droits d'entrée pour les produits philippins. Le chanvre seul est exempt de droits.

Le rendement satisfaisant des récoltes, en général, de celle du riz, en particulier, est l'indice d'un progrès dans le domaine agricole. En même temps, la situation financière des agriculteurs s'est améliorée. Les indigènes, dans les centres de production, sont en règle générale fort endettés. Cette malheureuse circonstance les empêche d'étendre leur rayon d'action et de donner un libre essor à leur esprit d'initiative. A ce point de vue, on doit déplorer le manque d'établissements de crédit qui avanceraient, à des conditions favorables, des capitaux garantis par les propriétés foncières et les récoltes. Mais, la création de pareilles institutions exige que la tranquillité intérieure soit absolument assurée.

Malgré le manque de main-d'œuvre et de bêtes de somme, l'emploi de machines ne s'est pas encore généralisé. Cela provient, en grande partie, du manque d'argent liquide. Les machines ne sont en usage que dans les plantations des riches capitalistes et dans les fermes du gouvernement. On signale de nouveau l'apparition, à Lucon, de cas isolés de peste bovine.

On vient de découvrir à Lepanto-Bontoe, dans l'île de Luçon, de riches gisements d'or et de cuivre.

(*Oesterreichische Monatsschrift für den Orient*, juin 1905.)

F. PASTEYNS.

AFRIQUE.

Travaux d'irrigation dans la colonie du Cap. — D'après le rapport du directeur des travaux d'irrigation (1904), on aurait reconnu la possibilité d'irriguer une plaine de 5 000 acres de sol fertile, entre Britstown (à l'O. de De Aar) et Prieska (sur l'Oranje), non loin de la voie ferrée. On projette de construire un canal répartissant dans cette plaine une partie du débit de la rivière Brak (affluent de l'Oranje). Ces travaux auraient pour effet de rendre à cette région son ancienne fertilité, alors que la rivière s'élargissait en marais et inondait la plaine à chaque crue. Le rapport envisage aussi la possibilité d'irriguer les rives de l'Oranje, en aval de Prieska, et d'étendre dans ce bassin un système de digue — *Saai dams* —

en usage aux Indes et ayant pour but de retenir les eaux d'une rivière afin d'obtenir, dans certaines portions de vallées, une humidité suffisante Les terres ainsi irriguées seraient principalement converties en pâturages. (*Geogr. Journ.*, octobre 1905.)

Chemin de fer allemand vers le Tchad (d'après *Kamerun u. die deutsche Tsadsee Eisenbahn*, par C. Réné, 1905). — Le chemin de fer projeté au Kamerun partira de Rio-del-Rey (frontière nigérienne), il longera la côte jusqu'à port Victoria, gagnera Duala (23 300 habitants), port principal de la colonie, et se dirigera vers le Tchad soit par le N.-E., soit par l'E., en remontant la Sannaga. (*Geogr. Journ.*, novembre 1904)

Afrique occidentale anglaise. — Un livre bleu, paru en décembre 1904, mentionne, à cette date, 135 milles de voies ferrées en exploitation à Sierra-Leone, 125 milles au Lagos, et 170 à la Côte d'Or. En tout, un développement de 430 milles pour les trois colonies.

A Sierra-Leone, le premier tronçon de 32 milles, allant de Freetown à Songotown, fut achevé en décembre 1898, tandis que la dernière section, aboutissant à Bo-Baiima, n'était pas encore complètement achevée en février 1904.

Au Lagos, la ligne de 125 milles, rattachant Lagos à Ibadan, fut ouverte en décembre 1900 ; un embranchement d'un mille et demi, partant d'Aro et traversant l'Ogoun, relie Abbeokouta à la voie principale.

La ligne de la Côte d'Or, de Sekondi à Koumassi, fut achevée en septembre 1903.

Madagascar. — La ligne Tamatave-Tananarive, dont la première section de 102 kilomètres a été inaugurée le 1er novembre dernier (jusqu'au terminus de Fanovana), comporte un chemin de fer côtier traversant la plage et les marais de la côte jusque Brickaville, à la même latitude que Tananarive, et une ligne de pénétration suivant la vallée de la Vohitra et desservant Aniverane, où sont installés les entrepôts et les ateliers de réparation de la ligne.

Afrique orientale allemande. — La ligne de l'Ousambara,

dont le terminus s'arrêta si longtemps à Korogwé, est actuellement prolongée jusque Mombo (à une cinquantaine de kilomètres
au N.W.). Il a donc franchi le versant oriental des montagnes de
l'Ousambara.

Voies de communication dans l'Ouganda (d'après *Surveys and Studies in
Uganda*, par C. Delmé Radcliffe). — Depuis le lac Victoria jusqu'à
Foweira, le cours du Nil n'est obstrué que par les chutes Ripon
(5 m.), et peu d'efforts semblent nécessaires pour rendre cette portion
du cours accessible à la navigation à vapeur. Il en est autrement
de Foweira aux chutes Murchison où se succèdent des rapides ; les
chutes elles-mêmes ont près de 5o mètres de haut et la différence
de niveau, entre Foweira et Fajao (à 5o milles en aval), est de
4oo mètres environ. Aucun obstacle ne s'oppose à la navigation de
Fajao à Nimulé où le lit du fleuve se resserre de nouveau dans un
étroit défilé pour s'engager dans les rapides de Fola (2o milles), qui
devraient être contournés par voie ferrée ; quant aux rapides de
Bedden, ils n'ont que quelques pieds de chute et il serait relativement aisé de les rendre praticables. Les rapides de Fola sont donc
le seul obstacle qui interromperont la voie naturelle rattachant le
lac Albert à la Méditerrannée. lorsque l'on aura définitivement
amélioré la navigation de la région des « embarras » en canalisant le
fleuve, comme le propose S. William Garstin, entre Bor et Fachoda.

L'auteur a dirigé la commission anglaise chargée de délimiter la
frontière anglo-allemande du lac Victoria au 3o⁰ degré. Il constate
que la vallée de la Kagera (branche supérieure du Nil) se prêterait
parfaitement à l'établissement d'une route et même d'un chemin de
fer rattachant le lac à la frontière occidentale. Cette voie pourrait
raccorder, à la hauteur du lac Kivu, la ligne majeure (du Cap au
Caire) venant du sud.

Cette voie pourrait raccorder Entebbe, le futur terminus de la
ligne de Mombas, en longeant la côte du lac Victoria. Les seules
rivières sur lesquelles il faudrait jeter des ponts seraient la Katonga
et la Bukora. Quant à la Kagera, elle pourrait être utilisée par la
navigation à vapeur jusqu'aux rapides de Mihimgane (à 7o milles
du lac).

Le colonel Delmé Radcliffe insiste pour que cette ligne de la
Kagera soit choisie de préférence à toute autre voie, suivant le sillon
des lacs Albert et Albert-Edouard, pour la construction du chemin

de fer du Cap au Caire. Cette dernière voie ne traverserait pas les districts les plus riches de l'Ouganda et nécessiterait la création d'une voie latérale rattachant les lacs Albert-Edouard et Victoria, création que rendrait particulièrement difficile la nature montagneuse de la région intermédiaire. (*Geographic Journal*, novembre et décembre 1905.)   E. C.

AMÉRIQUE DU SUD.

République Argentine. — Un rapport récent, publié par le *Ministère des Travaux publics* de la République Argentine, donne certaines indications au sujet de la navigabilité de l'Uruguay. Les marées se font sentir ordinairement jusque Concepcion, mais les foites marées atteignent Concordia, acquérant en ce point jusqu'à 1 mètre d'amplitude. C'est dire que la pente du fleuve est très faible. Celui-ci est navigable aux steamers jusque Concordia.

Le trafic annuel des ports argentins de l'Uruguay est d'environ 350 000 tonnes. Ce chiffre sera accru par les derniers travaux améliorant la navigation du cours inférieur.

Pérou. — Dans une série d'articles publiés par le *Geographical Journal* (juin et août 1905), M. Enock a précisé nos connaissances de la région du Rio-Santa et du Haut-Marañon, qui est appelé à devenir un district minier important. La vallée du Rio-Santa est très riche en houille, le bassin du Haut-Marañon en mercure et en lavages d'or.

La route naturelle qui ouvrira ces districts est déjà amorcée : c'est le chemin de fer partant de la baie Chimbote pour remonter le Rio-Santa. Il est terminé jusque Suchinam, mais sera prolongé jusque Huaraz, d'où l'on pourra gagner le Marañon.

M. Enock a visité les fameuses ruines Incas de Huanuco Viejo, une ville jadis très peuplée, renfermant un palais et une forteresse.

E. C.

CONÉERENCE INTERNATIONALE DE BRUXELLES DE 1906

Le 24 septembre 1905, les explorateurs polaires, présents au Congrès international d'expansion économique mondiale, tenu à Mons, immédiatement après leur réception par le Roi, se réunirent à l'École commerciale et consulaire de Mons, sous la présidence de M. Cyrille Van Overbergh, directeur général de l'enseignement supérieur, des sciences et des lettres au Ministère de l'intérieur et de l'instruction publique et secrétaire général du Congrès de Mons.

Ils rédigèrent définitivement la proposition reproduite ci-dessous, d'après le texte approuvé par :

Mgr le duc des Abruzzes, Mgr le duc d'Orléans, MM. Arctowski, Brainard, Bridgman (pour Peary), Bruce, Charcot, Cook, de Gerlache, de Gomery, Fiala, Greely, Lecointe, Mossman, Nordenskjöld, Racovitza, Scott, Sverdrup et Shackleton, et prièrent M. le secrétaire général Van Overbergh, d'accord avec M. le baron Descamps, Ministre d'État de l'État Indépendant du Congo, président de la cinquième Section, d'autoriser M. Lecointe à soumettre cette proposition aux membres du Congrès :

« Considérant qu'il est opportun de créer une association internationale pour l'étude des régions polaires et dont les buts seraient :

» 1° D'obtenir un accord international sur diverses questions discutées de la géographie polaire ;

» 2° De tenter un effort général pour atteindre les pôles terrestres ;

» 3° D'organiser des expéditions ayant pour objet d'étendre nos connaissances des régions polaires dans tous les domaines ;

» 4° D'arrêter un programme des travaux scientifiques à

exécuter dans les divers pays pendant la durée des expéditions polaires internationales ;

» Le Congrès de Mons émet le vœu :

» 1° De voir jeter les bases de cette association en 1906, par la convocation préalable d'une assemblée générale des états-majors scientifiques et maritimes des expéditions polaires principales entreprises jusqu'à ce jour ;

» 2° De voir le Gouvernement belge prendre cette initiative auprès des Gouvernements des autres pays. »

Il fut en outre décidé que, dans l'éventualité ou le Congrès approuverait le projet, M. Lecointe serait délégué, à titre provisoire, pour remplir les formalités nécessaires à la constitution de l'*Association internationale pour l'étude des régions polaires*.

Le 25 septembre, la motion fut présentée par M. Lecointe à la cinquième Section et soutenue avec éloquence par MM. Bruce, Nordenskjöld et Shackleton.

M. De Mot, sénateur, engagea, en termes élevés, le Congrès à voter la proposition.

Enfin, M. le Président, baron Descamps, déclara la motion admise à l'unanimité et souhaita une réussite complète au projet.

Le 28 septembre 1905, la motion fut soumise aux délibérations de l'assemblée plénière par M. Beernaert, Ministre d'État, président du Congrès. et fut votée à l'unanimité avec acclamations.

Le 8 juin 1906, une Commission belge a été instituée en vue de l'organisation d'un Congrès international pour l'étude des régions polaires, qui se tiendra à Bruxelles au mois de septembre prochain.

Cette commission est composée comme suit :

Président : M. Beernaert, Ministre d'État, membre de l'Académie royale de Belgique, à Bruxelles.

Vice-Présidents : MM. le baron Descamps, Ministre d'État de l'État Indépendant du Congo, membre de l'Académie royale de Belgique, à Louvain : Pavoux, président de la Société royale belge de géographie, à Bruxelles ; Solvay, industriel, à Bruxelles ; Van Beneden, professeur à l'Université de Liége, membre de l'Académie royale de Belgique, président de la Commission de la *Belgica*, à Liége.

Secrétaires généraux : MM. Capelle, Envoyé extraordinaire et Ministre plénipotentiaire, directeur général du commerce et des consulats au Ministère des affaires étrangères, à Bruxelles; Van Overbergh, directeur général de l'Administration de l'enseignement supérieur des sciences et des lettres au Ministère de l'intérieur et de l'instruction publique, à Bruxelles.

Secrétaires : MM. de Gerlache de Gomery, conservateur au Musée royal d'histoire naturelle, commandant de l'Expédition antarctique belge, à Bruxelles; Lecointe, directeur scientifique à l'Observatoire royal de Belgique, commandant en second de l'Expédition antarctique belge, à Uccle.

Commissaire général : M. Morel, A., capitaine commandant de cavalerie, à Bruxelles.

Membres : MM. Carton de Wiart, membre de la Chambre des représentants, à Bruxelles; Cogels, gouverneur de la province d'Anvers, à Anvers; le baron de Broqueville, membre de la Chambre des représentants, à Bruxelles; de Browne de Tiège, ancien membre de la Chambre des représentants, à Anvers; De Jardin, président de ls Société royale de géographie d'Anvers, à Anvers; le baron du Sart de Bouland, gouverneur du Hainaut, à Mons; Delbeke (Aug.), membre de la chambre des représentants, à Anvers; De Mot, sénateur, bourgmestre de Bruxelles, à Bruxelles; Helleputte, membre de la Chambre des représentants, à Louvain; Leclercq (J.), conseiller à la Cour d'appel de Bruxelles, membre de l'Académie royale de Belgique, à Bruxelles; Lescarts, bourgmestre de Mons; Peny, lieutenant général, commandant l'École de guerre, à Bruxelles; Warocqué, membre de la Chambre des représentants, à Mariemont.

Le Congrès s'ouvrira le vendredi 7 septembre 1906, à 10 h. 1/2, au Palais des Académies, à Bruxelles (1).

(1) Suivant le désir exprimé par les auteurs du projet présenté au Congrès de Mons, il avait été décidé primitivement qu'une Conférence préliminaire des explorateurs polaires aurait lieu à Bruxelles au mois de mai 1906 et que les propositions formulées au cours de cette Conférence seraient ensuite soumises, au mois de septembre, à l'appréciation des membres d'une seconde Conférence internationale, comprenant des délégués d'État, des délégués des

Seront *membres effectifs* du Congrès, sans aucuns frais d'inscription :

a) Les délégués des États ;

b) Les délégués des Académies, des Instituts et des Sociétés savantes des divers pays ;

c) Les personnes ayant fait partie de l'État-major d'une expédition scientifique dans les régions polaires.

Pourront être admises en qualité de *membres honoraires,* les personnes qui, n'appartenant pas à l'une des catégories désignées ci-dessus, paieraient un droit d'inscription de vingt francs.

Une carte de dame pourra être mise à la disposition de chacun des congressistes.

L'ordre du jour proposé est indiqué dans l'annexe III.

Les séances se tiendront les 7, 8, 10 et 11 septembre à 10 heures et demie et à 2 heures et demie.

Une circulaire sera envoyée à bref délai et indiquera aux congressistes :

a) Le local où les cartes de membre leur seront remises à dater du 6 septembre 1906 ;

b) L'adresse à laquelle il leur sera recommandé de faire envoyer leur correspondance ;

c) Une liste d'hôtels, avec prix des chambres, etc. ;

d) Un programme détaillé des excursions et réceptions organisées en leur honneur.

Tous les congressites recevront un exemplaire des rapports imprimés et des comptes rendus des séances.

Tous les congressistes, et les dames munies d'une carte, qui se feront inscrire sur une liste spéciale, partiront le mercredi 12 septembre, à 8 heures 21 minutes du matin, pour Paris, où ils arriveront à midi 50 minutes.

Ils reprendront le train à 9 heures 20 minutes du matin à Paris,

Académies et Sociétés savantes, ainsi que les explorateurs polaires ayant assisté à la première assemblée.

Mais, afin de donner satisfaction à plusieurs explorateurs, dont la résidence se trouve à une distance considérable de Bruxelles et qui par ce fait n'auraient pu assister aux deux réunions, la Conférence préliminaire du mois de mai a été supprimée.

le vendredi 14 septembre, et arriveront le soir à Marseilles à 10 heures 15 minutes.

Le samedi 15 septembre, ils assisteront à la réception de clôture du Congrès de l' « Alliance française » et des Sociétés de géographie, qui se tiendra à Marseille du 10 au 15 septembre prochain. Ils visiteront l'Exposition coloniale de Marseille et tout spécialement le « Palais de la Mer ».

Le voyage en France, par chemin de fer, s'effectuera dans des conditions spécialement avantageuses, qui seront indiquées très prochainement.

Les autorités françaises ont manifesté l'intention de mettre gratuitement à la disposition des membres de la Conférence un transatlantique qui leur permettrait de faire une intéressante excursion dans la mer Méditerranée.

Les congressistes empêchés d'assister aux séances pourront adresser leurs communications au Président du Congrès, qui les fera éventuellement imprimer et distribuer.

Les délégués seront considérés comme chargés d'une simple mission d'information; leurs décisions n'engageront donc pas les États, Instituts, Académies et Sociétés savantes qu'ils représentent.

CONGRÈS INTERNATIONAL POUR L'ÉTUDE DES RÉGIONS POLAIRES

BRUXELLES 1906

ORDRE DU JOUR

A. — *Généralités.*

I. — Élaboration d'un plan méthodique d'exploration et autres mesures à prendre en vue de systématiser les recherches scientifiques dans les régions polaires.

II. — Expéditions et stations :

a) Est-il opportun d'organiser de nouvelles expéditions scientifiques dans les régions polaires ?

b) Est-il utile d'organiser de nouvelles expéditions simultanées dans l'une ou l'autre des régions polaires ou dans les deux à la fois ? Quel devrait en être le nombre ? Leurs itinéraires Devrait-on les faire procéder d'une « expédition préliminaire » ?

c) Est-il utile d'établir des postes fixes d'observation dans les régions polaires pendant la durée des expéditions simultanées ; où placer ces postes ?

d) Quand les expéditions se mettront-elles en campagne ? Quand les postes fixes commenceront-ils leurs observations ?

III. — Nécessité de publier et de discuter les résultats obtenus par des missions antérieures à 1906.

B. — *Programmes scientifiques et principes d'organisation.*

Discussion du programme général des matières renseignées dans les six sections suivantes et désignation de commissions chargées d'élaborer ultérieurement des programmes scientifiques détaillés (1).

(1) Les programmes détailles fixeraient notamment : 1º les recherches scientifiques incombant à chacune des expéditions et à chacun des postes fixes ; 2º les méthodes d'observation et les instruments recommandés ; 3º les observations termes à effectuer dans les observatoires permanents pendant la durée des expéditions simultanées.

SECTION I. — Astronomie, géodésie, hydrographie, topographie.

SECTION II. — Météorologie, magnétisme terrestre, courants telluriques, électricité atmosphérique, étude des couches supérieures de l'atmosphère, aurores polaires.

SECTION III. — Géologie et sismologie.

SECTION IV. — Océanographie.

SECTION V. — Biologie, zoologie et botanique.

SECTION VI. — Équipement, approvisionnements, matériel de transport, animaux et engins pour la traction, matériel aéronautique des postes fixes et des expéditions d'explorations.

C. — *Projet de création d'une Association internationale pour l'étude des régions polaires.*

Discussion d'un avant-projet de statuts :

ARTICLE PREMIER. — Il est fondé une Association internationale pour l'étude des régions polaires, spécialement dans le but :

a) D'unifier les efforts individuels et de systématiser les recherches ;

b) D'assurer l'étude et la publication des résultats obtenus par des expéditions polaires ;

c) De seconder les entreprises qui ont pour objet l'étude scientifique des régions polaires.

ART. 2. — Sont *membres effectifs* de l'Association, les États qui déclarent y adhérer par avis adressé au Président de la Commission permanente.

Sont *membres correspondants* de l'Association, les Instituts, Académies et Sociétés savantes qui en font la demande au Président de la Commission permanente et dont l'admission réunit l'assentiment des deux tiers des membres effectifs participant au vote.

ART. 3. — La dotation de l'Association est formée par les cotisations indiquées à l'article 4 et par des libéralités, dons, legs, etc. Les cotisations sont calculées de façon que la dotation annuelle soit au minimum de . . . francs.

ART. 4. — Les États membres effectifs de l'Association s'engagent à faire verser à la caisse du Bureau central, soit directement, soit par l'intermédiaire de l'une de leurs corporations savantes, une cotisation annuelle calculée au prorata du chiffre de leur population d'après le barème suivant :

a) . . . francs, lorsque la population est inférieure à cinq millions d'habitants ;

b) . . . francs, lorsque la population est comprise entre cinq et dix millions d'habitants ;

c) . . . francs, lorsque la population est comprise entre dix et vingt millions d'habitants ;

d) . . . francs, lorsque la population est supérieure à vingt millions d'habitants.

Les Instituts, Académies et Sociétés savantes, membres correspondants de l'Association, s'engagent à verser, à la caisse du Bureau central, une cotisation annuelle de . . . francs.

ART. 5. — Les organes de l'Association sont :

a) La Commission permanente ; *b*) l'Assemblée générale ; *c*) le Bureau central.

ART. 6. — La Commission permanente se compose du Directeur du Bureau central (voir art 12) et d'un *délégué permanent* de chacun des membres effectifs de l'Association.

Si une corporation savante verse la cotisation au lieu d'un État, elle désigne elle-même le délégué permanent du pays qu'elle représente.

La Commission permanente élit dans son sein son Président, son Vice-président et son Secrétaire général.

Les fonctions de Président de la Commission permanente et celles de Directeur du Bureau central ne peuvent être cumulées.

La correspondance entre le Président et les membres de l'Association est confiée au Secrétaire général ; elle est signée par le Président et par le Secrétaire général.

La Commission permanente traite les affaires générales, soit dans ses réunions, soit après avis échangés par correspondance. Elle établit elle-même son règlement et veille au bon emploi des crédits mis à sa disposition.

ART. 7. — L'Assemblée générale se compose des membres de

la Commission permanente et de tous les délégués que, soit les membres effectifs, soit les membres correspondants désignent à cette fin.

A leur demande, les Instituts, Académies et Sociétés savantes étrangers à l'Association peuvent être autorisés, par le Président de la Commission permanente, à faire participer, aux séances et aux travaux de l'Assemblée générale, un ou plusieurs de leurs membres, mais avec voix consultative seulement Il en sera de même des personnes invitées par le Président de la Commission permanente.

L'Assemblée générale se réunit au moins tous les quatre ans.

Elle est convoquée par le Président de la Commission permanente et avec l'assentiment de celle-ci.

La convocation porte l'ordre du jour de la réunion.

Le Président de la Commission permanente peut être désigné comme Président de l'Assemblée générale

Art. 8. — Dans les séances de l'Assemblée générale, les délégués permanents seuls participent au vote pour les décisions relatives aux statuts de l'Association ou au mesures d'ordre administratif; mais tous les délégués présents ont voix délibérative pour les résolutions d'ordre scientifique. Dans les questions d'ordre mixte, ou s'il y a doute sur le caractère scientifique ou administratif, le vote est réservé à la Commission permanente, si l'un de ses membres en fait la demande.

Pour qu'une décision soit valable, il faut que la moitié au moins des délégués permanents soient présents.

Aucune décision ne peut être prise sur des questions non portées à l'ordre du jour si ce n'est avec l'assentiment de la moitié au moins des délégués permanents.

En cas de parité, la voix du Président est prépondérante.

Art. 9. — Les États membres effectifs qui n'ont pas envoyé de délégué permanent, soit à une Assemblée générale, soit à une réunion de la Commission permanente, peuvent conférer leur droit de vote à l'un des délégués présents. Cependant aucun des délégués ne peut accepter plus d'une de ces délégations.

Art. 10. — L'Assemblée générale peut constituer des Commissions spéciales pour l'examen de certaines questions scientifiques.

Tous les délégués ont la faculté de prendre part aux séances de ces Commissions.

Art. 11. — La dotation de l'Association est employée :

a) A payer les dépenses ordonnées par la Commission permanente ;

b) A couvrir les frais d'administration et de publication de l'Association ;

c) A solder l'indemnité du Secrétaire général.

La répartition des crédits affectés à ces différents postes est réglée par la Commission permanente.

L'emploi des sommes ainsi affectées est fait sous la responsabilité du Directeur du Bureau central et sous le contrôle de la Commission permanente.

Les paiements sont ordonnés par le Directeur du Bureau central, sur mandat du Président de la Commission permanente.

La justification des dépenses et l'état des recettes sont publiés dans les procès-verbaux des séances de la Commission permanente.

Les sommes non employées sont portées à l'actif du budget de l'année suivante.

Art. 12. — Les fonctions de Directeur du Bureau central seront remplies par le Directeur ou le Président de l'institution d'État, de l'établissement scientifique ou de la société privée qui aura été désigné, par la Commission permanente, comme siège du Bureau central.

Le Bureau central rédigera et tiendra à jour un exposé sommaire des connaissances acquises concernant les régions polaires et assurera la publication des travaux scientifiques prescrits par la Commission permanente.

Art. 13. — Les appointements du personnel du Bureau central, les frais de location d'immeubles, de mobilier, d'entretien des locaux sont à la charge exclusive de l'établissement, de l'institution d'État ou de la société privée désignée comme Bureau central.

Art. 14. — Le Directeur du Bureau central présente annuellement au Président de la Commission permanente un rapport sur les travaux de l'année écoulée et sur le programme des travaux à effectuer l'année suivante. Les délégués permanents ainsi que les

Instituts, Académies et Sociétés savantes membres de l'Association reçoivent communication de ces rapports ainsi qu'un exemplaire de toutes les publications faites par le Bureau central pour le compte de l'Association.

ART. 15. — Le Secrétaire général présente à chaque Assemblée générale un rapport sur les travaux et sur la situation de l'Association. Il publie les procès-verbaux des séances de la Commission permanente, l'exposé des délibérations des Assemblées générales, ainsi que les résultats des travaux exécutés au nom de l'Association ou avec son appui.

ART. 16. — L'adhésion aux présents statuts engage les contractants pour une durée de douze ans, à partir du
Après cette première période, elle restera obligatoire par période de quatre ans, sauf dénonciation préalable de six mois.

ART 17. — Pour l'interprétation des présents statuts, le texte (*français, allemand, anglais*) seul servira de base.

La *Société royale belge de géographie* adhère à la Conférence polaire internationale et invite ses membres à prendre part aux travaux de ce Congrès.

CONTRIBUTION A L'ÉTUDE PHYTOGÉOGRAPHIQUE

DE LA ZONE MARITIME BELGE

———

Le chapitre de la Physionomique fut introduit par *A. von Humboldt* dans la Géographie botanique qui constitue elle-même une subdivision de la Géographie physique. Elle a pour objet l'étude de la physionomie des végétaux qui, par leur aspect et par leur répartition, déterminent, au point de vue pittoresque, le caractère d'une contrée; c'est encore la description du facies biologique spécial que le tapis végétal donne à un pays, par ses groupements variant à l'infini et complètement indépendants de tout ordre systématique.

Il en est de ce chapitre comme de toutes les autres branches des connaissances humaines : il s'est considérablement accru; en effet, depuis que son illustre fondateur en a tracé les premiers linéaments, beaucoup de botanistes ont apporté des documents, de valeur très différente, qui ont conduit à des conceptions nouvelles probablement insoupçonnées au début. Dans son traité magistral de Géo-botanique « *Die Vegetation der Erde* », ainsi qu'il le fit de 1848 à 1853 dans des comptes-rendus annuels sur les progrès de la Géographie botanique et, plus tard, dans le « *Geographisches Jahrbuch* », *Grisebach* a considérablement étendu le problème que se pose la Physionomique ; distinguant un nombre plus grand de formes physionomiques, il créa le terme de *Vegetationsformationen* (formations végétales) pour indiquer et déterminer les associations ou groupements de végétaux considérés sous le rapport de la physionomie qu'ils impriment à un pays. Dès le principe, cette conception eut un grand succès — mérité du reste — et séduisit la plupart des phyto-géographes qui, à des degrés différents, en augmentèrent les données ; tels sont : *Martins, de Candolle, Flahault, Hooker, Livingstone, B. E., Christ, Kjellmann, Warming, Neumayr, von Kittlitz, Schimper, von Kerner, Lorentz, Zollinger, Beck von Managetta, Höck, Willkomm, Maximovicz, Drude,* et beaucoup d'autres encore.

Au point de vue floristique et écologique chaque formation végétale relève, en somme, du climat et du sol ; l'on comprend dès lors combien leur étude doit contribuer à faire reculer les limites de la Géographie physique.

Le côté scientifique de la question des formations végétales réside dans l'étude des causes qui les ont amenées, des conditions dans lesquelles elles peuvent s'établir, de la succession des étapes parcourues, de l'avenir qui les attend, des rapports biologiques réciproques de leurs constituants, etc. Mais, il faut le reconnaître, le plus souvent on s'en tient à l'énumération des espèces, à la description pure et simple du facies et on néglige absolument les recherches concernant les relations de cause à effet. D'autre part encore, on est bien loin d'être complètement d'accord, au sujet de la classification dans laquelle il convient de grouper ces formations et l'on ne s'entend point encore définitivement sur la nomenclature. Il résulte de tout cela que la Physionomique, quoique vieille de plus de cent ans déjà, n'en est encore qu'à ses débuts ! Toute contribution nouvelle, entendue dans un sens scientifique, est appelée à en augmenter l'acquis que des esprits supérieurs seront appelés un jour à grouper et à synthétiser, pour le présenter dans un ordre naturel comme une annexe de la Géographie botanique.

C'est dans ce but que *O. Drude* (9), le plus brillant des

élèves de *Grisebach*, conseille de faire l'étude des formations végétales dans ce qu'il a appelé les « *Régions de végétation* ». Celles-ci — unités naturelles — constituent des subdivisions des *Zones de végétation*, qui sont beaucoup plus étendues et présentent, dans leur aire, une variété beaucoup plus considérable. Ainsi que le dit *Drude*, la Région de végétation nous présente les espèces sous le double point de vue auquel elles nous intéressent, d'abord comme éléments de flores (*c'est le côté systématique*), et ensuite comme groupements de plantes en un endroit déterminé (*c'est le côté géographique*).

* * *

Les dunes de notre littoral constituent, dans leur ensemble, une *Région de végétation*, parfaitement caractérisée, dans le reste du district West-européen, au point de vue de la flore et de la végétation, et ses formations, assez nombreuses et parfaitement typiques, sont étroitement unies entre elles par la communauté des périodes végétatives.

Grâce à l'uniformité des facteurs physiques qui, sur toute l'étendue de la région, rendent difficile l'immigration de flores voisines, l'autonomie de la flore de cet étroit domaine se manifeste par un grand nombre de végétaux spéciaux (il en est qui ont un caractère franchement désertique); sous le rapport de la richesse, cette végétation spéciale ne pourrait rivaliser avec les limitrophes, la poldérienne, par exemple, mais il serait injuste de lui conserver la réputation de grande pauvreté. Ses formations principales sont :

a) Les *buissons* (Argousier, etc.);

b) Les *broussailles* (Saule rampant, Rose pimprenelle, etc.);

c) Les *formations d'herbes vivaces* (gazons de graminées auxquels viennent se joindre les cypéracées, herbages, formations de hautes herbes);

d) Les *associations de mousses*, qui, comme autant de taches de couleurs variant avec la saison, bariolent le tapis végétal des dunes de leur teintes douces ; elles occupent (*Syntrichia ruraliformis*, par exemple) des étendues parfois considérables presque totalement dépourvues de toute autre végétation.

Fig. 1. — Deux très grands exemplaires de Sureau, dont le feuillage foncé tranche nettement sur tout ce qui l'entoure dans le paysage.

Parmi les formations dominant dans les dunes de La Panne, il en est une qui m'a tout particulièrement inté-ressé : c'est celle des buissons d'Argousier que l'on rencontre, selon l'exposition, tantôt exclusivement cantonnés dans les pannes, tantôt grimpant jusqu'au sommet des collines les plus élevées. Leur aspect et leur étendue diffèrent considérable-ment, d'après qu'on a affaire à un bosquet de jeunes arbrisseaux couvrant le sol d'un tapis glauque serré ou à

une formation de plus haute futaie, dont la couronne en parasol ombrage un sol humide, souvent presque complètement
dépourvu de sous-bois. Un intérêt tout spécial s'attache, dans
ces dernières associations, à la présence presque constante de
végétaux ligneux que l'on ne rencontre que là, notamment

Fig. 2. — Un unique Sureau, très développé,
au sein d'une florissante végétation d'Argousier.

le Sureau (*Sambucus nigra*, L.), et beaucoup moins souvent
le Troène (*Ligustrum vulgare*, L.). Ils donnent aux buissons
d'Argousier un cachet absolument caractéristique : leur
feuillage, qu'ils élèvent d'ordinaire beaucoup au-dessus de
l'éclatante frondaison grise de l'Argousier, y jette une note
vert-foncée qui frappe d'emblée l'œil de l'observateur et
caractérise parfaitement la physionomie végétale des dunes.

(Fig. 1, 2 et 3.) Ces mélanges d'espèces végétales sont, au petit pied, des *Maquis*, caractéristiques pour la flore du bassin de la Méditerrannée; on pourrait encore les rapprocher des *Scrubs* de l'Australie, des *Bosjes* du Cap, des *Carrascos* du Brésil, des *Espinales* du Chili et des *Chaparals* de l'Arizona et du Texas.

Fig. 3. — Quatre grands Sureaux isolés dans un vieux bosquet très dense d'Argousiers

Dans les dunes de La Panne, le Sureau (et le Troène) vivent exclusivement en compagnie de l'Argousier : en Phytogéographie on a réservé le nom de *plantes-compagnes* à celles qui, *dans une région déterminée*, ne se rencontrent qu'en société d'autres espèces, toujours les mêmes. Maint cas de ce genre est déjà connu et a fait l'objet de travaux d'énumération et de description; au témoignage de *Richardson* (37) des buissons impénétrables de Saules accompagnent, en sous-bois, les forêts de Sapins de l'Amérique du Nord, et *Grisebach* (17) affirme que les zones forestières de l'Amérique Septentrionale peuvent être distinguées, avec autant de précision, d'après les éléments constitutifs des sous-bois et d'autres végétaux croissant à l'ombre, que d'après les arbres.

De tous ceux qui se sont occupés des plantes-compagnes, c'est assurément *Höck* qui y a consacré le plus grand nombre de recherches. Ses travaux (20 à 28) sur le sujet montrent une gradation scientifique dans la méthode et dans les résultats. Un premier le conduit à dire que, dans leur répartition, les plantes-compagnes du Hêtre sont liées à cette essence ou dépendent de conditions analogues d'existence. L'année d'après, il croit devoir admettre que plantes-compagnes et Hêtre ont une commune origine géographique et, en 1893, étudiant la flore des forêts de Conifères, il fournit une explication climatérique et historique de ces associations. Ce sujet avait tenté *E. H. L. Krause* (33) qui attribuait à l'homme la cause efficiente de ces forêts mélangées de l'Allemagne du Nord et reprenant la plume (25), *Höck*, reconnaît qu'il y a lieu, en effet, de tenir compte de ce dernier facteur. Comme plus tard il cherchait à reconstruire l'histoire de ces forêts, il perfectionna sa méthode en se basant sur la répartition des associations et sur les données de la science géologique. Enfin, de 1895 à 1898, il porta ses recherches vers les relations biologiques entre les essences forestières et les plantes du sous-bois.

Flahault (12 et 13) a dressé la liste des treize espèces qui vivent constamment dans les sous-bois des forêts françaises du Chêne vert (*Quercus ilex*), tels *Cystus monspeliensis* et *Cystus albidus, Lavandula latifolia, Thymus vulgaris*, etc., et de nombreuses autres qui partagent la distribution du Hêtre. La répartition et la composition d'associations végétales de l'espèce, sur les plateaux de Kent County, ont fait l'objet d'un travail très intéressant de *Livingstone, B. E.*; cet auteur voit surtout dans l'eau du sol et dans l'histoire

de la terre, les causes véritables de cette particularité
phytogéographique.

* * *

Une ceinture forestière complète entourait autrefois la zone
moyenne de l'hémisphère septentrionale. La Géographie
botanique y a distingué deux parties : *le Domaine forestier du
continent oriental* (Européo-Sibérien) et le *Domaine forestier
du continent occidental* (Américain). C'est tout particulièrement dans le premier de ces domaines que la culture
envahissante a éclairci le sol forestier, mais il reste aujour-
d'hui encore suffisamment de terres couvertes de forêts,
pour qu'en Géo-botanique on puisse le diviser en trois *zones
phytogéographiques*. La caractéristique de chacun de ces
massifs forestiers, ainsi que le dit *Grisebach*, c'est la
physionomie uniforme mais si pittoresque de son individua-
lité même ; ils sont presque uniquement composés d'une
seule essence. Ces trois zones se succèdent du nord au sud,
et sur les montagnes du sommet vers le pied, toujours dans
le même ordre que voici : *a*) la zone des *Conifères* à feuilles
aciculées, toujours vertes ; *b*) la zone du *Chêne* ; *c*) la zone
du *Hêtre*. Chacune de ces espèces ligneuses dominantes est
pour ainsi dire *accompagnée* d'autres que presque toujours
on rencontre exclusivement dans leur voisinage. C'est
ainsi que, dans la forêt de Conifères, qui s'étend depuis la
Scandinavie jusqu'au Kamschatka, on trouve presque partout en sous-bois l'Airelle-myrtille (*Vaccinium myrtillus*, L.)
et la Camarine à fruits noirs (*Empetrum nigrum*, L.) ; les
deux autres zones, qui acquièrent leur plus grand développement en Europe, abritent, l'une, celle du Chêne, plus
spécialement l'Aune blanchâtre (*Alnus incana*, D. C.),
l'Érable champêtre (*Acer campestris*, L.), le Lierre (*Hedera
helix* L.) ; l'autre, la forêt de Hêtres, le Charme commun

(*Carpinus betula*, L.), le Sureau (*Sambucus nigra*, L.), le Tilleul (*Tilia grandifolia*, L.), et le Sorbier (*Sorbus intermedia*, L.).

Pareille espèce de réunion sociale est due, sans aucun doute, au concours de toute une série de facteurs biologiques et autres, ainsi qu'à des conditions qu'il serait certainement très intéressant d'étudier et de scruter dans leur valeur respective. Sans vouloir nier tout avantage pour les grandes essences de ce genre d'association, il me paraît probable que les plus petites y ont le plus d'intérêt et que, entr'autres, elles trouvent dans la présence des grandes tout au moins la protection. Il me paraît certain, en effet, que dans les forêts du Nord, la Camarine et l'Airelle éprouvent de la part des Conifères élevés, un abri efficace contre la tempête et contre les vents rigoureux, puisque, cachées en sous-bois, elles sont quasi hors de leur portée et n'ont donc pas à souffrir de leur influence essentiellement desséchante. Il n'est pas impossible aussi, d'ailleurs, que, dans le sol de ces forêts, se trouvent réalisées des conditions d'existence favorables pour elles, dues aux phénomènes symbiotiques des racines des Conifères et de certains Champignons radicicoles. Il peut aussi s'agir de conditions de lumière : ainsi que le dit *Schimper* (40, p. 594). le toit de feuilles, que la forêt de Conifères tend, d'une façon permanente, au-dessus du sous-bois, s'interpose comme un écran ; cet écran, beaucoup moins dense, il est vrai, pendant l'été que celui des forêts de Chênes ou de Hêtres, dont la couronne, aux larges feuilles, empêche les rayons de lumière d'arriver jusqu'aux fourrés, doit entraver, au printemps, beaucoup plus qu'eux l'action bienfaisante et si nécessaire de la lumière. Ces mêmes avantages et désavantages ne se rencontrent pas pour les dites plantes-compagnes dans d'autres zones, quoiqu'elles puissent y en avoir d'autres à exploiter ou à dominer. En d'autres termes, les conditions biologiques dans lesquelles vivent ces associations végétales sont encore en grande partie inconnues.

Il ne serait pas moins intéressant d'examiner comment elles ont pris naissance, quelles sont les conditions nécessaires à ce sujet, comment celles-ci se réalisent, etc., les phases parcourues dans les temps passés et ce qui leur est réservé dans l'avenir. Voilà autant de questions qui, jusqu'à présent, sont restées sans réponse et nous nous trouvons ici sur un terrain à peine défriché. C'est le motif qui m'a amené à étudier avec soin l'association du Sureau (et du Troène) avec l'Argousier *(Hippophaë rhamnoïdes)* dans les dunes de La Panne où j'ai eu l'occasion de la rencontrer un très grand nombre de fois.

L'on fait usage du *Ligustrum* et du *Sambucus* pour la confection de clôtures de jardins, de prairies, de champs, parfois aussi on les fait servir de plantes d'ornement; cependant, on les rencontre à l'état sauvage dans les dunes et dans la région poldérienne voisine. Toutefois, dans les dunes tout au moins, les exemplaires sont relativement rares et je crois devoir admettre qu'ils n'appartiennent pas originairement à la flore de la partie des dunes explorées. D'après *Crépin (Manuel de la Flore de Belgique)* le Troène serait assez rare dans la région du littoral et devrait être considéré comme « *introduit* dans un certain nombre de ses stations ». Quant au Sureau, cet auteur est d'avis que, dans la région maritime, il est peut-être *planté.* A une autre place (6), il ne nomme aucun de ces deux végétaux, quoiqu'il communique une liste de toutes les plantes dunales qui furent rencontrées lors d'une excursion scientifique dans la région que nous avons parcourue.

La *Schoolflora* de *Heukels* ne donne qu'une seule indication au sujet de la présence de *Ligustrum* dans la flore des Pays-

Bas : il dit que cet arbuste se montre en broussailles plus spécialement du côté des dunes (dans une excursion scientifique que je viens de terminer, dans les dunes au nord de Scheveningen, entre Duinoord et Katwijk-aan-Zee, j'ai rencontré des fourrés très denses de Troène dont quelques-uns atteignaient des dimensions considérables). Au sujet du Sureau, *Heukels* dit qu'on le trouve sous forme de haies dans les forêts et sur les digues ; *Dr A.-J.-M. Garjeanne (Flora van Nederland)* déclare que cet arbrisseau se rencontre généralement en différentes stations humides (1). Décrivant la composition de la couverture végétale des îles de la mer du Nord, *Fr. Holkema* dans son ouvrage postume, publié par *H.-C. van Hall* (30), dit que *Sambucus nigra* est une rareté et il ne fait pas même mention de *Ligustrum vulgare*.

La flore des îles Frisonnes orientales a fait l'objet de nombreuses communications ; tous les auteurs que j'ai consultés sont unanimes quant à l'absence de ces essences. *Buchenau* (3 et 4) scruta avec le plus grand soin le tapis végétal des sept îles et dressa la liste complète des trois cent et un phanérogames, y compris les arbres, les buissons, les arbustes ou les plantes herbacées qu'il ne rencontra même qu'une seule fois.

Il conclut de son travail que les espèces végétales absentes, parmi lesquelles il faut donc ranger le Sureau et le Troène, n'ont probablement pas appartenu à la flore de ces îles avant qu'elles ne fussent séparées du continent (2). *Hansen* (18) et *Bock* (15) ne signalent pas davantage ces espèces comme faisant partie de cette flore insulaire, pas même parmi les plantes introduites, dont le second publie une liste complète.

---

(1) *Engler* aussi classe *Sambucus nigra* parmi les plantes hygrophiles.

(2) Telle est encore la conclusion à laquelle conduit, en ce qui concerne les îles Néerlandaises, la lecture du travail de *Holkema*.

En Norwège aussi, le Sureau, au dire de *Schübeler* (42, p. 253), semble être de provenance étrangère : les moines du Moyen âge l'ont planté dans les jardins de leurs couvents et plus tard il se naturalisa dans les environs. D'après *Gunnar Andersson* (1), le Sureau est, en Suède, un « compagnon naturalisé de l'homme ». Il ne cite pas le Troène, tandis que *Schübeler* le signale dans les îles du Fjord de Christiana et de la côte ouest de la Suède.

*   *
*

De tout ce qui précède, il semble donc résulter que les deux essences frutescentes, dont nous aurons à examiner de plus près l'association avec Hippophaë, n'appartiennent pas originairement à la flore de la côte occidentale de l'Europe, au nord du 50ᵉ degré de latitude. C'est là, probablement, une des raisons de leur rareté relative dans les dunes de notre littoral. On peut, en effet, en parcourir des étendues parfois considérables sans rencontrer un seul de leurs exemplaires, car, s'il est vrai de dire qu'elles sont plantes-compagnes de l'Argousier, elles ne se rencontrent pas du tout partout où s'élève cet arbuste si caractéristique de nos dunes.

On peut dire, d'une manière générale, qu'elles ne se rencontrent, à La Panne, qu'en société d'Argousiers ; jamais elles n'existent isolément et je les ai vainement cherchées dans des associations végétales d'où l'Argousier était complètement exclu. J'ai rencontré et photographié une broussaille qui, au premier abord, me parut faire une exception flagrante à cette dernière affirmation : un magnifique Sureau s'élevait au-dessus d'une végétation uniforme et très fournie de *Salix repens*, mais, à son pied, j'eus l'occasion de retrouver un Argousier, dont les puissantes parties souterraines témoignaient d'une existence déjà longue et d'une luxuriance passée. Au lieu d'une exception, j'avais affaire à une preuve nouvelle.

On ne manquera pas d'objecter que des cas se présentent parfois, que dans des vallées dunales très étendues, ou encore sur des flancs de collines où se rencontrent isolément de ces arbrisseaux dominant de leur haute stature des broussailles basses sans Argousier, ainsi que des exemplaires solitaires surgissant au milieu d'une plaine de sable, dont aucune végétation ne vient ternir l'immaculée blancheur. Et l'on pourrait en déduire nécessairement que les arbrisseaux en question ne sont pas exclusivement *compagnons* de l'Hippophaë, mais que, sous ce rapport, ils sont dans le cas de *Pyrola rotundifolia*, *Parnassia palustris*, etc., qui vivent tantôt à l'ombre d'Hippophaë, tantôt à l'écart de ses buissons.

Nous aurons à examiner, tout d'abord, si l'objection est bien fondée et si les cas signalés constituent une exception à la règle générale formulée ci-dessus, ou bien s'il ne s'agit pas plutôt d'une confirmation éclatante (1).

von Richthofen le premier signala, dans un ouvrage magistral (38), le rôle géologique prépondérant des vents, et nous devons à *J. Walther* (44) d'en avoir fourni une étude méthodique et complète. L'influence de ce facteur climatérique sur les dunes, qui relève de la Géographie physique, est assez bien connue aujourd'hui : le sable arraché par les vents violents aux flancs et au sommet des dunes, va s'amonceler sur le versant opposé ; de là, il roule progressivement plus loin dans la plaine, où naîtra lentement plus tard un monticule nouveau. De cette façon, les ondulations de sable paraissent se mouvoir à la façon de vagues roulant lentement au-

---

(1) Je ferai remarquer encore qu'il ne suffirait pas d'une exception isolée pour infirmer ce que j'avance ici concernant le compagnonnage des trois arbrisseaux en question : il y aurait tout simplement lieu d'examiner le cas de plus près.

dessus du sol et, dans ce stade de leur évolution, elles ont mérité le nom de *dunes mouvantes*; elles sont encore dites *dunes blanches*, parce que, presque toujours, elles sont privées de toute végétation sur une grande étendue de leur surface que recouvre un manteau de sable blanc immaculé. Une fois la dune entamée, l'arrachement du sable continue et l'on peut poursuivre les stades de démantèlement progressif qui con-

Fig. 4. — Remarquables restes souterrains d'arbrisseaux en grande partie exhumés, mais qui étaient encore fortement ancrés dans le sable profond de cette dune étêtée.

duisent de la dénudation végétale à la décapitation. Tel est le cas que représentent les fig. 4 et 5 : la dune, dont s'agit, était autrefois couverte d'une végétation broussailleuse très dense, ainsi qu'en témoignent les nombreux vestiges qu'elle a laissés sur place, sous forme de racines et de rhizomes en grande partie déterrés; aujourd'hui, elle est dégarnie sur toute son étendue que recouvre une couche brillante de sable blanc. C'est une *dune en marche*, probablement très élevée jadis et protégée par son entourage et par sa végétation contre les vents destructeurs du S.W.; écimée aujourd'hui, elle s'aplatit de plus en plus : son sable dévale progressivement dans la plaine où l'on peut suivre pas à pas ses progrès envahissants.

La marche menaçante des dunes vers les terres a inquiété de tout temps les populations de la côte, et les annales du passé de notre littoral rapportent plus d'un ensevelissement de champs, de maisons, de bois, et même de villages sous

Fig. 5. — Dune étêtée dont la végétation est complètement rasée;
il reste quelques vestiges (racines et rhizomes desséchés) courant à la surface.

le sable de la dune mouvante. D'autre part, le cordon des dunes retient la mer dans son sein et l'empêche d'empiéter sur le littoral et de recommencer les incursions qui causèrent les terribles catastrophes dont parle l'histoire : il y a donc lieu de les maintenir en place.

Depuis des siècles, on cherche le moyen d'arrêter et de fixer les dunes et de les protéger contre la destruction qui les guette ; des travaux considérables ont été entrepris dans ce but et on trouvera un compte-rendu complet de ces tentatives dans l'ouvrage publié par Gerhardt en collaboration avec trois autres spécialistes (15).

Les dunes, dont les flancs sont couverts de végétation, opposent toujours une résistance beaucoup plus grande et beaucoup plus longue à l'action érosive du vent ; les puissants systèmes de racines, rhizomes, stolons, etc., fixent le sable qu'ils disputent ensuite grain par grain aux courants atmosphériques. Les fig. 6 et 7 montrent clairement combien pernicieuse est cette action sur le flanc d'une dune

Fig. 6. — Système souterrain d'un Saule rampant déchaussé par le vent, qui a creusé une grande cavité dans le sable.

que le vent est parvenu à ébrécher; le système d'organes souterrains du Saule et de l'Oyat, photographié au mois d'avril, c'est-à-dire, à l'époque où il n'est pas encore caché par une verdure touffue, laisse voir un creux que le vent a rongé dans le sable tout autour. Racines et rhizomes pendent là dans le vide où, autrefois, ils liaient et ancraient le sol ; celui-ci a été arraché grain par grain et le vent l'a entraîné plus loin pour le butter et le déposer provisoirement contre un autre obstacle, situé plus loin dans la direction de sa marche. Malgré la protection donc que lui vaut un tapis végétal, la dune frappée par les vents violents, doit fatalement se déplacer et, roulant dans la vallée, elle continue sa marche progressive dans la direction des vents dominants : sur nos côtes cette direction est celle du N.E.

Eclairé par l'expérience qui démontre que seule la végétation peut retenir *temporairement* la course de cette mer de sable, on essaie de combattre le fléau en couvrant le sol de plantations d'Oyats (*Ammophila arenaria*) et d'autres plantes

Fig. 7. — Autre exemple de déchaussement du système souterrain d'un végétal (l'Oyat).

fixatrices du sable. A l'effet de retenir celui-ci jusqu'à ce que les nouvelles racines aient eu le temps de pousser, on aligne, enfoncées dans le sol, des branches d'Argousier (voir fig. 8).

L'observation ayant prouvé combien efficacement les buissons d'Argousiers, qui boisent les versants des dunes, protègent celles-ci contre la destruction, on a bien soin de ne pas aller prendre là les branchages nécessaires au travail de consolidation d'un point menacé ; mais on choisit, à cet effet, les vastes pannes que momentanément ne menace pas l'ensablement. Toutes les branches et même les troncs de l'arbuste y tombent sous la hâche du bûcheron, de sorte que la formation buissonneuse disparaît totalement du paysage. Mais le Sureau (et le Troène) échappent l'un et l'autre à cet émondage exagéré ; ou bien parce que leur bois ne convient pas au rôle de fixateur du sable, ou bien parce que les propriétaires des dunes, d'ordinaire fervents disciples de Nemrod, veulent conserver à leur gibier ailé, pendant l'arrière-saison,

Fig. 8. — Plantations de branches mortes d'Argousier
entre lesquels pousse l'Oyat destiné à fixer le sable de la dune.

les fruits (baies) plutôt rares de ces deux essences. C'est ainsi que parfois, pendant plusieurs années, des exemplaires en restent isolés au milieu de grandes plaines où lentement renaissent les buissons épineux d'Argousiers. Les fig. 9 et 10 sont très démonstratives à cet égard : la première représente deux Sureaux dans une plaine très étendue où la végétation broussailleuse d'Hippophaë, jadis très touffue, n'offre plus d'autres vestiges que des troncs sectionnés à quelques centimètres au-dessus du sol, et dans la fig. 10 on peut reconnaître les progrès de cette végétation renaissante. Si même,

au pied du Sureau, ainsi isolé par la taille, aucune trace
d'Argousier ne se remarque, il suffira, le plus souvent, de
fouiller le sol pour y trouver des vestiges d'une végétation
passée ; les uns sont en rapport avec des tiges sectionnées,
situées plus loin, d'autres avec des tronçons qui montrent
déjà, sur des ramifications aériennes, les premières ébauches

Fig. 9. — Plaine interdunale très étendue où l'on s'est livré à la taille
de la végétation buissonneuse ; sur l'avant-plan, on voit distinctement la section des troncs.
Il reste deux très grands Sureaux isolés, à une grande distance l'un de l'autre.

de la frondaison future. Après quelques années, la végétation épineuse aura à nouveau acquis un puissant développement, et au-dessus de son toit, couleur vert-grisâtre, s'étale-
ront les couronnes vert-foncées du Sureau (ou du Ligustre)
pour constituer ensemble la réunion sociale caractéristique
d'autrefois.

On peut rencontrer tous les stades de cette renaissance
si caractéristique dans les dunes de La Panne, principalement du côté de la frontière franco-belge ; on y fait, depuis
de nombreuses années, d'importants et intelligents efforts

pour la fixation de ces admirables dunes, mais le travail
étant excessivement long et coûteux, on le répartit sur
plusieurs exercices, ce qui fait que des bosquets se reforment
déjà en certaines endroits, alors qu'en d'autres on procède
encore à l'ébranchage.

Pareils cas d'exemplaires isolés de Sureau (et de Troène)

Fig. 10. — Autre plaine interdunale ou la végétation arrêtée par la taille
complète, opérée il y a quelques années, renaît à l'ombre de quelques rares Sureaux
que la hache du bûcheron avait épargnés.

dans les pannes interdunales s'expliquent donc parfaitement
et confirment absolument notre manière de voir ; l'association de ces espèces avec l'Argousier n'avait cessé qu'en
apparence et ce par le fait de l'homme. Aussitôt après, elle
s'ébauche et se développe à nouveau, lentement mais progressivement, au point qu'elle finit par acquérir l'importance
qu'elle avait autrefois.

L'Argousier dépérit et meurt pour des raisons inconnues
dit *Buchenau* (3 et 4), qui, pendant de longues années, eut

l'occasion d'observer cette essence dans les dunes des îles
Frisonnes orientales. De tous côtés, en effet, et dans chaque
bosquet d'Hippophaë, on rencontre dans les dunes de
La Panne de ces arbustes morts ou souffreteux, tandis
que leurs voisins paraissent sains et pleins de vigueur.
Tantôt ce dépérissement affecte des individus isolés, tantôt
des groupes entiers sont atteints; ils sont complètement
desséchés et momifiés, mais jusqu'à présent la phyto-
pathologie n'a pas pu établir si ce desséchement est cause
ou symptôme d'une maladie qui entraîne la mort du végétal.
Constatons en passant que la dessication d'une plante,
comme *cause* de sa mort, ne peut provenir — en dehors
des cas de parasitisme qu'il faut complètement exclure ici —
que de facteurs climatériques ou édaphiques qui, en somme,
doivent être les mêmes pour tous les individus d'une même
formation. Or, il peut se faire que des Argousiers se
dessèchent dans les profondeurs abritées et fertiles où sont
réalisées des conditions favorables d'existence, tandis que
plus haut, sur les flancs arides des collines, la végétation est
en pleine prospérité.

Quelle qu'en soit la cause, cette dessication peut frapper
toutes ou presque toutes les plantes qui se trouvent au pied
d'un Sureau ou d'un Troène et ainsi, de cette *compagnie*
végétale, il ne reste plus, en fin de compte, que la *plante-
compagne* elle-même qui, comme dans le cas cité ci-dessus,
paraîtra, à un examen superficiel, faire exception à la règle
que nous avons établie plus haut. Le sol, le plus souvent en
pareil cas, est jonché de restes desséchés et méconnaissables
jetés pêle-mêle; mais qu'on le fouille et on trouvera des
systèmes radiculaires beaucoup mieux conservés, preuve
évidente que l'Argousier vivait autrefois avec ses plantes-
compagnes, qui seules sont parvenues à se maintenir.

Mais l'exception semble beaucoup plus flagrante dans le
cas d'exemplaires isolés de *Sambucus* (ou de *Ligustrum*), qui
dressent leur feuillage touffu au dessus de versants de dunes
ou de vallées où aucun autre végétal ne vient interrompre la
couleur monotone blanche du sable (fig. 11). La cause en
est l'action érosive du vent qui arrache le sable aux collines

Fig. 11 — Dune blanche envahissant progressivement la plaine.
Toute la végétation a disparu sous le sable; seul un superbe Sureau a résisté.
Les deux tâches noires du fond représentent une maigre végétation d'Oyat.

et le fait rouler sur le versant opposé. Ce sable envahit progressivement tout le tapis végétal. La lutte des plantes contre
l'ensablement a fait l'objet de très nombreuses observations
auxquelles je dois me contenter de renvoyer, ce point n'appartenant pas à mon sujet. Ce sont tout d'abord les plantes
basses (telles que mousses, herbes, etc.) qui périssent, parce
que leurs organes aériens, progressivement ensevelis sous le
sable, sont privés d'air et de lumière indispensables à la vie.
Après, mais beaucoup plus tard, c'est le tour des broussailles,
dont la force de résistance varie d'une essence à l'autre; ce

qui explique qu'elles ne meurent pas toutes ensemble et que
telle espèce se maintient — misérablement c'est vrai —
longtemps encore après que telle autre a déjà succombé dans
ce combat pour la vie. C'est ainsi que le Saule rampant, de
mêmes dimensions que l'Argousier, semble mieux à même
de se maintenir; mais en vain! lui aussi succombera tôt

Fig. 12. — Plaine dans laquelle descend la dune de l'arrière-plan.
Presque toute la végétation est ensevelie sous le sable, et il ne reste plus qu'un Sureau
(au milieu) et quelques misérables pieds d'Argousier (à gauche).

ou tard; moins bien doué que *Yucca radiosa* du désert de
Tularosa, il ne pourra pas assez rapidement produire des
branches et des rameaux nouveaux et étaler au-dessus du
sable envahisseur les organes foliés chargés de continuer les
fonctions de respiration, d'assimilation, d'évaporation, etc.
La fig. 12 donne une image assez fidèle de cette destruction
lente, mais certaine de la couverture végétale; toute la vallée
est ensevelie sous un linceuil de sable éclatant, au-dessus
duquel les broussailles de Salix et d'Hippophaë élèvent quelques rares rameaux feuillus. En examinant soigneusement les

choses, on peut constater que tous ces arbustes souffrent beaucoup et que quelques-uns, près de mourir, ne se montrent plus
que comme des momies desséchées, privées de tout feuillage ;
le temps est proche, peut-être, que toute la broussaille dis-
paraîtra successivement, à partir du pied de la dune, sous

Fig. 13. — Autre vue de la même plaine, où l'on remarque
un peu partout des vestiges de végétation émergeant encore au-dessus du sable.
A droite un vigoureux Sureau.

le sable qui roule d'en haut, par-dessus le versant, jusque
dans la vallée.

Mais, Sureau et Troène restent là — intacts en apparence
(fig. 12, 13 et 14). Protégés jadis, contre les vents dominants et à l'abri de l'ensablement, ils eurent une existence
florissante, comme le reste du tapis végétal de la vallée et
devinrent de puissants buissons comme on en rencontre
parfois dans la dune. Quand commença l'érosion éolienne
de la dune voisine et qu'à son pied la végétation basse et
les broussailles disparurent sous le sable, au-dessus de cette
destruction générale qui les entourait, ils continuèrent à

étaler leur frondaison comme un écran bravant les tempêtes de sable. Si celles-ci ne sont pas trop violentes, ils peuvent rester en cet état pendant des années et constituer une interruption, bienfaisante pour l'œil, dans le paysage uniformément blanc. Dans ce cas encore, ils sont *isolés*, mais, bien entendu, il faut y voir des *restes isolés* d'une végétation qui

Fig. 14. — Magnifique buisson de Troène qui surgit là isolé dans la plaine ensablée ; la dune mouvante est à gauche du spectateur.

autrefois fut peut-être luxuriante et dont ils faisaient partie en qualité de *plantes-compagnes* (1). Mais ils ne restent pas indéfiniment intacts. Si leurs dimensions sont assez grandes et que le sable ne les enterre pas *rapidement*, ils peuvent résister, parfois longtemps, à ces conditions défavorables d'existence et il faudrait peut-être une série d'années d'observation pour suivre pas à pas les dommages que leur vaut cette lutte ininterrompue. Toutefois, on peut les présumer en

(1) Sur une dune où la situation était absolument identique, où, par conséquent, toute végétation herbeuse ou broussailleuse était ensevelie sous un manteau de sable, il restait encore, en dehors de quatre ou cinq Sureaux, des buissons très développés de *Solanum dulcamare, var. maritimum.*

comparant entr'eux les exemplaires qui, en divers endroits et pendant des temps inégaux, ont à livrer ce combat pour l'existence; les préjudices qu'ils eurent à subir témoignent de la marche et des suites de cette lutte qui se termine fatalement, pour eux, par la mort.

* *
*

J'ai eu l'occasion de suivre de près et pendant deux années consécutives, les phases de la lutte *contre l'ensablement* que soutenaient quelques grands buissons isolés de Sureau et de Troène : les alternatives en sont vraiment curieuses et intéressantes.

L'aspect du terrain, où se livre pareille lutte, varie avec l'époque de l'année à laquelle on le visite. L'hiver, en effet, le sable s'accumle au S.W. des arbrisseaux et y édifie, au pied de chacun d'eux, un monticule qui s'accroît progressivement et finit par les ensevelir pour ainsi dire complètement : seuls les rameaux supérieurs émergent encore. Du côté opposé, au contraire, ainsi que cela se produit toujours derrière un obstacle, qui arrête le sable charrié par le vent, le monticule est creusé en croissant béant vers le N.E., à partir du buisson.

Pendant le cours de l'été, le tableau change et des dispositions absolument inverses se produisent à la longue : le côté S.W. se dégage progressivement en grande partie et l'amoncellement se fait au N.E., mais n'atteint point les mêmes dimensions qu'en hiver; l'arbrisseau se couvre ensuite, dans toutes ses parties exhumées, d'une abondante frondaison qui jette une note verte sur l'immense plaine blanche.

Ainsi donc le sable, enlevé à la dune mouvante, roule alternativement dans les deux sens, S.W. et N.E.; mais le déplacement n'étant pas égal dans les deux directions, l'ensablement progresse vers le N.E., et le niveau du sol s'élève annuellement au pied des arbrisseaux isolés de toute la quantité de sable déposé l'hiver et non enlevé l'été.

L'examen des relevées faites à l'Observatoire d'Ostende sur la fréquence des vents par saison, nous fournit l'explication du phénomène. En effet, plus les vents sont violents et plus ils sont fréquents, plus aussi ils pourront éroder les dunes et charrier leurs grains de sable. Or, les statistiques prouvent que sur nos côtes les vents S.W. l'emportent en violence et en fréquence, pendant la période hivernale, sur tous les autres, tandis que ceux du N.E prédominent sous ce double rapport pendant l'été ; l'effet des premiers est toujours supérieur dans son ensemble à celui que peuvent produire les seconds, et l'on comprend dès lors que, dans le cas d'une dune mouvante, la quantité de sable, transportée par les courants atmosphériques soufflant vers le N.E., sera plus considérable que celle entraînée dans le sens opposé. Il en résulte, par conséquent, qu'un ensevelissement progressif du S.W. au N.E. doit se produire pour les obstacles (nos arbrisseaux isolés) qui se dressent au-dessus du niveau de la plaine.

* * *

Dans le cas d'arbrisseaux (Sureau et Troène) isolés dans une plaine en voie d'ensablement, ce sont apparemment les feuilles qui subissent le premier assaut. Chaque année, c'est du côté des vents dominants que l'on voit apparaître les premières feuilles sèches, quand partout ailleurs on n'en trouve point encore. Qu'il faille en faire remonter la cause au vent, semble résulter du fait que les feuilles supérieures de la frondaison, auxquelles les vents ont facilement accès, puisque rien ne les protège, se trouvent être dans une situation analogue, tandis que celles qu'elles-mêmes recouvrent, restent au contraire intactes pendant bien longtemps encore. D'ailleurs, à ces mêmes niveaux, le nombre des feuilles ainsi que celui des rameaux est moindre aussi, et il semble tout au moins probable qu'il faut encore mettre cette particularité sur le compte du vent.

La dessication des feuilles débute au sommet et sur les bords, ainsi que *Hansen* (18) l'a démontré pour les feuilles des arbres des îles Frisonnes orientales. Voici un sujet qui a tenté bon nombre d'auteurs déjà. De l'avis de *Focke* (4) ce serait la *poussière saline* (*Salzstaub*), charriée par le vent, qui frappe mortellement les jeunes pousses, les feuilles et les rameaux et tue ainsi à la longue les arbres eux-mêmes. Ce n'est point l'opinion de *Borggreve* (5), qui attribue au vent une influence mécanique : les branches, qu'il agite violemment pendant l'hiver, se heurtent et se frottent mutuellement au point que les bourgeons en tombent et que l'écorce se fendille et se desquame. On devine aisément les catastrophes que doivent amener pareils dommages. D'après M. le professeur *Massart*, de Bruxelles, le vent entraînant les grains de sable et des débris de coquilles, les lance avec force contre les végétaux et cette sorte de « mitraillade » occasionnerait des lésions parfois très graves ; c'est ainsi qu'il déclare (34) avoir constaté, sur des feuilles de peuplier et de toutes les plantes charnues, des blessures qu'il n'hésite pas à attribuer au martelage exercé par les grains de sable anguleux et tranchants. Tel est encore l'avis de *Paletzky* qui déclare, à la page 22 de son travail (39), que la plupart des végétaux du désert sont endommagés par les grains de sable que transporte le vent. Mais, au bord de la mer, *Massart* se refuse à attribuer ces méfaits aux poussières salines entraînées dans les courants atmosphériques. *Bock* (15) croit à un effet double et combiné du vent : ce serait à la fois une poussée purement mécanique, qui, en frottant les unes contre les autres les parties jeunes, les détériorerait et une mitraillade exercée par le sable qu'il traîne dans sa course. *L. Klein* (32) qui partage cette dernière manière de voir, fait encore intervenir de petits cristaux de glace qui se formeraient aux dépens de l'eau que les vents marins tièdes ont été cueillir en rasant la surface des vagues et qu'ils portent au contact des plantes plus froides du littoral. Ces cristaux, tout autant que les grains de sable, iraient frapper et blesser mortellement les feuilles.

Mais aucune de ces opinions ne trouve grâce aux yeux du professeur *Hansen* (18), qui, ainsi que l'avaient fait antérieurement déjà *Wiesner* (45) et *Eberdt* (10), attribue exclusivement la dessication des feuilles à *l'action directe* du vent. L'évaporation à la surface de ces organes est singulièrement activée par les vents marins et le débit de l'eau, qui quitte la plante par les stomates, dépasse nécessairement l'apport de la sève ; de là résulte une dessication, tout d'abord aux points où se fait cet abondant exode, c'est-à-dire au sommet et sur les bords ; elle s'étend ensuite de proche en proche et envahit enfin toute la surface du limbe. C'est bien ce qui semble se passer chez le Sureau et le Troène quand seuls encore ils survivent à une végétation enfouie sous le sable (1).

(1) Le professeur *Hansen* a trouvé un contradicteur en la personne de son collègue de Copenhague, le célèbre phytogéographe *Eug. Warming*. Le sujet en question a fait les frais d'une polémique qui a longuement occupé le monde scientifique, mais le premier semble avoir eu gain de cause. En effet, des recherches expérimentales faites, entre autres, au moyen d'un appareil (*Wind-apparat*), construit d'après ses indications (*a* et *b*), lui ont permis de fournir la preuve de sa manière de voir, que vient de corroborer tout récemment *W. F. Bruck* (*c*).

a) *Ein Apparat zur Untersuchung der Wirkung des Windes auf Pflanzen.* (*Berichte der D. Bot. Gesellsch.,* 1904.)

b) *Experimentelle Untersuchungen über die Beschädigung der Blätter durch Wind.* (*Flora,* 1904.)

c) *Zur Frage der Windbeschädigung der Blättern.* (*Bot. Centralbl. Beihefte,* Band XX, 1906.)

Quels que soient la cause et le processus de la dessication dans les feuilles des deux arbrisseaux en question, elle s'y étend aux rameaux, puis aux branches et ce toujours d'abord et le plus du côté des vents dominants. Il peut se faire que des parties ligneuses desséchées restent encore quelque temps sur place, mais elles ne tardent pas à devenir fragiles et à se rompre sous la poussée du vent. La plante entière dégénère progressivement et se transforme en une véritable momie, dont les branches et les feuilles deviennent de plus en plus rares, jusqu'à ce que toute vie l'ait quittée et qu'il ne reste plus qu'une charpente sèche, nue et informe, qui attend un dernier coup de vent pour voir ses fragments dispersés dans tous les sens.

Le sable règne maintenant en maître là où autrefois brillait une végétation riche et variée ; la dune mouvante roule au-dessus d'elle d'un mouvement lent et majestueux qu'aucun obstacle n'arrête. Là où elle-même s'élevait jadis, s'étend maintenant une plaine sablonneuse (fig. 15), dont la nudité monotone n'est interrompue çà et là que par un brin d'Oyat, le précurseur de la végétation dunale. Il n'est pas rare de voir que le sable, dans sa marche ondulante, dénude des vestiges (racines rhizomes, tiges, etc.) d'une végétation ensevelie autrefois. Dès que le sol de la vallée, qu'il laisse ainsi derrière lui, est quelque peu fixé, l'Oyat fait son apparition : grâce à ses organes souterrains, si admirablement adaptés à la vie dans le sol meuble de la dune, le sable est retenu et cesse momentanément de se déplacer au gré du vent. Pendant longtemps parfois, il constituera, à lui tout seul, toute la végétation de la nouvelle plaine, mais il prépare pour ainsi dire le sol à recevoir d'autres plantes qui y migreront à tour de rôle et pourront y prospérer, parce que sa société leur vaudra une protection contre la sécheresse, le

déchaussement, etc. Il en sera de même, après un espace
de temps plus ou moins long, pour les végétaux broussail-
leux, tels que Rosa, Salix, Hippophaë, etc., que suivront tôt
ou tard les plantes·compagnes et parmi elles le Sureau et le
Troène. C'est ainsi que, d'une manière constante, le paysage
des dunes change — parfois très lentement — et que la dune

Fig. 15. — Plaine derrière la dune en marche que l'on voit dans le fond.
On remarque que déjà une nouvelle végétation s'y établit.

mouvante est suivie et remplacée par une .végétation qui
ressemble, tant dans son *évolution* que dans sa *composition*,
à celle qu'elle a ensevelie sous sa masse.

* * *

Mais comment expliquer que dans le cas décrit, Sureau
et Troène, dont l'existence n'est possible que dans la société
de l'Argousier, parviennent à vivre encore un temps assez
long dans des conditions si désavantageuses qui ont déter-

miné l'extinction de l'Hippophaë lui-même? Ceci m'amène à l'examen des causes probables qui ont rendu possibles :

a) Leur *arrivée dans la flore littorale* à laquelle ils n'appartiennent pas ;

b) Leur *vie dans le sol de la dune.*

* * *

Il n'est pas rare de voir un arbuste de Sureau, parfaitement développé, juché au haut d'un mur, sur le tronc d'un autre arbre, parfois en un point hors de la portée de l'homme. On peut admettre que, dans la généralité des cas, il n'y a pas été planté, mais qu'il y croît à l'*état sauvage* et qu'il y prit naissance d'une graine égarée, mêlée probablement aux excréments d'oiseaux. Beaucoup d'oiseaux, en effet, recherchent les baies de cette essence, dont les semences traversent le tube digestif, sans subir aucune altération et sont déposées avec les fèces en des endroits favorables ou non à leur germination. C'est de cette manière qu'au dire de *Schübeler* (42), le Sureau, cultivé par les moines du moyen âge dans les jardins des couvents norvégiens, se serait répandu au dehors et naturalisé ensuite dans le pays. *F. Höcke* déclare d'autre part, que le transport du Sureau, de l'Asie méridionale en Australie est imputable aux oiseaux migrateurs (*Pflanzengeographie*, p. 93).

Les baies du Troène attirent également les oiseaux ; c'est ainsi que, selon *de Candolle* (8) et *A. Gray* (16), ceux-ci doivent avoir largement contribué à disperser l'essence, parce que ses fruits leur viennent si bien à propos pendant la saison froide : les graines traversent aussi le tube digestif, sans perdre en rien leurs propriétés germinatives (*Otto Schmeil « Lehrbuch der Botanik »*, p. 125). *Gray* soutient même que le transport de cet arbuste de l'Europe au Canada est l'œuvre des oiseaux.

Pareils phénomènes ne sont pas faits pour nous étonner, quand on pense que les plantes baccifères sont largement représentées dans la flore des îles Océaniques et qu'elles ne peuvent y avoir été introduites naturellement, sans le concours des oiseaux. Pour plus de détails, je renvoie aux travaux fondamentaux de *Darwin* (7), *Huth* (30) et *Hemsley* (19) (1).

Les deux arbrisseaux, dont il s'agit, sont cultivés assez généralement dans les polders. On les y rencontre tantôt isolément, tantôt formant des haies et autres clôtures de propriétés ; les habitants des dunes s'en servent parfois aussi comme de plantes d'ornement et depuis des siècles le Sureau est cultivé à raison de ses propriétés médicinales. Des oiseaux frugivores, tels que corbeaux, grives, étourneaux, merles, mouettes, etc., les visitent fréquemment, et l'Argousier les attire à son tour, par ses fruits drupacés d'un jaune-orange réunis en petits paquets denses, qui dans les dunes, constituent d'ailleurs, pour ainsi dire, la seule nourriture végétale pour les oiseaux pendant la mauvaise saison.

On comprend dès lors, que les excréments d'oiseaux peuvent ainsi transporter vers les dunes, depuis les polders et depuis les jardins conquis sur le sable, les semences de *Sambucus* et de *Ligustrum*, et les y mettre en liberté. Si les conditions d'existence sont favorables, elles pourront y germer et se développer ensuite pour former des plantes adultes. Ce serait donc un cas analogue à celui des espèces

---

(1) D'après les résultats obtenus par *von Kerner* (31), tous les oiseaux baccivores ne joueraient pas pareil rôle distributeur, parce que les semences sont altérées par leurs sucs digestifs. D'autre part, *Vogler* (43) prétend que la dispersion de certaines plantes ne peut se faire qu'à l'intervention d'espèces déterminées d'oiseaux.

de *Vaccinium* (Airelle) qui habitent les forêts de Conifères des régions septentrionales.

Il semble bien que la distribution de nos deux arbrisseaux dans le domaine dunal n'est pas étroitement liée à des facteurs climatériques ou édaphiques. On les rencontre, en effet, tantôt en des endroits où ils sont complètement à l'abri du vent, d'autres fois, là où les vents dominants peuvent les atteindre, tantôt ils doivent se contenter d'un aride versant sablonneux, tantôt encore ils occupent une panne fertile, et il est parfois très difficile de dire où ils réussissent le mieux. Mais il est vraiment étonnant que jamais on ne les trouve qu'en société de l'Argousier, alors cependant que les excréments d'oiseaux sont éparpillés au petit bonheur. Il est vrai qu'il y a plus de chance, pour les graines des végétaux en question, d'atterrir auprès de l'Hippophaë, parce que les oiseaux frugivores dédaigneront d'autres plantes pour se porter fréquemment vers les buissons d'Argousiers et y séjourner ; mais on ne peut cependant pas supposer que les fèces aviculaires soient réservés exclusivement à ces dernières associations.

Mais cependant, ainsi qu'il appert de ce qui précède, Troène et Sureau ne font point partie de la flore des dunes et l'on comprend dès lors, qu'on ne les rencontre pas souvent sur notre littoral. Ils semblent cependant organisés pour braver des conditions défavorables d'existence; c'est ainsi que *Klinge*, à en croire *Focke* (14), prétend que, planté sur la côte de la mer du Nord, le Sureau manifeste une grande force de résistance, et d'après *Schübeler* (42) il peut braver les plus fortes tempêtes marines en Norwège,

On peut encore ajouter qu'il s'est adapté pour la lutte contre la sécheresse si désavantageuse pour les végétaux de la côte : de même que beaucoup de plantes de cette région, il a formé un système radiculaire très développé qui l'ancre solidement dans le sol mouvant et lui permet d'aller disputer, dans tous les sens, aux grains de sable, les moindres traces d'humidité. Quant au Troène, ses feuilles coriaces, qui se maintiennent pendant l'hiver, lui permettent de lutter contre les froids rigoureux de même que contre les fortes chaleurs, de manière qu'il n'a pas à souffrir outre mesure des conditions d'existence défavorables qui règnent dans la région.

Mais, s'il est vrai que nos deux arbrisseaux ne peuvent se rencontrer que dans le voisinage d'arbustes d'Argousier, l'inverse n'est pas vrai. Il y a, en effet, de nombreux bosquets d'Hippophaë — surtout des jeunes — où ne se trouve pas un seul représentant de ces essences, et les cas sont excessivement fréquents d'Argousiers isolés parmi des formations d'autres végétaux ligneux ou herbacés.

*
* *

Il en résulte que, dans la réunion sociale en question, les plantes-compagnes trouvent seules des avantages — ou tout au moins en ont la plus grande part, — et il m'a paru intéressant de chercher à élucider ce point du problème.

S'il s'agit de **protection,** on songera nécessairement, et en tout premier lieu, aux conditions d'existence défavorables que la zone maritime de notre pays offre aux végétaux et qui donne à sa flore un caractère tout spécial. Le facteur le plus important est indiscutablement le vent, qui, en dehors de la poussée mécanique, peut provoquer la **dessication.** Pendant leur jeunesse, nos plantes-compagnes pourraient assurément tirer grand profit de circonstances qui leur procureraient une protection contre le vent : ces conditions seraient réalisées, à n'en pas douter, dans les broussailles de Saules rampants ou de jeunes Argousiers ; or, on ne les y rencontre jamais ! Dans des bosquets d'Argousiers plus âgés, cette protection du sous-bois est bien plus prononcée, puisque les arbrisseaux étalent leur couronne en parasol et, comme l'ont démontré *Reiche, Schimper* et *Hansen*, réalisent une protection efficace contre le vent. Mais si pareille protection constitue pour la jeune plante-compagne un avantage sérieux, il est certain, d'autre part, qu'elle sera plus tard totalement inutile, puisque le Troène et plus encore le Sureau, élèvent leur dôme de verdure beaucoup au-dessus du bosquet (fig. 1, 2 et 3).

La société du Saule rampant et du jeune Argousier leur vaudrait, pendant le jeune âge, une protection contre une évaporation trop active ; mais, cette protection-là serait beaucoup plus efficace encore sous la frondaison étalée de vieilles plantes d'Argousier. Toutefois, quand on pense que celles-ci ne doivent pas former une végétation très dense pour voir apparaître parmi elles les plantes-compagnes, on sera enclin à en déduire que pareille protection n'est pas très nécessaire et ne joue probablement pas un rôle prépondérant parmi les facteurs qui déterminent la répartition de ces plantes-compagnes. Ajoutons encore que pour les buissons, qui dépassent le toit du bosquet (fig. 1, 2 et 3), cette protection n'entre absolument plus en considération.

Le toit feuillu des arbres élevés forme un écran au-dessus du sous-bois et le protège contre un trop fort éclairement ; d'un autre côté, l'ombre qu'il projette peut exercer une influence nuisible. Mais dans leur si vaste aire de dispersion, nos deux arbrisseaux ne semblent pas souffrir d'une influence quelconque de la lumière et, s'il le fallait, comme pour la *dessication* et pour l'*évaporation*, ils pourraient trouver pendant leur jeune âge, une protection efficace contre l'éclairement dans les broussailles de Salix et de jeunes

Argousiers. Ajoutons à cela que, s'il est vrai que la couronne en parasol peut jeter sur les jeunes plantes-compagnes une ombre bienfaisante dans le cas d'un bosquet touffu d'Argousiers âgés, cette disposition favorable n'existe pas, d'autre part, dans les bosquets clairsemés, et cependant on y rencontre des jeunes exemplaires.

* * *

Sambucus et Ligustrum ne semblent donc pas être des plantes vassales de l'Hippophaë et c'est dans une autre direction qu'il nous faut chercher les causes de l'association dont s'agit.

* * *

L'impérieux et inéluctable besoin de l'alimentation fait que la répartition géographique des végétaux (comme des autres êtres organisés) est intimement liée aux **conditions d'alimentation.** Comme les deux arbustes-compagnons se rencontrent avec leur allié, tout autant sur le sable aride d'un versant de dune que sur le sol relativement fertile d'une panne, il semble que la composition du sol ne joue aucun rôle dans la distribution de leurs associations. La question se pose alors si le **parasitisme** n'offre pas ici à ces végétaux une compensation suffisante des misérables conditions d'existence. Dans le but d'élucider ce point, j'ai soigneusement examiné les systèmes souterrains et dans aucun cas je n'ai pu constater que le Sureau ou le Troène vivent en parasites sur l'Argousier : ils en sont totalement indépendants l'un comme l'autre. Je n'ai pas trouvé davantage des traces de **symbiose** avec un *commun* champignon; s'il en avait été autrement, j'aurais été enclin à croire que la répartition des plantes-compagnes était liée à celle du Champignon plutôt qu'à celle de l'Argousier : mais la Mycorrhize qui peut vivre sur la racine d'Hippophaë me semble totalement exclue des bosquets âgés où se rencontrent exclusivement les plantes-compagnes qui nous occupent.

En général, le sol des vieux buissons d'Argousier semble être plus fertile que partout ailleurs dans les pannes non converties en terres de labour. Il est vrai que cet arbrisseau couvre de préférence de ses formations denses et étendues, les vallées où la couche de sable n'atteint pas une grande épaisseur au-dessus du sous-sol argileux; mais il est cependant étonnant que le sol des jeunes buissons est le plus souvent plus sablonneux et par suite moins fertile. Et l'on est frappé d'étonnement en constatant que la végétation basse qui ailleurs, et même dans les bosquets encore jeunes, est si abondamment représentée par des plantes-compagnes, telles que des espèces des genres *Parnassia, Pirola, Erythraea, Gentiana*, etc., et maint autre végétal herbacé, manque presque complètement sur le sol fertile des bosquets très âgés : on n'y rencontre le plus souvent que le Sureau et le Troène ainsi que quelques plantes herbacées, telle que la grande ortie (*Urtica dioica*), qui trouvent ici une station ombragée favorite à l'ombre du Sureau et du Troène, qui semblent refouler leur ancien compagnon, on trouve le plus souvent le sol couvert de débris végétaux et absolument dépourvu de végétation.

Les associations herbacées et buissonneuses sont, au contraire, très touffues dans les jeunes bosquets d'Argousiers, mais jamais on n'y rencontre nos plantes-compagnes ligneuses. Les cas de symbiose y sont fréquents dans le sol sablonneux entre ce buisson et une Mycorrhize qui détermine, sur le rhizome et ses racines, de nombreux groupes de nodosités d'un gris-blanc variant jusqu'au rouge-brun, auxquelles on a donné le nom de mycodomaties ou chambrettes mycéliennes.

C'est *Woronin* qui le premier découvrit cette association, mais à *Brunchorst* (1886) et à *Moeller* (1890) revient l'honneur de l'avoir interprétée : le champignon, qui se conduit ici en symbiote endotrophe, reçut du premier le nom de *Frankia subtilis*. La signification physiologique de cette importante formation n'est pas tirée au clair jusqu'ici et l'on attend encore toujours une théorie générale que tout le monde puisse accepter (1).

D'après *Frank* (*Lehrbuch der Botanik*, p. 561), il s'agirait presque toujours de végétaux humicoles et le phénomène se réduirait à une simple question d'alimentation. Mais, je l'ai déjà dit, quoique l'Hippophaë croisse de préférence dans les pannes interdunales, on le rencontre aussi sur les versants des collines et d'ailleurs, le sol des vallées peut parfois être aussi stérile que la dune elle-même ; il ne s'agirait donc pas toujours d'*individus humicoles* et il ne pourrait être question, pour expliquer le phénomène, d'une *alimentation humique*. Je suis d'autant plus porté à combattre cette opinion de *Frank* que dans les bosquets âgés avec leur sol beaucoup plus fertile, où l'on pourrait admettre une alimentation humique, la symbiose en question n'existe jamais. Ne paraît-il pas plus probable, au contraire, que, comme pour vivre dans le sol aride, le jeune Argousier a besoin de l'aide du champignon des mycodomaties, cette assistance ressemble bien plutôt à celle que prête *Rhizobium* aux Papilionacés, aux Caesalpinées et aux Mimosées, sur les racines desquelles il forme également des nodosités. Or, il est assez généralement admis que, grâce à leur intervention, le sol devient plus fertile et tout en n'ayant pas examiné la question de très près, je suis de l'avis qu'il ne paraît pas

(1) Le beau travail de K. SHIBATA, *Cytologische Studien über die endotrophen Mykorrhizen* (Pringsheim's Jahrbücher, 1901), a réalisé un grand progrès sous ce rapport.

impossible que les deux phénomènes soient identiques et ce d'autant plus que, ainsi que je l'ai dit plus haut, le sol des vieux bosquets est plus fertile que celui des jeunes et ne possède jamais d'Argousiers servant d'hôtes à des mycodomaties. Au même titre donc que les *Légumineuses* avec leur nodosités. l'Argousier, muni de mycodomatiés, serait une *plante améliorante.*

Mais, s'il n'y a pas de champignons symbiotiques, on ren-contre souvent le Sureau et parfois le Troène (mais assez rarement les deux à la fois), et les choses se comportent comme si ces arbrisseaux trouvaient ici, et seulement ici, les conditions d'existence — *les conditions de nutrition,* semble-t-il, — puisqu'ils ne se rencontrent nulle part ailleurs dans la flore dunale et quoiqu'ils subissent partout — presque en mesure égale — l'influence des facteurs climatériques.

Une nouvelle question se pose ici : Comment expliquer que la symbiose ne se rencontre exclusivement que sur les jeunes Argousiers et dans des sols sablonneux? Les conditions nécessaires à la vie du champignon ne sont-elles réalisées qu'ici? L'Hippophaë n'en a-t-il que faire dans un âge plus avancé? Nous livrons ces divers points à l'examen de ceux que la chose intéresse.

Il semble bien que les conditions, dans lesquelles vivent les plantes-compagnes, dont s'agit ici, sont très favorables. Ce qui le prouve, c'est qu'elles croissent rapidement — princi-palement le Sureau — et qu'elles élèvent leur feuillage bien au-dessus de celui des Argousiers les plus âgés (fig. 1, 2 et 3). Le Troène s'étale et forme de buissons touffus qui refoulent finalement l'Argousier tout autour (fig. 14). Quand on taille les Argousiers, dans le but d'en utiliser les branches pour fixer le sable de la dune mouvante et que des années s'écoulent avant qu'ils aient acquis à nouveau un développement considérable (fig. 9 et 10), le Sureau et le Troène continuent à prospérer et fournissent la preuve que dorénavant ils peuvent se passer de la présence de l'Hippophaë.

La preuve en est plus frappante encore dans le cas d'un vallon ou d'un versant ensablés où se dressent encore, comme derniers vestiges d'une végétation passée, des exemplaires de ces plantes-compagnes. La couverture végétale, y compris l'Hippophaë, y est étouffée sous le sable, mais les deux plantes-compagnes, probablement rien que parce qu'elles élèvent plus haut leur frondaison, continuent, pendant un certain temps tout au moins, leur existence prospère (fig. 11, 12, 13 et 14).

Toutes les conditions, qui paraissent leur rendre la vie impossible, sont réunies ici, mais le sol, qui les nourrit, a porté la végétation d'Argousiers, jusqu'au moment où l'érosion de la dune voisine commençant sous l'effort du vent a progressivement enseveli ensuite tous les constituants du tapis végétal. Les conditions nécessaires à leur existence doivent donc encore être réalisées ici, mais n'y existaient pas avant la végétation d'Argousiers. Il faut en conclure qu'elles y ont été amenées par — ou en même temps que — cet arbrisseau lui-même.

* * *

Mais les plantes-compagnes ligneuses de l'Argousier ne se rencontrent pas sur le sol aride ou celui-ci vit symbiotiquement avec *Frankia sublilis*, tandis que, au contraire, c'est bien le cas là où le sol est devenu plus fertile (par le fait de *Frankia?*). Il m'est arrivé souvent de ne pas trouver la symbiose dans des jeunes bosquets — le sol y serait-il suffisamment conditionné pour nourrir plus tard *Sambucus* et *Ligustrum*? mais comme ceux-ci ne se rencontrent pas dans tous les anciens bosquets, faudrait-il conclure que ces cas se confondent? Voilà encore deux questions ouvertes.

* * *

Les choses se passent donc comme si l'Hippophaë avait préparé le terrain au Sureau et au Ligustre et, dans l'évolution de la couverture végétale des dunes, on peut admettre que l'apparition de l'Argousier précède toujours celle de ses deux plantes-compagnes. Mais lui-même ne se montre que là où le sable a déjà été fixé par une végétation d'Oyat et d'autres plantes herbacées, de telle sorte que l'on peut distinguer trois époques successives dans l'évolution de l'association à plantes-compagnes que nous venons d'étudier :

1° L'ÉPOQUE DE L'OYAT (*Ammophila*). — Le sable mouvant se fixe lentement et l'Oyat s'étend bientôt sur toute la surface libre ; précurseur du tapis végétal, il est suivi plus tard par des plantes herbacées qui profiteront du travail de fixation opéré par lui, tandis que d'autres encore peuvent y collaborer (telles les Mousses par exemple).

2° L'ÉPOQUE DE L'ARGOUSIER (*Hippophaë*). — C'est le tour aux broussailles de faire leur apparition. Leur développement peut exiger un temps relativement long. Le sol devenu plus fertile par l'apport des déchets végétaux, la couche d'humus porte une couverture plus variée qui correspond aux formations dunales ordinaires.

3° L'ÉPOQUE DES PLANTES-COMPAGNES (*Sambucus et Ligustrum*). — Sureau et Troène germent et prospèrent dans le sol que l'Argousier leur a préparé (par symbiose?).

* * *

Pareille évolution semble débuter de l'autre côté de la dune en marche : en effet, là où elle s'élevait autrefois existe maintenant une plaine sablonneuse dont l'étendue s'accroît au fur et à mesure que la dune continue sa marche en avant; le sol s'y fixe déjà davantage et porte çà et là des pieds d'Oyat, dont les racines traçantes contribuent à augmenter cette fixation. Plus tard, la végétation herbacée basse y trouvera des conditions plus favorables, qui s'amélioreront progressivement jusqu'au moment où broussailles et buissons pourront y réussir et préparer plus tard encore les conditions d'existence, édaphiques ou autres, nécessaires à l'évolution de leurs compagnons.

Il est vraiment remarquable que, des deux côtés de cette dune mouvante, le tapis végétal parcourt ainsi une *évolution parallèle mais opposée*, l'une *négative* et l'autre *progressive*; d'une part, le sable, dévalant dans la plaine, y ensevelit progressivement et successivement les végétaux peu élevés, les broussailles et les buissons ensuite, et enfin les compagnes d'Hippophaë; or, toutes y firent leur apparition dans le même ordre, qui est aussi celui qu'elles suivent maintenant dans la plaine de l'autre côté de la dune.

CONCLUSIONS. — 1° Dans les dunes de La Panne, *Sambucus nigra* (et *Ligustrum vulgare*) sont des **plantes-compagnes** *d'Hippophaë rhamnoïdes*.

2° Ils s'y rencontrent à l'*état sauvage* exclusivement en société de l'Argousier.

3° *Ils ne font leur apparition*, en un point du littoral, que **quand l'Hippophaë y vit déjà depuis longtemps.**

4° Ce dernier végétal semble leur **préparer le terrain** (par symbiose avec Frankia ?).

5° Dans le cas d'une dune mouvante envahissant une vallée, ces plantes-compagnes peuvent y **survivre** à l'Argousier, mais disparaissent plus tard du paysage par des causes identiques.

6° Elles peuvent lui **survivre** également quand l'Argousier meurt par dessication, ou que, pour un autre motif, il disparaît de la formation.

7° Si *Hippophaë rhamnoïdes* ne faisait pas partie de la flore du littoral, *Ligustrum* et *Sambucus* n'y auraient peut-être **jamais** apparu à l'état sauvage.

C. De Bruyne.

Institut de Biogéographie de l'Université de Gand.

BIBLIOGRAPHIE

1. ANDERSSON, GUNNAR, *Die Geschichte der Vegetation Schwedens.* (*Engler's Botanische Jahrbücher*, XXII Band, 3. Heft, 1896.)

2. BLANCHARD, R., *Etude géographique de la Plaine flamande en France, Belgique et Hollande*, publiée par la *Société dunkerquoise pour l'avancement des Lettres, des Sciences et des Arts*, 1906.

3. BUCHENAU, FR., *Weitere Beiträge zur Flora der Ostfriesischen Inseln.* (*Abhand. herausg. vom Naturw. Verein zu Bremen*, IV-V Band, 1875.)

4. BUCHENAU, FR., *Flora der Ostfriesischen Inseln einschliesslich die Insel Wangeroog*, III. Auflage, Leipzig, 1896.

4bis. BUCHENAU, FR., *Der Wind und die Flora der Ostfriesischen Inseln. Abhand. herausg. vom Naturw. Verein zu Bremen.* XVII, 1903.

5. BORGGREVE, *Ueber die Wirkung des Sturmes auf die Baumvegetation.* (*Abhand. Nat. Verein zu Bremen*, III. Band, 1873.)

6. CREPIN, F., *Compte-rendu de la septieme herborisation de la Société royale de Botanique de Belgique.* (*Bulletin de la Société royale de Botanique de Belgique*, t. VIII.)

7. DARWIN, CH., *Origin of species.*

8. DE CANDOLLE, *Géographie botanique raisonnee.* Paris, 1855.

9. Dr DRUDE, O., *Handbuch der Pflanzengeographie.* Stuttgart, Engelhorn, 1890.

10. EBERDT, O., *Transpiration der Pflanzen und ihre Abhängigkeit von äusseren Bedingungen.* Marburg, 1889

11. Dr ENGLER, AD., *Versuch einer Entwickelungsgeschichte der Pflanzenwelt.* Leipzig, Engelmann, 1879.

12. FLAHAULT, CH., *Projet de carte botanique forestière et agricole de France, etc.* (*Annales de Géographie*, 1896.)

13. FLAHAULT, CH., *Au sujet de la carte botanique forestière et agricole de France, etc.* (*Bulletin de la Société botanique de France*, t. XLI, 1894.)

14. FOCKE, *Untersuchungen über die Vegetation des nordwestdeutschen Tieflandes* (*Abdh. Nat. Verein zu Bremen.* Band II, 1871.)

15. GERHARDT, *Handbuch des deutschen Dünenbaues*, unter Mitwirkung von Dr J. Abromeit, P. Bock und Dr A. Jentzsch. Berlin, Paul Parey, 1900.

16. GRAY, ASA., *Manual of Botany.*

17. GRISEBACH, *Die Vegetation der Erde.* Leipzig, 1884.

18. Dr HANSEN, AD., *Die Vegetation der Ostfriesischen Inseln.* Darmstadt, Arnold Bergstrasser, 1901.

19. HEMSLEY, *Report of the Botany of Juan Fernandez, the South-Eastern Molluccas and the Admiralty Islands.* (*The Voyage of H.-M.-S. Challenger, Bot.*, vol. I, 1885.)

20. HOECK, *Pflanzen der Schwarzerlenbestände Norddeutschlands.* (*Engler's Botan. Jahrbuch*, Band 23, 1891).

21. Hoeck, *Begleitpflanzen der Buche.* (*Botan. Centralbl.*, 1892.)

22. Hoeck, *Die Flora der Nadelwälder Norddeutschlands.* (*Die Natur* , 1892.)

23. Hoeck, *Begleitpflanzen der Kiefer in Norddeutschland.* (*Ber. d. Deutsch. Botan. Gesellsch.*, XI, 1893.)

24. Hoeck, *Nadelwaldflora Norddeutschlands.* (*Forschung s. deutschen Landes und Volkskunde*, VII, Stuttgart, 1893.)

25. Hoeck, *Muthmassliche Gründe für die Verbreitung der Kiefer und ihrer Begleiter in Norddeutschland.*(*Ber d. Deutsch. Bot. Gesellsch.*, XI, 1893.)

26. Hoeck, *Studien über die geographische Verbreitung der Waldpflanzen Brandeburgs.* (*Verh. Brand.*, XXXVII, 1895 und XL, 1898)

27. Hoeck, *Laubwaldflora Norddeutschlands.* (*Forsch. s. deutschen Landes und Volkskunde*, IX, Stuttgart, 1896.)

28. Hoeck, *Grundzüge der Pflanzengeographie*, Breslau, Fernand Hirt, 1897.

29. Holkema, *Plantengroei der Nederlandsche Noordzee-eilanden.* Amsterdam, 1870.

30. Huth, E., *Die Verbreitung der Pflanzen durch d. Excrementen der Thiere.* Berlin, 1889.

31. von Kerner, *Pflanzenleben.* 1887.

32. Klein, L., *Charakterbilder mitteleuropaischer waldbäums.* I. Vegetations bilder van Dr G. Karsten u Dr H. Schenk. Iéna, G.-C. Fischer, 1904.

33. Krause, E.-H.-L., *Historisch-geographische Bedeutung der Begleitpflanzen der Kiefer in Norddeutschland.* (*Ber. d. deutsch. Botan. Gesellsch.*, XI, 1893.

34. Massart, J., *La biologie de la végétation sur le littoral belge.* (*Bull. de la Société royale de Botanique de Belgique*, XXXII, 1893.)

35. Massart J., *Les conditions d'existence des arbres dans les dunes littorales.* (*Bulletin de la Société centrale forestière de Belgique*, 1904.)

36. Neumayr, *Anleitung zu wissenschaftlichen Beobachtung auf Reisen*, 2e Ausg., II Band, p 187.

37. Richardson, *Arcting searching Expedition*, 1851.

38. von Richthofen, F., *Führer für Forschungsreisende*, 2e éd., Berlin, 1901.

39. Paletzky, W., *La fixation du sable du chemin de fer transsibérien.* Saint-Pétersbourg, 1901. (En russe, cité d'après A. Bessey.)

40. Schimper, *Pflanzengeographie auf physiologischer Grundlage.* Iéna, G.-C. Fischer, 1889.

41. Scholz, Jos., *Der Holunder. Eine Pflanzen und volksgeschichtliche Schilderung.* (*Abhand. Nat. Ver. Bremen*, Band XV, 1901.)

42. Schuebeler, *Die Pflanzenwelt Norwegens.* Christiania, 1873-1875.

43. Vogler, P., *Ueber die Verbreitungsmittel der schweizerischen Alpenpflanzen.* Flora, 1901.

44. Walter, J., *Das Gesetz der Wüstenbildung in Gegenwart und Vorzeit.* Berlin, 1900.

45. Wiesner, J., *Grundversuche über den Einfluss der Luftbewegungen auf die Transpiration der Pflanzen.* (*K. K. Akad. d. Wiss. Wien.* Abt. 1, Band XCVI, 1887.)

LES COUTUMES FAMILIALES DES PEUPLADES

HABITANT L'ÉTAT INDÉPENDANT DU CONGO [1]

(Suite.)

BANTOUS DU BAS-CONGO. — Nous comprendrons sous cette dénomination assez vague les populations suivantes :

1° Les Mussoronghes qui habitent la rive droite du fleuve, depuis la mer jusque Ponta de Lenha ;

2° Les Kakongos qui habitent le nord du fleuve jusqu'aux environs de Vivi ;

3° Les Mayombés qui habitent la région au nord de celle occupée par les Kakongos ;

4° Les Bassundis qui occupent la région à l'est du Mayumbé ;

5° Les Batékés originaires du Congo français, mais dont un certain nombre ont émigré sur le territoire de l'État indépendant, entre Léopoldville et N'Dolo ;

6° Les Bakongos, proprement dits, qui habitent la rive gauche, en aval du Stanley-Pool ;

7° Les Wamboundas, les Bahumbus et les Babualas des environs de Léopoldville ;

8° Les Banfunus qui habitent la région délimitée par le Congo, le Kassaï et le Kwango ;

9° Les Bayanchis qui occupent le versant opposé du Kassaï ;

10° Enfin, les peuplades qui habitent les environs du lac Léopold II.

(1) Voir notre dernier numéro, p. 149.

TECHNIQUE. — Ce qui marque l'évolution économique de ces peuplades est le développement simultané de l'agriculture, de l'élevage, de la chasse et de la pêche.

Occupons-nous, d'abord, de l'agriculture.

Avant 1885, nous dit le R. P. Callewaert (1), les Mussoronghes cultivaient les arachides en quantité considérable; elles servaient surtout au commerce. Ils plantaient, en outre, le manioc, un peu de maïs, des patates et des haricots. Actuellement encore, ils ne connaissent pas l'usage de l'engrais et ne pratiquent pas de travaux d'irrigation, même dans les îles du fleuve où l'eau se trouve à proximité. Les Mayombés cultivent surtout le bananier, le manioc, l'arachide, la patate douce et le maïs, mais l'agriculture n'a cependant chez eux qu'une importance relative. M. Decazes signale les soins que les Batékés apportent à leurs cultures, dont l'élément essentiel est le manioc; la banane n'ayant pour eux qu'une importance d'ordre secondaire; les mêmes soins sont apportés aux cultures par les Bankongos ainsi que par les tribus du Stanley-Pool et notamment par les Banfunus, qui possèdent de vastes champs (2). L'agriculture est moins importante chez les Bahumbus et les Babualas. Presque partout, les cultures sont établies à proximité des habitations, sur le sol qui était occupé précédemment par les forêts, que l'on défriche à cette fin et dont on brûle les souches pour que leurs cendres servent d'engrais. C'est en somme dans la contrée de Boma que les cultures sont le moins bien soignées. L'instrument aratoire principal dans tout le Bas-Congo est la machette et la houe. La plante principale est partout le manioc, puis viennent par ordre d'importance le maïs, les arachides, le millet et les patates douces.

(1) *Les Moussorongos.* (Voir notre *Bulletin* 1905, n° 3, p. 182.)
(2) COSTERMANS, *Notice sur la tribu des Banfunus.* (*Missions belges*, 1899, p. 62.)

En fait d'animaux domestiques qui servent à l'alimentation, la chèvre occupe le rang principal, puis la poule qui est aussi un élément important ; quelques porcs existent ça et là, ainsi que des canards et des pigeons. Le chien sert à la chasse.

La chasse est pratiquée par toutes les tribus à l'exception des Babualas. On utilise des filets et des pièges de tous genres. Sauf chez les Mussoronghes, elle se fait en groupe. Les Bantous du Bas-Congo chassent le buffle, l'éléphant, l'antilope et le porc sauvage. Exception faite pour les Mussoronghes et les Babualas, la chasse procure la nourriture animale essentielle, l'usage de la chair d'animaux domestiques est plutôt exceptionnelle.

La pêche est en usage partout, on emploie le harpon, les barrages de claies, les filets ou nasses et également le hameçon. Elle est cependant très peu importante chez les Banfunus.

Partout l'habitation est rectangulaire, avec murs en argile ou en clayonnages, et recouverte de chaume ou de feuilles de palmier. Elle ne comprend habituellement qu'une seule chambre, mais le toit se prolonge en véranda sous laquelle les habitants séjournent à l'ombre. Les indigènes habitent en villages assez éloignés les uns des autres ; les villages les plus importants semblent être ceux des Babouendis (1) et des Banfunus ; en général, ils sont établis au sommet des collines ou dans les forêts. Ils sont reliés entre eux par de simples sentiers formés uniquement par le passage des hommes.

La navigation est un mode de communication très usité, les barques sont des arbres évidés, d'une seule pièce. Les

---

(1) DANNFELDT, *Mouvement géographique*, 1888, p. 1.

Batékés, les Babouendis et les habitants du Pool sont d'excellents pagayeurs ; les Banfunus seuls font exception, ils n'ont même pas de barques.

Chez les peuplades où le fusil à piston n'a pas encore fait disparaître totalement l'usage des autres armes, celles-ci consistent en arc et flèches, lances, sagaies et boucliers de cuir. Les Bayanzis portent toujours le couteau en fer forgé. Les trombaches ou couteaux de jet, d'un usage si courant dans le nord, sont totalement inconnus dans le Bas-Congo.

En ce qui concerne les industries, nous citerons avant tout le travail du fer qui est très développé.. Le tissage des fibres était pratiqué anciennement par toutes les tribus. La poterie est élégante ; la terre est pétrie avec les doigts et égalisée au moyen de spatules, puis recouverte d'un léger vernis au moyen d'huile de palme.

Anciennement chez les Mussoronghes, les hommes travaillaient aux champs d'arachides en même temps que les femmes, actuellement ce labeur incombe exclusivement à ces dernières. Généralement, dans tout le Bas-Congo, les hommes font les défrichements et les femmes effectuent tous les autres travaux agricoles ; elles retournent la terre, sèment et, en outre, font la cueillette des fruits et des herbes sauvages.

AUTORITÉ. — Passons à l'examen du régime politique de ces peuplades. Notons, à ce propos, que le Bas-Congo formait anciennement une monarchie qui est démembrée depuis longtemps. Avant la fondation de l'État du Congo, nous dit le R. P. Callewaert, les chefs Mussoronghos jouissaient d'une grande autorité ; ils avaient le droit de vie et de mort, ils jugeaient des cas de guerre et connaissaient de tous les différends de leur peuple ; l'autorité était héréditaire en ligne féminine, c'est-à-dire qu'elle se transmettait aux descendants mâles de leur sœur, par ordre de primogéniture ; mais actuellement le fils succèdeau père ; un conseil de notables assistait le chef (1). Dans le Mayumbé, suivant M. Vandenplas, l'autorité des chefs est plus nominale qu'effective ; cependant, d'après M. Gilmont, le chef du village est un personnage considérable et le chef de tribu surtout est très respecté (2). Les dignités se transmettent également en ligne féminine, c'est-à-dire au fils de la sœur aînée, à défaut de celui-ci au fils de la sœur puînée, et seulement au cas où il n'existe pas d'enfants de sœurs, au frère puîné. Même à défaut de parents collatéraux mâles, c'est la sœur aînée qui est choisie (3). Dans les environs de Boma, le pouvoir du chef est de même purement nominal, il ne prend jamais de décision sans consulter ses sujets ; la succession a lieu en ligne féminine (4). Ce mode de transmission est également en vigueur chez les Bacongos (5), mais chez ceux-ci, d'après M. Ward, les chefs ont une réelle autorité, surtout pour conclure la paix ou pour déclarer la guerre (6).

L'autorité des grands chefs Batékés est très limitée par ce fait que c'est l'assemblée des chefs qui juge des peines importantes à infliger. Ils reconnaissent comme successeur du titre le fils aîné, à moins qu'il n'y ait un autre homme, plus riche, plus fort et plus puissant (7). Au Stanley-Pool, et notamment chez les Banfunus, le chef a une réelle autorité, il est arbitre et juge ; il reçoit une part du produit de la chasse et perçoit parfois une redevance, assez minime d'ailleurs, en poules ou en chèvres. L'héritier présomptif de

---

(1) *Les Mousserongos,* p. 10.

(2) Gilmont, *Le Congo belge,* 1899, p. 162.

(3) Vandenplas, *Le Mayumbé.* (*Bull. de la Soc. de géogr. d'Anvers,* 1899, p. 67.

(4) Vandevelde, *Le Bas-Congo* (*Bull de la Soc. de géogr. de Bruxelles,* 1888, p. 528.)

(5) Cocheteux, *Bulletin de la Société d'anthropologie de Bruxelles,* t. VIII, p. 14. Slosse, *En avant avec la brigade d'études,* p. 45.

(6) Ward, *Five years with the Congo Cannibals,* p. 38.

(7) Courboin, *Bulletin de la Société de géographie d'Anvers,* 1904, p. 306.

l'autorité est le fils aîné de la sœur, mais cette règle n'est pas toujours suivie : il arrive que le chef fasse choix de son successeur et tache de le faire reconnaître comme tel par les chefs de famille ou les chefs de villages dépendants, s'il y en a.

Chaque agglomération des Bahumbus a un petit chef, dont les fonctions sont héréditaires, mais qui n'a par contre que peu d'autorité. Les Babualas ont des chefs élus par les hommes libres et leurs pouvoirs sont également restreints.

Au nord du lac Léopold II, chez la tribu Bolia, le grand chef, d'après M. Borms, a un ascendant réel sur ses sujets (1). Chaque village wamboundou a un chef spécial qui rend la justice, il y a un chef par tribu et un chef commun ; à la mort de celui-ci, le successeur est désigné par tous les chefs de la tribu réunis dans ce but ; il n'y a pas de règle de succession fixe, tantôt c'est le fils, le plus souvent le cousin germain qui hérite (2'. Chez les Bayanzis, le chef du village a une autorité absolue, mais chez eux encore il n'y a pas de règle absolue pour la transmission du pouvoir, parfois c'est le fils et parfois c'est le neveu par la sœur qui succède (3). Quelle que soit l'autorité du chef, elle est tempérée en général par les assemblées des notables de la tribu (4).

COUTUMES FAMILIALES. — La polygamie est très répandue et les chefs ont parfois un nombre de femmes assez élevé, qui varie d'après leur importance, car le nombre de femmes que possède un homme dépend de ses moyens de les acquérir. La polygamie est assez peu répandue chez les Mussoronghes, parmi lesquels la monogamie est la règle pour les esclaves et pour la plupart des hommes libres (5),

(1) Borms, *Belgique coloniale*, 1905, p. 158. — (2) Liebbrechts, *Léopoldville*, p. 33.
(3) Blaise, *Le Congo*, p. 171. — (4) Hanssens, *Congo illustré*, 1892, p. 31.
(5) Lemaire, *Africaines*, p. 210. — Vandevelde, *La région du Bas-Congo*. (*Bull. de la Soc. belge de géogr.*, 1886, p. 387.)

et où le nombre de femmes du chef lui-même ne dépasse que rarement deux. Les habitants des environs de Boma ont rarement plus de quatre ou cinq femmes (1). La coutume a plus d'importance chez les Bassundis, les Batékés (M. Courboin cite le cas d'un chef qui en a quatorze), les Bancongos et les Mayumbes. La polygamie étant un signe de richesse; l'esclave est forcément monogame. Au Stanley-Pool la polygamie est générale chez les chefs, et les riches ont jusque vingt et trente femmes, les pauvres par contre meurent souvent sans avoir connu de femme (2).

La prostitution de certaines femmes mariées ou d'esclaves apparaît çà et là, mais surtout chez les Bayanchis.

Partout le mode d'acquisition de la femme est celui que l'on désigne communément par l'achat. Chez les Mussoronghes, l'union est décidée lorsque les enfants sont encore très jeunes et, à ce moment déjà, le père du futur paie une partie de la dot. Le R. P. Callewaert indique d'une manière explicite qu'il ne s'agit pas ici d'un vrai contrat de vente, c'est un gage de la stabilité de l'union; sauf en cas de mauvais traitements de la part de son mari, la femme ne peut quitter celui-ci sans que les parents soient obligés de rembourser le prix d'achat (3); il en est de même si la femme meurt dans le courant des cinq premières années du mariage, ou si elle ne remplit pas ses devoirs d'épouse (4). M. Vandenplas, à propos des Mayumbés, dit que par le mariage, la femme est prêtée par sa famille dans l'intérêt de l'accroissement et de la perpétuité de celle-ci. Le prêt est fait contre la remise d'une dot, qui est restituée, lors de la dissolution de l'union conjugale, au mari ou à ses héri-

(1) VANDEVELDE, *Bull. de la Soc. belge de géogr.*, 1888, p. 52.
(2) COSTERMANS, *Le district de Stanley-Pool*, p. 12.
(3) *Op. cit.*, p. 13.
(4) BAERTS, *Organisation des Mussoronghes*, p. 16.

tiers (1). Chez les Batékés, le mariage se fait par achat aux parents de la femme, le prix est versé successivement par acomptes consistant en pagnes, sel, quelques mètres d'étoffe européenne ou quelques lingots de fer, puis enfin le fiancé doit faire cadeau d'un chien au père et d'une bêche à la mère (2), si, au bout d'un certain temps, le mari n'est pas content de son épouse, il peut rendre la femme, et les parents de celle-ci doivent lui donner une autre de leurs filles (3). Chez les Babualas, si la femme reste stérile, il est loisible au mari de la renvoyer à son père et d'exiger alors la restitution du prix d'achat.

Chez les Bacongos et chez les Wamboundas, la dot que le futur a payée aux parents est restituée en cas de divorce, bien entendu quand celui-ci est le fait du mari. Le prix est souvent très élevé et varie suivant la position de la famille de la femme et suivant la richesse du mari (4). Au Stanley-Pool, le prix d'une femme est élevé, il s'élève à 3 ou 4 000 mitakos ou à une vingtaine de tonneaux de poudre ; si les époux ne sympathisent pas, ils se quittent et le père rend la dot (5), mais, ici comme chez les Bancongos, vu la somme élevée à rembourser, les parents de la jeune fille s'efforcent de maintenir l'union et, quelquefois même, si la femme refuse de rester auprès de son mari, ils tentent d'esquiver le remboursement de la dot, souvent dépensée déjà, ce qui, chez les Banfunus entre autres, entraîne souvent des guerres entre villages. M. Ward donne comme une coutume générale, parmi toutes les tribus du Bas-Congo, que si la femme meurt avant d'avoir donné un enfant, le mari peut réclamer aux parents le rem-

---

(1) *Op. cit.*, p. 67.

(2) DECAZES, *L'Ouest africain.* (*Société normande de géographie*, 1888, p. 57)

(3) DECAZES, *Chez les Batékés.* (*Revue d'ethnographie*, 1886, p. 168.)

(4) COCHETEUX, *Op. cit.*, p. 14. — LIEBRECHTS, *Op. cit.*, p. 23. — BENTLEY, *Life on the Congo*, p. 45.

(5) COSTERMANS, *Op. cit.*, p. 69.

boursement du prix d'achat (1). Nous n'avons cependant pas trouvé confirmation de la généralité du fait.

Ainsi que nous venons de l'indiquer, le prix d'achat payé par le mari constitue une garantie de stabilité de l'union. Le R. P. Callewaert dit que, chez les Mussoronghes, la séparation arrive, mais qu'elle n'est guère fréquente. Lorsque le cas se présente, les enfants qui ont encore besoin de leur mère, restent avec elle, ainsi que les filles ; les garçons par contre suivent le père ou vont dans la famille de celui-ci (2). Chez les Bacongos, l'époux abandonne fréquemment sa femme quand elle est vieille (3), et les divorces sont extrêmement fréquents dans cette tribu (4). Au Stanley-Pool, la séparation a lieu en cas d'incompatibilité, de stérilité, de vol ou d'infidélités répétées de la femme, les enfants sont la propriété de la mère et l'accompagnent en cas de divorce (5) ; les Banfunus ont une coutume un peu différente : lors de la séparation, la moitié des enfants appartiennent au père et l'autre moitié à la mère (6).

M. Johnston dit que l'adultère est un événement fréquent dans le Bas-Congo et que la punition varie depuis la peine de mort jusqu'à une indemnité légère, suivant la situation sociale de l'offenseur et aussi suivant le district qu'il habite (7). En ce qui concerne les Musseronghes, le R. P. Callewaert confirme les indications données anciennement par Vandevelde, c'est-à-dire que l'adultère n'est pas fréquent dans cette peuplade (8) ; lorsque le fait arrive, la peine se porte surtout sur le complice, la femme est fouettée

(1) *Ethnographical notes on the Congo tribes*, p. 290.
(2) *Op. cit.*, p. 13.
(3) Büttner, *Die Congo Expedition.* (*Mitth. der Afrik. Gesellschaft*, 1889, p. 193.
(4) R. P. Butaye, *Les mœurs indigènes.* (*Missions belges*, 1900, p. 265.)
(5) Costermans, *Op. cit.*, p. 69.
(6) P. Cambier, *Missions en Chine et au Congo*, 1890, p. 205.
(7) Johnston, *The river Congo*, p. 404.
(8) *Op. cit.*, p. 13. — *La région du Bas Congo*, p. 398.

et, en général, assez facilement excusée ; le complice, lui,
doit au mari de fortes amendes en chèvres, moutons,
étoffes, etc. ; si ce complice est esclave ou s'il ne paie pas
l'indemnité, il est condamné à mort, mais la cause est
jugée par le chef et le mari n'a pas le droit de tuer son
rival (1). Dans les environs de Boma, il arrive rarement
qu'un homme prenne la femme d'un de ses semblables, s'il
est surpris, le mari trompé tachera de se venger de son rival
en lui administrant des coups et en réclamant des dommages
consistant en étoffes ou autres produits. Au Mayumbé, les
adultères sont mis à mort et leurs têtes sont mis sur des
poteaux à l'entrée du village (2).

M. Liebbrechts écrit que, chez les Wamboundas, l'adultère
n'est guère fréquent et que, lorsqu'il se présente, la femme —
s'il s'agit d'une femme non esclave — est renvoyée chez sa
mère, à moins que le chef ne pardonne la faute (3). La punition de l'adultère est assez variable parmi les Bacongos, dans
certains villages, il est puni de mort (lapidation) (4) pour les
deux coupables, dans d'autres, le mari exploite la situation
et exige de son rival le paiement d'une indemnité équivalente
au prix d'un esclave, ou à défaut de paiement, il le réduit lui-
même à l'état d'esclavage (5). Au point de vue de la fidélité
des femmes, les Bayanchis sont moins favorisés que les
Batékés et les Bacongos, bien que dans toute la région du
Pool, le mari ait le droit de tuer l'amant de sa femme, à
moins que celui-ci ne paie une indemnité élevée qui peut aller
jusque 60 pièces d'étoffe (6). D'habitude chez les Banfunus,
la femme infidèle reçoit une correction du mari et le complice

---

(1) BAERTS, *Op. cit.*, p. 21.
(2) VANDEVELDE, *Le Bas-Congo*, p. 529.
(3) *Op. cit.*, p. 35.
(4) MASUI, *L'État du Congo*, p. 73. — BUTAYE, *Op. cit.*, p. 265.
(5) COCHETEUX, *Op. cit.*, p. 14. — CHAVANNE, *Op. cit.*, p. 397.
(6) COSTERMANS, *Op. cit.*, p. 52.

paie une indemnité; en somme, chez eux, dit-on, l'adultère
est assez rare lorsque les époux sont à peu près du même âge.
Selon la coutume admise par les Babualas, la femme adultère
n'est pas punie, mais son amant doit payer une amende au
mari et, s'il se trouve dans l'impossibilité de le faire, il devient
l'esclave de l'époux.

L'adultère du mari n'est évidemment puni nulle part.

L'autorité du mari sur sa femme et ses enfants subit certaines restrictions. Chez les Mussoronghes, si le père tue son
enfant, il doit payer aux parents de sa femme la moitié de la
valeur à laquelle l'enfant est estimé(1); quant à la femme elle-
même, nous avons vu que celle-ci peut quitter son mari si elle
a eu à subir de mauvais traitements et que, même dans ce cas,
la famille de la fugitive n'est pas astreinte au remboursement
du prix d'achat. D'après M. Bentley, les enfants jouissent
d'une protection spéciale de la part du père · de l'épouse,
auquel la coutume accorde une influence considérable au
point, que fréquemment le neveu quitte la maison paternelle
pour aller habiter chez l'oncle auquel il compte succéder (2).
Ailleurs, en principe au moins, le mari jouit d'une autorité
absolue sur ses enfants et sur sa femme, mais de fait, la
restriction subsiste toujours que celle-ci peut s'enfuir chez
ses parents qui, dans ce cas, peuvent rompre l'union en
remboursant le prix d'achat.

Chez les Mussoronghes, les unions sont conclues par les
parents lorsque les enfants sont encore très jeunes; il ne
semble pas que chez eux le consentement de la femme soit
exigé pour l'exécution du contrat (3). Les Bacongos de même
concluent le mariage alors que les intéressés n'ont pas
encore l'âge d'union (4), c'est-à-dire que leur acquiescement

---

(1) BAERTS, *Op. cit.*, p. 17. — (2) *Op. cit.*, p. 46.
(3) CALLEWAERT, *Op. cit.*, p. 13. — LEMAIRE, *Op. cit.*, p. 210.
(4) BUTTNER, *Op. cit.*, p. 190.

n'est pas demandé. Les Mayumbés ne consultent pas la femme lorsqu'on l'engage dans une union (1). Dans maints villages de la région des cataractes, les enfants de quatre à cinq ans sont ordinairement promises comme épouses, et elles ont à peine atteint l'âge de dix ans, qu'on les cède au fiancé pour le prix convenu (2). Chez les Babualas de même, les femmes sont promises lorsqu'elles sont encore enfants. Elles ne sont pas à proprement consultées, mais leur consentement est désiré bien que les parents les forcent quelquefois. Dans ce cas, le mari reste dans le village de la femme. En somme, les renseignements recueillis dans ce rapport sont très insuffisants, mais il convient toujours de tenir compte de cette règle, que l'on peut dire générale, que si le consentement n'est pas exigé il est néanmoins désiré, afin d'éviter la fuite ultérieure de la femme. C'est au moins ce qui se présente d'une manière très nette chez les Banfunus.

Si les Mussoronghes n'exigent pas la chasteté de la jeune fille avant son mariage, elle a cependant son prix, puisque, en cas d'infidélité, l'époux futur peut exiger une indemnité de la part du complice (3); d'ailleurs, d'après les dires de M. Vandevelde, les jeunes filles Mussoronghes seraient chastes. Il en est de même chez les Batékés, où les femmes non mariées sont d'une grande retenue (4); même, chez les Bacongos, on punit sévèrement les rapports du fiancé avec la fiancée avant que les formalités d'usage ne soient accomplies (5). Plus haut, au Stanley-Pool, la chasteté de la jeune fille n'est pas prisée, et dès l'âge de sept ou huit ans, les femmes ont des relations avec les gamins du village, puis

(1) GILMONT, *Op. cit.*, p. 162. — R. P. LOMBAERTS, *Missions en Chine et au Congo* 1906, p. 104.

(2) O. DEL GRANDE, *Le Congo*, p. 161.

(3) CALLEWAERT, *Op. cit*, p. 13.

(4) DECAZES, *Op. cit*, p. 57.

(5) BUTAYE, *Op. cit.*, p. 215.

avec les jeunes gens (1). M. Johnston a fait de ceci, semble-t-il, une règle trop générale, en disant que dans tout le Bas-Congo on n'attachait que peu d'importance à la chasteté de la jeune fille (2).

En ce qui concerne l'âge du mariage, remarquons que dans la région qui nous occupe, la jeune fille est nubile vers sa dixième année (3); chez les Mussoronghes, de même que chez les Mayumbés, l'âge habituel auquel la femme se marie est douze ans (4), chez les Bacongos et chez les Babualas, on la marie quelquefois même avant la puberté (5). M. Chavanne fixe, comme moyenne pour le Bas-Congo, l'âge de treize à quatorze ans (6), au Stanley-Pool, l'âge est plus avancé, il est d'ordinaire de quinze à seize ans pour la femme et de vingt ans au moins pour l'homme.

Nous sommes assez mal renseignés sur le régime de la propriété dans le groupe familial. Le R. P. Callewaert nous dit que, chez les Mussoronghes, la femme mariée a le droit de propriété, car ses biens sont distincts de ceux du mari, et qu'elle en conserve la propriété en cas de séparation (7). D'ailleurs, ce fait est confirmé par leur régime de transmission des biens; d'après M. Baerts, les filles ont le droit d'hériter, bien que leur part soit moindre que celle des garçons (8), et que, d'après M. Vandevelde, les nièces héritent à défaut de neveux (9). M. Costermans a donné des indications sur la transmission des biens parmi les tribus du Stanley-Pool : lorsqu'il s'agit d'un chef, ses biens vont pour moitié à son successeur, c'est-à-dire à son neveu, et pour moitié à ses fils, les filles étant exhérédées; il en est à peu près de même pour les particuliers, sauf que les neveux prennent ici les

(1) COSTERMANS, *Op. cit.*, p. 12.
(2) JOHNSTON, *Op. cit.*, p. 404. — (3) WARD, *Op. cit.*, p. 289.
(4) VANDEVELDE, *Op. cit.*, p. 386. — VANDENPLAS, *Le Mayumbé*, p. 73.
(5) BUTTNER, *Op. cit.*, p. 190. — (6) CHAVANNE, *Reisen und Forschungen*, p. 400.
(7) *Op. cit*, p. 15. — (8) *Op. cit.*, p. 17. — (9) *Op. cit.*, p. 386.

deux tiers de la succession, ne laissant ainsi qu'un tiers aux enfants. Les biens de la femme vont par moitié à ses frères, ou, à défaut de ceux-ci, à ses sœurs et pour moitié à ses fils. Si elle n'a ni frère ni sœur, tous ses biens reviennent à ses enfants, mais en revanche, si elle n'a pas d'enfants, ils sont attribués à ses frères ou sœurs. Si elle n'a pas d'héritiers, elle dit à ses esclaves de l'enterrer décemment et leur permet de prendre, après sa mort, possession de ses propriétés ou seulement de ses meubles et, dans ce dernier cas, de partir. Les mêmes règles s'observent, sous ce rapport, quand il s'agit de la succession de l'homme lui-même (1). Les produits de l'industrie de la femme lui appartiennent et elle jouit de beaucoup de liberté (2). Chez les Bahumbus, en cas de mort d'un homme ou d'une femme, ses biens passent à ses frères, mais jamais aux ascendants ni aux descendants directs.

En ce qui concerne le sort de la femme en cas de mort de son époux, nous retrouvons le lévirat partiellement appliqué chez les Mussoronghes, il est d'usage dans cette tribu que les veuves d'un âge avancé sont libres de leur destinée ultérieure, mais les jeunes veuves sont reprises par le frère aîné du mari défunt ou par la famille de celui-ci ; mais, néanmoins, le plus souvent, elles retournent dans leur propre famille qui décide de leur nouveau sort (3). Chez les Batékés, c'est le fils qui hérite des femmes de son père (4). Les Banfunus ont pour coutume que les frères et cousins reçoivent les femmes du défunt ; l'oncle, sinon le chef du groupe familial, recueille ses neveux ou nièces. Chez les Bahumbus, les veuves restent libres, et chez les Babualas, par contre, elles sont de droit esclaves. M. Bentley rapporte que, si une femme meurt, les parents de celle-ci doivent procurer au mari une nouvelle épouse, sans nouveau paiement de la part de celui-ci (5).

(1) COSTERMANS, *Op. cit.*, p. 73. — (2) COSTERMANS, *Op cit.*, p. 49.
(3) CALLEWAERT, *Op. cit.*, p. 13. — (4) GUIRAL, *Op. cit.*, p. 165.
(5) *Op. cit.*, p. 45.

Les faits, que nous sommes parvenus à découvrir au sujet du degré de parenté qui empêche le mariage, sont également assez peu nombreux. C'est une obligation pour les chefs Kakongos de prendre femme en dehors de leur tribu (1). M. Callewaert ne croit pas que les Mussoronghes considèrent comme un obstacle à l'union, une parenté qui dépasse le second degré, c'est-à-dire que cousins et cousines — qui s'appellent frères et sœurs — ne se marient pas (2). D'après le Dr Sims, que cite Westermarck, chez les Batékés, les mariages sont défendus entre frères et sœurs de mêmes père ou mère, entre les cousins germains, entre l'oncle et la nièce, ou entre la tante et le neveu. Selon M. Ingham, les Bakongos tiennent pour abominables toutes les unions entre parents, que ce soit du côté du père ou du côté de la mère (3). Au Stanley-Pool, il est défendu de se marier avec une personne rangée dans la parenté et celle-ci constitue une sorte de groupement familial ayant pour but la possession et l'exploitation collective des biens (4). Chez les Banfunus, le mariage n'est interdit qu'entre frère et sœur, et naturellement comme partout ailleurs entre ascendants directs. Parmi la tribu bolia, nous rencontrons cette coutume que nous retrouverons fréquemment ailleurs, c'est que l'homme prend femme dans sa propre tribu, mais dans un autre village (5). Il importe de noter, à ce propos, que le village est généralement formé d'un ou de plusieurs groupes familiaux et que l'on trouve des villages dont tous les habitants sont parents. C'est, au moins, ce qui nous est rapporté du district de Stéphanieville (6), voisin du Bas-Congo. Chez les Batékés, chaque famille forme un groupe de cases dans le village (7).

(1) Philipps, *Deutsche geographische Blätter*, 1884, p. 345. — (2) *Op. cit.*, p. 12.

(3) Westermarck, *Origine du mariage*, p. 298.

(4) Costermans, *Op. cit.*, pp. 69 et 71.

(5) Borms, *Op. cit.*, p. 160. — (6) *Le district de Stéphanieville*, p. 23.

(7) Decazes, *Op. cit.*, p. 55.

Au Pool, il semble exister une situation similaire, car, même lorsque les jeunes hommes sont mariés, eux et toute leur famille restent sous l'autorité du *pater familias* (1). Il n'en est toutefois pas de même chez les Banfunus, où le fils marié est émancipé du père; chez eux aussi, chacun est individuellement responsables des délits qu'il commet, et la punition ne porte que sur le coupable, alors qu'au Pool les parents sont obligés de racheter le voleur.

Le principe de la vendetta familiale a presque totalement disparu, on n'en trouve plus que des traces çà et là, la peine du talion fait place au rachat de la faute. Chez les Mussoronghes, toute infraction est rachetable en principe par le paiement où la prestation en nature au profit de la victime (2). Dans les environs de Boma, le criminel est jugé par l'assemblée de tous les gens du village, et la peine de mort est fréquemment appliquée en cas de meurtre ou d'adultère (3). Au Pool, les tribunaux sont composés des chefs de village, le meurtier est mis à mort s'il ne peut indemniser la famille; la compensation est généralement très élevée et atteint parfois la valeur de vingt hommes (4). Les Banfunus suivent le même régime, mais seulement parmi eux la compensation n'est admise que si la victime est d'un rang inférieur à celui du meurtier; dans le cas contraire, le coupable a la tête tranchée, et s'il était esclave, il est mangé. Dans le Mayombé, les délits sont punis d'une amende pour les hommes libres et de peines corporelles pour les esclaves (5).

(*A suivre.*)   P. HERMANT.

---

(1) COSTERMANS, *Op. cit.*, p. 67. — (2) BAERTS, *Op. cit.*, p. 19.
(3) VANDEVELDE, *Op. cit.*, p. 529. — (4) COSTERMANS, *Op. cit.*, p. 51.
(5) VANDENPLAS, *Op. cit.*, p. 68.

LES RIVERAINS DE L'UÉLÉ

(Suite.)

Pêche. — C'est tout d'abord comme pêcheur que nous allons étudier le Bacango.

Ses moyens de capturer le poisson sont multiples et varient suivant les eaux qui le lui fournissent.

Dans les petites rivières, il use du procédé employé par les terriens en établissant des barrages où viennent s'accumuler, comme en un vivier, les poissons, crabes, crevettes, etc., amenés par les eaux. Armées de paniers ou de corbeilles en forme de van, les femmes entrent dans ce bassin artificiel pour y capturer ces animaux, dont évidemment une bonne partie s'échappe.

Au bord des eaux de moyenne profondeur, le Bacango forme une sorte de nasse artificielle ou de verveux en entourant l'embouchure des petites criques de nattes solides, reposant sur le fond et tenues dans un plan vertical par des longs piquets. On recueille le poisson dans ces réservoirs comme dans les rivières barrées. Souvent, la natte ne fait qu'entourer quelques mètres cubes d'eau contre la rive ; dans ce cas, une ouverture de 50 ou 60 centimètres est ménagée et l'on attend que le bénévole habitant des eaux veuille bien entrer dans ce piège rudimentaire.

Ce sont là des procédés bien primitifs et qui ne sont guère exclusivement utilisés que par l'élément indigène plutôt cultivateur.

Un dernier procédé, qui semble créé simplement pour la capture du fretin vivant dans les herbes aquatiques, consiste à immerger parmi ces plantes et à retirer lentement de très vastes paniers ovales, à section triangulaire, longs parfois de 2 à 2^m50, larges de 50 centimètres à 1^m50, profonds autant que larges. Les mailles de ces verveux sont nécessairement très serrées. Ce genre de pêche est souvent pratiqué par les femmes et par les enfants.

Les hommes s'emploient à des besognes plus fructueuses dans le lit même de l'Uélé.

Là où le courant est de moyenne intensité, les pirogues s'en vont par paires. Chacune des embarcations d'un couple porte la moitié d'un tramail simple, dont l'un des côtés est muni de flotteurs et l'autre lesté de pierres. Les pirogues s'écartent, pendant qu'un homme dans chacune d'elle jette le filet, et, décrivant chacune un demi-cercle viennent se rejoindre plus en amont, le tramail étant toujours tendu contre le courant. Le gros poisson se prend généralement par les ouïes en cherchant à s'échapper entre les mailles et il suffit de relever le filet.

Ce genre de pêche, s'il fournit ordinairement de grosses pièces, nécessite un travail prolongé et fatiguant, parce que les deux tiers des coups de filet restent à peu près sans résultat.

De petits tramails de 2 mètres sont souvent placés à demeure entre les roches par des femmes ou des jeunes garçons; ils ont des mailles plus serrées, étant destinées à des animaux plus petits.

Le sport favori des Bacangos est la pêche à la nasse. Leurs nasses de forme conique, larges de 50 centimètres à à 1ᵐ50 à l'ouverture, longues parfois de plus de 2 mètres, ne sont pas comme les nôtres, fermées à leur base par un goulot étroit, et le poisson engagé dans cet engin y est simplement retenu par la violence du courant qui l'y a porté. Aussi, faut-il, pour qu'on puisse employer cet appareil, qu'il soit placé dans de véritables chutes où le poisson, entraîné avec une rapidité vertigineuse, ne peut plus se servir de ses moyens de locomotion ordinaires. En de tels endroits, les nasses sont fixées à des pieux encastrés entre les roches, pieux fixés entre eux par des lianes qui servent autant à les maintenir qu'à permettre aux indigènes de circuler sur ces échafaudages comme sur un pont. Une ou deux fois par jour, le pêcheur va relever ses nasses, soit en les attirant à lui, lorsqu'il s'est agrippé des jambes aux piquets fixateurs, soit en les tirant sur les roches voisines où il se transporte à l'aide de petites pirogues, qu'il faut manier habilement à la perche pour ne pas chavirer dans les eaux tourbillonnantes.

Cette pêche fournit des quantités considérables de poissons et ne nécessite pas le travail prolongé que demande le maniement des filets. Aussi le Bacango la préfère-t-il à toutes les autres.

Bien que l'usage des hameçons soit bien connu de tous, la pêche à la ligne n'est guère en faveur dans l'Uélé et ne compte à peu près pour rien dans le travail indigène.

Tous les poissons, quels qu'ils soient, sont fumés. Placés dans des corbeilles ou sur des claies immédiatement après la capture et après qu'on les a vidés, ils restent plusieurs jours soumis à l'action d'un feu modéré. Puis ils sont transportés dans les cases où ils sont fixés sur des baguettes disposées en éventail ou en cercle. Le tout est placé dans de grands paniers pendus au toit, au-dessus de l'endroit où se fait ordinairement le feu. Jamais un autre moyen de préparation ou de conservation n'est employé.

Tous ces procédés de capture du poisson demandent, on s'en doute, un travail préparatoire très important, et le Bacango, sous peine d'être arrêté dans la pratique de son principal métier, doit se livrer à maintes occupations bien spéciales.

L'établissement des bâtis des pêcheries est un travail souvent périlleux et difficile. La fixation des nasses nécessite également des connaissances spéciales. Ces travaux, ainsi que la fabrication de presque tous les engins de pêche, sont toujours faits par les hommes. Le tressage des cordes et des filets sont également réservés à l'élément masculin des villages, les femmes étant plutôt chargées des travaux de vannerie et de la préparation du produit de la pêche.

FABRICATION DU SEL. — La fabrication du sel occupe également les hommes et les femmes. Toutefois, les premiers n'y participent que lorsque les endroits, où se récoltent les algues salines, sont d'un accès difficile ou sont un peu éloignés.

Ces algues, arrachées au fond de l'eau, ou aux roches émergées, sont mises à sécher au soleil, puis accumulées, par tas du volume d'un mètre cube environ, au-dessus d'énormes bûches enflammées.

D'épais nuages de fumée et de vapeur blanche s'échappent de ces foyers. Les cendres d'herbes sont soigneusement recueillies et bouillies dans l'eau ; après repos et décantation, l'eau est évaporée et laisse un résidu salin dans lequel le chlorure de sodium est relativement peu abondant, qui n'a d'ailleurs pas le goût de ce condiment, mais dont les indigènes sont pourtant très friands.

CHASSE. — Le manque d'armes à feu pourrait faire supposer que la chasse au gros gibier est impossible aux riverains.

Parfois, ils entreprennent pourtant de s'attaquer aux hippopotames. Ceci nécessite beaucoup de hardiesse, car l'animal est assez agile dans l'eau et il est dangereux de l'attaquer à la lance.

Nous avons vu pourtant de véritables expéditions de chasse entreprises par les Mangbellés dans la Dongu, et nous avons rencontré, chez les A-Bassangos, des harpons de 1ᵐ50 de long, munis d'une longue corde et destinés certainement à la chasse d'un gros gibier. Il est vrai que ces harpons ou de petites lances peuvent leur servir également pour frapper les antilopes prises au filet, les crocodiles passant à portée ou même les très gros poissons, dont certains pèsent parfois 50 à 60 kilos, et qu'il faut tuer avant de les embarquer.

NAVIGATION. — La condition de vie essentielle des Bacangos est la possession d'embarcations. Les pirogues sont généralement représentées comme des troncs d'arbres grossièrement creusés. Il en est évidemment de semblables, mais elles sont en infime minorité et presque partout, dans le bassin du Congo, nous voyons que les indigènes s'appliquent, dans cette construction, à respecter des traditions qui les ont amenés à suivre des lignes et des gabarits forts bien adaptés aux besoins locaux.

Dans l'Uélé, toutes les pirogues présentent un avant effilé à partir du tiers antérieur environ, tandis que l'arrière, plus élargi, se rétrécit brusquement jusqu'à l'extrême tablette sur laquelle s'assied le timonier, qui est parfois seul à conduire une telle embarcation.

Pour éviter l'irruption de l'eau à la montée et à la descente des rapides, les Bacangos ont toujours soin de relever la pointe d'avant ainsi que l'arrière de façon à dominer la chute en l'abordant ou en la quittant.

La nature du lit pierreux de l'Uélé et des roches que

heurte à tout moment le fond des embarcations, oblige également les indigènes à donner à ce fond une épaisseur suffisante pour augmenter sa résistance autant que possible.

Nous voyons, à peu près d'après ces données, quelles seront les qualités et la forme que doit présenter une bonne pirogue.

La stabilité est assurée par la qualité du bois employé. Dans ce cas, les essences les plus denses seront toujours les meilleures.

En effet, supposons une embarcation faite d'un bois très léger. A cause de l'épaisseur considérable du fond, le centre de gravité se trouvera placé très haut. Le centre de pression des eaux restant à sa place, il s'ensuivra une tendance continuelle à chavirer.

Aussi, voyons-nous les Bacangos choisir des bois tellement denses qu'ils sont à peine capable de flotter. L'acajou africain réalise cette condition et est fréquemment employé. Les troncs de cette essence présentent le défaut de se fendre souvent dans le sens de la longueur. Il est vrai que cet inconvénient se rencontre à peu près dans tous les gros troncs.

Il faut donc au Bacango une connaissance exacte des essences qu'il peut trouver dans la forêt environnante.

Le choix de l'arbre étant fait, il faut l'abattre et, avant de commencer à le tailler, il est nécessaire de savoir à quelle distance de la base le tronc devient utilisable, sous peine d'obtenir une embarcation fendue avant d'être achevée.

Tous ces points étant fixés, le tronc est entamé de toutes parts, et l'on esquisse d'abord grossièrement la forme à obtenir; puis, avec des hachettes de plus en plus légères, on se rapproche du gabarit définitif.

Les pirogues sont de dimensions variables suivant les usages qu'on en veut faire et surtout suivant les eaux dans lesquelles elles doivent être employées.

Le modèle le plus généralement usité a 8 à 9 mètres de long sur 40 à 50 centimètres de largeur et une profondeur de 30 à 40 centimètres. Il est utilisé pour les petits voyages dans les criques et les rapides. Des modèles plus petits sont construits également pour cet usage, mais ne pourraient servir comme le précédent pour la pêche au filet ou la navigation dans les rapides trop violents où sont établies la plupart des grandes pêcheries.

De grandes embarcations, allant jusqu'à 12 et 15 mètres de longueur sur 1 mètre de large et 60 centimètres de profondeur, sont construites plus rarement. C'est surtout pour l'usage des Européens que ce type est adopté. L'indigène le trouve peu maniable dans les eaux tourmentées, et il est toujours nécessaire d'y mettre une équipe de six à huit hommes au minimum pour les conduire. Toutefois, dans les eaux calmes du pays mangbellé, ces grandes pirogues étaient assez communément employées et servaient souvent, avant notre arrivée, aux transports de guerriers. En général, les pêcheurs n'ont que faire de ces grandes embarcations encombrantes, et ils préfèrent toujours, pour leur usage, des embarcations qu'un seul homme peut manier et capables de circuler sans difficulté dans toutes les passes.

Les pirogues n'appartiennent pas à ceux qui les ont creusées et semblent plutôt destinées à servir à la communauté. Elles sont, d'ailleurs, en nombre suffisant pour que chaque famille possède au moins la sienne.

Nous avons vu avec quel soin ce matériel est dissimulé en temps de paix, les difficultés de sa construction le rendent en effet d'autant plus précieux.

Pour évoluer dans leurs eaux agitées, les Bacangos utilisent tantôt le « lighèghè », grande perche droite d'une longueur de 4 à 5 mètres, dont ils taillent l'extrémité en pointe pour l'empêcher de glisser sur les roches lisses du fond, tantôt de courtes pagaies, dont la palette a 60 centimètres de long sur 12 à 15 centimètres de large et dont le manche mesure de 60 à 70 centimètres.

Le « lighèghè » se manie debout et s'emploie surtout pour circuler dans les eaux peu profondes à courant très violent. Cette navigation nécessite une force musculaire assez grande et une adresse remarquable, si l'on ronge que dans la plupart des rapides un coup de perche portant à faux peut amener l'inévitable naufrage suivi parfois de la noyade du maladroit; car il est absolument inutile d'essayer de nager dans un rapide; le courant a bientôt fait de jeter l'homme de roches en roches, jusqu'à ce que, étourdi, contusionné et blessé, il perde connaissance.

La pagaie est utilisée plutôt dans les eaux calmes ou bien durant la saison des pluies, lorsque les eaux grossies par des averses quotidiennes ont recouvert les roches, submergé bon nombre d'îles et rendu la rivière trop profonde pour permettre l'emploi des perches.

La légende qui veut que le nègre soit obstinément paresseux résulte évidemment de ce que nous ne tenons pas suffisamment compte des conditions dans lesquelles il vit. Il faut pourtant reconnaître souvent son caractère industrieux.

Isolé au bord d'une rivière, sans disposer d'aucune des ressources de notre industrie, le Bacango parvient à construire ses habitations et à exploiter le cours d'eau près duquel il doit vivre, par des moyens simples, rudimentaires, mais ingénieux. Il n'y parvient qu'au prix d'un labeur continuel, en s'exposant à des accidents mortels ou à des pertes réparables seulement par de longs et pénibles travaux. Nier la bravoure et la capacité de travail de tels hommes équivaut à les calomnier.

On ne voit pas, dans les villages des Bacangos, ces nègres oisifs et nonchalants, si fréquemment rencontrés au cœur du pays ; les Bacangos sont toujours occupés d'un côté ou de l'autre. Nous avons vu combien l'exploitation de la rivière leur coûtait de travail, et ce n'est là qu'une partie de la tâche qu'il leur faut remplir pour assurer leur existence.

La pêche elle-même ne les occupe pas toute l'année ; pendant les mois de juillet, août, septembre et octobre, le niveau des eaux, dans l'Uélé et ses affluents, est devenu trop élevé pour permettre l'utilisation de bien des engins et notamment des nasses. Les eaux roulent alors avec violence, submergeant les îles, emportant parfois les pieux des pêcheries. Les rapides ne sont plus franchissables qu'en quelques rares passes, ou bien, comme cela se présente à Panga et à Sassi, la chute disparaît complètement, les deux biefs qu'elle sépare s'étant mis au même niveau.

L'emploi des filets, en cette saison, est presque impossible à cause de la rapidité du courant. Les petites rivières seules fournissent encore leurs produits pendant quelque temps avant que la crue ne les ait atteintes. Il faut donc momentanément renoncer à la pêche ; mais alors d'autres besoins surgissent.

Pour résister aux intempéries de cette saison, il faut construire de nouvelles huttes et réparer les anciennes, il faut aussi emmagasiner le produit des plantations ou abriter, contre l'humidité, les vivres achetés aux gens de l'intérieur ; ce sont enfin les mille besognes de l'habitant des terres qui s'imposent en ce moment.

Puis des calamités surviennent ; les pluies font pourrir les vivres secs, la crue violente emporte des pirogues et des engins de pêche qui vont se perdre dans les cataractes. Et il faut travailler toujours à creuser des troncs, à refaire les filets déchirés ou perdus, à nettoyer les plantations, si vite envahies par la brousse en cette saison des pluies, saison qui est un véritable calvaire à franchir pour les riverains.

Heureusement, pendant la plus grande partie de l'année l'Uélé est praticable. En décembre, les pêcheries sont rapiment rétablies, les nasses replacées, les filets sont utilisables. En janvier, février et mars, il ne pleut plus du tout; alors le Bacango abandonne la terre ferme et s'installe sur les bancs rocheux avec armes et bagages, se nourrissant de son poisson ou de grandes huîtres coriaces que le retrait des eaux laisse à découvert et qu'on fait cuire dans l'écaille.

Durant cette saison, le coup d'œil sur l'Uélé est enchanteur; partout la vue est frappée par le mouvement des indigènes sillonnant les petits chenaux dans leurs pirogues. Des familles entières, installées sur les roches, semblent être là pour toujours. Les vieux fument leurs longues pipes par bouffées profondes, des femmes, tout en allaitant les nourissons, surveillent en même temps quelque petit filet tendu entre deux roches. Plus loin, des gens plongés dans l'eau jusqu'aux épaules s'immergent complètement pour aller arracher au fond les herbes salines; et, la nuit, des feux s'allument partout; des feux pour pallier au rayonnement durant les nuits sereines et froides, des feux pour cuire les huîtres et fumer le poisson, des feux encore qui circulent, des torches que les indigènes promènent à la surface des eaux pour attirer le poisson à portée de sa main ou de sa lance.

Et, à l'aube, le grand mouvement des pirogues recommence; on va relever les nasses; les vieux ainsi que les femmes nourissant leurs enfants restent sur les roches; les mioches entretiennent de petits feux autour desquels ils se pelotonnent frileusement.

Quelques individus restent seuls sur la rive, commerçant constamment avec les indigènes voisins, échangeant les produits de la pêche contre les bananes, le manioc, le maïs qui leur est nécessaire et dont leurs propres plantations ne peuvent leur fournir une quantité suffisante. Là, restent aussi de vieilles femmes entassant sur de grands feux des monceaux d'herbes salines, dont les vapeurs s'élèvent de toute part en épais nuages blancs, et donnent au paysage une allure pittoresque qu'on ne rencontre que là.

C'est alors aussi qu'en chantant les riverains partent vers les bassins rétrécis où sont bloqués et rassemblés les hippopotames. Aux environs de ces bassins, ils établiront de grands campements, ils installeront des séchoirs pour la viande de leur volumineux gibier, dont ils fondent la graisse.

Durant ces quelques mois, qui évoquent les tableaux de l'âge d'or, tout ce qui est à terre est à peu près abandonné. Les huttes tombent en ruine et on les laisse se ruiner ; on ne s'inquiète guère des plantations ; et il faut les premières pluies d'avril pour tirer les riverains de leur rêve de félicité.

Ils abandonnent alors peu à peu leurs bancs de pierre, dont la surface émergée diminue de jour en jour. On défriche, on plante hâtivement, on délibère sur l'opportunité de nouvelles constructions ; on tâche d'acheter aux gens de l'intérieur du pays le plus possible de vivres. Puis, les pluies augmentent, les eaux montent, il faut mettre les pirogues à l'abri, et de nouveau ce sont les pluies froides, les orages violents, les bourrasques, les inondations et le Bacango rentre dans l'ombre.

CONDITIONS SOCIALES. — Comme chez presque tous les indigènes de l'Afrique centrale, l'organisation de la société, chez les Bacangos, est basée sur l'oligarchie. Pourtant, ici, l'autorité semble beaucoup plus fractionnée que chez les habitants des terres et, en somme, chaque chef de famille fait la loi chez lui et ne reconnaît dans le chef de tribu qu'un arbitre ayant souvent moins de pouvoir que ses collègues A-Babuas, Mangbettus ou A-Barambos.

Les riverains, contrairement à ce qui se passe chez leurs voisins, se marient fort souvent entre eux; souvent aussi c'est dans les tribus voisines qu'ils vont prendre femme.

Comme ils sont riches, ils paient plus cher que d'autres; ainsi l'A-Zandé des environs de Bima paie vingt lances au père de sa fiancée, tandis que les Bacangos en paient couramment cinquante. Ce prix est celui qui se paie également en amont des Amadis; chez les A-Bassangos, l'acquisition d'une épouse est d'un prix souvent plus élevé encore.

Bien qu'ils attendent que les femmes soient adultes pour en faire leur épouse, dans toute l'acceptation du mot, les riverains, tout comme les A-Babuas ou les A-Zandés, les acquièrent souvent quand elles sont encore enfant; elles les servent alors comme des servantes jusqu'au mariage et sont toujours fort bien traitées.

Nous avons vu d'ailleurs quelle part importante revient aux hommes dans le labeur journalier; aussi, la femme Bacango n'est-elle pas réduite à l'état de bête de somme comme chez les A-Babuas, par exemple. Toutefois, les A-Bassangos, à ce point de vue, sont assez différents des riverains d'amont, et nous les voyons user souvent de brutalité, voire de cruauté, envers leur personnel domestique.

Cette dernière tribu présente d'ailleurs, à tant de points de vue, des différences importantes dans leurs mœurs avec les autres habitants de l'Uélé, qu'elle mérite d'être étudiée à part.

Comme partout dans l'Uélé, les fils d'hommes libres sont libres également; le père et, après sa mort, le fils aîné ou, à son défaut, le frère aîné sont propriétaires de la famille, c'est-à-dire que ce sont eux qui marient les femmes à celui qui leur en offre le meilleur prix.

En somme, par sa manière de vivre, le Bacango est heureux. Il est aussi moins barbare que les gens de l'intérieur du pays et cela aussi contribue au bonheur général.

Les riverains se font très rarement la guerre entre eux, et les seuls conflits qu'ils aient, sont provoqués par des bandes pillardes de l'intérieur des terres, qui tâchent assez souvent de les assaillir.

C'est d'ailleurs par la fuite sur la rivière qu'ils se dérobent à ces attaques, car ils sont peu belliqueux.

Ils ont pourtant une part active dans les invasions ou les guerres entre tribus habitant des pays séparés par la rivière qu'ils occupent.

Ce sont des espions habiles et actifs, à la disposition des belligérants des deux partis indifféremment. Ils servent même parfois les deux adversaires en même temps, ils les desservent aussi ; aidant l'ennemi à passer l'eau pour attaquer l'ami d'hier, quitte à piller et massacrer ce qui reste des envahisseurs s'ils sont refoulés.

Quoi qu'il en soit, nous ne voyons pas chez les Bacangos la guerre glorifiée comme parmi les indigènes de l'intérieur ; leur ambition ne va pas au delà de l'idéal d'une pêche fructueuse. Cela seul suffit à les contenter.

CHANTS ET DANSES. — Leurs plaisirs, en dehors des agréments du métier, sont ceux de leurs voisins. Ce sont les mêmes danses durant lesquelles les chants seuls diffèrent.

Pour ces « bals » toujours nocturnes, et qui ont lieu au clair de la lune, les riverains de villages différents s'invitent entre eux. Parfois, une partie de pêche en commun précède ces festivités, puis, chacun va se mettre en costume de cérémonie : pagne d'écorce bien raide, en amont des Amadis, pagne de fibres végétales tressées et teint en noir, en aval du Bomokandi. Chez les voisins des Mangbettus et des A-Barambos, les cheveux, plus ou moins bien artistement arrangés, sont couverts d'un petit bonnet de paille retenu par de longues épingles d'ivoire. Chez les voisins des A-Babuas, le bonnet est plus grand et fixé par une épingle de fer. Le plus souvent il n'y a pas de bonnet du tout et les cheveux tressés sont enduits, ainsi que le reste de la tête, le cou et, en partie, les épaules, d'huile de palme mélangée à la poudre d'écorce rouge du N'Gula.

Ainsi accoutrés, les danseurs sont prêts pour le bal. Contrairement à ce qui se passe chez nous, les femmes sont beaucoup plus simplement attifées. Chez les Mangbellés, leur coiffure est assez soignée et leur vêtement est composé d'un tablier de 50 centimètres de coté, retenu par une ceinture garnie de perles ou de cauris. Chez les Bacangos, les femmes s'enduisent la tête de produits oléagineux et s'habillent aussi d'un tablier, mais ici, il est minuscule; les toutes jeunes femmes n'en portent même pas du tout.

Naturellement, les danses des voisins immédiats tiennent lieu de divertissement national : Aux sons de tambours et de gongs frappés à tour de bras, de chants ou dominent les glapissements féminines, ce sont, chez les Mangbellés et les Bacangos, voisins des A-Barambos, des marches en cercles concentriques, alternativement formés par les hommes et les femmes. Parfois, la marche s'arrête, les deux cercles se font face, chaque homme enlace la femme qui lui fait vis-à-vis et même s'accouple avec elle.

Chez les Bacangos, voisins des A-Babuas, les hommes font leur entrée solennelle dans le bal, armés de toutes pièces, lance et bouclier au poing, couteau à la ceinture, quelques-uns font quelques simulacres belliqueux devant le rang de guerriers et les armes sont déposées. Alors, seulement, commencent les danses, semblables à celles des A-Babuas et que nous avons déjà décrites ailleurs (1).

Nous avons dit, précédemment, que les chants des

_____

(1) Voir dans notre *Bulletin*, n° 4, 1904, pp. 276 et suiv., l'étude du Dr Védy sur les *A-Babuas*.

A-Babuas-bacangos n'étaient pas les mêmes que ceux de leurs quasi compatriotes de l'intérieur. La langue babua est pourtant celle dont ils se servent couramment.

Voici trois des chants les plus ordinairement usités par les Bacangos. Le premier est entonné, dans les danses et durant les longs voyages sur l'eau, par les riverains du Bomokandi, en aval de la Mokongo et de l'Uélé jusqu'à Ghiri.

Le second, en langue commerciale, sorte de bangala mélangé de babua, est connu de tous les pagayeurs, depuis Dungu jusque Djabir :

Ceci est le vrai chant national des Bacangos de race babua. Celui qu'ils entonnent lorsqu'ils entreprennent un voyage un peu long ou qu'ils se rendent à une fête.

Les paroles de ce chant, comme de beaucoup de ceux qu'ont composés les indigènes, sont peu traduisibles, les quelques mots qui les composent étant plutôt des allusions à l'un ou l'autre fait de la vie nègre.

Voici la deuxième chanson :

Ici encore nous voyons l'allusion aux dangers que court le navigateur ou le pêcheur dans ses pérégrinations sur les

eaux tourmentées de l'Uélé. Malgré le ton d'invocation de ce chant, c'est toujours, comme les autres chants, sur un rythme allègre qu'il est entonné.

Dans le cas présent, il est fait allusion à une querelle de ménage pour laquelle le mari réclame une compensation. Cette troisième chanson, que nous avons entendu un peu moins fréquemment, nous renseigne sur le côté matériel et naturaliste des Bacangos :

> *Zé ó Zé, zebakwaió sé.* (bis)
> *Bepi bato ne Kede* (bis)
> *Ne Kwo ma né*
> *Ne Kwo ma n'tungu*
> *Rrao Hé, etc.*

Ce qui veut dire à peu près :

> Ha ! Ha ! voici de quoi manger !
> Donnez m'en un peu,
> Je le mettrai dans ma bouch
> Je me le mettrai au c...
> Rrao Hé.

L'éternel « Rrao Hé » est le refrain scandé de coups de pagaies plus vigoureux qui commence et termine toute bonne chanson.

Ce sont là toutes les manifestations artistiques du caractère des riverains, car nous ne trouvons pas chez eux les bardes créant leurs chants au son des mandolines, comme chez les A-Zandés, ou des cithares, comme chez les A-Babuas. *Times is money;* les Bacangos n'ont pas le temps de s'occuper de ces futilités et le vacarme d'un vieux gong suffit à leurs oreilles peu délicates.

Ce manque de recherche dans les plaisirs a toutefois son bon côté. Les fêtes n'étant pas préparées de longue main et ayant moins d'importance qu'ailleurs, ne sont pas, comme chez la généralité des nègres, des orgies de brutes. Et nous ne trouvons pas, chez les pêcheurs, les ivrognes endurcis, trop communs chez les A-Zandés et les Mangbettus principalement. Ici encore, malheureusement, les A-Bassangos font exception. Il est vrai que dans leur pays il y a tant de palmiers ! Et la sève en est si capiteuse !...

Je demandais un jour à un Bacango, en tenue de « bal »,

ce qu'il trouvait de récréatif à ces festivités. « Ha, me répondit-il, avec un large sourire, nous allons y voir les femmes de près, avant de nous marier. »

*　*　*

CROYANCES RELIGIEUSES. — Comme tous les gens qui mènent une existence telle qu'ils sont le jouet des éléments, les Bacangos animent en quelque sorte ces derniers et les croient dirigés par un esprit bienfaisant ou malfaisant.

Le second des chants, que nous avons transcrit plus haut, est un indice de cette croyance que l'eau peut être traîtresse et méchante. Cet esprit malin des eaux, ils l'ont appelé le « Kilima ».

Quand on demande aux Bacangos ce qu'est ce « Kilima », ils répondent invariablement que c'est une bête vivant aux abords des rapides, particulièrement en aval, ou au pieds des chutes. Ils prétendent que ce monstre est pourvu d'un grand nombre de bras qui lui servent à saisir les pirogues, à les renverser et à paralyser les nageurs dans leurs mouvements. C'est cette description qui a pu amener des Européens à supposer dans l'Uélé l'existence de quelque poulpe de grande taille.

La version d'un monstre purement mythologique s'affirme mieux lorsqu'on demande aux riverains l'explication d'autres phénomènes; tels que les inondations, l'arc-en-ciel, etc. Lorsque les eaux d'une rivière grossie emportent un pont, c'est le « Kilima » qui est accusé; l'arc-en-ciel est considéré comme l'une des formes du monstre. Il ne peut plus être question dans ces conditions d'un monstre matériel, mais simplement de la représentation par une intelligence rudimentaire, d'un mythe fantastique et peu descriptible.

Pour les riverains, l'embarcation qui chavire, l'homme

assommé dans un rapide par les chocs sur les roches où l'entraîne un courant violent, le nageur paralysé par la crampe ou la congestion sont évidemment la proie du « Kilima ». C'est le « Kilima » qui détache les pirogues et les entraîne au loin dans les chutes, c'est lui aussi qui déchire les filets, rompt les attaches des nasses, arrache les pieux des pêcheries. Le « Kilima », génie des eaux, a son pendant dans le « Likoundou », esprit malfaisant, qui habite le corps de certains hommes ou de certaines femmes capables de jeter des sorts, de rendre malade ou de tuer d'autres hommes dans la force de l'âge, pour des raisons que le noir ne s'explique pas. Il entre malheureusement dans les habitudes des indigènes, après la mort incompréhensible pour eux, d'un être qui leur est cher, d'éventrer celui ou celle qu'ils accusent d'être possédé du « Likoundou » et d'avoir ainsi provoqué le décès du parent ou de l'ami.

Ils éventrent celui qu'ils accusent, pour rechercher dans ses entrailles la trace de l'esprit malin. Ces crimes sont relativement nombreux et assombrissent beaucoup le caractère généralement gai de l'existence des riverains de l'Uélé.

Leurs superstitions incitent également les Bacangos à user des poisons d'épreuve pour découvrir les coupables de méfaits dont on ignore les auteurs.

Il convient d'ajouter que la force de ces superstitions augmente à mesure que l'on descend le cours de l'Uélé et atteignent leur maximun chez les A-Bassangos qui, à ce point de vue, sont beaucoup plus barbares que toutes les autres peuplades de la région que nous venons d'étudier.

*
* *

HISTOIRE DES BACANGOS. — L'histoire des Bacangos est presque inséparable de celle des différentes races qui occupent

le bassin de l'Uélé. Les riverains, en effet, ont profité et
souffert de toutes les grandes guerres et des invasions dont
ces territoires ont été le théâtre. Élément passif, ils ont subi
constamment les fluctuations de la politique indigène sans
abandonner la rivière.

Les races constituant l'ensemble des riverains nous indiquent que jadis les terres avoisinant l'Uélé devaient être
occupées par les Mangbellés, entre Dungu et Suruanga. A
partir de ce point jusqu'à l'embouchure du Bomokandi, les
vieilles races barambo, madi et abissanga étaient maîtresses
du terrain. Puis, on rencontrait les A-Babuas et enfin des
Mobenghés.

Peu à peu, les A-Zandés, envahisseurs du nord, refoulèrent ces tribus jusqu'à l'Uélé, qui leur opposa longtemps
l'obstacle de sa largeur et de ses eaux tourmentées.

C'est probablement alors que les envahisseurs du sud, les
Mangbettus, refoulèrent devant eux les A-Barambos et les
Mangbellés.

Ceux-ci, entre Suruanga et Niangara, avaient déjà vu
leur tribu scindée, et les riverains étaient séparés des gens
de l'intérieur par la poussée des A-Barangos. Les Mangbettus
achevèrent ce démembrement, poussèrent leurs hordes jusque
vers le mont Gaïma (près de l'actuel Vankerkhovenville), et
les deux clans mangbellés furent définitivement isolés, l'un
sur l'Uélé, l'autre sur le haut Bomokandi où ils se trouvent
encore.

Conservant toutefois leur ancienne aversion pour les
A-Zandés, ils restèrent sur la rive opposée aux territoires
occupés par ces derniers et, actuellement encore, il n'y a que
deux chefs Mangbellés établis sur la rive nord dans cette
partie de l'Uélé.

Plus à l'ouest, des tribus madi et barambo se maintinrent
le long de cette grande artère, au nord de laquelle les pre-

miers occupent encore un territoire important ; c'est là que l'on trouve les riverains établis sur les deux rives, depuis Nseremè, à l'est, jusque Sanguna, à l'ouest. Les A-Barambos se maintinrent aussi le long du Bomokandi, depuis le Tabé jusqu'à l'embouchure.

Ici, la tradition des A-Zandés va nous permettre de fixer des dates approximatives. Vers 1840, l'invasion du grand chef Deni, dut mettre en fuite les A-Barambos. Tout l'angle formé par l'Uélé et le Bomokandi fut occupé par lui, mais il essaya vainement de s'attaquer aux A-Babuas ; son fils, Tikima, assura la conquête définitive du Bomokandi, en amont de la Mokango.

En s'étendant au sud du Bomokandi, les A-Zandés firent déserter la rive gauche de cette rivière, et les A-Barambos pêcheurs ne conservèrent et n'occupent encore que la côté nord du cours d'eau depuis la Téli jusqu'au Poko.

L'invasion des « Matamba-tamba » (arabes zanzibarites), venant du sud, influa également sur l'existence des Bacangos.

Ces esclavagistes, commerçants entreprenants, occupaient déjà une bonne partie des territoires au sud du Bomokandi et commençaient l'installation d'un centre d'action à l'embouchure de la Mokongo, lorsque les indigènes révoltés et soutenus moralement par l'arrivée imminente des Européens, dont les troupes s'avançaient le long du Bomokandi, chassèrent les Arabes de leur poste. Ce fut un véritable massacre qui eut lieu avant que les troupes de l'État fussent arrivées, massacre auquel les Bacangos de cette région se vantent avec orgueil d'avoir participé.

La raison, pour laquelle les Bacangos. en aval de la Mokongo, désertèrent la rive babua pour s'établir chez les A-Zandés, est obscure. Pourtant, pour qui connaît le caractère des riverains et celui des Arabes Matamba-tamba, l'hypothèse la plus vraisemblable est la suivante :

Les habiles commerçants zanzibarites durent comprendre l'énorme bénéfice qu'ils auraient à se servir des Bacangos pour voyager sur le Bomokandi et pour se mettre en rapport avec les populations de l'intérieur, et notamment avec les A-Babuas, dout l'armement primitif ne devait pas les effrayer et dont, au contraire, les jeunes femmes et les enfants eussent été fort demandés sur les marchés d'esclaves de Niangur ou d'Udjidji.

Les riverains, de leur côté, obéissant en cela à leur caractère passif, durent trouver logique de servir ces gens bien armés, capables de s'introduire en commerçants dans une région pour la dominer ensuite par la force. Selon toute probabilité, ils aidèrent les Matamba-tambas dans quelques expéditions contre les A-Babuas. Lorsque le féticheur Chicotti eut soulevé la région et chassé les Arabes, les Bacangos jugèrent prudent de se mettre à l'abri des vainqueurs et passèrent du côté des A-Zandés, malgré les différences de races, de mœurs et de langage. Sur l'Uélé même, les Bacangos vécurent jusqu'il y a fort peu de temps en contact intime avec les A-Babuas, dont certaines agglomérations étaient placées à proximité de la rive de cette grande voie.

Vers 1890, les A-Zandés de Zemio passèrent l'Uélé devant l'embouchure de la Gwali, où ils placèrent une base d'opération d'envahissement vers l'intérieur. Ils furent aidés, sans aucun doute, dans ce passage, par les gens du village d'Angbondo et ces mêmes indigènes durent, en pillards, accompagner quelque peu les A-Zandés dans leur invasion.

Comme à la Mokongo, et probablement sous l'influence du même Chicotti qui avait chassé les Arabes, les gens de Zemio furent repoussés et massacrés; et, toujours pour les mêmes raisons que sur le Bomokandi, les gens d'Angbondo jugèrent qu'il était nécessaire de mettre la rivière entre eux et leurs anciens compatriotes qu'ils avaient trahis.

A Sassi, selon les A-Zandés, plus probablement à Kudé, les habitants du nord passèrent l'Uélé. vers 1880, conduits par Manghé et conquirent sur les A-Babuas l'enclave comprise entre la Bima (jusqu'à son embouchure), l'Uélé et la rivière Fale, enclave occupée actuellement encore par les gens de Mabuturu, Zolami, Gaza et Bubuda. Les Bacangos, qui se trouvaient en aval de Kudé, furent donc entourés de toute part par les A-Zandés, avec lesquels il fallut bien qu'ils se missent en rapport. Toutefois, ces rapports furent pendant longtemps assez tendus et, en 1897 encore, les Bacongos redoutaient beaucoup les conquérants. Sauf le chef Pompeli, qui s'établit au nord et semblait s'être allié aux envahisseurs, tous les riverains restèrent sur la rive sud.

Ce fut un peu plus tard que la rivière Bima, en aval de la bouche du Fale, changea de propriétaire.

La Bima était, en cet endroit, occupée par les gens de Duma, de la tribu des Moudongwalés. Les A-Zandés étaient parvenus jusqu'à la rive droite de la rivière et menaçaient de cette rive les A-Babuas de l'autre bord, qui étaient à portée de fusil.

Les Mondongwalés eurent la maladresse de se mettre en état d'hostilité ouverte avec les Européens, qui les eussent protégés contre leurs ennemis du nord, et ces derniers, profitant du manque d'appui chez les A-Babuas, les forcèrent de quitter la rivière et à reculer vers l'est. Les Européens empêchèrent cependant les A-Zandés de passer la rivière, dont ils sont maîtres actuellement, et qu'ils ne peuvent traverser sans être assaillis dès que le fait est connu par les bandes babuas venant des sources de la Kila ou de la haute Tutulé.

Le caractère farouche des A-Babuas les avait, jusqu'à l'arrivée des Européens, affranchis de toute domination étrangère; ils préféraient abandonner le terrain, comme ils le firent devant Manghé, plutôt que de se soumettre à l'ennemi qu'ils n'avaient pu vaincre.

Cet esprit d'indépendance devait les entraîner à repousser l'autorité de l'État du Congo, malgré le prestige qu'avait ce dernier. Mais ils ne parvinrent pas à la révolte unanime ; les féticheurs durent exciter certains meneurs à contraindre les indigènes d'humeur pacifique à se soulever. Plusieurs chefs, installés près de l'Uélé, résistèrent à cette contrainte ainsi que presque tous les Bacangos. Ceux-ci se séparèrent nettement des A-Babuas : le chef Samana installa nombre de ses gens dans les îles et des A-Zandés, qui se trouvaient chez lui, le protégèrent par leur présence vers le sud. Baminoro passa l'Uélé et Yambwa, comme Samana, émigra avec tout son monde dans ses îles. Bamussungu et Basa passèrent également de la rive gauche à la rive droite de l'Uélé.

Cela se passait en 1900, et cette date doit être considérée comme celle à laquelle la scission entre Bacangos et A-Babuas fut complète et définitive. C'est à dater de ce moment que réellement les Bacangos formèrent un peuple distinct.

Cette scission était d'ailleurs fatale entre gens de mœurs ne différant que peu, mais que leurs intérêts devaient séparer irrémédiablement.

Nous sommes personnellement trop peu renseigné sur l'histoire des A-Basangos pour pouvoir l'exposer ici. Elle est d'ailleurs inséparable de celle des Mobengbés et, comme telle, mériterait une étude spéciale.

Nous pouvons toutefois affirmer que, il y a quarante ans à peu près, les Mobengbés devaient occuper les territoires situés au nord de l'Uélé jusque vers le Bili.

Refoulés jusqu'à l'Uélé par le sultan Djabir, qui atteignit l'apogée de sa puissance lors de cette conquête, ils passèrent la rivière en très grand nombre. Beaucoup d'entre eux furent réduits en esclavage ; d'autres reconnurent le sultan comme chef.

Les patriotes et les riverains, appélés A-Basangos, se retirèrent tous au sud de la rivière où ils sont encore actuellement.

En résumé, nous avons vu partout le Bacango n'être d'abord amené à se différencier des gens de la tribu, dont il est originaire, que par les occupations spéciales vers lesquelles il se sent attiré par le voisinage d'un cours d'eau, dont l'exploitation peut améliorer ses conditions d'existence. Partout aussi, c'est l'intérêt qui l'amène dans la suite à rompre toutes relations avec ses anciens compatriotes et à former une caste particulièrement importante et jouissant d'une autonomie presque complète.

Quel est l'avenir de cette caste, actuellement si nécessaire?

Jusqu'à présent, après avoir été les plus riches des indigènes, ils sont devenus nos auxilliaires indispensables par les services qu'ils nous rendent comme pagayeurs. C'est grâce à eux que les grands cours d'eaux du bassin de l'Uélé sont restés les principales voies de communication.

Par ce fait, ils se sont trouvés sous notre protection immédiate ; mais comme, par notre présence, la sécurité est complète sur les rivières, de nouveaux éléments viennent s'ajouter aux Bacangos et, en beaucoup d'endroits, des familles de gens libérés, des soldats licenciés, des travailleurs ayant achevé leur temps de service s'installent, construisent des villages et peuplent des rivages jusque-là déserts ou peu habités.

Il est donc certain que le nombre de riverains ne fera qu'augmenter en même temps que leur prospérité.

Mais tels qu'ils sont, l'Uélé et ses affluents ne pourront jamais constituer des voies commerciales pouvant suffire à des besoins toujours croissants. La conformations du lit de ces rivières ne permettra pas aux steamers de les parcourir. La nécessité de nouveaux moyens de transports s'impose de jour en jour plus impérieusement, et bientôt des voies carrossables ou un chemin de fer nous fourniront des communications plus rapides et plus sûres. Il en résultera fatalement un déplacement des grands centres de population ; les rivières seront de moins en moins parcourues et alors que les A-Babuas, les A-Zandés, les Mangbettus, enfin tous les habitants de l'intérieur des terres seront devenus commerçants et se trouveront en contact continuel avec l'élément civilisateur, le Bacango restera pêcheur et exclusivement pêcheur, c'est-à-dire que le progrès s'arrêtera net chez lui, et qu'au lieu d'occuper une situation prépondérante, comme aujourd'hui, il ne figurera plus dans la population du district que comme un élément d'importance secondaire.

Déjà, actuellement, son rôle politique est en décroissance, les nouveaux habitants, qui constamment viennent grossir le nombre des riverains, sont, de par leurs connaissances acquises au service des Européens, plus à même que les Bacangos de traiter d'affaires commerciales avec les gens de races différentes. Les anciens riverains perdent ainsi une bonne partie de leur influence.

Dr Védy.

Terminé à Djabir, le 2 septembre 1905.

LE CONGRÈS INTERNATIONAL

POUR

L'ÉTUDE DES RÉGIONS POLAIRES[1]

A. — RÉSUMÉ DES TRAVAUX SCIENTIFIQUES

Le Congrès polaire, réuni à Bruxelles, s'est ouvert, le vendredi 7 septembre 1906, à 10 heures et demie, dans la grande salle du Palais des Académies, sous la présidence de M. Beernaert, ministre d'État, président de la Commission d'organisation. M. de Favereau, ministre des Affaires étrangères, prenant le premier la parole, adresse un cordial salut de bienvenue, au nom du gouvernement du Roi, à tous ceux qui ont apporté leur adhésion au Congrès. Il rappelle que l'initiative de cette réunion revient aux explorateurs eux-mêmes, qui présentèrent au Congrès d'expansion mondiale de Mons une motion tendant à la création d'une Association internationale pour l'étude des régions polaires. Les régions polaires, dit-il, sont les seules parties du globe qui aient échappé jusqu'à présent aux investigations humaines, malgré les nombreux et grands efforts tentés. Le travail des expéditions a certes été fécond, et si les efforts individuels ou nationaux ont échoué dans la tâche de résoudre complète-

---

(1) Pour l'historique du Congrès, la composition de la commission d'organisation, le programme et l'ordre du jour du Congrès, voir *Bulletin de la Société de géographie*, p. 226, 1906.

ment le problème polaire, l'effort collectif de tous doit réussir, pour un avantage commun.

Aujourd'hui, la science s'organise sur des bases internationales ; à la tête des sociétés savantes brille l'*Association internationale des académies*, à côté de laquelle se sont constitués de nombreux groupements internationaux. Les résultats féconds obtenus par ces associations sont la preuve de l'action puissante de l'application du principe de solidarité dans le domaine de la science.

L'assemblée constitue ensuite son bureau :

M. le ministre Beernaert est nommé *président effectif* du Congrès polaire international.

Sont élus *vice-présidents*, les délégués des pays représentés : MM. Don L. Aldunate, Bigourdan, Bridgman, R. Brown, G. Cora, de Kovesligethy, baron Descamps, D'Oliveira Suarez, Filality, Nordenskjöld, Rykatchew, Sobral, chevalier Speelman, von Drygalski, Wandell et Wilde.

Le Président remercie de l'honneur qui lui est fait et qu'il reporte sur son pays. Il retrace brièvement l'historique du Congrès, rappelle les efforts déjà faits pour pénétrer les mystères des régions polaires, et expose le programme du Congrès actuel et les avantages de l'internationalisation scientifique. Il estime que l'Assemblée ne doit traiter que des questions de principe et qu'il conviendrait de se borner à désigner les personnalités scientifiques qui auraient à élaborer les programmes détaillés des recherches scientifiques à entreprendre.

Le Congrès aura à se prononcer sur le projet de l'établissement d'une Association internationale permanente, et à examiner s'il est opportun d'approuver la proposition tendant à provoquer un effort international portant sur les deux pôles.

Le Président exprime sa conviction que le Congrès marquera d'un jalon nouveau l'histoire de la connaissance du globe.

M. le Président donne ensuite lecture des points de l'ordre du jour et d'un projet de règlement.

MM. Lecointe et de Gerlache sont désignés comme *secrétaires* du Congrès.

Abordant la discussion générale de l'ordre du jour, le Congres émet les vœux suivants :

« 1° Afin de systématiser les recherches dans les régions polaires, le Congrès estime qu'il y a lieu de procéder à l'élaboration d'un plan méthodique d'explorations. »

« 2° Afin que les recherches hydrographiques des régions polaires se joignent, aussi étroitement que possible, aux recherches correspondantes des régions sud arctiques et celles plus méridionales encore, le Congrès international pour l'étude des régions polaires est d'avis qu'il est à désirer, que les explorateurs des dites régions polaires se servent pour leurs observations hydrographiques des méthodes, des constants, etc., convenus internationalement pour l'étude de la mer. »

Le Congrès émet le vœu de voir s'organiser prochainement de nouvelles expéditions scientifiques internationales dans les régions polaires.

Le Président du Congrès nomme une Commission chargée d'examiner l'avant-projet des statuts relatifs à l'Association internationale. Cette commission est composée comme suit:

Président : M. Beernaert.

Membres : MM. Arctowski, Bergendahl, Bénard, Bertin, Bigourdan, Bridgman, Brown, Cora, Charcot, de Gerlache, De Mot, Dobrowolski, Duse, Gourdon, Lecointe, Mawroff,

Mill, Mossman, Nordenskjöld, Rabot, Rykatchew, Sobral,
Speelman, Tolmatcheff, Turquet, van Asbeck (baron), van
Overbergh, von Drygalski, Wandell (amiral).

M. Bertin est nommé *vice-président* de la Commission;
M. Nordenskjöld, *secrétaire.*

Le projet de statuts, ci-dessous, est adopté à l'unanimité
par le Congrès.

ARTICLE PREMIER. — Il est créé une Commission polaire
internationale.

ART. 2. — Cette Commission a pour objet :
1° D'établir entre les explorateurs polaires des relations
scientifiques plus étroites ;
2° D'assurer, dans la mesure du possible, la coordination
des observations scientifiques et des méthodes d'observation;
3° De discuter les résultats scientifiques des expéditions ;
4° De seconder les entreprises qui ont pour objet l'étude
des régions polaires, pour autant que celles-ci le demandent,
notamment en indiquant les desiderata scientifiques.
La Commission s'interdit de diriger ou de patronner une
expédition déterminée.

ART. 3. — La Commission se compose des représentants
de tous les pays dont les nationaux ont dirigé une ou plusieurs
expéditions polaires, ou participé scientifiquement à une telle
expédition, et ce à raison de deux membres effectifs et de
deux membres suppléants par pays.

ART. 4. — Toutefois, la Commission pourra, à la majorité absolue, admettre dans son sein, les représentants des
pays ne se trouvant pas dans les conditions de l'article
précédent.

ART. 5. — Les membres effectifs et suppléants de la

Commission sont désignés par les gouvernements ou les corps savants des divers pays intéressés. Ils sont choisis, de préférence, parmi les personnes ayant dirigé une expédition polaire, ou y ayant participé scientifiquement.

Il y aura, autant que possible, dans la représentation de chaque pays, un explorateur arctique et un explorateur antarctique.

Les membres effectifs et suppléants sont désignés pour six ans ; ils sont renouvelés par moitié, en chaque pays, tous les trois ans et sont rééligibles.

ART. 6. — La Commission nomme des membres correspondants, choisis parmi les hommes compétents ayant fait campagne dans les régions polaires, au des auteurs de travaux scientifiques utiles à l'étude de ces régions.

ART. 7. — En matière administrative, les membres effectifs ont seuls le droit de vote. Les membres correspondants ont voix consultative.

En matière scientifique, les membres effectifs et les membres correspondants jouissent des mêmes droits, et leurs votes ont des valeurs identiques.

ART. 8. — La Commission élit dans son sein, pour trois ans, un président, un vice-président et un secrétaire.

Les titulaires de ces fonctions ne sont rééligibles, en la même qualité, qu'après un intervalle d'une année.

La Commission se réunit, sur la convocation du président, dans la capitale du pays auquel il appartient. Toutefois, un tiers des membres a le droit de requérir du président, la convocation de la Commission, en indiquant l'ordre du jour à soumettre à l'assemblée. La convocation précède toujours la réunion de trois mois.

La présence de la majorité des membres en fonctions est

nécessaire pour toute délibération. Les décisions sont prises à la majorité absolue. En cas de partage, la voix du président est prépondérante.

Les membres suppléants siègent en lieu et place des membres effectifs empêchés ; ils en excercent les droits, tant que l'empêchement subsiste.

ART. 9. — Il est strictement interdit à la Commission de s'occuper d'opérations financières.

Le Congrès émet le vœu : que le projet de statuts adopté pour la Commission polaire internationale soit communiqué par son Bureau à l'Association internationale des Académies.

Le Congrès charge son Bureau de remplir toutes les formalités internationales en vue de l'adoption, par les États, du projet de statuts arrêté par la Commission polaire internationale.

Le docteur Charcot annonce que, personnellement, il est en train d'organiser une expédition du côté du pôle Sud et qu'il y aura en même temps une expédition du côté du Nord, projetée par son compatriote M. Bénard (1), et voudrait voir admettre par le Congrès, le vœu que d'autres pays vinssent se joindre à eux et fissent tous leurs efforts pour trouver l'argent nécessaire pour monter cette expédition.

Le Congrès, après avoir entendu M. Charcot disposer des grandes lignes de ce projet antarctique, simultané avec le projet arctique de M. Bénard, et tenant compte du désir exprimé par M. Charcot lui-même, vu l'impossibilité pour une seule expédition de parcourir une aussi vaste étendue que dans le Nord, émet le vœu que d'autres nations orga-

(1) Ce projet a été publié dans le *Bulletin de la Société de géographie*. 1906. P. 98.

nisent des expéditions simultanées dans l'Antarctique, dont l'entente ne pourrait que contribuer à assurer le succès.

Les rapporteurs donnent lecture des vœux adoptés dans les sections, et qui sont ensuite votés par le Congrès.

Astronomie, géodésie, hydrographie et topographie.

Le Congrès polaire international de Bruxelles émet les vœux :

1° Que l'on publie les méthodes et les indications sur les instruments propres à la détermination des coordonnées géographiques dans les régions polaires ;

2° Qu'il soit procédé à des essais de détermination de différence de longitude par la télégraphie sans fil entre des points de position connue ;

Le Congrès polaire international de Bruxelles, considérant que certaines missions polaires ont hiverné jusqu'à trois fois de suite, émet également le vœu de voir les éphémérides astronomiques publiées plus longtemps à l'avance qu'elles ne le sont actuellement.

Pour la partie « géodésie » :

Le Congrès polaire international de Bruxelles décide d'attirer l'attention du Congrès sur l'intérêt qu'il y aurait à effectuer une mesure d'arc de méridien sur le continent antarctique ; ·

Le Congrès polaire international de Bruxelles émet le vœu que des déterminations gravimétriques soient effectuées dans les régions polaires, soit par le pendule, soit par des gravimètres, soit par toute autre méthode.

Pour la partie « topographie » :

Le Congrès polaire international de Bruxelles émet le
vœu de voir régulariser les méthodes cavalières employées
en topographie, en les adaptant aux régions polaires, et
recommande l'usage de la photogrammétrie ;

Il serait à désirer qu'il fût publié une série d'aide-mémoire
renfermant une partie théorique et une partie relative au
mode opératoire, concernant les diverses sciences.

Pour la partie « bibliographie » :

Le Congrès polaire international émet le vœu que tout ce
qui est documentation (livres, mémoires, cartes, photographies, dessins, etc.) soit publié aussitôt que possible ;

Il émet le vœu qu'un organe périodique soit créé pour
centraliser la publication des mémoires, instruments, documents, etc., utiles à l'exploration polaire.

**Météorologie, magnétisme terrestre, courants tellu-
riques, électricité atmosphérique, étude des couches
supérieures de l'atmosphère, aurores polaires.**

Le Congrès international de Bruxelles émet le vœu que
des recherches et des études soient faites pour construire des
enregistreurs qui puissent être abandonnés pendant des
périodes plus ou moins longues, dans des régions inhabitées.

Que les expéditions polaires soient munies d'un matériel
de cerfs-volants pour l'étude des couches atmosphériques
élevées ;

De voir installer des stations permanentes dans les pays
voisins des pôles, là où cela est possible, et de voir organiser
des stations temporaires, en le plus grand nombre de points

possible, pendant la durée des expéditions polaires, pour relier les expéditions aux stations permanentes;

Que les expéditions polaires internationales soient dirigées simultanément dans les deux hémisphères ;

Que, pendant ces expéditions, des observations météorologiques et magnétiques soient faites, autant que possible, exactement aux endroits où elles ont été faites en 1882-1883;

Que l'observation détaillée des phénomènes de la haute atmosphère soit recommandée spécialement aux expéditions polaires.

Pour rendre plus uniformes les observations météorologiques et magnétiques, il est à désirer que toutes les expéditions polaires se mettent, avant le départ, en relations avec le Comité permanent international météorologique.

Géologie, minéralogie, sismologie, glaciologie.

La section III du Congrès international pour l'étude des régions polaires émet les vœux suivants :

1° Que les explorateurs demandent aux institutions et sociétés géologiques leurs desiderata au sujet des observations à faire dans les régions polaires, et qu'ils leur transmettent les observations faites à leur demande ;

2° Que les explorateurs agissent de même vis-à-vis des sociétés s'occupant de glaciologie;

3° Que les expéditions polaires futures se mettent, avant leur départ, en rapport avec le Bureau central de l'Association internationale de sismologie, à l'effet d'en recevoir des instructions, et que ces expéditions, dès leur retour, envoient leurs observations au Bureau central;

4° Que des stations sismologiques fixes, au nombre de trois au moins, soient établies dans les régions polaires et, autant que possible, distribuées systématiquement autour du pôle ;

5° Que les explorateurs polaires fassent des observations précises sur la variation de la glaciation, surtout sur sa diminution ;

6° Que des mesures soient prises pour établir un centre de documentation (bibliographie, bibliothèques, etc.), dont émanerait un organe fournissant un résumé, en plusieurs langues, des observations et travaux exécutés par les expéditions polaires.

La section, en outre, prend acte de l'intérêt économique que présentent les recherches polaires.

Océanographie.

La section d'océanographie propose le vote de la résolution suivante :

Considérant que l'existence d'un continent dans l'espace inconnu du pôle Sud est probable, et que la découverte et l'exploration des contours géographiques de ce continent s'imposent ;

Considérant qu'une expédition océanographique, dans les régions des glaces polaires, pourrait augmenter notablement nos connaissances et faciliter par cela même la réalisation d'une coopération internationale en des postes d'observation fixes ;

Le Congrès polaire international émet le vœu de voir s'organiser immédiatement une ou plusieurs expéditions antarctiques, principalement océanografiques et ayant spécialement pour but d'explorer les secteurs qui n'ont pas été étudiés par les expéditions récentes, ou qui n'ont même jamais été visités.

Le Congrès polaire international recommande l'étude de l'eau de mer pendant qu'elle gèle et dégèle, ainsi que l'étude des changements chimiques qui se passent surtout pour les sulfates.

Biologie, zoologie, botanique.

Cette section ne s'est pas réunie faute de temps, néanmoins le vœu suivant est présenté par quelques membres et n'est pris que pour notification :

. Considérant que les aléas des explorations polaires pourront être grandement diminués lorsqu'on sera à même de doter ces expéditions d'appareils de télégraphie sans fil, spécialement construits pour leur usage ;

Le Congrès émet le vœu de voir le plus tôt possible réaliser dans les régions polaires une application permanente de la télégraphie sans fil, permettant à la fois de satisfaire certains intérêts économiques et de recueillir les données nécessaires à la construction d'appareils appropriés aux nécessités des expéditions polaires. Dans cet ordre d'idées, le Congrès signale l'intérêt que présenterait l'établissement d'une communication par télégraphie sans fil entre l'Islande et le Groenland.

Équipement.

La sixième section ne s'est pas réunie. Le vœu suivant a été présenté pour notification :

Le Congrès émet le vœu de voir la Commission internationale pour l'étude des régions polaires s'adresser au Bureau de la Fédération aéronautique internationale pour la prier de déterminer, en l'état actuel des progrès et des connaissances aéronautiques, quels sont les services que l'aérostation libre sans moteur ou libre avec moteur peut rendre à l'exploration des régions polaires.

Bibliographie.

Le rapporteur donne lecture des conclusions :

Considérant qu'à la séance du 8 septembre, le Congrès. saisi par M. Otlet des conclusions de son rapport sur l'organisation rationnelle de la documentation pour l'étude des régions polaires, après avoir entendu les observations de MM. Rykatchew et Bigourdan, a renvoyé à une commission spéciale, qui se réunirait après que les sections particulières auraient fait connaître leur desiderata, l'examen des propositions définitives à présenter au Congrès ;

Considérant que la première section (astronomie, géodésie, hydrographie, topographie) a émis deux vœux :

1° Que tout ce qui est documentation (livres, mémoires, cartes, photographies, dessins, etc.) soit publié aussitôt que possible ;

2° Qu'un organe périodique soit créé pour centraliser la publication des mémoires, instructions, documents, etc., utiles à l'exploration polaire.

Considérant que la section III (géologie et sismologie) a émis le vœu que des mesures soient prises pour établir un centre de documentation (bibliographie, bibliothèque, etc.) dont émanerait un organe, fournissant un résumé, en plusieurs langues, des observations et travaux exécutés par les expéditions polaires ;

Considérant que la section spéciale de bibliographie s'est réunie le 11 septembre, et a délibéré ;

Le vœu suivant est proposé au Congrès :

Il y a lieu de donner une organisation rationnelle de la documentation dans le domaine des études polaires. Cette organisation devrait comprendre :

1° Des bibliothèques ;

2° Un répertoire bibliographique universel ;

3° Une collection iconographique réunissant, classés par sujet, les cartes, photogrammes, photogravures, etc.

4° Une encyclopédie systématique condensant et coordonnant, dans les cadres de sa classification, tous les résultats obtenus et consignés dans les documents publiés.

Cette organisation doit viser à tenir ses collections à jour, et les mettre largement à la disposition des intéressés, par voie de communication, de publication ou de copie. Il y a lieu de voir assumer la tâche de cette organisation documentaire par l'Association internationale pour l'étude des régions polaires, d'accord notamment avec les Instituts internationaux de bibliographie et de photographie.

Le vœu suivant est ensuite proposé à l'assemblée générale :

Considérant que le grand nombre des adhésions parvenues au présent Congrès de la part des institutions et associations scientifiques à la collaboration desquelles il a été fait appel, démontre l'accueil sympatique que l'idée polaire a reçue parmi elles ;

Considérant, d'autre part, que les communications faites dans les diverses sections du Congrès, par les délégués des institutions et des associations scientifiques ont prouvé que les territoires polaires constituent un champ d'études hautement utile et parfois même indispensable au développement de leurs investigations propres ;

Considérant aussi que pour le succès des appels qui seront adressés au public pour l'organisation financière des futures expéditions, il y a lieu de permettre à tous ceux qui s'intéressent aux régions polaires de produire leurs travaux, d'échanger leurs idées et de témoigner de leur sympathie à l'œuvre commune.

L'assemblée décide : Que le présent Congrès sera considéré comme la première session du Congrès international pour l'étude des régions polaires et que des sessions ultérieures seront réunies périodiquement.

Le Congrès charge la Commission polaire internationale de prendre toutes les mesures en vue de l'organisation de ces sessions et de la détermination de leur programme.

Le baron Descamps, président de la dernière séance, remercie tous les membres qui ont pris part au Congrès ainsi que les gouvernements qui ont bien voulu s'y associer, et termine en exprimant sa confiance dans la réalisation de l'œuvre. Après avoir remercié les orateurs étrangers des paroles élogieuses adressées à la Belgique, le Président déclare clos le premier Congrès polaire international.

La *Société royale belge de géographie* était représentée au Congrès par : MM. Buls, Cammaerts, De Mot, Du Fief, Gillis, comte Goblet d'Alviella, Houzeau de Lehaye, Kaïser, Lancaster, Lecointe, Malaise, Pavoux, Peny, Rahir, Storms et le comte van den Steen de Jehay.

LE CONGRÈS INTERNATIONAL

POUR

L'ÉTUDE DES RÉGIONS POLAIRES

B. — RÉCEPTION DU CONGRÈS

PAR LA

SOCIÉTÉ ROYALE BELGE DE GÉOGRAPHIE

Le 10 septembre 1906, la *Société royale belge de géographie* a reçu, dans la salle du Théâtre communal de Bruxelles, en séance solennelle, tous les membres du Congrès international pour l'étude des régions polaires.

S. A. R. Mgr le Prince Albert de Belgique, président d'honneur de la Société, honore l'assemblée de sa présence.

Dans la loge royale prennent place, aux côtés du Prince, M. le ministre d'État Beernaert, président du Congrès ; MM. G. Lecointe et J. Leclercq, vice-présidents de la Société de géographie ; le lieutenant-général Peny, membre du Comité de la Société, et le général Jungbluth, aide de camp du Prince.

A côté du président, M. Eug. Pavoux, siègent au bureau : à sa droite, Mgr le Prince Roland Bonaparte ; le baron Descamps, ministre d'État de l'État Indépendant du Congo ; H. von Drygalski, commandant de l'expédition antarctique allemande ; S. E. Wilde, envoyé extraordinaire et ministre plénipotentiaire de la République Argentine ; le comte Goblet

d'Alviella, sénateur, membre du Comité de la Société ;
A. de Gerlache, commandant de l'expédition antarctique
belge, et l'explorateur arctique H. Bridgman, délégué des
États-Unis d'Amérique ; — à sa gauche, le vice-amiral
Wandell ; De Mot, bourgmestre de Bruxelles ; O. Nordenskjöld, chef de l'expédition antarctique suédoise ; E. Solvay,
président de la Société des ingénieurs et des industriels,
membre du Comité de la Société de géographie ; le docteur
J. Charcot, chef de l'expédition antarctique française ;
R. Brown, membre de l'expédition antarctique écossaise ; et
le chevalier-baronet Speelman, ancien lieutenant de vaisseau
de la marine royale néerlandaise, membre de l'expédition du
Wilhem Barents.

Sur la scène, on remarque, derrière le bureau, MM. don
L. Aldunate, secrétaire de Légation du Chili ; Angot, du
Bureau central météorologique de France ; Arctowski, de
l'expédition de la *Belgica ;* Bénard, président de la Société
d'océanographie du golfe de Gascogne ; Bergendahl, des expéditions Baldwin-Ziegler et du Duc d'Orléans ; Bertin, de
l'Institut, directeur des constructions navales ; Bigourdan,
de l'Institut de France ; Capelle, envoyé extraordinaire et
ministre plénipotentiaire, directeur général du commerce et
des consulats, secrétaire général du Congrès ; Guido Cora,
commandant de la marine italienne ; de Köveslighethy, secrétaire général de l'Association internationale de sismologie ;
le capitaine Duse, de l'expédition antarctique suédoise ;
Filality, chargé d'affaires de Roumanie ; Gourdon, de l'expédition antarctique française ; Joubin, professeur au Museum
d'histoire naturelle ; le commandant Morel, commissaire
général du Congrès ; Mosman, de l'expédition antarctique
écossaise ; Oliveira Soares, chargé d'affaires de Portugal ;
Perez, professeur à la Faculté des sciences de Bordeaux ;
Rabot, secrétaire-adjoint de la Société de géographie de

Paris; Rykatchew, directeur de l'Observatoire de Saint-Pétersbourg; Sobral, lieutenant de vaisseau de la marine espagnole; Tomatchew, chef de l'expédition polaire russe de Khatanga; Turquet, de l'expédition antarctique française; van der Stok, directeur de l'Institut royal météorologique des Pays-Bas; Van Overbergh, directeur général de l'enseignement supérieur des sciences et des lettres, secrétaire général du Congrès; Velain, professeur à la Sorbonne.

Outre ces diverses personnalités, se trouvent M. Du Fief, secrétaire général de la Société royale belge de géographie, et les membres de son Comité central : MM. Buls, ancien bourgmestre de Bruxelles; baron de Loë, conservateur aux Musées royaux du Cinquantenaire; Durand, directeur du Jardin botanique de l'État; le major Gilis, directeur de l'Institut cartographique militaire; Kaïser, professeur à l'Université de Louvain; Malaise, professeur honoraire de l'Institut agricole de Gembloux; le général major Storms; le comte van den Steen de Jehay, ministre résident, chef du cabinet du Ministre des affaires étrangères, et Rahir, secrétaire-adjoint de la Société.

Dans la salle se presse une foule élégante dans laquelle on remarque un grand nombre de notabilités du monde scientifique et de membres du corps diplomatique.

M. Eug. Pavoux, président de la Société royale belge de géographie, ouvre la séance à huit heures et demie, et s'exprime en ces termes :

« MONSEIGNEUR,

» MESDAMES, MESSIEURS,

» L'année dernière, la Belgique a célébré par des fêtes empreintes d'un grand caractère patriotique, septante-cinq années d'indépendance, de fidélité à ses institutions et à la Dynastie, d'efforts incessants dans toutes les manifestations de la vie sociale.

» La revue rétrospective des trois quarts de siècle écoulés, a mis en relief le remarquable essor du pays et a révélé partout une activité énergique, qui n'a été dépassée en aucune contrée du globe et qui nous a valu l'estime des nations.

» Ce réconfortant tableau de notre situation intérieure, le pays en a analysé tous les éléments avec une fierté qui, loin de l'endormir dans l'enivrement du succès, lui crée un stimulant nouveau dans la marche incessante vers le progrès. Cette vitalité, cette exubérance de production dont la nation s'énorgueillit, ne lui a pas fait perdre de vue qu'il est presque toujours des épines cachées sous les roses, et que notre puissance industrielle a pour corollaire, l'accroissement constant de nos débouchés, notre expansion au dehors.

» Aussi ce côté de la question n'a pas échappé à l'attention du pays, même au milieu des inoubliables manifestations qui se sont succédées pendant l'année jubilaire.

» Une de celles qui a le plus attiré l'attention par l'éclat dont elle a été entourée, par le nombre et l'empressement de ses adhérents, par l'auguste et significatif patronage dont elle a été honorée, se rapportait précisément à la nécessité si impérieuse de l'extension de nos relations avec d'autres peuples.

» Je veux parler du Congrès international d'expansion économique mondiale, qui a tenu ses assises à Mons, et qui a été si magistralement présidé par l'éminent Ministre d'État, M. Beernaert.

» C'est cette assemblée qui, dans sa séance plénière du 28 septembre 1905, approuva à l'unanimité et avec acclamation un vœu émis par les explorateurs polaires présents au Congrès, et déjà accueilli de la même manière trois jours plus tôt par la 5ᵉ section, sous la présidence de M. le baron Descamps-David, qui souhaita réussite complète au projet.

» Ce vœu, dont le texte fut soumis au Congrès par notre honorable vice-président M. Georges Lecointe, était celui-ci :

« Considérant qu'il est opportun de créer une association » internationale pour l'étude des régions polaires dans le » but de :

» 1° obtenir un accord international sur diverses ques- » tions discutées de la géographie polaire ;

» 2° de tenter un effort général pour atteindre les pôles » terrestres ;

» 3° d'organiser des expéditions ayant pour objet d'éten- » dre nos connaissances des régions polaires dans tous les » domaines ;

» 4° d'arrêter un programme des travaux scientifiques à » exécuter dans les divers pays, pendant la durée des expé- » ditions polaires internationales.

» Le Congrès de Mons émet le vœu :

» 1° de voir jeter les bases de cette Association en 1906, » par la convocation préalable d'une assemblée générale des » états-majors scientifiques et maritimes des expéditions » polaires principales, entreprises jusqu'à ce jour ;

» 2° de voir le gouvernement belge prendre cette initia- » tive auprès des gouvernements des autres pays. »

» Répondant à ce vœu avec le plus louable empres- sement, le gouvernement belge constitua une commission chargée de l'organisation d'un Congrès international pour l'étude des régions polaires.

» C'est ce Congrès qui réunit en ce moment dans notre

capitale une élite de savants et d'explorateurs en des échanges de vue et des débats contradictoires, qui répondront, sans nul doute, au but si unanimement proposé aux efforts de tous par le Congrès de Mons.

» Ce n'est pas d'hier que l'accès des pôles a tenté les imaginations et suscité de multiples entreprises.

» Dès le XVIᵉ siècle, la recherche d'un passage entre l'Atlantique et le Pacifique provoque des tentatives courageuses dans lesquelles débute, vers le N.-E., Sébastien Cabot. En 1554, Willougby vient mourir de privations dans l'île Nokonief, tandis que plus heureux que lui, Burrough et Chancellor, ses compagnons, fondent une compagnie commerciale.

» Plus de quarante ans après, Barents découvre le Spitzberg et atteint la Nouvelle-Zemble.

» Dans la direction du N.-O., Cabot, dès la fin du XVᵉ siècle, découvre le détroit de Davis ; Hudson et Baffin font à leur tour des explorations, dont les baies des mêmes noms indiquent les résultats ; Smith reconnait l'entrée du détroit qui porte son nom.

» Ces premiers efforts restent sans suite sérieuse pendant une longue période d'années et ce n'est qu'au XIXᵉ siècle que se manifeste un nouvel élan, important cette fois, qui pousse de hardis navigateurs dans les régions polaires dont l'étude approfondie est si intimement liée à la solution de bien des questions encore pendantes et controversées sur la climatologie, la géologie, l'océanographie, etc.

» Qui ne se rappelle du côté du N.-E., les expéditions des autrichiens Payer et Weyprecht, abordant la terre François-Joseph et montrant l'extension de la mer libre vers le N.-O., les recherches d'explorateurs russes trouvant les archipels de la Nouvelle-Sibérie et l'île Wrangel, les sept voyages successifs du navire hollandais *Wilhem Barents*, accomplis de

1878 à 1884, depuis l'île de Jean Mayen à l'ouest, jusqu'à la
Nouvelle-Zemble à l'est, et jusqu'à la pointe septentrionale
du Spitzberg et à la terre François-Joseph, et enfin la
sensationnelle traversée du cap Nord au détroit de Behring,
accomplie à bord de *La Véga*, en 1878-1879, par le suédois
Nordenskjöld, dont le neveu, célèbre lui aussi, est aujourd'hui
notre hôte.

» Qui peut avoir oublié, au sujet du passage vers le N.O.,
l'amiral sir John Franklin, victime avec ses infortunés
compagnons des rigueurs du climat, et dont le sort resta
longtemps une indéchiffrable énigme; Ross, et après lui
Parry, reconnaissant le groupe d'archipels, à l'ouest du bassin
de Melville; Mac-Clure et Kelett, établissant un itinéraire
qui, parti du détroit de Davis, contourne au sud la terre de
Banks, longe la baie de Mackenzie et le territoire d'Alaska,
entrevu récemment comme un Eldorado, pour atteindre
Behring; l'Américain Robert Peary, — après des voyages
antérieurs au Groenland et un hivernage dans la baie Mac-
Cormick, — atteignant, en 1892, la latitude de 82 degrés,
et poursuivant, de 1893 à 1895, puis en 1900 et 1902, ses
opiniâtres recherches le long du littoral nord de cette terre
septentrionale par excellence, où il arriva à 84°17.

» J'ai eu l'occasion de rappeler naguère, que les résultats
de l'expédition du duc d'Orléans à bord de la *Belgica* en 1905,
rattachés à ces découvertes de Peary, ne laissent plus à
explorer que 2 1/2 degrés de littoral, pour que le tracé
complet du pourtour du Groenland puisse être établi.

» Dans l'intervalle de ces divers travaux de Peary, brille
le nom de Nansen, l'illustre Norwégien qui, de 1893 à 1896,
parti sur le *Fram* vers l'archipel de la Nouvelle-Sibérie, se
laisse entraîner par la banquise dans la direction N.O.,
atteint 84°4 de latitude, d'où il parvient sur la glace, le
8 avril 1905, à 86°14, point le plus septentrional atteint

jusque là, et qui n'a été dépassé que de 35 kilomètres par le duc des Abruzzes, cinq ans après, dans son expédition à bord de la *Stella Polaris*. Le retour de Nansen, par la glace, vers l'archipel François-Joseph, d'où il fut rapatrié à Hammerfest, pendant que son navire dérivait jusqu'à Tromsö, est encore présent à tous les esprits.

» Enfin, les pérégrinations effectuées, de 1898 à 1902, à bord du *Fram*, par le capitaine Otto Sverdrup, ont pour résultat la découverte, de l'ouest des terres de Grinnell et d'Ellesmere et de plusieurs îles importantes.

» Je ne dois pas passer sous silence, l'œuvre remarquable à laquelle s'attache le nom de l'amiral Wandell : l'organisation depuis près de trente ans par le Danemark, de recherches géologiques et géographiques à l'ouest du Groenland à l'aide des navires de ravitaillement des colonies, et l'envoi de plusieurs expéditions dans les parages voisins de la partie est de cette même terre.

» Au moment où je parle, le capitaine Amundsen, sur son petit navire *Gjöa*, et le commandant Peary, à bord du *Roosevelt*, poursuivent chacun de leur côté, leurs courageuses recherches et touchent peut-être au but de leurs efforts.

» Puissions-nous apprendre bientôt l'heureux retour de ces audacieux hommes de mer et applaudir à leurs succès!

» Ce bilan est beau, et en le parcourant, on se sent ému d'un dévouement aussi ardent et aussi complet à la science et à l'humanité.

» Les mêmes actes d'héroïque abnégation se reproduisent dans l'autre hémisphère. Après Kerguelen et Cook, qui découvrent, le premier, l'île qui porte son nom, et le second, le groupe des Sandwich du sud, nous voyons se succéder Smith, qui révèle le groupe important des Shetland, le baleinier Wedell qui, en 1823, approche du 80° parallèle, Bellingshausen qui baptise, en 1821, l'archipel Pierre Ier.

l'amiral Dumont d'Urville qui reconnaît, en 1839, la terre
Louis-Philippe, l'anglais James Ross qui, à travers la banquise, découvre, en 1841, le groupe de terres où se dressent
les volcans l'Erebus et le Terror.

» Ne peut-on pas dire après cela, qu'il n'est pas de sol si
ingrat, si inhospitalier, si déshérité de vie et de soleil qu'il
soit, qui, une fois consacré par les travaux, les souffrances
et la mort de généreux martyrs, puisse rester en dehors du
cercle sans cesse élargi de l'activité humaine?

» Aussi, après un assez long intervalle de recueillement,
pendant lequel ne furent faits par des baleiniers écossais et
norwégiens que des voyages peu importants et tout localisés,
il était réservé à notre pays de montrer à nouveau le chemin
du pôle Antarctique. L'expédition de la *Belgica* (1897-1899),
que la Société royale belge de géographie est fière d'avoir
patronnée et qui fut si brillamment dirigée par le commandant Adrien de Gerlache avec M. Georges Lecointe, comme
adjoint, ouvre, en effet, une nouvelle série d'explorations qui
se succédèrent rapidement et auxquelles se livrèrent en 1901,
le commandant allemand von Drygalski, à bord du *Gauss*,
le professeur suédois Nordenskjöld, sur l'*Antarctic*, et le
commandant anglais Scott, sur le *Discovery*, puis en 1902,
à bord de la *Scotia*, le lieutenant écossais Bruce, et en 1903,
le docteur français Charcot, sur le *Français*.

» Il est rare, il est même unique de voir groupés côte à
côte, les hommes vaillants et énergiques qui, animés du noble
désir de découvertes, ont, en ces dernières années, convergé
de tant de pays, vers ces pôles mystérieux auxquels ils veulent, avec une indomptable ténacité, arracher à tout prix
leurs secrets.

» Cette bonne fortune échoit aujourd'hui à la Société
royale belge de géographie, et je suis tout particulièrement
heureux de pouvoir dire en son nom, qu'elle considère avec

fierté, comme l'un des événements les plus saillants de sa vie
sociale, l'honneur que lui font, ce soir, les explorateurs
illustres qui ont nom : Arctowski, Bergendahl, Bridgman,
Brown, Charcot, de Gerlache, Duse, Lecointe, Maveroff,
Mossman, Nordenskjöld, Rabot, Speelman, Tolmatcheff,
Turquet, baron Van Arckel, von Drygalski et amiral
Wandell, en répondant à l'invitation que nous leur avons
adressée.

» Nous leur rendons, par l'accueil le plus cordial, l'hommage dû à leur mérite, à leur science et à leur dévouement.

» Nous sommes heureux de saluer ici en même temps, les
délégués officiels des divers États représentés au Congrès,
l'Allemagne, l'Argentine, le Chili, le Danemark, l'Espagne,
l'État Indépendant du Congo, les États-Unis d'Amérique,
la France, l'Italie, les Pays-Bas, le Portugal, la Roumanie,
la Russie et la Suède, qui viennent témoigner de l'importance qu'attachent leurs gouvernements respectifs aux travaux de l'assemblée qui les a amenés à Bruxelles.

» Un grand nombre d'institutions scientifiques du pays et
de l'étranger y ont envoyé leurs représentants pour apporter leur pierre à l'édifice, en donnant le concours de leur
expérience et de leurs lumières.

» Que tous soient ici les bienvenus au milieu de nos
membres, désireux de leur montrer leur admiration et leur
sympathie.

» Au moment de donner la parole à quelques explorateurs,
dans l'ordre des expéditions polaires qni leur ont valu une
légitime et universelle notoriété, il me reste, Monseigneur,
un devoir à remplir : celui de dire à Votre Altesse Royale
que nous sommes grandement honorés de ce qu'Elle veuille
bien rehausser de sa présence, cette brillante réunion, et
venir apporter ainsi, après tant d'autres marques déjà
données par Elle, non seulement une nouvelle preuve du

profond intérêt qu'Elle porte à l'avancement des sciences dans toutes leurs manifestations, mais encore, et tout spécialement, un témoignage d'admiration et de haute estime aux hommes vaillants entre tous, qui, pleins d'abnégation et de dévouement, ont affronté les pires dangers et supporté stoïquement les plus dures privations, en vue d'un idéal vers lequel les pousse un impérieux besoin de contribuer, pour leur part, à l'accroissement des connaissances humaines.

» Ce témoignage leur sera précieux, et je remercie Votre Altesse Royale de ce qu'Elle daigne le leur donner parmi nous. »

Quand les salves d'applaudissements qui saluent cette péroraison prennent fin, M. le Président donne la parole au chevalier baronet Speelman, ancien lieutenant de vaisseau de la marine royale néerlandaise, et membre de l'état-major de l'expédition polaire néerlandaise du *Wilhem Barents*, qui fait l'exposé, dont voici la traduction :

« ALTESSE ROYALE,

» MESDAMES ET MESSIEURS,

» Je me rends bien volontiers à l'aimable invitation de la Société royale belge de géographie de lui donner, en quelques mots, un aperçu des opérations et des résultats de la dernière expédition néerlandaise dans l'océan Arctique. Qu'il me soit permis, tout d'abord, de m'excuser de vous faire cet exposé en langue néerlandaise, et de ne pouvoir le faire dans votre belle langue française — je le regrette maintenant plus que jamais — à cause des nombreuses difficultés qu'elle présente pour moi.

» Ce fut pendant les années 1876 et 1877 que feu le lieutenant de marine Koolemans Blyen, après avoir accompli deux voyages à bord d'une expédition polaire anglaise, sous la conduite de sir Allen Young, secoua l'esprit national et parvint à réunir les sommes suffisantes pour envoyer, sous pavillon néerlandais, une goëlette à voile, le *Wilhem Barents* dans les hautes régions du Nord, voyage qui a été renouvelé ensuite, six fois, de 1878 à 1884. Forte de quatorze hommes, officiers, savants et équipage compris, n'ayant à bord ni pilote pour les glaces, ni pêcheur norwégien, l'expédition avait à chercher sa route sur ce nouveau champ d'exploration. Les officiers qui appartenaient à la marine royale ne pouvaient prêter leur concours que pour une durée de deux années, à l'expiration desquelles ils devaient reprendre leur service militaire.

» Les voyages du *Wilhem Barents* constituaient un travail préliminaire qui devait se continuer pendant plusieurs années avant de pouvoir acquérir les connaissances désirées. Ces expéditions avaient pour but l'exploration systématique de la mer de Barents, en vue de rechercher une nouvelle base à une exploration polaire ultérieure.

» Avant l'année 1872, on connaissait très peu cette mer de Barents. On avait déjà fait la circumnavigation du Spitzberg, on en avait vu la partie orientale, mais aucune terre n'était connue au nord du parallèle 76. Ce fut dans cette même année 1872 que des pêcheurs norvégiens découvrirent inopinément que la glace au sud de la terre de Wyche avait disparu, ils eurent ainsi l'occasion de contourner cette île au mois d'août. Ce fut à la même époque que le navire *Tegethoff*, de l'expédition autrichienne, parvint au cap Nassau, sur la côte de la Nouvelle-Zemble, et que commença pour ce navire, entouré de glace, la dérive remarquable qui s'est terminée, une année plus tard, près de la terre de François-Joseph.

» La découverte de la terre « François-Joseph » assignait,

en vérité, une limite orientale à la mer de Barents, au méridien des îles d'Orange ; on pouvait en conclure qu'en persévérant dans l'observation de la glace, on trouverait le moyen d'atteindre la terre de François-Joseph, et qu'un examen minutieux révèlerait l'existence d'un courant plus chaud qui pourrait être suivi jusqu'à une latitude plus élevée, le long de cette côte occidentale, comme cela a été le cas pour les côtes occidentales du Spitzberg et du Groenland. Ce sont ces considérations qui ont donné lieu aux instructions pour le voyage du *Wilhem Barents*, qui, bien que modifiées dans la suite, peuvent être résumées comme suit : L'examen scientifique approfondi de la mer entre le Spitzberg et la Nouvelle-Zemble.

» Des observations diverses ont été faites à la latitude des îles Shetland : sondages avec observation de la température et du degré de salinité de l'eau à diverses profondeurs et sur le fond ; examen de la faune et de la flore de la mer ; étude de la direction et de la puissance des courants ; observations météorologiques, astronomiques et magnétiques permanentes ; reconnaissances de terres et prises de relevés photographiques de nombreux points geographiques, ainsi que des phénomènes naturels que l'on jugeait intéressants. L'on aurait dû examiner, au moins d'une manière plus ou moins superficielle, l'état de la glace à l'ouest et au nord du Spitzberg, et d'une manière plus précise les limites méridionales de la glace dans la mer de Barents, pendant les mois d'août et de septembre. Mais, pendant la première année, il ne fut pas possible de se rendre à l'est du cap Nassau ou dans la mer de Kara. Lorsque, dans les années suivantes, les instructions furent modifiées sous ce rapport, les détroits ne donnèrent pas accès dans la mer de Kara, sauf pendant l'année 1884.

» Si l'année 1878 a été exceptionnellement favorable pour

une expédition dans les glaces de cette région, où l'on ne rencontrait pas de glace au sud du parallèle de 76 degrés, la situation était toute différente l'année suivante. En 1879, le *Isbjoon* rencontra continuellement de la glace pendant le mois de septembre, et il n'a pas été possible à ce navire de dépasser le 78 degrés N. Le *Wilhem Barents* résolut d'étudier la mer par 55 degrés de longitude et de 76 degrés de latitude, et atteignit ainsi la terre François-Joseph, constatant, pour la première fois, que ce groupe d'îles pouvait être atteint par la pleine mer.

» Mais il était indispensable d'acquérir la certitude que cela serait également le cas les années suivantes, si l'on voulait se servir de cette terre, comme point de départ pour les explorations polaires ultérieures. L'année suivante, en 1880, il ne fut pas possible au *Wilhem Barents* d'atteindre de nouveau la terre François-Joseph, par suite d'un échouage sur un écueil près de l'île de la Croix; le renflouage et les réparations du navire furent cause d'une perte de temps considérable. M. Leigh Smith fut plus heureux avec son bateau à vapeur : il put atteindre la terre François-Joseph en pleine eau, et put y aborder en divers points.

» La grande variation d'aspect et de structure des glaces dans la mer de Barents et les mers environnantes, d'une année à l'autre, était due à une cause commune, variable dans ses effets. L'existence d'un contre-courant chaud dans la mer de Barents a été constatée très distinctement par une nombreuse série d'observations de température; ce n'était pas un fort courant continu qui aurait eu pour conséquence l'existence d'un passage libre par lequel on aurait pu atteindre à de plus hautes latitudes; il avait plutôt l'apparence d'une circulation générale vers le nord et l'est. Par un temps calme, il entraînait la glace dans sa direction, en même temps que cette glace se déplaçait dans la direction du vent dominant.

» Dans les années suivantes, les recherches furent poursuivies autant que les circonstances le permirent ; toutefois, celles-ci étaient assez souvent très défavorables : l'expédition avait à lutter contre la glace que l'on rencontra à des latitudes très basses. Les observations météorologiques de ces années, ainsi que de celles où l'on a observé la glace près de la limite méridionale de la mer de Barents, peuvent contribuer à expliquer, en quelque sorte, jusqu'à quel point les phénomènes météorologiques influencent le nord de l'Europe, ou même trouvent leur explication dans la présence, pendant un temps assez long, d'énormes quantités de glace près des côtes de l'hémisphère boréal.

» En ce qui concerne les résultats de l'exploration scientifique poursuivie pendant sept années, je crois pouvoir m'en référer à l'atlas, que j'ai fait parvenir à la Société de géographie, accompagné des cartes-itinéraires des voyages du *Wilhem Barents* durant ces diverses années. Ces cartes feront connaître, par exemple, combien l'année 1882 a été particulièrement défavorable à la navigation dans la mer de Barents. Ce fut pendant la même année que la *Varna* partit avec l'expédition néerlandaise qui, sous la conduite du Dr Snellen, devait participer à une exploration internationale, en vertu des décisions du Congrès de Berne, pour l'érection et l'installation d'un certain nombre de stations dans la région polaire. L'expédition de la *Varna* devait établir sa station dans le port de Dickson, à l'embouchure du Yenéssei, mais il fut extrêmement difficile de pénétrer dans la mer de Kara, on n'y réussit que le dernier jour du mois d'août. En septembre, il ne fut possible de pénétrer dans la glace que fort peu avant dans la direction orientale ; dans le courant de ce mois, le bateau fut pris par la glace et y resta enfermé pendant tout l'hiver, dans le voisinage du bateau de l'expédition danoise, la *Dymphna*, sous la conduite du lieutenant de marine Hoogaard ; lorsque, plus tard, la *Varna* dut être abandonnée par ceux qui le montaient, les membres de l'expédition néerlandaise furent recueillis avec bienveillance par la *Dymphna*, à bord duquel ils reçurent l'hospitalité. Après que la *Varna* eut sombré, en juillet 1883, l'expédition partit par la glace vers la côte S.E. de la Nouvelle-Zemble, d'où elle put atteindre ensuite la mère-patrie.

» Je désire consacrer quelques instants aux résultats des travaux dans le domaine zoologique, pendant les sept voyages du *Wilhem Barents*, qui peuvent être considérés comme des plus importants.

» La description des collections réunies au cours des deux premiers voyages a été faite dans les *Archives néerlandaises de Zoologie*, vol. I, 1881-1882 ; celle des voyages ultérieurs dans l'ouvrage : *Bijdragen tot de Dierkunde*, édité par la Société zoologique « Natura Artis Magistra », à Amsterdam. Les divers groupes du domaine zoologique ont été décrits en vingt-quatre articles, la plupart par des zoologues néerlandais, quatre seulement par des spécialistes étrangers. On peut considérer comme d'un grand intérêt, la découverte de l'*Archimollux*, bien connu sous le nom de *Proncomenia Sluiteri*, décrit par Hubrecht ; ensuite, la description de la nombreuse collection des *Isopodes*, par Max Weber ; des *Gephyreons*, par Horst ; des *Pycnogonides*, par Hock ; des *Hydroïdes*, par W. Thompson ; des *Éponges*, par Vosmaer, et des *Bryozoaires*, par Vigelius.

» Non seulement on a donné la description des diverses espèces nouvelles, mais leur état de conservation a permis un examen approfondi au point de vue anatomique. Partout où la drague a relevé les produits du règne animal, on a observé, en même temps, la température exacte de l'eau et son degré de salinité ; il a été possible de fixer quelques régles relatives à la dispersion géographique de certaines espèces d'animaux.

» J'espère, Messieurs, avoir réussi à vous convaincre, par ce court exposé, que l'expédition néerlandaise, dans l'océan Arctique, a contribué dans une mesure importante à l'exploration générale des régions polaires. »

M. Speelman est longuement et chaleureusement applaudi.

M. Pavoux invite ensuite M. H. L. Bridgman, du *Peary Arctic Club* et de l'*Institut de Broklyn*, délégué des États-Unis au Congrès, à prendre la parole ; celui-ci s'adresse en anglais à l'assemblée :

» ALTESSE ROYALE,

» MONSIEUR LE PRÉSIDENT,

» MESDAMES ET MESSIEURS,

» Veuillez me permettre de vous dire, dans ma langue nationale, quelques mots de l'œuvre entreprise dans les régions polaires par mon compatriote le commandant Robert E. Peary. C'est un grand honneur et un grand plaisir pour moi de me trouver ce soir parmi vous, mais je suis de cœur, avec mon ami, dans le Nord. Depuis vingt ans, le commandant Peary explore les régions arctiques, et vous savez tous ce qu'il y a fait. A quatre reprises, il a traversé le Groenland, ce grand sahara du Nord, ce haut cap de glace, jusqu'alors impénétrable. Le premier, il contourna l'extrémité nord de ce continent, découvrant dans cette extraordinaire expédition les plus hautes terres arctiques du globe, auxquelles il a donné le nom du président du *Peary Arctic Club*, qui le soutenait dans son entreprise : le cap Morris K. Jesup.

» Maintenant le commandant Peary en est à sa dernière

entreprise, plus hardie et plus importante que toutes les précédentes, celle d'atteindre le pôle.

» Nous avons construit pour lui, le plus fort, le plus beau, le meilleur navire qui ait jamais navigué dans l'océan Arctique, qu'aucune tempête ne pourra faire sombrer, que la glace ne pourra écraser, qui porte le nom de notre président « Roosevelt », et dont nous attendons le retour avec confiance. Le *Roosevelt* a quitté New-York pour le pôle, le 17 juillet 1905 ; il s'est séparé, au nord du Groenland, le 15 août, du navire qui l'accompagnait et qui a repris la route du retour, quatre jours après, n'apercevant plus rien du côté du nord, ni le *Roosevelt*, ni sa fumée.

» Son plan est, comme vous le savez, de pousser le navire le plus loin possible vers le nord, dans la baie de Lady Franklin, ou plus loin peut-être, et après avoir hiverné là, de se diriger directement sur la mer de glace, au moyen de traîneaux attelés de chiens esquimaux.

» Le *Roosevelt* reviendra-t-il ce mois-ci, pendant la session du Congrès polaire international ? C'est possible, et nous en serions heureux ; mais s'il n'en est pas ainsi, nous serons sans inquiétude. Le navire est abondamment équipé et muni de provisions pour deux ans, et si le commandant n'arrivait pas au but la première année, il hivernerait une deuxième fois, et au retour de la lumière, au printemps suivant, il ferait une nouvelle tentative. Nous avons tous la ferme conviction que son entreprise sera couronnée de succès.

» Les dépenses occasionnées par l'expédition Peary sont supportées exclusivement par des ressources privées, et quoique Peary soit officier de la marine américaine, aucun subside officiel n'a été mis à sa disposition. Les contributions généreuses du président de l'*Arctic Club* et d'autres citoyens éclairés ont rendu possible cette expédition, de même que les précédentes, qui depuis huit années font flotter le drapeau des États-Unis, pour ainsi dire sans interruption, dans les régions arctiques, ont reconnu une centaine de milles de nos côtes, ont rapporté des données scientifiques de la plus haute importance et ont modifié complètement la sphère et la direction des explorations arctiques.

» Il y a bien des choses intéressantes au sujet de l'œuvre du commandant Peary, mais le temps ne me permet pas de les citer. Je veux pourtant vous conter un ou deux incidents qui vous donneront une idée des autres. Pendant cette remarquable expédition en traineaux, en 1900, autour de la partie nord du Groenland, le 6 mai, à minuit, Peary arrivait au « cairn », construit en 1882 par le lieutenant Lockwood et le sergent Brainard sur la côte du Groenland, à 82° 44′ 23″, ce qui était alors et demeurait le point le plus septentrional atteint par l'homme sur la terre arctique. Peary y trouva le rapport original écrit par son compatriote, le brave Lockwood, qui plus tard est mort de faim avec tous ses compagnons au cap Sabine. Ce document est la propriété du *Peary Arctic Club*, et, pensant que vous désireriez le voir, je vous le montre ici tel qu'il a été retrouvé apres un long séjour de dix-huit ans dans le *cairn*, élevé à la plus haute latitude. Dans le même *cairn*, le commandant Peary retrouva aussi le thermomètre enregistreur, déposé par Lockwood et Brainard. J'ai pris avec moi également cet instrument pour vous le montrer. Quand le colonel Brainard, après mon retour du Nord, apprit que j'avais ce thermomètre, il demanda à le voir, et puis me fit remarquer qu'il lui était difficile de l'identifier, car, pendant son dépôt dans le *cairn*, un chien avait rongé une des extrémités de la caisse en bois qui contenait l'intrument. « C'est vrai, dis-je » à Brainard, Peary m'a dit que lorsqu'il a retrouvé » l'instrument, une extrémité de la caisse avait été dévorée » par des ours. » En effet, vous pouvez voir aux deux bouts de la caisse de nombreuses empreintes de dents, ce qui vous prouve que vous vous trouvez bien en présence de la « pièce originale ».

» Par trois fois, j'ai eu l'occasion de dire adieu à Peary, dans l'Arctique. Je l'ai vu quitter le bateau dans un canot découvert, au milieu de l'océan Arctique, pour entreprendre sa seconde attaque du grand cap de glace, se séparant de sa femme et de sa fille, une enfant du Nord ; une autre fois, nous l'avons abandonné sur les rochers de Rainbow·Point, à Etah, dans le sombre crépuscule de minuit ; et, il a y cinq ans, nous le déposions, lui et ses fidèles compagnons, sur les roches noires de la baie d'Herschel, dans la terre Ellesmere, d'où, plus tard, il se rendit à 20 milles plus loin à ses quartiers d'hiver, au cap Sabine. C'est là que, lorsque son petit bateau s'éloignait du navire à travers la glace, il nous fit un dernier signe d'adieu de la main, et nous cria : « Ne baissez pas le drapeau, je conserverai mes jumelles » braquées sur lui et quand il ne me sera plus possible de le » voir, je saurai que la mer était libre et que vous êtes en » sécurité sur la route du retour au pays. » Et notre drapeau flotte encore au sommet du mat, où nous voulons le maintenir jusqu'à ce que cette année, l'année prochaine, ou une suivante, notre brave compatriote remporte le grand prix géographique du siècle. » (Vifs applaudissements.)

Le Président donne ensuite la parole au commandant de Gerlache, pour résumer les résultats de l'expédition de la Belgica dans le Sud, et de sa récente croisière, avec le Duc d'Orléans, dans la mer du Groenland.

M. de Gerlache s'exprime comme suit :

« MONSEIGNEUR,

» MESDAMES ET MESSIEURS,

» L'honneur m'est échu de vous entretenir, dans cette séance solennelle, de l'expédition antarctique belge.

» Je dispose pour cela de bien peu de temps, je m'efforcerai donc d'être concis.

» Aussi bien, il me semble superflu de refaire devant les membres de la Société royale belge de géographie, l'historique de cette expédition, je me bornerai donc à en indiquer les résultats les plus saillants.

» L'expédition antarctique belge n'avait pas pour objectif d'établir un record géographique.

» Elle a borné ses efforts à l'exploration scientifique d'un coin du vaste domaine antarctique.

» La région que nous avons explorée se trouve au nord et à l'ouest de la terre de Graham.

» Au début de notre voyage, nous découvrîmes un détroit s'amorçant au nord dans ce qu'on appelait alors la baie de Hughes et aboutissant au S.-W. dans le Pacifique austral.

» Les contours de ce détroit furent sommairement mais assez exactement relevés, et, tant sur la terre de Danco, qui le borne à l'est, que sur les îles Liége, Brabant et Anvers qui le bornent à l'ouest, nous débarquâmes en vingt points différents, récoltant partout des matériaux géologiques et biologiques.

» La découverte de ce détroit ne présente pas seulement un intérêt purement géographique, sans aucune portée pratique : non seulement les navires à voiles, poussés par les tempêtes jusqu'à ces hautes latitudes, trouveront là un abri sûr, mais on pourra encore y pratiquer avec profit la pêche des grands cétacés (baleinoptères et mégaptères), qui y sont particulièrement abondants. (En ce moment même, plusieurs Compagnies baleinières norvégiennes expédient leurs bâtiments dans cette partie de l'océan Antarctique, et c'est principalement dans le détroit de la Belgica qu'elles exerceront leur industrie).

» Après avoir passé par ce détroit, nous avons, dois-je vous le rappeler, poursuivi notre route vers le sud. Franchissant le cercle polaire, nous reconnaissions la terre d'Alexandre et nous nous engagions ensuite dans la banquise, à l'ouest de cette terre. Nous pénétrions dans le *pack* jusqu'à 90 milles au sud de sa lisière. Là, la *Belgica* était clavée et nous devions preudre nos dispositions pour un hivernage qui dura près de treize mois.

» Nous fûmes entraînés alors, avec les glaces, dans une longue et tortueuse dérive.

» Nous passâmes ainsi au sud de l'île Pierre Ier, entrevue, comme la terre d'Alexandre, par l'explorateur russe Bellingshausen, et que d'aucuns croyaient être un promontoire avancé du continent antarctique. On peut donc assurer maintenant, que cette île est isolée ou qu'elle fait partie d'un archipel de peu d'étendue.

» La *Belgica* passa aussi, au cours de cette dérive de 1 700 milles de longueur totale, en un point où l'Américain Walker croyait avoir vu la terre.

» Les *sondages* que nous effectuâmes chaque fois que les conditions atmosphériques permettaient de fixer notre position astronomiquement, ces sondages, dis-je, établirent tout d'abord l'existence, entre la Terre-de-Feu et les Shetland du Sud, d'une cuvette profonde de quelque 5 000 mètres. Plus tard et plus loin, durant notre détention dans la banquise, ils ont révélé l'existence d'un plateau continental étendu, dont la découverte semble indiquer que la terre d'Alexandre et la terre du Roi Edouard VII (récemment reconnue par les Anglais) ne sont que des portions de cette vaste Antarctide, jadis soupçonnée par les géographes, et dont l'existence s'affirme davantage à chaque exploration nouvelle de la calotte polaire australe.

» Ces sondages se faisaient à l'aide de sondes à chambre, et ils étaient toujours suivis d'autres observations océanographiques.

» Nous avons rapporté ainsi, non seulement des notions nouvelles sur la bathymétrie de la zone que nous avons parcourue, mais encore, de nombreuses données sur la nature du sol sous-marin, sur la température, la densité et la composition de l'eau de mer à diverses profondeurs.

» En ce qui concerne les sciences biologiques, on peut dire qu'un terrain vierge se présentait à nos observations : les faunes marine et terrestre n'avaient guère été étudiées encore qu'à la Georgie du Sud, et tout ce que l'on connaissait en fait de végétaux des terres à proprement parler antarctiques se réduisait à dix-neuf espèces récoltées par Ross.

» Les collections, rapportées par nous, de la zone antarctique et des canaux fuégiens, ne comprennent pas moins de mille deux cents espèces animales et cinq cents plantes, représentées par un nombre bien plus considérable de spécimens.

La flore terrestre de l'Antarctide a été étudiée, pour la première fois, d'une façon satisfaisante par Racovitza : cinquante-cinq espèces de lichens ont été recueillies et vingt-sept espèces de mousses, au lieu des trois seules, antérieurement connues ; nous avons rapporté aussi plusieurs algues d'eau douce, un champignon et une graminée. Et, à ces plantes continentales, il faut ajouter les représentants de

plusieurs embranchements du règne animal, nématodes d'eau
douce, acariens, insectes, dont l'existence est pour la première
fois révélée dans la zone antarctique.

» Au point de vue de la faune marine, les résultats obtenus par l'expédition de la *Belgica* comprennent :

» 1° Des observations prolongées, faites sur place, sur
les mœurs des animaux antarctiques : cétacés, phoques
et manchots, observations appuyées d'instantanés photographiques.

» Notre hivernage a permis de recueillir une série complète d'embryons de phoques ; nous avons apporté ainsi aux
spécialistes des documents d'une importance exceptionnelle
sur le développement jusque-là inconnu de ces animaux.

» 2° Le produit de nombreuses pêches pélagiques et
abyssales.

» Or, les études faites jusqu'ici sur ces collections (et les
mémoires parus ne représentent pas la moitié du travail
total), ont fait connaître plus de cent septante-cinq espèces
antarctiques inconnues, littorales, pélagiques ou abyssales.

» A côté des résultats d'ordre anatomique ou systématique de ces travaux, se dégagent aussi des conclusions mar-
quantes, relatives à la biogéographie, notamment :

» *a*) Tous les groupes examinés jusqu'ici (sauf une petite
subdivision de crustacés pélagiques) donnent des résultats
contraires à la doctrine de la *bipolarité*, c'est-à-dire, à
l'opinion d'après laquelle il y aurait de nombreuses formes
exclusivement polaires, communes aux deux régions arctique
et antarctique ;

» *b*) Les espèces abyssales (vivant dans les grandes profondeurs et dont beaucoup sont presque cosmopolites) se
rencontrent au voisinage du pôle Sud à une moindre distance
de la surface, c'est-à-dire remontent plus haut, jusqu'à la
zone côtière antarctique.

» Nous avons rapporté une collection importante d'échantillons géologiques et minéralogiques, ainsi que de nombreux documents sur les glaciers.

» Nos observations météorologiques faites scrupuleusement, d'heure en heure, sont les premières qui embrassent une année tout entière. L'aurore australe, les phénomènes optiques de l'atmosphère, les nuages, la neige et le givre ont été étudiés également d'une façon continue pendant toute la durée de notre détention dans les glaces.

» Enfin. des mesures des éléments magnétiques ont été effectuées chaque fois que les circonstances l'ont permis.

» La *Belgica*, dois-je le rappeler? est le premier navire qui ait hiverné dans la banquise antarctique. Cet hivernage a eu pour conséquence, outre les résultats que je viens d'esquisser, une profonde et heureuse modification du programme des expéditions allemande et anglaise, expéditions qui étaient projetées bien avant notre départ, mais qui ne se réalisèrent que quelque temps après notre retour.

» Et c'est là encore, sans doute, un fait dont il me sera permis de faire état dans le bilan que je m'étais chargé de présenter à cette assemblée. »

M. de Gerlache passe ensuite rapidement en revue les résultats de la récente croisière de M⁰ˢ le Duc d'Orléans, le long de la côte N.E. du Groenland, et commente un certain nombre de projections de cartes et de photographies de cette expédition, qui s'effectua, comme on le sait, à bord de la *Belgica*, dont le commandement avait été confié à notre compatriote.

M. de Gerlache est très applaudi et ses photographies des régions arctiques et antarctiques parcourues par la *Belgica* obtiennent un vif succès.

M. le Président demande à M. von Drygalski, chef de
l'expédition antarctique allemande de bien vouloir donner
un aperçu de ses travaux.

« MONSEIGNEUR,

» MESDAMES ET MESSIEURS,

» C'est une heureuse idée de la Société royale belge de
géographie d'avoir organisé la séance d'aujourd'hui, pour
entendre, des explorateurs polaires réunis à Bruxelles,
les rapports sur les expéditions déjà faites. En effet, au
moment ou une assemblée travaille ici pour élucider les
futures tâches de la recherche polaire, il est tout particulièrement utile de rappeler tout ce qui a déjà été fait, surtout
parce que, au cours des dernières expéditions au pôle
Antarctique, les différentes nations se trouvaient en coopération. Il existait donc déjà une base internationale; on
s'efforce de la fixer à nouveau pour les futures tentatives.
Cette coopération internationale qui existait lors des expéditions, subsiste encore maintenant pour l'étude de leurs
résultats. Elle a été très utile à ces deux points de vue, et
peut servir de modèle pour l'avenir. Qu'on me permette de
mentionner brièvement quelques-uns de ses résultats. Je me
bornerai, naturellement, à citer ceux qui proviennent de la
part que l'Allemagne a prise à la coopération internationale, puisque les autres nations parleront ici pour elles-
mêmes.

» Si l'expédition allemande, à bord du *Gauss*, participait
à la coopération internationale, elle constituait pourtant en
soi une unité indépendante. Elle a duré du mois d'août 1901
à novembre 1903, et a exploré la partie de l'Antarctique
située au sud de l'océan Indien, où elle a réussi à découvrir
un pays nouveau : la côte « Kaiser Wilhelm II », qui est,

sans doute, une portion de la côte septentrionale d'un continent antarctique. Elle a hiverné sur cette côte et a exécuté pendant un an, à cet endroit, des travaux physiques et biologiques. Elle a exploré en traîneau le pays et l'inlandis qui le couvre. Dans son voyage, à l'aller et au retour, elle a exécuté des travaux océanographiques dans l'océan Atlantique et l'océan Indien. Elle a fait des travaux d'une valeur toute particulière sur certaines îles (les Açores, les îles du Cap Vert, de l'Ascension, Sainte-Hélène, Crozet, Kerguelen, Heard, ainsi qu'au Cap), parce qu'elles présentaient des points de repère et de comparaison pour les travaux exécutés sur l'océan. Les résultats de l'expédition sont actuellement étudiés, et plus de septante collaborateurs en sont occupés.

» L'importance d'un travail simultané en différents endroits se démontre par exemple pour la *Météorologie*, par ce fait qu'on a souvent observé à la station allemande, de Kerguelen, et à celle du *Gauss*, les mêmes tempêtes dépendant des centres de pression, qui passaient au sud de Kerguelen. Les tempêtes s'approchaient pourtant toujours un peu plus tôt à Kerguelen. Les variations magnétiques terrestres de la station antarctique allemande se montraient déjà considérablement affaiblies sur Kerguelen. Pour la question du magnétisme terrestre, notre coopération avec la station d'hiver de l'expédition anglaise de la *Discovery* était très importante, celle-ci étant située à l'ouest, et la station du *Gauss* à l'est du pôle magnétique antarctique.

» Quant aux questions biologiques, il y a des comparaisons intéressantes à faire entre les différentes parties de l'Antarctique, qui montrent toujours quelques différences. Les résultats biologiques sont importants pour déterminer la limite de l'Antarctique, qui naturellement ne doit pas suivre le cercle polaire, comme on a voulu le faire, mais doit être établie d'après les conditions physiques qui dépendent essentiellement de la distribution de l'eau et de la terre.

» Au point de vue de l'étude des glaciers, le fait que l'expédition allemande a trouvé une formation intermédiaire entre l'inlandsis et les glaces flottantes sur la mer, est d'un très grand intérêt; l'expédition suédoise et l'expédition anglaise ont décrit également des formations, qui semblent être similaires aux premières et qui, jusqu'à présent, ne sont pas connues dans les régions du pôle Nord. Cette formation intermédiaire montre comment l'inlandsis peut s'étendre jusque dans la mer et éventuellement la combler, comme ce fut le cas pour la mer du Nord et pour la mer Baltique, à l'époque glaciaire.

» Les résultats de nos observations présentent également de l'intérêt pour la navigation pratique. L'expédition allemande a rencontré des vents d'Est, au sud de la zone des vents d'Ouest perpétuels, qui y permettent la navigation également dans la direction E.-W., ce qui est impossible plus loin vers le nord dans la zone des vents d'Ouest. Dans les glaces même, les courants sont dirigés vers le Nord, ce qui fait que l'on peut y pénétrer sans grand risque de devoir y hiverner. On ne risque vraiment d'être emprisonné dans les glaces, que lorsqu'on rencontre cette formation intermédiaire, mentionnée plus haut, et que nous avons appelée « glace bleue ».

» Je pourrais encore rapporter bien des choses, si le temps dont je dispose n'était pas si court. L'abondance des problèmes dans les deux territoires polaires, et surtout dans l'Antarctique, est si grande, qu'il faudra encore beaucoup d'expéditions pour leur solution. Chaque expédition isolée peut amener des découvertes importantes, une coopération est plus belle et plus utile pourtant pour le bien de la science. » (*Vifs applaudissements.*)

Sur l'invitation du Président, le Dr Otto Nordenskjöld, chef de l'expédition antarctique suédoise, rend compte de cette exploration accomplie de 1901 à 1904.

« MONSEIGNEUR,

» MESDAMES, MESSIEURS,

» Pour nous Suédois, gens du Nord, les régions arctiques ne sont pas inconnues. De si nombreuses expéditions ont été envoyées de Suède vers le Nord que, dans les brèves minutes dont je puis disposer ici, il me serait impossible de vous donner même un aperçu de ce que ces expéditions suédoises ont fait, sous la direction de mon oncle le baron Nordenskjöld, de Nathorst, du baron De Geer et d'autres. Aussi, vais-je parler surtout des régions polaires australes, qui sont le champ d'action sur lequel j'ai eu moi-même l'honneur de travailler.

» Quand, au commencement du siècle, l'Allemagne et l'Angleterre eurent résolu d'envoyer vers l'Extrême-Sud des expéditions qui devaient coopérer à un travail d'ensemble, il resta, pour que la chaîne des stations d'observation se trouvât ininterrompue, une région, qui par l'importance même de sa situation, ne le cède à aucune autre; je veux parler de celle située au sud de l'Amérique et de l'océan Atlantique. J'avais déjà, à cette époque, étudié l'extrémité de l'Amérique du Sud pendant deux années. J'eus alors l'avantage de rencontrer en Suède l'intérêt qui m'était si nécessaire pour la continuation de cette œuvre, et je partis vers le Sud en même temps que les deux autres expéditions.

» J'ai, déjà une fois, dans cette même assemblée, donné une conférence sur notre expédition, dont les aventures et les péripéties sont bien connues. D'après notre premier projet, il était entendu que j'hivernerais, avec cinq compagnons;

notre navire l'*Antarctic*, avec le reste du personnel scientifique, devait revenir nous chercher l'été suivant; mais, l'été
venu, il fit un froid inconnu jusque-là, et les glaces ne se bri-
sèrent pas ; pour arriver à notre station, on se divisa en deux
détachements ; plus tard l'*Antarctic*, se brisa sous la pression
des glaces, et il nous fallut passer un second hiver, séparés
en trois groupes, n'ayant pas la moindre possibilité de
communiquer entre eux.

» Plus tard, quand nous revînmes sur un navire argentin,
nous réussîmes à sauver la plupart de nos collections, et les
observations scientifiques de deux années, recueillies dans
ces trois stations, en sorte que les difficultés que nous
rencontrâmes ont tourné au profit de la science.

» Dans mon opinion, c'est à nos recherches géologiques
que notre expédition doit sa plus grande importance, et cela
pour deux raisons : d'une part, il nous fut possible de
comparer sur place une partie du continent antarctique avec
les pays déjà connus, et il semble que l'on pourrait voir
dans la terre de Graham, région que nous avons étudiée,
soit une continuation, soit un homologue de la Patagonie.
A l'ouest de la contrée, on trouve une chaîne de montagnes
coupée par des fjords et des canaux, et parmi les roches,
on en trouve qui présentent une ressemblance frappante avec
quelques granits caractéristiques des Cordillières de l'Amérique du Sud. Les fossiles ne font pas défaut non plus ; le
Dr Anderson trouva dans cette zone des couches jurassiques,
probablement plissées, avec des empreintes de mollusques
d'eau douce et des plantes fossiles bien préservées ; à l'est,
on trouve des couches en position horizontale, qui appartiennent aux formations crétacées et tertiaires, très riches
en fossiles et fréquemment interrompues par des régions où
se trouvent des laves et des tufs basaltiques. Par leur constitution géologique, ainsi que par leurs fossiles, dont je

vais parler, ces régions ressemblent à la partie correspondante de l'Amérique la plus australe. Au point de vue
scientifique et pour la connaissance générale de la géographie du continent antarctique, ces observations sont d'un
grand intérêt.

» Les fossiles mentionnés constituent le second résultat
de l'expédition. On peut affirmer, que le résultat le plus
important obtenu en commun par les expéditions de différentes nationalités est d'avoir démontré, avec la plus grande
probabilité, l'existence d'un sixième continent, qui peut bien
être aussi grand que l'Europe et l'Australie ensemble.

» Or, notre expédition a découvert un autre continent, un
continent qui remonte à l'époque mésozoïque et tertiaire, un
continent avec de grandes forêts et une faune riche, et qui
doit avoir eu une énorme influence sur la distribution des
animaux et des plantes sur notre globe. Cette partie de la
terre a eu déjà, à l'époque miocène, son monde biologique
spécial. Alors, comme maintenant, vivaient sur ces rivages,
à en juger par les fossiles que nous avons rapportés, de
nombreuses espèces de pingouins, mais appartenant à des
types anciens, tout différents des types actuels, il s'en trouvait
aussi d'espèces géantes. Parmi les plantes fossiles, M. Nathorst
a trouvé aussi des feuilles de hêtres et des rameaux d'un
Araucaria, qui présentent encore les caractéristiques des
mêmes genres de l'Amérique patagonique. En ce qui concerne
nos collections de fossiles marins, je dirai seulement que les
Ammonites se rattachent d'une manière frappante au type
indo-pacifique du crétacé supérieur. Les mollusques prouvent
qu'il y a aussi, dans la région, des couches miocènes et
pliocènes; un certain fossile, qui semble avoir été un rhizo-
pode gigantesque, fut pour nous tout à fait énigmatique.

» Je voudrais maintenant vous faire connaître une
deuxième partie de nos résultats scientifiques; je veux

dire les observations météorologiques continuées pendant deux années, et exécutées en partie dans plusieurs stations. Nous avons, cette fois encore, obtenu des résultats inespérés ; le climat s'est montré beaucoup plus froid qu'on ne le croyait sous cette latitude. On trouve, en effet, les observations thermométriques de toutes les expéditions étant réduites à la même latitude, que la région sud-américaine est la plus froide, et cela peut expliquer pourquoi les glaces empêchent d'avancer vers le sud justement dans cette région plus que dans les autres.

» La direction des vents dominants, caractérisée par les tempêtes les plus terribles peut-être que l'on connaisse sur la terre, est du S.O. ; ces vents polaires sont généralement accompagnés d'un froid intense ; mais, bien plus remarquables encore, sont les vents du sud, secs, plus faibles que les autres, et accompagnés d'une température anormalement élevée, qu'il ne paraît pas possible d'expliquer par un phénomène dynamique comme celui du foehn.

» La valeur de ces observations est d'autant plus grande qu'on peut les comparer, non seulement à celles des expéditions anglaise et allemande, mais aussi à celles faites, l'année suivante, par MM. Bruce et Mossman, dans une station située un peu plus au nord, et où les travaux ont été continués aussi plus tard, dans l'intérêt de la science, sous les auspices du gouvernement argentin. On trouve que le gradient de la température est très rapide en cet endroit, la seule partie de l'Antarctide dont on commence à connaître les conditions climatologiques générales.

» En fait de collections et de recherches biologiques, notre expédition a rapporté un matériel assez considérable. Nous avons découvert que, sur les bancs marins peu profonds qui environnent la terre de Graham, se trouve une faune extraordinairement riche, de grande espèce ; la flore des algues y est très riche aussi. Quelques-uns de ces groupes ont déjà été décrits et nous prouvent que la faune en particulier contient de nombreuses espèces nouvelles pour la science; d'autre part, les espèces rapportées nous prouvent une fois de plus qu'il existe un règne biologique antarctique spécial. Aussi, la faune montre-t-elle une ressemblance beaucoup moins grande avec celle de la Terre-de-Feu et se rapproche de celle de quelques îles océaniennes subantarctiques, comme par exemple, les Kerguelen et surtout la Géorgie du Sud. En effet, la Géorgie du Sud, qui a été étudiée par notre expédition pendant l'hiver de 1902, occupe une position de transition remarquable entre la terre de Graham et l'Amérique du Sud. Cela ne s'applique guère aux conditions purement géologiques, parce que la constitution des roches et, comme il paraît aussi, l'âge des couches sont différents de ce que l'on trouve dans les parties adjacentes des deux continents.

» Enfin, je dois mentionner à cette assemblée nos résultats purement géographiques. Il n'entrait pas dans mon plan d'essayer d'arriver au pôle même; si tel avait été le cas, nous aurions sûrement choisi un autre point de sortie plus favorable. Maintenant, et c'est notre résultat le plus important, nous avons établi et exposé la connexion existant entre ces parties de terres déjà découvertes, et portant une foule de noms, que chaque cartographe pouvait arranger à sa guise; nous avons prouvé, en cet endroit, l'existence d'une grande terre principale, la terre de Graham, entourée de tous côtés par un archipel, et notre cartographe a recueilli les éléments d'une carte détaillée exacte des parties les plus importantes de cette terre principale.

» Cela ne fut pas notre seul résultat géographique. Bien que notre expédition ait été surtout une expédition terrestre, nous avons aussi rapporté d'intéressants résultats océanographiques, en particulier la découverte des grandes profondeurs marines, au nord de la Géorgie du Sud, et aussi du remarquable ombilic, isolé par des seuils sous-marins, que forme le détroit de Bransfield et dont les couches profondes possèdent la plus basse température qui ait été observée au fond de la mer.

» Le plateau de glace peu élevé, sur lequel j'ai accompli la plus grande partie de notre expédition en traineau vers le sud, est très intéressant aussi ; en tout cas, il n'a point son semblable dans les régions polaires du Nord et, pour expliquer sa formation, il faut considérer les conditions climatiques totalement différentes des régions antarctiques. Je ne puis ici énumérer nos autres travaux scientifiques, tels que les observations sur le magnétisme terrestre, la bactériologie, etc., qui n'ont pas encore été traités. Beaucoup de nos observations sont à la fois inattendues et intéressantes pour la science ; mais l'importance de notre expédition consiste dans l'exploration approfondie de la totalité d'une région limitée, très intéressante par sa situation et toutes ses conditions naturelles. Nulle part on ne trouve un point de départ aussi engageant pour l'étude. Je veux seulement espérer que ma patrie, la Suède, continuera ses travaux de recherche dans cette même région, et qu'alors nous pourrons y collaborer avec toutes les nationalités représentées dans cette salle, et en particulier avec celles qui ont déjà travaillé à nos côtés dans cette partie du continent austral, comme c'est le cas pour la Nation belge. »

M. Nordenskjöld est longuement applaudi et il fait passer une série de beaux clichés pris dans l'Antarctique.

La parole est donnée ensuite à M. Rudmose Brown, membre de l'expédition nationale antarctique écossaise, qui s'exprime en anglais.

« ALTESSE ROYALE,

» MESDAMES ET MESSIEURS,

» Je vais avoir l'honneur de vous entretenir ce soir de l'expédition nationale antarctique écossaise, qui vient de rentrer dernièrement, et qui était placée sous les ordres de M. W.-S. Bruce. Je regrette beaucoup que M. Bruce ne puisse parler lui-même de son expédition. C'est à cause de son voyage dans les régions arctiques, avec S. A. S. le Prince de Monaco, que je me trouve ici ce soir à sa place. Je ne veux pas exposer ici l'itinéraire de notre navire le *Scotia*, qui est certainement connu de vous tous. Il suffira de vous rappeler que la sphère de nos opérations s'étendait dans la mer de Weddell, dans la région comprise entre l'expédition suédoise de Nordenskjöld et l'expédition allemande de von Drygalski, et que nous avons fait deux croisières dans la mer de Weddell, pendant les années 1903 et 1904, en passant la période d'hiver dans les Orcades du Sud.

» La deuxième année, nous avons poussé plus loin vers le sud, et nous avons eu la chance de découvrir une terre entièrement inconnue du continent antarctique, à laquelle nous avons donné le nom de Terre de Coats. Le but de l'expédition écossaise était de se livrer à l'étude de l'océanographie, de la biologie et de la météorologie. Nous étions donc munis de tous les appareils nécessaires pour sonder les profondeurs de l'océan et pour recueillir des échantillons de sa faune. Des expéditions lointaines sur terre ne faisaient pas partie de notre programme, et nous n'étions pas équipés pour de telles entreprises. La mer plutôt que la terre fut notre champ d'action, et nous avons pû parcourir plus de 20 000 kilomètres dans cette région inexplorée de la mer Antarctique. Nous avons ainsi essayé de continuer l'œuvre si admirablement commencée, il a quelques années, par l'Expédition antarctique belge, un peu plus vers l'ouest. Le temps dont je dispose ne me permettra de donner qu'un court aperçu des résultats de l'expédition.

» La prof.ndeur de la mer de Weddell varie entre 4 000 et 5 000 mètres. Les grandes profondeurs signalées par Ross (7 000 mètres) n'existent pas ; nous avons sondé à l'emplacement indiqué, où nous avons trouvé le fond à 4 800 mètres. Ces grandes profondeurs doivent donc disparaître des cartes où elles figurent depuis soixante ans. La découverte de la terre de Coats, par 74° 1' S. et 17 degrés W. de Greenwich, démontre que le continent antarctique s'étend plus vers le nord qu'on ne le pensait, car la limite hypothétique du continent était placée à 82 degrés S., en se basant sur les grandes profondeurs indiquées par Ross. Pendant le voyage de retour, entre la terre de Coast et Le Cap, une autre importante découverte océanographique a été faite. Nous avons reconnu que le relief du fond de l'Atlantique qui, jusqu'ici, était supposé se terminer dans l'archipel des îles de Tristan da Cunha, est beaucoup plus étendu vers le sud, jusqu'au 53° degré S. A cette latitude, ce relief se dirige vers l'est et probablement vers l'ouest également. La prochaine expédition qui se rendra dans ces parages aura à étudier cette intéressante question.

» Retournons un instant à la Terre de Coast. La terre à cette latitude était une découverte inattendue, mais cette terre fait-elle partie intégrale du continent ? A notre avis, il ne peut y avoir de doute à ce sujet, quoique nous n'ayons pas vu de rochers et qu'il ne nous ait pas été possible de débarquer à cause d'un pack infranchissable et d'une haute falaise de glace. A 70 degrés S., la profondeur de l'océan était de 5 000 mètres, à 72 degrés S., à 80 kilomètres de la terre, la profondeur était de 4 400 mètres ; à 56 kilomètres de la barrière, elle était de 2 500 mètres ; et à 3 1/2 kilomètres, elle n'était plus que de 300 mètres. Ceci nous démontre que nous nous trouvions bien en présence du continent. Vers l'intérieur, le niveau de la terre s'élève dans le lointain à une très grande hauteur et semble atteindre 5 000 mètres ; de plus, les oiseaux sont nombreux près de la barrière de glace. Tous les navigateurs, entre les terres d'Enderby et de Coats, ont rencontré sur mer d'épaisses glaces, qui ne se trouvent qu'à petites distances des côtes.

» Dans les Orcades du Sud, nous eûmes la chance de capturer un jeune phoque de Ross (*Ommatophoca Rossi*), le seul exemplaire rencontré. Deux phoques éléphants (*Macrorhinus leoninus*) furent vus dans les Orcades du Sud. Nous n'avons plus rencontré de phoques durant tout le reste du voyage. Le lion de mer (*Otaria jubata*) se trouve aux îles Falkland.

» Pour ce qui concerne les oiseaux, nous avons capturé toutes les espèces antarctiques et subantarctiques.

» Le pingouin impérial (*Aptenodytes Forsteri*) est très rare aux Orcades du Sud, mais très commun près de la terre de Coats. Les pingouins les plus communs aux Orcades du Sud sont le pingouin Adélie (*Pygoscelis Adeliae*), le *P. papua* et, enfin, le *P. antarctica*.

» Les seuls oiseaux qui n'émigrent pas pendant l'hiver, sont le Pétrel des neiges (*Pagodroma nivea*) et le Bec-en-fourreau (*Chionas alba*).

» Au printemps de nombreuses espèces d'oiseaux arrivent, nous avons fait l'intéressante découverte d'œufs du Pigeon du Cap (*Daption capensis*), que l'on ne connaissait pas encore.

» Je regrette beaucoup que le temps ne me permette pas de parler d'autres résultats, d'un très grand intérêt. J'aurais voulu dire quelques mots des résultats du voyage de la *Scotia*, au point de vue météorologique, mais le sujet est trop étendu pour être traité ici. Je dois cependant mentionner un fait qui est plein de promesses pour l'avenir. Pendant le long hiver passé dans les Orcades du Sud, nous avons construit et installé un observatoire météorologique et une habitation. Au départ de l'expédition écossaise, cet observatoire a été confié au gouvernement argentin. La première année, M. Mossman, météorolgiste de la *Scotia*, y était resté en fonction, mais, depuis deux ans, tout le personnel est argentin. L'année prochaine, deux autres observatoires seront créés dans les régions antarctiques, sous les auspices du même gouvernement, qui en a déjà placé un dans la Géorgie du Sud.

« Ainsi l'Écosse et la République Argentine ont posé le premier acte d'une coopération internationale dans les régions antarctiques, et il faut espérer que ce sera là le commencement de projets plus importants, auxquels participeront toutes les nations. »

M. Brown a illustré sa communication d'une fort belle série de projections photographiques.

La parole est donnée enfin au Dʳ J. Charcot, chef de l'expédition antarctique française, qui expose le voyage du *Français* dans le Sud.

Le *Français* a quitté Le Havre, le 15 août 1903, et fait escale successivement à Madère, Saint-Vincent, Pernambouc, Montevideo, Buenos-Ayres, à l'île des États. Après une escale de quelques heures à la baie d'Orange pour des observations scientifiques, l'expédition se dirige sur les Shetlands du Sud; puis longe, en les relevant, les côtes N.-O. de l'archipel de Palmer et séjourne dans la baie des Flandres. Elle contourne ensuite l'île Wiucke, où elle laisse un cairn.

Se frayant un chemin à travers la glace, tout en cherchant un bon point d'hivernage, le *Français* parvient aux îles Biscoë; mais, arrêté par une barrière infranchissable, il remonte à l'île Wandel, et l'expédition s'installe en ce lieu extrêmement favorable pour un hivernage. Les travaux scientifiques de toutes sortes, but de l'expédition, sont entrepris de suite et poursuivis sans relâche pendant les neuf mois d'hivernage.

L'expédition antarctique française est la première expédition française ayant hiverné dans une des régions polaires. En hiver, des excursions sont faites sur la glace, et, au printemps, un raid est poussé vers le sud pour étudier la question du détroit de Bismarck. Au commencement de l'été, il fallut ouvrir un chenal dans la glace au moyen de la mélinite et des scies à glace, et, le 26 décembre 1905, le *Français* se dirige de nouveau vers l'île Wincke, travaille quelques jours dans un magnifique port découvert par l'expédition; puis, hydrographiant le chenal de Schollaert, se dirige vers le sud et se trouve arrêté, en vue de la terre Alexandre Ier, par une barrière de glace, qu'il tente en vain de franchir. Longeant la lisière des glaces en vue de terres nouvelles qui sont relevées avec soin, les glaces sont enfin franchies le 15 janvier, et l'expédition arrive au pied d'un vaste promontoire, qui a été baptisé du nom du Président Loubet. Malheureusement, le *Français* donne sur une roche noyée et n'est désormais maintenu à flot que par l'usage constant des pompes. Néanmoins, les travaux sont continués, et, après avoir longé la terre de Graham, séjourné de nouveau à l'île Wincke, puis à la baie de Biscoë, remonté le détroit de Gerlache, relevé le chenal entre les îles Brabant et Liége, contourné l'île Hoseason, le *Français* touchait à Puerto-Madryn, et, de là, regagnait Buenos-Ayres. Le *Français* fut acheté, pour des expéditions ultérieures, par le gouvernement argentin. Les membres de l'expédition rentrèrent en France, le 7 juin 1905, après vingt-deux mois d'absence, rapportant une très importante moisson de résultats scientifiques, que le Dr Charcot expose brièvement.

Le commandant du *Français* déclare que ce qu'il a pu faire est dû à l'énergie, au dévouement et au travail de ses camarades, de l'état-major et de l'équipage.

L'orateur, qui possède une très remarquable collection de photographies prises au cours de son exploration, fait défiler rapidement, au cours de son exposé, une centaine de projections de vues des plus réussies et des plus inté-ressantes. En terminant, le Dr Charcot met l'assemblée en joie par d'humoristiques projections et de non moins humo-ristiques commentaires sur les populations de pingouins antarctiques dont les mœurs sont des plus curieuses à étudier.

Une longue ovation est faite au Dr Charcot. Quand elle prend fin, M. Pavoux termine la séance par les courtes paroles suivantes :

« Je suis certain d'être l'interprète de l'auditoire qui se presse si nombreux dans cette salle, en adressant de chaleu-reux remerciements aux orateurs illustres qui viennent de parler si obligeamment, pour répondre à l'invitation que nous leur en avions faite, ainsi qu'à tous les membres du Congrès, élite scientifique, que nous avons été si heureux d'accueillir ce soir.

» Je crois ne pouvoir mieux condenser l'expression de nos sentiments de gratitude, qu'en affirmant que la date du 10 septembre 1906 restera inscrite en lettres d'or dans les annales de la Société royale belge de géographie. » (*Applau-dissements prolongés.*)

La séance est levée à dix heures trois quarts.

Après le départ de S. A. R. le prince Albert, une réception a lieu dans le foyer du Théâtre, où le vin d'honneur est offert aux membres du Congrès polaire, au milieu des conversations les plus animées. M. Pavoux boit aux invités de la Société et au succès des futures explorations polaires.

* * *

Diverses réceptions ont été organisées pendant la durée du Congrès, en l'honneur de ses membres.

Le soir même de l'ouverture du Congrès, M. le baron de Favereau, ministre des Affaires étrangères de Belgique, a reçu les congressistes avec une exquise amabilité. Dans les salons du ministère, l'assemblée était des plus brillantes et les polaires ont été particulièrement entourés.

Le lendemain, M. le bourgmestre De Mot et les autorités communales, au nom de la ville de Bruxelles, offraient un raout aux membres du Congrès, à l'Hôtel de ville. M. le bourgmestre leur a fait avec affabilité les honneurs des superbes salles de ce bel édifice.

La journée du dimanche 9 septembre a été consacrée à la visite d'Anvers. Le bourgmestre et les membres du conseil communal ont reçu les excursionnistes à l'Hôtel de ville, où, après un discours du bourgmestre, le vin d'honneur leur a été offert.

La Société royale de géographie d'Anvers avait organisé le même jour une excursion intéressante sur l'Escaut. A bord de l'*Emeraude,* le baron de Vinck de Winnezeele porte la santé des explorateurs au nom de la Société. Un lunch, arrosé de champagne, fut servi au cours de l'excursion.

De retour au quai, les congressistes sont allés visiter, en voiture, les installations maritimes ; puis, ils ont été reçus à la

Société royale de zoologie, où le président leur a adressé fort aimablement quelques paroles et leur a offert une collation.

Le même soir, M. Ernest Solvay, vice-président du Comité d'organisation du Congrès, offrait un banquet aux membres du Congrès, au Grand Hôtel de Bruxelles. Les convives étaient au nombre de cent cinquante environ. Un excellent orchestre s'est fait discrètement entendre pendant toute la durée du banquet. A l'heure des toasts, M. Solvay boit au Roi, puis aux « polaires » ; M. Bigourdan, en termes fort élogieux porte la santé de MM. Solvay, Beernaert et De Mot; d'autres toasts sont ensuite portés : par M. Beernaert, à toutes les nations représentées au Congrès ; par l'amiral Wandell, à la Belgique ; par M. Rabot, à la ville de Bruxelles ; par M. De Mot, aux dames et à la famille de M. Solvay ; par le Dr Charcot, à l'expédition de Gerlache. Ces divers discours sont chaleureusement applaudis, et la fête s'achève au milieu de la plus aimable cordialité.

L'après-midi du lundi 10 septembre, a été fort utilement employé à la visite de l'Observatoire royal d'Uccle. Le directeur du service astronomique, M. Lecointe a souhaité la bienvenue aux congressistes et leur fait visiter très obligeamment les bureaux, le musée, les sous-sols où se trouvent les horloges installées d'une manière parfaite et unique au monde, et les diverses installations nouvelles de l'Observatoire.

Enfin, le soir du 11 septembre, eut lieu, au Théâtre royal de la Monnaie, une représentation de gala offerte par M. Beernaert, président du Congrès, et Mme Beernaert ; cette fête a été des plus réussies sous tous les rapports et a brillamment clôturé le premier Congrès international pour l'étude des régions polaires.

M. RAHIR.

LA RÉPUBLIQUE DE COLOMBIE

La république de Colombie, autrefois la Nouvelle-Grenade, est un des pays les mieux situés du monde entier. S'étendant dans l'angle N.-O. du continent sud-américain, ses côtes se développent le long de l'océan Atlantique sur plus de 2 200 kilomètres et le long du Pacifique sur environ 2 000 kilomètres, formant de nombreux golfes et baies dont on pourrait faire autant de ports importants.

L'ouverture du canal de Panama fera de la Colombie une contrée exceptionnellement privilégiée, et sera le point de départ d'une ère de prospérité commerciale et industrielle inouïe, qui en fera un des pays les plus riches du monde.

On objectera peut-être que le département de Panama s'est séparé, en 1904, de la république, pour former un État indépendant et que cet événement porta un coup mortel au brillant avenir de la Colombie.

Mais l'importance de la scission est beaucoup moins grande qu'on ne le croirait à première vue. En réalité, la possession du canal et de ses abords importe peu. Les bateaux ne feront que traverser l'isthme et la région avoisinante ne profitera pas plus de l'énorme transit qui se fera par le canal nouveau, qu'elle ne profite aujourd'hui du trafic qui emprunte le chemin de fer Colon-Panama, trafic naturellement beaucoup moins considérable, mais qui nécessite au moins deux transbordements.

Le canal de Suez a enrichi l'Égypte et non les régions qui se trouvent dans son voisinage immédiat. Alexandrie et le Caire sont devenus, le premier un grand port, l'autre une grande métropole, qui n'a rien à envier à nos capitales européennes. Port-Saïd et Suez sont restés de simples ports de passage.

Aussi ne peut-on que féliciter le gouvernement colombien d'avoir accepté le fait accompli, sans vouloir engager le pays dans une guerre ruineuse, dont les résultats, même favorables, n'auraient pas répondu à l'effort dépensé.

Il ne pouvait y avoir tout au plus qu'une question d'amour-propre, dont la Colombie a eu la haute sagesse de ne pas se préoccuper plus longtemps, donnant ainsi au monde civilisé un bel exemple de vrai courage et de patriotisme éclairé.

Outre les services immenses que rendra au commerce du monde entier l'achèvement de l'œuvre gigantesque commencée par de Lesseps, le résultat le plus précieux, au point de vue colombien, sera de décupler, dès le début, la fréquentation de ses ports principaux par les navires de toutes les flottes du monde, de faciliter et, par conséquent, de multiplier considérablement ses relations avec les autres pays de l'univers. De plus, les vaisseaux chargés des produits manufacturés de l'ancien continent ou de la côte orientale des États-Unis pourront se rendre directement aux ports colombiens de la côte Pacifique et ouvrir au commerce mondial une région immense, aujourd'hui complètement disgraciée.

Mieux que de longs discours, les deux phrases qui suivent définissent en quelques mots les deux caractères principaux du pays. Dans sa nouvelle géographie universelle, Reclus a dit : « La position géographique toute exceptionnelle de la » Colombie en fait la clef de voûte des républiques latines

» du nouveau continent. » M. William Curtis, président
du bureau des républiques sud-américaines à Washington, a
dit : « Je considère que la Colombie est aujourd'hui le pays
» le plus favorisé du monde quant à ses richesses naturelles. »

Mais malgré sa situation remarquable, qui ne peut être
comparée qu'à celle du Mexique et qui est unique dans le
continent sud-américain, malgré ses immenses richesses, la
Colombie est beaucoup moins connue et moins visitée que
les autres républiques latines du Nouveau-Monde.

Une des principales raisons de cet état de choses anormal
réside dans la conformation topographique du pays. Les
régions les plus riches, les plus peuplées sont situées à une
grande distance des côtes. Le pays s'étend de part et d'autre
de l'Equateur, approximativement du 3ᵉ degré de latitude
sud au 12ᵉ degré de latitude nord. Les vallées et les plaines
basses au climat tropical, sont presque complètement inhabitées et la population la plus cultivée, la plus active, composée de blancs descendant des anciens conquérants et de
métis, s'est cantonnée sur les hauts plateaux, où règne un climat plus tempéré et plus doux.

Par suite de cette circonstance, le voyageur qui débarque
à la côte doit entreprendre un voyage long et pénible à travers des régions insalubres pour arriver aux plateaux de
l'intérieur. Le manque de voies de communications rapides
rend l'accès des plateaux très difficile et coûteux. Il faut,
par exemple, ordinairement douze jours pour se rendre de
la côte Atlantique à la capitale Bogotà. C'est, à quatre jours
près, le temps qu'il faut pour se rendre d'Europe en Colombie ! Encore faut-il parfois perdre plusieurs jours à la côte,
pour attendre le départ d'un des steamers qui remontent
le fleuve Magdalena jusqu'aux rapides de Honda, à mille
kilomètres de la côte.

Arrivé à Honda, le voyageur, qui a pris la précaution de

commander des mules pour lui et ses bagages dès son départ de la côte, doit se rendre à la capitale, à 2 610 mètres d'altitude par un chemin muletier qui, à certaines époques de l'année, aux saisons des pluies, est presque impraticable, surtout dans la partie comprise entre le rio et les premiers contreforts de la Cordillière orientale. Les difficultés du voyage sont presque toujours plus grandes encore, lorsqu'on doit atteindre une ville des plateaux autre que la capitale.

Cette triste situation est, d'ailleurs, sur le point de prendre fin et, dans peu d'années, elle aura complètement changé. Les principales villes seront reliées au fleuve et peut-être même entre elles par un réseau de chemins de fer qui changera complètement et en très peu de temps la physionomie du pays.

* * *

La superficie de la Colombie est d'environ 1 250 000 km², soit quarante-trois fois l'étendue de la Belgique et près de deux fois et demie l'étendue de la France. La population est de 4 millions d'habitants. Parmi les dix-huit républiques latines du Nouveau-Monde, la Colombie occupe la sixième place comme superficie et la quatrième comme population, mais avec cet avantage notable que la proportion de race blanche pure, ou mêlée à la race indigène, atteint et dépasse même 50 p. c., chiffre beaucoup plus élevé que pour la plupart des autres républiques.

Bien que la densité de la population ne soit que d'environ 3 h. 25 par kilomètre carré, elle n'en est pas moins considérable relativement aux autres régions du continent. Le pays est subdivisé en quinze départements.

Il suffit de jeter un coup d'œil sur la carte pour se rendre compte des difficultés que rencontrent, à l'heure actuelle, ceux qui veulent pénétrer dans l'intérieur du pays.

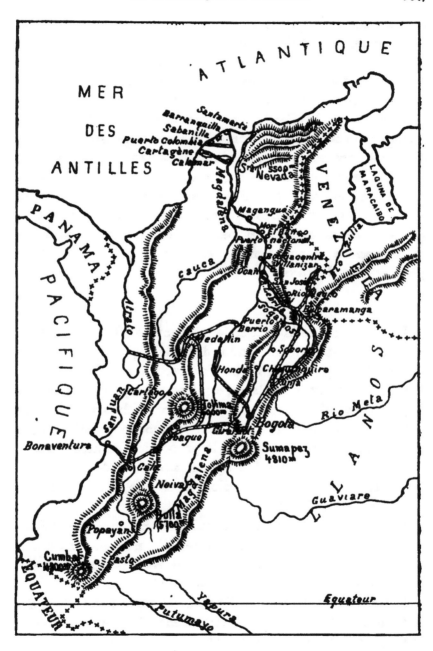

A son entrée sur le territoire colombien, la Cordillière des Andes se divise en trois grands rameaux, qui font de la République un des pays les plus pittoresques et les plus montagneux du globe. Ces chaînes séparent les bassins du Pacifique, de la mer des Antilles, du Cauca et du Magdalena, et enfin de l'Atlantique. Des pics couverts de neiges éternelles forment les plus hauts sommets de ces Cordillières. Ce sont principalement les pics de Cumbal (4 790 mètres), le Huila (5 700 mètres), le Tolima, auquel on donne plus de 6 000 mètres de hauteur et qui est le géant des Andes colombiennes, le Sumapaz (4 810 mètres), etc. Parmi les massifs montagneux indépendants, le plus important est celui de la Sierra Nevada de Santa-Marta, qui a plus de 5 500 mètres de haut. A cause de son isolement même, de l'étendue de sa base, et aussi parce qu'on l'aperçoit du niveau de la mer, aucun massif montagneux du globe n'offre un aspect aussi imposant et aussi grandiose lorsque, de très loin, on aperçoit la silhouette géante surmontée de ses cinq pics couverts de neige et de glace.

Les innombrables cours d'eau et fleuves de la Colombie peuvent être groupés en trois grands bassins hydrographiques : ceux du Pacifique, de la mer des Antilles et de l'Atlantique, délimités par les chaînes occidentale et orientale.

Le *San Juan* est le principal fleuve du premier groupe et le plus important de toute la côte sud-américaine du Pacifique.

L'*Atrato* est, après le Magdalena, le principal tributaire de la mer des Antilles. C'est, de tous les cours d'eau du monde entier, celui dont le débit est le plus important (4 800 mètres par seconde) relativement à l'étendue de son bassin. Humboldt et, après lui, plusieùrs explorateurs (1), avaient signalé — bien avant qu'il fût question du canal de Panama — la possibilité de creuser un canal reliant l'Atrato

_____

(1) Nunez et Jalhay. *La République de Colombie.*

et le San Juan, unissant ainsi les deux océans. La distance minimum entre les deux fleuves n'est, en effet, que de 5 kilomètres et la hauteur de la crête de partage ne serait que 110 mètres. Il va de soi que, étant donné la transformation complète que la navigation maritime a subie depuis soixante ans, ce projet ne doive plus entrer en ligne de compte pour ce qui concerne les communications interocéaniques. La question est tout autre si on la considère au point de vue national, c'est-à-dire au point de vue trafic fluvial de la Colombie. Il n'est pas téméraire d'affirmer que — dans un avenir peut-être moins éloigné qu'on ne serait tenté de croire — lorsque la république sera devenue le pays riche et prospère qu'elle devrait être aujourd'hui, et que sa population se sera considérablement accrue, le projet sera étudié sérieusement et réalisé.

Le cours d'eau le plus important de la Colombie est, sans coutredit, le Magdalena, le quatrième fleuve de l'Amérique du Sud, et la grande voie du commerce intérieur du pays. Sa longueur est de 1 700 kilomètres, dont une grande partie est navigable. Il reçoit plus de cinq cents affluents ; l'un d'eux, le Cauca, est presque aussi important que le fleuve lui-même.

Quant au versant de l'Atlantique proprement dit, il comprend un grand nombre de rivières dont quelques-unes sont plus longues que le Magdalena lui-même. Toutes sont des affluents de l'Orénoque ou du fleuve des Amazones. Le Meta, le Guaviare sont les principaux tributaires du premier, le Yapura et le Putumayo sont les plus notables affluents du second.

Toutes ces rivières, qui ont elles-mêmes des centaines d'affluents, traversent les plaines illimitées de l'est, en grande partie inexplorées, formant des llanos ou pâturages naturels, s'étendant à perte de vue, ou bien couvertes de forêts vierges, immenses, impénétrables, cachant des richesses végétales et minérales insoupçonnées.

* * *

Le climat de la Colombie est essentiellement variable et dépend toujours de l'altitude à laquelle on se trouve. Dans les plaines et vallées règnent les chaleurs étouffantes de la zone torride; les villages, au bord des fleuves, sont peuplés presque exclusivement de nègres et de mulâtres. Dès qu'on s'éloigne dans l'intérieur, la population disparaît pour ne reparaître que sur les premiers contreforts des Cordillières. Les Indiens et les métis se rencontrent rarement en dessous d'une certaine altitude qu'on peut estimer à 600 mètres. A partir de huit et neuf cents mètres d'altitude, le climat devient très agréable et très salubre; la température moyenne journalière est de 22 degrés environ, sans que le thermomètre dépasse 30 degrés ou ne descende en dessous de 15 degrés. C'est la région du printemps perpétuel où, pendant toute l'année, on trouve en abondance les fleurs et les fruits des pays de l'Europe méridionale. A mesure qu'on s'élève, la température s'abaisse de plus en plus jusqu'aux froids intenses des hauts plateaux ou paramos, à 4000 mètres et plus. A Bogotà, la capitale, la température moyenne est de 15 degrés.

La situation du pays, par rapport a l'équateur, fait qu'en un même endroit la température reste sensiblement constante durant toute l'année. Les saisons des pluies, appelées hivers, alternent dans plusieurs départements avec des saisons sèches ou étés, de trois en trois mois. En d'autres contrées, il n'y a qu'une saison de pluies par an. Bien que ces périodes de pluies et de sécheresse soient très irrégulières, mai et novembre sont généralement considérés comme les mois les plus humides, du moins dans la plaine du Magdalena et de ses affluents.

Le climat des vallées passe pour un des plus malsains qu'il soit; les fièvres malignes, la fièvre jaune même, sévissent dans quelques régions très marécageuses. Toutefois, la réputation d'insalubrité du bas pays a été et est encore beaucoup exagérée et surtout, chose curieuse, par les habitants du pays eux-mêmes, par les blancs et métis des hauts plateaux.

Mais si les Colombiens, surtout les Indiens civilisés, souffrent souvent du séjour dans les vallées encaissées et les forêts humides de la plaine, où la voûte de feuillage empêche le soleil de pénétrer jusqu'au sol, cela provient de causes secondaires qui ne dépendent que d'eux-mêmes. Je citerai, par exemple, la vie antihygiénique sous les tambos autour desquels le sol est imprégné des déjections de centaines de mules qui y séjournent plusieurs heures par jour, du moins le long des chemins très fréquentés; un usage absolument immodéré de médicaments préventifs, pilules antipaludiques et autres, qui font en Colombie l'objet d'un commerce florissant; et enfin une alimentation défectueuse. Un préjugé, enraciné dans l'esprit des populations des plateaux, veut que ceux qui descendent vers les plaines basses mangent beaucoup de viande et boivent de l'alcool; ce sont là des erreurs manifestes. La viande est en outre séchée et conservée dans des conditions de propreté déplorables. J'ai vu étendre de la chair fraîche découpée en longues lanières, sur des tas de produits organiques en putréfaction; et puis ramasser et secouer vivement ces lanières pour en détacher la couche grouillante d'insectes variés qui les recouvrait complètement. Les muletiers mettaient ensuite cette viande, non envelop- pée, dans leur sacoche.

Une nourriture plus rationnelle, une vie plus hygiénique, une défense plus efficace contre les moustiques feraient disparaître bien vite les inconvénients du climat tropical.

En résumé, l'aspect physique du pays fait de la Colombie l'un des pays les plus pittoresques du monde. Les grandes différences d'altitude font qu'on y rencontre tous les climats. Grâce à cette circonstance, toutes les races humaines peuvent s'y acclimater et y trouver la température et le régime des saisons qui leur conviennent; toutes les races d'animaux, toutes les espèces végétales s'y rencontrent ou peuvent y être introduites. Il suffit parfois de se déplacer de quelques lieues, et même de quelques kilomètres seulement pour y trouver la température qu'on désire. En moins d'un jour, souvent, on peut passer de la zone torride à la zone tempérée et même aux paramos où le thermomètre descend à près de 0 degré. Il arrive au voyageur de trouver le matin le manioc, les ananas, les bananes ; à midi le café, qui pousse jusqu'à 1 800 mètres, les oranges et le maïs, et le soir le froment, les pommes de terre, les poires et les pommes. Il y a dans la province de Soto (département de Santander), pour ne citer qu'un exemple, telles plantations où se cultivent en même temps, en bas, le riz, le cacao, le tabac, plus haut le café, et enfin le maïs. Au point le plus élevé est construite l'hacienda, la maison du propriétaire, et les huttes des peones ou ouvriers. Dans la vallée est le *trapiche* ou moulin de cannes à sucre, que meut une petite turbine alimentée par le torrent voisin. Et dans la même plantation, les salaires varient du simple au double, suivant que le peon travaille au sommet ou à la base du versant.

La plus grande partie du commerce colombien se fait aujourd'hui par la voie du rio Magdalena et les ports de Carthagène et Barranquilla.

Carthagène (Cartagena de las Indias) est une des plus

anciennes villes d'Amérique et fut fondée dès les premiers temps de la conquête. Son port, Machina, situé tout près de la ville même, possède une rade magnifique. C'est là que les trésors fabuleux drainés par les conquistadors de la Bolivie, du Pérou, de la Colombie et de l'Équateur étaient jadis embarqués pour l'Espagne.

Les Espagnols en firent une place forte de tout premier ordre, et elle fut, pendant des siècles, leur citadelle principale en Amérique du Sud. Le siège le plus mémorable de son histoire fut celui que soutint la ville lors de la guerre d'Indépendance, contre les troupes et la flotte de la métropole. Sa défense magnifique lui valut le surnom d' « Héroïque ».

L'enceinte primitive, aux portes pittoresques, subsiste encore aujourd'hui ; sa construction dut coûter des sommes énormes aux conquérants. La ville est une des rares cités du Nouveau-Monde qui a gardé complètement le cachet de la mère-patrie. A voir ses rues étroites, ses maisons en pierre à plusieurs étages, à balcons de bois, aux rez-de-chaussée à arcades, ses places publiques originales, on se croirait dans une ville espagnole. Hors de l'enceinte, s'étendent les faubourgs avec de jolies villas au pied de collines verdoyantes.

Carthagène a 16 000 habitants ; c'est le chef-lieu du département de Bolivar ; sa température moyenne est de 27 degrés. Un bras du Magdalena, appelé dique de Carthagène, relie la ville au fleuve. Mais la navigation y est devenue difficile et même impossible. L'ensablement de ce canal naturel porta un coup mortel au commerce de la ville, et la construction récente d'un chemin de fer de 105 kilomètres, à voie de 1 mètre, reliant la ville au fleuve, à Calamar, ne parvint pas à remplacer la voie fluviale et à conserver à Carthagène la grosse part du trafic de l'intérieur.

Barranquilla, à l'inverse de Carthagène est située sur le fleuve même ; c'est la principale ville de Colombie après

Bogotá. Située à trois lieues seulement de l'embouchure du rio Magdalena, elle est reliée à son port maritime, Puerto-Colombia, par un chemin de fer de 28 kilomètres de longueur.

Puerto-Colombia, appelée encore Sabanilla par les Allemands et les Français, du nom de l'ancien port qui était situé plus près des bouches du fleuve, n'est qu'un village de cabanes en bois, mais possède un pier de 1 200 mètres de long, à l'extrémité duquel peuvent aborder simultanément quatre paquebots.

On ne séjourne jamais à Puerto-Colombia ; les marchandises sont déchargées des navires dans les wagons et dirigées vers Barranquilla, où est établie la douane.

La ville de Barranquilla, chef-lieu du département d'Atlantico, de création récente, compte 60 000 habitants. Il y a trois quarts de siècle, c'était un misérable village. Aujourd'hui, plus de la moitié de tout le commerce colombien se fait par cette ville, dont le trafic est devenu triple de celui de Carthagène.

Malgré cela, la ville est restée une grande bourgade, très étendue, dont la plupart des maisons basses sont couvertes d'un grand toit de chaume. Le port fluvial s'étend le long d'un caño ou crique, communiquant au nord avec le fleuve. L'outillage du port est nul. Le chargement et déchargement des marchandises se fait à dos d'hommes. Aucune voie de chemin de fer n'est établie le long du quai en bois et si les cours ou patios de deux ou trois compagnies de navigation fluviale sont raccordées au chemin de fer, encore la voie s'arrête-t-elle avant d'arriver au fleuve.

Autrefois, les vaisseaux de haute mer remontaient le fleuve jusqu'à Barranquilla. Aujourd'hui, la passe s'est ensablée, mais il faut espérer que des travaux hydrauliques seront entamés un jour, à la suite d'études sérieuses et approfondies du régime du fleuve, et exécutés de façon à permettre aux

Les autres villages sont beaucoup moins importants ; on peut citer : Sitio-Nuevo, Zambrano, Tamalameque, Gamarra, Bodega central, Puerto-Wilches, Puerto-Berrio, etc., etc., et enfin, à 1 000 kilomètres de l'embouchure, Honda, où voyageurs et marchandises poursuivent le voyage vers le haut fleuve par le railway de la Dorada, qui contourne les rapides et défilés, au delà desquels la navigation reprend, par des vapeurs de tonnage réduit et des canots, jusque bien avant vers le sud. Les ports principaux sont Girardot et Neiva, au milieu de riches plantations, point extrême de la navigation par vapeurs.

*\
* *

C'est de la grande voie de pénétration commerciale, qu'est le Magdalena ou certains de ses affluents principaux accessibles aux petits steamers ou même seulement aux canots et pirogues, qui partent vers les villes des plateaux les chemins muletiers dits de « herradurra » (fer à cheval), par lesquels le pays civilisé communique avec le monde extérieur.

Les chemins datent pour la plupart de l'époque espagnole, ou même parfois la de période antérieure à la découverte. Jusqu'aux régions habitées qui ne commencent généralement pas en dessous de 8 ou 900 mètres, ils traversent une zone de végétation exubérante, d'une flore et d'une faune infiniment variées. C'est la forêt vierge, qui recouvre tout le pays non cultivé, jusqu'à une hauteur qui atteint parfois 1 500 mètres, exception faite des versants rocheux et stériles. Le sol est d'une fertilité telle et la croissance de la végétation est tellement rapide, qu'il suffit de peu de mois, de quelqus semaines parfois, pour faire disparaître toute trace de défrichement incomplètement achevé et non poursuivi.

Les sentiers principaux, que parcourent journellement des centaines de mules chargées de 125 kilos, avançant péniblement sous les cris de leurs *arrieros* ou muletiers, sont souvent assez bien entretenus et présentent même parfois l'aspect de vrais chemins empierrés, du moins sur les plateaux et dans les plaines. Souvent de légers ponts de bois qu'emportent les crues sont jetés sur les rios et quebradas innombrables qui sillonnent la forêt; mais parfois aussi on rencontre des ouvrages plus solides, vrais ponts suspendus, sur lesquels peuvent passer simultanément plusieurs mules. Le passage dans les régions montagneuses est plus pénible, et on voit les pauvres bêtes s'accrocher littéralement aux flancs du versant rocheux, ou longer d'un pas assuré et tranquille le précipice vertigineux au fond duquel un torrent roule ses eaux mugissantes.

Le voyage est plus difficile et plus dangereux lorsqu'on suit des sentiers moins fréquentés, sentiers établis généralement, d'après une coutume très ancienne, non suivant un versant ou dans le fond d'une vallée pour leur donner une pente uniforme, mais suivant des crêtes ou lignes de partage très ondulées, n'ayant parfois qu'un mètre de largeur et dont ils suivent toutes les sinuosités. Du haut du chemin on peut ainsi observer à l'aise le pays environnant et on est sûr d'être à l'abri des crues parfois subites des torrents et rivières.

Les étapes du chemin sont constituées par des « tambos », composés d'un grand toit de chaume reposant sur des pieux de 2^m 50 de haut et sous lequel on passe la nuit et on abrite les produits transportés. Autour du tambo, une certaine étendue de forêt a été sommairement défrichée pour en faire un pâturage pour les mules. Auprès du tambo s'installe souvent une famille de métis ou d'Indiens qui touchent le léger droit imposé par le propriétaire du *potrero* ou pâturage, pour chaque mule qui y séjourne ; ils s'occupent aussi de la culture de quelques platanes ou de yuca (manioc) et de la vente aux muletiers de *guarapo*, bière très légère faite d'eau et de sucre de canne brut, ou *panela*, ayant subi un commencement de fermentation, dont les Indiens sont très friands.

Mais si le voyage est parfois pénible le long des sentiers peu fréquentés, il devient presque impossible lorsque le voyageur doit se faire ouvrir un chemin dans la forêt ; on doit envoyer longtemps à l'avance les hommes nécessaires et leur travail est très dur à cause de la densité extrême de la forêt, où les lianes enchevêtrées, les buissons, les taillis touffus forment, sous la voûte de verdure des grands arbres, une masse parfois impénétrable.

Dès qu'on arrive à une certaine altitude, l'aspect du pays change subitement et on se trouve transporté, comme dans un rêve, dans une région de plantations que domine l'hacienda du maître, de vallées verdoyantes cultivées, séparées par des plateaux fertiles où s'élèvent de nombreuses petites villes agréables et charmantes, habitées presque exclusivement par des blancs, descendants des anciens conquérants et des métis provenant du mélange avec les Indiens des races primitives.

La majeure partie des habitants se sont établis dans deux régions bien déterminées, l'une sur les versants de la vallée du Cauca, l'autre sur les plateaux de la Cordillière orientale.

Le cadre de cet article ne me permet pas de m'étendre sur les qualités et les défauts de cette race énergique, courageuse et forte. Mais le degré de civilisation auquel elle est arrivée est étonnant, quand on songe qu'elle est dans un isolement complet, pratiquement séparée du reste du monde civilisé. Je me contenterai de dire que le niveau intellectuel des nombreuses petites villes de 10 à 20 000 habitants qui couvrent le haut du pays est certainement égal, sinon supérieur, à celui de nos bourgs provinciaux de même importance.

。

Les richesses de la Colombie, en très grande partie inexploitées, sont immenses. Rien qu'au point de vue agricole, le pays pourrait devenir un des plus riches du globe. Certains départements, comme le département de Santander, un des plus peuplés, mais des moins étendus (sa superficie ne dépasse guère celle de la Belgique), pourraient nourrir une population cinq fois supérieure à celle de la République entière. La diversité des climats permet d'y créer tous les genres de cultures : les céréales, le maïs, le café, le coton, le cacao, la canne à sucre et le tabac. Les forêts sont riches en caoutchoucs d'espèces les plus recherchées et en bois précieux de toute nature. Les pâturages des plateaux élevés pourraient nourrir des millions de têtes de bétail. Mais l'absence presque complète de voies de communication oblige les habitants à laisser improductive la plus grande partie de ce sol, d'une invraisemblable fertilité; certains champs de cannes à sucre, où se fait tous les dix mois une récolte abondante, n'ont plus été ensemencés depuis quatre-vingts ans! La culture du coton, qui fait actuellement l'objet des préoccupations de l'Europe industrielle, pourrait y être établie sur une grande échelle et alimenter nos marchés cotonniers, aujourd'hui à la merci des spéculateurs nord-américains. Mais la cherté et la difficulté des moyens de transport ne permettent aux Colombiens d'exporter que les produits de grande valeur relative; le café est le principal objet du commerce d'exportation, et cela grâce à sa qualité supérieure, qui lui permet de supporter les tarifs existants.

On peut évaluer à 300 francs la tonne (fr. 0.30 le kilo) le prix actuel de transport d'une tonne de café du département de Santander, un des principaux producteurs, à la côte! Encore ce département est-il l'un des moins éloignés!

La Colombie n'est pas moins favorisée sous le rapport des ressources minérales. Ses mines de houille alimenteront un jour tous les navires qui traverseront l'isthme; et l'exploitation de ces seuls gisements sera pour la république une source de revenus considérables. Le pétrole, l'asphalte, tous les métaux, le fer, le cuivre, le plomb, le platine, les pierres précieuses s'y trouvent en abondance.

Le sel gemme, le manganèse, le mercure, le soufre y ont des gisements importants.

L'or, actuellement la principale richesse minière, à cause de sa grande valeur relative, s'extrait ou pourrait s'extraire dans la plupart des départements. Il existe aussi bien dans les filons des montagnes que dans les alluvions de nombreuses rivières, le Sinù, l'Atrato, le fameux rio de Oro, dont la vallée profonde entoure Bucaramanga. Bien que ces dépôts aient fourni aux Espagnols la majeure partie des trésors fabuleux qu'ils retirent du Nouveau-Monde, il existe encore d'immenses réserves du précieux métal. L'exploitation dut en être abandonnée lors de la suppression de l'esclavage; l'impossibilité du transport des machines empêche seule l'industrie minière de prendre un essor prodigieux.

Outre tous ces avantages, la Colombie possède des chutes d'eau et des torrents en si grand nombre que la force motrice qu'ils donneront un jour suffira seule à mouvoir toutes les machines du pays, à éclairer toutes les villes, à remorquer tous les trains lorsque des lignes de chemins de fer sillonneront le pays, à haler tous les bateaux et à exploiter les mines.

Mais, pour mettre en valeur ses ressources minérales et agricoles illimitées, la Colombie manque malheureusement de voies de communications rapides et économiques.

Le Magdalena et ses affluents principaux, qui sont aujourd'hui les grandes voies de pénétration à l'intérieur du pays, sont loin de rendre les services qu'on serait en droit d'en attendre. Une connaissance approfondie du régime du fleuve, des travaux de régularisation qui seront certainement entrepris un jour, lorsque la prospérité du pays le permettra, amélioreront considérablement les conditions de navigation et diminueront dans de fortes proportions les frets et prix de passage. Le débit moyen du fleuve est estimé à 500 mètres cubes par seconde; sa vitesse est d'environ 1^{m}50 par seconde. La comparaison de ces deux chiffres prouve à elle seule qu'il doit exister ou qu'on doit pouvoir maintenir, au moins sur 2 ou 300 kilomètres, une passe navigable de plusieurs mètres dé profondeur.

Le trafic total actuel du fleuve ne dépasse guère 80 000 tonnes, dans lesquelles le café entre pour 30 000 et les cuirs et peaux pour 12 000.

Le pays est plus mal partagé encore au point de vue chemins de fer. Il n'existe actuellement que dix lignes dont le développement total ne dépasse pas 500 kilomètres. Deux de ces railways relient Carthagène et Barranquilla au fleuve Magdalena, celui de Santa-Martha est inachevé. Le railway de San-José de Cucutá à Villamizar (55 kilomètres) relie la ville, centre de riches plantations, à un point du rio Zulia navigable pour les canots. De ces embarcations le café est transbordé sur de petits vapeurs, ensuite sur de plus grands, jusqu'à Curaçao, par le lac de Maracaïbo. La ligne de la

Dorada (34 kilomètres) relie les biefs du haut et du bas-fleuve et contourne les rapides de Honda. Les autres chemins de fer ne sont que des tronçons de ligne, d'une cinquantaine de kilomètres en moyenne, dont la construction a été abandonnée après la mise en exploitation d'une première section. Ce sont : le chemin de fer de Girardot, le railway du Pacifique, partant de Buenaventura, celui de Puerto-Berrio, sur le Magdalena, vers les départements d'Antioquia et du Cauca, enfin trois petites lignes rayonnant autour de Bogotá. La construction de ces dernières, suffirait seule à montrer l'énergie de la race qui habite les plateaux. Tous les matériaux ont dû être transportés à dos de mule et élevés à 2 650 mètres de hauteur.

Si les centres civilisés de la Colombie ne sont pas depuis longtemps reliés au fleuve et si les villes importantes ne sont pas unies entre elles par des voies ferrées, cela tient à plusieurs raisons. L'une des principales tient à la nature montagneuse du pays. Le prix moyen kilométrique est peut-être le triple de ce qu'il est dans beaucoup de pays neufs. Les capitalistes, souvent imprévoyants ou gens à courte vue, ne veulent pas dépenser trois fois plus qu'ailleurs pour récolter le quintuple et même le décuple de ce qu'ils récoltent autre part.

La forme fédérative de la république, qui, jusqu'en 1886, était divisée en neuf États souverains, fut également, jusqu'à cette époque, un obstacle au développement des voies ferrées. Les États, qui se gouvernaient comme bon leur semblait, octroyaient de nombreuses concessions sans se préoccuper de l'intérêt général, et sans aucune idee d'ensemble ; les efforts du pays étaient divisés en de nombreux points, au lieu d'être concentrés en vue de la construction de deux ou trois grandes voies. Le système le plus généralement suivi était celui des subventions, qui atteignaient souvent 10 000 dollars or par kilomètre. Certains États s'engagèrent au delà des ressources du moment. D'autres furent exploités par des concessionnaires j qui, sans capitaux comme sans crédit, voulaient construire au moyen de la seule subvention. D'autres railways furent entamés par les États eux-mêmes, alors que ni leurs revenus ni la situation politique ne permettaient de poursuivre la grande œuvre commencée. Aussi peut-on voir sur la carte que la construction des lignes inachevées fut arrêtée au moment où les difficultés naturelles augmentaient considérablement le prix unitaire. C'est ainsi que la ligne du Cauca, celles de l'Antioquia et de Girardot furent arrêtées au pied des premiers contreforts des trois Cordillières; les trois tronçons rayonnant autour de la capitale ont été prolongés jusqu'à la limite de la *savane*, plateau étendu au centre duquel s'élève la ville.

Mais, outre ces raisons d'ordre économique, outre ces raisons qu'on pourrait appeler « orographiques », puisqu'elles tiennent à la nature montagneuse du pays, des causes politiques vinrent entraver le développement des voies de communication en Colombie. Depuis la grande guerre de l'Indépendance, au début du siècle dernier, de nombreuses révolutions ont secoué le pays, qui, pour employer une expression nord-américaine peut-être exagérée, a vécu longtemps sous le régime de l' « Anarchie organisée ». Bien que ces soulèvements ne soient généralement pas bien terribles, et ne soient en rien comparables aux révolutions qui ensanglantèrent certains pays de l'Europe, et que souvent, elles tiennent plus de l'opérette que du drame, elles ont été jusque dans ces dernières années un obstacle sérieux au développement normal de la nation.

Toute l'Amérique latine a souffert longtemps de cette situation. L'établissement d'un régime politique stable a été pour plusieurs pays, tels que le Brésil, la République Argentine, le Mexique, le point de départ d'une ère de prospérité commerciale et industrielle qui ne fait que commencer.

Les Colombiens ont enfin ouvert les yeux. Ils ont compris que des pays moins riches que le leur doivent en grande partie leur état florissant à la stabilité politique et à la sagesse de leurs gouvernants.

La dernière révolution, qui dura trois ans, de 1899 à 1902, a été une des plus cruelles que le pays ait subies depuis l'Indépendance, et ce fut un grand bien pour la nation, qui a d'autant mieux profité de la leçon. Les souvenirs qu'elle a laissés ont inspiré à tous les habitants l'horreur des guerres intestines et de leur cortège de pillages et d'incendies inutiles. Encore aujourd'hui, chez les bourgeois des villes des hauts plateaux, sur les bateaux du Magdalena ou dans la forêt chez les Indiens autour des grands feux, dans toutes les conversations, beaucoup de phrases commencent par : « Antes de la guerra » ou « Despuès de la guerra » et on n'en parle que pour la maudire.

Les Colombiens se sont assagis. Les querelles de partis ont cessé. Il y a trois mois à peine, viennent de se fonder dans tous les villes et villages, mêmes les plus reculés, des sociétés d' « Amis de la paix », sous la direction de la société centrale de Bogotà, pour empêcher le retour des luttes d'autrefois ; et conservateurs et libéraux se trouvent confondus dans les comités directeurs.

Sous l'intelligente et énergique direction du président de la République, le général Raphaël Reyes, et des hommes de mérite qu'il a choisis comme collaborateurs, le gouvernement a poursuivi l'œuvre de régénération nationale et a inauguré un régime de concorde et de paix grâce auquel le pays marchera à pas de géant dans la voie du progrès.

Depuis deux ans on s'est mis activement à construire des voies ferrées ; on a repris les travaux de prolongement de toutes les lignes abandonnées autrefois. A l'heure actuelle, on travaille fiévreusement partout : à la ligne du Pacifique vers Cali et Girardot, au chemin de fer du nord de Bogotà, — malgré les difficultés de transport des matériaux, — à la ligne de l'Antioquia, vers Medellin. La jonction du chemin de fer de Girardot et de celui de la Savane de Bogotà sera un fait accompli dans quelques mois. Honda et la capitale seront dans peu d'années reliées par une voie ferrée. Le chemin de fer de Santa-Marta sera poussé vers le Magdalena. D'autres concessions viennent d'être accordées ou vont l'être; parmi celles-ci, la plus importante est celle du Grand Central du Nord, qui reliera la capitale au Bas-Magdalena, desservant les départements de Cundinamarca, de Boyacà, de Santander, et traversant les plateaux les plus riches et les plus peuplés du pays. Un embranchement sera dirigé vers le railway de Cucutà, dont il sera le prolongement naturel.

Partout on travaille en même temps et dans peu d'années le système des grandes lignes sera achevé et la physionomie du pays s'en trouvera transformée subitement, comme par un coup de baguette magique.

Il y a quelques mois, le journal « *La Paz* » de Bucaramanga disait à propos du chemin de fer projeté : « Le ver- » tige prend à l'idée de la transformation que subira le » département le jour où ce qu'on nous annonce aujourd'hui » comme possible viendra à se transformer en une belle » réalité. » Le journal continue en disant qu'il faudrait l'imagination d'un Jules Verne pour se faire une idée de ce que sera le pays quelques mois à peine après l'arrivée des locomotives alimentées par les eaux du Magdalena.

« *El Bien social* » de Cucutà disait à la même époque : « La construction du chemin de fer enrichira le pays, » éloignera et supprimera les guerres. Le rail rend impos- » sibles les guérillas ténébreuses des temps barbares. »

*
* *

La Colombie a souffert cruellement de la guerre de 1899-1902. La leçon a été dure mais sera profitable.

Depuis quatre ans, le pays s'est presque complètement relevé de ses ruines et se prépare à entrer dans la belle voie que lui ont tracée plusieurs des républiques sœurs du Nouveau-Monde. Il y a là un vaste champ ouvert à l'activité des Européens. Les Américains et les Anglais l'ont compris déjà. Que les Belges n'oublient pas qu'il y a là-bas un grand pays qui s'éveille au progrès et qui ne manque que de capitaux et de bras pour entrer dans une ère de prospérité peut-être inconnue jusqu'à nos jours. De nombreuses entreprises, des des lignes de chemin de fer, des industries variées sont à créer. Il faut avant tout des voies de communication permettant d'introduire des machines (1). Que nos compatriotes ne se laissent pas influencer par l'échec de quelques irréfléchis qui ont voulu établir des industries, exploiter des mines, avant de doter le pays des voies de transport indispensables. Les Colombiens se souviennent avant tout qu'ils sont Latins de cœur et d'âme. Les Latins jouissent de toutes leurs sympathies. Ils nous considèrent comme tels; profitons de la confusion. Mais le temps presse, il n'y a pas de temps à perdre. Que les Belges se hâtent. Dans la lutte qui va s'ouvrir pour la mise en valeur de cette riche contrée, aux ressources illimitées, les premiers arrivés seront les mieux placés.

Bientôt les courants d'émigration se dirigeront vers la

(1) Le transport par mules ne se fait qu'en colis de 60 à 65 kilos chacun. Dès qu'il s'agit d'une pièce plus lourde et indivisible, le prix des tranports monte excessivement vite Une dynamo pour l'éclairage électrique de Bucaramonga coûtait 10 000 francs à la côte. On évaluait à 5 000 francs le prix de transport de la côte à la ville et outre le trajet à faire en bateau et en canot, il ne restait que 80 kilomètres à faire par voie de terre.

Colombie. Le gouvernement du général Reyes se préoccupe
de la question. Il lui suffira de faire ce qu'ont fait et font
encore les autres pays neufs. On ne va pas aujourd'hui en
Colombie parce que l'on ne connaît pas la situation du pays,
et que les Colombiens n'ont pas fait de réclame tapageuse.
Je citerai, à ce propos, la belle phrase d'Onésime Reclus
dans « *La Terre à vol d'oiseau* », à l'article Colombie :

    « Les centaines de milliers d'hommes qui fuient tous les
» ans leur vieille patrie trouveraient malaisément, parmi
» les nations neuves un séjour plus beau, plus avenant, plus
» sain ; mais les gens las de notre Europe, et les personnes
» moutonnières qui franchissent l'océan parce que d'autres
» l'ont traversé avant elles, ne connaissent pas encore les
» chemins du plateau de la Colombie. »

    Espérons que bientôt les «personnes moutonnières » dont
parle O. Reclus connaîtront ces chemins Certains pays de
l'Amérique du Sud occupent aujourd'hui presque exclusivement l'attention du monde civilisé. Jusqu'ici on a injus-
tement négligé la patrie de Bolivar, et pourtant, dans un
avenir très peu éloigné, peut-être, la Colombie étonnera le
monde.

M. CASTIAU.

LES COUTUMES FAMILIALES DES PEUPLADES

HABITANT L'ÉTAT INDÉPENDANT DU CONGO [1]

(Suite et fin.)

Région du Sud-Est.

Les peuplades principales sur lesquelles nous porterons notre étude sont :

Les Bakoubas, qui habitent entre le Kassaï et le Sankourou ; les Bena-Luidi, entre la Loanga et le Kassaï, très proches parents des Bakoubas ; les Balubas, auxquels se rattachent les Baschilanges, au sud des précédents ; les Batetelas, sur la rive gauche du Lualaba ; les Bassongos, entre le Sankourou et la Loukengé ; les peuplades de l'Ouroua ; les Voua-Manyéma ; enfin les tribus habitant les rives du Tanganika, et celles plus au nord, des territoires de la Ruzizi-Kivu : Warnudi, Walega, etc.

AGRICULTURE. — L'agriculture semble être peu développée chez les Bakoubas, qui ne cultivent qu'un peu de millet et de manioc, elle paraît avoir plus d'importance chez les Batetelas et les Bena-Luidi, qui cultivent en outre du maïs, des haricots, des bananes et des arachides ; les Baloubas sont essentiellement agriculteurs : leur alimentation est du reste surtout végétale ; les plantes cultivées sont les mêmes que chez les Bena-Luidi. Les Baschilanges, qui ont

(1) Voir les nᵒˢ 3 et 4, 1906, de notre *Bulletin.*

également de belles cultures, ne le cèdent pas sous ce rapport aux autres Balubas. Dans le Manyéma la terre est largement cultivée, les champs de maïs y sont immenses, et le sol y est très fertile. Mais les Wabembas du lac Tanganika surtout ont développé l'industrie agricole et dépassent sous ce rapport les autres tribus que nous venons de citer (1).

Dans aucune tribu l'élevage n'a une importance considérable ; les moutons et les chèvres semblent être plus nombreux chez les Bena-Luidi, chez les Balubas et dans le Manyéma qu'ailleurs, sans que cependant l'élevage constitue la ressource prépondérante.

CHASSE. — Par contre, la chasse est un facteur essentiel dans la vie de ces tribus ; ils capturent le gros gibier : éléphant, buffle, hippopotame, etc., et organisent de grandes expéditions collectives. La chasse est cependant assez peu importante chez les Baschilanges.

PÊCHE. — La pêche également procure des ressources très notables et se pratique au moyen de nasses.

TECHNOLOGIE. — En ce qui concerne la technique de ces diverses industries, notons partout, pour le travail agricole, l'usage de la houe large et pesante qui n'effleure le sol que très superficiellement. L'engrais est totalement inconnu ; le sol épuisé est laissé en jachère. Pour la chasse, on se sert de piéges et de fosses ; la pêche se fait soit au moyen de digues en clayonnage, comme dans le Manyema, soit à l'aide de grands filets, comme chez les Bakubas et les Warnudis, soit encore par l'emploi de stupéfiants comme chez les Baschilanges. On emploie encore de petits harpons et des paniers.

(1) R. P. VAN ACKER, *Mission der Witte Paters*, 1904, p. 248.

Toutes les tribus connaissent la poterie, mais celle-ci semble être plus perfectionnée chez les Bakubas que parmi les autres tribus.

Les armes sont : la lance ou sagaie et la flèche quelquefois empoisonnée. L'arme défensive est le bouclier. Certaines tribus portent également, surtout dans le Manyéma, de petites dagues ou des poignards.

Les voies de communication par terre sont des sentiers tracés par le pas des hommes.

Les canots sont des arbres évidés et chez les Bakubas, ils sont parfois montés par dix ou douze rameurs (1) Les moins bons navigateurs sont les Baschilanges.

Les Bakubas tissaient anciennement de belles étoffes et des nattes en fibre de palmier. Partout le tissage est connu et effectué au moyen de petits métiers rudimentaires. Les Warnudis cependant, dont les vêtements sont surtout formés de peaux, n'ont qu'une industrie textile très rudimentaire ; les étoffes, si on peut les appeler de ce nom, ne sont que des fibres agglomérées (2).

Toutes les tribus travaillent le fer. Les plus adroits forgerons semblent être les Balubas, les Bassongos-Bankutus, les Oua-Manyémas et les Warnudis, qui connaissent le four catalan et même la filière.

HABITATIONS. — Les habitations, le plus souvent rectangulaires, mais parfois rondes, sont généralement faites en paille et couvertes de feuilles de palmier ou de chaume. Les plus perfectionnées sont celles du Manyéma, de bois et d'argile et contenant au moins deux chambres (3).

---

(1) HINDE, *Geographical Journal*, 1893, p. 429.

(2) *Belgique maritime*, 1906, p. 592.

(3) STANLEY, *A travers le continent mystérieux*, t. II, p. 93. — LIVINGSTONE, *Dernier Journal*, t. II, p. 35.

Les habitations sont groupées en villages et ceux-ci sont quelquefois environnés de fortifications. Les agglomérations les plus importantes se rencontrent chez les Bakubas, les Baschilanges et dans le Manyéma, où la population est d'ailleurs très dense.

AUTORITÉ. — D'après Wissmann, les Bakubas ont un gouvernement absolu (1), et cette donnée est confirmée par le P. Huysman qui dit que l'autorité du grand chef est tres respectée et très grande. Il a le droit de vie et de mort sur ses sujets et transmet son pouvoir à l'aîné de sa famille (2). Par contre chez les Baloubas, l'autorité du chef sur les hommes libres ne s'exerce guère que par persuasion. Le chef n'a une autorité de contrainte que sur ses propres esclaves, il perçoit le tribut, rend la justice et commande à la guerre. Son titre est souvent héréditaire (3).

Chez les Baschilanges de même que nous l'avons vu pour les Bakubas, les grands chefs ont le droit de vie et de mort sur la tribu (4). Leur pouvoir est héréditaire, soit qu'il passe de père en fils, soit encore, comme chez certains Balubas, qu'il se transmette au fils aîné de la sœur aînée (5).

Chez les Batetelas, chaque terre est divisée en fiefs ou villages, tributaires du grand chef; les chefs perçoivent également un tribut (6). Dans l'Ouroua, la hiérarchie sociale est fortement établie et une grande déférence est exigée des inférieurs. Le pouvoir y est souvent héréditaire (7).

Dans le Manyéma, il n'existe pas d'organisation politique

(1) *Im Innern Afrika's*, p. 246.
(2) HUYSMAN, *Bulletin de la Société belge de géographie*, 1904, p. 383.
(3) GARMIJN, *Les Baloubas*. (*Bulletin de la Société belge de géographie*, 1903, p. 131).
(4) Lieutenant BROHEZ, *Bulletin de la Société belge de géographie*, 1905, p. 463.
(5) WISSMANN, *Unter Deutsche Flagge*, p. 90.
(6) BORMS, *Belgique coloniale*, 1901, p. 290.
(7) CAMERON, *A travers l'Afrique*, p. 387.

bien définie, surtout chez les Wazimbas, ou habitants des forêts. Les hommes libres, rebelles à l'autorité, vivent avec leur famille un peu suivant leur bon vouloir. L'autorité des chefs est plutôt nominale que réelle. Pour se faire admettre, ils doivent faire des cadeaux aux hommes importants de la tribu (1). M. Storms dit que dans la région de Mpala (Tanganika) il existe de petits centres habités fort nombreux et qui sont autonomes. Les questions importantes sont tranchées par les anciens présidés par le chef de village ; les chefs se réunissent également sous la présidence du chef de la tribu (2). M. Delhaize définit comme suit le rôle des chefs des Wabembas et des Wahorohoros. Presque toujours un territoire est sous les ordres d'un grand chef, dont dépendent les chefs secondaires établis dans ses propriétés. C'est le système féodal. Les petits chefs doivent hommage au sultan Kubiva. Eux-mêmes établissent encore, par groupes d'habitations, des *nyamparas*, qui ont envers eux les mêmes devoirs qu'eux-mêmes envers le grand chef. Celui-ci est justicier dans son territoire et tranche seul toutes les questions de droit. Quant aux questions graves, il prend l'avis du conseil; tel est le cas pour la déclaration de guerre (3). L'autorité se transmet au frère ou, à défaut du frère, au fils de la sœur aînée.

FAMILLE. — La polygamie est un usage général et le nombre de femme est en proportion des richesses que l'homme possède; la monogamie ne se pratique que par nécessité.

La femme est acquise par achat à un prix déterminé par convention, le futur est de plus astreint à nombre de cadeaux

(1) BORMS. *Reconnaissance du pays Bango-Bango.* (*Belgique coloniale,* 1902, p. 256.)
(2) *Bulletin de la Société belge de géographie,* t. IX, p. 190.
(3) *Mœurs des peuplades du Tanganika.* (*Belgique coloniale,* 1903, pp. 222 et 256.)

à ses beaux-parents, Chez les Baschilanges, le prix d'une femme est, selon Pogge, de dix à vingt chèvres (1) et quelques poules, selon Wissmann, de vingt chèvres et de douze croisettes (2) ; chez les Basongos et dans le Manyéma, le prix d'achat est élevé, et chez les Wabembas, les cadeaux que l'on exige du futur sont considérables ; mais ils le sont moins chez les Watabwas ; à Mpala, le prix est en moyenne de quatre bêches et de une ou deux haches (3).

Nous trouvons dans les récits des explorations quelques données précieuses au sujet de la signification de cette coutume de l'achat. Le P. Huysman nous dit que les jeunes hommes s'achètent une femme avec les biens qu'ils ont acquis par leur travail (4).

Un missionnaire des Pères Blancs, dans l'Ouroua (5), et M. Delhaize, chez les Wahorohoros, constatent la même coutume. M. Delhaize ajoute qu'il serait erroné de croire que l'indigène vend sa fille à son beau-fils. Le mali (prix d'achat), à leurs yeux, n'est qu'un gage, une garantie. Ce n'est pas ce payement, comme on le croit ordinairement, qui consacre le mariage (6).

En cas de séparation des époux, le prix d'achat est restitué au mari. Dans le Manyéma, lorsque les époux se brouillent, la femme peut rentrer chez ses parents ; souvent, le père lui substitue une autre de ses filles, faute de quoi, il est astreint à rendre le prix d'achat, sauf quand il y a des enfants ; ceux-ci, bien entendu, restent avec le mari (7) ; c'est le parallèle de ce que nous avons trouvé parmi les tribus du Bas-Congo.

(1) *Mittheilungen der Afrikanische Gesellschaft*, t. IV, p. 260.
(2) *Op. cit.*, p. 193.
(3) Storms, *Bulletin de la Société belge de géographie*, t. X, p. 190.
(4) *Les Bakubas, Op. cit.*, p. 382.
(5) *Missions des Pères Blancs*, 1904, pp. 162-163.
(6) *Op. cit.*, pp. 196 et 245.
(7) Borms, *Op. cit.*, p. 269.

Cameron avait signalé la coutume du rapt symbolique dans l'Ouroua; la femme, lors de son mariage, simule la résistance, qui se tarduit surtout par des pleurs; le fiancé empoigne la femme par les épaules et la pousse dans la direction de son village (1).

En fait, le mariage n'a aucune stabilité. Chez les Bakubas, quand la femme ne plaît plus à son mari, il l'échange contre une autre; elle peut même être congédiée pour le motif le plus futile (2). Wissmann dit que, chez les Baschilanges, la femme qui n'a pas d'enfants peut être renvoyée à ses parents (3); par ailleurs, lorsqu'elle leur déplaît, ils ne voient aucun inconvénient à la revendre(4). Chez les Basongos-Bankutus, l'époux mécontenté change ou répudie sa femme (5). Les Wabembas admettent le divorce pour les causes les plus futiles : soit caprice de l'un ou de l'autre des conjoints, soit même par le fait des parents, qui peuvent avoir trouvé un meilleur parti pour leur fille; les cadeaux sont restitués et la jeune fille est rendue à ses parents. Chez les Watumbwés et les Watabwas, une femme ayant eu deux enfants avec un homme rompt avec lui pour en suivre un autre. Les jeunes filles, issues de chefs surtout, ne peuvent demeurer longtemps auprès d'un même mari et se glorifient du nombre d'hommes qu'elles ont eus. C'est également un honneur chez les Watumbwas, pour une fille de chef d'avoir eu beaucoup de maris (6).

En ce qui concerne l'adultère, le P. Huysman dit qu'il est très fréquent chez les Bakubas, bien que la punition encourue par les coupables soit très forte. S'il s'agit de la femme

(1) *Missions des Pères Blancs*, 1904, pp. 162-163.
(2) Huysman, *Op. cit.*, p. 382.
(3) *Op. cit.*, p. 91.
(4) Lieutenant Brohez, *Bulletin de la Société belge de géographie*, 1905, p. 395.
(5) Van Laerk, *Belgique coloniale*, 1899, p. 138.
(6) Delhaize, *Op. cit.*, p. 196.

d'un sujet prise en flagrant délit, l'époux lésé, lorsqu'il en a obtenu l'autorisation du chef, tue les deux coupables (1). La même loi semble être en vigueur chez les Baloubas. Le P. Garmijn écrit : « Chez eux, la punition de l'adultère est rigoureuse et comporte généralement la peine de mort pour les deux coupables ; néanmoins, les fautes sont fréquentes (2). » Les Bassongos surveillent très étroitement leurs femmes ; malgré cela, la fidélité n'est pas la vertu dominante. La femme adultère est souvent punie de mort ou aveuglée (3). Chez les Wabembas, le beau-père remet au mari, lors des noces, une flèche en disant : « Celle-ci est pour celui qui voudra séduire ta femme ». L'adultère avec la femme d'un chef est puni de toutes sortes de mutilations : œil arraché, doigts, oreilles, nez, parties sexuelles coupés, réduction à l'esclavage ; chez les Wahorohoros, c'est cette dernière peine qui est appliquée, non seulement au séducteur, mais étendue à sa sœur (4).

Chez les tribus dont nous nous occupons en ce moment, nous n'avons guère à enregistrer de limitation juridique au pouvoir du mari sur sa femme. Partout elle est ou peut être traitée en esclave, peut être maltraitée et vendue. Toutefois, Wissmann observe qu'elle est moins considérée comme esclave chez les Bakubas que chez les Balubas. Tout dépend du reste du caractère plus ou moins brutal du mari.

En général, la femme se marie dès qu'elle est nubile, c'est-à-dire entre 12 et 14 ans.

Chez les Bakubas (5), les Wabembas, les Wahorohoros et les Watabwas (6), le consentement de la jeune fille est

(1) *Op. cit.*, p. 382.
(2) *Op. cit.*, p. 132.
(3) Van Laere, *Op. cit.*, p. 138
(4) Delhaize, *Op. cit.*, pp. 207 et 246.
(5) Huysman, *Op. cit.*, p. 383.
(6) Delhaize, *Op. cit.*, pp 196 et 245. — *Missions des Pères Blancs.* 1901, p. 171.

ordinairement demandé, sinon exigé, par le contrat de mariage ; chez les les Basongos, d'ordinaire, elle n'est pas consentante au pacte (1), dans le Manyéma elle est souvent promise lorsqu'elle est encore toute jeune (2) et chez les Balubas, le P. Garmyn déclare n'avoir connu aucun cas ou elle ait été consultée (3). Sauf les Wabembas, aucune des tribus n'attache d'importance à la chasteté de la jeune fille avant le mariage et les relations commencent, lorsque la femme est encore très jeune. La surveillance des parents wabembas est relativement vigilante. Leur honneur y est d'ailleurs engagé. Une jeune fille séduite, ou même violée, déchoit en effet de sa condition et ne peut plus se marier que comme une esclave, sans solennité (4).

Nous ignorons complètement quel est le régime des biens entre époux. En ce qui concerne leur transmission, nous trouvons presque uniformément la ligne paternelle avec prédominance du fils aîné. Chez les Bakubas, de même que chez les Bassongos-Ménos, c'est le fils aîné qui hérite de toute la propriété (5). Chez les Baloubas, les principaux héritiers sont les enfants de la femme la plus importante (6). Chez les Baschilanges, le fils aîné reçoit la plus grosse part (7). Chez les Wahorohoros, c'est le frère aîné qui hérite de la plupart des biens. Chez les Wabembas, le régime semble être très peu fixé puisque, d'après M. Delhaize, les parents se partagent les biens du défunt au prorata de la valeur des cadeaux de funérailles qu'ils ont apportés (8).

A la mort du mari, chez les Bakubas, les veuves avec

(1) Van Laere, *Op. cit.*, p. 189.

(2) Borms, *Op. cit.*, p. 269.

(3) *Op. cit.*, p. 132.

(4) Delhaize, *Op. cit.*, p. 196.

(5) Huysman, *Op. cit.*, p. 383. — *Guide à l'exposition de Tervueren*, p. 196.

(6) Garmyn, *Op. cit.*, p. 132.

(7) Wissmann, *Op. cit.*, p. 93.

(8) *Op. cit.*, p. 207.

leurs enfants se retirent chez quelque parent et finissent par trouver un autre mari. Le lévirat n'est donc pas en usage chez eux (1). Chez les Baloubas, ce sont les fils de l'épouse principale qui héritent des autres épouses de leur pere (2). Chez les Baschilanges, c'est le fils aîné qui hérite des femmes de son père, sauf de sa propre mère (3). Chez les Wabembas et les Wahorohoros, c'est le frère aîné du mari ou le fils de ce frère qui hérite des femmes (4).

Chez ces derniers, nous trouvons cette autre coutume qui est un parallèle du lévirat, c'est qu'à la mort de la femme le père de celle-ci doit céder la sœur puînée ou une autre sœur, si celle-là est déjà mariée (5).

Quant au degré de parenté qui empêche le mariage, nous trouvons les données suivantes : Pogge dit que les Baschilanges permettent le mariage entre belle-mère et beau-fils ainsi qu'entre beau-père et belle-fille (6); les Basongos considèrent comme une sorte d'inceste les alliances entre gens du même village, ce qui implique surtout la parenté masculine, puisque les enfants appartiennent exclusivement au village du père, la femme perdant toute parenté avec le village qu'elle habitait précédemment. Ils réprouvent toute alliance consanguine même entre garçons et filles qui ont été allaités par la même mère (7). Chez les Balubas, l'union est interdite entre parents du premier degré (8).

M. Delhaize a donné des indications précises en ce qui concerne la prohibition de l'inceste chez les Wabembas. Empêchent le mariage : a) toute parenté naturelle ou consan-

(1) HUYSMAN, *Op. cit.*, p. 382.
(2) GARMIJN, *Op. cit,*, p. 132.
(3) WISSMANN, *Op. cit.*, p. 93.
(4) DELHAIZE, *Op. cit.*, pp. 196 et 246.
(5) *Op. cit.*, pp. 196 et 246.
(6) *Op. cit.*, p. 261.
(7) VAN LAERE, pp. 137 et 138.
(8) GARMIJN, *Op. cit.*, p. 132.

guinité qui s'étend aux cousins les plus éloignés ; *b*) la
parenté putative contractée avec les mbozwa (sorte de par-
rain) ; *c*) l'alliance limitée au premier degré : de gendre à
belle-mère ou de bru à beau-père. Un jeune homme peut
épouser sa tante paternelle et il le fera même ordinairement
si elle lui convient ; mais jamais il ne peut épouser sa tante
maternelle. Un fils de sultan peut épouser les femmes de son
père défunt, à l'exception de sa mère à lui (1). Cette dernière
coutume existe également chez les Wabwaris, mais elle est
interdite chez les Wahorohoros ; parmi ces deux peuplades,
un homme ne peut jamais épouser ni sa tante maternelle ni
sa tante paternelle. Les Wahorohoros interdisent le mariage
entre cousins les plus éloignés. Pour l'Ouroua, nous trouvons cette coutume à noter : le harem royal comprend toute
la famille du roi, même ses sœurs et ses filles (2).

Région orientale du Haut-Congo

Nous rassemblons ici quelques notes concernant les tribus
qui habitent la région située au nord de celle que nous
venons d'étudier. A part une ou deux tribus, les renseignements sont très incomplets.

. Voici quelques tribus au sujet desquelles nous avons
trouvé une certaine quantité d'indications : Les Wagenias,
les Bambolis et les Wamiros, au sud des Falls ; plus à
l'aval du Fleuve, les Basokos ; le long de l'Aruwini, les
Bangwas et les Monghélimas ; plus au sud mais vers
l'Ouganda, les Rakangos, les Balegos, les Bahukus et les
Bambubas ; enfin, sur les frontières orientales, quelques
Wahumas.

(1) Delhaize, *Op. cit.*, p. 196.
(2) Cameron, *A travers l'Afrique*, p. 337.

AGRICULTURE. — L'agriculture n'est pratiquée ni par les Wagenias ni par les Bakangos. Les Bambolis, les Basokos, les Monghélimas et les Bambubas cultivent le manioc, les bananes, les patates douces, un peu de riz et de maïs; l'outil est la houe. Le défrichement est fait par l'homme, la culture proprement dite est faite par la femme. Chez les Monghélimas un homme a autant de champs que de femmes, chaque femme a son champ qui mesure à peu près un demi-hectare; leur seul outil est le couteau(1). Les Wahumas sont d'excellents agriculteurs, qui ont de vastes plantations de bananes, et qui, en outre, cultivent les haricots, les patates, le sorgho rouge et les pois. Le travail des champs incombe aux deux sexes. Les Wamiras cultivent également les bananes, le maïs, les patates et les haricots; les hommes font tout le travail, sauf les semailles, qui incombent aux femmes.

A proprement parler, l'élevage n'existe que chez les Wahumas, qui possèdent des bœufs, des moutons et des chèvres (2). Les autres peuplades ont des poules, des chèvres et des chiens. Les Monghélimas ont aussi des moutons. Les animaux domestiques sont très rares chez les Wagenias.

CHASSE. — Les Wagenias ne pratiquent guère la chasse. Les Bambolis et les Monghélimas, au contraire, y trouvent des ressources importantes; ils chassent l'éléphant et l'antilope; cette chasse est pratiquée en bandes à l'aide de chiens et de grands filets. Les Bangwas sont également grands chasseurs. Les Bakongos font de la chasse leur principale industrie (3).

---

(1) *Belgique coloniale*, avril 1906.
(2) RATZEL, *Völkerkunde*, p. 164.
(3) FISHER, *Western Uganda*. (*Geographical Journal*, 1904, p. 259.)

PÊCHE. — La pêche, par contre, constitue la ressource alimentaire principale des Wagénias ; ils capturent le poisson au moyen de nasses. Le poisson est fumé et exporté. Sans avoir la même importance pour les Bambolis, les Bazokos et les Manghélimas, la pêche constitue cependant pour eux une ressource précieuse ; ils la pratiquent au moyen de nasses ou de verveux et pêchent à la main dans les petits ruisseaux.

TECHNOLOGIE. — La poterie existe partout. Les plus adroits potiers sont les Bazokos ; par contre, les Wawiras et les Wahumas importent les objets de poterie qu'ils utilisent. C'est une industrie féminine.

Les Wagénias pêcheurs n'ont pour armes que la lance munie d'un fer court et large, ainsi que le poignard ; les arcs et les flèches leurs sont fournis par leurs voisins bakumus (1) ; par contre, chez les Wawiras, qui sont des chasseurs, la lance perd son importance et l'arc et la flèche sont les armes principales. Ailleurs on utilise à la fois les deux armes.

HABITATIONS. — Les huttes des Wagénias sont basses et couvertes de feuilles de palmier ; celles des Bambolis sont mieux conditionnées ; celles-ci sont rectangulaires et mesurent de 5 à 6 mètres sur 3 mètres. Le même type se retrouve chez les Bazokos. Les maisons des Bangwas et des Monghelimas sont petites et en forme de cône, elles n'ont pas plus de dix pieds de diamètre à la base et quinze à vingt pieds de haut. Elles sont construites en branchage et recouvertes de feuilles (2). Celles des Balegos, par contre, sont de très grande dimension et abritent toute une

(1) BAUMANN, *Bulletin de la Société de géographie de Bruxelles*, 1887, p. 18.
(2) ALB. C. LLOYD, *In Dwarf Land and Cannibal Country*, p. 358.

famille (1). Les huttes des Wawiras et des Wahumas sont
construites en bambous liés à un cercle de pieux (2). Par-
·out les habitations sont groupées en villages ; ceux-ci sont
de très peu d'importance chez les Wahumas, les plus grands
se rencontrent dans le pays des Bangwas.

MOYENS DE COMMUNICATION. — Les routes tracées sont
inconnues, sauf celles que le Blanc a fait construire. En ce
qui concerne la navigation, les Wagénias utilisent de grands
canots, qui ont jusqu'à septante pieds de longueur et qu'ils
achètent chez les Wa-Mongas. Les Bambolis de l'intérieur
n'ont pas de pirogues ; seuls ceux qui habitent les rives de
la Luboï en possèdent pour la pêche, encore sont-ils petits
et mauvais ; les Monghélimas n'excellent pas non plus dans
la navigation, leurs barques sont des arbres évidés de 5 à
10 mètres de long et de 1 mètre de large. Les Wahumas
ont de bons canots.

Le tissage et le travail du fer sont connus et pratiqués
partout, cependant certaines tribus (les Basokos notamment)
n'arrivent qu'à forger très grossièrement les objets en fer
qui leur sont nécessaires.

AUTORITÉ. — Passons maintenant à l'examen des conditions sociales de ces peuplades. Les chefs des Wagénias
n'ont qu'une autorité peu considérable (3). Chez les Bambolis, il existe un chef par village ayant un pouvoir absolu ;
bien qu'il soit assisté d'un conseil ; il prélève des impôts et
rend la justice ; c'est lui-même qui nomme son successeur
parmi ses fils. Chez les Basokos, les chefs ont une autorité

(1) FISHER, Op. cit., p. 260.
(2) VON GÖTZEN. Durch Afrika. — FEATHERMANN, Social History, p. 113. — STUHL-
MANN, Mit Emin Pacha, p. 384.
(3) BAUMANN, Bulletin de la Société royale belge de géographie, 1887, p. 18.

très étendue, mais elle est néanmoins tempérée par les assemblées des hommes de ta tribu(1). Les chefs des Bangwas ont également de grands pouvoirs. Les Balegas ne reconnaissent pas d'autre autorité que celle des chefs de famille, les familles étant très nombreuses d'ailleurs (80 à 100). Chez les Wawiras, la fonction de chef se transmet au fils aîné, à son défaut au frère (2).

Voici ce que nous avons pu recueillir en ce qui concerne la coutume et le droit familiaux.

FAMILLE. — La polygamie est pratiquée partout et plus un homme a de femmes, plus il est riche. La femme s'acquiert par achat; chez les Bazombos, le prix est de 200 à 300 perles; chez les Monghélimas, la somme payée au père équivaut environ à 300 à 400 francs et est donnée par parties et en espèces : lances, chèvres, chiens. Chez les Bahukus, la femme est habituellement donnée en échange d'une autre femme, ou, si la chose n'est pas possible, le futur mari donne un certain nombre de chèvres (3). Dans la tribu des Wahumas, le prix d'une femme varie de une à cinq têtes de bétail (4).

Quant à la stabilité du mariage, toute indication manque jusqu'ici.

Ci-après quelques indications au sujet du pouvoir que le mari exerce sur sa famille : Chez les Bambolis, la femme maltraitée et battue s'enfuit de la demeure de son mari et celui ci ne peut recouvrer son bien qu'après de longs pourparlers. D'habitude, cependant, notons-le, la femme est bien traitée. Le mari monghélima regarde sa femme comme une

(1) HANSSENS, Le Congo illustré. 1892, p. 67
(2) STUHLMANN, Op. cit., p. 393.
(3) FISHER, Op. cit., p. 251.
(4) STANLEY, Dans les ténèbres de l'Afrique, p. 339.

chose qui lui appartient, une valeur, sur laquelle il exerce une autorité absolue; si la femme quitte son mari, celui-ci la réclamera ou exigera le remboursement de la valeur qu'il a payée pour elle. Chez les Wahumas, par contre, la femme est estimée et possède certains droits; si elle est maltraitée, elle retourne chez ses parents et le mari est obligé de la racheter. Les femmes, dans la maison, ont la haute main sur les produits de la laiterie et des champs (1).

Bien que puni d'une façon terrible, l'adultère est très fréquent chez les Monghélimas. Si le complice est surpris la nuit, par le mari dans la case d'une de ses femmes, l'époux outragé le tuera ou le blessera grièvement et, dans ce cas, il devra de plus une forte somme au mari. Quant à la femme, sur toutes les parties de son corps on pourra constater la trace des coups reçus (2). Chez les Wawiras, en cas de flagrant délit, le mari a le droit de tuer le coupable; si l'adultère est découvert plus tard, il peut se racheter pour une chèvre (3). Les Wahumas punissent la femme adultère en lui coupant une oreille; si le mari surprend le flagrant délit il peut tuer le complice, mais le plus souvent il se contente d'une forte amende (4).

Chez les Bambolis, le consentement de la femme à son mariage n'est pas demandé, mais elle peut cependant marquer ses préférences. La femme se marie très jeune et la chasteté n'est pas exigée.

Chez les Bazombos, l'acquiescement du chef du village est demandé pour le mariage.

Chez les Monghélimas, le consentement de la femme est essentiel, car, souvent, c'est elle-même qui déclare à l'homme qu'elle veut être son épouse.

(1) STANLEY, *Op. cit.*, pp. 359 et 360.
(2) *Belgique coloniale*, 15 avril 1906.
(3) STUHLMANN, *Op. cit.*, p. 394.
(4) FEATHERMANN, *Op. cit.*, p. 117.

Dans cette tribu, lorsque le père est mort, les enfants se partagent les lances, les couteaux et les femmes. Souvent, un frère du père profite de la jeunesse du fils et lui enlève les femmes auxquelles il a droit. Un des fils prend comme épouse, et ce, au sens propre, la femme ou les femmes de son père. Les orphelins sont adoptés par un parent ou par les habitants du village du père. Ceci d'ailleurs se rencontre presque partout.

Entre l'Oubanghi et le Congo.

Nous comprenons, sous ce titre, toutes les tribus de race bantoue qui habitent entre ces deux cours d'eau.

Nous rencontrons, en descendant l'Oubanghi : les Biras, les Abwandas, les Laws, les Bodos, les Banziris (ces derniers émigrés du Congo français), les Gobus, les Bouakas ou Boïkas, les Kamas ; dans l'angle du confluent des deux fleuves, les Balois ; en remontant le fleuve, les Bangabas, les Bapotos et les Budjas ; au centre de la zone, les Mong-wandis, les Gombés, les Bongos et les Banzas.

AGRICULTURE. — A part peut-être les Kamas, les Bodos, les Biras, les Budjas et les Gombolis, dont la ressource alimentaire essentielle est fournie par la pêche et la chasse, et les Banziris, exclusivement pêcheurs, toutes ces tribus pratiquent l'agriculture. La culture essentielle est celle du manioc. Des cultures moins importantes comprennent le maïs, surtout chez les Banzas, le sorgho, la banane, les arachides, les ignames, l'éleusine, les patates douces et les courges. Ici, comme dans tout le Congo, à part les cendres des herbes et des branches que l'on abandonne sur le sol, on ne connaît pas l'usage de l'engrais et l'irrigation des terres n'est pratiqué nulle part.

Les outils dont on se sert pour l'agriculture sont la houe, la petite hache et le pieu.

L'élevage n'a aucune importance dans la partie du Congo qui nous occupe ici. Des chèvres en assez grand nombre, chez les Banzas et les Biras, des chèvres et quelques moutons chez les Bouakas, des poules et des chiens qui, eux aussi, chez les Bangabas, servent quelquefois à la consommation. Les Bapotos, en fait d'animaux domestiques, n'ont que des chiens et des chats.

CHASSE. — La chasse procure une des ressources essentielles de l'alimentation. Elle se pratique en bandes d'individus qui, comme chez les Gobus, comprennent parfois tout le village. On se sert de grands filets et de trappes et on utilise le chien.

Les Boïkas toutefois ne pratiquent pas la chasse.

PÊCHE. — En ce qui concerne la pêche, nous devons signaler particulièrement les Banziris habitant le territoire de l'Etat Indépendant, qui trouvent dans cette industrie leur leur seule ressource, et qui organisent de grandes expéditions pour la pêche du poisson; ils ne pratiquent par contre ni la chasse ni l'agriculture. D'ailleurs, chez toutes les tribus habitant le long de l'Oubanghi et du Congo, la pêche est une industrie extrêmement importante. M. Le Marinel parle de l'adresse que possèdent sous ce rapport les peuples habitant le haut Oubanghi et qu'il désigne sous le nom général de Wattets; M. Dhanis confirme la chose pour les Bapotos et M. Coquilhat pour les Bangalas. Chez les Bouakas, le poisson sert surtout de nourriture aux femmes.

Les Gobus et les Laws ne trouvent dans la pêche que des ressources insignifiantes; il en est de même des tribus de l'intérieur des terres. Cette industrie se pratique à l'arc, aux barrages et à la lumière.

HABITATION. — Dans le Haut Oubanghi, en amont de Mokoanghi les huttes sont faites de paille et ont la forme de meules ; elles ont de 3 à 5 mètres de diamètre, et sont surmontées d'un grenier. Plus en aval, les huttes sont rectangulaires, faites d'écorces et recouvertes de feuilles. Ce type d'habitation se rencontre également sur les rives du Congo ; les plus belles huttes sont celles des tribus de l'intérieur : Banzos et Mogwandis. Chez ces dernières peuplades elles sont également de forme conique et recouvertes d'herbes (1).

Les villages des rives sont en général peu importants bien que ceux des Wattets comportent quelquefois jusque 1 000 âmes ; ceux de l'intérieur, des Benzis, des Bongos, des Banzos et des Mogwandis notamment, comprennent des agglomérations importantes et qui très souvent sont fortifiées.

MOYENS DE COMMUNICATION. — Les chemins de communication ne sont que des sentiers formés par le pas des hommes.

Sous le rapport de la navigation nous trouvons évidemment des différences très notables. Les Gobus et les tribus de l'intérieur, vu la nature des rivières, n'ont pas de pirogues. Sur les rives de l'Oubanghi et du Congo il y a d'excellents canotiers, et particulièrement les Wattets, les Banziris et les Bangalas. Chez eux comme chez les Baïkas d'ailleurs, quoique moins souvent chez ces derniers, on rencontre des pirogues montées par 40 ou 50 pagayeurs et ayant de 10 à 20 mètres de long.

ARMES. — L'arme principale est la lance et c'est la seule qu'utilisent es Banziris ; en ordre secondaire viennent l'arc et la flèche, le couteau ordinaire et parfois la trombache (Mog-

(1) P. DE WILDE, *Mission in China en Congo*, novembre 1893.

wandis, Bubus, Boikas et Gobus); le bouclier est en usage partout. Chez les Banzas, par exception, la flèche est l'arme essentielle.

TECHNOLOGIE. — Le travail métallurgique, c'est-à-dire l'extraction du minerai, est presque négligeable. Toutes les tribus obtiennent par échange le fer et le cuivre tout préparés. Les Budjas, les Bongos, les Wattets et les Bapotos (1) pourtant, sont bons forgerons, bien que chez eux également le fer soit importé.

La poterie semble se perfectionner à mesure que l'on approche du confluent, les vases les mieux faits sont ceux des Baïkas et surtout ceux des Baloïs (2). Les Banziris du Congo belge ignorent cette industrie.

AUTORITÉ. — En ce qui concerne l'exercice du pouvoir, les chefs abwandas ont le droit de vie et de mort sur leurs sujets, ils perçoivent des impôts et rendent la justice. L'autorité est héréditaire et se transmet au fils aîné. Chez les Biras, les Laws et dans la tribu Gembelé, le pouvoir est également héréditaire, mais l'autorité dont jouissent les chefs est plus limitée; leur situation paraît être la même chez les Bodos et les Gobus. Les Baïkas n'ont qu'un chef par village, chef qui n'a que peu d'autorité et qui ne perçoit pas d'impôts, mais qui cependant rend la justice. Chez les Banziris il existe également un chef pour chacun des villages; son autorité est plutôt la conséquence de son influence personnelle et elle se trouve en tout cas assez limitée; elle n'est héréditaire que si les habitants du village le désirent. Le chef des Banziris ne perçoit pas d'impôts.

Les Wattets n'ont presque pas d'organisation politique,

(1) KIRBY, *Missionary Herald*, 1903, p. 207.
(2) *Annales du Musée du Congo*, t. I, fasc. I, p. 15.

nous dit M. Le Marinel; le chef de village chez eux est
simplement le porte-parole de la communauté. Il n'en est
pas de même chez les Bongos, et l'auteur précité explique la
chose par le besoin qui s'impose aux gens de l'intérieur de
s'unir et de se grouper (1). Chez les Bangalas comme chez
les Wattets, le chef est simplement le plus influent de
l'assemblée des hommes libres, c'est, en somme, le plus
riche d'entre ceux-ci, le plus sage ou aussi le plus audacieux.
Divers villages sont groupés sous l'autorité d'un même chef
detribu (2). Les chefs des Bapotos, bien que leur fonction soit
transmissible au frère, n'ont qu'une influence très limitée.

FAMILLE. — La polygamie est en usage dans toutes les
tribus. Nous n'avons que très peu de renseignements au
sujet de l'intensité que cette coutume a acquise en cette
région. Tout ce que nous savons c'est : qu'elle est très répandue chez les Bapotos (3); que chez les Banziris elle est générale, mais que cependant chez eux, en dehors des riches, les
hommes ont rarement plus d'une femme libre, à laquelle ils
adjoignent deux ou trois esclaves(4); que chez les Bangalas,
le chef de village a 10 à 20 femmes et le grand chef jusqu'à 70 (5); qu'enfin le régime des Mogwandis et plus encore
celui des Banzas se rapprocherait plutôt de la monogamie(6).
    La coutume de l'achat des femmes est universelle.
    Chez les Abwandas, c'est le plus souvent l'oncle qui dispose
de la femme, en tous cas, c'est la famille seule de celle-ci et
jamais la tribu, qui intervient pour decider de la chose. Le
prix d'achat se paie ordinairement en lances, en couteaux et

(1) LE MARINEL, *Bulletin de la Société belge de géographie*, t. XVII, pp. 18 et 27.
(2) COQUILHAT, *Bulletin de la Société belge de géographie*, t. IX, p. 633.
(3) DHANIS, *Le district d'Upoto*, p. 31.
(4) CLOZET, *Revue scientifique*, 1893, p. 298.
(5) COQUILHAT, *Op. cit.*, p. 634.
(6) E. DENYS, *Onafhankelijk Congoland*, t. II, p. 45.

haches. Chez les Bangalas le prix payé équivaut à celui de
trois esclaves, mais la femme reçoit en dot un nombre
d'esclaves supérieur généralement au prix d'achat (1). Chez
les Budjas, ce prix équivaut à la somme de cent vingt francs
environ (2). Chez les Mogwandis, la femme se paie une dizaine
de chèvres, et de nombreux cadeaux (3), représentant une
valeur relativement très élevée. Souvent, et ceci notamment
est le cas chez les Bapotos et les Wattets, la jeune fille est
promise lorsqu'elle est encore très jeune et une partie du
prix d'achat est donnée immédiatement (4) bien que la jeune
fille reste auprès de ses parents.

Chez les Abwandis, la séparation des époux se pratique en
cas d'adultère ou de stérilité; le mari a toujours le droit de
répudier sa femme, mais celle-ci ne peut se séparer de son
mari s'il n'est pas consentant; une coutume semblable se
retrouve chez les Biras, les Laws, les Gembelés et les
Bodos : le mari seul a le droit de séparation et son seul
vouloir suffit, sans autres conditions ni formalités ; si les
enfants sont grands, ils restent avec le père. Chez les
Banziris et les Baïkas, les époux qui ne s'entendent pas se
quittent moyennant la restitution du prix d'achat ; la femme
à cette condition possède également le droit de divorce; les
garçons suivent l'homme et les filles restent avec leur mère.

Chez les Bangalas, en cas d'incompatibilité le mari rend
la femme au père, qui dédommage son ex-gendre (5). Chez
les Mongwandis, si la femme reste sans enfants, les parents
doivent reprendre leur fille et rendre une partie du prix
d'achat (6). L'enfant joue donc un rôle essentiel dans le traité.

(1) CAMBIER, *Missions en Chine et au Congo*, 1890, p. 363. — COQUILHAT, *Sur le Haut-Congo*.

(2) HAP, *Belgique coloniale*, 1897, p. 235.

(3) DELIGNE, *Congo illustré*, 1893, p. 122.

(4) LE MARINEL, *Op. cit.*, p. 19.

(5) HANOLET, *Belgique coloniale*, 1897, p. 244.

(6) DELIGNE, *Op. cit.*, p. 122.

Voici un autre renseignement des plus significatifs à ce
sujet, donné par M. Hennebert à M. Thonner (1) : à Nyali,
si une femme quitte son mari, celui-ci ne peut la réclamer
que si elle est enceinte; d'ailleurs, d'après M. Le Marinel, les
indigènes se défont rarement des femmes dont ils ont un
enfant (2). Le mari upoto qui ne veut plus de sa femme la
vend à un autre. Si la femme veut rompre l'union, elle s'enfuit soit chez son père soit chez son amant, qui doit alors
payer une indemnité au mari; les enfants restent la propriété du père.

Quant aux devoirs de fidélité, nous rencontrons les règles
suivantes : Le mari abwanda est très jaloux : en cas de réci-
dive d'adultère, la femme est punie de mort, mais le complice
peut toujours se libérer. Chez les Gobus, la femme coupable
est mise à mort. L'adultère est peu fréquent chez les Wattets,
la coupable est rarement punie de mort, mais le plus souvent
le mari lui coupe une oreille ou un doigt et la revend ensuite
(parfois, les parents la rachètent); quant au complice, on le
tient quitte à payer une indemnité au mari (3). La femme
mongwandi est rarement infidèle, dil-on; lorsque parfois le
cas arrive, elle subit d'abord une punition infamante, puis
elle est cruellement battue (4). Chez les Boïkas, par contre,
l'adultère est très fréquent, la femme est punie par le mari
et le complice condamné à mort. Les Banziris punissent la
faute de la femme par une forte correction et infligent au
complice une amende de 40 à 50 machettes et d'un esclave.
Le mari bangala peut tuer sa femme adultère (5), le complice
est de droit l'esclave du mari offensé, à moins qu'il ne donne
à ce dernier la valeur d'un esclave (6); cette dernière cou-

(1) *Dans la grande forêt équatoriale*, éd. allemande, p. 32.
(2) *Op. cit.*, p. 19.
(3) *Op. cit.*, p. 20.
(4) DENYS, *Op. cit.*, t. II, p. 45.
(5) COQUILHAT, *Op. cit.*, p. 635. — (6) CAMBRIER, *Op. cit.*, p. 363.

tume se retrouve identique chez les Bapotos, où les femmes
sont très volages, mais ici cependant la punition de la femme
se borne d'ordinaire à un châtiment corporel. Le seul châtiment que les Biras infligent à la femme infidèle est le divorce.

Ces répressions si terribles en général n'empêchent pas que
parmi certaines tribus le mari ne vende ou ne prête sa femme
moyennant indemnité. Si cette habitude n'existe ni chez les
Biras, ni chez les Abwandas, ni chez les Bodos, ni chez les
Gembelés, elle se rencontre chez les Banziris, elle est coutu-
mière chez les Gombés et chez les Baïkas. Le mari bangala
prête parfois sa femme à l'hôte et quelquefois même il exploite
l'adultère (1); l'époux upoto, quoique très jaloux, prête quelquefois sa femme à un ami, mais ne la loue jamais; chez
les Wattets, le mari peut également céder ses femmes, mais,
d'ordinaire, ce sont des esclaves ou des femmes qui ont perdu
leurs enfants (2). Une coutume assez singulière se rencontre
chez les Mongwandis : lorsque le mari a assez d'enfants, il
cède sa femme pour une période de dix mois, moyennant
indemnité; en ce cas, l'enfant appartient au locataire (3).

En général, le pouvoir du mari sur ses enfants et sur sa
femme est très grand; cette dernière est la propriété de son
époux, qui peut la revendre. La femme maltraitée peut
s'enfuir chez ses parents; pourtant chez les Bangalas, tout au
moins, le père doit la renvoyer à l'époux. Aucune coutume
ne défend non plus la vente des enfants par le père; il en est
le maître et peut en disposer.

Une survivance du droit du frère de la mère sur les enfants
de celle-ci semble s'être maintenue chez les Bangalas.
Livingstone dit, en effet, que l'oncle a le droit imprescriptible
de vendre ses neveux (4).

(1) COQUILHAT, *Sur le Haut-Congo*.
(2) LE MARINEL, *Op. cit.*, p. 19.
(3) DELIGNE, *Op. cit.*, p. 122.
(4) *Travels*, p. 471.

Partout, la femme est bien traitée par son époux.

Chez les Abwandas, la femme est consultée pour son mariage et elle a le droit de refuser le prétendant ; elle est également consultée chez les Biras, les Laws, les Gembelés. Elle ne l'est pas chez les Banziris et les Boïkas. On ne la consulte pas non plus chez les Bapotos, mais si elle refuse, le mariage n'a pas lieu.

La chasteté de la jeune fille n'est pas estimée ; chez les Abwandas, même, toutes les filles se prostituent moyennant argent, qui sert au père à s'acheter d'autres femmes. Les Gombés n'attachent que bien peu d'importance à ce que leurs futures épouses soient vierges. Chez les Biras, les Laws et les Gambelis, la chasteté est estimée, mais non pas exigée par l'époux futur. Il en est de même chez les Banziris, les Bodos et les Baïkas ; la prostitution est inconnue chez ces dernières peuplades. Les Bapotos n'attachent non plus aucune importance à la virginité de la femme qu'ils prennent comme épouse.

En cas de mort de l'époux, les règles suivantes sont d'application : chez les Abwandas, les veuves sont partagées entre les fils du défunt ou, à leur défaut, entre les frères ; chez les Biras, les Laws, les Gembelés et les Bodos, les jeunes veuves sont recueillies par le frère, les vieilles sont rendues à leur père. Chez les Banziris, c'est le frère le plus âgé qui reprend les femmes, à moins qu'un des enfants du défunt ne soit en âge d'en hériter ; chez les Gobus, les veuves sont prises par les frères et les orphelins sont adoptés par la famille. Il en est de même chez les Boïkas, mais la règle chez eux n'est pas d'application rigoureuse, car un certain nombre de veuves restent seules. Chez les Bangalas aussi, le fils hérite des femmes de son père (1). Le lévirat est pratiqué par les Bapotos, les veuves sont recueillies par le frère

1) Van Ronslé, *Missions en Chine et au Congo*, 1890, p. 525.

de l'époux défunt. Par contre, le lévirat n'existe pas parmi les Gombés. Dans cette dernière tribu, comme peut-être chez la plupart des tribus qui nous occupent en ce moment, on rencontre une coutume que nous avons déjà signalée maintes fois : si la femme meurt peu après le mariage, le père doit la remplacer (1).

Parmi ces tribus, l'avortement ne se pratique que chez les Boïkas et les Bapotos ; l'infanticide ne se rencontre nulle part en tant que coutume.

Je n'ai trouvé aucune indication en ce qui concerne le degré de parenté qui constitue un empêchement au mariage. Chez les Abwandas, la transmission des biens se fait de père en fils. Chez les Banziris, à la mort du père, le fils aîné hérite des pirogues, les autres biens meubles se partagent, les terres restant la propriété collective du village ou du hameau (2). Les Bapotos ont pour coutume de transmettre la propriété immobilière au fils et la propriété mobilière au frère du défunt. Je n'ai pu trouver d'indication précise en ce qui concerne la transmission des biens chez les autres tribus, il est probable que le régime est le même que pour la transmission des femmes. Les Gombés, eux, qui ne connaissent d'ailleurs pas la coutume du lévirat, jettent dans la fosse tout ce qui a appartenu au défunt.

L'esclavage existe partout et les esclaves sont paternellement traités. C'est une sorte d'esclavage domestique (le nombre d'esclaves est très limité chez les Mogwandis).

M. Clozel est le seul voyageur qui fasse mention de la vendetta ; selon lui, chez les Banziris, le prix du sang existe pour le meurtre ; il se solde en perles ou par le don de deux esclaves. En cas de désaccord, la vendetta s'établit entre les deux familles (3). Cependant, un fait de même nature, en ce

---

(1) WILWERTH, *Belgique coloniale,* 1877, p. 128.
(2) CLOZEL, *Op cit.,* p. 296.
(3) CLOZEL, *Op. cit ,* p. 298.

sens qu'il implique la solidarité familiale, nous est signalé chez les Mogwandis : chez ceux-ci, le village du mari intervient pour la punition de l'adultère (1).

Partout la culture, lorsqu'elle est pratiquée, incombe aux femmes. Il en est de même de la céramique, du tressage et de la petite pêche (cette dernière au moins chez les Bapotos et les Kamas). Chez les Banziris, qui, comme nous l'avons vu, sont essentiellement pêcheurs, la pêche est pratiquée par les deux sexes. Chez les Gobus, l'homme et la femme s'aident pour la culture ; la pêche, d'ailleurs assez peu importante, est pratiquée par les femmes et les esclaves.

Région du Kwango

Les renseignements ethnographiques sont peu abondants sur cette région, et les tribus qui l'habitent sont peu différenciées. On ne cite guère comme peuplades que les Mayakkos, les Hollos, les Babongos, les Ba-Hurawas, les Bambolas, les Lundas et les Kiokos (peuplade venue du territoire portugais).

AGRICULTURE. — La culture du manioc est prépondérante dans cette partie du Congo ; celle des bananes a également une grande importance (chez les Bayakkas, les bananes forment le fond de la nourriture) (2) ; viennent ensuite : le maïs, les arachides, les haricots, les orgho, la canne à sucre, la patate douce.

L'irrigation ainsi que l'emploi des engrais sont totalement inconnus.

Les Mayakkas, les Babongos et les Bambalas ont des porcs, des chèvres, des poules et des chiens, les Hollos ont

(1) DELIGNE, Op. cit., p. 122.

(2) GUSSFELDT, Die Loango Expedition, 1879, p. 198.

en outre, quelques bœufs et quelques moutons. Les chiens servent à la chasse et parfois aussi à la nourriture.

CHASSE. — La chasse procure des ressources importantes, bien que la nourriture soit essentiellement végétale ; tous les habitants du Kwango, et surtout les Kiokos, sont de grands chasseurs et chassent en bandes. Une exception sous ce rapport est offerte par les Bambolas, pour lesquels la chasse n'a qu'une importance négligeable et dont le gibier consiste presque exclusivement en rats qu'ils capturent au moyen de trappes.

PÊCHE. — La pêche n'est pas négligée ; on utilise, pour prendre le poisson, l'arc, le filet, les barrages, et parfois le hameçon. La pêche, surtout lorsqu'elle est pratiquée aux barrages, est une industrie masculine. Cependant chez les Bambolas, où d'ailleurs, faute de rivières importantes, la pêche ne constitue qu'une industrie très accessoire, elle est surtout pratiquée par les femmes.

ARMES. — Les armes principales sont actuellement les mousquets. Anciennement c'étaient l'arc et la flèche (empoisonnée chez les Mayakkas et les Hollos), la lance, le couteau et une espèce de sabre. Les Bambolas, cependant, n'ont pour arme que la flèche. Les Kiokos utilisent le lasso pour la chasse.

HABITATIONS. — Les habitations des Bayakkas sont rectangulaires et construites en paille ; celles des Hollos, circulaires, en bambou et en herbes, sont d'un aspect très original, surtout par leur porte très élevée, ce qui est unique au Congo (1) ; celles des Lundas sont circulaires ou carrées, les parois sont en bambou et le toit en herbes. Le diamètre

(1) MASUI, *L'État indépendant du Congo*, p. 84.

des huttes circulaires est de 20 à 25 pieds. Celles des Bambolas sont rectangulaires et mesurent environ 2 mètres sur
4 m 70. Elles sont divisées en deux chambres.

INDUSTRIE. — Les pirogues sont des troncs d'arbres creusés.
Le fer est importé mais travaillé dans le pays et les
Kiokos sont d'excellents forgerons. Le tissage est très peu
important. La poterie existe, le four de potier est inconnu,
et cette industrie, là comme dans toute l'Afrique, est exercée
par les femmes.

Les femmes s'occupent de l'agriculture et travaillent la
terre à la houe, mais elles y sont aidées par les esclaves.
L'homme cependant défriche le sol. La pêche est généralement faite par les hommes, mais les femmes y participent
chez les Hollos, et surtout chez les Bambolas.

AUTORITÉ. — Comme nous l'avons dit précédemment,
les Lundas formaient anciennement l'Etat du Mouata-
Jamvo, qui était une sorte d'empire féodal, dont le chef, le
Kiamvo, exerçait un très grand pouvoir, prélevant un
impôt par l'intermédiaire de ses vassaux et tenant une véritable cour à Kassongo-Lunda. Chez les Mayakkas, qui
avaient été soumis par un frère du Mowata-Jamvo, il existait
également un grand chef, mais qui n'a jamais eu l'importance de celui des Lundas ; le pouvoir était électif, et le chef
n'était pas omnipotent. Le grand chef des Hollos rend la
justice, et il a sous ses ordres des petits chefs de village.
Les villages des Bambolas sont gouvernés par des chefs
ploutocratiques indépendants, et aucune cohésion n'existe
entre eux, sauf en cas de défense contre les voisins. Le chef
ne tient son autorité que de sa richesse en femmes ou en
esclaves et, à sa mort, celui qui après lui est le plus riche
lui succède (1).

(1) E. TORDAY and T.-H. JOYCE, *Notes on the ethnographie of the Bambalas.* (*Journ.
of anthrop. Institute,* 1905, pp. 399 et 408.)

FAMILLE. — La polygamie existe partout, mais surtout chez les chefs ; Le Mouata-Jamvo avait parfois 600 concubines à côté de ses 4 femmes légitimes (1).

En ce qui concerne le mode d'acquisition de la femme, le seul renseignement général que nous ayons, c'est que partout le futur époux paie une certaine valeur aux parents de la femme. MM. Torday et Joyce nous ont apporté, tout récemment, des renseignements importants sur ce qui concerne les coutumes des Bambolas.

Ceux-ci pratiquent deux sortes de mariages ; suivant l'un, un tout jeune homme jette son dévolu sur une très jeune fille. Lorsque l'âge de l'union est arrivé, la femme n'est pas contrainte d'accepter sa situation, mais si elle se marie avec un autre, celui-ci doit faire un cadeau au premier qui l'avait désignée comme sa femme. Lorsque celle-ci consent à l'union, le mari fait un cadeau aux parents de la femme, au moment où le mariage se réalise. En ce cas, les enfants appartiennent à l'oncle maternel le plus âgé. Les Bambolas connaissent aussi le mariage par achat, alors le prix est payé au père ou à l'oncle maternel et, en ce cas, les enfants appartiennent au père. Si la femme meurt, le prix n'est pas rendu et même le mari doit se soumettre aux ordalies (2).

Nous ignorons les règles prohibant l'inceste. Mais les Mayakkas ne prennent femme que dans leur tribu et la parenté n'est reconnue que jusqu'au deuxième degré. Chez les Bambolas, la parenté est reconnue très loin du côté féminin, mais du côté masculin elle ne l'est pas au delà de l'oncle et du grand-père (3). Les Hollos prennent femme dans un autre village que le leur.

Les Mayakkas déclarent le mari responsable de la mort

(1) POGGE, *Im Reiche des Muata Jamvos*, p. 243.
(2) *Op. cit.*, p. 410.
(3) TORDAY and JOYCE, *Op. city.*, p. 410.

ou de toute fausse couche de la femme. Dans ce dernier cas, l'épouse doit retourner chez ses parents.

Chez les Loundas, les femmes ne sont pas jalousement gardées et, d'après les indications recueillies par Feathermann, l'adultère serait fréquent (1). Chez les Mayakkas, le complice doit au mari une indemnité en chèvres et en fusils, et la femme coupable est souvent punie de mort. Les Hollos punissent l'infidélité en vendant comme esclaves la femme et son complice. Les Babongos tuent quelquefois la femme adultère.

Les Loundas et les Bambolas attachent peu d'importance à la chasteté des jeunes filles et celles-ci prennent toutes les libertés. La prostitution n'existe qu'en ce sens-là.

Sauf chez les Bambolas, nous ne trouvons aucune trace du droit de l'oncle maternel sur les enfants; ceux-ci appartiennent au père dans toute la région du Kwango. Il est, par contre, de règle chez les Bambolas que le beau-père exerce une influence primordiale sur le ménage.

L'héritage passe généralement de père en fils, c'est-à-dire que l'on suit la ligne masculine; exception doit être faite pour les Lundaset pour les Bambolas, où il est de règle que la propriété d'un homme passe à sa mort au fils aîné de sa sœur aînée, ou, à son défaut, au frère aîné. Les veuves ne peuvent pas hériter des biens.

Partout les femmes sont bien traitées.

Le divorce est fréquent parmi les Bambolas. Un homme peut répudier sa femme quand il lui plaît, et elle ne peut ni se remarier ni même avoir des relations avec un homme. Cependant, les femmes se séparent de leur mari en s'enfuyant dans une tribu hostile.

En ce qui concerne l'âge du mariage, Büttner dit que chez les Mayakkas, les femmes sont souvent cédées très jeunes,

(1) Feathermann, *Social History of the races of Mankind*, p. 454.

même avant la puberté (1); les hommes, chez les Hollos, se marient vers 16 ou 17 ans.

Chez cette dernière peuplade, l'enfant abandonné est repris par le grand-père, la grand'mère, le frère ou la sœur; les veuves sont vendues. Par contre, le lévirat existe chez les Bambolas; les veuves peuvent être réclamées par le frère du défunt; sinon, au cas où elles sont des femmes libres, elles retournent auprès de leurs parents et peuvent se remarier (2).

L'avortement se pratique quelquefois.

Les parents interviennent pour la punition des crimes, en ce sens que c'est sur leur plainte qu'on fait subir l'épreuve de la cangue à l'accusé (3). Le rachat des crimes, exception faite pour le parricide et la possession diabolique, est une coutume suivie par les Bambolas.

P. HERMANT.

(1) BUTTNER, *Die Congo Expedition*. (*Mitth. der Afrik. Gesellsch*, 1889, p. 190.)
(2) TORDAY and JOYCE, *Op. cit*, p. 411.
(3) *Le Congo belge*, 1896, p. 68.

ETHNOGRAPHIE CONGOLAISE

LES IMOMAS [1]

Les Imomas appartiennent à la grande famille des Koundous. Ils habitent exclusivement les rives de la haute Lokoro, affluent du lac Léopold II ; c'est-à-dire l'extrémité orientale du district du lac Léopold II. Les montagnes sont habitées par les Lessos, race très différente des autres et sans rapports avec elles.

La région qu'ils habitent est formée de larges ondulations ; le rocher affleure très fréquemment, il est de teinte rougeâtre et probablement ferrugineux. Les fonds sont presque toujours marécageux. Il existe un grand nombre de rivières praticables pour les pirogues, et un nombre très considérable de gros ruisseaux. Les vallées sont généralement inondées durant la saison des pluies.

La Lokoro elle-même est une large rivière, très profonde et au courant rapide. Elle est praticable aux baleinières, mais non aux steamers à cause des rochers.

La plus grande étendue de la région est couverte de forêts de haute futaie et de lianes.

(1) Notre correspondant préférant garder l'anonymat, qu'il nous suffise de certifier que ces renseignements résultent d'observations faites sur les lieux.

AGRICULTURE. — L'agriculture est d'importance relative. Les Bolengos, voisins des Imomas, ne la pratiquent absolument pas. Lorsque les Imomas veulent cultiver une partie du sol, ils incendient, durant la saison sèche, la brousse et les arbres et laissent pourrir ce qui reste pendant la saison des pluies et cela sert d'engrais. Ils n'ont pour outils aratoires que la houe, importée par les Européens et la hache indigène, secteur de fer fixé dans une sorte de massue de bois. Avec cet outil, ils soulèvent la terre et en font des monticules dans lesquels ils piquent le manioc, les patates douces ou le maïs.

Presque tous les travaux, même le défrichement, sont effectués par les femmes. Les plantes cultivées sont : le manioc, les bauanes, les arachides, les patates douces, le tabac et les melons d'eau.

Ils n'accordent que peu de soins à leurs cultures; ils sèment ou plantent, mais ne s'occupent plus de leurs plantations par la suite, si ce n'est pour enlever les jeunes pousses du manioc, afin de renforcer les racines et de piétiner les arachides pour donner plus de surface aux plants. Le terrain est d'ailleurs extrêmement fertile et les pluies abondantes donnent une végétation luxuriante.

Les plantations sont parfois très étendues, et les champs couvrent plusieurs kilomètres. L'élevage n'a qu'une importance minime; on trouve quelques chèvres importées par les Arabes, des poules petites et malingres et des chiens. Les indigènes accordent moins d'attention encore à leurs animaux domestiques qu'à leurs cultures.

CHASSE. — La chasse est par contre — avec la pêche — l'occupation essentielle et procure la plus grande partie de la nourriture animale. Ils chassent l'éléphant, le sanglier, l'antilope, le crocodile, le serpent, le singe et les oiseaux (notamment les perroquets), tous animaux qui leur servent de nourriture. Ils tuent également le léopard. La chasse se pratique en bandes comprenant de vingt à trente individus et les battues durent parfois deux ou trois jours. Le gibier est rabattu vers de grands filets ayant jusque 40 ou 50 mètres de long, où il est tué.

FEMMES IMOMAS.

PÊCHE. — La pêche a également une importance considérable. La femme pêche surtout les crevettes. L'homme se sert pour capturer les gros poissons d'une espèce de harpon double. On se sert aussi, durant la saison sèche, d'une sorte de clayonnage en bambou placé en travers de la rivière et percé d'ouvertures, auxquelles sont fixées des espèces de trappes dans lesquelles le poisson vient se prendre. Durant la saison des pluies, la rivière est trop profonde et trop rapide pour que ce système de pêche puisse être pratiqué.

NOURRITURE. — La cueillette des herbes dans les forêts

est pratiquée, mais elle n'a cependant que peu d'importance.

La principale nourriture des Imomas est le manioc, les
bananes, le poisson et les diverses viandes de chasse.

Le manioc occupe une place à part comme élément nutri-
tif; on en mange les feuilles bouillies et aussi les racines
sous forme de chikwangue : on fait tremper la racine trois ou
quatre jours dans l'eau jusqu'à ce que la pulpe s'en détache,
et le reste forme une espèce de farine que l'on pétrit en pâte.
Un aliment très recherché est la larve d'un certain papillon
noir.

Les Imomas ont des heures fixes pour les repas, mais
ceux-ci sont très fréquents. Presque tous les mets sont cuits,
la viande souvent est fumée, mais cependant on la cuit pour
la préparation des repas. La famille ordinairement mange
ensemble : hommes, femmes et enfants, tous puisent au
même pot. Le foie et les rognons (que l'on considère comme
les meilleurs morceaux) des animaux tués à la chasse sont
réservés aux chefs.

Les Imomas n'ont absolument aucune boisson excitante.
Leur seule boisson est l'eau qu'ils vont puiser au milieu de
la rivière pour l'avoir plus pure.

HABITATIONS. — Les habitations sont construites sur
des élévations en pisé. Elles sont faites en bambou ou en
feuilles, et sont de forme rectangulaire. Elles n'ont qu'une
seule ouverture qui sert de porte et qui, la nuit, se ferme au
moyen d'une cloison en clayonnages. Les chimbèques ne
sont pas subdivisées à l'intérieur. Elles ne servent d'ailleurs
que pour passer la nuit, parfois cependant, en cas de pluie,
on y prend le repas. Elles ne contiennent qu'une natte et
quelques pots.

Presque tous les villages sont situés sur les bords de la

Lokoro, mais à une certaine distance de la rivière à cause des inondations. Les maisons sont situées de pont et d'autre du chemin, à quelque distance les unes des autres. Les champs cultivés se trouvent derrière les maisons. On compte

FEMME IMOMA (VILLAGE LOKOLAMA).

quatorze villages imomas et la distance de l'un à l'autre est d'à peu près un jour de marche. Leur importance est très variable, leur population, pour autant qu'on puisse l'évaluer, varie de 20 à 500 habitants. Les villages les plus importants se forment là où poussent les palmiers dont les noix ont une grande importance dans l'alimentation. Aucun village imoma n'est fortifié.

TECHNOLOGIE. — Le feu s'obtient par le frottement de deux morceaux de bois, l'un sur l'autre; mais d'habitude les riverains de la Lokoro conservent le feu pour ne pas devoir le rallumer, ce qui constitue une opération laborieuse.

Les Imomas travaillent le fer et le cuivre et fondent même ce dernier métal. Ils fabriquent des pointes de lances ou de flèches, des couteaux, etc.

Leurs soufflets de forge se composent d'une tige creuse en terre cuite communiquant avec quatre pots de même matière; ceux-ci sont recouverts d'une feuille de bananier, dont le mouvement, imprimé par des tiges de bambou, chasse l'air dans la tige creuse. Ces soufflets sont manœuvrés à la main. Il arrive que l'appareil tout entier soit taillé dans le bois. Les forges s'installent sous un petit toit de feuilles; l'enclume est une pièce de fer terminée en pointe, qui s'enfonce dans le sol. La pièce de fer chaude est prise dans un morceau de bois fendu.

La profession de forgeron est généralement exercée par les féticheurs, et aussi par des indigènes ambulants, parfois de race batua. Ils sont bien payés, très estimés et même très désirés parfois.

Les pots en terre cuite sont faits à la main et ornementés. Certains vases sont parfois de grandes dimensions.

Les Imomas tissent de belles étoffes, parfois très fines, faites sur un métier primitif.

Leurs armes sont la lance, la flèche (une flèche petite sans pointe de fer et souvent empoisonnée, une autre grande et garnie d'une pointe métallique), le couteau et une sorte de stylet. Anciennement ils avaient des boucliers de bois, actuellement ceux-ci sont extrêmement rares.

COMMERCE. —Les voies de communication sont de simples sentiers créés par le pas des hommes et qui relient les villages. Pour passer les rivières, ils renversent un arbre qui leur sert de pont. En marche, les femmes ont à la fois la charge de leurs enfants et de tous les fardeaux.

Les pirogues sont creusées dans des troncs d'arbres et ont

FEMME BOLENO.

de 5 à 6 mètres de long. Elles sont étroites, et ont les extrémités légèrement relevées. Ils y entrent généralement deux, parfois trois ou quatre, ou même davantage en cas de danger. Ils sont d'ailleurs tous d'excellents nageurs.

Les monnaies sont des mitakkos de cuivre, mais elles sont d'importation européenne. Autrefois, on ne pratiquai que le troc, mais même celui-ci n'avait guère d'importance, attendu que les échanges étaient très peu fréquents ; cependant ils se faisaient entre villages, même de race différente.

Comme mesure de longueur, ils se servent de la brasse, comme mesure de volume, du panier. Ils comptent le temps par lunes. Leur système de numération est décimal.

AUTORITÉ. — Il n'existe pas chez les Imomas de race d'esclaves ni de caste militaire. Tout le monde est soldat en temps de guerre. Le commandement est souvent confié au féticheur.

Autrefois, on se faisait la guerre de village à village aussi bien que de tribu à tribu, on dévalisait l'ennemi et l'on emmenait les femmes, jamais les hommes.

L'autorité du chef est variable et dépend beaucoup de ses qualités personnelles. En général, il ne commande qu'à un seul village, mais parfois, cependant, son autorité s'étend à toute une région. Les Imomas ont un grand chef dont le pouvoir s'exerce sur toute la tribu. Le pouvoir se transmet généralement du père au fils, et on choisit comme héritier, s'il y a plusieurs fils, celui qui a le plus d'influence. Anciennement, le chef exerçait une justice très sommaire, et qui consistait surtout à infliger soit des punitions corporelles, soit la mort.

PROPRIÉTÉ. — Chaque individu a ses biens propres et qui échappent même à la puissance du chef. Chaque famille a sa parcelle de terre qu'elle transmet aux fils.

FAMILLE. — La polygamie est très répandue ; le grand chef des Imomas a certainement deux cents femmes et certains chefs de village approchent de ce chiffre ; cependant, il importe de noter que nous ne sommes pas ici en présence d'un régime bien défini ; certaines d'entre ces femmes occupent un rang prépondérant, en ce sens qu'elles sont les épouses habituelles; d'autres cultivent des terres dans la forêt pour le compte de leur époux, qui leur rend visite de temps en temps. Il ne semble pas exister de rivalité entre femmes d'un même

La Lokoro.

homme. La femme constitue une richesse, et chacun tente d'en avoir autant qu'il peut. D'ailleurs, dans toute la région, le nombre des femmes me paraît être beaucoup plus grand que celui des hommes. Anciennement, les expéditions guerrières entreprises pour enlever des femmes dans d'autres tribus étaient chose assez courante, et en tous cas, lorsqu'une guerre éclatait, les femmes faisaient partie du butin.

Presque toujours, lorsque les enfants sont encore très jeunes, les parents conviennent entre eux de les unir. Les parents du jeune homme envoient des cadeaux à la jeune fille. A la nubilité de celle-ci, le mariage se contracte avec l'autorisation du chef. Le plus souvent le mari vient habiter dans le village de sa femme, ce qui constitue un appoint de force pour le village. D'ailleurs, une femme ne peut pas fuir son village sans le consentement du chef; lorsque le cas se présente, on va la réclamer au village où elle s'est refugiée, et très souvent, anciennement du moins, il s'ensuivait des batailles. Lorsque la femme était reprise, on la mettait à la torture ou bien encore on la battait.

On peut dire que la femme est assez rudement traitée par son époux; les coups et les batailles sont des événements assez courants. Cependant la séparation de l'homme et de la femme est très rare : l'homme n'y a aucun intérêt et pour la femme elle n'est guère aisée; mais lorsqu'elle a lieu, elle se fait sans autre forme de procès; les petits enfants restent auprès de leur mère.

L'affection maternelle est très intense, les enfants jeunes sont très bien traités par leur mère.

En cas d'adultère de la femme, le mari attaque son rival. Si le chef a assez d'autorité, il intervient parfois dans le conflit et punit de la cangue le rival (ceci a disparu sous l'action de l'État indépendant). Quant à la femme coupable, le mari lui inflige une correction corporelle.

Lors de l'enterrement du mari, la femme suit le corps, absolument nue.

Le lévirat n'existe pas, c'est-à-dire que le frère du défunt n'a de ce chef aucun titre de possession sur les femmes. Celles-ci s'unissent à qui leur plaît, mais le plus souvent, durant la maladie de l'époux, surtout si elle est un peu longue, elles ont toutes déjà contracté une liaison avec un autre homme, avec qui d'ordinaire elles se marient.

Généralement, la femme est prise par l'un ou l'autre mâle, dès qu'elle est nubile, mais jamais avant cette époque; il résulte de cette précocité de l'union que la prostitution n'existe pas chez les Imomas.

La réserve entre frères et sœurs est très grande; mais il est difficile de savoir si l'union est interdite entre cousin et cousine.

Dans leur amour, les Imomas sont très peu expansifs en apparence. En tous cas, la plus grande discrétion est apportée en ce qui concerne les relations sexuelles. Le baiser est une manifestation qui leur est inconnue.
Ils manifestent aussi de la pudeur dans l'accomplissement des fonctions naturelles.

La coutume de céder des femmes aux voyageurs existe, semble-t-il; en tous cas, les soldats en louent avec l'autorisation du chef indigène.

Aucune cérémonie n'accompagne la naissance. L'accouchée est aidée ordinairement par une de ses amies. L'enfant, dès sa naissance, est trempé dans un bain d'eau froide. Le nombre des enfants est assez élevé, beaucoup de femmes ont six ou sept enfants, bien que l'avortement soit en usage parmi elles. Un enfant orphelin est souvent repris par le chef, parfois aussi il est entretenu par les collectivités du village.

Presque toujours les Imomas marquent leur joie lorsque le nouveau-né est un garçon; peut-être ne faut-il y voir qu'un certain orgueil paternel.

Un homme malade est soigné avec beaucoup de dévouement par sa ou ses femmes, et le même dévouement existe de la part de l'homme pour la femme malade. Le féticheur, qui est aussi le médecin, intervient dans les cas sérieux. Les remèdes consistent toujours en des herbes et certains d'entre eux sont très efficaces; à noter, entre autres, les remèdes contre la syphilis.

· J'ai vu, parmi les Imomas, un idiot; personne ne s'en inquiétait ni ne s'en moquait et moins encore lui faisait du mal. Parlant de lui, les gens de la tribu se touchaient le front pour indiquer que son esprit était dérangé.

Au point de vue du caractère, on peut dire que la note essentielle est le peu de durée de leurs sentiments; ils n'ont ni l'amitié profonde, ni la haine tenace. Ils se vengent sitôt après l'insulte, sinon ils oublient rapidement l'injure, et la rancune leur est aussi étrangère que le regret.

· Ils rient aisément, leurs rires comme leurs pleurs sont très bruyants. Leurs pleurs sont plutôt des cris, les larmes sont généralement absentes.

· Ils sont d'habitude bienveillants les uns par rapport aux autres, ils s'entr'aident constamment et partagent souvent leurs repas. Leur courage diffère totalement de celui du blanc; ils attaquent rarement de face, mais tentent surtout de surprendre l'ennemi.

CROYANCES RELIGIEUSES. — Ils ont un nombre considérable de fétiches de toute espèce. Ce sont de véritables porte-bonheur. Il apparaît chez eux, comme dans toute la région, des Elima, sorte d'esprits représentés par un objet quelconque et qui se transporte comme message d'une tribu à l'autre. J'en ai vu un qui consistait en deux anneaux de cuivre entrelacés et enveloppés d'étoffe qui avait été apporté chez les Imomas par quatre vieillards étrangers. On lui construisit un chimbèque; on témoignait à cet objet un très grand respect et on lui apportait des cadeaux en nourriture : bananes, manioc, etc.

Le rôle du féticheur est très important, il est d'abord, comme je l'ai dit, le guérisseur attitré, mais surtout il devient le conseiller du chef et exerce très souvent, à ce titre, une influence considérable et presque toujours hostile au banc.

La qualité de féticheur ne s'hérite pas. C'est généralement un individu plus intelligent que les autres, qui a trouvé
ou prétend avoir trouvé un remède; le plus souvent il
paie d'audace.

DANSES ET JEUX. — Les Imomas ont divers types de
danses. Elle se pratiquent au clair de lune. Les membres
d'un village se réunissent et seules les femmes dansent, les
hommes restant spectateurs. Les hommes et les femmes
sont fardés de rouge et de blanc. Ces danses ont un caractère nettement érotique. Les danses sont beaucoup plus
belles à N'Dekessé que chez les Imomas; là, les hommes et
les femmes dansent ensemble, autour d'un homme, porté sur
une espèce de tribune et qui excite les autres par son chant.

L'instrument de musique indigène est le tam-tam; les
soldats ont récemment importé un instrument formé de
lamelles métalliques de longueurs différentes et fixées sur
un socle de bois.

Ils connaissent également la trompe, qui leur sert à faire
des communications de village à village, notamment pour
annoncer l'arrivée du blanc.

Les danses forment également le fond des jeux des
enfants. Cependant les jeunes garçons s'amusent surtout
avec de petits arcs au moyen desquels ils tuent de petits
oiseaux ou des poissons.

PARURES. —· Dès l'enfance, les Imomas ont les dents
limées en pointe. Ils sont tous circoncis et les femmes elles-
mêmes subissent une opération.

Comme ornements, ils se passent parfois un bout de bois
dans les oreilles; ils ont des colliers de perles autour du
cou; les hommes aussi bien que les femmes portent des
colliers de métal autour des bras et des jambes.

Leur vêtement ne consiste qu'en une étroite bande d'étoffe passée entre les jambes et attachée à une ceinture.

Les mœurs des Imomas diffèrent très peu de celles des Bolenos, leurs voisins, qui habitent les affluents de la Lokoro, et nous pourrions presque répéter intégralement pour ceux-ci ce que nous venons de dire des Imomas.

Il n'en est pas de même en ce qui concerne les Batuas, les habitants nomades des forêts. Mais leur caractère sauvage les rend d'une approche difficile et empêche l'observation de leurs coutumes. Ils vivent exclusivement de chasse et parfois ils pratiquent la pêche. L'agriculture leur est totalement étrangère. Leurs huttes faites de branchages sont très petites. Ils vivent en troupes de vingt ou trente individus et sont souvent en guerre avec les tribus avoisinantes; Cependant ils leur vendent quelquefois le produit de leurs chasses. Leurs armes sont la lance et la flèche, pas le bouclier. Le chef semble avoir une autorité considérable et les femmes paraissent mieux traitées que dans les tribus sédentaires.

Leurs danses sont très jolies et très différentes de celles des Imomas et des Bolenos. Les femmes sont parées de feuilles et d'herbes autour de la ceinture et portent des gerbes sur la tête. Les femmes chantent et les hommes les excitent.

Les Batuas sont d'une autre race que les Lessas, les habitants des montagnes, dont nous avons parlé précédemment. Les Batuas sont physiquement une très belle race de haute stature.

REVUES ET LIVRES

Archibald Geikie. — *L'histoire de la géographie de l'Ecosse.* (*Scottish Geographical Magazine,* March 1906).

Avant d'entamer le sujet, l'auteur fait une remarque sur laquelle il n'est pas mauvais d'attirer l'attention.

Dans l'histoire de la croûte terrestre, les seuls faits qui aient laissé des traces appréciables sont les révolutions. Le géologue ne sait rien des périodes de calme qui les ont séparées.

Or, si l'on veut se faire de la stabilité du globe une idée juste, il ne faut pas perdre de vue que le temps qu'il a fallu aux révolutions pour s'accomplir est, souvent et généralement, infiniment plus court que la longue suite de siècles qui sépara deux périodes agitées.

Il existe dans le N.W. de l'Écosse des régions dont l'aspect, le paysage n'a plus changé depuis les temps les plus reculés, et qui peuvent compter parmi les plus anciennes de l'Europe, au point de vue géologique Le sol y est surtout formé de gneiss, roche qui très probablement a servi de substratum à toute la série dont est constitué le sol écossais. On observe encore de nos jours le littoral de cette ancienne terre presque aussi bien qu'à l'époque où la mer l'entourait, et les vallées, creusées dans ce sol antique, datent peut-être d'une époque où aucun être vivant n'existait encore sur le globe.

Cette terre fut submergée, comme en témoigne le puissant ensemble de sédiments, conglomérats et grès que l'on retrouve en certains endroits à la surface du gneiss. Ces conglomérats et ces grès sont surtout caractéristiques près du *Loch Torridon;* aussi les géologues leur ont-ils donné le nom de *série torridonienne.* C'est la seconde masse de roches qui a contribué à l'édification du sol écossais.

Elles formèrent un jour la surface de celui-ci; mais, de leur étendue, et de la durée de cette période, il est impossible de recueillir la moindre notion. Tout ce que l'on sait, c'est que ces sédiments ont subi une profonde érosion, car leur épaisseur est évaluée à plus de 8 000 pieds et, en beaucoup d'endroits où ils ont évidemment existé, on n'en retrouve plus trace.

Presque partout, les couches de la série torridonienne sont restées horizontales; ce n'est toutefois pas la règle générale, car, dans bien des régions, ces couches se montrent plissées et fracturées comme si elles avaient été soumises à une poussée violente, dont la direction serait N.W.-S.E.; dans bien des cas, le gneiss fut entraîné dans le mouvement des couches surincombantes, et même parfois il chevaucha sur les strates cambriennes, de manière à renverser complètement l'ordre normal de stratification. C'est à la suite de cette poussée que se forma une importante chaîne de montagnes, véritables Alpes, qui s'étendait de l'Irlande, à l'ouest, à travers l'Écosse et la Scandinavie vers les terres arctiques. On n'en peut de nos jours que contempler les bases.

La formation de ces Alpes eut pour conséquence l'apparition, tant au sud qu'au nord de la chaîne, de vastes dépressions où vinrent s'accumuler les débris des montagnes environnantes. Ces dépressions n'étaient donc que des lacs en voie de comblement. Il semble que pendant cette période, l'activité volcanique fut grande, à en juger par les traces qu'elle a laissées.

La disparition de ces lacs (époque de l'*old red sandstone*) coïncide avec l'aurore de la période carbonifèrienne, page intéressante de l'histoire de l'Écosse.

La région des Highlands constitue, à cette époque, un pays boisé; les rivières qui le draînent vont déposer leurs sédiments, des sables blancs et des boues grisâtres, dans les eaux peu profondes qui recouvrent tout le nord de l'Angleterre. Au sud des Highlands, ce ne sont donc que lagunes et marais; ceux-ci nourrissent des forêts de végétaux cryptogames. Ces lagunes se terminent insensiblement vers le sud dans une mer limpide et plus profonde. C'est dans cette mer que se forment les bancs épais de calcaire, dus à l'accumulation des débris d'organismes.

La caractéristique de l'époque est l'affaissement général du sol; ce qui forme la surface du sol au commencement de la période gît au déclin de l'âge carbonifère à des profondeurs marines de plusieurs milliers de pieds.

La végétation recule pas à pas devant les eaux envahissantes, les forêts sont submergées tour à tour et vont constituer les couches de houille, actuellement exploitées.

Les âges mésozoïques qui font suite à l'époque carboniférienne n'ont laissé que des documents relativement peu nombreux et dispersés à la surface du territoire écossais. Il n'en est pas moins certain que les mers jurassique et crétacique ont successivement occupé ce pays; mais il serait impossible de reconstituer ce que fut leur littoral. Pendant toute la période secondaire, les forces internes du globe semblent se recueillir pour reprendre toute leur importance au commencement de la période tertiaire; ce fut, pour l'Écosse, la dernière période volcanique.

C'est dans les coulées de basalte, d'âge tertiaire, que sont sculptées les montagnes tabullaires, avec leurs terrasses si caractéristiques de Skye, Eigg, Mull, etc.

La dernière phase de l'évolution de l'Écosse est celle de la période glaciaire. L'Écosse présente déjà l'aspect qu'on lui connaît aujourd'hui; mais les masses de glace ont balayé énergiquement ce sol, entraînant beaucoup des éléments meubles abandonnés par les eaux, à une époque antérieure, polissant partout les roches sur leur passage et les rayant par des cailloux qu'elles tenaient enchâssés. Il en est résulté un paysage spécial et facile à reconnaître. Enfin, en d'autres endroits, là où se produisait la fusion des glaces, on retrouve l'accumulation de tous les débris entraînés par celles-ci et qui constitue le *Glacial Drift*.   A. S.

Frederiek Leslie Ransonne. — *La cause probable du tremblement de terre de San-Francisco*. (*The National Geographic Magazine*, May 1906, Washington.)

L'auteur, attaché au service géologique des États-Unis, n'hésite pas à attribuer les secousses aux nombreuses failles qui découpent le pays tant au nord qu'au sud de San-Francisco.

Les *coast ranges*, ou chaînes côtières qui limitent la dépression californienne du côté de l'océan pacifique, ne cessent d'être ébranlées par des tremblements de terre; aussi l'auteur considère-t-il les *coast ranges* comme étant encore en voie de formation.

L'idée n'est pas neuve. M. de Montessus de Ballore, dans son

ouvrage paru quelques semaines *avant* la catastrophe de San-Francisco, s'exprime comme suit : « Les couches sont beaucoup plus
plissées, disloquées et dérangées dans les *Coast Ranges* qu'au pied
de la *Sierra Nevada,* ce qui explique bien leur plus grande seismicité.
Quant à citer des influences seismogéniques particulières, on ne
trouve guère à signaler, et sous réserves, que les failles découpant
la presqu'île de San-Francisco ; etc.... » (P. 411, F. DE MONTESSUS
DE BALLORE, *Les tremblements deterre. (Géographie seismologique.* Paris,
1906.)   A. S.

BULLETIN DES EXPLORATIONS

Expédition Mikkelsen vers la mer de Beaufort. — Nous avons déjà parlé du but de cette expédition : Reconnaître si aucune terre n'interrompt l'océan arctique entre l'archipel polaire américain et les îles de la Nouvelle-Sibérie (1).

Le plan détaillé de l'exploration est exposé dans une communi-adressée au *Geographical Journal* (mai 1906). M. Mikkelsen comptait partir en mai de Victoria, à bord d'une baleinière, la *Duchesse de Bredford*, et gagner, par le détroit de Behring, l'embouchure du Mackenzie, où il devait être rejoint par les autres membres de l'expédition venus par terre, par la vallée du fleuve. Partant de là vers la fin août, l'explorateur comptait établir un dépôt sur la Terre Prince-Albert, et revenir prendre ses quartiers d'hiver dans la baie de Minto.

Mais un nouveau rapport publié dans le *Geographical Journal* du mois d'octobre nous apprend que cette première partie du programme ne pourra pas être réalisée par suite des difficultés exceptionnelles de la navigation et de l'obligation dans laquelle se trouve l'explorateur de séjourner à Port-Clarence (détroit de Behring). A la date du rapport, 18 août, le cap Barrow n'avait pu encore être doublé.

Ce retard empêchera sans doute M. Mikkelsen d'établir ses quartiers d'hiver sur la côte de la Terre du prince Albert et compromet quelque peu sa campagne projetée pour le printemps prochain. Deux hommes devaient tenter de gagner la Terre Melville et de là la Terre du prince Patrick, en utilisant le dépôt dont nous avons parlé. De là, ils devaient s'avancer le plus loin possible sur

(1) Voir notre *Bulletin*, 1906, n° 1, p. 71.

la glace, dans la direction du N.-O., en opérant des sondages. Pendant ce temps, le navire, dégagé des glaces, devait gagner la côte ouest de la Terre de Banks vers Burnet bay et y établir ses quartiers d'hiver. C'est de ce point que la tentative principale en vue de découvrir éventuellement de nouvelles terres ou de déterminer exactement la configuration du fond de l'océan, devait avoir lieu au cours du printemps 1908.

Expédition Harrison. — Comme nous l'avons déjà noté (1), la solution du problème de la mer de Beaufort est actuellement pour-suivie par plusieurs explorateurs. M. Harrison a envoyé un compte rendu de la première étape de son expédition, daté de l'île Herschel (bouches du Mackenzie, 1er mars) qui nous renseigne sur ses travaux dans le bassin du Mackenzie au cours de l'année 1905. Parti en juillet d'Athabasca, M. Harrison arriva à l'île Herschel en février. Il y rencontra le lieutenant Hansen à bord du *Gjöa*, le capitaine Amundsen s'étant rendu lui-même à Eagle City.

Comme l'explorateur l'espérait, il put gagner, en juillet dernier, l'île Baillie et de là, la côte ouest de la Terre de Banks, qu'il lon-gea jusqu'au cap Kellett. C'est du moins ce que nous apprend un deuxième rapport daté du 26 août. Mais les circonstances ne lui permirent pas d'hiverner sur cette Terre et il a dû s'installer de nouveau près de l'embouchure du Mackenzie. Néanmoins, cette saison n'a pas été infructueuse; M. Harrison a dressé la carte des îles Baillie et Herschel et opéré de nombreux sondages entre ces deux îles découvrant ainsi deux mouillages le long de cette partie de la côte. Il a également observé les mouvements de la glace aux environs de l'île Herschel et est arrivé aux conclusions suivantes : Il existe un courant longeant la côte au N.-E. du cap Barrow qui ren-contre les eaux du Mackenzie un peu au nord de l'île Herschel ; ne trouvant d'issue ni vers le nord ni vers l'est, ce courant est réfléchi suivant une ligne prolongeant celle des courants de la *Jeannette* et du *Fram*. Il est peu probable que l'on puisse découvrir par une course sur la glace les terres inconnues de la mer de Beau-fort, car, plus au nord, la mer semble libre presque tout l'été.

M. Harrison compte entreprendre, au printemps, un voyage sur la glace le long de la côte, vers l'est. Au cours de l'été, les balei-niers le transporteront sur la Terre de Banks. L'explorateur a engagé deux familles d'Esquimaux qui le suivront vers le nord.

(1) Voir notre *Bulletin*, 1906, n° 1, p. 71.

Expédition Wellman. — On a beaucoup parlé d'une tentative projetée par M. Wellman et encouragée par la *National Geographic
Society* américaine. Cet explorateur avait l'intention de gagner le

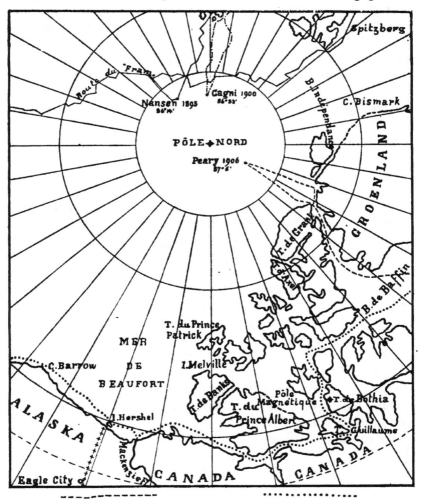

Itinéraire de Peary.   Itinéraire d'Amundsen.

pôle à l'aide d'un aéronef puissant, pouvant se maintenir une vingtaine de jours et voyageant, l'influence du vent étant négligée, à
une vitesse de 17 milles à l'heure. M. Wellman devait partir du
Spitzberg au cours du mois de juillet dernier, mais une imperfec-

tion dans la construction de l'appareil l'obligea à remettre sa tentative à l'an prochain.

Expédition Amundsen. — Le *Gjöa,* qui hiverna, comme nous l'avons dit (1), à l'embouchure du Mackenzie, a achevé heureusement son parcours et a regagné les États-Unis par le détroit de Bering, au cours de l'été dernier. M. Amundsen a donc réussi à accomplir, une fois de plus, d'un bout à l'autre le célèbre passage du N.-O.

Expédition Peary. — Les journaux nous ont annoncé, au cours du mois de novembre, le retour de l'expédition Peary, à bord du *Roosevelt,* dont nous avons parlé à maintes reprises (2).

Des renseignements donnés par les divers messages adressés au *Peary Arctic Club,* nous pouvons, dès à présent, dégager quelques faits précis. Après avoir hiverné (1905-1906) sur la côte de la Terre de Grant, l'explorateur partit vers le nord par la route du cap Colombia. L'expédition comportait plusieurs détachements, dont Peary dirigeait l'avant-garde, afin de faciliter le ravitaillement. Malgré de très grandes difficultés résultant de la présence de nappes d'eau libre, de tempêtes et de la dérive de la glace vers l'est, l'explorateur parvint à la latitude de 87°6′, soit à près de 3 degrés plus au nord que lors de sa dernière tentative dans la même région (1902), battant ainsi le record de Cagni (86°33′), mais encore éloigné du pôle de 324 kilomètres.

Les vivres faisant défaut, les communications avec plusieurs détachements étant rompues, il fallut se décider à battre en retraite. Ce retour fut très pénible et les explorateurs en furent réduits à manger leurs chiens. Ils aboutirent à la côte nord du Groenland et parvinrent à rallier le *Roosevelt.*

Au cours d'une exploration ultérieure, toute la côte septentrionale de la Terre de Grant fut reconnue et une nouvelle terre fut découverte à l'ouest de la Terre Axel Heiberg, par le 100ᵉ degré de longitude O. de Greenwich.

Il semble que l'espoir de Peary au sujet de l'existence d'une terre au nord de la Terre de Grant soit déçu; les messages ne nous renseignent pas, à ce point de vue, sur les sondages effectués. Il est donc nécessaire d'atteindre un supplément d'information.

(1) Voir notre *Bulletin,* 1906, n° 1, p. 71.
(2) Voir notre *Bulletin,* 1905, n° 5, p. 399.

Expédition Erichsen à l'est du Groenland. — Deux expéditions sont parties pour les régions polaires arctiques au cours de l'été dernier.

L'explorateur danois Erichsen, dont nous avons déjà relaté les campagnes précédentes au Groenland, est reparti, le 24 juin dernier, dans le but de reconnaître la partie de la côte orientale de la grande île, encore inconnue, du cap Bismarck ou plutôt (depuis l'expédition du duc d'Orléans), du cap Philippe à Independence-bay. Au cours du printemps 1907, l'expédition fera une tentative vers le pôle et l'année suivante elle traversera le Groenland de l'est à l'ouest.

Expédition du prince de Monaco au Spitzberg. — Le 9 juillet, le prince de Monaco s'est embarqué à Tromsö, à destination du Spitzberg. Il est accompagné du Dr Bruce, l'ancien chef de l'expédition antarctique écossaise, qui compte explorer l'île Prinz Charles Foreland, et du capitaine Isachsen, qui compte relever les glaciers entre la Red bay et la Magdalena-bay.

AFRIQUE

Voyage de M. Gautier à travers le Sahara. — Dans le numéro de janvier 1906 de *La Géographie*, M. Gautier publie un compte rendu de son voyage d'étude du Touat au Niger, entrepris en 1905.

Accompagné de son collaborateur, M. Chudeau, et d'un seul guide, l'explorateur a pu traverser le Sahara sans être inquiété alors qu'il y a quelques années, la mission Foureau-Lamy rencontra de considérables difficultés. La soumission et la pacification des régions traversées est due en partie aux efforts du colonel Laperrine et à l'organisation de compagnies de méharristes.

M. Gautier avait l'intention d'explorer le désert d'Iguidi et la région de l'ouest saharien et il fit plusieurs tentatives pour renouveler l'exploit du capitaine Fly Sainte-Marie, mais il ne put réussir faute de guides et par suite d'obstacles créés par la situation actuelle de la question marocaine.

C'est alors qu'il résolut de prendre la route du Niger à travers le Tanezrouft. Parti le 15 mai de Taourirt (sud du Touat), le voyageur atteignit Gao le 3 août, mais, si l'on déduit les haltes prolongées et les détours, on peut réduire la durée de ce trajet à 6 semaines. M. Chudeau s'était séparé de son collaborateur au sud du Tanezrouft, pour se livrer à une exploration géologique de l'Hoggar.

Outre les levés de l'itinéraire suivi en pays neuf, M. Gautier a rapporté de son voyage une grande quantité d'armes et d'outils préhistoriques provenant de fouilles exécutées dans les tombeaux sahariens, de nombreuses notes géologiques pouvant servir à une carte géologique provisoire du Sahara touareg.

Toutes ces observations le conduisent à conclure qu'à l'époque quartenaire, le Sahara se trouvait dans la situation du Soudan, et qu'il s'est déplacé vers le nord.

Au point de vue de l'avenir de la région, les considérations qu'il émet peuvent se résumer comme suit : le Sahara ne constitue pas un obstacle aussi considérable qu'on l'a cru jusqu'ici, par suite de la disposition du chapelet d'oasis qui jalonnent la route transsaharienne; le désert proprement dit se limite aux 5oo kilomètres du Tanezrouft, encore cette région ne présente-t-elle d'obstacles sérieux qu'en été. En revanche, si on le considère en lui-même, le Sahara est dénué de ressources. Pratiquement, M. Gautier semble partisan de la création du télégraphe transsaharien sans préconiser celle du chemin de fer transsaharien.

Exploration de M. Weld Blundell dans le bassin du Nil Bleu (Abyssinie). — Dès 1898, M. Blundell avait reconnu une erreur dans le tracé du cours supérieur de l'Abai ou Nil Bleu. Le coude que décrit le fleuve, lorsqu'il modifie sa direction E.-O., pour couler vers le nord, se trouvait indiqué à une latitude beaucoup trop septentrionale, coïncidant approximativement avec le confluent du Dabus, alors qu'en réalité il se trouve à 25 milles plus au sud, au confluent de la Didesa. Mais l'explorateur anglais n'avait pu faire le détour nécessaire pour vérifier la chose de près et pour suivre la vallée du fleuve dans la portion où elle était encore imparfaitement connue. Ce n'est qu'en 1905 qu'il put mettre ce projet à exécution. Le *Geographical Journal* de juin 1906 publie un compte-rendu détaillé de son exploration.

M. Blundell partit en janvier 1905 d'Adis Abeba et suivit la vallée du fleuve de 37° 5o' longitude est à 35°, par un itinéraire très accidenté se maintenant presque constamment sur les montagnes de la rive méridionale. Son rapport renferme de nombreuses notes intéressantes concernant l'histoire, la géographie et l'ethnographie de l'Abyssinie, ainsi que sur les lavages d'or de la rivière Dabus, auxquels travaillent plus de 2 ooo indigènes.

Exploration du Dr Frobenius dans le bassin du Congo. — Au cours de ces deux dernières années, un ethnologue allemand, le Dr Frobenius a poursuivi, dans le bassin du Congo, une série de recherches importantes. Les résultats en ont été publiés dans la *Zeitschrift der Gesellschaft für Erdkunde sur Berlin,* 1905 et 1906. L'explorateur ayant actuellement terminé ses travaux, il convient de résumer brièvement les résultats obtenus.

Il faut mentionner, en premier lieu, sa reconnaissance du Kasai moyen dans la région des chutes de Pogge et de Wissmann, encore imparfaitement connue, et sa découverte d'une nouvelle chute très considérable à laquelle il donna le nom de son compagnon Hans Martin Lemme. Depuis 1888, de grands changements se sont produits dans l'aspect des chutes ; celle de Wissmann est complètement détruite et réduite à un monceau de débris. Mêmes modifications dans la distribution des forêts, au nord des rapides et des savanes, au sud. Ces modifications ont exercé un contrecoup sur la répartition des populations. Une série d'invasions venant du sud tendent à substituer à l'ancienne race baluba, une race plus jeune et plus vigoureuse : celle des Kiokwés.

Un deuxième rapport renferme la relation d'une reconnaissance sur les deux rives du Sankourou ou Loubilach, au S.E. de Loulouabourg, déjà explorées par Wissmann, Le Marinel et d'autres. Cette zone se trouve à la limite du plateau de l'Afrique australe et du bassin forestier de l'Afrique centrale. Le Dr Frobenius y découvrit des traces de l'existence des Mundeketes qui sont mentionnées dans les documents portugais du xvie siècle. D'après les légendes indigènes, les Balubas occupaient le pays à cette époque et le Dr Frobenius en conclut que la disparition des races betchouanas (auxquelles appartiennent les Balubas) doit s'être produite avant le xvie siècle.

La dernière partie de son voyage fut consacrée à compléter l'exploration du Sankourou. Le régime de ce cours d'eau subit l'influence des diverses zones qu'il traverse. En plateau, l'alternance des rives hautes et basses se manifeste partout ; à Batempa la rivière entre en plaine ; elle est bientôt obstruée par des bancs de sable qui rendent la navigation pénible durant la saison sèche. Le Dr Frobenius a spécialement étudié les Bassongo-Minos du bas Sankourou. Il les considère comme appartenant au même groupe que toute une série de tribus occupant la combe du Congo ; il a relevé des identités de langue, de forme d'arcs, de boucliers et d'autres ustensiles.

Expédition du duc des Abruzzes au Ruwenzori. — Les journaux nous ont appris le retour récent du duc des Abruzzes en Europe. Ce n'est plus, cette fois, les régions polaires qu'il avait pris comme but de son expédition, mais ce massif du Ruwenzori situé à la limite de l'État Indépendant du Congo et dont la topographie compliquée était loin d'être complètement connue.

Partis de Naples en avril 1906, le duc et ses compagnons, parmi lesquels le commandant Cagni, atteignirent Entebbé un mois plus tard par la voie Mombas-Port Florence, et gagnèrent de là Fort Fortal, au pied de la chaîne montagneuse. En quelques semaines, les membres de l'expédition italienne firent l'ascension des principaux sommets, construisirent une carte du massif et déterminèrent la situation de la ligne de partage des eaux.

Les six massifs composant la chaîne sont séparés par des cols de 4 000 mètres d'altitude environ et s'élèvent à des hauteurs variant de 5 000 à 5 125 mètres (pointe Marguerite).

L'expédition italienne a rencontré la mission anglaise envoyée par le *British Museum* pour étudier les caractères naturels de cette même région.

Missions Lancrenon et Lenfant dans le bassin du Tchad. — Nulle part peut-être le développement de la colonisation n'est aussi intimement lié à l'ouverture de voies d'accès que dans le bassin du Tchad. Aussi les Français s'efforcent-ils de découvrir une route rapide et aisée qui leur permette d'étendre leur influence dans cette région.

On se souvient du succès du commandant Lenfant découvrant un passage navigable entre les sources de la Bénoué et celles du Logone par les marais du Toubouri. Aujourd'hui, la question qu'il importe de résoudre, c'est de rattacher la Haute Sangha au Logone en se maintenant, cette fois, en territoire français. Ainsi les postes du Tchad deviendraient une dépendance du Congo français.

Le lieutenant Lancrenon vient de réussir à rattacher Carnot (Sangha) à Laï (Logone) par un itinéraire parcourant une région encore inconnue.

Une nouvelle expédition, sous les ordres du commandant Lenfant, a été envoyée en Afrique dans ce même but par la *Société de*

Géographie de Paris. Elle a quitté la France à destination de Brazzaville le 25 août.

Mission scientifique sur le Haut-Oubangi. — Enfin, une dernière mission, dirigée par le sergent-major Martin, a quitté la France, en octobre dernier, dans le but d'étudier la distribution et les caractères de la maladie du sommeil plus spécialement dans la région du Haut Oubangi. Elle est également patronnée par la *Société de Géographie de Paris* et par l'*Institut Pasteur*.

ASIE.

Le Dʳ Sven Hedin en Perse. — On se souvient que, dès la fin de 1905, le grand explorateur était reparti pour l'Asie centrale. Son plan était de traverser rapidement l'Arménie, la Perse, le Beloutchistan, et de pénétrer au Thibet par l'Inde. C'est dans le grand plateau central que le travail scientifique proprement dit devait commencer.

Mais une lettre, datée du 14 avril 1906 et publiée dans le *Geographical Journal* (juin), nous apprend que Sven Hedin a consacré beaucoup plus de temps et de soins à la première partie de son voyage qu'il ne comptait le faire. C'est ainsi qu'il a mis trois mois et demi pour se rendre de Téhéran au Seistan, travaillant jusqu'à 16 heures par jour, rédigeant 1 200 pages de notes, cartographiant la route suivie, apportant des corrections importantes à nos cartes de l'intérieur de la Perse. Malgré ce travail considérable, Sven Hedin eut l'impression de laisser derrière lui une œuvre inachevée; mais la chaleur l'obligea de quitter les déserts avant l'été.

Son itinéraire, partant de Téhéran, passe par Veramin, longe la « rive » occidentale du Kevir, désert salin, jusque Jandak, où, laissant derrière lui son escorte, Sven Hedin traversa, avec deux compagnons, le grand Kevir et atteignit au nord Turut; puis il revint vers le sud à Chur, visita l'oasis de Tabas (Tebbes?), traversa le désert de Bahab-ad et aboutit à Naibend. La sécheresse l'empêcha de traverser le désert de Leit, comme il en avait le désir et il dut faire le détour par Neh (ou Nikh) pour gagner Nasretabald.

D'après les dernières nouvelles, le Dʳ Sven Hedin, n'ayant pu pénétrer dans le Thibet par l'Inde, y serait entré par le Turkestan, aurait exploré le district de Yechil-Koul, traversé en diagonale tout le Thibet occidental découvrant ainsi 1 346 kilomètres de pays inconnu. La dernièñe dépêche, parvenue dans l'Inde par la voie de Gyangtsé, était datée d'Ugangtso.

Le Dr Stein en Asie centrale. — Le Dr Stein, l'archéologue-géographe qui s'est distingué récemment par ses découvertes dans la région de Khotan (Turkestan chinois), est reparti, au printemps dernier, pour l'Asie centrale Il comptait gagner le Turkestan par l'Inde, le Tchitral et le plateau de Pamir, et compléter ses recherches sur la lisière méridionale du désert, en étendant ses explorations vers l'est jusqu'aux confins de la Chine. Il est accompagné d'un topographe attaché au gouvernement de l'Inde.

Une lettre, datée de Sachad (Wakhanl), annonce que le Dr Stein a réussi, malgré la neige, à franchir les passes qui séparent le Tchitral de la haute vallée afghane. Elle mentionne également les principaux résultats obtenus jusqu'à présent par l'explorateur : identifications d'itinéraires mentionnés dans les anciennes chroniques chinoises, observations linguistiques et anthropométriques sur les indigènes du Tchitral, etc.

Voyage du Dr Tafel en Chine et au Thibet. — Depuis deux ans environ, le Dr Tafel voyage au N.O. de la Chine. Il envoie à la *Société de Géographie de Berlin* une série de lettres intéressantes fournissant des renseignements sur ses travaux.

Un rapport, daté de février dernier à Si-Ning (Kuku-Nor), rend compte de son voyage depuis Kweiwacheng (boucle du Hoangho). Selon le voyageur, des travaux d'irrigation pourraient transformer complètement toute cette région actuellement aride. Il gagna de là Pautu, sur le Hoang-ho, et s'engagea dans la région des Ordos. Dans tout le pays, les Mongols sont de plus en plus supplantés par les Chinois qui sont déjà actuellement en majorité. La grande muraille fut franchie à Yulin et le Hoang-ho rejoint à Chungwei. Le Dr Tafel ne put le remonter jusque Lan, par suite de la présence de gorges encaissées.

La population du Kansou est très clairsemée, elle ne dépasserait pas deux à trois millions, chiffre bien inférieur aux précédentes évaluations.

De Lan, le voyageur voulut se diriger vers le Kuku-Nor, mais sa caravane fut pillée par les Thibétains et il fut obligé de battre en retraite.

Un deuxième rapport est daté du 17 avril. Le Dr Stein s'est déguisé en marchand de Kachgar et a pénétré au Thibet Il n'a pu obtenir des autorités une indemnité pour le vol dont il a été victime.

M. et Mme Workman au Kachmir. — Continuant leurs ascensions dans l'Himalaya, M. et Mme Workman viennent de réussir à explorer le massif de Nun-Kun qui s'étend au sud de Suru (sur un affluent méridional du Haut-Indus). Cette exploration a duré trois mois environ. Le sommet le plus élevé est de 23 264 pieds D'importantes corrections ont été apportées aux cartes existantes.

AMÉRIQUE.

Voyage du Dr Koch en Amazonie. — La *Zeitschrift der Gesellschaft für Erdkunde zur Berlin* publie, dans son n° 2, 1905, un compte rendu détaillé des études poursuivies par le Dr Koch dans le bassin de l'Amazone. Quoique ces recherches aient un caractère plutôt ethnographique, la nature imparfaitement connue de la région étudiée leur donne un intérêt plus général.

Après avoir remonté le rio Negro, le Dr Koch établit son quartier général à San-Felippe, en aval du confluent de l'Isanna. Au cours d'un premier voyage, il put constater, en remontant l'Isanna et son affluent l'Aiari, que le bassin de cette rivière n'était séparé de celui de l'Uaupes (tributaire plus méridional de l'Amazone) que par un seuil peu élevé franchi en moins de quatre heures. Ce rapprochement des divers bassins et cette incertitude des soi-disant « crêtes de partage des eaux » est d'ailleurs fréquente dans la région : c'est ainsi que la Tikie, tributaire occidental de l'Uanpes, n'est séparée du bassin de l'Yapura que par une distance franchie en moins d'une heure.

Au cours d'un deuxième voyage, le voyageur descendit le Rio-Negro jusqu'au confluent du Curicuriari et ascensionna la montagne du même nom. Il réunit de nombreux documents ethnographiques : plusieurs tribus rencontrées n'avaient jamais reçu la visite d'un blanc.

Durant un troisième voyage, le Dr Koch remonta l'Uanpes au delà des chutes Jurupari atteintes par Stradelli, en 1881, jusqu'à un poste de Colombiens récolteurs de caoutchouc, situé sur son cours supérieur. Cette région est complètement inhabitée.

Le Dr Koch ajoute au compte rendu de son exploration une esquisse ethnographique des régions étudiées. Son étude sur les danses est particulièrement remarquable.   E. C.

CHRONIQUE GÉOGRAPHIQUE

ASIE.

Le Japon, l'Amérique et l'Orient (National Géogr. Magaz., septembre 1906.)

M. Eki Hioki, le chargé d'affaires du Japon aux Etats-Unis en 1905-1906, vient de publier un article sur le rôle que le Japon est appelé à jouer en Orient à la suite des brillants succès remportés sur la Russie. Il s'attache principalement à réfuter les opinions défavorables émises sur le Japon à la suite de ses victoires. Il nous fait encore connaître l'importance du marché oriental pour les puissances européennes et particulièrement pour les Etats Unis, qu'il voudrait voir contracter une alliance commerciale avec son pays. Cette alliance serait extrêmement favorable aux deux nations, qui feraient de l'Orient, mais à leur profit, une forteresse commerciale inexpugnable.

Cette étude, très intéressante de M. Hioki est écrite dans un style fort imagé :

Bien des conjectures, plus fausses les unes que les autres, ont été formées relativement à la politique future du Japon. Les uns prêchent la doctrine du péril jaune, les autres discutent l'ambition du Japon, d'autres encore craignent les desseins japonais sur les Philippines. La puissance déployée par le Japon pendant la dernière guerre a surpris, sans doute, le monde, *mais cette surprise du monde a plus encore surpris le Japon.*

Le Japon adoptera-t-il la doctrine de Monroë pour l'Asie? Ne dominera-t-il pas la Chine? Ne vaincra-t-il pas les Américains sur le terrain industriel et commercial? Ne va-t-il pas monopoliser les marchés de la Chine et en éliminer les produits américains? Le boudhisme n'entrera-t-il pas en lutte avec le christianisme? Les

700 000 soldats japonais, actuellement en Mandchourie, ne vont-ils pas, après leur licenciement, inonder la côte occidentale des Etats-Unis avec l'immigration japonaise ? Telles sont les questions constamment posées.

On semble vouloir attribuer au Japon une puissance sans limites en Orient. Cette opinion, ajoute Hioki, je le confesse bien à regret, est loin de répondre à la réalité.

La doctrine du péril jaune, qui avait autrefois de nombreux adhérents, perd de jour en jour du crédit. Le Japon ne peut davantage songer à vouloir s'annexer les Philippines, car ce serait compromettre les nombreux avantages acquis par la dernière guerre, avantages dont l'avenir fera de plus en plus saisir toute l'importance. D'ailleurs, pour exécuter les desseins qu'on lui attribue si volontiers, le Japon devrait se lancer dans une lutte bien plus formidable que celle qui vient de se terminer, contre une nation dont il a reçu un appui à la fois moral et financier à l'époque la plus critique de son histoire. L'acquisition des Philippines ne compenserait d'ailleurs pas le sacrifice de l'amitié des Etats-Unis, ni les pertes énormes d'hommes et d'argent qu'une telle lutte entraînerait inévitablement. Le Japon n'est pas en état de soutenir une guerre aussi coûteuse, sinon pour sa propre défense.

D'autre part, la situation en Orient est bien plus compliquée qu'on se le figure généralement. Pendant les vingt-cinq dernières années, de grands événements se sont déroulés en Orient. La destinée de cette partie du monde est maintenant aux mains du Japon, de la Grande-Bretagne, des Etats-Unis, de la Russie, de l'Allemagne et de la France. La Chine, avec sa population nombreuse, son vaste territoire, n'a pas encore pris rang parmi ces puissances. Si l'on examine de près les relations délicates et compliquées que nécessitent les intérêts des puissances en Orient, on comprend quel prix le Japon doit attacher à ses bonnes relations avec les Etats-Unis, autant pour ses avantages personnels que pour le maintien de la paix.

Le prestige croissant du Japon a soulevé la question de l'influence que cette nation veut exercer en Chine. On l'accuse de vouloir dominer dans l'Empire du Milieu et de vouloir pratiquer à son profit en Orient la doctrine de Monroë. Le Japon s'est, au contraire, entendu avec la Grande-Bretagne pour le maintien de l'intégrité et de l'indépendance de la Chine. Pour assurer en

·Chine les mêmes avantages industriels et commerciaux à toutes
les nations, le Japon s'est empressé de prêter son concours aux
Etats-Unis, afin de rendre effective la politique de la *porte ouverte*
proposée par John Hay. Pendant la guerre, un nouveau traité d'alliance fut conclu entre le Japon et la Grande Bretagne. L'un des
principaux buts de cette alliance est « la préservation des intérêts communs à toutes les puissances en Chine, en assurant l'indépendance et l'intégrité de l'Empire et en accordant à toutes les
nations les mêmes avantages industriels et commerciaux. »

La Chine est sortie difficilement de sa longue torpeur. Les nombreuses humiliations que lui infligèrent les puissances occidentales
et le Japon semblent n'avoir eu d'autre effet que celui d'augmenter
son aversion pour la civilisation de l'Occident. Il a fallu pour l'émou-
voir la cession de Kiao-Tcheou à l'Allemagne, celle de Port-Arthur et
de Talien-Wan à la Russie, l'abandon de Weï-haï-Weï à la Grande-
Bretagne, l'extension de la concession de Kowlung et enfin l'acquisition par la France de la baie de Kwangtchou.

C'était trop, même pour les Chinois si pacifiques et si patients.
Les troubles xénophobes de 1900 éclatèrent avec violence. Les
troupes régulières chinoises assiégèrent les légations étrangères qui
furent pendant trois mois isolées du monde. Puis survint l'invasion des troupes étrangères, leur marche triomphale à travers la
ville de Pékin et les palais impériaux, qui furent pillés et détruits.
Les puissances tinrent une conférence, et le fameux protocole de
Pékin fut signé le 7 septembre 1901. Une énorme indemnité était
imposée à la Chine et presque en face du palais impérial, la vraie
demeure du Grand Fils d'Acoru, souverain régnant de la Chine,
s'éleva une solide fortification appelée « le Quartier des Légations ». La leçon était terrible; mais cette fois elle fut profitable.
Pour la première fois, la Chine fut réellement soumise à des
influences étrangères. Aussi des décrets de réformes furent-ils
publiés l'un après l'autre. Des étudiants furent envoyés à l'étranger pour acquérir les connaissances occidentales. La majorité des
hauts fonctionnaires, tant civils que militaires, se montrèrent favorables aux réformes (1).

La Chine suivit avec le plus grand intérêt les phases de la lutte
vraiment gigantesque soutenue par le Japon contre la Russie.

(1) C -C. MANIFOLD. « Les provinces du Yang-tse-Kiang supérieur et leur
voies de communications dans *Geographical Journal*, vol. XXV » pp. 589-620.

Lorsque en 1904, l'expédition Manifold arriva à Lao-ho-ku sur le Han, un affluent du Yang-tsé-Kiang, la population ne cachait nullement la profonde satisfaction qu'elle éprouvait des victoires japonaises. Aussi les autorités locales affichaient- elles des proclamations engageant tous les sujets de l'Empereur à observer la plus grande circonspection envers les étrangers. Toute insulte envers un missionnaire ou un étranger était sévèrement punie (1).

Un grand nombre d'étudiants chinois sont à présent au Japon. Les institutions japonaises sont copiées, les livres japonais traduits, des professeurs japonais engagés chez les Chinois. Ceux-ci érigent même dans les villes importantes des bâtiments pour y enseigner les sciences occidentales (2). L'influence japonaise semble se répandre rapidement. Il est inexact cependant, d'après M Hioki, de l'appeler influence japonaise : en vérité, c'est l'influence occidentale.

Le stade actuel de transformation chinoise sera bientôt passé. Le stade suivant consistera dans l'envoi en Europe et en Amérique d'un nombre toujours croissant d'étudiants, la construction de chemins de fer, l'amélioration des communications par eau, l'introduction des machines, le développement du christianisme et l'accroissement des moyens de production et d'achat. Quand la Chine développera son industrie comme le fait aujourd'hui le Japon, le commerce mondial s'accroîtra dans des proportions réellement considérables et toutes les puissances en retireront naturellement de grands profits

La Chine ne veut apprendre du Japon que les méthodes occidentales. S'il est aujourd'hui mieux placé pour exercer une influence civilisatrice sur la Chine, il est en droit de compter sur l'appui des autres nations. On a exprimé à maintes reprises la crainte que la Chine, initiée aux méthodes occidentales, ne s'en serve contre les Occidentaux. D'après Hioki, cette crainte n'est pas fondée; le développement des moyens de communications permettrait aux nations de se liguer pour la défense des intérêts communs.

La dernière guerre avec la Russie a élevé la dette nationale du Japon à 4 800 millions de francs dont l'intérêt seul exige environ 250 millions annuellement. Aussi le Japon doit-il consacrer toute son énergie à son développement industriel et commercial.

(1) Ibid. — (2) Ibid.

Beaucoup s'imaginent, et bien à tort, que la concurrence japonaise éliminera des marchés de l'Orient les produits américains par suite du bas prix de la main-d'œuvre. Ceux-là semblent perdre de vue que les trois facteurs essentiels de l'industrie sont : le travail, les capitaux et le matériel. En notre époque de machinerie, l'importance du travail est devenue comparativement minime. Le Japon a le travail, mais les avantages des Etats-Unis dans les deux autres facteurs sont incomparablement plus grands. D'ailleurs, le prix de la main-d'œuvre au Japon ne diminue pas. Il doubla après la guerre sino-japonaise, et la guerre avec la Russie doit certainement l'avoir augmenté encore.

En dépit de tous ces désavantages, le Japon doit développer son industrie et son commerce car il y va de son existence. Néanmoins, le Japon est partisan convaincu de la politique « de la porte ouverte ». Il ne recherche pas les avantages malhonnêtes, mais il entrera dans une alliance ou une rivalité commerciale avec n'importe quelle nation. Le champ d'activité commerciale et industrielle du Japon s'est immensément étendu depuis la dernière guerre; l'occasion semble donc favorable pour une alliance commerciale avec l'Amérique. La main-d'œuvre à bon marché et la connaissance supérieure des usages orientaux par les Japonais, combinées avec les capitaux et le matériel inépuisable des Américains, voilà des éléments puissants qui permettront aux deux nations de bâtir, en Orient, une forteresse commerciale inexpugnable, capable de défier la rivalité du monde entier.

L'immigration japonaise aux États-Unis, loin de prendre des proportions inquiétantes, diminuera considérablement à la suite de la guerre. Tous les hommes de l'armée de Mandchourie ont été enlevés à la profession qu'ils exerçaient. Tous ceux qui reviendront indemnes n'auront qu'à se remettre à leur travail. Si l'on tient compte des pertes d'hommes énormes subies à la guerre, et de ceux qui trouveront des occupations en Corée et en Mandchourie, on peut affirmer que les Japonais penseront moins à se fixer en Amérique. Le dernier point traité dans le travail de M. Hioki, c'est l'*Avenir de l'Orient*.

L'Orient, qui compte plus de la moitié de la population et plus du tiers de la superficie des terres du globe, a un commerce annuel équivalant à un peu plus du septième du commerce total du monde. Le commerce extérieur du Japon, qui s'élevait à 290 millions en 1880, atteignait 1 500 millions en 1903. Le commerce extérieur de la Chine, qui s'élevait à 1 100 millions en 1880, atteignait 1 800 millions en 1903 : c'est bien peu de chose eu égard à sa superficie et à sa population. Si le commerce extérieur de la Chine avait l'importance de celui de l'Occident, soit 135 francs par tête, il atteindrait le chiffre énorme de 54 milliards de francs, soit la moitié du commerce actuel du monde.

Les importations européennes en Chine, au Japon et en Australie s'accrurent de 225 millions de francs pendant la période de 1890-1903, soit une augmentation de 22 p. c. Pendant la même période, les importations des États-Unis seuls s'accrurent de 245 millions de francs, soit plus que celles de l'Europe entière, et soit une augmentation de 160 p. c. L'avenir se présente sous des perspectives plus brillantes encore pour le commerce américain.

Les relations commerciales entre le Japon et les États-Unis sont très satisfaisantes. En 1898, le Japon a vendu aux États-Unis pour 115 millions de francs, et il leur acheta pour 100 millions environ. En 1902, il leur vendit pour 200 millions et il leur acheta pour 120 millions. La balance commerciale fut donc toujours en faveur du Japon, mais les États-Unis font de rapides progrès. En 1881, les importations des États-Unis formaient moins de 6 p. c. des importations totales japonaises, contre 18 p. c. environ en 1902.

Les statistiques relatives au commerce extérieur du Japon, pendant le premier semestre de 1905, sont suggestives. Les importations japonaises se sont accrues durant cette période de 56.9 p. c. sur les importations de l'époque correspondante en 1904, dont 22.4 p. c. reviennent aux États-Unis. Les exportations japonaises accusent pour la même période un accroissement relativement insignifiant, soit 4 p. c. seulement (1). Cette augmentation extraordinaire des importations est due à la guerre, qui a prouvé que les États Unis sont plus en état que d'autres nations de fournir à l'Orient de la farine, de la viande, des articles manufacturés en fer et en acier, etc.

En terminant, M. Hioki insiste encore sur le brillant avenir réservé à l'Orient, où la paix est garantie par l'alliance anglo-japonaise, où la liberté commerciale est assurée par l'entente des

(1) *Japan and the United States* dans *National Geographic Magazine,* vol. 16, 1905

trois grandes puissances du Pacifique, la Grande-Bretagne, les États-Unis et le Japon (1).

F. PASTEYNS.

AMÉRIQUE.

BRÉSIL. — *L'État de l'Amazone.* — L'État de l'Amazone, avec une superficie de 1 897 020 kilomètres carrés, occupe le cinquième des États-Unis du Brésil Traversé par l'équateur, arrosé par le plus grand fleuve du globe, l'État de l'Amazone est borné par la Guyane anglaise, le Venézuela et la Colombie, au sud par la Bolivie et l'État de Matto-Grosso, à l'est par le Para et la Guyane hollandaise, et à l'ouest par l'Équateur et le Pérou. Cet immense territoire est en grande partie plat. Quelques chaînes de collines seulement le traversent, notamment au nord où s'étend une chaîne longue de 2 090 kilomètres. La plus grande largeur du fleuve dans l'État de l'Amazone est d'environ 5 kilomètres. A son embouchure, elle est de 200 kilomètres. Les plus grandes profondeurs sont de 120 mètres ; celles de 20 à 40 mètres ne sont cependant pas rares. Le fleuve reçoit un grand nombre d'affluents importants : le Javary (945 kilomètres), le Jutahy (650 kilomètres), le Jurua (2 000 kilomètres), le Purus (3 650 kilomètres), le Madeira (3 425 kilomètres), le Putumajo (1 645 kilomètres), le Japura (2 400 kilomètres), le Rio-Negro (1 700 kilomètres) et beaucoup d'autres encore dont la longueur peut nous donner une idée du colossal débit de l'Amazone.

Les nombreuses îles formées par ces cours d'eau varient aussi rapidement qu'elles se sont formées. Mais quelques-unes, les plus grandes, telles que Ilha grande, Uricurituba, etc., existent depuis plus de quarante ans.

En dehors de la capitale Manaos, au confluent du Rio-Negro et de l'Amazone, nous devons encore citer Staevatiara, Silverio-Nery, Urucurituba, Silver, Urucara, Barreirinha, Manes, Parintins, Manacapuru, Teffe, Humaysha, Saint-Antonio-Labrea, Barcellos.

A quelques degrés au sud de l'équateur, à l'embouchure du Rio-Negro, est située la ville de Jasi.

(1) Voir encore pour l'importance économique de la Chine : *Recent exploration and economic development in Central and Western China,* by lieutenant-colonel MANIFOLD, dans *Geographical Journal,* 1904, vol. 23.

Pendant l'été, le vent souffle du N.-E. et de l'est vers le S.-E. amenant l'humidité de l'océan qui tempère le climat du bassin du fleuve.

Les forêts vierges, dont la richesse en bois de toutes espèces nous est connue, produisent beaucoup d'oxygène, par suite de la grande chaleur solaire, et absorbent l'acide carbonique. Sous l'influence de la chaleur, le terrain marécageux dégage beaucoup de vapeurs.

A Manaos, il n'y a que deux saisons, l'hiver ou la saison des pluies, l'été ou la saison sèche. La pluie commence en décembre et dure généralement jusqu'en mai ; la saison sèche dure de juin à novembre.

Un facteur climatérique important, c'est la pression atmosphérique. Les variations barométriques ne dépassent pas à Manaos 10 millimètres. Le matin et la nuit il fait relativement frais. A Manaos, la température est souvent très élevée, mais néanmoins, on ne souffre pas trop de la chaleur. Les nuits sans éclairs sont rares ; les vrais orages sont des plus violents, mais de courte durée. Une demi-heure suffit pour que la ville paraisse traversée par des fleuves.

Lorsque les Portugais colonisèrent l'Amazone, ils y trouvèrent une race plutôt en-dessous de la moyenne, au teint cuivré, au nez plat, aux extrémités relativement longues, aux cheveux noirs, épais et lisses, aux lèvres fortes, aux dents petites et blanches. On les nommait Indiens. La population actuelle de l'État de l'Amazone (principalement de Manaos) provient d'un croisement d'indigènes et de Portugais, désigné sous le nom de Mamelouks. On y trouve aussi des descendants de nègres africains, importés comme esclaves, et nommés « Mesticos ». Les croisements les plus fréquents sont :

Blancs et Indiens == Mamelouks.
Blancs et Nègres == Mesticos.
Indiens et Nègres == Cafusos.
Blancs et Mamelouks == Mamelouks-Indiens.

La capitale Manaos, qui fut fondée en 1669, par Francisco da Motto Folcao, et n'était à l'origine qu'une fortification située sur un banc de sable du Rio-Negro, réunissait les tribus des Banibas, des Bares, des Panes et des Manaos. Des Brésiliens des autres États, surtout de Cerea, augmentèrent bientôt le contingent de l'État. Cependant, il y a encore dans l'intérieur beaucoup d'indigènes de sang pur (Andire, Abacaxis, Atuman).

De 3o ooo habitants en 1852, la population de la province montait en 1861 à 5o ooo habitants, et en 1890 à 147 ooo habitants. Dans ce nombre ne sont pas compris, toutefois, les Indiens non civilisés, évalués actuellement au nombre de 3oo ooo.

En 1848, la capitale comptait 3 640 habitants libres et 234 esclaves. Aujourd'hui, la population est estimée à 6o ooo habitants.

Les maladies les plus fréquentes dans la province de Manaos sont les affections paludéennes, qui ont occasionné en 1892, 777 décès sur un total de 1 554.

Une expédition anglaise, la *Yellow Fiver expedition*, est partie pour Manaos dans le but d'étudier la fièvre jaune.   F. P.

La navigation du Rio-Negro (d'après *Estudio e Projecto sobre Navegaçao a Vapor do Rio-Negro*, par L. Norzagaray-Elicechea, 1905). — M. Norzagaray propose à l'État d'Amazonas un projet tendant à établir la navigation à vapeur sur le Rio-Negro supérieur (en doublant les rapides de San-Gabriel) et ses affluents avec prolongement, par le Cassiquiare, vers le bassin de l'Orénoque. Son plan comporte, en dernier ressort, l'établissement d'une route commerciale entre Bogota et Manaos.

Cette proposition, faite par un voyageur ayant parcouru la région, est d'autant plus importante qu'elle ouvrirait une issue vers le sud aux districts caoutchoutiers du Haut-Orénoque qui, jusqu'à présent, ne pouvaient utiliser que la voie encombrée de rapides de l'Orénoque moyen.

Le Rio-Negro est navigable toute l'année, sauf aux rapides de San-Gabriel. Le Cassiquiare (découvert en 1744) servait déjà de voie de communication entre les deux bassins, lors de l'occupation de la région par les Pères Jésuites. (*Geographic. Journal*, novembre 1905.)

                                                        E. C.

NÉCROLOGIE.

LÉON VANDERKINDERE

La *Société royale belge de géographie* a perdu l'un des membres de son Comité, Léon Vanderkindere, professeur à l'Université de Bruxelles, membre de l'Académie royale de Belgique. Vanderkindere était un savant historien et un maître éminent, il donnait à l'Université de Bruxelles les cours d'histoire romaine et d'histoire contemporaine, avec un talent supérieur, une science, une clarté, une méthode et une précision que n'oublieront jamais tous ceux qui ont suivi ses leçons.

Vanderkindere s'est attaché spécialement à l'histoire des origines et des institutions de notre pays. Il manquait, pour l'histoire de Belgique au moyen âge, un ouvrage d'ensemble sur nos principautés et leurs fluctuations territoriales, édifié sur une base géographique : Vanderkindere a comblé cette lacune.

Après son livre sur le *Siècle des Artevelde,* il fit paraître d'importantes monographies sur l'*Établissement des Francs en Belgique,* spécialement d'après la toponomastique et sur les *Origines de la population flamande.* En 1890, il écrivit l'*Introduction à l'histoire des institutions de la Belgique au moyen âge jusqu'au traité de Verdun.* Son dernier ouvrage sur la *Formation territoriale des principautés belges au moyen âge* vient d'obtenir tout dernièrement, par une décision unanime du jury, le prix quinquennal d'histoire nationale pour la période 1901-1905.

Il publia dans le bulletin de notre société, en 1878 et 1879, un travail intitulé : *Enquête anthropologique sur la couleur des yeux et des cheveux en Belgique.*

Comme homme politique, comme député de Bruxelles, Vanderkindere a rendu de grands services à son parti, a donné l'exemple d'une rare intégrité de convictions philosophiques.

La Société royale belge de géographie conservera un souvenir respectueux de l'homme éminent qui fut un de ses fondateurs. Il était membre de son Comité central depuis 1877.

MOUNTSTUART E. GRANT DUFF

Mountstuart E. Grant Duff, qui est mort le 12 janvier 1906, était né en février 1829.

Pendant 25 ans il fut membre du Parlement anglais. Il occupa successivement les fonctions de sous-secrétaire d'Etat pour l'Inde, de 1868 à 1874, et de sous-secrétaire d'Etat pour les colonies, de 1880 à 1881, époque à laquelle il fut nommé gouverneur de la Présidence de Madras.

Pendant la période 1874 à 1880, M. Grant Duff, qui avait déjà fait paraître précédemment « *Studies in European Politics* » et « *A political survey* », produisit de nombreux travaux. Ses plus importants ouvrages furent « *Mirellanies political and literary* » et « *Notes of an Indian journey* ».

De 1881 à 1886, gouverneur de la Présidence de Madras, il parcourut et étudia à fond la région placée sous son administration, récoltant les notes qui parurent en 1898 sous le titre de « *Recreations of an Indian Official* » et qui contenaient de nombreuses observations sur la faune et la flore de la résidence. Dès son retour au pays il s'occupa de littérature et fit partie de diverses sociétés scientifiques. Il écrivit à cette époque un livre sur « *Ernest Renan* » (en 1893), « *Out of the Past* » et « *Notes from a Diary* ».

Sir Grant Duff était recteur de l'Université d'Aberdeen ; il avait été nommé, en 1891, membre du conseil de l'Université de Londres ; président de la Société royale d'Histoire, de 1892 à 1899 ; commissaire du Roi au *British Museum* en 1903 ; et enfin Président de la Société royale de géographie de Londres, de 1889 à 1893. Il faisait partie de cette dernière société depuis 45 ans. Mountstuart Grant Duff était membre correspondant de la Société royale belge de géographie.

GEORGE GRENFELL

Le révérend G. Grenfell, le vaillant pionnier qui a contribué pour une très grande part à l'exploration du bassin du Congo, peu de temps après sa découverte par Stanley, est mort, le 1er juillet dernier, à Bassoko (Afrique occidentale), à l'âge de 57 ans.

En 1878, sous les auspices de la *Baptist Missionary Society,* il fut envoyé, comme missionnaire, dans le Cameroun, qui était à cette époque *terra incognita* et y fit un séjour de quatre ans, récoltant de nombreux renseignements sur le pays et ses habitants. Il fut ensuite envoyé au Congo, que l'*Association internationale* s'efforçait d'ouvrir à la civilisation. En août 1882, il fondait la station de Manyanga et entreprenait une expédition vers l'intérieur dans le but de lancer un steamer sur le haut Congo. En 1884, le steamer *Peace* naviguait au-dessus des cataractes Grenfell faisait un premier voyage de cinq semaines sur le haut fleuve et remontait le Kasaï jusqu'au Kwango. Peu après, il entreprenait un nouveau voyage, dont le résultat le plus important fut la découverte de l'Ubangi, qu'il remonta, au retour, jusqu'à 4°30' Nord. Grenfell avait également exploré le Lomani jusqu'à 1°50' Sud et les embouchures de divers autres tributaires du Congo.

Dans la suite, il entreprit de nouvelles explorations à bord du *Peace,* spécialement sur le Kasaï jusqu'à sa jonction avec la Lulua. En 1887, il remontait le Kwango jusqu'aux chutes Kikuaji. Grenfell a dressé de nombreuses cartes de ses explorations et a établi un grand nombre de positions astronomiques.

En 1887, Grenfell obtint la médaille de la *Société de géographie de Londres* pour les importants services rendus par lui à la géographie pendant son long séjour dans l'Afrique occidentale.

TABLE ANALYTIQUE DES MATIÈRES

NOTICES CLASSÉES PAR RÉGIONS GÉOGRAPHIQUES

I. Régions polaires.

II. Europe.

V. Amérique.

VI. Océanie.

VII. Généralités.

II

NOTICES CLASSÉES PAR MATIÈRES GÉOGRAPHIQUES

I. — Enseignement.

II. — Géographie physique.

III. — Géographie humaine.

IV. Explorations et Voyages.

V. Nécrologie.

SOCIÉTÉ ROYALE BELGE DE GÉOGRAPHIE

COMPTE-RENDU DES ACTES

DE LA

Société Royale Belge de Géographie

FONDÉE A BRUXELLES LE 27 AOUT 1876

Publié par les soins du Secrétariat

TRENTIÈME ANNÉE. — 1906. — N° 1.

JANVIER-FÉVRIER

BRUXELLES

SECRÉTARIAT DE LA SOCIÉTÉ ROYALE BELGE DE GÉOGRAPHIE

116, RUE DE LA LIMITE, 116.

1906

COMPTE RENDU DES ACTES

DE LA

SOCIÉTÉ ROYALE BELGE DE GÉOGRAPHIE

TRENTIÈME ANNÉE. N° I. — JANVIER ET FÉVRIER 1906.

STATUTS

TITRE I

SIÈGE, BUT ET TRAVAUX DE LA SOCIÉTÉ

ARTICLE 1er. — La Société royale belge de géographie a son siège à Bruxelles.

ART. 2. — Elle a pour but :

1º En général, de concourir aux progrès et à la propagation des sciences géographiques ;

2º De répandre, autant dans un intérêt commercial que dans un intérêt scientifique, des notions complètes sur la Belgique et des renseignements exacts sur les pays étrangers ;

3º De favoriser en Belgique l'esprit d'entreprise en ce qui concerne le commerce et l'établissement à l'étranger.

ART. 3. — Les moyens que la Société peut employer pour atteindre son but, sont :

1º Publier un Bulletin périodique contenant : *a)* les procès-verbaux des séances et des actes de la Société ; *b)* des articles originaux sur toutes les branches des sciences géographiques ; *c)* des traductions ou reproductions de travaux publiés à l'étranger ; *d)* une chronique des faits géographiques ; *e)* des articles didactiques et pédagogiques ; *f)* une bibliographie géographique ;

2º Former une collection de livres, de cartes, de photographies, d'instruments ou objets géographiques, à obtenir par achats, par échanges ou par dons ;

3º Instituer et décerner des prix pour des mémoires mis au concours par Société, pour des ouvrages publiés ou des voyages accomplis avec ou sans l'intervention de la Société ;

4º Organiser des conférences dans des villes du pays ;

5º Favoriser l'enseignement des sciences géographiques à chacun des trois degrés, primaire, moyen et supérieur ;

6° Établir des relations avec les sociétés savantes, les voyageurs et géographes des autres pays, ainsi qu'avec les agents de la Belgique à l'étranger ;

7° Intervenir, moralement ou pécuniairement, dans des explorations géographiques

8° Fournir des renseignements aux voyageurs belges et publier, le cas échéant, leurs relations de voyage.

TITRE II

COMPOSITION DE LA SOCIÉTÉ

ART. 4. — La Société se compose de membres effectifs, de membres correspondants et de membres d'honneur.

ART. 5. — Les membres effectifs :

a) sont admis par le Comité central sur la présentation écrite de deux membres de la Société ;

b) payent une contribution annuelle de douze francs; cette contribution est réduite à six francs pour les membres belges appartenant à l'armée jusqu'au grade de capitaine inclusivement, pour ceux qui appartiennent à l'enseignement primaire ou moyen, pour les employés de l'État, de la province et de la commune dont le traitement annuel ne dépasse pas 3,000 francs, et pour les étudiants;

c) sont convoqués aux séances de la Société et reçoivent le Bulletin périodique;

d) peuvent faire usage de la bibliothèque et des collections de la Société, dans les conditions établies par le règlement spécial, recevoir communication de tous les renseignements géographiques ou commerciaux que la Société possède et obtenir, à prix réduits, toutes les publications de la Société autres que le Bulletin périodique.

ART. 6. — Les membres correspondants :

a) sont choisis parmi les Belges et les étrangers qui rendent ou peuvent rendre des services à la Société, et sont élus, à titre honorifique, sur la présentation du Comité central ;

b) sont exemptés de la contribution annuelle ;

c) peuvent recevoir au prix de six francs par an, le Bulletin périodique;

d) sont invités aux séances lorsqu'ils résident ou séjournent en Belgique.

ART. 7. — Les membres d'honneur :

a) sont choisis parmi les Belges et les étrangers dont le patronage honorerait la Société ou qui se seraient distingués, soit par des travaux scientifiques, soit par des explorations et des voyages ayant notablement contribué aux progrès des connaissances géographiques; — ils sont élus par la Société sur la présentation du Comité central ;

b) sont exemptés de la contribution annuelle;

c) reçoivent gratuitement le Bulletin publié par la Société;

d) sont invités aux séances lorsqu'ils résident ou séjournent en Belgique.

ART. 8. — Le titre de membre donateur est décerné aux personnes qui payent en une fois une somme de quatre cents francs au moins, ou qui s'engagent à payer régulièrement une contribution annuelle de cinquante francs au moins.

Art. 9. — L'année sociale commence le 1er janvier.

Art. 10. — Les membres qui veulent donner leur démission doivent l'envoyer par écrit au secrétaire général au plus tard dans le courant du mois de décembre —s'ils ne remplissent pas cette formalité, ils doivent payer la contribution de l'année suivante, faute de quoi ils sont déclarés exclus pour défaut de payement.

Art. 11. — Les membres de la Société sont invités à envoyer au Comité central toutes communications utiles, spécialement en ce qui concerne les localités ou les pays qu'ils habitent, à mettre au service de la Société leurs relations à l'étranger et à contribuer à enrichir la bibliothèque et les collections.

TITRE III

ADMINISTRATION DE LA SOCIÉTÉ

Art. 12. — La Société est dirigée par un Comité central. Ce comité se composé de 21 membres, dont les deux tiers au moins doivent avoir leur résidence dans l'agglomération bruxelloise.

Art. 13. — Les membres du Comité sont nommés pour le terme de quatre ans au mois de janvier, dans la séance de la Société prescrite à l'art. 19. — Ils sont renouvelés par moitié suivant un ordre déterminé par le sort.

Les membres sortants sont rééligibles.

Art. 14. — Le Comité central nomme parmi ses membres son président, ses deux vice-présidents et son secrétaire général qui remplissent les mêmes fonctions vis-à-vis de la Société. — Il fait cette élection après la séance du mois de janvier prescrite à l'art. 19.

Il nomme aussi le trésorier et le bibliothécaire, qui peuvent être choisis en dehors du Comité, ainsi que les adjoints du secrétaire général et du bibliothécaire.

Art. 15. — Les fonctions indiquées à l'article 14 sont annuelles, sauf celles du secrétaire général dont le mandat dure quatre ans.

Les membres sortants sont rééligibles, à l'exception du président qui ne peut être réélu qu'après un an d'intervalle.

Art. 16. — Le Comité s'assemble sur la convocation du président.

Art. 17. — Les attributions du Comité sont :

1o La publication du Bulletin périodique et des autres travaux de la Société;

2o Les relations avec les sociétés savantes du pays et de l'étranger ;

3o L'admission des membres effectifs et les propositions de nomination des membres correspondants et des membres d'honneur;

4o La comptabilité de la Société ;

5o L'adoption de toutes les mesures qui peuvent intéresser la Société et la solution de tous les cas imprévus.

Art. 18. — Le Comité central peut constituer des sections chargées chacune d'une partie spéciale des études ou travaux de la Société.

Il nomme les membres du Bureau de chaque section. — Un de ces membres, au moins, fait partie du Comité central.

ART. 19. — Chaque année, dans une séance du mois de janvier, le Comité central, par l'organe du secrétaire général, présente à la Société un rapport sur la situation, sur l'emploi des fonds, sur les relations et les travaux de la Société durant l'année écoulée.

La convocation à cette séance mentionne, à l'ordre du jour, la présentation du rapport annuel et fait appel aux observations ou communications spéciales des membres de la Société.

TITRE IV

DISPOSITIONS FINALES

ART. 20. — Si la Société vient à se dissoudre, tous ses biens et collections, après payement de son passif, seront offerts à l'État pour devenir une annexe à la Bibliothèque royale de Belgique.

ART. 21. — Les statuts sont modifiés sur la proposition du Comité, par la Société réunie en séance.

Revu les statuts du 22 octobre 1876, revu le texte revisé le 24 mars 1883 et arrêté le présent texte à Bruxelles, le 30 avril 1895.

COMITÉ CENTRAL (1)

PRÉSIDENT (1906) :

1889 **Pavoux** (Eug.), ingénieur, industriel, Bruxelles.

VICE-PRÉSIDENTS (1906) :

1901*G. **Lecointe**, directeur du service astronomique à l'Observatoire royal de Belgique, Uccle.

1883*J. **Leclercq**, conseiller à la Cour d'appel, membre de l'Académie royale, Bruxelles.

SECRÉTAIRE GÉNÉRAL :

1876 J. **Du Fief**, professeur honoraire de l'athénée royal de Bruxelles.

(1) Les membres désignés par * sont élus pour la période 1903-1906; les autres membres sont élus pour la période 1905-1908. — L'année placée devant le nom indique la date de l'entrée au Comité.

MEMBRES :

1899 **Ch Buls**, ancien bourgmestre de la ville de Bruxelles.

1904*Baron **Alf. de Loë**, conservateur aux musées royaux du Cinquantenaire, Bruxelles.

1904***Durand**, directeur du Jardin botanique de l'État, membre correspondant de l'Académie royale de Belgique, Bruxelles.

1832 Comte **Hipp. d'Ursel**, ancien secrétaire du comité-directeur de la Société antiesclavagiste de Belgique, Boitsfort.

1903 **Gillis**, major adjoint d'état major, chargé de la direction du service de l'Institut cartographique militaire, Bruxelles.

1876 Comte **Goblet d'Alviella**, sénateur, professeur à l'Université de Bruxelles, membre de l'Académie royale, Bruxelles.

1876***Grandgaignage**, directeur honoraire de l'Institut supérieur de commerce d'Anvers.

1876 **Aug. Houzeau**, sénateur, professeur à l'Ecole d'industrie et des mines du Hainaut, Mons.

1898***G. Kaïser**, ingénieur, professeur à l'Université de Louvain, Bruxelles.

1879 **A. Lancaster**, directeur du service météorologique à l'Observatoire royal de Belgique, membre de l'Académie royale, Uccle.

1876***Malaise**, professeur émérite de l'Institut agricole de l'Etat à Gembloux, membre de l'Académie royale, Gembloux.

1891***L. Navez**, homme de lettres, Bruxelles.

1896 **Peny**, lieutenant général, commandant de l'Ecole de guerre, Bruxelles.

1896 **E. Solvay**, industriel, Bruxelles.

1893***Storms**, colonel d'infanterie, Bruxelles.

1893 Comte **Fréd. van den Steen de Jehay**, ministre résident, chef du cabinet du Ministre des affaires étrangères, Bruxelles.

1877***Vanderkindere**, professeur à l'Université de Bruxelles, membre de l'Académie royale, Uccle.

Secrétaire adjoint : **M. Rahir.**

Bibliothécaire : **A. Lancaster.** — *Adjoint .* **M. Rahir.**

Trésorier : **H. Vanden Broeck.**

Rédacteur en chef du Bulletin : **E. Cammaerts.**

LISTE des membres de la Société royale belge de géographie au 28 février 1906.

MEMBRE PROTECTEUR.

S. M. le Roi Léopold II.

PRÉSIDENT D'HONNEUR.

S. A. R. Monseigneur le Prince Albert de Belgique.

MEMBRES D'HONNEUR :

S. A. S. le Prince **Albert de Monaco.**

Cambier (E.), major d'infanterie retraité, Bruxelles.

Dhanis (le baron F.). capitaine commandant d'infanterie, Bruxelles.

de Gerlache de Gomery (Adr), ancien commandant de l'Expédition antarctique belge, Bruxelles.

Du Fief (J.), professeur honoraire des athénées royaux, secrétaire général de la Société royale belge de géographie, Bruxelles.

Lecointe (G.), ancien commandant en second de l'Expédition antarctique belge, directeur du service astronomique à l'Observatoire royal de Belgique, Uccle.

Markham (Sir Clements), président de la Société royale de géographie de Londres.

Nansen (Fridtjof). explorateur des régions arctiques, professeur à l'Université de Christiania.

Storms (E.), colonel d'infanterie, Bruxelles.

de Tovar (le comte). Envoyé extraordinaire et Ministre plénipotentiaire du Portugal.

MEMBRES CORRESPONDANTS :

Arctowski (H.), ancien membre de l'Expédition antarctique belge, Bruxelles.

Bertillon, docteur en médecine, professeur de démographie et de géographie médicale, Paris.

Le prince **Roland Bonaparte**, Paris.

Borgès (A.-C.), docteur en médecine, directeur de l'instruction publique, Rio-de-Janeiro.

Charcot (J.), docteur en médecine, chef de l'Expédition antarctique française de 1905, Paris.

Cook (Frederick A.), ancien membre de l'Expédition antarctique belge, docteur en médecine, Brooklyn.

Coillard (Fr.), missionnaire en Afrique australe.

Cora (Guido), professeur, Rome.

Cruls (L), directeur de l'Observatoire de Rio-de-Janeiro.

Dechy (M. de), Budapest.

De Schokalsky (J.), colonel, secrétaire de la section physique de la Société imp. russe de géographie, Saint-Pétersbourg.

Dobrowolski (A.), ancien membre de l'Expédition antarctique belge, Liége.

Gardner (J.-T.), secrétaire général de la Société américaine de géographie, New-York.

Gentil, explorateur, Paris.

Dr **Sven Hedin**, explorateur, Stockholm.

Isachsen (G.), capitaine, topographe de la 2ᵉ Expédition polaire du « Fram », 1898-1902, Levanger.

Kan (Dr C. M), président de la Société de géographie d'Amsterdam, Utrecht.

Keltie (J. Scott), secrétaire de la Société royale de géographie de Londres.

Lemaire (Ch.), capitaine commandant d'artillerie, Bruxelles.

Lenz (Dr O.), professeur à l'Université de Prague.

Mac Carthy (O.). président de la Société des sciences physiques et climatologiques, Alger.

Moreno (Dr Fr.), directeur du Musée de La Plata.

Neumayer (Dr G.), directeur de l'Observatoire maritime, Hambourg.

Nordenskiold (Dr Otto). professeur à l'Université d'Upsala.

Le duc **d'Orléans**, explorateur de la côte N.E. du Groenland, Evesham (Worcestershire).

Peary (Robert-E.), lieutenant de la marine des États-Unis d'Amérique, explorateur des régions arctiques.

Penck (Dr A.), professeur à l'Université de Vienne.

Péralta (Don Manuel M. de), Ministre plénipotentiaire de Costa-Rica, Washington.

Racovitza (Em.), docteur en sciences, ancien membre de l'Expédition antarctique belge, Paris.

Rodrigues (J.-J.), professeur à l'Ecole polytechnique, Lisbonne.
Schweinfurt (G.), ancien président de la Société khédiviale de géographie, au Caire.
Semenoff (P. de), conseiller d'Etat, président de la Société impériale russe de géographie de Saint-Pétersbourg.
Sève (Ed.), consul général de Belgique, Santiago.
Traz (Ern. de), ancien secr. de la Société de géographie de Genève.
Versteeg, colonel, Amsterdam.

MEMBRES EFFECTIFS (1) :

1888 **Albot** (H.), directeur de l'école primaire supérieure, Antoing.
1877 Le frère **Alexis** (M. Gochet), professeur de géographie, Namur.
1901 **Ambroise** (E.), professeur à l'athénée royal d'Ixelles.
1893***Amerlinck** (J.), docteur en médecine, Gand.
1888 **Amiable** (L.), contrôleur au ministère des chemins de fer, postes et télégraphes, Bruxelles.
1903 **André**, (G), sous-lieutenant d'infanterie, détaché à l'Institut cartographique militaire, Bruxelles.
1876 **Andris-Jochams** (C.), industriel, Bruxelles.
1890 **Augenot**, professeur à l'athénée royal d'Ixelles.
1891 **Antoine** (L.), chef de section principal aux chemins de fer de l'Etat, Bruxelles.
1899 **Apostel** (Mlle Ph.), institutrice communale, Bruxelles.
1900 **Arnauts** (Alb.), Bruxelles.
1904 **Arnold** (R.), lieutenant d'infanterie, Verviers.
1905 **Auerbach** (B.), avocat, Bruxelles.
1876 **Avaert** (H.-M.-E.), lieutenant-colonel d'infanterie, Namur.
1899 **Baernstein** (S.), rentier, Bruxelles.
1899 **Baillieux** (A.), instituteur, Bruxelles.
1888 **Balle** (G.), capitaine d'infanterie, adjoint d'état-major, Beverloo.
1899 **Baltia**, capitaine d'état-major, Bruxelles.
1906 **Baltus**, employé, Bruxelles.
1883 **Bansart** (O.), capitaine commandant d'état-major, Bruxelles.
1901 **Baoo** (A.-H.), Bruxelles.
1887 **Bascour** (J.), professeur à l'école normale, Mons.
1904 **Bassteyns** (A.), Bruxelles.

(1) Les membres désignés par * ont été nommés à titre honorifique. — L'année placée devant le nom de chaque membre est celle de son entrée dans la Société.

1904 **Bastien** (J.), capitaine d'infanterie, Quiévrain.
1906 **Batteux** (Mme M.), institutrice de la ville, Bruxelles.
1876 **Baudelot** (A.-J.), directeur du gymnase médical orthopédique, Liége.
1885 **Bavais** (F.), capitaine d'infanterie retraité, Anvers.
1894 Le chevalier **Bayet** (Em.), secrétaire du cabinet du Roi, Bruxelles.
1901 **Beaufort** (E.), sous-chef de bureau à la Caisse gén. d'épargne et de retraite, Bruxelles.
1899 **Beckers** (L.), notaire, Louvain.
1877 **Becquet** (G.), ingénieur, Malaga (Espagne).
1879 **Begrand** (J.), major d'état-major, Bruxelles.
1899 **Belin** (R.), professeur à l'institut Sainte-Marie, Schaerbeek.
1899 **Belleroche** (Ed.), Bruxelles.
1906 **Benham Hay** (R.), chef de section au bureau international des tarifs douaniers, Bruxelles.
1906 **Bernimolin** (H.), étudiant, Bruxe les.
1901 **Berteaux-Snel** (Mme Z.), régente a l'école moyenne de Molenbeek.
1899 **Bertrand** (A.), chef de division au ministère des chemins de fer, etc., Bruxelles.
1906 **Besme** (G.), Bruxelles.
1906 **Bessières** (J.), Bruxelles.
1906 **Best** (Mme), Bruxelles.
1906 **Best** (Mlle M.), Bruxelles.
1904 **Beyens** (A.), agent de change, Bruxelles.
1899 Le baron **Beyens** (H.), propriétaire, Bruxelles.
1900 **Bikx** (P.J.), instituteur en chef, Uccle
1904 **Billaux** (J.), étudiant, Bruxelles.
1896 **Billen** (A.), ingénieur, directeur d'usine, Moortebeek.
1901 **Billen** (E.), étudiant, Bruxelles.
1900 **Binjè** (M.), lieutenant d'infanterie, Bruxelles.
1904 **Bisschops** (M.), employé au ministère des finances, Bruxelles.
1906 **Blanjean** (F.), employé à la Caisse d'épargne, Bruxelles.
1904 **Bloem** (D.), capitaine commandant de gendarmerie, Bruxelles.
1904 **Bogaerts** (A.), sous-lieutenant d'infanterie, Bruxelles.
1900 **Boisson** (Mlle M.), institutrice, Laeken.
1904 **Bolle** (Em.), sous-lieutenant d'infanterie, Bruxelles.
1896 **Bols** (L.), consul général honoraire de Belgique, Bruxelles.
1900 **Bombeke** (H.), instituteur, Bruxelles.
1900 **Bôn** (R.), avocat à la cour d'appel, Bruxelles.
1899 **Bonnevie** (V.), avocat, Bruxelles.

1885 **Bonnier** (G.). ingénieur, Bruxelles.
1906 **Borel** (G), négociant, Bruxelles.
1882 **Borin** (C.), capitaine d'infanterie, Zwyndrecht.
1901 **Bosmans** (B.), professeur à l'athénée royal de Bruxelles.
1877 **Bosmans** (J.), secrétaire des commandements de S. A. R. la comtesse de Flandre, Bruxelles.
1906 **Bosmans** (M** M.), régente d'école moyenne, Bruxelles.
1899 **Bossut** (M** C.), institutrice, Bruxelles.
1898 **Boucher** (G.), pro'esseur à l'athénée royal de Malines, Bruxelles
1899 **Boudon** (J.-V.), sous-directeur de la Banque de Paris et des Pays-Bas, Bruxelles.
1900 **Boulboulle**, (L.), professeur à l'athénée royal. Malines.
1896 **Bourgois** (A.) représentant de commerce, Bruxelles.
1892 **Bourguignon** (J.-P.), chef de station, Welkenraedt.
1888 **Boux** (H.), propriétaire, Bruxelles.
1906 **Bovy** (E.), industriel, Bruxelles.
1894 **Bovy** (M** M.), Bruxelles.
1904 **Bovy** (L.). huissier près la cour d'appel, Bruxelles.
1890 **Braem** (R.), Bruxelles.
1896 **Brassel**. lieutenant d'infant., adjoint d'état major, Bruxelles.
1900 **Brasseur** (M** P.), institutrice-régente, Bruxelles.
1893·**Briart** (P.), docteur en médecine, Bruxelles.
1904 **Brice** (M** W.), Bruxelles.
1899 **Brifaut** (L.), Bruxelles.
1904 **Brifaut** (V.), avocat, Bruxelles.
1906 **Brigode** (H.), Bruxelles.
1904 **Brohez** (M), lieutenant d'infanterie, Bruxelles.
1876 **Brundseaux** (L.), capitaine retraité, Berchem (Anvers).
1876 **Brusseel** (A.), capitaine retraité, Anvers.
1882 **Bruyndoncx** (N.), instituteur en chef, Bruxelles.
1878 **Bruyninx** (E.), professeur, Gand.
1900 Le baron **Buffin** (V.), lieutenant de cavalerie, Bruxelles.
1890 **Buisseret** (J.), professeur à l'école normale de l'Etat, à Nivelles, Bruxelles.
1877 **Buls** (Ch.), ancien bourgmestre de la ville de Bruxelles.
1904 **Burniaux** (F.), instituteur primaire, Bruxelles.
1893 **Buschen** (Em), dessinateur à l'Institut cartographique militaire, Bruxelles.
1905 **Buttgenbach** (H.), ingénieur, Bruxelles.
1904 **Buysse** (J.), lieutenant d'infanterie, Alost.

1899 **Bijl** (Mlle J.), institutrice communale, Bruxelles.
1904 **Byrom** (Mme H.), régente aux cours d'éducation de la ville de Bruxelles.
1886 **Cabra** (A.), capitaine commandant d'état-major, Bruxelles.
1900 **Cahen** (M.) ingénieur. Bruxelles.
1876 **Callewaert** (C.), établissement géographique, Bruxelles.
1904 **Cammaerts** (E.), professeur, Bruxelles.
1888 **Campers** (Aug.), professeur à l'école normale, Gand.
1889 **Canonne** (Alb.), capitaine, aide-de-camp honoraire de l'état-major supérieur de la garde civique, Bruxelles.
1896 **Cantraine** (E.), Bruxelles.
1889 **Cappoen** (P.), lieutenant-colonel du génie, Bruxelles.
1891 **Carez** (G.), chef de division au minist. de l'agriculture, Bruxelles.
1894 **Carietti** (J.-T.), Bruxelles.
1882 **Carnière** (L.), capitaine de cavalerie retraité, Trazegnies.
1906 **Cartuyvels** (E.), agent de change, Bruxelles.
1899 **Casaer** (A.-E.), employé au ministère des chemins de fer, etc., Bruxelles.
1906 **Cassel** (L.), banquier, Bruxelles.
1902 **Cauderlier** (Em.), Bruxelles.
1896 **Cauwe** (M.), capitaine commandant du génie. Namur.
1876 **Centner** (R.). négociant-commissionnaire, président du cercle d'études commerciales, Dison
1901 **Cerckel** (L.), employé, Bruxelles.
1901 **Champfleuri** (Mlle M.), institutrice, Bruxelles.
1896 **Chapuis** (G.), capitaine commandant d'infanterie, Arlon.
1883 **Choisis** (G.), Lierre.
1876 **Chomé** (F.-A.), ancien capitaine du génie, professeur à l'Ecole militaire, Bruxelles.
1897 **Chot** (A), instituteur, Pousset.
1899 **Christens-Melan** (Mme), institutrice, Bruxelles.
1906 **Christiaens** (A.), négociant, Bruxelles.
1898 **Christophe** (D.-J.), Bruxelles.
1892 **Christophe** (J), capitaine d'état-major, Gand.
1894 **Claes** (Mlle M.), institutrice, Bruxelles.
1893 **Claessens** (Mlle M.), Bruxelles.
1889 **Claessens** (Mme), directrice honoraire d'école primaire, Bruxelles.
1901 **Claus-Richard** (Mme), régente à l'école moyenne de l'État, Laeken.
1899 **Clavareau** (L.), notaire, Bruxelles.
1896 **Cleirens** (F.), lieutenant d'infanterie, Liége.

1906 **Clerckx** (J.), commis au ministère de la justice, Bruxelles.

1906 **Clerget** (P.), professeur à l'Ecole supérieure de commerce, Fribourg (Suisse).

1892 **Cnops** (Ed.), Bruxelles.

1899 **Coëlho-Uhlmann** (Mme F.), institutrice, Bruxelles.

1899 **Coenen** (Mme), directrice d'école communale, Bruxelles.

1881 **Cohen** (A.), banquier, Bruxelles.

1900 **Colruyt** (A.), négociant, Bruxelles

1900 **Convert** (A.), avocat à la Cour de cassation, Bruxelles.

1878 **Cools** (L.-J.), capitaine d'infanterie retraité, Vilvorde.

1906 **Cooreman** (G.), négociant, Bruxelles.

1896 **Cooreman** (T.), étudiant, Bruxelles.

1899 **Cooreman-Stallaert** (Mme), institutrice en chef à l'école d'application, Bruxelles.

1901 **Coosemans** (G.), professeur, Bruxelles.

1879 **Cornelis** (A.), libraire, Bruxelles.

1892 **Cornelis** (L.), Bruxelles.

1893 **Cornet** (J.), docteur en sciences naturelles, Gand.

1 898 **Coulomb** (A.), étudiant, Bruxelles.

1906 **Cresson** (Mlle B), institutrice, Bruxelles.

1906 **Crick** (Mlle), Bruxelles.

1905 **Crols** (L.), chef de division au ministère de l'industrie, Bruxelles·

1884 **Crutzen** (G.), professeur à l'athénée royal, Anvers.

1899 **Cruyt** (Mlle J.), régente à l'école moyenne normale, Eecloo.

1904 **Culot** (J.), employé à la Banque nationale, Bruxelles.

1896 **Culot** (J.), commis des postes, Bruxelles.

1896 **Cumont** (A), capitaine de cavalerie, attaché à la Maison militaire du Roi, Bruxelles.

1906 **Cuttier** (A.), ingénieur, Bruxelles.

1877 **Dachsbeck** (Mlle H.), directrice honoraire des cours d'éducation de la ville de Bruxelles.

1882 **Dacos** (J.-B.), instituteur, Liége.

1899 **Dacosse** (abbé), professeur à l'Institut Saint-Louis, Bruxelles.

1882 **Daems-Bries** (Mme C.), directrice d'école communale, Bruxelles.

1899 **Daenen** (A.), capitaine commandant d'infanterie, Vilvorde.

1891 **D'Allecourt** (Mlle J.), institutrice communale, Bruxelles.

1892 **D'Allecourt** (Mlle M.), institutrice, Bruxelles.

1876 **Dambrin** (E.-B.), instituteur communal, Montigny-le-Tilleul.

1899 **Damiens** (H.), avocat, Bruxelles.

1900 **Danneboom** (A.), rentier, Bruxelles.

1906 **Dansaert-de Bailliencourt** (G.), Bruxelles.

1888 **Daoust** (J.-B.), capitaine-payeur, Namur.
1885 **Daune** (A.), major d'infanterie, Ypres.
1904 **Davreux** (M.), sous-lieutenant d'artillerie, Ypres.
1877 **Davreux** (Mme P.), régente d'école moyenne, Bruxelles.
1894 **D'Awans** (R), professeur à l'athénée royal, Malines.
1900 **De Backer** (L.), professeur, licencié au degré supérieur en sciences commerciales et consulaires, Bruxelles.
1893 **de Bauer** (R.), Bruxelles.
1876 **De Bavay** (G.-P.), conseiller à la Cour de cassation, Bruxelles.
1899 Le comte **de Beauffort** (F.), capitaine de cavalerie, Bruxelles.
1892 **De Becker** (A.), avocat, Bruxelles.
1899 **de Bel** (A.-L.), capitaine commandant d'infanterie, Bruxelles.
1903 Le comte **de Bergeyck** (H.), Bruxelles.
1882 **de Bernard de Fauconval de Deuken** (L.), major d'artillerie, Bruxelles.
1901 **Debie** (L.), employé, Bruxelles.
1877 Le chevalier **de Biseau de Hauteville** (C.), capitaine quartier-maitre, Diest.
1905 **De Boitselier** (S.), employé communal, Bruxelles.
1886 **De Bontridder** (F.), industriel, membre de la Chambre des représentants, Vilvorde.
1876 **de Bray** (F.), lieutenant-colonel d'état-major, Bruxelles.
1900 **De Brouwer** (Ch.), lieutenant d'infanterie, Bruxelles.
1899 **De Broux** (A.), receveur de l'administration des hospices et de bienfaisance de Bruxelles.
1899 **Debrun** (E. J.), employé, Bruxelles.
1890 **de Buggenoms** (L.), avocat, Liége.
1906 **de Burlet** (Ph.), Bruxelles.
1897 **De Busschere** (W.), étudiant, Bruxelles.
1878 **De Callatay** (E.), lieutenant général retraité, Bruxelles.
1900 **Decamps** (P.), commis aux chemins de fer de l'Etat, Bruxelles.
1876 **de Cannart d'Hamale** (L.), colonel, chef de l'état-major de la garde civique p^r les prov. de Hainaut et de Namur, Mons.
1896 **de Cartier de Marchienne** (Th.), ingénieur, Bruxelles.
1886 **De Ceuninck** (A.), capitaine commandant d'état-major, Gand.
1902 Le comte **de Changy** (C.), Bruxelles.
1899 **Dechenne** (G.), éditeur, Bruxelles.
1904 **Decleene** (Mlle E.), régente d'école moyenne, Bruxelles.
1901 **de Cléty** (A.), étudiant, Bruxelles.
1892 **De Cock** (A.), capitaine d'infanterie, Saint-Nicolas.
1901 **De Cock** (Mlle L.), institutrice communale, Bruxelles.

1889 **De Cort** (H.), secrétaire général de la Société royale malacologique de Belgique, Bruxelles.

1905 **De Coster** (A.), importateur-exportateur, Bruxelles.

1906 **de Couroy Mac Donnell** (J.), Bruxelles.

1906 **de Courville** (Mme A.), Saint-Brieux (France).

1896 Le chevalier **de Cuvelier** (A.), secrétaire général du Départ. des affaires étrangères de l'Etat indép. du Congo, Bruxelles.

1904 **De Deken** (G.), géomètre-expert, Bruxelles.

1896 **De Droog** (Em.), docteur en sciences, Bruxelles.

1882 **Defaux** (Mlle J.), régente d'école moyenne, Bruxelles.

1904 **Defenfe** (Mlle Em.), institutrice, Bruxelles.

1906 **Defize** (E.), rentier, Bruxelles.

1906 **Deffontaine** (G.), sous-lieutenant d'infanterie, Vilvordé.

1886 **Defontaine** (J.), ingénieur, directeur honoraire de l'école industrielle, Bruxelles.

1877 **de Fonvent** (E.), major d'infanterie retraité, Tirlemont

1877 **Degand** (E.), avocat, Mons.

1900 **de Géradon** (G), Bruxelles

1876 **Deghilage** (J.-B.), receveur des contributions, retraité, Couillet.

1876 L'écuyer **de Groulart** (H), major d'infant. retraité, Bruxelles

1899 **De Haut** (O.), licencié en sciences commerciales, Bruxelles.

1905 **De Hertogh** (J.), sous-chef de bureau au ministère de la justice, Bruxelles.

1880* Le chevalier **de Hesse Wartegg**, Aix-la-Chapelle.

1887 **De Heyn** (O.), Bruxelles.

1893 **de Hoffmann** (P), Bruxelles.

1890 **Deisser** (L.), lieutenant d'infanterie, Bruxelles.

1877 **Dejaer** (E.-G.), ingénieur au corps des mines, Bruxelles.

1904 **De Jaer** (F.), élève-ingénieur, Liége.

1879 **de Jager** (G.), ingénieur, Bruxelles.

1885 Le baron **de Jamblinne de Meux** (T.), major d'infanterie, Bruxelles.

1899 **De Jardin** (L.), directeur général des mines au ministère de l'industrie et du travail, Bruxelles.

1906 **de Joantho** (L.), Paris.

1904 **Dekempeneer** (Mlle M.), institutrice, Bruxelles.

1892 **Dekens** (Mlle Gab.), Bruxelles.

1900 **de Kerchove d'Exaerde** (H.), chef de bureau au ministère de l'intérieur, etc., Bruxelles.

1904 **de Krahe** (J.), sous-lieutenant d'infanterie, Bruxelles.

1882 **Deladrier** (E.), capit. command. de caval. retraité, Bruxelles.

1898 **De la Fontaine** (Mme), Bruxelles.

1906 **de la Gatinais** (M.), Saint-Brieux (France).

1906 Le comte **de Lambilly** (R.), Bruxelles.

1895 **Delannoy** (Ch.), professeur à l'Université de Gand, Bruxelles.

1888 **Delatté** (A.), capitaine d'infanterie, adjoint d'état-major, Bruxelles.

1876 **Delaunoy** (L.) major d'infanterie, retraité, Bruxelles.

1897 **de la Vallée Poussin** (J.), chef du cabinet du Ministre de la Justice, Bruxelles.

1893***Delcommune** (Al.), explorateur, Bruxelles.

1884 **De le Court** (E.), conseiller à la cour d'appel, Bruxelles.

1880 **Delessert** (E.), ancien secrétaire général et trésorier du comité suisse-africain, Lutry (Suisse).

1876 **de Leu de Cecil** (A.), capitaine commandant d'artillerie, Bruxelles.

1904 **Delevoy** (Mlle B.), étudiante, Bruxelles.

1904 **Delevoy**, étudiant, Bruxelles.

1900 **Delfosse** (L.), sous-lieutenant d'infanterie, Bruxelles.

1905 **Delgouffre** (F.), sous-officier d'artillerie, Anvers.

1904 **Delhaye** (D.), officier d'infanterie, Gand.

1898 **Delheid** (G.), Bruxelles.

1902 Le baron **de Loë** (A.), conservateur aux Musées royaux du Cinquantenaire, Bruxelles.

1902 **De Longueville** (l'abbé A.), professeur à l'Institut Saint-Louis, Bruxelles.

1906 **Delpech de Suriray**, Paris.

1899 **Delpy** (A.), architecte, Bruxelles.

1884 **Delvaux** (G.), Bruxelles.

1882 **Delvaux** (L.), major, commandant l'école des pupilles de l'armée, Alost.

1905 **Demeter** (G.), employé communal, Molenbeek-Saint-Jean.

1892 **De Meyer-Delépinne** (Mme), directrice de l'école moyenne de l'Etat, Laeken.

1906 **De Meyst** (Mlle), Bruxelles.

1906 **de Modave de Massogne**, Bruxelles.

1890 **Demolder** (P.), médecin militaire, Malines.

1895 Le baron **de Montblanc** (E.), Bruxelles.

1876 **De Mot** (E.), sénateur, bourgmestre de la ville de Bruxelles.

1906 **De Munter** (A.), conseiller à la Cour d'appel, Bruxelles.

1882 **Dendal** (Em.), intendant militaire, Anvers.

1882 **Denis** (H.), avocat, professeur à l'Université de Bruxelles, membre de la Chambre des représentants.

1882 **Depaepe** (R.-L.), sous-intendant militaire retraité, Bruxelles.

1892 **Depière** (A.), intendant militaire, Liége.

1876 **Deplanchon** (D.-A.), major d'infanterie retraité, Bruxelles.

1905 **De Potter** (F.), industriel, Bruxelles.

1905 **De Potter** (J.), ingénieur-chimiste, Bruxelles.

1902 **Deppe** (A.), étudiant, Forest.

1878 **Deprez** (P.), major d'infanterie, Vilvorde.

1876 **de Rasse Lancaster** (L.-J.), major d'infanterie, Bruxelles.

1906 Le comte **d'Erceville** (J.), Paris.

1906 **d'Erceville** (Mlle), Paris.

1906 **de Régny** (G.), Bruxelles.

1903 Le comte **de Renesse de Tornaco** (Fr). Oberweiler (Allem.).

1896 Le comte **de Renesse Breidbach** (M.), lieutenant d'infanterie, Bruxelles.

1904 **De Ridder** (Th.), instituteur communal, Koekelberg.

1897 **Deroché**, percepteur des télégraphes, Bruxelles.

1882 **Deroover** (G.), Niel-lez-Boom.

1904 Le baron **de Rosée**, Bruxelles.

1886 **Deruette** (Ed.), major d'infanterie, commandant l'école d'application, Beverloo.

1899 **De Ruytter** (L.), Bruxelles.

1900 **de Saint-Moulin** (Mlle L.), régente à l'école moyenne de l'État, Schaerbeek.

1906 Le chevalier **de Sauvage-Vercour**, Bruxelles.

1876 **Descamps** (F.-L.), professeur honoraire de l'athénée royal d'Ixelles.

1893 **de Schietere de Lophem** (A), capitaine commandant de cavalerie, Bruges.

1906 L'écuyer **de Schrynmakers**, lieutenant d'artillerie, Bruxelles.

1891 **de Sebille** (A.), ingén. civil des ponts et chaussées, Bruxelles.

1878 **de Sélys-Longchamps** (W.), sénateur, Halloy.

1881 Le baron **de Senzeilles**, Bruxelles.

1876 **de Severin de Sorinne** (Mlle L.), Namur.

1899 **De Smedt** (C.), instituteur communal, Bruxelles.

1899 **De Smeth-Gendebien** (Alb.), Bruxelles.

1879 **Desorgher** (Ém.), prof. à l'école normale de l'Etat, Ledeberg.

1876 **Despret** (E.), ingénieur, ancien directeur aux chemins de fer du Grand Central belge, Bruxelles.

1899 **Despret** (M.), étudiant, Bruxelles.

1893 **Desprez** (Mme C.), Bruxelles.

1882 **Desquartiers** (Mlle L.), directrice de pensionnat, Bruxelles.

1896 **de Stoppelaar** (G.), industriel, Bruxelles.

1876 Le chevalier **de Thier-Nagelmackers** (L.), directeur du journal *La Meuse*, Liége.

1876 **De Tilly** (J.-M.), lieutenant général retraité, ancien commandant de l'Ecole militaire, Bruxelles.

1906 Le baron de **Trannoy**, attaché au ministère des affaires étrangères, Bruxelles.

1891 Le marquis **de Trazegnies**, bourgmestre de Corroy-le-Château.

1904 Le marquis **de Trazegnies** (O.), lieutenant de cavalerie, Bruxelles.

1890 **de Vaucleroy**, médecin militaire, Bruxelles.

1896 Le comte **de Villegas de Saint-Pierre** (A.), Bruxelles.

1890 Le comte **de Villegas de Saint-Pierre Jette** (U.), Bruxelles.

1890 **de Vinche** (R), Bruxelles.

1900 **Devos** (P.-J.), inspecteur de l'enseignement primaire, Bruxelles.

1893 **De Vreught** (A.), régent à l'école moyenne de l'Etat, Wavre.

1894 **De Wael** (P.), professeur a l'école normale, Saint Nicolas (Waes).

1887 **de Witte** (L.), lieutenant-colonel de cavalerie, adjoint d'état-major, Bruxelles.

1882 **D'hauwe** (J.-F.), major d'état-major, Bruxelles.

1906 Le comte **d'Herbemont**, Bruxelles.

1906 Le comte **d'Hespel** (G.), Bruxelles.

1906 Le baron **d'Huart** (R.), Bruxelles.

1888 **Didion** (A-V.), major d'infanterie, Beverloo.

1893***Diderrich** (N.), ingénieur, directeur de l'agriculture et de l'industrie, Boma (Congo).

1877 **Diercxsens** (A.), présid du trib. de prem. instance, Turnhout.

1876 **Diesel** (A.), général, Anvers.

1904 **d'Ieteren** (G.), employé, Bruxelles.

1904 **Dilbeck** (H.), directeur d'école communale, Ixelles.

1897 **Le directeur** du collège Notre-Dame, Tirlemont.

1876 **Discailles** (E.), professeur à l'Université de Gand, Bruxelles·

1906 **Dom** (J), professeur au petit séminaire, Wavre.

1876 **Donny** (A.), lieut-général, aide de camp du Roi, Bruxelles.

1904 **Doorme** (G.), capitaine d'infanterie, Termonde.

1904 **Dorignaux** (A.), professeur d'école moyenne, Bruxelles.

1901 **Dorignaux** (F.), instituteur communal, Ixelles.

1876 **Dory**(I.), professeur à l'athénée royal, Liége.

1884 Le comte **d'Oultremont** (A.), Bruxelles.

1881 **Doutrewe** (Mme F.), Bruxelles.

1891 **Driessens** (J.), commis aux chemins de fer de l'Etat, Bruxelles.

1890 **Drion** (V.), Bruxelles.

1876 **Drisse** (O.-L), régent d'école moyenne, Bruxelles.

1891 **Droeshout** (P.), ingénieur, Bruxelles.

1884 **Droissart** (Mⁱˡᵉ G.), institutrice, Bruxelles.

1904 **Dubar** (G.), lieutenant d'artillerie, Bruxelles.

1876 **Du Bois** (A.), avocat, Bruxelles.

1904 **Dubois** (E.), directeur de l'Institut supérieur de commerce d'Anvers

1889 **Dubost** (Ed.), notaire, Bruxelles

1901 **Du Buisson** (Em), capitaine d'infanterie, Beverloo.

1876 **Ducarne** (V.-E.), général, Bruxelles.

1876 **Duchateau** (G.), Grandglise.

1883 **Duchesne** (E.), professeur à l'athénée royal, Liége.

1892 **Ducoffre** (A.), directeur de l'école moyenne de Saint-Josse-ten-Noode.

1906 **Du Faure** (Mᵐᵉ G.), Paris.

1884 **Dufer** (Fl.), Bruxelles.

1876 **Du Fief** (L.), docteur en philosophie et lettres, secrétaire communal honoraire de la ville de Namur.

1904 **Dufour** (A.) lieutenant-colonel, chef d'état-major de la position fortifiée, Liége

1904 **Dufrasne** (U.) lieutenant de gendarmerie, La Louvière.

1899 **Dumongh** (R.-J.), chef de division au ministère des chemins de fer, etc., Bruxelles.

1892 **Dumont** (Th.), propriétaire, Chassart.

1884 **Dupont** (H.). professeur à l'athénée royal, Bruxelles.

1904 **Durand** (Mⁱˡᵉ L.), Bruxelles.

1902 **Durand** (Th), direct. du Jardin botanique de l'État, Bruxelles.

1893 **Durieux** (A.), directeur de service des chemins de fer de l'Etat, Namur.

1902 Le comte **d'Ursel** (Ad.), Bruxelles

1889 Le comte **d'Ursel** (H), ancien membre de la Chambre des représentants, Boitsfort.

1881 L'écuyer **Durutte** (A.), major d'infanterie, adjoint d'état-major, Bruxelles.

1906 **Dutoict** (P.), Bruxelles

1882 **Dutron** (A.), professeur à l'athénée royal, Tournai.

1903 **Dutry**, professeur au collège Saint-Michel, Bruxelles.

1904 **Duwelz**, contrôleur des télégraphes, Bruxelles.

1899 **Duwez** (J.), ingénieur, Bruxelles.

1899 **Eckstein** (E.), capitaine commandant d'artillerie, Bruxelles.
1899 **Eder** (G). négociant, Bruxelles.
1889 **Errera** (P.). avocat, Bruxelles.
1877 **Evrard** (F.), inspecteur général des télégraphes, Bruxelles.
1899 **Falk** (H.), libraire. Bruxelles.
1803 **Farcy** (Ch.). Bruxelles.
1904 **Fauquel** (H), sous-lieutenant d'artillerie, Bruxelles.
1896 **Férir** (D). professeur, Bruxelles.
1882 **Fiévet** (L.), adjoint principal du génie, Vilvorde.
1891 **Fisch** (A.), opticien, Bruxelles.
1903 **Flamme** (J.), lieutenant-payeur, Namur.
1903 **Flas** (Ed.), sous-lieutenant d'artillerie, Gand.
1876 **Foldart-Pirlet** (Mᵐᵉ). institutrice en chef retraitée, Liége.
1906 **Foldart** (Mˡˡᵉ P.), institutrice communale, Bruxelles.
1876 **Fonteyne** (A.), major d'infanterie, Courtrai.
1899 **Fonteyne** (Mˡˡᵉ B.),institutrice primaire,Molenbeek-Saint-Jean
1899 **Fortin** (Ch.), secrétaire communal de Schaerbeek.
1880 **Fosseprez** (A.), inspect. des cours de gymnastique, Bruxelles.
1886 **Foulon** (M.), avocat, Bruxelles.
1896 **Fraenkel** (J.), ingénieur, Bruxelles.
1888 **Franchimont** (O.), capitaine commandant d'infanterie, Gand.
1893 **Francqui** (L.), consul de Belgique, Shanghaï.
1876 **Frans** (J.). major d'artillerie, Louvain.
1904 **Friesewinkel** (G), représentant de commerce, Bruxelles.
1906 **Gabriel** (J.). employé, Bruxelles.
1876 **Gary** (S.), professeur à l'athénée royal, Tournai.
1899 **Gendebien** (Mᵐᵉ), Bruxelles.
1882 **Gendebien** (F.), inspecteur général honoraire des chemins de
   fer de l'Etat, Bruxelles.
1876 **Gérard**, préfet des études honoraire de l'athénée royal de Liége
1892 **Gérard**, lieutenant d'infanterie, Bruxelles.
1899 **Gérondal** (Edg.), Bruxelles.
1882 **Geubel** (L.), capitaine du génie retraité, Bruxelles.
1905 **Gilbert** (F), industriel, Bruxelles.
1905 **Gilbert** (G.), Bruxelles.
1905 **Gilet** (G), chef de bureau au gouvernement provincial, secrétaire du gouverneur, Bruxelles.
1905 **Gillard** (Mˡˡᵉ J.), Bruxelles.
1905 **Gillard** (J.), docteur en droit, attaché au ministère de la
   justice, Bruxelles.
1886 **Gilleman**, professeur à l'athénée royal, Ostende.

1877 **Gilles**, inspecteur gén. hon. de l'enseignement moyen, Bruxelles.

1899 **Gillet** (Ch.), professeur à l'athénée royal Bruxelles.

1880 **Gillet-Dumoulin** (N.), Stavelot.

1903 **Gillis**, major, adjoint d'état-major, chargé de la direction du service de l'Institut cartographique militaire, La Cambre.

1885 **Giroul-de Donckere** (Mme), directrice de l'école moyenne de l'Etat, Tirlemont.

1906 **Gislain de Vertron**, Bruxelles.

1876 Le comte **Goblet d'Alviella**, sénateur, professeur à l'Université de Bruxelles.

1899 **Godier** (Mme). institutrice communale, Bruxelles.

1882 **Godts** (J.), major d'infanterie, adjoint d'état-major, Bruxelles.

1877 **Gody** (L.), capitaine d'artillerie retraité, professeur à l'Ecole militaire, Bruxelles.

1891 **Goethals**, propriétaire, Bruxelles.

1906 **Goffart** (G.), étudiant, Bruxelles.

1890 **Goffart** (J.), lieutenant d'infanterie, Heyst-op-den-Berg.

1894 **Goodman** (Mlle C.), Bruxelles.

1902 **Goossens** (H.), étudiant, Bruxelles.

1876 **Grandgaignage** (E.), directeur honoraire de l'Institut supérieur de commerce d'Anvers.

1896 Le baron **Greindl** (L.), capitaine commandant d'état-major, Bruxelles.

1899 **Grosemans-Leclercq** (Mme), régente à l'école normale d'institutrices, Bruxelles.

1899 **Guillet-Wouters** (Mme R.), directrice honoraire d'école moyenne de l'Etat, Bruxelles.

1876 **Guinotte** (L.), directeur de la Société de Mariemont, Fayt lez-Seneffe.

1902 **Gustin** (G.), capitaine d'infanterie, Bruxelles.

1905 **Haager** (Mme), Bruxelles.

1891 **Haeseleer** (Mlle J.), institutrice communale, Bruxelles.

1904 **Hagemans** (G.), capitaine commandant de cavalerie, adjoint d'état-major, Ypres.

1900 **Halkin** (J.). chargé de cours à l'Université de Liége.

1898 **Halot** (A.), avocat, consul impérial du Japon, Bruxelles.

1893 **Hamelius** (Mlle C.), institutrice-régente, Bruxelles.

1898 **Hamesse** (E.), employé au musée scolaire national, Bruxelles.

1882 **Hankar** (F.), directeur général de la Caisse générale d'épargne et de retraite, Bruxelles.

1901 **Hankar** (Mlle V.), institutrice communale, Bruxelles.

1884 **Hanne** (J.), régent à l'école moyenne de l'Etat, Stavelot.

1897 **Hannefstingels** (Mlle), directrice de l'institut supérieur d'Ixelles.

1896 **Hanoteau** (E.), capitaine commandant d'artillerie, Tirlemont.

1900 **Harfeld**. lieutenant d'artillerie, adjoint d'état-major, détaché à l'Institut cartographique militaire, Bruxelles.

1888 **Harveng-Simar** (Mme), institutrice, Bruxelles.

1896 **Hauttecœur** (H.), Bassilly.

1892 **Havelette** (Mlle C.), Bruxelles.

1889 **Heetveld** (Fl.), notaire, Bruxelles.

1901 **Hegenscheidt**(A.),régent d'école moyenne,Molenbeek-St-Jean.

1876 **Heger** (P.), docteur en médecine, professeur à l'Université de Bruxelles.

1900 **Hègle** (R.). employé à la Banque nationale, Bruxelles.

1899 **Heinhaus** (R.), négociant, Bruxelles.

1882 **Hendrix** (L.), docteur en médecine, Bruxelles.

1896 **Henin** (Mlle J.), institutrice, Bruxelles.

1903 **Henricot** (Em.), sénateur, Mont-Saint-Guibert.

1904 **Henrijean** (J.), directeur d'assurances, Bruxelles.

1896 **Henrotin Boulenger** (Mme), institutrice-régente, Bruxelles.

1890 **Heris** (Mlle A.), directrice des cours d'éducation de la ville de Bruxelles.

1878 **Hermans** (J.), professeur à l'athénée royal, Liége.

1896 **Herrmann** (C), étudiant, Bruxelles.

1900 **Herssens** (Mlle J.), institutrice communale, Bruxelles.

1899 **Heusers** (Fr.), instituteur primaire, Ixelles.

1890 **Heuseux** (L.), directeur des charbonnages de Courcelles-Nord, Courcelles.

1905 **Heuvelmans** (E.), Bruxelles.

1886 Le chevalier **Heynderick** (E.), Bruxelles.

1905 **Heyvaert** (Th.), avocat près la Cour d'appel, Bruxelles.

1894 **Hinde**, docteur en médecine, Londres.

1886 **Houard-Schieder** (Mme), régente à l'école moyenne, Seraing.

1876 **Houzeau** (A.), sénateur, professeur à l'Ecole d'industrie et des mines du Hainaut, Mons.

1877 **Hovegnée** (J.). facteur des postes, retraité, Liége.

1896 **Hubar** (S.), contrôleur des postes, Bruxelles.

1904 **Huughe** (G.), lieutenant, adjoint d'état-major, Bruxelles.

1893 **Huybrechts** (Mlle), institutrice d'école normale, Bruxelles.

1882 **Huyghebaert** (R.), capit. comm. d'infant. retraité, Bruxelles.

1876 **Ingels** (L. A.), colonel d'infanterie retraité, Anvers.

1903 **Iserentant** (Mlle M.), institutrice communale, Bruxelles.

1882 **Jacmart** (Ch.), capitaine commandant d'artillerie, Louvain.

1896 **Jacob** (Ch), major du génie, Anvers.

1889 **Jacobs** (F.), Bruxelles.

1886 **Jacquet** (J.), major d'infanterie, Mons.

1886 **Jansen** (Em.), armurier, Bruxelles.

1904 **Janson** (P.), avocat, Bruxelles.

1891 **Janssen** (C), ancien gouverneur général de l'Etat indépendant du Congo, Bruxelles.

1898 **Janssens** (A), docteur en médecine, Hankow (Chine).

1899 **Janssens** (J.), directeur au ministère des finances, Bruxelles.

1889 **Janssens** (R.), professeur à l'athénée royal de Charleroy. Bruxelles.

1886 **Jeanne** (V.), major d'état-major, Namur.

1890ʳ**Jephson** (M.), Londres.

1903 **Jonckheere** (Ed.), Bruges.

1876 **Jottrand** (A.), direct. divisionnaire honoraire des mines, Mons.

1876 **Jottrand** (G.), avocat, Bruxelles.

1896 **Journaux** (F.), commis des postes. Bruxelles.

1899 **Jovenaux** (Mme Cl.), institutrice communale, Bruxelles.

1882 **Kahn** (L.), chef d'institution, Bruxelles.

1891 **Kaïser** (G.), ingénieur, professeur à l'Université de Louvain, Bruxelles.

1901 **Kathelin** (E.), artiste-peintre, Bruxelles.

1905 **Keiffer** (H), docteur en médecine, Bruxelles.

1876 **Kerremans** (Ch.), capitaine d'infanterie retraité, Bruxelles.

1894 **Kervyn** (Ed), directeur au Département des affaires étrangères de l'Etat indépendant du Congo, Bruxelles.

1896 **Kesseler** (J.-D.), major d'artillerie retraité, Bruxelles.

1893 **Keyaerts** (A), sous-chef de bureau des télégraphes. Bruxelles.

1904 **Keyaerts** (M), sous-lieutenant de cavalerie, Bruxelles.

1892 **Keym** (Mlle L.), professeur à l'école des régentes, Bruxelles.

1898 **Keyzer** (L.), agent de change. Bruxelles.

1905 **Kimpe** (Mlle Cl.), directrice d'institution, Bruxelles.

1888 **Kinsbergen** (G.), capitaine commandant retraité, Termonde.

1889 **Kloth** (J.), professeur, Bruxelles.

1891 **Knevett de Knevett** (J.-S.), membre de la Société de géographie de Paris, Bruxelles.

1905 **Knottenbelt** (H.), industriel, Bruxelles.

1906 **Koch** (J.-P.), Bruxelles.

1906 **Kops** (J.), rentier. Bruxelles.

1899 **Kort** (Mme L.), institutrice primaire, Molenbeek Saint-Jean.

1893 **Kruseman** (H.), Bruxelles.

1877 **Labargé** (C.-V.), dessinateur à l'Institut cartographique militaire, Bruxelles.

1901 **Lacourt** (Mme G.) institutrice, Bruxelles.

1904 **Ladeuze** (O), docteur en médecine à l'hôpital maritime de Middelkerke. Ostende.

1888 **La Fontaine** (H.), sénateur, avocat, Bruxelles.

1892 **Lahire**, capitaine d'infanterie, Bruxelles.

1900 **Lambert** (D.), commis des postes, Bruxelles.

1877 **Lambotte** (J.-L.), instituteur communal, Woluwe-Saint-Pierre.

1876 **Lancaster** (A.), directeur du service météorologique à l'Observatoire royal de Belgique, membre de l'Académie royale, Uccle.

1886 **Landauer** (Mlle R.), régente d'école moyenne, Bruxelles.

1876 **Lantonnois** (A.), colonel d'infanterie, adjoint d'état-major, Bruxelles.

1893 **Laout** (Mme F), Bruxelles.

1881 **Laout-Paquet** (Mme A.), Bruxelles.

1899 **Laporte** (Mlle A), institutrice communale, Ixelles.

1886 **Laureyns** (Th.), major retraité, Gand.

1883 **Lauters-Wauters** (Mme), directrice honoraire de l'école normale d'institutrices, Bruxelles.

1896 **Lauwers** (C.), industriel, Bruxelles.

1876 **Lauwick** (O.), général-major, chef d'état-major de la position fortifiée d'Anvers.

1896 **Lecat** (R.), employé. Bruxelles.

1895 **Lechien** (J.), Bruxelles.

1877 **Leclercq** (J.), conseiller à la Cour d'appel, membre de l'Académie royale de Belgique, Bruxelles.

1902 **Lecomte** (R), Bruxelles.

1901 **Lecrenier** (Mme E), régente d'école normale, Bruxelles.

1906 **Leduc** (F.), ingénieur en chef, directeur de service des télégraphes, Bruxelles.

1889 **Lefebure** (Ch.), ingénieur, Bruxelles.

1886 **Lefebure** (Cl.), capitaine commandant d'infanterie, adjoint d'état-major, Bruxelles.

1884 **Lefebvre** (L.), comptable, Liége.

1876 **Lefever** (C.), major d'artillerie, Liége.

1901 **Le Grand** (P.), officier retraité. Bruxelles.

1895 **Lejeune-Bellemans** (Mme), institutrice, Boitsfort.

1889 **Lekens** (P.-A.), capitaine en 1er, administ. d'habillement au corps de la gendarmerie nationale, Bruxelles.

1906 **Lemaire** ((Mlle), institutrice, Bruxelles.
1882 **Le Marinel** (G.), capitaine commandant du génie, Watermael.
1885 **Le Marinel** (P.), ancien capitaine d'infanterie, Bruxelles.
1900 **Lenger** (E.), avocat, Bruxelles.
1888 **Lengrand** (J.), major de cavalerie retraité, Bruxelles.
1891 **Lepoint** (Mlle B.), institutrice, Bruxelles.
1905 **Leroi-Jonau** (P.), industriel, Bruxelles.
1906 **Lesoir** (F.), directeur hon., d'école moyenne d'État, Bruxelles.
1899 **Letenre** (Em.), lieutenant d'infanterie, Bruxelles.
1901 **L'Hoir** (A.), professeur à l'athénée royal de Mons, Bruxelles.
1904 **Liebrecht** (H.), étudiant, Bruxelles.
1890 **Liebrechts** (Ch.), capitaine commandant d'artillerie, Bruxelles.
1891 **Limbourg** (Mlle), institutrice, Bruges.
1884 **Lindekens** (C.), instituteur, Bruxelles.
1899 **Lion** (M.), propriétaire, Bruxelles.
1906 **Livain** (R), étudiant, Bruxelles.
1904 **Loiseau** (Mme), Bruxelles.
1883 **Lonchay** (H.), professeur à l'athénée royal de Bruxelles
1877 **Lonneux** (l'abbé A.), aumônier militaire, Louvain.
1899 **Loontjens**, docteur en médecine, Bruxelles.
1905 **Loontjens** (Mlle M.), élève-normaliste, Bruxelles
1900 **Lory** (R.), agent des postes, Bruxelles.
1894***Lothaire** (H.), lieutenant d'infanterie, Bruxelles.
1876 **Lutaster** (G.), ancien officier d'artillerie, Bruxelles.
1883 Frère **Macédone**, directeur de l'établissement de Carlsbourg.
1899 **Maeck** (Mlle M.), institutrice primaire, Bruxelles.
1901 **Maertens**, Bruxelles.
1904 **Maes** (F.), étudiant, Bruxelles.
1899 **Magotteaux** (J.), docteur en médecine, Bruxelles.
1888 **Mahiat** (L.), professeur au collège Saint-Servais, Liége.
1905 **Mahieu** (M.), commis des postes, Jette.
1890 **Mahillon** (H), armurier, Bruxelles.
1904 **Mahy** (A.), avocat, Bruxelles.
1876 **Malaise** (C.), professeur émérite de l'Institut agricole de l'Etat,
     membre de l'Académie royale de Belgique, Gembloux.
1888 **Maluin** (Em.), chef de bureau à la Banque nationale, Bruxelles.
1902 **Maniette** (Mlle V.), directrice d'école communale, Bruxelles.
1888 **Marcelis** (Mlle), directrice de l'école professionnelle pour
     jeunes filles, Bruxelles.
1891 **Marchal** (L.), professeur à l'athénée royal d'Ixelles, Watermael.
1906 **Marchal** (S.), ingénieur, Bruxelles.

1905 **Marcuse** (E.-J.), Bruxelles.
1901 **Marien** (J.), surveillant à l'école de bienfaisance de l'Etat, Moll.
1906 **Marion** (P.), avocat, Saint-Omer (France).
1897 **Marmignon** (J), employé, Bruxelles.
1888 **Massa** (Th.), médecin de bataillon, Verviers.
1895 **Masson** (Ch.), directeur du laboratoire de chimie de l'Etat,
      à Gembloux, Bruxelles.
1905 **Masure** (L.), avocat, secrétaire de l'office international de
      bibliographie, Bruxelles.
1906 **Mat** (J.), employé à l'Etat, Bruxelles.
1903 **Mathews** (Mlle), Bruxelles.
1899 **Maton** (R.), lieutenant d'infanterie, adjoint d'état-major,
      Bruxelles.
1900 **Maurice** (Ern.), Bruxelles.
1904 **Mauroy** (L), agent de change, Bruxelles.
1890 **Mechelynck**, conseiller à la Cour d'appel, Bruxelles.
1904 **Mees** (J), archiviste au gouvernement, Bruxelles.
1896 **Meeus** (V.), receveur communal, Baesrode.
1882 **Melis** (L.), médecin militaire, Bruxelles.
1885 **Mercenier** (A.), capitaine commandant d'infanterie, Bruxelles.
1904 **Mercier** (E.), lieutenant de cavalerie, détaché à l'Institut
      cartographique militaire.
1902 **Mercier** (F.), chef de bureau aux chemins de fer de l'État,
      Bruxelles.
1876 **Merten** (F.), professeur, Gand.
1901 **Mertens** (N.), étudiant, Bruxelles.
1896 **Merzbach** (Ch.), lieutenant d'artillerie, Bruxelles.
1898 **Messiaen** (H.), étudiant, Bruxelles.
1897 **Meuleman** (E.-J.), médecin vétérinaire de l'armée, Bruxelles.
1876 **Meynne** (A.), avocat, Bruges.
1894***Michaux** (O), capitaine de cavalerie, Bruxelles.
1891 **Michel** (E.), professeur à l'athénée royal, Chimay.
1904 **Michiels** (l'abbé), professeur à l'institut Ste-Marie, Schaerbeek.
1881 **Mignot** (F.), industriel, ancien sénateur, Bruxelles
1899 **Milet**, médecin militaire retraité, Bruxelles.
1886 **Misonne** (J.), major du génie, Liége.
1904 **Misonne** (P.), avocat, Bruxelles.
1902 **Moeller**, docteur en médecine, président de la commission
      médicale du Brabant, Bruxelles.
1894***Mohun**, ancien consul, Bruxelles.
1900 **Mommaerts** (J.), commis des télégraphes, Bruxelles.

1879 **Mondron** (L.), industriel, Lodelinsart.
1880 **Monoyer**, médecin-vétérinaire, Houdeng-Aimeries.
1895 **Moreau** (Mlle A.), institutrice, Bruxelles.
1906 **Moreau** (G.), Bruxelles.
1890 **Mosselman** (F.), avocat, Mons.
1891 **Motte** (M.), président à la cour d'appel de Bruxelles.
1905 **Mottin** (C.), inspecteur de l'enregistrement et des domaines, Bruxelles.
1890 **Moulin** (G.), lieutenant de marine, Bruxelles.
1905 **Mourlon** (M.), directeur du service géologique au ministère de l'industrie, Bruxelles.
1901 **Müller**, Bruxelles.
1896 **Müller** (Ch.), propriétaire, Bruxelles.
1887 **Navez** (L.), homme de lettres, Bruxelles.
1899 **Neelemans** (A.), ingénieur, président du chemin de fer Eecloo-Bruges, Bruxelles.
1890***Nelson**, capitaine, Londres.
1902 **Nerinckx** (Ch.), Bruxelles.
1896 **Nouray** (O.), lieutenant d'infanterie, Bruxelles.
1905 **Nève** (Mme), Bruxelles.
1890 **Neyt**, lieutenant général retraité, Bruxelles.
1888 **Nicolet** (J.), Bruxelles.
1899 **Ninitte** (T.), lieutenant-général, Bruxelles.
1891 **Nocin** (L.), professeur, Thuin.
1905 **Noël** (V.), lieutenant d'infant., adjoint d'état-major, Namur.
1896 **Nolet** (E.), commis aux chemins de fer de l'Etat, Bruxelles.
1899 **Nonnenberg** (F.), ingénieur, Bruxelles.
1883 **Nyns-Lagye** (J.-H.), professeur à l'école normale d'instituteurs, Bruxelles.
1882 **Olivier** (J.), ingénieur, Quaregnon.
1903 **Olyff** (G.), chef de division au ministère des aff. étrangères de l'État indépendant du Congo, Bruxelles.
1877 **Orsolle** (E.), rentier, Bruxelles.
1906 **Panhuys** (E.), lieutenant adjoint d'état-major, répétiteur à l'école militaire, Bruxelles.
1881 **Panneel** (E.), artiste peintre, Uccle.
1877 **Paquet** (G.-Th.), capitaine d'infanterie retraité, Bruxelles.
1890 **Parmentier** (G.), Bruxelles.
1891 **Pasteyns** (F.), professeur à l'athénée royal, Ostende.
1906 **Paulis** (Mlle), institutrice, Bruxelles.
1895 **Pavoux** (Ch.), inspecteur de la Compagnie générale du gaz, Bruxelles.

1876 **Pavoux** (E.), ingénieur, industriel, Bruxelles.
1901 **Pelz** (E), fourreur, Bruxelles.
1899 **Pelzer** (L.), professeur à l'athénée royal de Bruxelles.
1876 **Peny** (C), lieutenant général, commandant de l Ecole de guerre, Bruxelles.
1878 **Peny** (E.), ingénieur, administrateur des Sociétés des charbonnages de Mariemont et de Bascoup, La Hestre.
1899 **Peny** (M.), directeur de la société anonyme « L'Électricité du Hainaut », Morlanwe z.
1882 **Pergameni** (H.), avocat, professeur à l'Université de Bruxelles.
1903 **Perpète** (C.), institutrice communale, Bruxelles.
1884 **Perpète** (D.), receveur de l'enregistrement, Ixelles.
1906 **Peugeot** (Mme H.), Pont-de-Roide, Doubs (France).
1878 **Philippin** (L.), professeur à l'athénée royal, Bruges.
1890 **Philippson** (Fr.), Bruxelles.
1901 **Pieraerts** chanoine), direct de l'Institut St-Louis, Bruxelles.
1876 **Pierret** (J.), instituteur, Mouzaive.
1893 **Pigneur** (Mme), institutrice, Bruxelles.
1901 **Pilloy-Malchaire** (Mme L.), institutrice, Bruxelles.
1904 **Pinart** (C), employé communal, Schaerbeek.
1905 **Pirotte**, avocat, Bruxelles.
1906 **Plamont**, major d'infanterie, Bruxelles.
1891 **Plumes**, major retraité, Watermael.
1876 **Poinsot** (O.), major de cavalerie retraité, Clabecq.
1904 **Polet** (G), étudiant, Liége.
1904 **Polet** (M.), Bruxelles.
1905 **Ponslet** (L.), employé, Bruxelles.
1902 **Poot** (A.), directeur de brasserie, Bruxelles.
1888 **Poplemon**, directeur de l'école libre, Hal.
1898 **Poplimont**, géomètre, Bruxelles.
1905 **Poplimont** (Ch.), employé, Bruxelles.
1892 **Poplimont** (Mlle), Bruxelles.
1892 **Prinz** (L), major du génie, Namur.
1890 **Putman** (O.), professeur au collège communal, Dinant.
1891 **Puttemans** (Ch.), professeur à l'école industrielle, Bruxelles
1902 **Quarré** (A), Bruxelles.
1898 **Quertinier**, candidat notaire, Bruxelles.
1906 **Raemdonck** (J.), Bruxelles.
1888 **Rahir** (M.), négociant, Bruxelles.
1896 **Ralet** (Ch.), secrétaire de la commission des prisons, Bruxelles.
1891 **Rasseneur** (A.), chef de bureau aux chemins de fer de l'Etat, Bruxelles.

1878 **Rauïs** (N.), chef de bureau au secrétariat de l'Académie royale de Belgique, Bruxelles.

1903 **Raymaekers** (G.), étudiant, Bruxelles.

1876 **Redemans** (A.), capitaine commandant d'infanterie, Bruxelles.

1903 **Reinhard** (Ch.), étudiant, Bruxelles.

1894 **Renert**, professeur, Bruxelles.

1896 **Renson** (F.), directeur de service des postes, Bruxelles.

1876 **Reyers** (A.), lieutenant-colonel d'état-major retraité, Bruxelles.

1896 **Ribeaucourt** (H.), agent de change, Bruxelles.

1901 **Richir** (A.), notaire, Bruxelles.

1901 **Rival** (T.), attaché au service des poids et mesures, Bruxelles.

1903 **Robert** (E.), sous-lieutenant d'infanterie, Liége.

1906 **Robert** (E.), commis des postes, Bruxelles.

1902 **Roelandts** (J.), avocat, Bruxelles.

1882 **Roggen** (J.), capitaine commandant d'infanterie, Ostende.

1900 **Rogivue**, directeur de l'orphelinat protestant, Uccle.

1886 **Romedenne** (P.), professeur à l'école normale, Tournai.

1889 **Ronday** (H.), lieutenant de cavalerie, adjoint d'état-major, Bruxelles.

1904 **Ronsmans** (P.), instituteur communal, Bruxelles.

1886 **Rossignol** (J.), médecin militaire, Gilly.

1892 **Roussille**, propriétaire, Bruxelles.

1905 **Rouvez** (A.), attaché au ministère de l'intérieur, Bruxelles.

1902 **Rue** (V.), Bruxelles.

1887 **Rutot** (A.), ingénieur honoraire des mines, conservateur au Musée royal d'histoire naturelle, Bruxelles.

1904 **Ryckaert** (E.), industriel, Bruxelles.

1904 **Ryckaert** (G), directeur honoraire d'école moyenne, Bruxelles.

1884 **Rycx** (J.), ingénieur en chef, directeur des ponts et chaussées, Bruxelles.

1900 **Rijkmans** (Mlle H.), régente d'école moyenne, Bruxelles.

1894 **Rynenbroeck** (Mlle J.), régente d'école moyenne, Uccle.

1877 **Saint-Paul de Sinçay** (L.-A.), propriétaire, Angleur.

1896 **Samson** (A.), Bruxelles.

1899 **Sarens** (Alb.), Bruxelles.

1876 **Sarton** (A.), professeur honoraire des athénées royaux, Bruxelles.

1876 **Sarton** (A.), receveur des contributions, Ostende.

1876 **Schaïque** (G.-D.), médecin de régiment retraité, Malines.

1904 **Schepens** (H.), étudiant, Bruxelles.

1906 **Scheyven** (A.), notaire, Bruxelles.

1904 **Schildknecht** (A.), négociant, Bruxelles.

1882 **Schmidt** (P.), docteur en droit, Liége.

1876 **Schruers** (P.-H.), directeur d'administration honoraire des télégraphes, Bruxelles.

1876 **Scoupermant** (L.), capitaine d'infanterie retraité, Bruxelles.

1896 **Séaux** (A.), capitaine commandant de cavalerie, adj. d'état-major, Bruxelles.

1891 **Seghin** (A.), inspecteur de direction des télégraphes, Bruxelles.

1891 **Sengers** (C), instituteur communal, Vilvorde.

1900 **Servais** (J.), Bruxelles.

1886 **Servais** (J.), major d'infanterie retraité, Louvain.

1899 **Severin-Hendrickx** (Mme), directrice d'école communale, Bruxelles.

1904 **Shaw** (G.), capitaine d'infanterie, Anvers.

1899 **Shaw** (G.), inspecteur de l'enseignement du dessin, Bruxelles.

1876 **Simons** (V.), capitaine, Lierre.

1899 **Sinave** (E.), étudiant, Bruxelles.

1904 **Siret** (H.), ingénieur, directeur de la Compagnie des Grands-Lacs, Bruxelles.

1899 **Sluysmans** (J.-T.), ingénieur, Bruxelles.

1900 **Smeesters** (E.), étudiant, Bruxelles.

1899 **Smeyers** (F.), agronome de l'État, Louvain.

1906 Le baron **Snoy**, Bruxelles.

1876 **Sobry** (J.), professeur à l'athénée royal, Anvers.

1882 **Solvay** (Ed.), industriel, ancien sénateur, Bruxelles.

1899 **Speyer** (H.). avocat, Bruxelles.

1886 **Spilleux** (P.), major d'infanterie retraité, Jette-Saint-Pierre.

1882 **Spinnael** (Ch.), ingénieur, Bruxelles.

1886 **Splingard** (Ch.), ingénieur, Bruxelles.

1902 **Steemann** (H.), rentier, Bruxelles.

1899 **Stevens** (Ch.), lieutenant d'infanterie, Bruxelles.

1886 **Stevens** (J.), ingénieur, Bruxelles.

1876 Monseigneur **Stillemans** (A), évêque de Gand.

1899 **Stocquart** (Em.), avocat près la cour d'appel, Bruxelles.

1904 **Stork** (L.), employé, Bruxelles.

1904 **Straetmans** (A.), négociant, Bruxelles.

1906 **Streich** (M). industriel, Bruxelles.

1886 **Stroobants** (N.), lieutenant-colonel d'infanterie, adjoint d'état-major, Namur.

1906 **Stroybant** (F.), secrétaire-trésorier de l'école moyenne de l'État, Turnhout.

1899 **Stuckens** (A.), lieutenant d'infanterie, Bruxelles.
1901 **Swinnen** (Mᵐᵉ J.), institutrice, Bruxelles.
1897 **Tacquin** (A.) docteur en médecine, Bruxelles.
1904 **Taymans** (L.), Bruxelles.
1882 **Terlinden** (O.), lieutenant-colonel d'état-major, Bruxelles.
1906 **Termonia** (P.), capitaine d'état-major, Bruxelles.
1884 **Thomas** (L.), employé, Bruxelles.
1904 **Thomas** (C.), sous-instituteur communal, Bruxelles.
1904 **Thron** (J.), libraire, Bruxelles.
1892 **Thuns**, professeur, Bruxelles.
1891 **Thunus** (Mᵐᵉ J.), institutrice à l'école normale de la ville, Bruxelles.
1878 **Thys** (A.), colonel d'état-maj , officier d'ord. du Roi, Bruxelles.
1882 **Thys** (F.), capitaine d'artillerie retraité, Tilff.
1904 **Tiberghien** (A.), docteur en sciences naturelles, Bruxelles.
1893 **Tilmans** (H.), Bruxelles.
1892 **Timmermans** (E.), commis-chef aux chemins de fer de l'Etat, Bruxelles.
1893 Le comte **T'Kint de Roodenbeke**, sénateur, Bruxelles.
1905 **Toby** (J.), industriel, Bruxelles.
1877 **Tock** (Mˡˡᵉ J.), institutrice, Bruxelles.
1904 **Tollen** (Em.), capitaine commandant du génie, professeur à l'Ecole militaire, Bruxelles.
1882 **Tournay** (G.), major du génie, Bruxelles.
1877 **Tréfois** (A.), inspecteur de direction des télégraphes, Bruxelles.
1906 **Trembloy**, lieutenant-colonel de gendarmerie, Bruxelles.
1902 **Tricot** (H.), chef de division aux chemins de fer de l'État, Bruxelles.
1876 **Truyens** (A), régent à l'école moyenne de l'Etat, Anvers.
1898 **t' Serstevens** (G.), Baudemont.
1891 **Tybackx** (Mᵐᵉ), Bruxelles.
1903 **Tyriard** (Mˡˡᵉ A.), institutrice, Hemixem.
1905 **Tytgat** (G.), étudiant, Bruxelles.
1890 **Uytterhoeven**, lieutenant d'artillerie, Bruxelles.
1900 **Uytterhoeven** (V.), étudiant, Bruxelles.
1905 **Van Aerdschot** (P.), agent-comptable au Jardin botanique de l'État, Bruxelles.
1899 **Vanbellinghen** (M.), entrepreneur, Bruxelles.
1901 **Van Campenhout** (L.), sous-lieutenant d'infanterie, Bruxelles.
1899 **Van Caulaert** (F.-R.), capitaine d'état-major, Liége.
1893 **Vandam** (Ed), Bruxelles.

1876 **Van Damme** (A.), major du génie, Bruxelles.
1893 **Van Dantzig** (R.), Bruxelles.
1889 **Vanden Bleeken** (Fr.), instituteur communal, Anvers.
1888 Le baron **vanden Bossche** (G.), Bruxelles.
1876 **Vanden Broeck** (H.), Bruxelles.
1906 **Vanden Cruyce** (Mlle R.), Bruxelles.
1902 **Vanden Daele** (Mlle E.), étudiante, Bruxelles.
1895 **Vanden Driessche**, lieutenant d'infanterie, Bruxelles.
1896 **Vanden Driessche** (Mlle J), régente d'école moyen , Bruxelles.
1876 **Van den Dungen** (A.-F.), directeur de l'école communale de Saint-Gilles,président général de la fédération des instituteurs.
1901 **Vanden Heuvel**, Ministre de la justice, Bruxelles.
1893 **Vandenperre** (L.), Bruxelles.
1890 Le comte **van den Steen de Jehay** (F.), ministre résident, chef de cabinet du Ministre des affaires étrangères, Bruxelles.
1890 Le comte **van den Steen de Jehay** (L.), Bruxelles.
1890 Le comte **van den Steen de Jehay** (W.), Ministre de Belgique, Belgrade.
1882 **Vanderauwera** (J.), imprimeur, Bruxelles.
1906 Le baron **Vander Bruggen** (F.), Bruxelles.
1902 Le comte **van der Burch** (Ad.), Bruxelles.
1899 Le comte **van der Burch** (Alb.),colonel de cavalerie, Bruxelles.
1906 **Vander Burght**, notaire, Vilvorde.
1877 **Vanderhecht** (J.), lieutenant d'infanterie retraité, Bruxelles.
1876 **Vanderkindere** (L.), professeur à l'Université de Bruxelles, membre de l'Académie royale de Belgique, Uccle.
1891 **Vanderlinden** (E.), avocat, membre du conseil général des hospices, Bruxelles.
1901 **Vander Linden** (P.), capitaine d'infanterie, Bruxelles.
1906 **Vandermeer** (C.), étudiant, Bruxelles.
1899 **van der Meylen** (G.), Bruxelles.
1898 **Vandermeylen** (M.), Bruxelles.
1902 **Vander Noot** (L.), instituteur communal, Bruxelles.
1900 **van der Oost** (N.), capitaine commandant d'infanterie, adjoint d'état-major, Bruxelles.
1902 **vander Plancke** (P.), propriétaire, Oostcamp.
1902 **vander Poorten** (L.), Bruxelles.
1899 **vander Rest** (G.), Bruxelles.
1899 **vander Rest** (M.), Bruxelles.
1902 **Vander Stegen** (L.), Shanghaï, (Chine).
1890 Le comte **van der Straten-Ponthoz** (F), Bruxelles.

1899 Le comte **van der Straten-Ponthoz** (G.), major d'artillerie, Bruxelles.

1904 **Vander Veken** (A.), sous-lieutenant d'infanterie, Bruxelles.

1900 **van der Waeyen** (Mlle M.), élève-institutrice, Bruxelles.

1896 **Vandeveld** (E.), secrétaire du cercle de la librairie et de l'imprimerie, Bruxelles.

1905 **Vande Venne** (Mlle M.), Bruxelles.

1904 **Vande Zande** (A.), étudiant, Bruxelles.

1897 **Van Eeckhout** (P.), capitaine commandant d'artillerie, adjoint d'état-major, Anvers.

1896 **Van Elder** (G.), Bruxelles.

1899 **Van Espen** (A.), capitaine d'infanterie, Bruxelles.

1886 **Van Gael** (E.), major d'infanterie, Uccle.

1890 **Van Gansen**, capitaine, Jette-Saint-Pierre.

1899 **Van Gele** (A.), instituteur, Etterbeek.

1880 **Van Genechten** (abbé), Malines.

1882 **Van Halteren** (Ed.), notaire, Bruxelles.

1894 **Vanhavenberge-Geisseler** (Mme), direct. d'école communale. Bruxelles.

1876 **Van Hoesen** (L.), colonel d'infanterie retraité, Bruxelles.

1899 **Van Hove** (Ch.), inspecteur hon. des télégraphes, Bruxelles

1900 **van Iseghem** (Em.), lieutenant de cavalerie, Bruxelles.

1893 **Van Leeuw**, Bruxelles.

1903 **Van Lerberghe** (A.), Bruxelles.

1900 **Van Lerberghe** (J.), Bruxelles.

1904 **Van Linden** (abbé), professeur à l'institut Sainte-Marie, Schaerbeek.

1906 **Van Luppen**, Bruxelles.

1888 **Van Malder** (A.), propriétaire, Bruxelles.

1899 **Van Marcke de Lummen** (Mlle), Paris.

1886 **Van Mighem** (L.-C.), capitaine commandant d'infanterie, Anvers.

1876 **Van Muylder** (S.), major d'infanterie retraité, Liége.

1876 **Vannimmen** (Mlle E.), institutrice, Bruxelles.

1889 **Van Ortroy** (F.), professeur à l'Université de Gand.

1880 **Van Overbeke**, ingénieur, Bruxelles.

1886 **Van Parys** (H.), intendant militaire, Berchem (Anvers).

1904 **Van Roy** (Mme), Bruxelles.

1899 **Van Santen** (V.), juge de paix à Bruxelles.

1876 **Van Sprang** (A.), colonel d'artillerie, Anvers.

1891 **Van Sprang** (H.), lieut-colonel du génie, adjoint d'état-major, directeur du génie au ministère de la guerre, Bruxelles.

1888 **Van Thorenburg** (Fr.), capitaine commandant de cavalerie, Beveren (Waes).

1899 **Van Uxem** (Mlle M.), Bruxelles.

1879 **Van Waes** (F.), professeur au collège Saint-Michel, Bruxelles.

1889 **Van Werveke** (A), conservateur du musée archéologique et du musée lapidaire, sous-archiviste de la ville de Gand.

1888 **van Ypersele de Strihou** (R.), avocat, Bruxelles.

1900 **Van Zulpele-Hellebos** (Mme E), institutrice, Bruxelles.

1889 **Vauthier** (G.), ingénieur, Cruz Alta. Brésil.

1886 **Vedrine**, capitaine commandant de cavalerie, Bruxelles.

1906 **Velleman**, docteur en médecine, Bruxelles.

1902 **Verburgh** (A.), secrétaire - trésorier de l'école industrielle de Bruxelles.

1894 **Verburgh** (E), Bruxelles.

1899 **Vercamer** (Ch.), inspecteur d'enseignement primaire, retraité, Bruxelles.

1893 **Verhaegen** (Mlle J.), régente d'école moyenne, Bruxelles.

1899 **Verheyden** (G.), avocat près la cour d'appel, Bruxelles.

19⁰6 **Verhulst** (R.), étudiant, Bruxelles.

1899 **Verlant** (Mlle M.), institutrice d'école moyenne, Bruxelles.

1901 Le baron **Vermeulen de Mianoye**, Bruxelles.

1880***Verminck**, armateur, Marseille.

1899 **Verstraete** (G.), lieutenant-général, commandant supérieur de la garde civique, Bruxelles.

1901 **Verstraeten** (N.), instituteur primaire, Bruxelles.

1904 **Vervloet** (G.), sous-lieutenant d'infanterie, détaché à lInstitut cartographique militaire, Bruxelles.

1904 **Vinçotte** (J.), sous-lieutenant d'artillerie. Bruxelles.

1876 **Vinçotte**, ingénieur, Bruxelles.

1896 **Vogley** (E.), lieutenant d'artillerie, Liége.

1899 **Vrancken** (D.), empl. à l'Institut cartogr. militaire Bruxelles.

1902 **Wagemaekers** (L.), négociant, Bruxelles.

1877 Le baron **Wahis** (Th.), général, gouverneur général de l'Etat indépendant du Congo, Bruxelles.

1899 **Walravens** (L.), Tillier.

1896 **Ward** (B.), directeur de l'établissement de santé, Evere.

1882 **Warnant** (E.), major d'infanterie, adjoint d'état-major, Bruxelles.

1906 **Warnotte** (D.), bibliothécaire au ministère de l'industrie, Bruxelles.

1882 **Wasseige** (L.), Montzen-Moresnet.

1877 **Watlé** (D.), Anvers.

1882 **Watrin** (G.), candidat en droit, Liége.

1891 **Wauters** (J.), professeur à l'athénée royal d'Ixelles.

1899 **Wauts-Hoosemans** (Mᵐᵉ E.), institut. communale, Bruxelles.

1905 **Weisweiler** (Mˡˡᵉ M.), Bruxelles.

1900 **Werotte** (E.), instituteur communal, Bruxelles.

1896 **Weyel** (Mˡˡᵉ L.), institutrice communale, Bruxelles.

1881 **Williquet** (J.), professeur à l'athénée royal, Charleroy.

1906 **Wilmet** (F.), attaché au ministère de l'agriculture, Bruxelles.

1883 **Wolff** (J. N.), négociant, Bruxelles.

1898 **Wollmann** (Mˡˡᵉ O.), régente aux cours d'éducation de la ville de Bruxelles.

1877 **Wouters** (G.), directeur général au ministère de l'intérieur et de l'instruction publique, Bruxelles.

1902 **Wouters** (J.), étudiant, Bruxelles.

1890 **Wyngaard** (J.), chef de division aux chemins de fer de l'Etat, Bruxelles.

1896 **Wyngaerden** (J.), industriel, Bruxelles.

1886 **Yseux** (Em.), doct. en méd., prof. à l'Université de Bruxelles.

1904 **Zels** (L.), docteur en géographie, professeur à l'école moyenne de l'Etat, Menin.

Sociétés et publications avec lesquelles la Société royale belge de géographie est en relations d'échange.

Allemagne.

BERLIN. Deutsche kolonialgesellschaft; — Gesellschaft für Erdkunde; — Mitteilungen von Forschungsreisenden und Gelehrten aus den deutschen Schutzgebieten; — K. preuss. geodätischen Institut.

BRÊME. Geographische Gesellschaft; — Naturwissenschafticher Verein.

DARMSTADT. Verein für Erdkunde und mittelrheinischer geologische Verein.

FRANCFORT s/M. Frankfurter Verein für Geographie und Statistik.

GOTHA. Justus Perthes' geographische Anstalt.

HALLE s/S. Verein für Erdkunde.

HAMBOURG. Geographische Gesellschaft.

HANNOVRE. Geographische Gesellschaft.

JENA. Geographische Gesellschaft.

KŒNIGSBERG. Physikalisch-ökonomische Gesellschaft.

LEIPZIG. Verein für Erdkunde.

Lubeck. Geographische Gesellschaft.

Metz. Verein für Erdkunde.

Munich. Geographische Gesellschaft.

Nuremberg. Germanischer Nationalmuseum.

Potsdam. Kön. preussich geodätisches Institut.

Autriche-Hongrie.

Brünn. Naturforschender Verein.

Budapest. Société hongroise de géographie; — Statistischer Bureau der Hauptstadt Budapest; — K. ungar. geolc gische Anstalt; — Ungar. geologische Gesellschaft.

Iglö. Magyarorszagi Karpategyesulet.

Pragus. Statistisches Handbuch der kön, Hauptstadt Prag.

Vienne. Anthropologische Gesellschaft: — K. K. geographische Gesellschaft; — K. K. geologische Reichsanstalt; — K. K. œster-reischische Kommission der internationalen Erdmessung; — Œsterreichische Monatsschrift für den Orient; — Zeitschrift für Schul-Geographie; — K. K. naturhistorische Hofmüseum.

Belgique

Anvers. Académie royale d'archéologie de Belgique; — La ligue maritime belge; — Société royale de géographie; — Société de médecine; — Société médico-chirurgicale; — Société de pharmacie.

Bruxelles. Académie royale des sciences, des lettres et des beaux-arts de Belgique; — Administration de la statistique générale; — Belgique maritime et coloniale; — Chine et Belgique; — Ciel et Terre; — Club alpin belge; — Commerce spécial de la Belgique avec les pays étrangers; — Commissions royales d'art et d'ar-chéologie; — État indépendant du Congo; — L'Excursion; — Institut colonial international; — Institut géographique; — Institut de sociologie; — Missions en Chine et au Congo; — Observatoire royal; — Société d'anthropologie; — Société d'ar-chéologie; — Société belge de géologie, de paléontologie et d'hydrologie; — Société d'études coloniales; — Société entomo-logique; — Société royale de botanique; — Société scientifique; — Société royale zoologique et malacologique de Belgique; — Touring Club de Belgique; — Fédération pour la défense des intérêts belges à l'étranger; — Le mouvement géographique; — Recueil consulaire; — Revue de Belgique; — Bulletin bibliographique; — Revue de l'Université libre de Bruxelles; — Revue maritime.

CHARLEROY. Société paléontologique et archéologique.

ENGHIEN. Cercle archéologique.

GAND. Volkskunde.

HASSELT. Société chorale et littéraire des mélophiles.

LIÉGE. Institut archéologique; — Société géologique de Belgique; — Société royale des sciences; — Union des charbonnages et usines métallurgiques; — Université, séminaire de géographie; — Wallonia.

LOUVAIN. Analectes pour servir à l'histoire ecclésiastique de la Belgique.

MALINES. Cercle archéologique, littéraire et artistique.

MONS. Cercle archéologique; — Société des arts, sciences et lettres du Hainaut.

TONGRES. Société scientifique et littéraire du Limbourg.

TOURNAI. Société historique et archéologique.

Espagne.

BARCELONE. Centre excursionista de Catalunya.

MADRID. Real Sociedad geografica; — Revista de geografia commercial y mercantil.

France.

AUXERRE. Société des sciences historiques et naturelles de l'Yonne.

BORDEAUX. Société de géographie commerciale.

DOUAI. Union géographique du Nord de la France.

DUNKERQUE. Société de géographie.

LE HAVRE. Société de géographie commerciale.

LILLE. Société de géographie.

LYON. Société de géographie; — Société linnéenne; — Société d'anthropologie; — Les missions catholiques.

MARSEILLE. Société de géographie.

MONTPELLIER. Société languedocienne de géographie.

NANCY. Société de géographie de l'Est.

NANTES. Société de géographie commerciale.

PARIS. Office colonial; — Société d'anthropologie; — Société de géographie; — Société de géographie commerciale; — Société de topographie; — Annales de géographie; — Les annales diplomatiques et consulaires; — Polybiblion. revue bibliographique universelle; — Revue de géographie; — Revue coloniale; — La Quinzaine coloniale; — Chambre de commerce belge.

ROCHEFORT. Société de géographie.

ROUEN. Société normande de géographie
SOISSONS. Société archéologique, historique et scientifique.
TOULOUSE. Société de géographie; — Société d'histoire naturelle ; —
Société Ramond, explorations pyrénéennes; — Université.
TOURS. Société de géographie.

Grande Bretagne.

EDIMBOURG. Royal scottish geographical Society.
LIVERPOOL. Geographical Society.
LONDRES. Royal geographical Society; — Baptist missionary Society;
— Man : Monthly record of anthropological Science; — Cook's
Ocean sailing List.
MANCHESTER. Geographical Society.
NEWCASTLE-ON TYNE. Tyneside geographical Society.

Italie.

FLORENCE. Revista geografica italiana.
MILAN. Esplorazione commerciale.
NAPLES. Societa africana d'Italia.
ROME. Societa geografica italiana. — Ministero degli affari esteri.
TURIN. Cosmos.

Pays-Bas.

AMSTERDAM. Kon. nederlandsch aardrijkskundig genootschap; — De
Indische Mercuur.
LA HAYE. K. Instituut voor de taal-, land- en volkenkunde van
nederlandsch-Indië.

Portugal.

LISBONNE. Sociedade de geographia.

Roumanie.

BUCAREST. Société géographique roumaine.

Russie.

SAINT-PÉTERSBOURG. Société impériale russe de géographie. — Comité
géologique.

Suède.

STOCKHOLM. Société d'anthropologie et de géographie suédoise; —
Svenska Turistforeningen.
UPSALA. Kungl. Universitet. Geologiska institutionen.

Suisse.

BERNE. Geographische Gesellschaft.
GENÈVE. Société de géographie.
NEUCHATEL. Société neuchâteloise de géographie.
ZURICH. Geographische ethnographisch Gesellschaft.

Afrique.

ALGER. Société de géographie.
LE CAIRE. Société khédiviale de géographie.
ORAN. Société de géographie et d'archéologie de la province d'Oran.
TUNIS. Revue tunisienne, organe de l'Institut de Carthage.

Amérique.

AVELLANEDA. Camara mercantil.
BAHIA. Instituto geographico e historico.
BERKELEY. University of California.
BUENOS-AYRES. Instituto geografico argentino; — Bulletin démo-
    graphique argentin; — Museo nacional; — Statistique municipale.
CAMBRIDGE. Peabody museum of archeology and ethnology.
CHICAGO. The Journal of geology.
CORDOBA. Academia de ciencias.
HALIFAX. Nova Scotia Institut of science.
LA PAZ (Bolivie) Sociedad geografica; — Ministerio de colonias y
    agricultura; — Oficina de inmigracion, estadistica y propaganda
    geografica.
LA PLATA. Estadistica de la provincia de Buenos-Ayres.
LIMA. Sociedad geografica; — Cuerpo de ingeniores de minas del
    Peru.
MADISON. Wisconsin Academy of sciences, arts and letters.
MEXICO. Estadistica fiscal; — Importacion y exportacion; — Instituto
    geologico. — Observatorio meteorologico-magnetico central; —
    Sociedad cientifica « Antonio Alzate ».
MONTEVIDEO. Museo nacional; — Observatorio.
NEW-HAVEN. Connecticut Academy of arts and sciences.
NEW-YORK. American geographical Society; — Dun's Review.
PARA. Museu Goeldi de historia natural y ethnographia.
PHILADELPHIE. Academy of natural sciences; — Geographical Society.
PUEBLA. Estadistica del Estado de Puebla.
RIO DE JANEIRO. Revista do Observatorio.
SAINT-LOUIS. Academy of sciences.

SAN FRANCISCO. Californian Academy of sciences. — The geographical Society of the Pacific.

SANTA CRUZ (Bolivie). Sociedad geografica e historica.

SANTIAGO. Société scientifique du Chili.

SAO PAULO. Sociedad scientifica.

SUCRE. Sociedad geografica.

TACUBAYA. Observatorio astronomico nacional mexicano.

TORONTO. Canadian Institute.

WASHINGTON. Bureau of Ethnology; — Department of the Interior U. S. — National geographic Magazine; — Philosophical Society; — Smithsonian Institution; — U. S. geological Survey of territories; — U. S. Coast and geodetic Survey; — U. S. Naval Observatory.

Asie.

CALCUTTA. Asiatic Society of Bengal; — Geological Survey of India.

HANOÏ (Tonkin). Revue indo-chinoise.

SAÏGON. Société des études indo-chinoies.

TOKIO. Deutsche Gesellschaft für Natur- und Völkerkunde Ostasien's; — Tokyo geographical Society.

YOKOHAMA. The Yokohama japanese chamber of commerce.

Australie et Malaisie.

BRISBANE. Royal geographical Society of Australasia, Queensland Branch.

MANILLE. Department of the Interior.

MELBOURNE. Royal geographical Society of Australasia.

SYDNEY. Government statistician's office.

SÉANCES

—

Séance du 10 *janvier* 1906.

RAPPORT ANNUEL.

CONFÉRENCE DE M. V. BRIFAUT.

A travers la Californie.

La séance est ouverte à huit heures et demie du soir. Prennent place au bureau : MM. Kaïser, président; Pavoux, vice-président; Du Fief, secrétaire général; le comte Goblet d'Alviella, J. Leclercq et Navez, membres du Comité.

Le secrétaire général donne lecture du rapport suivant :

MESSIEURS,

J'ai l'honneur de vous présenter le 29ᵉ rapport annuel sur la situation et sur les travaux de notre Société durant l'année 1905, qui est la 30ᵉ de l'existence de la Société.

Le nombre des membres effectifs est de plus de 900, mais en ce moment de l'année sociale, ce nombre est susceptible de quelques modifications en plus ou en moins; nous comptons, en outre, 10 membres d'honneur, 35 membres correspondants et 164 abonnements à notre *Bulletin*.

Parmi les membres que la mort nous a enlevés, nous avons eu le regret, ainsi que notre pays tout entier, de perdre le baron *Lambermont*, qui était membre d'honneur de notre Société; ensuite, cinq des plus distingués de nos membres correspondants, *Charles Gauthiot*, secrétaire perpétuel de la Société de géographie commerciale de Paris, le savant géographe *Ferdinand von Richthofen*, l'illustre *Elisée Reclus*, et les vaillants explorateurs *Savorgnan de Brazza* et *Hermann von Wissmann*.

Le nombre des sociétés et des revues avec lesquelles nous faisons échange de publications est de plus de 200.

Au 10 janvier 1905, date de notre dernier rapport, la situation financière de la Société se soldait par un *avoir en caisse* de . . . . fr.   5,797 17
Les *recettes* jusqu'aujourd'hui, y compris la vente d'une rente belge, ont été de. . . . . fr.   9,872 61

Total   . . fr.   15,669 78
Les *dépenses*, jusqu'aujourd'hui, ont été de. . . fr.   10,141 23

Reste   . fr.   5,528 55

Cette somme, avec les recettes qui nous restent encore à effectuer et ce qui est en portefeuille, nous permettra de suffire aux besoins ordinaires de la Société durant l'exercice en cours.

Le 29ᵉ volume de notre *Bulletin* se compose de 5oo pages in-8°
avec cartes et planches. Ce Bulletin, confié aujourd'hui aux soins
obligeants de M. Cammaerts, comprend des articles de science
géographique, d'exploration, d'ethnographie, de bibliographie et
de chonique géographique. Parmi les articles de ce volume, se
trouvent : *l'île de Santorin* et *l'île de Samothrace,* par M. Hauttecœur ;
le Kalahari et *Quelques considérations sur le bassin du Tchad,* par
M. A. Schoep; *le problème du Tanganyika,* par M. L. Zels; *les
Baloubas,* par le R. missionnaire Garmijn; *le canal de Panama,* par
M. E. Kraentzel; *les Mousseronges,* par le R. Callewaert; *la mouche
Tsétsé* et *la Colonisation au Katanga,* par le lieutenant Brohez; *Projet
d'une exploration systématique des régions polaires,* par M. H. Arctowsky.

Le compte rendu des actes de la Société, qui est annexé à chacun
des numéros du *Bulletin,* mentionne et résume les conférences
données à la Société. Dix-neuf conférences, dont cinq plus spécialement scientifiques, ont été données durant l'année 1905, par :

MM. le comte GOBLET D'ALVIELLA : *Le Far-West ;*

le comte AD. VAN DER BURCH : *De Sirinagar à Kiote ;*

CH. MORISSAUX : *La ville de Beira* et *la Cⁱᵉ de Mozambique ;*

V. BRIFAUT : *Dans l'Est-Américain ;*

l'abbé WINKELMANS : *Carthage et les monuments romains de la
Tunisie ;*

Mˡˡᵉ HÉLIA : *Le Pays des Fourrures ;*

M. MAHY : *L'Eden zélandais (île de Walcheren) ;*

le commandant G. ISACKSEN : *La deuxième expédition polaire
norvégienne du « Fram » ;*

E. A. MARTEL : *Les cavernes, les abîmes* et *les rivières souterraines de Belgique ;*

le commandant LEMAIRE : *De Banana à Alexandrie ;*

le Dʳ CHARCOT : *L'Expédition antarctique française,* 1904-1905 ;

SOIL DE MORIAMÉ : *Constantinople et l'art byzantin ;*

FR. MULLENDORFF : *Au Sud-Ouest africain allemand ;*

le comte ADRIEN VAN DER BURCH : *Visions d'Orient, impres-
sions et souvenirs de Birmanie, Chine, Java, etc.*

Les cinq causeries scientifiques ont été faites par :

MM. F. DE BRAY : *La Mandchourie et l'adaptation à cette région des
principes de la guerre moderne ;*

E. CAMMAERTS : *Le futur réseau des chemins de fer chinois, considéré au point de vue géographique;*

G. KAÏSER : *Les trouées dans les Alpes*; *Le tunnel du Simplon;*

ARCTOWSKY : *Projet d'une exploration systématique des régions polaires ;*

E. LAGRANGE : *La croûte terrestre et ses déformations.*

Je présente à tous nos collaborateurs les remerciements du Comité de la Société.

Après la lecture de ce rapport, M. Kaïser, président, prononce le discours suivant :

» Le rapport que vient de nous lire notre excellent secrétaire général atteste au sein de notre Société une vitalité que je suis particulièrement heureux de pouvoir louer. Et je suis bien à l'aise pour le faire, car, ainsi que vous le savez, les présidents passent ; le secrétariat général est permanent.

« La vitalité comme la prospérité de la Société sont ce que les font les membres du secrétariat général. Le président n'y est pour rien.

» Nous avons adjoint au Comité deux éléments nouveaux depuis deux ans, en appelant MM. M. Rahir et Cammaerts respectivement aux fonctions de secrétaire-adjoint de la Société, et de rédacteur en chef du *Bulletin*.

» L'amélioration et le développement de notre *Bulletin* ont été unanimement constatés et une bonne part en revient à M. Cammaerts, dont je me plais à reconnaître le zèle et le désintéressement.

» Quant à M. Rahir, depuis bien des années, il est le plus précieux collaborateur du bureau, vous savez tous le rôle important qu'il joue dans notre Société. Il est resté à la rampe, ce qu'il était dans les coulisses, voilà tout ! Il y a des dévouements auxquels on se saurait rien ajouter quelle que soit la bonne volonté qu'on y mette.

» Enfin, notre éminent secrétaire général, M. Du Fief, qui avait eu, il y a trois ans, ce mouvement de coquetterie de vouloir s'en aller, nous est demeuré pour notre plus grand bien et continue à diriger notre barque d'un œil toujours attentif et vigilant.

» Lorsque je vous disais tout à l'heure le rôle habituellement effacé que remplit le président dans le Comité central, j'étais injuste pour M. Buls, mon prédécesseur à ce fauteuil. Au cours de la séance qui clôtura sa présidence, il y a de cela un an, il nous exposa son désir de voir s'instituer, à côté des séances publiques ordinaires, des séances intimes dominicales, d'ailleurs plus rigoureusement scientifiques, où l'on traiterait de sujets d'actualité en géographie, où les auditeurs pourraient demander des éclaircissements au conférencier, émettre leurs idées personnelles, formuler des objections; où, dans le coude à coude de séances plus intimes, après l'exposé général du conférencier, il serait fait appel à la discussion. Ces séances dominicales, que nous rappelait tantôt M. Du Fief, ont été absolument ce que M. Buls désirait qu'elles fussent et j'applaudis de grand cœur à son intelligente initiative.

» Et maintenant que voici terminée la partie administrative de notre séance annuelle, je donne la parole à M. Brifaut, un des plus fréquents et des plus sympathiques causeurs qui aient paru à notre tribune et qui va nous mener en Californie. »

M. Brifaut prend ensuite la parole.

Dans le merveilleux développement de la Confédération Nord-Américaine, dont la seconde moitié du XIXe siècle nous a donné le spectacle, aucun Etat n'a réalisé de plus grands progrès et mis à jour, pour les besoins de l'avenir, des richesses plus multiples et plus variées.

Sur une superficie un peu moindre que celle de la France,

le Californie nous offre, au point de vue végétal, l'incomparable assemblage de tous les produits du Nord, du Midi et presque des tropiques.

C'est l'Eden où se retrouvent tous les fruits et toutes les fleurs, dans un climat plus doux et sous un ciel plus clément que ceux de l'Italie ou de la Côte d'Azur. C'est la terre fertile où la moindre source, le moindre ruisseau change la poussière aride en champs ou vergers aux récoltes annuelles doubles et triples.

Que dire du sous-sol, dont les riches minéraux, l'or surtout, ont donné à la Californie sa célébrité mondiale et amené la première poussée de l'émigration vers 1849.

Le charbon seul semble y faire défaut, mais pour les besoins industriels, la houille blanche et le pétrole, surtout, suppléent abondamment. Le *Southern Pacific Railway* n'utilise pas d'autre combustible pour ses locomotives.

Cette puissance d'utilisation du pays a amené une prospérité sans égale, et fait sortir de terre des villes, qui bientôt rivaliseront par le chiffre de la population et l'importance des affaires, avec les grandes cités de l'Est-Américain. San-Francisco, avec son port immense, Los Angeles, dans le centre d'une région excessivement fertile, sont actuellement pourvus de tous les éléments du luxe et du confort. Ils ont de plus, à petite distance, d'une part, des pays pittoresques, sauvages et peu connus, comme la grande chaîne de la Sierra-Nevada et, d'autre part, les cités balnéaires de la côte occideniale, telles que : Santa Barbara, Monterey, San-Diego, qui offrent l'attrait d'innombrables excursions et de séjours enchanteurs.

Bref, on peut escompter, pour la Californie, un avenir des plus brillants, si elle peut résoudre les trois grands problèmes de son développement économique : la main-d'œuvre, les grands capitaux et l'extension du système des irrigations.

La main-d'œuvre est rare et d'un prix vraiment déconcertant pour nos conceptions européennes, canalisée et dominée qu'elle est par de puissants syndicats ouvriers, chaque jour plus exigents et plus tyranniques. Il y avait une ressource, l'immigration des Jaunes, Chinois et Japonais. Mais les ouvriers Blancs ont obtenu la suppression de cette concurrence désastreuse pour eux. Le Parlement américain a voté et renforcé, d'année en année, les lois prohibant d'une façon absolue l'entrée des Chinois dans toute la Confédération et plus particulièrement dans les Etats de l'Ouest. Il reste cependant, sur la côte du Pacifique, quelques agglomérations chinoises. San-Francisco comprend notamment une ville chinoise, vrai coin d'Asie, perdu en pleine civilisation occidentale. Les mêmes restrictions ne frappent pas les Japonais, mais il faut redouter qu'un jour les législateurs n'aient la main forcée par les corporations ouvrières. Il y a là, pour l'avenir, un difficile problème et une cause possible de très graves conflits.

Les capitaux sont souvent encore insuffisants en Californie, mais le public américain prend confiance, et l'on peut croire qu'il n'y a là qu'un obstacle temporaire à la pleine expansion du pays.

La question principale reste toujours le système des irrigations. Là où il n'y a pas d'eau, c'est le désert. Mais grâce à des canalisations savantes, on a pu et on pourra de plus en plus, capter les torrents, les lacs perdus dans les montagnes et donner aux deux grands fleuves, le San-Joaquin et le San-Sacramento, un rayon d'utilisation de plus en plus vaste, et ainsi s'étendra l'ère de ces cultures merveilleuses, dont l'oranger reste le type et qui donnent à la Californie des certitudes d'avenir beaucoup plus brillantes encore que les précieux métaux dont son sous-sol abonde.

Séance du Comité central du 19 *janvier* 1906.

ÉLECTION DU BUREAU POUR L'ANNÉE 1906.

Le Comité procède à l'élection de son Bureau pour l'année 1906.

Sont nommés :

Président : M. Eug. Pavoux, ingénieur, industriel.

Vice-présidents : MM. G. Lecointe, directeur à l'Observatoire, et J. Leclercq, conseiller à la Cour d'appel de Bruxelles.

Séance intime du 28 *janvier* 1906.

CAUSERIE DE M. LE PROFESSEUR C. MALAISE.

L'Ardenne géographique et géologique.

L'Ardenne fait partie d'une chaîne de montagnes, les Monts Hercyniens, parallèle à la grande chaîne des Alpes et des Carpathes. Ces monts s'étendent de l'ouest à l'est, depuis la France jusqu'en Pologne où ils se terminent aux collines de Sandornir. En France, ils finissent sous les terrains horizontaux, pour reparaître en Angleterre, où ils constituent les montagnes du Pays de Galles et de Cornouailles.

L'Ardenne, qui s'étend de Hirson à Düren, est un plateau ayant la forme d'un croissant, formé par les terrains silurien et dévonien inférieur. D'une altitude de 400 à 500 mètres, atteignant en Belgique, 686 mètres à la Baraque Michel (Jalhay); mais son point le plus élevé est à 2 kilomètres de la frontière au signal de Botrange, en Prusse, 695 mètres ; elle est entrecoupée de nombreuses et pittoresques vallées. Mais le plus bel aspect apparaît des points culminants, tels que les Hautes Buttées, la Cense Jacob, Hockay, la Baraque Michel, etc.

Le conférencier, dans le but de faire comprendre la constitution géologique de l'Ardenne, donne quelques notions générales sur les terrains d'origine ignée ou volcanique, sur ceux d'origine sédimentaire ou aqueuse, sans oublier le métamorphisme.

Parlant de la structure de l'écorce du globe, il montre la première couche de granite, donnant naissance au gneiss et au micachiste ; et cette première pellicule de l'écorce azoïque, sans fossiles, servant de substratum aux couches sédimentaires, où les débris de fossiles montrent l'apparition de la vie végétale et animale.

Il fait connaître la composition des deux systèmes de terrains primaires qui constituent l'Ardenne : le silurien inférieur ou cambrien et le dévonien inférieur.

Le conférencier a figuré une esquisse de la constitution géologique de l'Ardenne, après le dépôt et l'émergence des îles cambriennes, au moment où la mer dévonienne va déposer ses sédiments. Une coupe N.S., traversant les couches et se rattachant au silurien du Brabant, complète cette esquisse.

Le cambrien de l'Ardenne a éprouvé, vers cette époque, des ridements et des plissements, qui ont produit, pendant la période primaire, des sommets, que l'on peut sans exagération estimer à 3 000 mètres de hauteur. Ces sommets ont été ensuite abrasés, rasés ; et les roches emportées ont semé de leurs débris, la vallée de la Meuse jusqu'à son embouchure, et ont déposé en Campine, ces immenses amas de cailloux du sous-sol, exploités dans les ballastières.

L'Ardenne a éprouvé, postérieurement, des abaissements, puis des soulèvements : comment pouvoir expliquer, autrement, la présence des dépôts triasiques de Malmédy, Stavelot,

Basse-Bodeux et des restes crétacés à Hockay (Francor-
champs).

La caractéristique du sol de l'Ardenne, malheureusement,
encore soumis à l'essurtage et à l'écobuage, c'est l'absence,
ou tout au moins la rareté du calcaire, aussi la chaux et les
superphosphates donnent-ils d'excellents résultats. On y voit
environ un tiers bois, un tiers culture ; et un autre tiers
landes et parties incultes, qui se restreint toujours par les
plantations de bois, etc. Les plateaux élevés, nommés Hautes-
Fagnes, sont recouverts de landes et de bruyères.

Le conférencier termine par des considérations sur les
forêts, les associations de végétaux suivant les stations, la
flore des landes et des tourbières, la faune et la flore arctique
glacière des hauteurs dépassant 500 mètres, et sur les
substances lithoïdes et minérales de la région, sur l'ethnographie et les espèces animales sauvages ou domestiques.

Séance du 1ᵉʳ février 1906.

CONFÉRENCE DE Mᵐᵉ HÉLIA.

Du Far-West au Pays Jaune.

La séance est ouverte à huit heures et demie du soir,
sous la présidence de M. Eug. Pavoux, président. Prennent
place au bureau : MM. Du Fief, secrétaire général ; Durand
et Navez, membres du Comité.

Cette causerie fut un ensemble de croquis d'Extrême-
Orient, pris au hasard des circonstances, par une touriste
venue du fond du Far-West. Saisie du contraste qui s'accuse
entre le vieil Orient, encombré d'êtres humains dépréciés,
rapetissés (singulièrement vivaces et résistants toutefois) et
les territoires incultes de l'Amérique du Nord, ouverts à peine
aux populations Aryennes, d'implantation récente, « je

pensais, dit-elle, avoir touché presque sans transition les
deux bouts du monde et avoir entrevu, en les considérant,
deux antithèses formidables défiant à jamais la pensée. »

Déjà les paysages hyperborés du Canada, les forêts silen-
cieuses, les montagnes gigantesques s'étaient éclipsés ; le
transpacifique emportait la voyageuse, la méridienne était
franchie ! Le pays du soleil levant, le Pays Jaune profilait
ses rives !

Comme une île enchantée flottant au-devant de l'Asie, le
Japon apparaît à l'extrême bord de l'hémisphère oriental.
A Yokohama, tout fait tableau aux yeux ; les maisonnettes
en bambou, les pins aux branches torses et les magots
d'étagère qui, bien vivants, se meuvent à l'envie ; tout s'éclaire,
s'anime, se renouvelle comme en un kaléidoscope.

On voit des coolies au corps bronzés et fins transportant
des fardeaux et traînant des chariots ; de minuscules japonaises, comparables à des papillons multicolores, allant à
petits pas au bruit sautillant de leurs cothurnes ; de petits
enfants, absolument pareils aux poupons de carton des
bazards ; de vieux bons hommes, le nez orné de grosses
lunettes, travaillant, assis sur des nattes dans leurs masures
ouvertes à tous les vents ; d'autres bons hommes, fumant
leurs pipes, d'autres encore rêvassant...

Et tous, jeunes et vieux, ayant aux lèvres un inexpressif
sourire qui ne s'efface pas ! — On apprend à la longue, il
est vrai, que ce rire stéréotypé sur leurs traits, n'est autre
chose qu'une acceptation résignée des vicissitudes de ce bas-
monde ; ils se soumettent sans révolte à la nécessité, si dure
soit celle-ci ; mais ils sont insouciants et l'heure n'existe pas
pour eux.

En ce temps, ils apparaissaient comme l'ornement frivole
et léger, non comme l'âme de la contrée magnifique où ils
vivent. C'était à la fin du dernier siècle ; rien ne faisait pré-

voir le rôle que les Nippons devaient bientôt jouer. Leur île, véritable oasis des mers, paraissait dormir et prolonger, à l'écart du mouvement moderne, un vague et futile songe.

En cours de route vers l'ancien continent, le transpacifique fait au Japon trois escales — Yokohama, Kola, Vagaselle, — et navigue pendant deux jours dans la mer intérieure.

Constamment devant le fantastique décor, les jonques voguent, montées par des bateliers au corps de bronze, et les grands oiseaux aux ailes courbes virent dans les airs et décrivent des spirales fantaisistes. Tout est fantasmagorique, et tout explique cet art inimitable en lequel les habitants ont excellé depuis la nuit des temps. Vues dans la réalité, les figurines peintes sur les vases et les écrans prennent un sens vrai; les ciels nacrés et roses, l'éparpillement délicat des feuillages, les mares d'eau dormantes, les oiseaux et les fleurs de convention deviennent naturels. Ces prestigieuses japonaiseries ont trouvé, au sein d'une nature merveilleuse, leur véritable inspiration. Et..., puisque nous sommes dans le domaine des arts, en ce concert sonore des couleurs, il nous faut parler de la musique des Japonais; en dire un mot du moins !

Nous n'en avons jamais fait grand cas, et peut-être avons-nous eu tort. Assurément, ses instruments : sainsins (1), gottos (2), birvas (3) ou gongs sont très rudimentaires, et, au surplus, les voix, mal posées, manquent d'ampleur.

Ce qui surprend dans cette forme d'art, c'est que son système harmonique est basé sur d'autres lois que le nôtre et qu'il nous reste inconnu. En un mélange de tonalités inattendues, les demi-tons abondent et semblent effleurer à tout instant des intervalles moindres, imprécis comme dans l'envolée aérienne d'une symphonie d'oiseaux, que nulle orchestration ne saurait rendre : c'est incohérent,

(1) Guitares. — (2) Harpes. — (3) Violoncelles.

c'est imprenable, mais ce n'est pas discord ; on y pressent des appels désespérés, des aspirations inassouvies et si l'on cherche à deviner l'intention, bientôt la phrase se dessine, traversée avec fulgurence d'accents impétueux et déchirants, obtenus par des sauts brusques sur la note sensible et par des écarts impossibles à mesurer ou à prévoir, capables de bouleverser ceux qui en subissent l'effet.

Au théâtre, une seule et même cantilène, incessamment répétée par des chanteurs et des guitares invisibles, se prête avec une souplesse ensorcelante au tumulte des sentiments mis en jeu par les acteurs ; joignez à cela le chatoîment des costumes, les silhouettes graciles, les poses contournées, bizarres, et certains rapports très intimes entre la mélodie et la forme vous dévoileront le sens d'une esthétique absolument mécanique.

Le navire, ayant cinglé par le détroit de Corée, entra dans la mer Jaune ; bientôt prit contact avec l'Empire du Milieu. Lorsque l'on pénètre dans une cité chinoise, dit Mme Hélia, on a une impression singulèrement complexe ! Cette société décrépite avec ses assemblages d'élégance et de délabrement, d'indulgence et de cruauté, de stoïcisme et de veulerie, déroute les esprits !.. Quelle vie, quel encombrement sur les routes ou circulent, en un pêle-mêle confus, les piétons et les véhicules ! Voici les caravanes, les chameaux portant les palanquins, et les miséreux et les lépreux en guenilles ! et voici, au bruit du gong, deux coureurs frayant la voie, écartant devant eux chariots, bêtes et gens ! un cortège se déroule ! C'est un mandarin en promenade. Paré comme une châsse, les mains à plat sur les genoux, il jette un regard méprisant sur le commun des mortels ! son convoi s'éclipse trottant menu par les flots refermés de la foule.

De toutes les concessions européennes du littoral, Changhaï, la métropole, est la plus importante ; autour de la ville chinoise, enclavée dans ses murs, plusieurs agglomérations étrangères se sont groupées le long du fleuve; elles abritent plus de 5 000 Blancs, de tous pays, appartenant presque tous au monde de la finance ou des affaires, au corps diplomatique, en un mot, à la bonne société. Toutes les races du globe s'y coudoient, tous les costumes y défilent. Dans la société européenne, assez peu soucieuse de l'hostilité sourde des mandarins, un sentiment de solidarité se noue spontanément et rassemble en un seul essaim les Blancs de toutes langues et si l'on observe ce monde cosmopolite avide de distractions et ami du luxe, on se croit bien plutôt en quelque grande ville balnéaire qu'exilé sur le continent jaune.

Mme Hélia s'embarqua à Chefou, sur un des steamers qui font le service entre Tien-Tsin et Woozung. A peine au large, le navire fut surpris par un typhon.

Il faut noter l'étrange sensation de malaise que l'on éprouve avant même de soupçonner. l'approche du fléau. Bientôt, dans les hurlements affolés de la tempête, le petit navire se débattait éperdûment. Dans ce désarroi, l'équipage eut l'occasion de sauver la vie à des naufragés japonais, dont le bâtiment avait sombré avec la plus grande partie de l'équipage. On leur prodigua des soins; en vain pourtant pouvait-on chercher une trace d'émotion sur leur visage. Impénétrables, ils demeurèrent fort peu expansifs avec leurs sauveteurs.

L'analyse psychologique de l'âme orientale semble bien difficile. Il faut avoir vécu assez longtemps en Orient, avoir été initié suffisamment aux us et coutumes pour en pénétrer l'esprit. Tout, sur cette rive lointaine, se montre à l'opposé de ce qui est en Occident, et plus nous allons vers les limites extrêmes des deux hémisphères, plus la démarcation s'accentue. On dirait qu'aux confins du

Nouveau-Monde, le type Aryen atteint son expression la plus ueuve et la plus puissante, tandis qu'aux bords de la mer Jaune, le sang mongol épanouit ses floraisons les plus vivaces; la source des sentiments se place là-bas à des distances incalculées des nôtres et par toutes les bizarreries, par toutes les étrangetés qui ressortent des plus infimes traits de mœurs, par ces mélanges déconcertants de douceur et d'insensibilité, de haute science et d'incurie, de philosophie profonde et de superstition puérile, le dédaigneux Orient reste, devant l'Occident orgueilleux, une énigme indéchiffrable.

Si les régions inexplorées du Nouveau-Monde ravivent nos forces par le contact de la terre vierge, le Pays Jaune, accablé de conventions et d'usages déprimants, excite notre curiosité en même temps qu'il nous obsède et qu'il nous décourage.

Des siècles de civilisation se sont déroulés, durant lesquels la glorieuse Chine des Mandchoux s'est repliée sur elle-même et s'est vidée, tandis que le joyeux Japon, mieux dirigé, nous a observés et nous a pris ce qui lui convenait.

Ils ont vu beaucoup de choses, passé par bien des phases, ils ont subi des transformations lentes dont nous n'avons nulle expérience; ils sont nos aînés de beaucoup, leur âme nous reste fermée.

Mme Hélia a fait suivre sa charmante causerie d'une série de fort belles photographies des pays traversés.

De vifs applaudissements ont souligné les paroles de remerciements et de félicitations que le président a adressées à la gracieuse conférencière.

Séance du 9 *février* 1906.

Réception de Mgr le Duc d'Orléans.

La séance est ouverte à huit heures et demie précises.

M. l'ingénieur Eug. Pavoux, président de la Société pour l'année 1906, prend place au bureau, ayant à sa droite Mgr le Duc d'Orléans. Les membres de l'expédition du Prince : MM. de Gerlache, Récamier, Bergendahl, Koefoed et Mérite sont également au bureau, entre MM. G. Lecointe et J. Leclercq, vice-présidents et Du Fief, secrétaire général.

Derrière le bureau se trouvent les autres membres du Comité central de la Société : MM. Ch. Buls, le baron A. de Loë, Durand, major Gillis, G. Kaïser, A. Lancaster, Malaise, général Peny, colonel Storms et le comte Fr. van den Steen de Jehay.

Dans la salle se pressent de nombreux auditeurs ; parmi les personnalités françaises, on remarque le duc de Montpensier, frère du duc d'Orléans, le duc de Luynes, le duc Decazes, le marquis et le comte de Baudry d'Asson, le baron L. de Lagrange, le comte de Castillon de Saint-Victor, le colonel de Perceval, le baron de Monicourt, André Buffet, Paul Bézine, Maurice Emery.

Le président, en ouvrant la séance, prononce le discours suivant :

« MONSEIGNEUR,

» MESDAMES, MESSIEURS,

» La Société royale belge de Géographie saisit avec un vif empressement les occasions qui s'offrent à elle, pour témoigner du haut intérêt qu'elle porte à l'accroissement des notions parfois encore si incomplète que la science possède sur bien des parties de la surface terrestre.

» Après la part qu'elle est fière d'avoir prise à l'organisation de *la Belgica* vers le pôle antarctique, elle ne pouvait manquer de suivre avec la plus sympathique attention, les phases du nouveau voyage de ce même navire vers un point tout opposé du globe, et elle accueille aujourd'hui avec tous les honneurs qu'elle soit en mesure de leur rendre, le brillant Chef et ses courageux collaborateurs qui ont poussé si vaillamment et si heureusement leurs tentatives et leurs recherches en des parages inhospitaliers.

Chez la plupart des peuples, une noble émulation enflamme des esprits d'élite que rien ne parvient à rebuter, ni l'inclémence du climat, ni le manque de bien-être, ni l'incertitude du sort qui les attend, et qui, au bout de leurs efforts et de leurs peines, ne voient qu'un seul but, l'avancement des connaissances humaines, le pur intérêt de la science.

» Aussi leurs noms sont dans toutes les bouches.

» Et l'exemple s'offre de haut aux pionniers de l'avenir !

» N'avons-nous pas vu, en effet, dans ces dernières années, des membres de familles souveraines, que leur naissance semble devoir vouer exclusivement à l'étude si grandement absorbante des questions politiques et sociales, aborder de front les mystères des régions inexplorées et apporter à leur pénétration une audace chevaleresque et une indomptable tenacité?

» Vous n'avez pas oublié, Mesdames et Messieurs, l'Expédition au cours de laquelle, en 1889, le prince Henri d'Orléans — qui vous tient de si près, Monseigneur, par les liens du sang — franchit les monts Célestes, traversa le haut plateau du Thibet, et, au prix d'écrasantes fatigues et de déprimantes privations, parvint aux régions montagneuses où commencent les grands fleuves de l'Inde, pour arriver enfin à Hanoï, après un voyage de toute une année. Poursuivant ses investigations, tour à tour dans l'Afrique

orientale au pays du Harrar, en Asie, dans les vallées du
Mekong et de la Salouen, reconnaissant les sources de
l'Iraouaddy, il préparait de nouvelles explorations, quand,
victime de ce labeur acharné, il alla rejoindre dans la mort,
son compagnon de la première heure, notre compatriote,
le R. P. De Deken.

Vous vous rappelez qu'il y a six ans, le duc des Abruzzes
organisa et dirigea vers le pôle, à bord du *Stella Polaris*,
des recherches qui lui permirent d'atteindre la plus haute
latitude, dépassant de 35 kilomètres celle à laquelle Nansen
était parvenu.

» Le prince régnant de Monaco se livra pendant de longs
voyages à d'intéressantes études sur les courants, le *gulf-
stream*, la faune maritime ; et ses observations attirèrent
l'attention du monde savant lui ouvrirent les portes de
l'Académie des Sciences de France. Nous nous honorons de
le compter au nombre de nos membres.

» Et voici qu'un nouveau nom s'ajoute à ceux que je
viens de citer! C'est le vôtre, Monseigneur.

» Vous avez tenu à votre tour à écrire une page glorieuse
de l'histoire des découvertes terrestres. Et vous avez dirigé
vos regards vers les régions polaires, vers ce Groënland,
dont la configuration laissait des lacunes sur les cartes, et
vous êtes parvenu à les diminuer, au point qu'il ne reste
plus à explorer que 2° 1/2 de littoral, pour que les découvertes de Peary, rattachées aux vôtres, donnent le tracé
complet du pourtour de ce coin de terre.

» La *Société royale belge de Géographie* vous adresse,
par ma voix, ses plus chaleureux souhaits de bien-venue et
elle vous remercie, Monseigneur, de l'honneur que vous lui
faites par votre présence.

» Sous votre active impulsion, vos vaillants collaborateurs, que nous sommes heureux d'associer à cette mani-

festation, vous ont secondé avec un dévouement et une abnégation, d'où devaient découler les brillants résultats qui vont nous être exposés tout à l'heure. Honneur à eux aussi !

» Le docteur Joseph Récamier nous fera, Mesdames et Messieurs, en l'accompagnant du vivant commentaire de superbes projections, l'intéressant récit de l'ensemble du voyage, qui embrasse trois longs mois, et nous en détaillera les péripéties. Vous prêterez à sa parole, la plus vive attention.

» Le commandant de Gerlache, que nous ne connaissons pas d'hier, pour l'avoir déjà fêté, nous initiera aux résultats scientifiques de l'expédition, avec la compétence que lui ont acquise des voyages antérieurs.

» En outre de ces deux éminents conférenciers, auxquels je donnerai successivement la parole, je salue en votre nom à tous, Messieurs, avec une vive satisfaction, trois des principaux membres de l'exploration qui, de loin, sont accourus aux côtés de leur ancien chef. J'ai nommé le lieutenant Rudolf Bergendahl, de la marine suédoise, qni s'est occupé spécialement de la topographie ; M. Aimar Koefoed, zoologue danois, et le peintre Edouard Mérite, dont les qualités vous indiquent suffisamment le rôle qu'ils ont joué dans ce savant état-major.

» Je ne veux pas prolonger davantage l'attente de l'auditoire qui se presse dans cette salle. Aussi, après avoir redit avec quels sentiments d'enthousiaste sympathie nous accueillons ce soir notre hôte illustre et ses compagnons de travaux et de gloire, je prierai M. le docteur Récamier de bien vouloir aborder la tribune. »

Le docteur Récamier prend alors la parole pour faire le récit du voyage de *la Belgica*. Il rapelle d'abord les expéditions précédentes, qui avaient exploré partiellement la côte orientale du Groenland :

« L'expédition organisée, en 1905, par le duc d'Orléans
pour l'étude de la banquise du Groenland, a quitté Bergen le
24 mai, à bord de *la Belgica* commandée par M. de Gerlache,
secondé par le lieutenant Bergendahl. Les autres membres
de l'expédition étaient le peintre Edouard Mérite, l'océanographe Kœfœd, le styrmand Andreassen, le mécanicien
Carlsen, le docteur Récamier et vingt hommes français,
norvégiens et anglais.

» Durant ces mois d'été, grâce à l'influence du *gulf-stream*,
la côte Est du Spitzberg se trouve presque entièrement déga-
gée, c'est de ce côté que le navire se dirigea, tout d'abord.
(Le conférencier permet à son auditoire de suivre les diverses
périgrinations du navire, grâce à de très intéressantes
projections de photographies, extrêmement soignées.)

» Après avoir essuyé une série de violents coups de vent,
sur les côtes du Spitzberg le navire fut bloqué dix jours par
la glace dans la baie de Treurenberg. L'expédition fut
alors assez heureuse pour recueillir et ramener aux baleiniers de l'*Ice-fiord* un équipage norvégien naufragé.

» Reprenant de nouveau sa marche au nord entre les
champs de glace, *la Belgica*, après plusieurs tentatives
infructueuses, ne pût dépasser 88° 30', elle se dirigea alors
vers l'ouest en suivant la lisière, réussit à traverser la
banquise vers le 76° et atteignit la côte groenlandaise.

» Pendant cette traversée de la mer du Groenland et de
la banquise, les membres de l'expédition firent un grand
nombre de sondages et de stations océanographiques, ils
recueillirent avec soin tous les spécimens zoologiques.

» *La Belgica* aborda le Groenland aux îles Koldewey,
près du cap Bismarck, 76° 45', point le plus élevé atteint en
traineau par l'expédition allemande de 1870, dont le navire
la Germania n'avait pu d'ailleurs dépasser le 75°, à l'île
Shannon, dans les tentatives qui précédèrent et suivirent
son hivernage.

» L'expédition trouvant, contre toute attente, le passage libre le long du *Land fast ice* de la côte, au-dessus du cap Bismarck, remonta jusqu'au 78° 18', débarquant au cap Philippe dans une île nouvelle, et relevant la côte jusqu'au 78° 50', apportant ainsi à la cartographie un nouveau tracé de deux degrés de côtes groenlandaises.

» Le duc d'Orléans donna à cette région le nom de Côte française et aux îles qui la bordent celui d'Archipel français. Une tentative pour atteindre à pied cette terre, à travers la glace fondue de l'été, fut arrêtée à 500 mètres de la côte par des crevasses infranchissables; mais, une pointe de 58 milles faite par le navire, dans l'est, au milieu de la banquise, fut plus heureuse. On découvrit par les sondages un relèvement considérable des fonds sous-marins, arrivant à 58 mètres seulement de la surface. On donna à ce banc le nom de banc de la Belgica. (Lat. 78° 13', long. ouest de Paris 16° 50').

» Une brume intense et persistante, la dérive toujours plus grande des glaces qui menaçaient d'emprisonner le navire pour l'hiver, obligèrent alors le Prince et ses compagnons à revenir vers le sud, le 6 août. Après une traversée de la banquise, pénible mais sans accident grave, la sortie de la glace eut lieu le 18 août par 70° 30'.

» Après un arrêt à Reykjavik, l'expédition arriva à Ostende le 12 septembre, ayant accompli en trois mois, grâce aux conditions exceptionnelles de la glace cet été, un voyage que personne ne croyait possible sans hivernage, et ayant pénétré dans la banquise de la côte est du Groenland, *à deux degrés plus au nord qu'aucun navire n'avait réussi à le faire auparavant.* »

Cette conférence, agrémentée d'anecdotes amusantes ou curieuses sur la vie de bord, sur la chasse aux phoques et aux ours, la capture d'oursons, a été fort intéressante. Et quand M. Récamier a dit l'émotion que l'expédition ressentit lorsque le duc d'Orléans, l'exilé, planta le drapeau français en terre vierge, les bravos sont partis tout seuls.

La parole du docteur Récamier est claire et assurée, autant que rapide, familière, aisée et empreinte d'une sincérité qui lui ont valu à plusieurs reprises les plus chaleureux applaudissements.

Le commandant de Gerlache fait ensuite un exposé des résultats scientifiques de l'expédition, dont nous nous bornons ici à citer les passages les plus saillants :

« Lorsque le Duc d'Orléans résolut d'entreprendre cette croisière polaire, son but était double. Chasseur passionné, il se proposait d'enrichir ses superbes collections d'histoire naturelle; la Prince désirait avant tout, cependant, que la science tirât quelque avantage de cette expédition.

» Il s'était dit qu'il convenait de compléter nos connaissances sur cette partie de l'océan Arctique, par des observations océanographiques et scientifiques. Le but final de ces travaux était de donner aux pêcheurs des indications pratiques basées sur des données précises.

» Nous avons donc opéré systématiquement, en nous dirigeant d'après le programme de la commission internationale d'étude organisée par les pays du Nord.

» Nous nous sommes au préalable entendus avec les sections norvégiennes et danoises sur la région à explorer, en nous servant des mêmes instruments et de méthodes semblables.

» L'honneur d'avoir eu cette idée revient au chef de notre expédition et forme sa caractéristique...

» Nous avons traversé la grande banquise, à une latitude sensiblement plus élevée qu'aucun de nos devanciers.

» On croyait, en effet, que cette barrière de glaces n'était vulnérable que vers le 74e parallèle; nous l'avons franchie en serrant de près le 76ᵉ et nous parvînmes, peu après, en longeant la côte est du Groenland, à une latitude qu'on pensait devoir rester à jamais inaccessible aux navires.

» L'ensemble des observations que nous avons faites constitue la première série complète et systématique prise à travers la banquise du Spitzberg au Groenland. Leur coordination avec celles prises au large de la barrière de glaces donnera des notions nouvelles sur le régime océanographique et sur les rapports du *gulf-stream* avec le grand courant polaire.

» Nous avons reconnu la côte N.-E. du Groenland jusqu'à 120 milles du cap Bismarck. C'est là que nous avons découvert la Terre de France, qu'on a nommée depuis, sur la demande des nations du nord, se conformant à l'usage, « Terre du Duc d'Orléans ».

» L'expédition a atterri sur quatre points de la côte. Elle a pris de nombreux échantillons de roches, a récolté des types de la faune et de vieux ossements, constituant des documents précieux pour l'étude de la migration de certaines espèces, notamment du renne et du bœuf musqué.

» Nous avons vu une flore étonnante de vitalité, dont notre collaborateur Koefoed a rapporté trente types différents.

» Enfin, le journal du bord, avec toutes les notes, les observations météorologiques prises toutes les deux heures, les études sur l'aspect de la banquise, sur les animaux rencontrés, constituera, pour les hommes compétents, un fond d'où ils extrairont de savants mémoires.

» Si nous avons réussi, c'est grâce à la haute initiative et aux soins attentifs de celui qui dirigea l'expédition et à qui la Société de Géographie rend un hommage si mérité. »

Après ces communications de MM. Récamier et de de Gerlache, le président reprend la parole en ces termes :

» M. le docteur Récamier a mis en lumière la suite des incidents qui ont marqué l'expédition, et il nous l'a fait, en outre, réaliser très commodément à notre tour, en nous en présentant un tableau vivant et animé qui nous a fait illusion ; toutes les péripéties s'en sont déroulées devant nous, et nous avons pu suivre, dans les bons comme dans les mauvais moments qu'ils ont eu à traverser, les hommes intrépides que nous avons l'insigne honneur de recevoir ce soir.

» Quand on est revenu d'un semblable voyage, on est heureux de coordonner, dans le calme et le repos, les observations scientifiques que l'on a eu l'occasion de recueillir ; et c'est ce que nous venons de faire avec le commandant de Gerlache, dont je signalais tantôt la compétence en ces matières.

» Grâce aux deux savants conférenciers, que je me fais un devoir de remercier vivement au nom de vous tous, Mesdames et Messieurs, nous connaissons à l'heure qu'il est, d'une manière étendue, l'expédition dont M⁅ᵍʳ⁆ le duc d'Orléans a été le promoteur éclairé et le chef entreprenant, et nous pouvons lire ainsi, la page brillante qu'il a écrite, comme je le disais, dans le livre des découvertes géographiques.

» Interprète du Comité central, je soumets à l'assemblée la proposition d'acclamer notre illustre hôte comme membre correspondant de la Société.

(Applaudissements longtemps répétés.)

» Vos chaleureux applaudissements sont significatifs.

» Ils me permettent donc de proclamer Mᵍʳ Philippe, duc d'Orléans, membre correspondant de la *Société royale belge de Géographie*. *(Longues acclamations.)*

» En vous exprimant de cette façon, Monseigneur, toute notre admiration pour votre initiative, nous désirons vous la témoigner encore sous une forme matérielle qui rappelle, avec la date d'aujourd'hui, l'œuvre importante à laquelle vous vous êtes consacré.

» Permettez-moi de vous offrir ces deux exemplaires d'une médaille qui porte l'inscription suivante :

9 *février* 1906. *A Mgr le duc d'Orléans.*
Exploration de la côte N.-E. du Groënland 1905.

» Nous tenons à rendre hommage aussi à vos vaillants et consciencieux collaborateurs dont, mieux que personne,. vous avez pu apprécier le dévouement et les mérites.

» Docteur Récamier, commandant de Gerlache, et vous Messieurs Bergendahl, Koefoed et Mérite, je suis chargé de vous remettre à chacun une médaille qui porte votre nom, avec la mention de votre coopération à l'expédition que nous glorifions en ce moment.

» Qu'elle soit pour chacun de vous le souvenir du chaleureux accueil que reçoivent ici ceux qui ont si bien servi la science ! »

Après cet hommage unanimement applaudi, le duc d'Orléans a pris la parole en ces termes : ·

« Monsieur le président, je remercie sincèrement le bureau de la *Société royale belge de Géographie* de sa superbe réception. L'intérêt que votre Société à toujours témoigné à l'étude des régions polaires, la grande situation scientifique des explorateurs que vous avez déjà accueillis ici, donne à la récompense que vous avez bien voulu me décerner comme chef de l'expédition arctique de l'été dernier, une valeur particulière. Elle restera pour moi un souvenir précieux.

» Je n'oublierai jamais que le navire qui m'a permis, à moi exilé, d'arborer le drapeau de la France sur une terre nouvelle portait le nom de votre pays, Messieurs, battait pavillon belge, et que le commandant dévoué qui m'a aidé de son expérience pendant cette campagne était un des vôtres.

» Les souhaits que S. M. le Roi m'adressait si aimablement à Ostende, lors de mon départ pour le Spitzberg, se sont réalisés. Cette année, nous avons fait une campagne heureuse et féconde en résultats scientifiques. Je viens de revivre avec vous les semaines inoubliables pendant lesquelles Dieu m'a donné le grand bonheur de travailler utilement pour la science et le bon renom de mon pays. *(Acclamations.)*

» Si, comme le docteur le disait tout à l'heure, les hommes qui m'ont servi me gardent une place dans leur affection, ce sentiment est bien réciproque. Je leur serai toujours reconnaissant de ce qu'ils ont fait pour l'honneur de la France. Je suis fier d'avoir pu vous présenter ce soir quelques-uns d'entre eux et en vous remerciant des distinctions que vous avez données à mon état-major, j'associe tous mes compagnons à l'accueil flatteur que vous venez de me faire. »

C'est d'une voix forte, vibrante et sympathique que le Prince a prononcé cette allocution, qui a été accueillie par de longues et enthousiastes salves d'applaudissements.

La séance est levée à dix heures et demie.

OUVRAGES REÇUS

—

DONS.

Chine et Belgique. 1re année, 9e livr., décembre 1905; 10e livr., janvier 1906.

La Ligue maritime belge. 1906. — Nos 100, 101, 102, 103.

Chambre de commerce belge de Paris. Bulletin mensuel 1905. N° 12. — 1906. N° 1.

Dun's Review. New-York. 1906. — January, February.

La vérité sur le Congo. 3e année. 1906. — N° 1.

Central-Bureau für Meteorologie und Hydrographie. Karlsruhe. Unter-

surhung der Hochwasserverhaltnisse im Deutschen Rhein gebiet.
VII Heft. Das Mosel gebiet, mit 12 Tafeln. Berlin. 1905.

Aix-les-Bains et ses environs (« L'Europe illustrée », nos 56-57). —
Deuxième édition, 94 pages, in-8º avec 26 illustrations et 1 carte.
1905. — Art. Institut Orell Füssli, éditeurs, Zurich. — Prix: 1 fr.
Guide sûr, instructif et complet, à recommander aux nombreux touristes qui
visitent Aix-les-Bains et les environs.

Dr ARNOLD PENTHER. — *Eine Reise in das gebiet des Erdschias-Dagh*
(Kleinasien) 1902, mit 5 Tafelen und 1 Karte. — Wien. 1905.

LUIS-MARIA TORRES. — *Les études géographiques et historiques de*
Félix d'Azura. — Buenos-Ayres. 1902.

Dr R. LEHMANN-NITSCHE. — *Tumulo Indigena en las Islas del Delta*
del Parana. Estudiado por Luis-Maria Torres. — Buenos-Ayres.
1905

Société d'études belgo-japonaise. — Séance préliminaire.

F. DE MONTESSUS DE BALLORE. — *Les tremblements de terre. Géo-*
graphie séismologique — Avec une préface de M. de Lapparent. —
Un vol. in-8º raisin de 5oo pages avec 89 cartes et figures dans le
texte et 3 cartes hors texte, broché : 12 francs. — Paris. Librairie
Armand Colin.

Cet ouvrage vient à son heure, au moment où le phénomène du tremblement
de terre s'est imposé à l'attention par de récentes et émouvantes catastrophes,
en coordonnant les faits observés dans toutes les parties du globe et en les
comparant dans une série de notes, l'auteur est parvenu à rendre évident le
fait capital que les phénomènes séismiques sont en rapport, non pas, comme
on le croit d'ordinaire. avec le volcanisme, mais avec les conditions générales
qui règlent l'équilibre de l'écorce terrestre. On arrive aisément à cette importante conclusion en parcourant successivement, avec l'auteur, le continent
Nord-Atlantique, les aires continentales extra et celles du pourtour du
Pacifique.

Université de Toulouse. — R. NOURRY : *Modes d'extinction de l'action*
en responsabilité. — Toulouse. 1905.

Université de Toulouse. — G. TAUSSAC : *Constitution de la République*
Argentine. — Toulouse. 1904.

J. BRISSAUD et P. ROGÉ. — *Textes additionnels aux anciens fors de*
Béarn. — Toulouse. 1905.

Station de pisciculture et d'hydrobiologie de l'Université de Toulouse. —
Bulletin pour 1904.

Journal des Colonies illustré : Exposition coloniale de Marseille. —
15 avril-15 octobre 1906.

LOUIS VIÉ. — *Note sur quelques anciennes mesures locales. — A propos d'un vieux livre*: *Notes d'histoire locale.* — *Castelnau-de-Picampeau en Comminges avant* 1789. — Saint-Gaudens. 1903-1904.

EDOUARD PIETTE. — *Conséquences des mouvements sismiques des régions polaires* — *La collection Piette au musée de Saint-Germain.* — *Gravure du Mas d'Azil et statuettes de Menton.* — *Études d'ethnographie préhistorique* : VI. Notions complémentaires sur l'Asylien ; VII. Classification des sédiments formés dans les cavernes pendant l'âge du renne; VIII. Les écritures de l'âge glyptique. /

Notice sur M. Edouard Piette. — Vannes. 1903.

LAMBERTO VANNUTELLI, tenente di Vascello. — *In Anatolia.* Ren diconto di una missione di geografia commerciale inviata dalla. *Societa geografica italiana.* Aprile-Agosto 1904. 1 vilayet settentrionali, con 77 illustr., 3 cartine e 1 carta fuori testo, 1 vol. in 8°, 374 pages. — Rome. 1904.

Ce livre est le compte rendu de la mission de géographie commerciale envoyée dans la région septentrionale de l'Anatolie par la *Société de Géographie italienne.* L'auteur, le lieutenant Lamberto Vannutelli, de la marine italienne, a visité successivement l'Asie Mineure, les principaux centres commerciaux, entre autres Brousse, Ismid, Sinope, Samsoum, Trebizonde, Angora, Césarée, Sivas, Amasie, Erzeroum, et en étudie les conditions générales du commerce, importations, exportations, monnaie, régime douanier ; mais en même temps, il donne à son livre un intérêt géographique par les descriptions et les nombreuses vues photographiques, dont son travail est enrichi.

DON de *Mme H. Peugeot-Jackson,* de Pont-de-Roide, Doubs, France :

L. CUVIER. — *Montbéliard et ses environs.* — Album de 20 lithographies, gr. in-folio.

Besançon-les-Bains. — Album de phototypies.

Franche-Comté pittoresque. — Album de phototypies.

Annuaire du Club alpin français. — Années 1889, 1897, 1898, 1904.

La Montagne. — Revue mensuelle du *Club alpin français.* — Années 1905, 1906. N°s 1 et 2.

Touring-Club de France. — N^os des années 1898 à 1905.

JOHN L. STODDARD. — *Portfolio de photographies des villes, paysages et peintures célèbres.* — N°s 1 à 16.

Dr E.-H. v. SCHUBERT & Dr J. ROTH. — *Album de la Terre-Sainte.* — 50 vues originales des lieux principaux de la Sainte-Écriture, avec texte en trois langues : anglais, allemand et français. 1858.

TH. DUVATENAY. — *Atlas pour l'intelligence des campagnes de la Révolution française de M. Thiers*

M.-A. THIERS. — *Atlas de l'histoire du Consulat et de l'Empire.*

D. LÉVI-ALVARÈS. — *Atlas universel des Sciences et des Arts.*

ÉCHANGES.
—

Allemagne.

BERLIN. *Deutsche Kolonialzeitung*. 1906. Nᵒˢ 1 à 8.

BERLIN. *Gesellschaft für Erdkunde.* Zeitschrift. 1905. N° 10. — 1906. N° 1.

BERLIN. *Mitteilungen von Forschungsreisenden und Gelehrten aus den deutschen Schutzgebieten.* XVIII Band. 4 Heft.

GOTHA. *Justus Perthes'geographische Anstalt.* Dʳ A. Petermann's Mitteilungen. 1906. Heft. I.

IENA. *Geographische Gesellschaft* (für Thüringen). Mitteilungen. XXIII Band.

MUNICH. *Geographische Gesellschaft.* Mitteilungen. 1905.

Autriche-Hongrie.

BUDAPEST. *Kgl. ung. geologische Anstalt.* Mitteilungen. XIV Band. 4 Heft. — Jahresbericht für 1903.

BUDAPEST. *Publicationen des statistischen Bureaus der Haupstadt Budapest.* Statistisches Jahrbuch. VI. Jahr. 1903. — Die Hauptstadt Budapest im Jahre 1901, Zweiter Band. — Die Sterblichbreit der Haupt-und Residenzstadt in den Jahren 1901-1905.

BUDAPEST. *Société hongroise de géographie.* 1906. Fasc. I.

BUDAPEST. *Zeitschrift der ungarische geologische Gesellschaft.* Mitteilungen. XXXV Band. 8-11 Heft. .

VIENNE. *K. K. geographische Gesellschaft.* Mitteilungen 1905. Nᵒˢ 11 u. 12.

VIENNE. *K. K. geologische Reichsanstalt.* Verhandlungen. 1905. Nᵒˢ 13, 14, 15.

VIENNE. *Oesterreichische Monatsschrift für den Orient.* 1905. N° 12. — 1906. N° 1.

VIENNE. *Zeitschrift für Schul-Geographie.* Jahrgang. 1906. IV, V Heft.

Belgique.

ANVERS. *Académie d'archéologie de Belgique.* Bulletin 1905. N° V.

ANVERS. *Société de médecine.* Annales et bulletin 1905. Fascicule, octobre, novembre, décembre. — 1906. Janvier.

ANVERS. *Société médico-chirurgicale*. Annales. X⁰ année. 1905. Novembre-décembre.

BRUXELLES. *Académie royale des sciences, des lettres et des beaux-arts de Belgique*. Bulletin. 1905. Nᵒˢ 9-10, 11, 12.

BRUXELLES. *La Belgique maritime et coloniale*. 1906. Nᵒˢ 28 à 35.

BRUXELLES. *État indépendant du Congo*. Bulletin officiel. 1905. Novembre-décembre. — Commandant *Ch. Lemaire*. Mission scientifique Congo-Nil. *Annales du musée du Congo*. Botanique. Série V. Vol. 3. Fasc. III.

BRUXELLES. *Ciel et Terre*. Revue populaire d'astronomie et de météorologie. 26ᵉ année. 1906. Nᵒˢ 21 à 24.

BRUXELLES. *Commerce spécial de la Belgique avec les pays étrangers*. Bulletin mensuel. 1906. Janvier, février.

BRUXELLES. *L'Excursion*. 1906. Janvier, février.

BRUXELLES. *Ministère des affaires étrangères*. Recueil consulaire. Tome 131. 3ᵉ, 4ᵉ, 5ᵉ et 6ᵉ livraisons. — Complément du Recueil consulaire. 1906. Tome XII.

BRUXELLES. *Missions en Chine et au Congo*. Revue illustrée. 1906. Nᵒˢ 1, 2.

BRUXELLES. *Le mouvement géographique*. 1906. Nᵒˢ 1 à 8.

BRUXELLES. *Observatoire royal* Annuaire météorologique. Nouvelle série. Physique du Globe. Tome III. Fasc. 2.

BRUXELLES. *Revue bibliographique belge*. 1905. Nᵒ 12. — 1906. Nᵒ 1.

BRUXELLES. *Revue de Belgique*. 1906. Janvier.

BRUXELLES. *Revue de l'Université de Bruxelles*. 11ᵉ année. 1905-1906. Nᵒˢ 3, 4-5.

BRUXELLES. *Société d'archéologie*. Annales. Tome XIX. livr. 3 et 4.

BRUXELLES. *Société belge de géologie, de paléontologie et d'hydrologie*. Tome XIX. Fasc. III-IV.

BRUXELLES. *Société entomologique de Belgique*. Annales. Tome 49. Nᵒˢ XI, XII, XIII. — Tome 50. Nᵒ I.

BRUXELLES. *Société d'études coloniales*. 1905. Décembre. — 13ᵉ année. 1906. Nᵒ 1.

BRUXELLES. *Société scientifique*. Annales. 30ᵉ année. 1905-1906. Iʳᵉ fasc.

BRUXELLES. *Touring Club de Belgique*. 1906. Nᵒ 1.

GAND. *Volkskunde*. Tijdschrift voor nederlansch folklore. 17ᵉ Jaarg. 1905. 9-10 afl.

LIÉGE. *Wallonia*. 1905. Nᵒˢ 11, 12. — 1906. Nᵒ 1.

Espagne.

BARCELONE. *Centre excursionista de Catalunya*. Buttleti. Any II. 1906. N° 2.

MADRID.*Revista de geografia commercial y mercantil.*Tomo III. N°8.

France.

BORDEAUX. *Société de géographie commerciale*. Bulletin. 1906. N°˙ 1 à 3.

DOUAI. *Union géographique du nord de la France*. Bulletin. 1905. 1ᵉʳ et 2ᵉ trimestres.

DUNKERQUE. *Société de géographie*. 1906. N° 29.

LILLE. *Société de géographie*. Bulletin 1905. N° 12. — 1906. N° 1.

LYON. *Les Missions catholiques*. 1905. N°˙ 1910 à 1916.

MARSEILLE. *Société de géographie*. Bulletin. 1905. 1ᵉʳ, 2ᵉ trim.

MONTPELLIER. *Société languedocienne de géographie*. Bulletin. 1905. 3ᵉ trimestre.

NANCY. *Société de géographie de l'Est*. Bulletin. 1905. 3ᵉ trim.

PARIS. *Annales de géographie*. 15ᵉ année. 1906. N° 79.

PARIS. *Annales diplomatiques et consulaires*. Tome III. N°˙ 47 à 50.

PARIS. *Office colonial*. Feuille de renseignements. 1905, N' 77.

PARIS. *Polybiblion*. Revue bibliographique universelle. 1906· Janvier, février.

PARIS. *La quinzaine coloniale*. 1906. N°˙ 1 à 3.

PARIS. *Revue coloniale*. 1905. Décembre.

PARIS. *Société de géographie*. Bulletin. 1905: Décembre. — 1906. Janvier.

PARIS. *Société de géographie commerciale*. Bulletin. 1905. N° 6 (Nov.-déc.). — 1906. Janvier.

PARIS. *Société de topographie*. Bulletin. 1905. N° 7-8-9.

ROCHEFORT s/M. *Société de géographie*. Bulletin. 1905. N°˙ 1 à 4.

ROUEN. *Société normande de géographie*. Bulletin. 2ᵉ, 3ᵉ trimestres de 1905.

TOULOUSE. *Société de géographie*. Bulletin. Annuaire et Bulletin de l'Université.

TOULOUSE. *Société d'histoire naturelle*. Bulletin trimestriel. N°˙ 1 à 3.

TOULOUSE. *Société Ramond.* Explorations pyrénéennes. Bulletin.
1905. N° 2.
TOURS. *Société de géographie.* Revue. 1905. N° 4.

Grande-Bretagne.

ÉDIMBOURG. *The royal scottish geographical Society.* The scottish
geographical Magazine. 1906. N°⁸ 1, 2.
LONDRES *The Missionary Herald.* 1906. January, february.
LONDRES. *Man. A monthly Record of Anthropological Science.*
1906. January, february.
LONDRES. *Royal geographical Society.* The geographical journal.
1906. January, february
MANCHESTER. *Geographical Society.* Journal. 1905. N°⁸ 1-6.

Italie.

FLORENCE. *Rivista geografica italiana.* Annata XII. 1905. Fasc.
X. — Anno XIII. 1906. I.
MILAN. *L'esplorazione commerciale.* 1906. Fasc. I, II. III, IV.
NAPLES. *Societa africana d'Italia.* Bollettino. 1905. Fasc. XII.
ROME. *Ministero degli Affari esteri.* Bollettino. 1905. N° generale
121, 122, 123.
ROME. *Societa geografica italiana.* Bollettino. 1906. Num. 1, 2.
TURIN. *Cosmos.* Serie II. Vol. XIII, fasc. III.

Pays-Bas.

AMSTERDAM. *Kon. nederlandsch aardrijkskundig genootschap.* Tijdschrift. 1906. 2ᵈᵉ Serie Deel XXIII. Nʳ 1.
AMSTERDAM. *De Indische Mercuur.* 1906. Nʳˢ 1 tot 8.
LA HAYE *Kon. Instituut voor de taal- land- en volkenkunde van
nederlandsch Indië.* Bijdragen. 7ᵈᵉ Volgr. 5ᵈᵉ Deel. 3ᵈᵉ, 1ˢᵗᵉ afl.

Portugal.

LISBONNE. *Sociedade de geographia.* Boletim. 1905. N°⁸ 11, 12.

Roumanie.

BUCAREST. *Société géographique roumaine.* Bulletin. Année 1905. X.

Suède.

STOCKHOLM. *Svenska sällskapet för antropologi och geografi.* Tidskrift. 1905. 4 häft.

Afrique.

ALGER. *Société de géographie.* Bulletin. 1905. 3ᵉ trimestre.

ORAN. *Société de géographie et d'archéologie de la province d'Oran.* Bulletin trimestriel. Tome XXV. 1905. Octobre-novembre.

TUNIS. *Revue tunisienne.* Organe de l'Institut de Carthage. 1906. Janvier.

Amérique.

AVELLANEDA. *Camara mercantil.* 1905. Diciembre.

BUENOS-AYRES. *Bulletin démographique argentin.* 5ᵉ année. 1904. Août à décembre.

BUENOS-AYRES. *Statistique municipale.* Bulletin mensuel. 1905. Octobre, novembre. —*Annuaire statistique.* XIVᵉ année. 1904.

CHICAGO. *Journal of geology.* Vol. XIII. 1905. N° 8.

HALIFAX. *Nova Scotian Institute of science.* Proceeding and transactions. Vol. XI. Part. 1.

LIMA. *Cuerpo de ingenioros de minas del Peru.* Boletin Nᵒˢ 27, 28.

MEXICO. *Observatorio meteorologico-magnetico central.* Boletin mensual. 1904. Mayo. 1902. Octubre.

MEXICO. *Estadistica fiscal.* Boletin. 1905. Abril.

MEXICO. *Resumen de la Importacion y de la Exportacion.* 1905. Agosto.

MEXICO. *Sociedad cientifica* « Antonio Alzate ». Tomo 21. Nᵒˢ 5-8, 9-12. — Tomo 22. Nᵒˢ 1-6.

MEXICO. *Instituto geologico de Mexico.* Papergones. Tomo I. N° 9.

MONTEVIDEO. *Museo nacional.* Anales. Tomo II. Entrega I. — Serie II. Entrega II. 1905.

NEW-YORK. *American geographical Society.* Bulletin. 1906. January.

PHILADELPHIE. *Geographical Society of Philadelphie.* Bulletin. 1906. Vol. IV. N° 2.

PUEBLA. *Boletin de Estadistica.* 1905. Tomo III. Nᵒˢ 12, 13.

RIO-DE-JANEIRO. *Observatorio*. Boletim mensal. 1905. Janeiro à Marzo.

SAINT-LOUIS. *Academy of Sciences*. Transactions. Vol. XIV. Nᵒˢ 7, 8. Classifical List of Papers and Notes Vol. I-XIV. — Vol. XV. Nᵒˢ 1 à 4.

TACUBAYA. *Observatorio astronomico nacional*. Anuario de 1906.

WASHINGTON. *National geographic Magazine*. 1906. Vol. XVII. Nᵒ 1. January. Nᵒ 2. February.

WASHINGTON. *Bureau of american ethnology*. Bulletin 28. 1904.

WASHINGTON. *Smithsonian Institution*. Report for 1904. Nᵒˢ 1615, 1616, 1639. 1643, 1644, 1646.

WASHINGTON. *U. S. Coast and geodetic Survey*. Department of Commerce and Labor. Results of Magnetic Observations made by the Coast and Geodetic Survey between July 1, 1904. and June 30, 1905.

WASHINGTON. *U. S. naval observatory*. Report of the superintendent of the United States naval Observatory for the fiscal year ending June 30, 1905.

Asie.

CALCUTTA. *Geological survey of India*. Records. 1905. Vol. XXXII. Part. 4.

SAÏGON. *Société des études indo-chinoises*. Bulletin 1904. 2ᵉ semestre. Nᵒ 48.

TOKIO. *Geographical Society*. Journal. 1905. July to december. 1906. Nᵒ III. January.

TOKIO. *Deutsche Gesellschaft für Natur und Volkerkunde Ostasiens*. Mitteilungen. Band. X. Teil 2. 1905.

YOKOHAMA. *Chamber of Commerce*. Monthly Reports. 1905. November, december.

Australie.

SYDNEY. *New-South Wales* Statistical register for 1904 and previous years. Part X, XI, XII.

SYDNEY. *Six States of Australia and New-Zealand*. 1861 to 1904.

COMPTE RENDU DES ACTES

DE LA

SOCIÉTÉ ROYALE BELGE DE GÉOGRAPHIE

TRENTIÈME ANNÉE. N° 2. — MARS ET AVRIL 1906.

SÉANCES

—

Séance du 1ᵉʳ *mars* 1906.

CONFÉRENCE DE M. G. t'SERSTEVENS.

D'Alexandrie à Kartoum.

La séance est ouverte à huit heures et demie du soir. Prennent place au bureau : MM. Eug. Pavoux, président, et Du Fief, secrétaire général.

Le président, en ouvrant la séance, rappelle les conférences précédentes de M. t'Serstevens, sur l'Agérie, les îles Canaries, l'Italie, puis lui donne la parole (1).

Séance du 10 *mars* 1906.

CONFÉRENCE DE M. CH. LEFEBURE.

Ce que l'on voit dans les Alpes.

La séance est ouverte à huit heures et demie, sous la présidence de M. Eug. Pavoux, président. Prennent également place au bureau : MM. Du Fief, secrétaire général, et Kaïser, membre du Comité central.

M. l'ingénieur Ch. Lefebure, que nous avons entendu,

(1) Le résumé de cette conférence paraîtra dans le prochain numéro du compte rendu des actes.

il y a quelques années nous exposer les principes pratiques
de l'art de l'alpiniste, nous a donné, le 10 mars, une conférence sur un double sujet : les montagnes et les montagnards
— montagnards du Haut-Valais plus particulièrement.

Les derniers vestiges des coutumes paysannes de la
Suisse se retrouvent dans le canton du Valais, qui fut, par
sa position orographique, le dernier accessible aux progrès
modernes.

Dans les Vals d'Hérens et d'Anniviers, M. Lefebure a
recueilli, par la photographie et les traditions, les documents
les plus intéressants sur la vie de ces montagnards, qui,
obligés de vivre dans leurs étroites vallées, entre les neiges
perpétuelles et la brûlante vallée du Rhône, cultivent aussi
bien la vigne près Sion et Sierre ; que leurs potagers à
Evolène ou à Vissoye ; que leurs mayens à Zinal et à Arolla
ou enfin leurs alpages à Praz-Coraz (Arolla) ou à Sorebois
(Zinal).

L'exiguïté des surfaces arables et pacables est telle, que
chacun doit, pour posséder les moyens d'existence les plus
réduits, travailler entre 500 et 2 400 mètres d'altitude,
depuis la vigne jusqu'à l'alpage aride. Il en résulte que
chacun doit posséder, aux divers niveaux caractéristiques
de ses industries, partie ou totalité de chalet, d'habitation
et d'approvisionnements. L'activité montagnarde s'exerce
donc suivant une zone verticale, au lieu de s'étendre horizon-
talement comme en toute région basse, large et plane.

Nous avons vu défiler en scènes précises, ces travaux
successifs qui accaparent le vaillant montagnard valaisin
entre son mazet de vignoble, dans la vallée du Rhône (fin
mars), son habitation familiale (mai), son chalet du mayens
(juin) et son réduit de l'alpage (28 juin au 8 septembre).
Puis de septembre à la Toussaint, les travaux de regain et
de vendange à tous les niveaux dans la vallée.

Cette activité comprend aussi une grande part de travaux de réelle ingéniosité, comme la construction de ponts sur les torrents, de biesses d'irrigation, qui se font sans intervention aucune d'hommes de sciences; elle se règle et se protège par des lois coutumières, tant pour la réglementation du travail, pour la répartition des produits récoltés en commun (alpages), que pour les mesures de sauvegarde matérielle contre les intempéries et les cataclysmes (réserves de forêts au-dessus des villages pour fixer les neiges d'avalanches).

Tout ce peuple intéressant nous l'avons vu en tableaux successifs, tant à son travail, que dans ses pittoresques intérieurs, où le mobilier est adéquat aux costumes anciens, qui perdurent encore dans ces vallées si longtemps ignorées.

La deuxième partie de la conférence, où M. Lefebure sacrifiait à son enthousiasme d'alpiniste, comprenait d'abord une curieuse série des différents aspects que prennent les nuages dans la haute montagne, avec les pronostics qu'il est permis d'en tirer au point de vue de l'indispensable beau temps qu'il faut avoir pour exécuter toute grande ascension.

Quelques ascensions de rochers caractéristiques, comme celle du Riffelhorn par la cheminée du glacier du Gorner avec un à pic de 1 000 mètres, l'escalade du Portiengrat, la rare et difficile ascension du Triftgrat des Weissmies, précédaient l'exposé de la dernière ascension faite cette année par M. Lefebure avec M. Ernest Solvay, l'honorable membre de notre Comité : l'Aiguille du Grépon dans le massif des Charmoz à Chamounix. Cette ascension est considérée comme la plus difficile qui soit dans les Alpes, et il est extraordinaire et suggestif de la voir exécuter par un voyageur ayant atteint sa soixante-huitième année. Cet exploit constituerait — et de beaucoup — le record de l'âge pour la cîme la plus ardue des Alpes, nous en félicitons le courageux alpiniste M. Ernest Solvay.

Nous avons vu défiler successivement toutes les pointes de cette mince crête de rocher qu'est le Grepon, entre le glacier des Nantillons et la Mer de glace (à pic de 800 à 1 300 mètres), depuis la cheminée de Mummery, le trou du Canon, par le Grand-Gendarme, la Boîte aux lettres et le sommet, pour finir par la cheminée Durand et la plaque G. P., toutes situations particulièrement intensément vertigineuses.

Semblables exercices physiques, malgré l'entraînement et l'accoutumance sur lesquels M. Lefebure fonde toute la valeur de l'alpiniste, ne sont certes pas à la portée de tout le monde.

Nous avons la conviction que les applaudissements nourris, qui ont accueilli la fin de la conférence de M. Lefebure, s'adressaient non seulement au conférencier mais aussi au vaillant alpiniste qu'est M. Ernest Solvay.

Séance du 20 *mars* 1906.

CONFÉRENCE DU R. P. TRILLES.

Le Congo français.

La séance est ouverte à huit heures et demie du soir.

Au bureau prennent place MM. Eug. Pavoux, président; Kaïser, membre du Comité, et Rahir, secrétaire-adjoint.

Le père Trilles a passé de nombreuses années au Congo français, parcourant le pays dans tous les sens. Observateur consciencieux, doué d'un rare talent d'orateur, et documenté de fort belles photographies prises par lui au cours de ses voyages, le père Trilles a conduit ses auditeurs à travers la vaste colonie française, qu'il connait si bien et qu'il aime à la façon d'une autre patrie.

Nous voici d'abord à Libreville, premier port fondé au

temps où les vaisseaux français avaient la surveillance des côtes africaines pour empêcher le commerce d'esclaves ; nous faisons connaissance avec les M'pongoué, race indigène qui dominait vers 1860 et que des envahisseurs, les M'fan, ont supplantés, restreignant le domaine de la langue m'pongué au littoral ; une projection nous présente les successeurs du roi Denys, qui vendit à la France les premiers territoires : ce sont deux bons vieillards, doux et placides, que la civilisation paraît avoir effleurés. Il y en a d'autres dans leur cas, du moins à Libreville ; ce couple de jeunes nègres habillés à l'européenne et qui s'apprêtent à convoler en juste noces. Un enterrement défile avec gravité, qui porte au cimetière les restes d'une jeune fille, auparavant on jetait bonnement les cadavres des femmes à la rivière ! Des négrillons, élevés par les missionnaires, remplissent déjà les fonctions d'employés aux administrations ; même l'un d'eux, compagnon fidèle du père Trilles, possède à son actif le joli bagage de douze langues, parmi lesquelles l'anglais, le français, le portugais, figurent comme les plus faciles à côté du m'fan et d'autres idiomes parlés dans les villages congolais.

Le noir vit sobrement, il n'a besoin de travailler que pour se procurer la nourriture de chaque jour : l'élaïs, qui produit l'huile de palme, le bananier aux lourds régimes, le manioc, lui fournissent les mets de ses repas ; de viande, il n'en connaît guère, sinon dans l'intérieur la chair humaine ; en fait de boisson, il prend de l'eau, pure ou saumâtre.

Désirez-vous pénétrer plus loin dans le pays ? Il faut choisir entre la pirogue creusée à même dans les arbres gigantesques providentiellement abattus, ou le palanquin, porté sur les épaules des nègres, ou simplement la marche à pied fort pénible. Sur la pirogue, il faut déployer des prodiges d'équilibre pour ne pas aller boire au fond de l'eau ; à pied, il faut traverser les forêts, alors c'est une gymnastique perpétuelle de liane en liane.

Enfin, voilà le village nègre ; on passe à l'interrogatoire sous une sorte de couteau national pendu au bout d'une perche, il fait bon de se tenir au large, on prétexte pour cela l'oreille dure ; pour être mieux reçu, l'étranger se soumet à l'alliance par le sang : on tord le cou à un chevreau ou à une poule, on se fait une incision au bras, on y frotte un lambeau de chair de la pauvre bête et l'on se passe cette dépouille imbibée : par ce moyen, l'on devient frères de sang.

La femme est reléguée à une condition inférieure de l'humanité, elle travaille à la place du mari, elle s'occupe aux soins d'un ménage fort primitif, elle élève les enfants que, tout petits, elle porte avec une grâce parfaite, posés à califourchon sur ses robustes hanches. L'épouse du chef ne dédaigne pas de se parer : elle porte des colliers de fer qui lui enserrent la gorge, elle étale des rangées de perles ou de verroteries, elle se perce le nez de rondelles de cuivre. L'homme passe son temps à flâner ou à guerroyer ; l'anthropophagie n'a pas disparu des tribus et les élèves encore peu dressés des missionnaires, font quelquefois l'école buissonnière pour assister à la grillade des prisonniers capturés sur le peuple voisin ; l'arbre à crânes qu'on voit souvent près de la case du chef, est tristement instructif sur ces mœurs de cannibales.

L'orateur parle ensuite des sorciers, personnages très influents au Congo ; ils forment de vraies sociétés secrètes dont les initiations sanglantes et criminelles se pratiquent dans les forêts ; on les consulte sur l'issue probable des expéditions guerrières ; ils jouent le rôle de juges d'instruction dans les procès criminels et leurs sentences sont sans appel ; ils seront les ennemis jurés des missionnaires.

Le père Trilles termine en exposant le rôle des missionnaires et les progrès réalisés par eux chez ces peuplades primitives.

Séance du 3 *avril* 1906.

CONFÉRENCE DU LIEUTENANT-PAYEUR THYS.

Condition de la femme chez les peuples primitifs.

La séance est ouverte à huit heures et demie. Prennent place au bureau : MM. Eug. Pavoux, président ; Du Fief, secrétaire général ; Durand et Kaïser, membres du Comité central.

Pour donner une idée de la condition de la femme sauvage, il convient, dit le lieutenant Thys, d'examiner successivement ses occupations, ses mœurs et coutumes, ses vêtements, la façon dont on la traite, et comment on l'épouse.

La femme du primitif a, en général, pour attribution, l'élevage des enfants, les soins domestiques, la fabrication et la réparation de certains instruments et ustensiles, l'entretien du feu, la préparation des peaux et des vêtements, les corvées rebutantes et le transport des fardeaux.

Le sauvage s'habille plus ou moins selon les exigences du climat, bien que cette règle ne soit pas absolue.

Le mari apprécie sa compagne plutôt à cause des services qu'elle rend en qualité d'esclave ; le mariage n'est jamais pour elle une affaire d'affection. Les sauvages n'ont pas de chant d'amour, et souvent n'accordent que peu de valeur à la chasteté féminine.

Le sauvage traite durement son épouse, il la frappe, la mutile, l'assomme, la tue pour des futilités ou même sans raison aucune. Les mauvais traitements que subit la femme, proviennent de l'état mental de l'homme sauvage. Il a une intelligence tellement rudimentaire, qu'il est brutal tout à fait inconsciemment. A son avis, le coup de massue qu'un mari administre à sa moitié n'affecte pas plus celle-ci, que les coups de fouet que nous octroyons à nos animaux domestiques.

Le sauvage se montre dur également pour lui-même : l'Indien subit la torture sans sourciller ; certaines tribus se coupent un doigt à la mort du chef, ou le nez en cas de capture d'une baleine ; le tatouage constitue aussi une mutilation volontaire parfois très douloureuse.

Au début de son apparition sur la terre, l'homme choisit sa compagne au milieu de son groupe : c'est l'endogamie. L'exogamie répond aux mariages hors du groupement ; elle a son origine dans l'infanticide, qui ne laisse subsister que les filles indispensables, et dans un usage de la guerre qui consiste à emporter les femmes comme trophées.

Dans les fiançailles, la future n'intervient pas. On achète son épouse, ou bien on l'enlève, soit par ruse, par violence ou par simulation. Quelques fois seulement, on semble tenir compte — jusqu'à un certain point — de la volonté de la fiancée.

Aux temps primitifs, les femmes sont communes à tous les habitants de la tribu. L'enfant est alors le fils du groupe tout entier, et non pas de tel ou tel individu isolé ; aussi la parenté remonte plus habituellement à la mère qu'au père.

Les premières femmes « personnelles » proviennent de rapt ou de capture, et elles cohabitent avec les femmes communes. L'instauration du mariage individuel représente un état moral et social déjà très élevé.

Le mariage n'a d'ordinaire d'autre sanction que celle des conjoints ; et il est basé sur la violence d'une part, sur la soumission forcée de l'autre. Les diverses formes du mariage sont : le mariage à terme, le mariage temporaire, le mariage à l'essai et le mariage aux trois quarts. Dans tous les cas, la cohabitation dure au moins jusqu'au sevrage de l'enfant.

La polyandrie est relativement rare, la femme épouse parfois plusieurs parents rapprochés, par exemple tous les fils d'une même famille. Cette coutume règne dans l'Inde, au Thibet, à Ceylan, chez certaines tribus américaines et esquimaux.

La polygamie se pratique à peu près partout.

Le nombre de femmes que s'adjoint chaque mari dépend habituellement des ressources ou du rang social de ce dernier.

On observe de curieuses coutumes entre les conjoints et leurs beaux-parents. Ces coutumes proviendraient du mariage par capture, et ne seraient que la survivance de l'indignation réelle causée naguère aux parents par l'enlèvement de force.

La femme sauvage reprend ses occupations habituelles aussitôt après la naissance d'un enfant. Parfois, c'est le père qui garde son home pour recevoir les congratulations. Cette coutume, très répandue, s'appelle la couvade.

Le père n'intervient dans l'élevage de l'enfant qu'en quantité strictement nécessaire pour assurer l'existence de ce dernier. L'époux ne ressentant aucune affection pour sa femme, il s'ensuit que le père n'aura qu'un attachement très réduit ou n'aura aucun attachement pour son rejeton.

. De son côté, la mère a une vie tellement triste et dépourvue d'affection, qu'elle accomplit machinalement ses fonctions d'éleveuse.

A son tour, l'enfant — qui l'a vu maltraiter par son père et par les autres membres de la tribu — n'éprouve pour sa mère qu'un attachement fort limité.

L'infanticide est la règle presque générale, on le considère — non comme un crime, — mais comme une tradition ou une nécessité naturelle. Les jumeaux surtout sont l'objet d'une exécration dans toutes les tribus ; et dans la majeure partie d'entre elles, on ne conserve que les filles strictement indispensables.

En résumé, d'après le lieutenant Thys, — qui a étudié

un grand nombre de peuplades rapprochées de l'état de
nature, — la condition de la femme primitive est triste, malheureuse, dégradée. Il semble que cette femme n'est pas
naturellement indifférente, passive ou perverse; mais bien
qu'elle le devient par les mauvais traitements, car, dans les
quelques tribus où les hommes s'appliquent — si peu que ce
soit — à se les attacher, les épouses se montrent affection-
nées, tendres et fidèles, même quand elles ont bénéficié d'une
grande liberté comme jeunes filles.

Leur situation ne serait donc pas due à des raisons, dont
on pût rendre les primitives responsables; mais proviendrait
plutôt de leur faiblesse physique, et de l'infériorité dans
laquelle les tiendrait le sauvage pour mieux les assujettir.

Séance du 24 avril 1906.

RÉCEPTION DU CAPITAINE R.-F. SCOTT.

Commandant de l'Expédition antarctique anglaise.

La séance est ouverte à huit heures et demie, sous la
présidence de M. Eug. Pavoux, président. Au bureau
prennent place : le capitaine Scott; MM. Du Fief, secrétaire
général; Durand et Malaise, membres du Comité.

Le président présente à l'assemblée le capitaine Scott,
commandant de l'expédition antarctique anglaise de 1901-
1904, de passage à Bruxelles et qui a bien voulu prolonger
son séjour de quelques heures, pour assister à la séance
de ce jour. Il rappelle la remarquable exploration polaire
faite par Scott, à bord de la *Discovery*.

Le 6 août 1901, cette importante expédition quitta
l'Angleterre pour la Terre Victoria; elle n'y rentra que le
10 septembre 1904, c'est-à-dire trois ans après.

Cette expédition fut vraiment nationale en Angleterre.

Le gouvernement fournit la moitié des fonds, soit
1 125 000 francs, une souscription publique fournit l'autre
moitié. Un navire spécial, qui fut nommé *Discovery*, fut
construit.

Le commandant Scott, dans le but d'habituer ses officiers
aux observations scientifiques et d'éprouver son navire,
visita Madère, Le Cap, les îles Macquarie et la Nouvelle-
Zélande. Il commença son véritable voyage le 24 décembre
de la même année 1901, partant de la Nouvelle-Zélande
vers la Terre Victoria.

. Le commandant Scott franchit le cap Adare le 9 janvier 1902. Il ne put d'abord opérer le débarquement qu'il
projetait sur la côte orientale, précédemment visitée par
Borchgrevinck, mais à dater du 12 janvier il eut du beau
temps. Il nota les baies, les promontoires, les glaciers, et
signala notamment une baie abritée qu'il explora et où il
trouva une certaine végétation de mousse et de lichens.

Le 22 janvier, il atteignit le cap Crozier (vers 72° 1/2 de
latitude sud), au pied du mont Terror. Il gravit le cap,
entouré de nids de manchots, jusqu'à 400 mètres environ,
pour voir la barrière de glace.

Se tenant aussi près de la barrière que le temps très
variable le permit, mesurant les différences de hauteur (de
10 à 60 mètres), multipliant les sondages, Scott arriva au
165° degré de longitude ouest, point extrême atteint par Ross
et Borchgrevinck. Là, il reconnut que la barrière se
prolonge vers le N.E. sous forme d'une colline de neige
ondulante, haute de 250 à 300 mètres. Il la suivit et eut la
chance de découvrir, le 30 janvier, malgré des tempêtes de
neige, des falaises derrière lesquelles s'élèvent des montagnes
de 600 à 900 mètres de haut et qui se terminent par un
promontoire ressemblant au cap Adare.

C'est une apparition nouvelle de la terre antarctique par

76 degrés de latitude sud et 152 degrés de longitude ouest. Le capitaine Scott donna à cette terre nouvelle le nom d'*Edouard VII.*

Le capitaine n'alla pas plus loin dans cette direction et revint vers le mont Terror pour y chercher une station d'hivernage. Pendant ce trajet, il profita d'une journée favorable pour faire une ascension en ballon (4 février 1902); il s'éleva à 230 mètres et découvrit, derrière la barrière de glace, des chaînes parallèles de hautes montagnes couvertes de neige, qui se dirigent vers le sud.

Le 8 février, le capitaine Scott choisit l'emplacement de son campement au sud du mont Terror (77 degrés latitude sud et 166 degrés longitude est). En explorant le voisinage, il constata que les volcans Erebus et Terror sont situés dans une île assez éloignée de la côte orientale de la Terre Victoria.

De ce point de stationnement partirent plusieurs explorations à divers moments et dans différentes directions. Une première attaqua l'ouest de la Terre Victoria et s'avança jusqu'à 220 kilomètres du camp. Une autre alla vers le sud pendant nonante trois jours (du 2 novembre au 3 février 1903), fit 1 510 kilomètres et constata que la côte orientale de la Terre Victoria se prolonge jusqu'à 83 degrés de latitude sud. Une troisième exploration fut faite vers l'ouest par le commandant Scott (du 26 octobre au 24 décembre 1903). Il suivit à peu près le 78e parallèle, et traversa le méridien magnétique par 155 degrés longitude est, et s'avança, sur un plateau couvert de neige, jusqu'à 432 kilomètres du camp. Une quatrième (du 10 novembre au 10 décembre 1903) s'avança vers le S.E. jusqu'a 256 kilomètres du camp, à 176 degrés longitude est et 79° 1/2 de latitude sud. Elle reconnut que la muraille de glace est très épaisse et flotte encore à une grande distance de son bord septentrional.

Enfin, une expédition alla vers le S.W. (du 6 octobre au 13 décembre 1903). Elle trouva le point de jonction de la barrière de glace avec la terre et constata son mouvement vers l'est.

Dans l'année 1903, le froid fut souvent de —40 degrés et atteignit —56 degrés en septembre.

Les résultats de cette grande expédition anglaise sont : la découverte de la *Terre Edouard VII*, sur le 76° parallèle vers 152 degrés longitude ouest ; — la situation insulaire des volcans Erebus et Terror ; — l'extension de la côte orientale de la Terre Victoria jusqu'au-delà de 82 degrés de latitude, point le plus méridional auquel on soit parvenu dans l'antarctique ; — l'altitude de près de 3 000 mètres de montagnes dans l'ouest de la Terre Victoria ; — l'existence d'un immense plateau de neige, qui s'étend entre les sommets de ces hautes montagnes parallèles au littoral.

Le président s'adressant alors, en anglais, à l'explorateur le félicite chaudement et lui dit combien la Société est heureuse de le posséder.

Aux applaudissements de l'assemblée, le président proclame le capitaine Scott, membre correspondant de la *Société royale belge de Géographie* et lui décerne une médaille frappée en son honneur.

Le capitaine Scott prend la parole en anglais, en s'excusant de ne pas pouvoir s'exprimer en français. Il remercie le président de la haute distinction qui vient de lui être accordée et dont il est très fier, ainsi que des paroles trop élogieuses qui lui ont été adressées. Il constate qu'après le long abandon des régions antarctiques, c'est la Belgique qui la première en a entrepris l'exploration. La *Discovery*, dit-il, n'a fait que suivre l'exemple de la *Belgica*. Je suis heureux, ajouta-t-il, de pouvoir rendre hommage ici aux explorateurs de Gerlache, Lecointe et Arctowski. (*Vifs applaudissements.*)

Conférence de M. J. Fourgous.

La France souterraine dans le département du Lot

autour de la Grotte de Lacave et du Gouffre de Padirac, dans le Haut-Quercy.

Le président donne ensuite la parole à M. Jean Fourgous, secrétaire-délégué à Paris de la *Société Archéologique du Midi de la France*.

Archéologue distingué, orateur exquis, connaissant à merveille cette superbe partie du département du Lot, M. Fourgous a ravi son auditoire.

Le département français du Lot compte dans sa partie septentrionale deux merveilles souterraines : la rivière de Padirac, que l'on rencontre au fond d'un gouffre, et la grotte de Lacave.

Toutes deux sont facilement accessibles de la station de Rocamadour, située à dix heures de Paris, sur la grande ligne des chemins de fer d'Orléans, qui conduit de Paris à Toulouse par Capdenac. D'un côté de la voie ferrée, Padirac est à 11 kilomètres, sur le sommet du plateau calcaire du Causse ; de l'autre, Lacave est à 15 kilomètres, dans la vallée de la Dordogne.

L'une et l'autre ont leur charme particulier, et si Padirac est surtout impressionnable par ses belles proportions, Lacave attire surtout par la finesse et l'élégance de ses détails.

Padirac. — Le gouffre ou « puits » de Padirac est un abîme à peu près circulaire de 75 mètres de profondeur, de 99 mètres de tour et de 32 mètres de diamètre à son orifice ; formé, à une époque encore inconnue, par l'effondrement subit d'une voûte de vaste caverne.

Avant 1889, on ne s'était guère préoccupé de savoir s'il pouvait présenter quelque intérêt : pour les gens de la région il était seulement un objet de terreur, car on contait à son sujet certaine histoire de diable et aucun curieux étranger au pays n'était venu le visiter.

En 1889, les 9, 10 et 11 juillet, le courageux et savant spéléologue Martel, qui n'est point un inconnu pour la Société royale belge de Géographie, descendit, en effet, pour une exploration, au fond du gouffre de Padirac, qu'il supposait recéler l'ouverture de quelque caverne. Il eut le bonheur inespéré de découvrir une rivière souterraine, qu'il put déjà visiter sur une longueur de 1640 mètres.

Depuis 1889, M. Martel et d'autres savants, dont MM. Viré, Gaupillat, de Launay ont fait à Padirac de nouvelles et nombreuses explorations. Si elles ne furent pas sans dangers, elles eurent de grands résultats et elles appelèrent si bien l'attention sur Padirac, qu'en 1898, une société anonyme était constituée pour rendre possible au public la visite du gouffre et de la caverne. Des aménagements fort habiles ont été effectués dans ce but, sous la direction de M. Viré. Un puits artificiel a d'abord été pratiqué pour donner accès à une corniche qui existait dans le grand gouffre et que l'on a transformée en une commode et spacieuse terrasse. De cette terrasse, un escalier métallique, d'une hauteur de 37 mètres, conduit au fond de l'abîme, et de là on accède facilement aux galeries que l'on visite sur une longueur de 800 mètres. On suit d'abord dans celles-ci, et sur un excellent chemin, le ruisseau rencontré dès le début, et, lorsqu'il est devenu navigable, on s'embarque, sans aucun danger, dans de larges bateaux plats. Dans une navigation mystérieuse, on suit la rivière plane, sous une voûte qui atteint parfois 50 mètres, puis les lacs de la Pluie, des Bouquets, des Bénitiers, aux parois cristallines et d'aspect féérique ; enfin, au Pas du Crocodile, on débarque pour visiter le lac des Gours et la salle supérieure du Grand

Dôme, où l'on accède par un escalier et qui, sous une coupole de 90 mètres, offre le plus sublime des décors. Tout cela, ce sont des merveilles qu'on ne décrit pas et qu'il faut voir.

Lacave. — Les grottes de Lacave furent découvertes en avril 1904, par M. Viré, au cours de travaux effectués pour trouver une issue à d'autres galeries rencontrées par lui deux ans auparavant au fond du gouffre ou « igue », tout voisin de Saint-Sol-Belcastel.

M. Viré avait, en effet, observé que ces galeries, de plusieurs centaines de mètres de longueur, ornées avec une profusion fantastique et presque incroyable de concrétions d'une éblouissante blancheur, finissaient brusquement par un bouchon d'argile, à 600 mètres environ des falaises de la Dordogne. Comme il connaît à fond la géologie des Causses, il avait pensé que la rivière qui, jadis, avait creusé ces cavités, ne pouvait s'être arrêtée là. Il avait supposé qu'elle avait dû, au contraire, poursuivre son chemin en creusant des grottes jusqu'à la vallée, et il avait résolu de chercher, au pied des falaises qui bordent la Dordogne, si quelque grotte préexistante ne permettait pas de trouver, par un déblaiement approprié, un conduit faisant communiquer la vallée et l'igue Saint-Sol.

Une vaste cavité naturelle, qui s'ouvrait tout près dans une falaise, à 200 mètres des bords de la Dordogne, lui parut susceptible de fournir la solution du problème. En avril 1904, il se mit au travail, et ses premières fouilles eurent pour résultat de lui faire découvrir, à l'entrée même de la grotte, une curieuse station préhistorique, intéressante moins par l'abondance des objets que par sa pureté et sa remarquable homogénéité d'outillage et de faune : c'est, en effet, un spécimen assez complet de l'époque solutréenne.

Après avoir fouillé et épuisé cette station préhistorique, M. Viré poursuivit ses travaux dans la grotte et commença à creuser la montagne. Pendant un an, il perça un tunnel à l'aide de la dynamite, et c'est ainsi qu'au mois de mai 1905, il se trouva tout à coup dans les galeries qu'il a depuis rendues accessibles au public et où il espère trouver un jour un passage vers l'igue Saint-Sol.

Ces galeries se dirigent à droite et à gauche du tunnel, sur une longueur de 500 mètres, et offrent à l'admiration du visiteur une série de salles auxquelles les formes variées de leurs concrétions ont fait donner des noms divers. Dans l'une, un éléphant semble brouter des frondaisons d'albatre ; une autre s'orne à profusion de stalactites, groupées en formes de lampadaires, constellant à souhait un grandiose plafond ; ailleurs, on s'arrête devant les « Trois Parques », dentelées et filées depuis des siècles par la nature, majestueusement fixées sur une énorme base ; de tous côtés, c'est une série d'images charmantes, que l'œil du visiteur séduit se plait à identifier. Bref, les grottes de Lacave sont un véritable joyau, étalant à profusion et perpétuellement ses richesses étincelantes.

Telles sont, sommairement décrites et avec leur histoire, ces deux merveilles souterraines, dont la découverte mérite bien à MM. Martel et Viré la reconnaissance du touriste et du savant.

Outre leur grand intérêt, elles ont l'avantage de se trouver dans une région toute séduisante pour le voyageur. *Rocamadour*, proche des deux, est un lieu de pèlerinage fort ancien qui, au détour d'un chemin, offre tout à coup, dans une gorge profonde et accroché au rocher qui surplombe, son entassement de maisons et de sanctuaires dominés par un castel. La *vallée de la Dordogne*, où se trouve Lacave, verdoyante et pittoresque, compte pour le touriste le beau *cirque de Montvalent*, les hameaux de *Bretenoux* et *Caremac*, la petite ville de *Saint-Céré*, le château de *Montal*, une perle de la Renaissance, et le vieux manoir féodal de *Castelnau-Bretenoux*, brillamment restauré.

Signalons enfin que, de Rocamadour et après avoir vu Padirac et Lacave, on peut descendre vers *Cahors*, qui est le chef-lieu du département du Lot. C'est une ancienne cité moyennageuse, très intéressante par ses souvenirs du passé, par son *Pont Valentré*, qui date du XIV⁰ siècle et qui ferait à lui seul toute la gloire de la ville; c'est de là que l'on peut parcourir la *vallée du Lot*, aux sites d'un pittoresque inoubliable, tel ce *Saint-Cirq-la-Popie* qui, perché sur un roc, voisine d'idylliques paysages.

Le pays offre, en résumé, un tel charme qu'il est une de ces régions de France où l'on ne va pas une première fois sans avoir envie d'y revenir une seconde pour l'aimer et la connaître davantage.

OUVRAGES REÇUS
—

DONS.

Europe coloniale. 3⁰ année. 1906. N⁰ˢ 48 à 51.

La Revue américaine. 1906. N⁰ 2.

Chronique coloniale et financière. Bruxelles. 1906. N⁰ˢ 10 à 16.

JEAN BRUNHES. — *Les Relations actuelles entre la France et la Suisse et la Question des voies d'accès au Simplon*, avec neuf cartes et cartons. Extrait de la *Revue économique internationale*. Février 1906. Office de la Revue. Bruxelles.

LUIGI CUFINO. — *La Spedizione di Jacques nel Catanga*. 1 broch. Napoli. 1905. — *La via da Assab all Ethiopia centrale pel Golima*. 1 br. Napoli. 1905.

AUG. CHEVALIER. — *Rapport sur une mission scientifique et économique au Chari-lac Tchad*. Paris.

J. LECLERCQ. — *Le Maroc*. 1 br., 17 pp. Bruxelles. 1906.

Dr VIEIRA GUIMARAES. — *A Missao de Portugal e o monumento de Thomar*. Lisboa. 1905.

Mme A. DE COURVILLE.—Vingt-quatre photographies de Bretagne, avec commentaire manuscrit.

Exposition universelle de Saint-Louis 1904. — Liste officielle des récompenses.

H. BUTTGENBACH. — *La cassitérite du Katanga*. 1 br. Liége. 1906.

H. ROLIN. — *La Question coloniale*, à propos d'un livre récent. Liége. 1906.

La Belgique 1830-1905, publication du Ministère de l'industrie et du travail. 1 vol., 870 pp. Bruxelles. 1905.

MARION. — *La fabrique et la paroisse du Saint-Sépulcre à Saint Omer, en 1780* 1 br.

Cie DES CHEMINS DE FER D'ORLÉANS : *Excursions en France*, 1 br ; *Châteaux des bords de la Loire*, 1 br.; *La Touraine et ses châteaux*, deux séries de cartes postales avec notices; *Touraine, Bretagne, Auvergne*, 1 br. illustrée; *Excursion dans le centre de la France et les Pyrénées*, 1 br.; *La Semaine sainte en Espagne*, 1 br.

A. VERMEERSCH S J. — *La Question congolaise*. 1 vol., 375 pp. Bulens, éditeur. Bruxelles.

Le R. P. Vermeersch vient de faire paraître sur le Congo un livre dans lequel il examine la question congolaise sous divers aspects: étude des *faits* concernant l'État et les tribus africaines; étude du *droit*, principalement au point de vue humanitaire; étude du *remède*. Le plaidoyer est en faveur des indigènes congolais, que l'auteur s'attache également à faire connaître. Leur vie, leurs mœurs remplissent des pages très intéressantes du livre. En parlant pour les indigènes, l'auteur réfute les accusations qui ont été portées contre les missionnaires.

Congrès international de Géologie. Mexico. 1906. — Programme des excursions.

Société d'études belgo-japonaise : Compte-rendu de l'assemblée générale constitutive du 14 février 1906. 1 br.

Manuel abrégé du répertoire bibliographique universel, publication de l' « Institut international de Bibliographie ». 1 vol. Bruxelles. 1905.

J. BERTRAND. — *La Géographie à l'école et les bases d'un système rationel d'enseignement.* 1 vol. Bruxelles. 1906.

Les titres des principaux chapitres de cet ouvrage sont : la géographie à l'école primaire, à l'athénée, à l'université ; le but atteint dans l'éducation géographique ; les études géographiques dans les écoles spéciales ; les revendications de la géographie en Allemagne ; les desiderata ; la géographie moderne et l'ensemble des sciences à l'école ; esquisse d'un système d'enseignement basé sur le principe de la selfdirection.

ÉCHANGES.

—

Allemagne.

BERLIN. *Deutsche Kolonialzeitung.* 1906. N°s 9 à 17.

BERLIN. *Gesellschaft für Erdkunde* Zeitschrift. 1906. N°s 3, 4.

BERLIN. *Mitteilungen von Forschungsreisenden und Gelehrten aus den deutschen Schutzgebieten.* XIX Band. 1 Heft.

BRÊME. *Geographische Gesellschaft.* Deutsche geographische Blätter. 1906. Band. XXIX. Heft 1.

GOTHA. *Justus Perthe's geographische Anstalt.* Dr A Petermann's Mitteilungen. 1906. Heft. II, III.

HAMBOURG. *Geographische Gesellschaft.* Mitteilungen. Band. XXI. 1906.

Autriche-Hongrie.

BRÜNN. *Naturforschender Verein.* Verhandlungen 1903. Band. 42.
— Beitrag zur kenntnis der Niederschlagsverhältnisse. XXII. Bericht der meteorologischen Commission, f. 1902.

BUDAPEST. *Kgl. ung. geologische Anstalt.* Mitteilungen. XIV Band. 5 Heft.

BUDAPEST. *Société hongroise de géographie.* T. XXXIV. Fasc. II, III.

BUDAPEST. *Zeitschrift der ungarische geologische Gesellschaft.* Mitteilungen. XXXV, 10-12 ; XXXVI, 1-3 Heft. 1906.

VIENNE. *Anthropologische Gesellschaft.* Mitteilungen. XXXVI Band. I u. II Heft. 1906.

VIENNE. *K. K. geographische Gesellschaft.* Mitteilungen 1906. XLIX, N° 1.

VIENNE. *K. K. geologische Reichsanstalt.* Jahrbuch 1905. Heft. 3 u. 4. — 1906. Heft. 1. — Verhandlungen. 1905. N°ˢ 16, 17 u. 18. — 1906. N° 1.

VIENNE. *Oesterreichische Monatsschrift für den Orient.* 1906. N°ˢ 2, 3.

VIENNE. *Zeitschrift für Schul-Geographie.* XXVII Jahrgang. VI, VII Heft.

Belgique.

ANVERS. *Ligue maritime belge.* 1906. N°ˢ 104 à 107.

ANVERS. *Société royale de géographie.* Bulletin 1905. Tome XXIX.

ANVERS. *Société de médecine.* Annales et bulletin 1906. Fascicule, février, mars.

ANVERS. *Société médico-chirurgicale.* Annales. 1906. Janvier.

BRUXELLES. *Académie royale des sciences, des lettres et des beaux-arts de Belgique.* Annuaire 1906.

BRUXELLES. *La Belgique maritime et coloniale.* 1906. N°ˢ 36 à 44.

BRUXELLES. *État indépendant du Congo.* Bulletin officiel. 1906. N° 1-2.

BRUXELLES. *Ciel et Terre.* Revue populaire d'astronomie et de météorologie. 27° année. 1906. N°ˢ 1 à 4.

BRUXELLES. *Chine et Belgique.* 1906. 1ʳᵉ année. 11° et 12° liv.

BRUXELLES. *Commerce spécial de la Belgique avec les pays étrangers.* Bulletin mensuel. 1906. Mars, avril.

BRUXELLES. *Commissions royales d'art et d'archéologie.* Bulletin 1904. 43° année. N° 11-12.

BRUXELLES. *Fédération pour la défense des intérêts belges à l'étranger.* La vérité sur le Congo. 1906. N°ˢ 2, 3, 4.

BRUXELLES. *L'Excursion*. 1906. Mars, avril, mai.

BRUXELLES. *Institut colonial international*. Les différents systèmes d'irrigation. Tome I.

BRUXELLES. *Ministère des affaires étrangères*. Recueil consulaire. Tome 132. 1re, 2e et 3e livraisons.

BRUXELLES. *Ministère de l'Intérieur et de l'Instruction publique*. Annuaire statistique. 36e année. 1905.

BRUXELLES. *Missions en Chine et au Congo*. Revue illustrée. 1906. Mars, avril.

BRUXELLES. *Le mouvement géographique*. 1906. Nos 9 à 17.

BRUXELLES. *Revue bibliographique belge*. 1906. Nos 2, 3.

BRUXELLES. *Revue de Belgique*. 1906. Février, mars, avril.

BRUXELLES. *Revue de l'Université de Bruxelles*. 11e année. 1905-1906. Nos 6, 7.

BRUXELLES. *Société belge de microscopie*. Bulletin. 27e année. 1900-1901. Fasc. 1.

BRUXELLES. *Société entomologique de Belgique*. Annales. Tome 50. Nos II, III.

BRUXELLES. *Société d'études coloniales*. 1906. Nos 2, 3, 4.

BRUXELLES. *Société royale de botanique*. Bulletin 1900-1905. Tome 42. Fasc. 1 et 2.

BRUXELLES. *Société scientifique*. Annales. 30e année. 1905-1906. 2e fasc.

BRUXELLES. *Touring Club de Belgique*. 1906. Nos 2, 3, 4.

GAND. *Volkskunde*. Tijdschrift voor nederlansch folklore. 17e Jaarg. 1905. 11-12 afl.

LIÉGE. *Institut archéologique*. Tome XXXV. 2e fasc.

LIÉGE. *Séminaire de géographie de l'Université*. Fasc. V. ERNEST ROBERT : *Le Siam*.

LIÉGE. *Société géologique de Belgique*. Annales. 1906. 1re livraison; Tome XXXII, 4e livr.

LIÉGE. *Union des charbonnages, mines et usines métallurgiques de la province de Liége*. Bulletin. 1905. N° 6-12.

LIÉGE. *Wallonia.* 1906. N°ˢ 2, 3.

LOUVAIN. *Analectes pour servir à l'histoire ecclésiastique de la Belgique.* 1905. 3ᵉ Série. Tome IIᵉ, 1ʳᵉ livraison.

MALINES. *Cercle archéologique.* Bulletin. Tome XV. 1905.

Espagne.

MADRID. *Revista de geografía commercial y mercantil.* 1906. Tomo III. N°ˢ 9, 10.

MADRID. *Real sociedad geografíca.* Boletin. 1906. 1ʳᵉ trim.

France.

BORDEAUX. *Société de géographie commerciale.* Bulletin. 1906. N°ˢ 4 à 8.

LILLE. *Société de géographie.* Bulletin. 1906. N°ˢ 2, 2*bis*, 3.

LYON. *Les Missions catholiques.* 1906. N°ˢ 1917 à 1925.

LYON. *Société de géographie.* Bulletin. 1905. 4ᵉ trimestre.

MARSEILLE. *Société de géographie.* Bulletin. 1905. N° 3. 3ᵉ trim.

PARIS. *L'action coloniale.* 2ᵉ année. N° 3.

PARIS. *Annales de géographie.* XVᵉ année. 1906. N° 80.

PARIS. *Annales diplomatiques et consulaires.* Tome III. 5ᵉ année. N°ˢ 51 à 54.

PARIS. *Office colonial.* Feuille de renseignements. 1906. Janvier, février, mars.

PARIS. *Polybiblion.* Revue bibliographique universelle. 1906. Mars, avril.

PARIS. *La quinzaine coloniale.* 1906. N°ˢ 4 à 7.

PARIS. *Revue coloniale.* 1906. N' 35.

PARIS. *Société de géographie.* Bulletin. 1906. Février, mars.

PARIS. *Société de géographie commerciale.* Bulletin. 1906. Février, mars.

Grande-Bretagne.

ÉDIMBOURG. *The royal scottish geographical Society*. The scottish geographical Magazine. 1906. March, april.

LONDRES *The Missionary Herald*. 1906. March.

LONDRES. *Man. A monthly Record of Anthropological Science*. 1906. March, april.

LONDRES. *Royal geographical Society*. The geographical journal. 1906. March, april.

Italie.

FLORENCE. *Rivista geografica italiana*. Annata XIII. 1906. Fasc. II, III, IV.

MILAN. *L'esplorazione commerciale*. 1906. Fasc. V à VIII.

NAPLES. *Società africana d'Italia*. Bollettino. 1906. Fasc. I, II.

ROME. *Ministero degli Affari esteri*. Bollettino. 1905. N° generale 324. — 1906, 325, 326.

ROME. *Società geografica italiana*. Bollettino. 1906. Marzo, aprile.

Pays-Bas.

AMSTERDAM. *Kon. nederlandsch aardrijkskundig genootschap*. Tijdschrift. 1906. 2de Serie. Deel XXIII. N^r 2.

AMSTERDAM. *De Indische Mercuur*. 1906. N^{rs} 9 tot 17.

LA HAYE. *Kon. Instituut voor de taal- land- en volkenkunde van nederlandsch Indië*. Bijdragen. 7de Volgr. 5de Deel. 2de afl.

Portugal.

LISBONNE. *Sociedade de geographia*. Visconte de Santarem. Algumas Cartas ineditas. 1906.

Suède.

STOCKHOLM. *Svenska sällskapet för antropologi och geografi.* Tidskrift. 1906. häft. 1.

Suisse.

GENÈVE. *Société de géographie.* Le Globe. Tome 45. N° 1.

Afrique.

LE CAIRE. *Société khédiviale de géographie.* Bulletin. VI° série. N° 9.

TUNIS. *Revue tunisienne.* Organe de l'Institut de Carthage. 1906. N° 56.

Amérique.

AVELLANEDA. *Camara mercantil.* 1905. N° 65, 66, 67.

BUENOS AYRES. *Museo nacional.* Anales. 1905. Tomo V. Série III.

BUENOS-AYRES. *Statistique municipale.* Bulletin mensuel. 1905 Décembre. — 1906. Janvier. N° 1.

CHICAGO. *Journal of geology.* Vol. XIV. 1906. N° 1, 2.

CORDOBA. *Academia national de Ciencias.* Boletin. Tomo XVIII. Entr. 2.

LA PAZ. *Ministro de Colonias y agricultura.* 1905. Anexos. Primera Parte.

MEXICO. *Resumen de la Importacion y de la Exportacion.* 1905. Octubre, noviembre.

MEXICO. *Estadistica fiscal.* Boletin. 1905. Mayo. N° 282.

MEXICO *Instituto geologico de Mexico.* Boletin. N° 21.

MONTEVIDEO. *Observatorio meteorologico municipal.* Boletin. 1905. Juni á septiembre.

New-York. *American geographical Society*. Bulletin. 1906. N⁰ˢ 2, 3.

New-York. *Dun's Review*. 1906. Mars, avril.

Para. *Museu Goeldi* (Museu Paraense). Memorias. Vol. IV. 1905.

Philadelphie. *Geographical Society of Philadelphie*. Bulletin. 1906. Vol. IV. N° 3.

Puebla. *Boletin de Estadistica*. 1906. N⁰ˢ 14, 15.

Washington. *National geographic Magazine*. 1906. Vol. XVII. N⁰ˢ 3, 4.

Washington. *Bureau of american ethnology*. Annual report. 24°, 1901-1902; Bulletin 29.

Washington. *Philosophical Society of Washington*. Bulletin. Vol. XIV pp. 317-326, 327-336.

Washington. *U. S. Coast and geodetic Survey*. Report. 1905.

Washington. *U.S. geological Survey*. Professional Papers. N⁰ˢ 34 à 42 — Water supply and Irrigation Papers. N⁰ˢ 123, 126, 127; 129 to 131, 133 to 147, 149, 151, 152. — Monographs XLVIII. Part I, II.

Asie.

Calcutta. *Geological survey of India*. Records. 1906. Vol. XXXIII. Part 1.

Yokohama *Chamber of Commerce*. Monthly Reporto. 1906. February, march.

Australie.

Manille. *Department of the Interior*. Ethnological survey. Vol. II. Part II, III. — Vol. IV. Part. I. — Studies in moro, History, Law and Religion.

Sydney. *New-South Wales* Statistical register for 1904. Part XIII.

OUVRAGES REÇUS

—

DONS.

La Revue américaine, 1906, n°ˢ 5, 6.

Chronique coloniale et financière, Bruxelles, 1906, n°ˢ 17 à 25.

Mémoires de la Société royale des Antiquaires du Nord, 1905, 1 vol., Copenhague.

Dr L. BREITFUSS. — *Carte bathymétrique de la mer de Barenz.* 1906.

G. JOCK, libraire à Leipzig, catalogue 287 : *Folklore,* 1. br.

Société Dunkerquoise : Programme du Congrès des sciences historiques en 1907 (région du Nord et Belgique).

V. SCOTT KELTIE. — *The statesman's Year-Book,* statistical and historical annual of the states of the world, for the year 1906.

J. BAER & C°. — *Catalogue of scarce and valuable books on America and the Philippine islands,* n° 534. Frankfurt 1906.

ROMANET DU CAILLAUD. — *Des chrétiens de Saint-Mathieu existant en Afrique au XXIV° siècle, et de l'identification à l'Ouganda de l'empire chrétien de Magdasor,* 1 br. — *Les limites au N.O. de la Louisiane cédée par la France aux États-Unis en* 1803 1 note.

K. HIERSEMANN, Leipzig. — Catalogue 325 : *Biblioteca Mejicana.*

E. DOUDOU. — *La grotte de Brialmont, à Tilff.* Une note, 4 p.

R. C. MOSSMAN. — *Scottish Oceanographical Laboratory :* Some meteorological results of the Scottish national Antarctic Expedition, 1 br. Edinburg. 1906.

Instituto coloniale italiano : Revista coloniale. Anno 1, n° 1. Roma.

Syndicat d'initiative de Toulouse : Guide de voyage à Toulouse et dans la Haute-Garonne

Gesellschaft für Völker- und Erdkunde zu Stettin. Année 1904-1905. Greifswald. 1906.

Scenes of the San-Francisco Fire and Earthquake, série n° 1, 1 album (don de J. Peltzer).

Perugraphia. Lima. 1906. Marzo, abril.

ÉCHANGES.

—

Allemagne.

BERLIN. *Deutsche Kolonialzeitung.* 1906. N°⁸ 18 à 25.

BERLIN. *Gesellschaft für Erdkunde* Zeitschrift. 1906. N° 5.

BRÊME. *Naturwissenschaftlicher Verein.* Abhandlungen. XVIII, Band. 2 Heft. 1906).

GOTHA. *Justus Perthe's geographische Anstalt.* Dr A Petermann's Mitteilungen. 1906. Heft. IV, V.

KÖNIGSBERG. *Physikalisch-ökonomische Gesellschaft.* Schriften 1905.

LEIPZIG. *Verein für Erdkunde.* Katalog der bibliothek (heft II der Mitteilungen 1903.

NURENBERG. *Germanischer Museum.* Anzeiger 1905. Januar-dezember.

POTSDAM. *Königlisch. preuszische geodätische Institut.* Neue folge, n° 25.

Autriche-Hongrie.

BUDAPEST. *Société hongroise de géographie.* T. XXXIV. Fasc. IV, V.

IGLÖ. *Ungarischer Karpathen Verein.* Jahrbuch XXXIII. 1906.

VIENNE. *Anthropologische Gesellschaft.* Mitteilungen. XXXVI Band. III und IV Heft. 1906.

VIENNE. *K. K. geographische Gesellschaft.* Mitteilungen 1906. Band XLIX, N°ˢ 3 u. 4.

VIENNE. *K. K. geologische Reichsanstalt.* Verhandlungen 1906.
N°s 2, 3, 4.

VIENNE. *Oesterreichische Monatsschrift für den Orient.* 1906.
N°s 4, 5.

VIENNE. *Zeitschrift für Schul-Geographie.* Jahrgang XXVII. 1906.
Heft VIII, IX.

Belgique.

ANVERS. *Académie royale d'archéologie de Belgique.* Bulletin 1906.
N° 1.

ANVERS. *Ligue maritime belge.* 1906. N°s 108 à 111.

ANVERS. *Société royale de géographie.* Bulletin 1905. Tome XXIX.
4° fasc.

ANVERS. *Société de médecine.* Annales et bulletin 1906. Fascicule,
avril, mai.

ANVERS. *Société médico-chirurgicale.* Annales. 1906. Février-mars.

BRUXELLES. *Académie royale de Belgique.* Bulletin de la classe des
lettres. 1906. N°s 1 à 4. — Bulletin de la classe des sciences.
1906 N°s 1 à 4.

BRUXELLES. *La Belgique maritime et coloniale.* 1906. N°s 45 à 52.

BRUXELLES. *État indépendant du Congo.* Bulletin officiel. 1906.
Mars à juin.

BRUXELLES *Ciel et Terre.* Revue populaire d'astronomie et de
météorologie. 27° année. 1906. N°s 5 à 8

BRUXELLES. *Chine et Belgique.* 1906. 1re année. Avril, mai.

BRUXELLES. *Commerce spécial de la Belgique avec les pays étrangers.* Bulletin mensuel. 1906. Mai, juin.

BRUXELLES. *L'Excursion.* 1906. N°s 6, 7-8.

BRUXELLES. *Fédération pour la défense des intérêts belges à l'étranger.* La vérité sur le Congo. 1906. N° 5.

BRUXELLES *Institut de sociologie* (Instituts Solvay).— G. DE LEENER.
Ce qui manque au commerce belge d'exportation. 1 vol., 295 p.
— L.-G. FROMONT. Une expérience industrielle de réduction
de la journée de travail, 1 vol., 120 p. — E. BREES. Les régies
et les concessions communales en Belgique. 1 vol., 556 p. Notes

et mémoires. — E. SOLVAY. Note sur des formules d'introduction à l'énergétique physio- et psycho-sociologique, fasc. 1. — E. WAXWEILER. Esquisse d'une sociologie, fasc.2.—R. PETRUCCI. Origines naturelles de la propriété, essai de sociologie comparée, fasc. 3. — L. WODON. Sur quelques erreurs de méthode dans l'étude de l'homme primitif, fasc. 4. — Dʳ E. HOUZÉ. L'Aryen et l'anthroposociologie, fasc. 5. — CH. HENRY. Mesure des capacités intellectuelle et énergétique, fasc. 6.   R. PETRUCCI. Origine polyphylétique, homotypie, et non comparabilité directe des sociétés animales, fasc. 7.

BRUXELLES. *Ministère des affaires étrangères.* Recueil consulaire. Tome 132. 4ᵉ, 5ᵉ et 6ᵉ livraisons.

BRUXELLES. *Missions en Chine et au Congo.* Revue illustrée. 1906. Nᵒˢ 5, 6.

BRUXELLES. *Le mouvement géographique.* 1906. Nᵒˢ 18 à 25.

BRUXELLES. *Revue bibliographique belge.* 1906. Nᵒˢ 4, 5.

BRUXELLES. *Revue de Belgique.* 1906. 5ᵉ, 6ᵉ livr.

BRUXELLES. *Revue de l'Université de Bruxelles.* 11ᵉ année. Nᵒˢ 8-9.

BRUXELLES. *Société d'archéologie.* Annuaire 1906 Tome 17ᵉ.

BRUXELLES. *Société belge d'études coloniales.* 1906. Nᵒˢ 5, 6.

BRUXELLES. *Société royale zoologique et malacologique.* Annales 1906.

BRUXELLES. *Touring Club de Belgique.* 1906. Nᵒˢ 5, 6

GAND. *Volkskunde.* Tijdschrift voor nederlansch folklore. 18ᵉ Jaarg. 1906. 1-2 afl.

LIÉGE. *Institut archéologique.* Chronique archéologique des Pays de Liége. 1ʳᵉ année. Nᵒˢ 1 à 6.

LIÉGE. *Union des charbonnages, mines et usines métallurgiques de la province de Liége.* Bulletin. 1906. Nᵒ 1-3.

LIÉGE. *Wallonia.* XIVᵉ année 1906. Nᵒˢ 4 et 5.

LOUVAIN. *Analectes pour servir à l'histoire ecclésiastique de la Belgique.* 1906. 3ᵉ Série. Tome IIᵉ, 2ᵉ livraison.

MONS. *Société des arts, sciences et lettres du Hainaut.* Mémoires et publications. 57ᵉ vol.

Espagne.

BARCELONE. *Centre excursionista de Catalunya.* Butlleti. Any II. 1906. Nᵒ .

MADRID. *Real sociedad geografica.* Revista de geografia colonial y mercantil. Tomo III. N° 11.

France.

AUXERRE. *Société des sciences historiques et naturelles de l'Yonne.* Année 1904. 58° vol.

BORDEAUX. *Société de géographie commerciale.* Bulletin. 1906. N°ˢ 9 à 12.

DUNKERQUE. *Societé de géographie.* N° 30, décembre 1905.

LE HAVRE. *Societé de géographie commerciale.* Bulletin. 1905. 2° trimestre.

LILLE. *Société de géographie.* Bulletin 1906. N°ˢ 4, 5, 5bis.

LYON. *Les Missions catholiques.* 1906. N°ˢ 1926 à 1934.

LYON. *Societé de géographie.* Bulletin. 1906. 1ᵉʳ trimestre.

MONTPELLIER. *Société languedocienne de geographie.* Bulletin. 1905. 4° trimestre. — Géographie générale du département de l'Héraut. — Tome III, fasc. II. Antiquités et monuments.

NANCY. *Société de geographie de l'Est.* Bulletin. 1905. 4° trim.

NANTES. *Société de géographie commerciale.* Année 1905.

PARIS. *Annales de géographie.* XV° année. 1906. N° 81.

PARIS. *Polybiblion.* Revue bibliographique universelle. 1906. 5°, 6° livr.

PARIS. *Annales diplomatiques et consulaires.* Tome III. 5° année. N°ˢ 55 à 58.

PARIS. *Chambre de commerce belge.* 1906. N°ˢ 3 à 6.

PARIS. *La quinzaine coloniale.* 1906. N°ˢ 9, 10-11

PARIS. *Office colonial.* Feuille de renseignements. 1906. Avril, mai.

PARIS. *Revue coloniale.* 1906. Mars, avril.

PARIS. *Société d'anthropologie.* Bulletin. 1905. N°ˢ 3, 4.

PARIS. *Société de géographie.* Bulletin. 1906. N°ˢ 4 à 6. — Publication de la Société de géographie : Documents scientifiques de la *Mission saharienne* Foureau-Lamy « d'Alger au Congo par le Tchad », par F. FOUREAU. Vol. II, III et album de cartes. Paris. 1905.

PARIS. *Société de géographie commerciale.* Bulletin. 1906. N° 4, 5.

PARIS. *Société de topographie.* Bulletin. 1905. N° 10-11-12.

ROCHEFORT s/M. *Société de géographie.* Bulletin. Tome XXVII. 1905. 4° trimestre.

TOULOUSE. *Société de géographie*. Bulletin. 1905. 4ᵉ trimestre.

TOULOUSE. *Université*. Bulletin. Série B. N° 4.

TOULOUSE. *Société d'histoire naturelle*. Bulletin. 1905. 3ᵉ trimestre.

Grande-Bretagne.

ÉDIMBOURG. *The royal scottish geographical Society*. The scottish geographical Magazine. 1906. May, june.

LONDRES. *Man. A monthly Record of Anthropological Science*. 1906. May, june.

LONDRES. *Royal geographical Society*. The geographical journal. 1906. Nᵒˢ 5, 6.

MANCHESTER. *Geographical Society*. Journal. 1905. Vol. XXI. N°7-12.

Italie.

FLORENCE. *Rivista geografica italiana*. Annata XIII. 1906. Fasc. V.

MILAN. *L'esplorazione commerciale*. 1906. Fasc. IX, X, XI-XII.

NAPLES. *Societa africana d'Italia*. Bollettino. 1906. Mars, aprile.

ROME. *Ministero degli Affari esteri*. Bollettino. 1906. N° generale 327 à 330.

ROME. *Societa geografica italiana*. Bollettino. 1906. Fasc. 5. 6.

Pays-Bas.

AMSTERDAM. *Kon. nederlandsch aardrijkskundig genootschap*. Tijd-schrift. 1906. 2ᵈᵉ Serie Deel XXIII. Nʳ 3.

AMSTERDAM. *De Indische Mercuur*. 1906. Nʳˢ 1278 tot 1285.

Portugal.

LISBONNE. *Sociedade de geographia*. Boletin. Serie 24. 1906. Nᵒˢ 1, 2.

Suède.

STOCKHOLM. *Svenska Turisföreningen*. Arsskrift. 1906.

Afrique.

ALGER. *Société de géographie.* Bulletin. 1905. 4ᵉ trimestre.

LE CAIRE. *Société khédiviale de géographie.* Bulletin. VIᵉ série. N° 10.

ORAN. *Société de géographie et d'archéologie de la province d'Oran.* Bulletin trimestriel. Tome XXXVI. 1906. Janvier-mars.

TUNIS. *Revue tunisienne.* Organe de l'Institut de Carthage. 1906. N° 57.

Amérique.

AVELLANEDA. *Camara mercantil.* Ano VI. 1906. Nᵒˢ 68.

BUENOS-AYRES. *Statistique municipale.* Bulletin mensuel. 1906. Nᵒˢ 2, 3, 4. — Recensement général de la ville de Buenos-Ayres. 1904.

CHICAGO. *Journal of geology.* Vol. XIV. 1906. N° 3.

LA PAZ. *Ministro de colonias y agricultura.* Revista. Vol. I Nᵒˢ 7, 8, 9.

LIMA. *Sociedad geografica.* Boletin. Tomo XV. Trimestre cuarto. Memoria anual y anexos. 1904. Ano XIV. Tomo XVI.

LIMA. *Cuerpo de ingenioros de minas del Peru.* Boletin. Nᵒˢ 30, 31, 32, 33, 34.

MEXICO. *Observatorio meteorologico-magnetico central.* Boletin mensual. Noviembre 1902.

MEXICO. *Resumen de la Importacion y de la Exportacion.* Diciembre de 1905.

MEXICO. *Sociedad cientifica* « Antonio Alzate ». Tomo 23. 1905. Nᵒˢ 1-4.

MEXICO. *Estadistica fiscal.* Boletin. 1905. Junio.

MEXICO. *Instituto geologico de Mexico.* Parergones. Tomo I. N° 10.

MONTEVIDEO. *Observatorio meteorologico municipal.* Boletin. 1905. Octubre-diciembre.

NEW-YORK. *American geographical Society.* Bulletin. 1906. Vol. 38. Nᵒˢ 4, 5, 6.

NEW-YORK. *Dun's Review.* 1906. May, june.

PARA. *Museu Goeldi* (Museu Paraense). Boletim. N° 4. Vol. IV. 1906. — Relaçao das publicaçoes scientiﬁcas feitas pelo « Museu Goeldi ». 1894-1904.

PHILADELPHIE. *Academy of natural sciences.* Proceedings. 1905. Part. III.

PUEBLA. *Boletin de Estadistica.* Tomo III. N°ˢ 16, 17, 18.

RIO-DE-JANEIRO. *Observatorio astronomico.* Boletim mensal. April a junho 1905.

WASHINGTON. *National geographic Magazine.* 1906. Vol. XVII. N°ˢ 5, 6.

WASHINGTON. *U.S. geological Survey.* Bulletin. N°ˢ 265, 269, 272, 273, 274. — Professional Papers. N°ˢ 43, 44, 48. — 26° Annual report 1904-1905. — Water supply and irrigation Papers. N°ˢ 148, 150, 154, 167. — Mineral resources, calendar year 1904.

Asie.

CALCUTTA. *Geological survey of India.* Records. 1906. Vol. XXXIII. Part. 2, 3.

CALCUTTA. *Asiatic Society of Bengal.* Journal and Proceedings. Vol. I. 1905. N ˢ 1 à 10. Etra number. Vol. II. 1906. N°ˢ 1 à 3.

SAÏGON. *Société des études indo-chinoises.* Bulletin 1905. 1ᵉʳ et 2ᵉ sem. — Monographie de l'ile de Phu-Quoc (province de Hatien).

YOKOHAMA. *Chamber of Commerce.* Monthly Reports. 1906. April, may.

Australie.

SYDNEY. *New-South Wales.* Statistical register for 1904 and previous years. Part XIV. Shipping and commerce.

SYDNEY. *Official Year-Book of New-South Wales.* 1904-1905.

COMPTE RENDU DES ACTES

SOCIÉTÉ ROYALE BELGE DE GÉOGRAPHIE

TRENTIÈME ANNÉE. N° 4. — JUILLET ET AOUT 1906.

OUVRAGES REÇUS
—

DONS.

Europe coloniale, 3ᵉ année 1906, nᵒˢ 26 à 34.

La Revue américaine, 1906, nᵒˢ 7, 8.

H. BUTTGENBACH. — *L'avenir industriel de l'État indépendant du Congo,* une broch., 34 p., extrait de la *Revue universelle des Mines, de la Métallurgie.* Liége. 1906.

W. BRUCE. — *The Area of unknown Antarctic regions,* compared with Australia, unknown Arctic regions, and British Isles, 1 br.

W. BRUCE. — *Report on the work of the Scottish National Antarctic Expedition,* 1 br.

RAOUL BLANCHARD. — *La Flandre.* — *Étude géographique de la plaine flamande en France, Belgique et Hollande,* un volume de 530 p., illustrations et cartes, publié par la *Société Dunkerquoise* pour l'avancement des lettres, des sciences et des arts. 1906.

Cᵗᵉ GOBLET D'ALVIELLA — *Y a-t-il une religion japonaise ?* La *Voix des Dieux.* Extrait des Bulletins de l'*Académie royale de Belgique,* 1 br., 32 p. 1906.

État libre du Counani. Livre rouge n° 3. Memorandum adressé aux Puissances au sujet de la reconnaissance officielle de l'État libre, 1906.

Compagnie du chemin de fer d'Orléans : La terre des merveilles, une France inconnue, 1 br.

COMPTE-RENDU. — 1906.   IV. — 9

Republica de Chile, oficina de limites : La Cordillera de los Andes entre las latitudes 46°. I. 5o°S. Santiago. 1905.

République Argentine. — Loi du 11 octobre 1905 (établissement de lignes de navigation entre la République Argentine et l'Europe).

Société de moralité publique de Belgique. Bulletin 1906, avril à juin.

A. DE TILLO. — *Superficie de la Russie d'Asie, avec les bassins des océans, des mers, des rivières et des lacs, sous le règne de l'empereur Nicolas II,* 1 vol., 105 pp. Saint-Pétersbourg. 1905. 1 carte des bassins de la Russie d'Asie. — DON DE M. J. DE SCHOKALSKY.

ED. DE JONGHE. — *Der altmexikanische Kalender,* 1 br. 1906.

ÉCHANGES.

—

Allemagne.

BERLIN. *Deutsche Kolonialzeitung.* 1906. Nᵒˢ 27 à 34.

BERLIN. *Gesellschaft für Erdkunde.* Zeitschrift. 1906. N° 6. — Bibliotheca geographica (2 feuilles de l'année 1902).

BERLIN. *Mitteilungen von Forschungsreisenden und Gelehrten aus den deutschen Schutzgebieten.* XIX Band. 2 Heft.

BRÊME. *Geographische Gesellschaft.* Deutsche geographische Blätter. 1906. Band. XXIX. Heft 2 u. 3,

DARMSTADT. *Verein für Erdkunde und geologische Verein.* Notizblatt. 1905. IV Folge. 26 Heft.

GOTHA. *Justus Perthe's geographische Anstalt.* Dʳ A. Petermann's Mitteilungen. 1906. Band. 52. N° VII.

MUNICH. *Geographische Gesellschaft.* Mitteilungen. 1906. 1 Band. 4 Heft.

Autriche-Hongrie.

BUDAPEST. *Société hongroise de géographie.* Comité pour l'exploration du lac de Balaton. Resultate der wissenschaftlichen Erforschungen des Balaton-Sees. 7 volumes et une carte.

VIENNE. *K. K. geographische Gesellschaft*. Mitteilungen 1906. Band XLIX, N°⁵ 5, 6-7.

VIENNE. *K. K. geologische Reichsanstalt*. Verhandlungen. 1906. N°⁵ 5, 6, 7.

VIENNE. *K. K. naturhistorische Hofmuseum*. Annalen. 1902. N° 3-4. — 1903. N°ˢ 1 et 4. — 1904. N°ˢ 1 à 4. — 1905. N°ˢ 1 à 3.

VIENNE. *K. K. Osterreichische Kommission der Internationale Erdmessung*. Verhandlungen. Protokoll uber die am 29. December 1904 abgehaltene sitzung.

VIENNE. *Oesterreichische Monatsschrift für den Orient*. 1906. N°ˢ 6, 7.

VIENNE. *Zeitschrift für Schul-Geographie*. Jahrgang XXVII. 1906. Heft X, XI.

Belgique.

ANVERS. *Ligue maritime belge*. 5ᵉ année. 1906. N°ˢ 112 à 115.

ANVERS. *Société de médecine*. Annales et bulletin 1906. Fasc. 6.

BRUXELLES. *Académie royale de Belgique*. Bulletin de la classe des lettres. 1906. N°ˢ 5, 6. — Bulletin de la classe des sciences. 1906. N° 6.

BRUXELLES. *La Belgique maritime et coloniale*. 1906. N°ˢ 53 à 55. — 3 à 8.

BRUXELLES. *État indépendant du Congo*. Annales du musée du Congo : Ethnographie et anthropologie Tome I. Fasc. II. Notes analytiques sur les collections ethnographiques du musée du Congo, publiées par la Direction du musée. — Mission Emile Laurent : Enumération des plantes récoltées. Fasc. III, par E. Dewildeman.

BRUXELLES. *Chine et Belgique.* 2ᵉ année. 1906. Livr. 3, 4.

BRUXELLES. *Ciel et Terre*. Revue populaire d'astronomie et de météorologie. 27ᵉ année. 1906. N°ˢ 9 à 12.

BRUXELLES. *Commerce spécial de la Belgique avec les pays étrangers*. Bulletin mensuel. 1906. Juillet, août.

BRUXELLES. *Commissions royales d'art et d'archéologie*. Bulletin 1905. 43ᵉ année. N°ˢ 1 à 6.

BRUXELLES. *L'Excursion*. 1906. N° 9.

BRUXELLES. *Fédération pour la défense des intérêts belges à l'étranger*. La vérité sur le Congo. 3ᵉ année. 1906. Nᵒˢ 6, 7, 8. — Rapport sur la question d'entente hollando-belge. 1 br.

BRUXELLES. *Japon et Belgique*. 1ʳᵉ année. 1ʳᵉ livraison.

BRUXELLES. *Ministère des affaires étrangères*. Recueil consulaire. Tome 133. Livr. 1. 2.

BRUXELLES. *Missions en Chine et au Congo*. Revue illustrée. 1906. Nᵒˢ 7, 8.

BRUXELLES. *Le mouvement géographique*. 1906. Nᵒˢ 26 à 33.

BRUXELLES. *Revue bibliographique belge*. 1906. Nᵒˢ 6, 7.

BRUXELLES. *Revue de Belgique*. 1906. 7ᵉ, 8ᵉ livr.

BRUXELLES. *Revue de l'Université de Bruxelles*. 1905-1906. Nᵒ 10.

BRUXELLES. *Société d'archéologie*. Annales. Tome XX, 1906. Livr. I et II.

BRUXELLES. *Société belge de géologie, de paléontologie et d'hydrologie*. Tome XIX. Fasc. V. — Tome XX. Fasc. I-II.

BRUXELLES. *Société belge d'études coloniales*. 1906. Nᵒˢ 7-8.

BRUXELLES. *Touring Club de Belgique*. 1906. Nᵒ 8.

CHARLEROY. *Société paléontologique et archéologique*. Documents et rapports. Tome XXVIII.

GAND. *Volkskunde*. Tijdschrift voor nederlandsch folklore. 18ᵉ Jaarg. 1906. afl. 3-4.

LIÉGE. *Institut archéologique*. Chronique archéologique du Pays de Liége. 1ʳᵉ année. — Bulletin, tome XXXI : table des matières des volumes I à XXX (1852-1901).

LIÉGE. *Société géologique de Belgique*. Annales. Tome XXXIII, 2ᵉ livr.

LIÉGE. *Union des charbonnages, mines et usines métallurgiques de la province de Liége*. Bulletin. 1906. Nᵒ 4-6.

LIÉGE. *Wallonia*. XIVᵉ année. 1906. Nᵒˢ 6-7, 8-9.

TONGRES. *Société scientifique et littéraire du Limbourg*. Bulletin. Tomes XXII, XXIII.

Espagne.

MADRID *Real sociedad geografica* Boletin 1906. Tomo XLVIII. 2ᵒ trim.

France.

BORDEAUX. *Société de géographie commerciale*. Bulletin. 1906. Nᵒˢ 13 à 16.

LILLE. *Société de géographie*. Bulletin. 1906. Nᵒˢ 6, 7.

LYON. *Les Missions catholiques*. 1906. Nᵒˢ 1935 à 1942.

MONTPELLIER. *Société languedocienne de géographie*. Bulletin. 1906. 1ᵉʳ trimestre.

NANCY. *Société de géographie de l'Est*. Bulletin. 1906. 1ᵉʳ trim.

PARIS. *Annales de géographie*. XVᵉ année. 1906. N° 82.

PARIS. *Annales diplomatiques et consulaires*. Tome III. 1906. Nᵒˢ 59 à 61.

PARIS. *Chambre de commerce belge*. 1906. N° 7.

PARIS. *Polybiblion*. Revue bibliographique universelle. 1906. Tome 64. Livr. 1, 2.

PARIS. *Office colonial*. Feuilles de renseignements. 1906. Nᵒˢ 83 à 85·

PARIS. *La quinzaine coloniale*. 1906. Nᵒˢ 12 à 15.

PARIS. *Revue coloniale*, publiée par le ministère des colonies. Nᵒˢ 38, 39, 40.

PARIS. *Société d'anthropologie*. Bulletin. 1905. Nᵒˢ 5-6.

PARIS. *Société de géographie*. Bulletin. 1906. Tome XIV. N° 1.

PARIS. *Société de géographie commerciale*. Bulletin. 1906. Nᵒˢ 6, 7.

PARIS. *Société de topographie*. Bulletin. 1906. 1ᵉʳ trimestre.

ROUEN. *Société normande de géographie*. Bulletin. 1905. 4ᵉ trim.

SOISSONS. *Société archéologique, historique et scientifique*. Bulletin. Tome XI (1901-1902).

TOULOUSE. *Société Ramond*. Explorations pyrénéennes. 1905. 3ᵉ et 4ᵉ trimestres.

Grande-Bretagne.

EDIMBOURG. *The royal scottish geographical Society*. The scottish geographical Magazine. 1906. July, august.

LIVERPOOL. *Geographical Society*. Transactions and 14ᵉ annual report 1905-1906.

LONDRES. *Man. A monthly Record of Anthropological Science.*
1906. July, august.

LONDRES *Royal geographical Society.* The geographical journal.
1906. July, august.

Italie.

FLORENCE. *Rivista geografica italiana.* Annata XIII. 1906. Fasc. VI.

MILAN. *L'esplorazione commerciale* 1906. Fasc. XIII-XIV, XV-XVI.

ROME. *Ministero degli Affari esteri.* Bollettino. 1906. N° generale
331 à 334.

ROME. *Societa geografica italiana.* Bollettino. 1906. Luglio,

ROME. *Istituto coloniale italiano.* Rivista coloniale. 1906. Anno 1.
Fasc. II.

Pays-Bas.

AMSTERDAM. *Kon. nederlandsch aardrijkskundig genootschap.* Tijdschrift. 1906. 2de Serie. Deel XXIV. N^r 4.

AMSTERDAM. *De Indische Mercuur.* 1906. N^{rs} 27 tot 34. — Proeven
op het gebied van suikerriet-cultuur en de fabricage tot tafel-
stroop. 1 br.

LA HAYE. *Kon. Instituut voor de taal-, land- en volkenkunde van
nederlandsch Indië.* Bijdragen. 7de Volgr. 5de Deel. 3e, 4e afl. 1906.

Portugal.

LISBONNE. *Sociedade de geographia.* Boletim. Serie 24. 1906. N°s 3, 4.

Roumanie.

BUCAREST. *Société géographique roumaine.* Bulletin. Année 1906.
N° 1.

Suède.

STOCKHOLM. *Svenska sällskapet för antropologi och geograf.*
Tidskrift. 1906. häft. 2.

Suisse.

GENÈVE. *Société de géographie*. Le Globe. Tome XLV. N° 2. Août.

Afrique.

ORAN. *Société de géographie et d'archéologie de la province d'Oran*. Bulletin trimestriel. Tome XXVI. 1906. Avril-juin.

TUNIS. *Revue tunisienne*. Organe de l'Institut de Carthage. 1906. N° 58.

Amérique.

AVELLANEDA. *Camara mercantil*. 1906. N°ˢ 69, 70.

BUENOS-AYRES. *Statistique municipale*. Bulletin mensuel. 1906 N° 5.

CHICAGO. *Journal of geology*. Vol. XIV. 1906. N°ˢ 4, 5.

LIMA. *Cuerpo de ingenioros de minas del Peru*. Boletin. N°ˢ 29, 35, 36.

MADISON. *Wisconsin geological and natural history Survey*. Report on the Lead and Zinc deposits of Wisconsin, with an Atlas of maps.

MEXICO. *Resumen de la Importacion y de la Exportacion*. 1906. Febrero, marzo, abril.

MEXICO. *Estadistica fiscal*. Año fiscal 1903-1904. — Boletin. Julio 1905.

MONTEVIDEO. — *Observatorio nacional fisico-climatologico*. Boletin. 1906. Enero-marzo.

NEW-YORK. *American geographical Society*. Bulletin. 1906. Vol. 38. N°ˢ 7, 8.

NEW-YORK. *Dun's Review*. 1906. July, august.

PHILADELPHIE. *Geographical Society of Philadelphie*. Bulletin. 1906. N° 4.

PUEBLA. *Boletin de Estadistica*. 1906. Tomo III. N° 19.

RIO-DE-JANEIRO *Observatorio astronomico*. Annuario 1906. — Boletim mensal. 3ᵉ trim. 1905.

SANTIAGO. *Société scientifique du Chili*. Actes. Tome XV (1905). 1er et 2e liv.

WASHINGTON. *National geographic Magazine*. 1906. Vol. XVII. Nᵒˢ 7, 8.

WASHINGTON. *Philosophical Society of Washington*. Bulletin. Vol. XIV. pp. 339-450.

WASHINGTON. *Smithsonian Institution*. Report. U. S. National Museum.

WASHINGTON. *U.S. geological Survey*. Professional Papers. Nᵒˢ 45, 47, 49. — Water supply and Irrigation Papers. Nᵒˢ 153, 157, 165, 166, 168, 169, 171.

Asie.

CALCUTTA. *Geological survey of India*. Records. 1906. Vol. XXXIV. Part. 1.

YOKOHAMA. *Chamber of Commerce*. Monthly Reports. 1906. Nᵒˢ 116, 117.

Australie.

SYDNEY. *New-South Wales*. Statistical register for 1905 and previous years. Part I. Population and vital statistics. Part II. Public finance.

OUVRAGES REÇUS
—

DONS.

La Revue américaine. 1906. N°ˢ 9, 10.

La Chronique coloniale et financière. 1906. N°ˢ 35 à 44.

La Suède comme pays des touristes, guide publié par *Turiskrafikför-bundet* Stockholm. 1 br., 30 p.

Touring-Club de France. — 1906, février, avril à août. (Don de Mᵐᵉ Peugeot.)

La Montagne, revue mensuelle du Club alpin français. 1906. N°ˢ 3 à 8. (Don de Mᵐᵉ H. Peugeot.)

J. JOUBERT. — *La nomenclatura geografica delle coste africane.* — 1 br., 35 p., extrait du bulletin de la *Società africaine d'Italie.* Naples. 1906.

Union de la Presse périodique belge. — Résumé des débats du deuxième Congrès de la presse périodique belge (Ostende 1906), 1 br., 50 p.

Comte GOBLET D'ALVIELLA. — *A travers le Far-West, souvenirs des États-Unis.* — Des voyages dans l'Union américaine. Les montagnes rocheuses. Les Mormons. San-Francisco. Universités californiennes. Le parc du Yosemite et le Grand Canyon. Les progrès religieux aux États-Unis. — 1 vol., 235 p. Weissenbrnch, éditeur. Bruxelles. 1906.

Le progrès économique de la République Argentine. 1 br., 23 p. Paris. 1906.

V. DINGELSTEDT. — *A little-know Russian people :* the Setukesed or Esths of Pskoro. 4 p., extrait du *Scottish Geogr. Magazine*, 1906.

Exposition internationale d'océanographie. Section russe. — Aperçu des travaux exposés par la marine impériale russe. 1 br., 16 p. Saint-Pétersbourg 1906. (Don de M. J. de Schokalsky).

Dr L. BREITFUSS. — *Aperçu sur l'expédition scientifique pour l'exploration des pêcheries de la côte mourmane.* 1 br., 50 p. Marseille. 1906. (Don de M. J. de Schokalsky).

Americana, catalogues 326,327. — Karl W. Hiersemann, libraire. Leipzig.

Livres rares et curieux, catalogue. — F. Muller & C°, libraires. Amsterdam.

Geographie und Reisebeschreibungen (Anthropologie, ethnologie). Catalogue. Gust. Fock, libraire Leipzig.

CHARLES LENTHÉRIC. — *Côtes et ports français de la Manche.* 1 vol., petit in-8°, 468 p. Ouvrage renfermant douze cartes et plans. Plon-Nourrit & C°, éditeurs. Paris. 1906.

CL. MADROLLE. — *Guide du voyageur, Indo-Chine :* Canal de Suez, Djibouti et Harar. Indes, Ceylan, Siam, Chine méridionale. — 1 vol., 185 pp., vingt-trois cartes et plans. Publié par le *Comité de l'Asie française.* Paris. 1906.

ALBERT AFTALION. — *La crise de l'industrie linière et la concurrence de l'industrie cotonnière.* 1 vol., 185 pp. Librairie L. Larose. Paris. 1904.

HENRI BRESSON — *La houille verte,* mise en valeur des moyennes et basses chutes d'eau en France. 1 vol., 285 pp. Librairie Dunot. Paris. 1906.

C.-A. SHERRING. — *Western Tibet and the British Borderland,* the sacred country of Hindus and Buddhist, with an account of the government, religion and customs of its peoples. 1 vol. relié, 370 pp., cartes et illustrations. Ed. Arnold, éditeur. Londres. 1906.

P. GRAEBNER. — *Die Heide Norddeutschlands,* und die sich anschliessenden formationen in biologischer betrachtung. Vol. V de l'ouvrage : *Die Vegetation der Erde,* von A. Engler und O. Drude. 1 vol. 320 pp. Editeur : W. Engelman. Leipzig. 1901.

OFICINA DE LIMITES DE LA REPUBLICA DE CHILE : *Graficos* referentes a la region andina entre paralelos 44°-45°; *Mapas* entre paralelos 44°-45°. — Santiago.

JULES LECLERCQ. — *Spectacles d'outre-mer*, 1 vol., 225 pp. Editeur : Alphonse Lamerre. Paris. 1906.

L'auteur qui a sillonné toutes les mers, parcouru tous les climats et contemplé tous les paysages, évoque en un volume de poésies charmantes l'image des pays lointains. Les sonnets du poète ont le rare mérite d'avoir tous été « vécus » par le voyageur.

Neuvième Congrès international de géographie. Genève, 27 juillet-6 août 1908. Circulaire d'invitation, renseignements et programme préliminaires.

BOUVIER, GIARD & LAVERAN. — *Mission d'études de la maladie du sommeil*. Organisation et instructions pour les recherches à effectuer au Congo français. 1 br., 20 pp. Paris. 1906.

PENMAN BROWNE. — *The Lado enclave and its commercial possibilities* 1 br., 14 pp., extraite du *Scottish Geographical Magazine*, oct. 1906.

La Côte d'Azur, brochure illustrée, éditée par la Compagnie des chemins de fer de Paris à la Méditerranée.

ÉCHANGES.

—

Allemagne.

BERLIN. *Deutsche Kolonialzeitung*. 1906. N⁰ˢ 35 à 44.

BERLIN. *Gesellschaft für Erdkunde*. Zeitschrift. 1906. N⁰ˢ 7, 8.

BERLIN. *Mitteilungen von Forschungsreisenden und Gelehrten aus den deutschen Schutzgebieten*. XIX Band. 3 Heft.

GOTHA. *Justus Perthe's geographische Anstalt*. Dʳ A. Petermann's Mitteilungen. 1906. Heft VIII.

HALLE S/S. *Verein für Erdkunde*. Mitteilungen. 30ᵉ jahrgang. 1906.

LEIPZIG. *Verein für Erdkunde*. Mitteilungen 1905.

LUBECK. *Geographische Gesellschaft u. naturhistorischer Museum*. Mitteilungen 1906. Heft 21.

METZ. *Verein für Erdkunde*. Jahresbericht. 1905-1906.

POTSDAM. *Kgl. preusziche geodätische Institut*. Jahresbericht des direktors. 1905-1906. Neue folge, n° 26. — Bestimmung der Absoluten Grösze der schwerkraft zu Postdam. Neue folge, n° 27. — Lotabweichungen. Heft III. Neue folge, n° 28. — Seismometrische besbachtungen Neue folge, n° 29.

Autriche-Hongrie.

BUDAPEST. *Kgl. ung. geologische Anstalt.* Mitteilungen. XV Band.
2 Heft. — Jahresbericht für 1904.

BUDAPEST. *Société hongroise de géographie.* 1906. Fasc. VI, VII.

BUDAPEST. *Zeitschrift der ungarische geologische Gesellschaft.*
Mitteilungen. 1906. N° 4-5.

VIENNE. *Anthropologische Gesellschaft.* Mitteilungen. Band. 36.
Heft. V.

VIENNE. *K. K. geographische Gesellschaft.* Mitteilungen 1906.
N° 8-9.

VIENNE. *K. K. geologische Reichsanstalt.* Verhandlungen. 1906.
Nᵒˢ 8, 9, 10.

VIENNE. *Oesterreichische Monatsschrift für den Orient.* 1906.
Nᵒˢ 8, 9, 10.

VIENNE. *Zeitschrift für Schul-Geographie.* Jahrgang 1906. Heft XII;
18ᵉ Jahrg. Heft. I.

Belgique.

ANVERS. *Académie royale d'archéologie de Belgique.* Bulletin 1906.
N° 3.

ANVERS. *Ligue maritime belge.* 5ᵉ année. 1906. Nᵒˢ 116 à 119.

ANVERS. *Société de médecine.* Annales et bulletin 1906. Juillet à
octobre.

ANVERS. *Société médico-chirurgicale.* Annales. 1906. Livr. Avril-
août.

BRUXELLES. *La Belgique maritime et coloniale.* 1906. Nᵒˢ 8 à 18.

BRUXELLES. *État indépendant du Congo.* 1906. Juillet-octobre.

BRUXELLES. *Chine et Belgique.* 2ᵉ année. 1906. Livr. 5, 6.

BRUXELLES. *Ciel et Terre.* Revue populaire d'astronomie et de
météorologie. 27ᵉ année. 1906. Nᵒˢ 10 à 16.

BRUXELLES. *Commerce spécial de la Belgique avec les pays étrangers.* Bulletin mensuel. 1906. Septembre, octobre.

BRUXELLES. *Commissions royales d'art et d'archéologie.* Bulletin
1906. 43ᵉ année. Nᵒˢ 7 à 10.

BRUXELLES. *L'Excursion.* 1906. Nᵒˢ 10, 11.

BRUXELLES. *Fédération pour la défense des intérêts belges à l'étranger.* La vérité sur le Congo. 3ᵉ année. 1906. Nᵒˢ 8. 9, 10. —
Le chemin de fer du Congo supérieur. 1906. 1 br. 60 pp.

BRUXELLES. *Ministère des affaires étrangères*. Recueil consulaire.
Tome 133. 3ᵉ et 4ᵉ livr.; Tome 134, 1ʳᵉ et 2ᵉ liv.

BRUXELLES. *Missions en Chine et au Congo*. Revue illustrée. 1906.
Nᵒˢ 9 à 11.

BRUXELLES. *Le mouvement géographique*. 1906. Nᵒˢ 36 à 44.

BRUXELLES. *Observatoire royal*. Annuaire météréologique pour
1906. — Liste alphabétique et index géographique des revues,
journaux et collections périodiques de la bibliothèque de
l'Observatoire royal.

BRUXELLES. *Revue bibliographique belge*. 1906. Nᵒˢ 8, 9. — Catalogue de livres classiques. 1906-1907.

BRUXELLES. *Revue de Belgique*. 1906. 9ᵉ, 10ᵉ livr.

BRUXELLES. *Revue de l'Université de Bruxelles*. 1906-1907. Octobre.

BRUXELLES. *Société belge d'études coloniales*. 1906. Nᵒˢ 9-10.

BRUXELLES. *Société royale zoologique et malacologique*. Annales.
Tome XL. 1905.

BRUXELLES *Société royale de botanique*. Bulletin 1904-1905. Tome 42.
Parties I, II. III.

BRUXELLES. *Société scientifique*. Annales. 30ᵉ année. 1905-1906.
3ᵉ et 4ᵉ fasc.

BRUXELLES. *Touring Club de Belgique*. 1906. Nᵒ 9.

GAND. *Volkskunde*. Tijdschrift voor nederlandsch folklore. 18ᵉ Jaarg.
1906. afl. 5-6.

LIÉGE. *Wallonia*. XIVᵉ année. 1906. Nᵒ 10.

LOUVAIN. *Analectes pour servir à l'histoire ecclésiastique de la
Belgique*. 1906. 3ᵉ Série. Tome IIᵉ, 3ᵉ livraison.

TOURNAI. *Société historique et littéraire*. Annales. Tome 10. 1ʳᵉ et
2ᵉ parties. 1906.

Espagne.

MADRID. *Real sociedad geografica*. Revista de geografia colonial
y mercantil. Boletin. 1906. Nᵒˢ 12 y 13, 14.

France.

BORDEAUX. *Société de géographie commerciale*. Bulletin. 1906.
Nᵒˢ 17 à 20.

DUNKERQUE. *Société de géographie*. Bulletin. 1906. 2ᵉ trimestre.

LE HAVRE. *Société de géographie commerciale.* Bulletin. 1906. 1re trimestre.

LILLE. *Société de géographie.* Bulletin 1906. N°s 8 à 10.

LYON. *Les Missions catholiques.* 1906. N°s 1943 à 1952.

LYON. *Société d'anthropologie.* Bulletin. Série V. Tome 7. 1906. N°s 1, 2.

LYON. *Société de géographie.* Bulletin. 1906. 2e trimestre.

LYON. *Société linnéenne.* Annales. Tome 52. Année 1905.

MARSEILLE. *Société de géographie.* Bulletin. 1906. 1er trimestre.

MONTPELLIER. *Société languedocienne de géographie.* Bulletin. 1906. 2e trimestre.

NANCY. *Société de géographie de l'Est.* Bulletin. 1906. 2e trim.

PARIS. *Annales de géographie.* 5e année. 1906. N° 83.

PARIS. *Annales diplomatiques et consulaires.* Tome III. 1906. N°s 62, 63, 67

PARIS. *Chambre de commerce belge.* Bulletin mensuel. 1906. N° 8-9.

PARIS. *Polybiblion.* Revue bibliographique universelle. 1906. Tome 64. Livr. 3, 4.

PARIS. *Office colonial.* Feuilles de renseignements. 1906. 8e année. N° 86.

PARIS. *La quinzaine coloniale.* 1906. N°s 16 à 20.

PARIS. *Revue coloniale,* publiée par le ministère des colonies. 1906. N°s 41, 42.

PARIS. *Société de géographie.* Bulletin. 1906. Vol XIV. N°s 2, 3.

PARIS. *Société de géographie commerciale.* Bulletin. 1906. N°s 8 à 10.

PARIS. *Société de topographie.* Bulletin. 1906. N° 4-6.

ROCHEFORT s/M. *Société de géographie.* Bulletin. Tome XXVIII. 1906. N°s 1, 2.

TOULOUSE. *Société de géographie.* Bulletin trimestriel. 1906. N° 1.

TOULOUSE. *Société d'histoire naturelle.* Bulletin trimestriel. 1905. N° 4.

TOURS. *Société de géographie.* Revue. 1906. N°s 1, 2.

Grande-Bretagne.

ÉDIMBOURG. *The royal scottish geographical Society.* The scottish geographical Magazine. Vol. XXII. 1906. N°s 9, 10, 11.

LONDRES. *Man. A monthly Record of Anthropological Science.* 1906. October, november.

LONDRES. *Royal geographical Society*. The geographical journal. 1906. Tome XXVIII. N°ˢ 3, 4, 5.

MANCHESTER. *Geographical Society*. Journal. 1906. Vol. XXII. N° 1-6.

Italie.

FLORENCE. *Rivista geografica italiana*. 1906. N°ˢ 7, 8.

MILAN. *L'esplorazione commerciale*. 1906. Fasc. 17-18, 19-20.

NAPLES. *Societa africana d'Italia*. Bollettino. 1906. Fasc. V à VIII.

ROME. *Instituto˳coloniale italiano*. Rivista coloniale. 1906. Anno 1. Fasc. III.

ROME. *Ministero degli Affari esteri*. Bollettino. 1906. N° generale 335 à 337.

ROME. *Societa geografica italiana*. Bollettino. 1906. Serie IV. Vol. VII. N°ˢ 8 à 10.

Pays-Bas.

AMSTERDAM. *Kon. nederlandsch aardrijkskundig genootschap*. Tijdschrift. 1906. 2ᵈᵉ Serie. Deel XXIII. Nʳ 5.

AMSTERDAM. *De Indische Mercuur*. 1906. Nʳˢ 1294 tot 1303.

Portugal.

LISBONNE. *Sociedade de geographia*. Boletim. Serie 24. 1906. N°ˢ 5 à 8.

Suède.

STOCKHOLM. *Svenska Turisföreningen*. Schweden, guide illustré, 175 pp. 1906.

Suisse.

BERNE. *Geographische Gesellschaft*. Jahresbericht. Band XIX. 1903-1904.

NEUCHATEL. *Société neuchâteloise de géographie*. Bulletin. Tome XVI. 1905.

Afrique.

ALGER. *Société de géographie*. Bulletin. 11° année. 1906. 1ᵉʳ et 2° trim.

Amérique.

AVELLANEDA. *Camara mercantil*. Revista mensual. 1906. N°ˢ 71, 72.

BAHIA. *Instituto geografico e historico*. Revista. Vol. X. N° 29 (1903). — Vol. XI. N° 30 (1904).

BUENOS-AYRES. *Bureau démographique national.*Bulletin. Année VI. Janvier à décembre 1905.

BUENOS-AYRES. *Statistique municipale.* Bulletin mensuel. 1906. N⁰ˢ 6, 7.

CHICAGO. *Journal of geology.* Vol. XIV. 1906. N° 6.

LA PAZ. *Ministro de colonias y agricultura.* Revista. Anno 2 N⁰ˢ 10-12. — Memoria al Congresso de 1906.

LIMA. *Cuerpo de ingenioros de minas del Peru.* Boletin. N⁰ˢ 37, 38, 39.

MEXICO. *Resumen de la Importacion y de la Exportacion.* 1906. Mayo.

MEXICO. *Estadistica fiscal.* Boletin. 1905. Agosto a noviembre.

MONTEVIDEO. — *Observatorio nacional físico-climatologico.* Boletin. 1906. Abril-junio.

NEW-YORK. *American geographical Society.* Bulletin. 1906. Vol. 38. N° 9.

NEW-YORK. *Dun's Review.* 1906. October.

PHILADELPHIE. *Academy of natural sciences.* Proceedings. 1906. Part. I.

PHILADELPHIE. *Geographical Society of Philadelphia.* Bulletin. 1906. Vol. IV. N° 5.

PUEBLA. *Boletin de Estadistica.* 1906. Tomo III. N⁰ˢ 20, 21.

RIO-DE-JANEIRO. *Observatorio astronomico.* Boletim mensal. 1905. Octobre à décembre.

SAO-PAULO. *Sociedade scientifica.* Revista. 1906. N° 3-4.

WASHINGTON. *National geographic Magazine.* 1906. Vol. XVII. N⁰ˢ 9, 10.

Asie.

TOKIO. *Geographical Society.* Journal of geography. 1906. Vol. XVIII. N⁰ˢ 205 à 210.

TOKIO. *Deutsche Gesellschaft für Natur und Volkerkunde Ostasiens.* Mitteilungen. 1906. Band. X. Teil 3.

YOKOHAMA. *Chamber of Commerce.* Monthly Reports. 1906. N⁰ˢ 118, 119.

Australie.

SYDNEY. *New-South Wales.* Statistical register for 1905 and previous years. Part VI. Manufactories and Works.

COMPTE RENDU DES ACTES

DE LA

SOCIÉTÉ ROYALE BELGE DE GÉOGRAPHIE

TRENTIEME ANNÉE. N° 6. — NOVEMBRE ET DÉCEMBRE 1906.

SEANCES
—

Séance du 30 octobre 1906.

Conférence de M. G. Kaïser

Un coin peu connu de la campagne romaine

La séance est ouverte à huit heures et demie du soir. Au
bureau siégent : MM. Eugène Pavoux, président; Leclercq,
vice-président; Malaise et Navez, membres du Comité.

M. G. Kaïser nous a entretenu d'un *Coin peu connu de la
campagne romaine.* Plusieurs géographes, Elysée Reclus en
tête, se sont plu a décrire la campagne romaine comme une
contrée déserte et stérile, où les vallées étaient des marais,
où les collines mêmes s'entouraient d'une atmosphère mor-
bide, où la malaria décimait sans trève les habitants. Cela est
vrai pour quelques parties de la région, cela est faux pour
d'autres parties et, notamment, pour toute la contrée entre
Rome et Viterbe, en passant par Civita-Castellana que
M. Kaïser a eu l'occasion de visiter en faisant l'étude d'un
tramway entrepris par nos compatriotes. Et le conférencier
n'a pas eu de peine à le démontrer par les vues photographiques qu'il a projetées sur l'écran.

Le voyage tout entier est un charme. C'est d'abord le
départ à la coquette station de la place de la Liberté, dans
un quartier de grand avenir, les haltes au Ponte-Milvio, au
Tir National, à l'hippodrome, puis tout de suite apparaissent
la campagne fertile et les villes et les villages florissants.
Voici Scrofano, Riano aux forêts giboyeuses, Castel-
Nuovo, admirablement située et où, déjà, s'élèvent des
villas et des auberges qui en feront un centre de villégiature, tant réclamé par les Romains, un peu sevrés de ce
côté. Voici encore Morlupo, aux vins exquis, valant les
meilleurs crus de France ; le mont Sorate, chanté déjà par
Horace et par Virgile ; le monastère de Saint-Sylvestre,
élevé sur les ruines d'un ancien temple d'Apollon ; Saint-
Oreste, si pittoresquement campé sur les flancs du Sorate et
qui n'attend que des communications faciles avec la capitale
pour devenir, lui aussi, un lieu privilégié de villégiature ;
Campagnana, Rignano, Faleria, avec leurs champs de maïs,
leurs vignobles productifs, leurs forêts riches en essences
précieuses, leurs champs d'oliviers ; voici Ponsano aux
belles carrières de travertin, et enfin Civita-Castellana, la
coquette cité de l'ancienne Etrurie, où de récentes découvertes ont permis de reconstituer un sanctuaire étrusque,
intéressante au point de vue historique comme elle est intéressante au point de vue agricole et industriel, et dont les habitants comme les produits sont distants de 9 kilomètres de la
plus prochaine gare de chemin de fer.

De Civita-Castellana à Viterbe, la contrée est plus riche
encore ; les localités sont plus importantes. La première
partie de la route avait été faite en tram, la seconde fut
faite en voiture. A quelques kilomètres de Civita, quatre
petits chevaux, bêtes rares en ce pays de mules et d'ânes,
amènent les voyageurs aux ruines de Falérie, ancienne
ville étrusque dont les tombeaux, disposés en souterrains

rappelant en petit les catacombes de Rome, font contraste avec la campagne d'alentour où, précisément, se fait la récolte et le battage des céréales, au moyen de machines à vapeur. Puis, c'est Fabrica di Roma, un peu sale, mais si pittoresque et si richement encadrée de champs de maïs, de vergers, d'oliviers et de vignobles. Ensuite, nous passons à Vignanello, la ville des vins : on en exporte annuellement 9,000 tonnes ; Vallerano, avec sa pittoresque église ; Canepina, dont l'exportation en bois de construction atteint. 9,000 tonnes et l'exportation en châtaignes va jusqu'à cent mille francs annuellement; Soriano, sorte de conglomérat de maisons, appliquées curieusement à mi-hauteur du mont Ciminio, fameuse par son château antique, demeure de plusieurs papes, sorte de parallélipipède gigantesque, surmonté de couronnes dentelées, et d'où l'on découvre un des plus beaux panoramas de la vallée du Tibre, fameuse aussi par son église et sa fontaine de Papacqua, une des plus belles et originales de tout le pays, où il y en a tant d'originales et de belles.

Ensuite, c'est Bagnaïa, une des plus florissantes localités de la ligne et où se trouvent, entre autres merveilles attirant de nombreux voyageurs, un vieux donjon remarquable et surtout les admirables jardins du duc Lante, dont le *« Je sais tout »* l'an dernier déclarait qu'ils étaient les plus beaux du monde. Enfin, c'est Viterbe, ville de 25 000 habitants, chef-lieu administratif et judiciaire, siège d'un évêché, bien bâtie dans sa partie moderne aux rues régulièrement pavées de larges dalles de lave et dont la partie ancienne est si curieusement, si éloquemment évocatrice du moyen âge, ville importante au point de vue du commerce des céréales, des vins, des raisins secs, du soufre, ville où l'on compte aussi de nombreuses industries agricoles et de notables fabriques de verroteries.

M. Kaïser a fait un tableau pittoresque des routes qui
traversent la région. Il a montré la procession des charrettes
traînées par des bœufs puissants, aux cornes long pointues,
de baudets chargés de sacs, de barils et des plus bizarres
objets ; de voitures légères à la couverture habilement
orientée contre le soleil ; d'hommes et de femmes drôlement
coiffés de paniers, de tonneaux, voire de coffres.

Ce sont ces moyens de transport coûteux, impossibles
presque pour des marchandises pondéreuses comme les matériaux de construction : le chêne, le marbre, le travertin, que
le tramway va remplacer par des moyens de transport plus
modernes, plus fréquents, plus rapides et moins coûteux.

Le conférencier a dit, enfin, la joie des populations devant
la mise en valeur de leur pays par la création d'une voie de
communication pratique et il a conclu en faisant un rapide
exposé de la renaissance industrielle et commerciale de
l'Italie, d'une évidence telle qu'un savant américain a pu
écrire, il y a deux mois : « Si l'histoire de l'expansion économique de l'Allemagne depuis 1875 a pu paraître un roman,
celle des progrès accomplis en Italie pendant la même
période est un conte fantastique. »

Séance du 14 novembre 1906.

Conférence de M. V. Brifaut.

Au pays des merveilles.

La séance est ouverte à huit heures et demie du soir sous
la présidence de M. Eug. Pavoux, président. Prennent
place au bureau : MM. Leclercq, vice-président ; Malaise et
Peny, membres du Comité.

M. l'avocat Valentin Brifaut, membre de la société,
nous a donné une conférence sur le Parc national des

Etats-Unis, appelé non sans raison la Terre des Merveilles. Le sujet n'est pas neuf, mais la région est si curieuse, si belle, si séduisante à tous points de vue, qu'on peut la visiter plusieurs fois sans se lasser.

Le gouvernement américain a pris la précaution de préserver les richesses que, pendant des siècles, la nature a accumulées dans ce coin de pays grand comme un tiers de la Belgique. Pour lui laisser son cachet original et d'un pittoresque vraiment sauvage, on y a interdit l'entrée des voies ferrées et de tous autres moyens de transport, à l'exception des chevaux et des voitures. C'est par ce procédé qu'on peut circuler à travers le parc soit par des chemins peu fréquentés et à peine tracés, soit grâce aux belles et larges routes dont le gouvernement a pourvu les régions habituellement visitées par les touristes.

Le voyage a été grandement facilité au cours de ces toutes dernières années. C'est ainsi qu'aux diverses étapes, on trouve des hôtels spacieux et d'un confort absolument moderne. Ces améliorations n'enlèvent rien aux charmes d'un pays plein de mystères et de phénomènes étranges, où il semble que la nature ait voulu forcer l'admiration du visiteur par l'infinie variété de ses aperçus.

L'ensemble du parc a une altitude moyenne de 1 800 mètres, mais certains sommets, comme l'Emigrant Peak, dépassent 3 500 mètres et conservent leur couronne de neige durant toute l'année. C'est dans ce décor que se succèdent les lacs, les torrents, les rivières et qu'on peut admirer, après des heures de chevauchée au travers des grandes forêts de pins, la splendeur des geysers ou des sources sulfureuses aux teintes merveilleusement riches et changeantes.

Les chefs-d'œuvre réalisés par la nature dans l'enceinte du Yellowstone Park sont incontestablement les formations étranges autant qu'artistiques de Mammoth Hot Springs et la longue et profonde gorge du Yellowstone Cañon.

Le langage ne suffit pas à faire vivre ces sites incomparables, il faut la vision des choses et M. Brifaut nous en a donné l'illusion complète par ses projections lumineuses remarquablement belles et rendues plus belles encore par une coloration très exacte et très artistique.

Le sympathique conférencier, comme d'habitude, a obtenu le plus vif succès et a été longuement applaudi.

Séance du 30 novembre 1906.

CONFÉRENCE

DE M. LE COMMANDANT ADJOINT D'ÉTAT-MAJOR LEFEBURE.

Voyage en Norvège.

La séance est ouverte à huit heures et demie du soir. Prennent place au bureau : MM. Eug. Pavoux, président; Leclercq, vice-président; Malaise, membre du Comité, et Rahir, secrétaire adjoint.

Après avoir esquissé à grands traits la nature géologique de la presqu'île scandinave et montré comment ont pris naissance, par le travail des glaciers, les majestueux fjords et les bancs côtiers qui protègent la côte norvégienne, le conférencier cite quelques traits caractéristiques des mœurs et coutumes des Norvégiens, dont la mentalité générale s'explique par l'aspect de la nature, le climat et les conditions souvent rigoureuses de leur existence.

Leur caractère austère, un peu tragique, mais bon et honnête, apparaît dans leur littérature, depuis les anciennes « sagas » jusque dans les œuvres géniales des écrivains modernes tels que Ibsen et Björnson, et même dans la plupart des anecdotes populaires. Une visite au musée des

Beaux-Arts de Christiania ne fait que corroborer cette impression.

Un objet égaré sur la voie publique, en ville ou à la campagne n'est jamais perdu ; l'abondance des pluies, porte

FIG. 1. — PAYSANNE DU HARDANGER.

l'habitant à le mettre à l'abri des intempéries, mais il vous sera certainement restitué ; le conférencier en a fait de multiples expériences.

L'hospitalité est remarquable, comme dans presque tous les pays où la nature ingrate est souvent l'ennemie de l'homme, dont elle contribue à tremper le corps et le caractère.

La douceur envers les animaux est caractéristique ; jamais l'on ne voit frapper un cheval, le conducteur l'excite de la voix avec douceur, mais frappe de son fouet la roche et le feuillage ; par contre, il gratifie volontiers l'animal paresseux des qualificatifs les moins flatteurs.

Le culte de l'habitation familiale, du *home*, est très grand. Le cérémonial après les repas est vraiment tou-

Fig. 2. — Intérieur d'un « soeter » du Jötunfjeld.

chant : la mère de famille en se levant de table, remercie le mari du repas procuré par son labeur, et le mari la remercie du soin apporté à son ménage. L'alcoolisme a fait de grands ravages en Norvège au début du XIXᵉ siècle, parce que l'Etat avait autorisé tout cultivateur à transformer en alcool le produit de ses terres. Cette période, qui s'étend de 1816 à 1840 a été appelée la « peste alcoolique », à cause des terribles ravages qu'elle a causés parmi les populations. Les Norvégiens ont vigoureusement attaqué le mal dans sa

racine et sont parvenus, en cinquante ans, à réduire la consommation de 14 à 1 litre à peine par habitant, en adoptant
successivement les mesures suivantes :

1° La fabrication de l'alcool fut limitée à vingt distille-
ries et tous les débits devaient être fermés depuis le samedi
à midi jusqu'au lundi midi ;

2° La vente ne fut plus autorisée, à partir de 1871,

Fig. 3. — Lapons nomades sous la tente.

et conformément au système suédois de Gottembourg,
qu'aux « samlags », établissements dont le produit de la
vente devait être entièrement affecté, dans chaque commune,
à des œuvres d'enseignement et de bienfaisance ;

3° Enfin, en 1894, une loi défendait la vente de l'alcool
en détail et prescrivait que, dans chaque commune, un réfé-
rendum de tous les habitants des deux sexes, âgés de 25 ans
au moins, déciderait, pour une période de cinq ans, si la
vente de l'alcool serait ou non tolérée sur le territoire de la com-

mune. Ces mesures d'hygiène sociale constituèrent un arrêt de mort contre la boisson de mort, et aujourd'hui il n'existe plus qu'un débit par 16 000 habitants. En Norvège, le budget de l'Etat ne s'équilibre plus au détriment de la santé et de la moralité publique. La criminalité a diminué d'un tiers et les ressources de l'Etat ont quintuplé pendant cette période.

Le conférencier commence l'exposé de son voyage, en l'illustrant d'une centaine de clichés photographiques pris en cours de route ; il part de Christiania vers Odde, au fond du Hardanger fjord, en traversant le Thélémarken et les Alpes scandinaves.

Après avoir montré des spécimens intéressants de différents costumes nationaux (fig. 1), il poursuit son voyage .en parcourant les principaux fjords, ainsi que les glaciers et les hauts plateaux qui les dominent, visitant en passant le port de Bergen, dont l'outillage primitif explique sa faible prospérité ; puis la ville de Throndhjem et sa superbe cathédrale.

Parcourant le Gudbrandsdal, par la vallée de la Lougen, le conférencier traverse ensuite les hauts plateaux du Jötunfjeld, montrant les beaux lacs alpestres et visitant les « soeter » ou fermes isolées de ces régions élevées et arides, (fig. 2) privées de toute communication pendant la moitié de l'année au moins, par l'accumulation extrême des neiges en hiver.

Partant ensuite de Throndhjem, le voyage se poursuit vers l'océan glacial. Le conférencier expose les méthodes de pêche et fait assister aux pêcheries des harengs. Ceux-ci émigrent annuellement sur les côtes de Norvège pour le frai, qu'ils déposent, à l'abri des courants et des tempêtes du large, sur les bancs côtiers protégés par les innombrables archipels et récifs qui enserrent la presqu'île. Ces pêcheries, très irrégu--

lières, sont actuellement prospères, et les grands filets
de 250 mètres de long sur 40 mètres de hauteur, capturent,
véritables pêches miraculeuses, des bancs de harengs
produisant de 5 000 à 20 000 hectolitres de caque.

La visite des îles Lofoten et Vesteraalen, où se font pendant l'hiver les grandes pêcheries de la morue, donne au
conférencier l'occasion d'en exposer les méthodes et de mon-

Fig. 4. — Troupeau de rennes dans les « Fjelds « du Sulitjelma.

trer le travail de la préparation du « törfisk » et du
« klipfisk », dont l'exportation s'élève annuellement à 25 millions de francs ; l'industrie de la grande pêche rapportant
75 millions à la Norvège, indépendamment de la pêche journalière destinée à la nourriture des habitants.

Enfin, partant du port de Bodö, à l'entrée du Saltenfjord,
l'orateur poursuit son voyage sur les hauts plateaux glacés
de la Laponie, et relate son séjour parmi les Lapons nomades
campés près des monts Sulitjelma.

L'hospitalité qu'il reçut parmi eux fut très simple, mais
cordiale, et absolument désintéressée; les repas, servis sous
la tente (fig. 3), étaient composés exclusivement de produits
du renne domestique. Le chef de famille, véritable patriarche,
présidait les repas avec grande dignité.

Chaque jour s'effectuait la traite des troupeaux de quatre
à six cents rennes (fig. 4), qui procurent à l'homme dans ces
régions désolées et incultes, la nourriture, le vêtement et quelques ressources. Détail intéressant à signaler, ces nomades,
qui émigrent en été sur le versant norvégien des Alpes
scandinaves, et en hiver sur le versant suédois, moins exposé
aux terribles bourrasques de neige, bénéficient de l'instruction obligatoire au moyen d'écoles ambulantes, et c'est de
sa main que la mère de famille (fig. 3) écrivit son nom sur
le carnet de voyage du conférencier.

Séance du 7 décembre 1906.

Conférence du R. P. Sébire.

Le Sénégal et les Sénégalais.

La séance est ouverte à huit heures et demie du soir,
sous la présidence de M. Eug. Pavoux, président. A ses
côtés prennent place au bureau : MM. Leclercq, vice-président; Kaïser et Peny, membres du comité central, et Rahir
secrétaire adjoint.

Le R. P. Sébire, supérieur de l'Ecole apostolique des
Pères du Saint-Esprit à Lierre, nous a entretenus du Sénégal et de ses habitants. Il avait passé onze années consécutives dans le pays, et le gouvernement français lui avait
décerné la croix de chevalier du Mérite agricole pour ses
travaux sur les plantes utiles de la colonie. Sa conférence,
accompagnée de nombreuses projections lumineuses, a vivement intéressé l'auditoire.

La *chaleur sénégalienne* est devenue proverbiale. Il paraît qu'à Podor on a constaté un jour 52° centigrades à l'ombre. Quand arrive le *vent d'Est* qui a passé sur le Sahara, tout se dessèche, les feuilles tombent des arbres, les meubles se fendent, les noirs ont des crevasses aux pieds, les blancs des gerçures aux lèvres. Les indigènes qui veulent chasser les antilopes, les lièvres, les perdrix, les pintades, mettent le feu aux grandes herbes, et l'incendie parcourt la forêt pendant des mois entiers. Les coups de soleil sont alors à redouter, mais les nuits sont fraîches, et la fièvre rare. C'est la bonne saison. Et à la fin de juin commencent les pluies précédées de tornades sèches. Elles durent jusqu'en octobre. La végétation devient luxuriante. Le sorgho, ou gros mil, monte jusqu'à six mètres de hauteur. Le petit mil n'atteint que trois mètres, mais se récolte après un mois et demi.

Le conférencier a constaté que, dans une journée, une jeune tige de gros bambou avait grandi de quarante centimètres! Les noirs cultivent encore un peu de maïs et de riz, les haricots indigènes ou doliques, le manioc, la patate et, pour la vendre aux commerçants, l'*arachide*, le produit le plus important du Sénégal qui en a fourni une année 140 000 tonnes à l'exportation.

Si l'époque des pluies est favorable à la végétation, elle est souvent funeste aux Européens qui l'appellent d'ordinaire la mauvaise saison, ou l'hivernage. Aussi, beaucoup de négociants l'évitent en rentrant en Europe. Ils vivent ainsi dans un été perpétuel.

Sur la lisière du Sahara se rencontrent de vraies forêts d'acacias d'où exsude la *gomme arabique*. Le Sénégal en fournit à l'Europe pour quatre à cinq millions de francs. La Casamance abonde en lianes à caoutchouc spéciales; c'est le Landolphia Heudeloti, dont le fruit est comestible. L'or se trouve sur les bords de la Falémé, affluent du Sénégal, et les bijoutiers indigènes le travaillent très habilement avec leurs instruments primitifs. La cire des abeilles sauvages, l'huile de palme, les oiseaux au beau plumage, comme les foliotocoles, les bois de prix, et surtout l'acajou, offrent encore quelque aliment au commerce. Le coton n'est cultivé que pour les besoins des indigènes ; le ricin, l'indigo viennent à l'état sauvage, mais ne donnent lieu à aucune transaction.

Venons aux Sénégalais. Sous ce nom l'on désigne un grand nombre de tribus différentes d'origine, de langue, de mœurs, de religion. A la race blanche se rattachent les Maures et les Peuls. Les *Maures*, peuplade berbère, se divisent en Braknas, Trarzas, Douaïchs. Ce sont des nomades, vivant sous la tente, élevant des chameaux, des chevaux, des moutons sans laine, cultivant un peu de mil dans l'Adrar, puis revenant sur les bords du Sénégal faire paître leur troupeau quand l'inondation du fleuve a cessé. Pillards incorrigibles, ils cherchent toujours à rançonner les noirs, qui les détestent, et à faire des esclaves.

Sur la rive gauche du Sénégal vivent les *Peuls*, Fellatahs de la vieille Egypte, refoulés à l'ouest. Les Peuls pasteurs semblent avoir gardé quelque chose du culte que l'on vouait autrefois au bœuf Apis. Les Peuls guerriers, mélangés aux noirs, ont formé les Toucouleurs, longtemps indomptés sous des chefs puissants comme El-Hadj-Omar et Samori. Aux Peuls se rattachent les *Laobés*, menuisiers de profession, vivant en groupes isolés au milieu des autres tribus.

Enfin, nous arrivons à la race noire. Dans le Haut Sénégal nous trouvons la grande famille mandingue : Socés, Sarracolets, Hassonkés, Soninkés, et enfin les Bambaras. Ces derniers, rebelles à la propagande islamique, se sont montrés souvent les amis des Européens, pour lesquels ils ont été de précieux auxiliaires.

Au centre, les *Volofs* offrent le plus beau type peut-être qui existe de la race noire. Certainement ce sont les plus intelligents des Sénégalais. Le village de Bayti, au Cayor, possède une véritable école de poésie d'où sortent les *bandas* bardes indigènes qui, comme les rapsodes d'Homère, vont, de hameau en hameau, chanter, en langage rythmé, les hauts faits des guerriers du pays.

Les vieillards ne parlent guère que par proverbes et sentences. Les fables du genre de celles de La Fontaine sont aussi en très grand honneur. Le conférencier cite plusieurs de ces compositions littéraires que nous espérons pouvoir reproduire plus tard. Ce sont les Volofs, avec des Mandingues, qui ont donné ces valeureux soldats que l'on a admirés au Dahomey, au Congo, à Madagascar, etc.

Près des Volofs se rencontrent les Sérères, adonnés au travail des champs, au soin des troupeaux, à la chasse, à la pêche. Ce sont d'excellents travailleurs, malheureusement un peu trop portés à l'ivrognerie. L'alcool fait parmi eux de grands ravages. Certes, Sa Majesté Léopold II, en proscrivant la vente des liqueurs fortes au Congo, s'est placé, par cela seul, au nombre des grands bienfaiteurs des indigènes. L'ancienne organisation politique des Volofs et des Sérères en petits royaumes mériterait une étude très approfondie.

Derrière la Gambie anglaise, la Casamance forme un large fleuve dont les bords sont entourés de forêts admirables. Là vivent les Diolas, les Baynounkes et les Balantes, peuplades du groupe *feloup* très répandu en Guinée. On remarque chez les *Diolas* des traces d'une ancienne civilisation. Au lieu de huttes circulaires en chaume comme les cases des Volofs et des Sérères, ils se construisent de longues maisons en terre, avec corridors, vestibules, salles à manger, chambres à coucher, greniers, cours intérieures. On se croirait dans une ferme de la Campine ou de la Bretagne. Parfois même, ils ornent l'entrée de ces demeures par des colonnes avec bases et chapiteaux, ou même par des statues en argile durcie. Seraient-ce des vestiges de colonies grecques ou phéniciennes ? D'aucuns l'ont pensé.

Les pauvres *Baynounkes* sont, hélas ! sur le point de disparaître. Ils s'empoisonnent mutuellement par superstition et par vengeance. Les *Balantes*, encore peu connus, sont réputés les plus sauvages de la Sénégambie, et ont été longtemps la terreur de la Casamance.

On comprendra maintenant qu'il y a lieu de distinguer quand on parle de Sénégalais. Les tribus resteront toujours bien séparées, quoique les divisions politiques tendent à s'effacer. La colonisation française a créé des électeurs qui envoient un député à la Chambre ; un conseil général ; quatre communes de plein exercice : Dakar, Saint-Louis, Garée, Rufisque ; des territoires d'administration directe où l'on tente d'introduire peu à peu les rôles de l'état-civil et les lois de la métropole ; et enfin des pays de protectorat où des chefs jugent selon les lois et coutumes indigènes, sous le contrôle de résidents européens.

Dakar, avec son port admirable, a supplanté l'ancienne escale de Gorée, et même Saint-Louis. C'est à Dakar qu'est la résidence du gouverneur général de l'Afrique occidentale française. Il a sous ses ordres les lieutenants-gouverneurs du Sénégal, de la Guinée, de la Côte d'Ivoire, du Dahomey et du Soudan. Dakar est en même temps une des bases navales de la flotte française de l'Atlantique : de nombreuses batteries et le fort du Castel, à Gorée, en font une position militaire de premier ordre, en même temps que plusieurs flottes peuvent s'abriter dans les eaux profondes de son mouillage parfaitement inaccessible aux vents du large.

L'influence des Maures du désert et des Peuls a introduit l'Islamisme dans la majorité des peuplades mandingues et une partie des Volofs. Les noirs musulmans sont cependant moins fanatiques que les Arabes et ils gardent beaucoup de leurs anciennes superstitions.

Les tribus de la Casamance, les Sérères et un tiers des Volofs sont encore fétichistes. Il y aurait tout un traité à publier sur les croyances, les coutumes souvent cruelles de ces populations très morales et hospitalières.

Elles reçoivent volontiers les enseignements des Pères du Saint-Esprit, qui leur apprennent les métiers, les arts, en même temps que la religion. Déjà, les missionnaires ont pu trouver parmi ces noirs d'utiles auxiliaires : des catéchistes, une trentaine de religieuses et 7 prêtres indigènes.

En terminant, le conférencier fait admirer la souplesse, la concision, la richesse d'expression du volof, la langue la plus répandue dans le Sénégal. On peut juger de la douceur et de l'harmonie de cet idiôme, en entendant les prières les plus communes, les chants les plus répandus. Certaines expressions sont caractéristiques, comme celles-ci : « *Nanga gouda bakane,* » que tu aies une longue vie ! mot à mot, que tu aies un long nez. Le Volof n'ayant point d'expression pour dire la vie se sert du mot nez, respiration, signe de la vie. Les saluts ordinaires sont de la plus pure philosophie : « *Diama ngam ?* » as-tu la paix ? Et l'on répond : « *Diama d'âl !* » Rien que la paix !

Telles sont les populations intéressantes du Sénégal, telle est cette contrée pleine d'avenir, l'une des plus belles colonies françaises.

Séance du 19 *décembre* 1906.

CONFÉRENCE DE M. M. CASTIAU

La République de Colombie.

La séance est ouverte à huit heures et demie du soir, sous la présidence de M. G. Lecointe, vice-président; prennent place au bureau : MM. Kaïser, Malaise, et le comte F. van den Steen de Jehay, membres du comité central; Rahir secrétaire adjoint (1).

OUVRAGES REÇUS

DONS.

La Revue américaine. 1906. N°s 11, 12.

La Chronique coloniale et financière. 1906. N°s 46 à 52.

J. LECLERCQ — *Un voyage aux plus hautes montagnes du monde.* (Six mois dans l'Himalaya, le Karakorum et l'Hindu-kush, par le Dr Jacob Guillarmod.) 1 br., 11 pp.

RUDMOSE BROWN — *Antarctic botany : Its present state and future Problems.* 1 br , 12 pp. Extrait du *Scottish Geographical Magasine,* septembre 1906.

X***. — *Vingt-deux ans d'administration belge au Congo,* 1 br., 84 pp., extraite de la *Revue de Droit international et de Législation comparée.* Bruxelles, 1906.

Question congolaise : La compagnie du Kasaï à ses actionnaires. Réponse à ses détracteurs. 1 br., 100 pp. Bruxelles, novembre 1906.

L'année cartographique. Supplément annuel aux publications de géographie et de cartographie, dressé et rédigé par F. Schrader. Seizième supplément (1906) contenant les modifications géographiques et politiques de 1905. 3 cartes et texte explicatif. Prix : 3 francs. Librairie Hachette & C°, Paris.

(1) Le résumé de cette conférence a paru dans le « *Bulletin* » de 1906, p. 381.

E. Chantre & C. Savoye. — *Le département du Jura préhistorique.* Répertoire et carte paléoethnique. Extrait des comptes rendus de l' « Association française pour l'avancement des sciences ». Paris, 1906.

E. Chantre. — *Aperçu géographique de la région lyonnaise.* Orographie, géologie, anthropologie. Extrait de « Lyon en 1906 » publié par le Comité du Congrès de Lyon. 1906.

H. Fischer. — *Édouard Piette,* biographie.

Édouard Piette. — *Déplacement des glaces polaires* et grandes extensions des glaciers. 1 br., 26 pp., Saint-Quentin, 1906.

Édouard Piette. — *Fibules pléistocènes.* 1 br., 15 pp. Extrait de la *Revue préhistorique.* 1re année, 1906, no 1. Paris, 1906.

Édouard Piette. — *Le chevêtre* et la semi-domestication des animaux au temps pléistocènes. 1 br., 28 pp. Extrait de l'*Anthropologie,* 1906.

Rehwinkel. — *Le Paraguay* décrit et illustré. étude sur le progrès économique du pays 1 br., 80 pp. Bruxelles, 1906.

P.-V. Bets. — *Geschiedenis der gemeenten Oplinter, Bunsbeek en Hauthem.* 1 vol., 300 pp. Leuven, 1870. (Don de M. Mariën.)

F. de Potter en J. Broeckaert. — *Geschiedenis van de gemeenten der provincie Oost-Vlaanderen.* Vol. XLI. Gent, 1887. (Don de M. Mariën.)

A.-F.-J. De Laet. — *Vrankeryk onder Turnhout.* 1 br., 78 pp. Turnhout, 1905. (Don de M. Mariën.)

M. Nijhoff, libraire, La Haye. — *Catalogues de livres anciens et modernes,* nos 349, 351 et 352.

Ministère de l'Agriculture. — *Enquête sur les eaux alimentaires,* rapport de M. J.-B. André. Seconde partie. 1 vol., 500 pp. Bruxelles, 1906.

P. George. — *Das heutige Mexiko und seine Kulturfortschritte.* Beiheft zu den Mitteilungen der geographischen Gesellschaft zu Iena. 1 br., 135 pp Iena, 1906.

New-York medical book company. Catalogue no 2.

Republica de Chile, Oficina de Limites, graficos : entre paralelos 41°-42°, 49°-50°, 51´-52° ; mapas : entre paralelos 41°-42°, 49°-50°, 51°-52°.

F. & E. Cumont. — *Voyage d'exploration archéologique dans le Pont et la Petite-Arménie.* 1 vol., 375 pp., avec de nombreuses figures et 18 cartes. Prix : fr. 17.5o. Éditeur Lamertin, Bruxelles.

Cet ouvrage forme le volume II de *Studia Pontica* et contient les résultats de l'expédition archéologique entreprise dans l'ancien royaume de Pont, en 1900, par MM. Cumont.

· *Commission de la Belgica. Résultats du voyage du S. Y. Belgica.* Mémoires : Holoturies, Ostracodes, Insectes.

Commandant CH. LEMAIRE. — *Tra Mez- Afriko. A travers l'Afrique centrale.* Conférence donnée au 2ᵉ Congrès universel d'Espéranto, à Genève, le 1ᵉʳ septembre 1906. 1 vol., 84 pp., nombreuses illustrations. En français et esperanto. Witteryck, éditeur. Bruges, 1906.

FRIDTZOF NANSEN. — *Northern Waters : captain Roald Amundsen's oceanographic observations in the arctic seas in 1901.* 1 vol., 145 pp., 11 planches. Christiania, 1906.

. Comte GOBLET D'ALVIELLA. — *Le quatrième centenaire de l'Université d'Aberdeen.* Souvenirs d'un jubilé. 1 br., 25 pp. La Meuse. Liége, 1906.

ÉCHANGES.

—

Allemagne.

BERLIN. *Deutsche Kolonialzeitung.* 1906. Nᵒˢ 45 à 52.

BERLIN. *Gesellschaft für Erdkunde.* Zeitschrift. 1906. Nᵒˢ 9, 10.

BERLIN. *Mitteilungen von Forschungsreisenden und Gelehrten aus den deutschen Schutzgebieten.* XIX Band. 4 Heft.

GOTHA. *Justus Perthe's geographische Anstalt.* Dʳ A. Petermann's Mitteilungen. 1906. Heft X, XI, XII.

HALLE S/S. *Leopoldina Akademie der Naturforscher.* Heft. 38-41. Nova acta. — Ethnographische Ergebnisse aus Melanesien. — Theil I u. II.

IENA. *Geographische Gesellschaft* (für Thüringen). Mitteilungen. Band. 24. 1906.

Autriche-Hongrie.

BRÜNN. *Naturforschender Verein* Verhandlungen 1904. Band XLIII. — XXIII Bericht der meteorologischen Commission.

BUDAPEST. *Publicationen des statistischen Bureaus der Haupstadt Budapest*. Statistische Jahrbuch. 1904. — Statistik des Unterrichtswesens für 1895-1900. — Die sterblichkeit der Stadt 1901-1905.

BUDAPEST. *Société hongroise de géographie*. 1906. Vol. XXXIV. Fasc. VIII.

VIENNE. *K. K. geographische Gesellschaft*. Mitteilungen 1906. N° 10.

VIENNE. *Oesterreichische Monatsschrift für den Orient*. 1906. N°ˢ 11, 12.

VIENNE. *Zeitschrift für Schul-Geographie*. XXVIII Jahrgang. 1906. Heft II, III.

Belgique.

ANVERS. *Académie royale d'archéologie de Belgique*. Bulletin 1906. N° IV.

ANVERS. *Ligue maritime belge*. 5ᵉ année. 1906. N°ˢ 120 à 123.

ANVERS. *Société de médecine*. Annales et bulletin. 1906. Novembre.

BRUXELLES. *Académie royale de Belgique*. Bulletin de la classe des lettres. 1906. N°ˢ 7-8, 9-10. — Bulletin de la classe des sciences. 1906 N°ˢ 7-8, 9-10.

BRUXELLES. *La Belgique maritime et coloniale*. 1906. N°ˢ 19 à 26.

BRUXELLES. *État indépendant du Congo*. Bulletin officiel. 1906. Novembre — E. DE WILDEMAN. Notices sur les plantes utiles ou intéressantes de la flore du Congo. Vol. II, fasc. I.

BRUXELLES. *Annales du musée du Congo*. — P. MATSCHIE. Étude sur la faune mamalogique du Congo.

BRUXELLES. *Chine et Belgique*. 2ᵉ année. 1906. Livr. 7, 8.

BRUXELLES. *Ciel et Terre*. Revue populaire d'astronomie et de météorologie. 27ᵉ année. 1906. N°ˢ 17 à 20.

BRUXELLES. *Commerce spécial de la Belgique avec les pays étrangers*. Bulletin mensuel. 1906. Novembre, décembre.

BRUXELLES. *Commissions royales d'art et d'archéologie*. Bulletin 1906. 43ᵉ année. N°ˢ 11 à 12.

BRUXELLES. *L'Excursion*. 1906. N° 12.

BRUXELLES. *Fédération pour la défense des intérêts belges à l'étranger.* La vérité sur le Congo. 3ᵉ année. 1906. Nᵒˢ 11, 12.

BRUXELLES. *Institut colonial international.* Les lois organiques des colonies. 8ᵉ série. Tomes I, II, III.

BRUXELLES. *Ministère des affaires étrangères.* Recueil consulaire. Tome 134, 3ᵉ, 4ᵉ liv.

BRUXELLES. *Missions en Chine et au Congo.* Revue illustrée. 1906. Nᵒ 12.

BRUXELLES. *Le mouvement géographique.* 1906. Nᵒˢ 45 à 52.

BRUXELLES. *Observatoire royal de Belgique.* Annuaire astronomique pour 1907.

BRUXELLES. *Revue bibliographique belge.* 1906. Nᵒˢ 10 à 12.

BRUXELLES. *Revue de Belgique.* 1906. 11ᵉ, 12ᵉ livr.

BRUXELLES. *Revue de l'Université de Bruxelles.* 1906-1907. Nᵒˢ 2, 3.

BRUXELLES. *Société d'Anthropologie.* Bulletin. Tome XXIV. 1905.

BRUXELLES. *Société belge d'études coloniales.* 1906. Nᵒˢ 11-12.

BRUXELLES. *Touring Club de Belgique.* 1906. Octobre, nov., décemb.

GAND. *Volkskunde.* Tijdschrift voor nederlandsch folklore. 18ᵉ Jaarg. 1906. afl. 7-9.

LIÉGE. *Institut archéologique.* Bulletin. Tome XXXVI. 1906. 1ᵉʳ fasc.

LIÉGE. *Société géologique de Belgique.* Annales. Tome XXX, 3ᵉ livr. 1902-1906. — Tome XXXIII, 3ᵉ livr.

LIÉGE. *Société royale des sciences.* Mémoires. 3 série. Tome VI.

LIÉGE. *Union des charbonnages, mines et usines métallurgiques de la province de Liége.* Bulletin. 1906. Nᵒˢ 7-8, 11.

LIÉGE. *Wallonia.* XIVᵉ année. 1906. Nᵒ 11.

LOUVAIN. *Analectes pour servir à l'histoire ecclésiastique de la Belgique.* 1906. 3ᵉ Série. Tome IIᵉ, 4ᵉ livraison.

MONS. *Cercle archéologique.* Annales. Tome XXXV. 1905-1906.

Espagne.

MADRID. *Real sociedad geografica.* Boletin. 1906. Tomo XLVIII, 3ᵉ trim. — Revista de geografia colonial y mercantil. T. III. Nᵒˢ 15, 16.

France.

BORDEAUX. *Société de géographie commerciale*. Bulletin. 1906. Novembre.

LILLE. *Société de géographie*. Bulletin 1906. Nᵛˢ 11, 12.

LYON. *Les Missions catholiques*. 1906. Nᵒˢ 1953 à 1960.

PARIS. *Annales de géographie*. XVᵉ année. 1906. N° 84.

PARIS. *Annales diplomatiques et consulaires*. Tome III. 1906. Nᵒˢ 65 à 68.

PARIS. *Chambre de commerce belge*. Bulletin mensuel. 1906. Octobre à décembre.

PARIS. *Polybiblion*. Revue bibliographique universelle. 1906. Tome 64. Livr. 5, 6.

PARIS. *Office colonial*. Feuilles de renseignements. 8ᵉ année. 1906. Nᵒˢ 87 à 89.

PARIS. *La quinzaine coloniale*. 1906. Tome XVII. Nᵒˢ 21 à 24.

PARIS. *Revue coloniale*, publiée par le ministère des colonies. 1906. Nᵒˢ 43 à 45.

PARIS. *Société de géographie*. Bulletin. La géographie. 1906. Octobre, novembre. décembre.

PARIS. *Société de géographie commerciale*. Bulletin. 1906. Nᵒˢ 21 à décembre 1906.

Grande-Bretagne.

ÉDIMBOURG. *The royal scottish geographical Society*. The scottish geographical Magazine. Vol. XXII 1906 December.

LONDRES *Man. A monthly Record of Anthropological Science*. 1906. December.

LONDRES. *Royal geographical Society*. The geographical journal. 1906. N° 6. December.

Italie.

FLORENCE. *Rivista geografica italiana*. 1906. Fasc. IX, XI.

MILAN. *L'esplorazione commerciale.* 1906. Fasc. XXI à XXIV.

NAPLES *Societa africana d'Italia.* Bollettino. 1906. N° XI.

ROME. *Instituto coloniale italiano.* Rivista coloniale. 1906. Anno 1. Vol II. Fasc. IV, V.

ROME. *Ministero degli Affari esteri.* Bollettino. 1906. N° generale 338 à 340.

ROME. *Societa geografica italiana.* Bollettino. 1906. Fasc. 12.

Pays-Bas.

AMSTERDAM. *Kon. nederlandsch aardrijkskundig genootschap.* Tijd-schrift. 1906. 2de Serie. Deel XXIII. N^r 6.

AMSTERDAM. *De Indische Mercuur.* 1906. N^rs 1304 tot 1311.

Portugal.

LISBONNE. *Sociedade de geographia.* Boletim. Serie 24. 1906. N°s 10, 11.

Russie.

HELSINGFORS. *Société de géographie de Finlande.* Communications scientifiques. Vol. VII. 1904-1907.

SAINT-PÉTERSBOURG. *Société impériale russe de géographie.* Bulletin 1906. Tome XLII. Livr. I. — La Mongolie (en russe). Tome I. Fasc. I et II. — Memoires : tome XXVII. Biologische Unter-suchungen in Transkaspien (russe) ; tome XXXVII. Le long de la côte occidentale du Kamtchatka (russe); tome XXXVIII. (russe); tome XLI (russe); tome XXXI. Vol. 1, 2 (russe); tome XLII. Grundzuge der hydrologie des europäischen eismeeres (russe), 10 cartes.

Suède.

STOCKHOLM. *Svenska sällskapet för antropologi och geografi.* Tidskrift. 1906. häft 3.

UPSALA. *The geolog. Institution of the University.* Bulletin. Vol. VII. Part. 13-14. 1904-1005.

Afrique.

ORAN. *Société de géographie et d'archéologie de la province d'Oran.* Bulletin trimestriel. Tome XXVII. 1906. 3e trim.

TUNIS. *Revue tunisienne.* Organe de l'Institut de Carthage. 1906. Septembre. Nos 59, 60.

Amérique.

AVELLANEDA. *Camara mercantil.* Revista mensual. 1906. N° 74.

CAMBRIDGE. *Peabody Museum of Archeology and Ethnology. Harvard University.* Vol. III. N° 4; Vol. IV. N° 2.

CHICAGO. *Journal of geology.* Vol. XIV. 1906. Nos 7, 8.

HALIFAX. *Nova Scotian Institute of science.* Proceedings and transactions. Vol. XI. Part. 2. 1903-1904.

LA PAZ. *Ministerio de colonizacion y agricultura.* V. MARCHANT. Estudio sobre la climatologia de La Paz. — M. BALLIVIAN. Documentos para la historia geografica de la Bolivia. Tomo I. Las provincias de Mojos y Chiquitos.

LIMA. *Cuerpo de ingenioros de minas del Peru.* Bolitin. Nos 40, 42, 43.

MEXICO. *Observatorio meteorologico-magnetico central.* Boletin mensual. Junio 1904.

MEXICO. *Resumen de la Importacion y de la Exportacion.* Mayo-Agosto 1906.

MEXICO. *Estadistica fiscal.* Boletin. Diciembre 1905. Enero-Abril 1906.

NEW-YORK. *American geographical Society.* Bulletin. 1906. Vol. 38. Nos 10, 11, 12.

NEW-YORK. *Dun's Review.* 1906. November, december.

PARA. *Museu Goeldi.* Arboretum Amazonicum. Iconographie des plantes les plus importantes de la région amazonienne. 3e et 4e décades.

PUEBLA. *Boletin de Estadistica.* 1906. Tomo III. Nos 22, 23.

WASHINGTON. *Bureau of ethnology*. Bulletin 32. Antiquities of the Jemez plateau, New-Mexico.

WASHINGTON. *U. S. naval observatory*. Publications. Second series Vol. IV. Part I-IV.

Asie.

CALCUTTA. *Geological survey of India*. Records. 1906. Vol. XXXIV. Part. 2.

SAÏGON. *Société des études indo-chinoises*. Bulletin 1906. 1re trim. — Monographie de la province de Pursat.

YOKOHAMA. *Chamber of Commerce*. Monthly Reports. 1906. Octo. N° 120.

Australie.

SYDNEY. *New-South Wales*. Statistical register for 1905 and previous years. Part VII. Hospitals and Charities.

TABLE DES MATIÈRES

BULLETIN

DE LA

Société Royale Belge de Géographie

FONDÉE A BRUXELLES LE 27 AOUT 1876

Publié par les soins de M. E. CAMMAERTS

RÉDACTEUR EN CHEF

TRENTIÈME ANNÉE. — 1906. — N° 3.

MAI-JUIN

BRUXELLES

SECRÉTARIAT DE LA SOCIÉTÉ ROYALE BELGE DE GÉOGRAPHIE

116, RUE DE LA LIMITE, 116.

1906

SOMMAIRE :

CARTE.

COMPTE RENDU DES ACTES DE LA SOCIÉTÉ
Ouvrages reçus.

Règlement de la Bibliothèque de la Société.

ART. 1er. La bibliothèque est établie au secrétariat général de la Société, 116, rue de la Limite, à Bruxelles.

ART. 2. Elle est accessible aux membres de la Société, tous les jours non fériés, de 1 à 4 heures après midi, et le dimanche de 10 heures du matin à midi, durant toute l'année, excepté pendant le mois de septembre.

ART. 3. Les ouvrages sont prêtés au dehors, excepté les périodiques et les publications d'un prix spécial.

ART. 4. Ils sont expédiés et renvoyés au frais de l'emprunteur.

ART. 5. Ils ne peuvent pas être prêtés pour plus de quinze jours; passé ce temps, ils doivent être renvoyés franco à la bibliothèque.

ART. 6. On ne peut emprunter à la fois plus de deux ouvrages.

ART. 7. Les ouvrages ne sont remis à l'emprunteur que contre récépissé signé par celui-ci.

COMITÉ CENTRAL DE LA SOCIÉTÉ
1906

Président :

Eug. PAVOUX, ingénieur, industriel. Bruxelles.

Vice-présidents :

G. LECOINTE, directeur à l'Observatoire royal de Belgique. Uccle.

J. LECLERCQ, conseiller à la Cour d'appel, membre de l'Académie royale. Bruxelles.

Secrétaire général :

J. DU FIEF, professeur honor. de l'Athénée royal de Bruxelles. Bruxelles.

Membres :

CH. BULS, ancien bourgmestre de Bruxelles. Bruxelles.

Baron Alf. DE LOË, conservateur aux musées royaux du Cinquantenaire. Bruxelles.

DURAND, directeur du Jardin botanique de l'Etat, membre correspondant de l'Académie royale de Belgique. Bruxelles.

Comte Hipp. D'URSEL, sénateur. Boitsfort.

GILLIS, major adjoint d'état major, chargé de la direction du service de l'Institut cartographique militaire. Bruxelles.

Comte GOBLET D'ALVIELLA, sénateur, professeur à l'Université de Bruxelles, membre de l'Académie royale. Bruxelles.

GRANDGAIGNAGE, directeur honoraire de l'Institut supérieur de commerce d'Anvers. Anvers.

AUG. HOUZEAU, sénateur, professeur à l'Ecole d'industrie et des mines du Hainaut. Mons.

G. KAÏSER, ingénieur, professeur à l'Université de Louvain. Bruxelles.

A. LANCASTER, directeur du service météorologique à l'Observatoire royal de Belgique, membre de l'Académie royale. Uccle.

MALAISE, professeur émérite de l'Institut agricole de l'État à Gembloux, membre de l'Académie royale Gembloux.

L. NAVEZ, homme de lettres. Bruxelles.

PENY, général, commandant de l'École de guerre. Bruxelles.

E. SOLVAY, industriel. Bruxelles.

STORMS, général. Bruxelles.

Comte FRÉD. VAN DEN STEEN DE JEHAY, ministre résident, chef du Cabinet du ministre des Affaires étrangères, Bruxelles.

VANDERKINDERE, professeur à l'Université de Bruxelles, membre de l'Académie royale. Uccle.

Secrétaire adjoint : M. RAHIR.

Bibliothécaire : A. LANCASTER. — *Adjoint :* M. RAHIR.

Trésorier : H. VANDENBROECK.

Rédacteur en chef du Bulletin : E. CAMMAERTS

SOCIÉTÉ ROYALE BELGE DE GÉOGRAPHIE

FONDÉE A BRUXELLES EN 1876.

Extraits des statuts.

Art. 3. La Société publie un recueil périodique contenant : *a.* les procès-verbaux des séances et des actes de la Société; *b.* des articles originaux sur toutes les branches des sciences géographiques; *c.* des traductions ou reproductions de travaux publiés à l'étranger; *d.* une chronique des faits géographiques; *e.* des articles didactiques et pédagogiques; *f.* une bibliographie géographique.

Art. 5. Les membres effectifs :

a) sont admis par le Comité central sur la présentation écrite de deux membres de la Société;

b) payent une contribution annuelle de douze francs; cette contribution est réduite à six francs pour les membres belges appartenant à l'armée jusqu'au grade de capitaine inclusivement, pour ceux qui appartiennent à l'enseignement primaire ou moyen, pour les employés de l'État, de la province et de la commune dont le traitement annuel ne dépasse pas 3,000 francs, et pour les étudiants;

c) sont convoqués aux séances de la Société et reçoivent le Bulletin périodique;

d) peuvent faire usage de la bibliothèque et des collections de la Société, dans les conditions établies par le règlement spécial, recevoir communication de tous les renseignements géographiques ou commerciaux que la Société possède et obtenir, à prix réduits, toutes les publications de la Société autres que le Bulletin périodique.

Le prix de l'abonnement au *Bulletin de la Société royale belge de Géographie*, pour les personnes qui ne font pas partie de la Société, est de *quinze* francs par année. S'adresser au secrétariat.

Le prix de chaque volume du BULLETIN des années précédentes est fixé comme suit : 1877 à 1881, 2 fr.; 1882, 10 fr.; 1883, 2 fr.; 1884, 6 fr; 1885, 10 fr.; 1886, 6 fr.; 1887, 10 fr.; 1888, 1889, 6 fr.; 1890, 1891, 20 fr.; 1892, 10 fr.; 1893 à 1895, 6 fr.; 1896, n'est plus complet.

Toutes les communications doivent être adressées, FRANC DE PORT, à **M. Du Fief,** *secrétaire général, rue de la Limite, 116, à Bruxelles.*

" L'Imprimerie ,, (VANDERAUWERA & Cie), Bruxelles.
59, rue de la Montagne, 59.